普通高等学校化工类专业系列教材

精细化工工艺学

（第四版）

李和平　主编

U0230451

科学出版社

北　京

内 容 简 介

本书是一本全面系统地介绍现代精细化工产品生产原理与工艺技术的教材。全书共 15 章,包括:精细化工概论,表面活性剂,香料与香精,化妆品,日用洗涤剂,合成药物,胶黏剂,涂料,食品与饲料添加剂,电子信息化学品,功能高分子与智能材料,油田化学品与石油产品添加剂,精细化工助剂,无机精细化工产品,其他精细化工产品。全书内容丰富,编排新颖,资料翔实,理论与实用性强。本书配套部分教学视频,读者可扫描二维码查看。

本书可作为高等学校化学工程与工艺、应用化学、精细化工、石油化工、制药工程、轻化工程、高分子材料科学与工程等专业本科生及研究生教材,也可供从事精细化工、化学工艺、应用化学、石油化工、日用化工、有机化工、材料、医药、建筑、轻工与食品等相关行业的研究开发或技术人员参考。

图书在版编目(CIP)数据

精细化工工艺学 / 李和平主编. —4 版. —北京:科学出版社,2023.8
普通高等学校化工类专业系列教材
ISBN 978-7-03-070765-9

Ⅰ. ①精… Ⅱ. ①李… Ⅲ. ①精细化工－工艺学－高等学校－教材
Ⅳ. ①TQ062

中国版本图书馆 CIP 数据核字(2021)第 242828 号

责任编辑:陈雅娴 李丽娇 杨向萍 / 责任校对:杨 赛
责任印制:赵 博 / 封面设计:无极书装

科学出版社 出版
北京东黄城根北街 16 号
邮政编码:100717
http://www.sciencep.com
三河市骏杰印刷有限公司印刷
科学出版社发行 各地新华书店经销
*
1997 年 8 月第一版 开本:787×1092 1/16
2007 年 1 月第二版 印张:27 1/4
2014 年 6 月第三版 字数:783 000
2023 年 8 月第四版 2025 年 1 月第二十六次印刷
定价:**89.00 元**
(如有印装质量问题,我社负责调换)

第 四 版 序

　　精细化工是现代化学工业的重要组成部分，是发展高新技术的重要基础，也是衡量一个国家科学技术发展水平和综合实力的重要标志之一。精细化工已经成为当今化学工业中最具活力的领域之一，其产品种类多、附加值高、用途广、关联度大，直接服务于国民经济的诸多行业和高新技术产业的多个领域。精细化工与工农业、国防、人民生活及尖端科学都有着极为密切的关系，是与经济建设和人民生活密切相关的重要工业部门。经过近几十年的发展，我国精细化工产品基本上可以满足国民经济发展的需要，部分精细化工产品实现了出口，并显示一定的国际竞争力，部分精细化工工艺技术也已步入国际先进行列。随着国家对精细化工产业发展的扶持和导向，未来我国精细化工的技术水平和自主创新能力将不断提升。

　　化学工业精细化及大力发展精细化工已成为世界各国调整化学工业结构、提升产业能级和扩大经济效益的战略重点。近年来，工业发达国家不断加大精细化工产品的研制开发力度。而我国的精细化工技术相对于发达国家还有着较为明显的差距，如我国化工产品的精细化率不高，产品品种、质量、工艺技术水平等还不能满足相关行业的需要。当代化学工业的特点及国际竞争的需要，对精细化工工艺技术创新和专业人才培养提出了相应的要求。要使精细化工在 21 世纪得到健康发展，绿色、自然环境、科学发展理念及专业人才的培养非常关键。为了强化精细化工专业知识，培养本科生与研究生的文化素养、科学素质、创新思维与综合能力，以适应当代科技、经济、社会发展和国际竞争的需要，及时修订出版精细化工工艺方面的教材无疑是非常必要的。

　　精细化工工艺学是化工类及相关专业知识结构中一门重要的主干课程，作为课程配套教材，该书的主要特点是内容丰富、系统全面、编排新颖、资料翔实，具有一定的理论性、学术性与实用性。全书共 15 章，全面系统地介绍了精细化工产品的生产原理与工艺，编排风格颇具匠心。教材凝聚了编著者多年来从事精细化工方面教学、科研开发的实践经验，为国内高等院校化学工程与工艺、精细化工、应用化学等专业提供了一部非常有特色的教材。该书也可为从事精细化工、应用化学、材料科学与工程、有机化工、高分子材料、食品、医药、环境、建筑等相关行业的研发或技术人员提供有益指导或参考。

中国科学院院士

大连理工大学教授　　　彭孝军

2023 年 3 月 28 日

第 三 版 序

化学工业与石油化学工业是我国的支柱产业之一，而其中的精细化工，在 20 世纪也得到了长足的发展。精细化学品和每个人的衣食住行息息相关，对解决人类赖以生存的资源、能源与环境问题具有重要而独特的作用。精细化工是生产精细及专用化学品的工业，是现代化学工业的重要组成部分，其附加值高、技术层次高、变化迅速、竞争激烈。

精细化工与重规模、换代慢的基础化学工业的发展模式有着较大的区别，面向终端生产者和消费者，面向大众化和个性化需求，差异性、多样性和独特性并存是其重要特点，它的快速发展与其工艺技术在当代的不断革新进步有很大关系。西欧、美国和日本等国家和地区的精细化工技术进步尤其迅速，有一批体量大、技术先进、竞争力强的世界级企业。标志一个国家精细化工水平高低的重要指标是精细化率，其对于工业产业的结构调整转型、提高企业的核心竞争力，具有重要指针作用。

高性能化、低碳和绿色、生态环保是精细化工发展的新趋势。21 世纪的三大技术，即纳米技术、信息技术和生物技术，对精细化工技术的加速发展具有重要引导作用。同样，精细化工也已成为高科技领域中不可缺少的部分。

精细化工的特点与发展，对工艺技术创新和相应的人才培养提出了相应的要求。为满足其发展需求，编写出版精细化工方面的教材无疑是非常必要的。

《精细化工工艺学》(第三版)的出版是较为及时的。该教材全面系统地介绍了精细化工产品的结构功能原理、制造原理与工艺，具有一定的理论性、学术性与实用性。教材凝聚了编著者多年来从事精细化工方面教学、科研开发的实践经验，为国内高等学校化学工程与工艺、精细化工、应用化学等专业提供了一部有特色的教材，也能为精细化工企业相关技术人员开发精细化工产品和制造过程提供有益指导。

中国工程院院士
华东理工大学校长、教授　钱旭红

2014 年 6 月

第 二 版 序

精细化工作为化学工业的一个重要领域，正以前所未有的速度发展着，已成为当前世界化学工业激烈竞争的焦点。发展精细化工具有重要的战略意义，是时代发展的要求，也是我国化学工业可持续发展的必然选择。人们往往把精细化率的高低看作某个国家、某个地区化学工业发展水平的重要标志之一。近代精细化工归属于高科技范畴，其产品涉及范围广、品种多、专用性强，几乎渗透到国民经济和人民生活的一切领域。因此，精细化工已成为国民经济不可缺少的工业门类。

进入 21 世纪，我国的精细化工已从导入期进入发展期，其精细化率已经超过 40%。随着世界和我国高新技术的发展，不少高新技术将与精细化工融合。精细化工为高新技术服务，高新技术又进一步改造精细化工，使精细化工产品的应用领域进一步拓宽，产品进一步实现高档化、精细化、复合化和功能化，并向高新精细化工方向发展。

虽然几十年来我国精细化工发展迅速，但一些新领域精细化工尚处于起步阶段，与国外发达国家相比差距较大，主要体现在生产技术水平低，产品技术含量低，市场开发和应用开发力度不够，高精尖产品少，中低档产品多，出口基本上是以量取胜；部分产品在生产路线、单元操作、产品后处理等方面仍停留在 20 世纪 70 年代发达国家水平；而且在许多领域，如功能材料、电子化学品、信息记录材料、智能材料等方面尚处于研发阶段，有些种类的产品还属空白。我国精细化工发展过程中，应用开发、技术服务极为薄弱，严重制约其发展。

精细化工以高新产品为其最终服务对象，决定了精细化工行业的发展应该以人才、技术创新等要素为基础。先进的技术、高质量的产品和优良的技术服务，是精细化工增强市场竞争力的关键。其中，人才培养是精细化工发展和企业成功的关键。因此，为加快高等教育的发展和精细化工技术人才的培养，编写出版精细化工方面的优秀教材势在必行。

紧跟时代的发展，《精细化工工艺学》（第二版）的出版发行无疑是非常及时的，为国内高等院校提供了一部较为全面系统介绍精细化工生产原理与工艺技术的教材。全书内容丰富、层次清晰，具有较为鲜明的特色，编排及取材着重反映了近年来精细化工的发展及高新领域。本书编著者具有丰富的理论基础和教学及科研开发的实践经验，本书将很好地满足专业教学及有关读者的需求。

中国工程院院士
大连理工大学精细化工国家重点实验室教授　杨锦宗
2006 年 11 月

第 一 版 序

随着科学技术的发展及人们生活水平的提高，要求化学工业不断提高产品质量及应用性能，增加规格品种，以适应各方面用户的不同需求。特别是近年来精细化工与各个技术领域的交叉与渗透，形成了众多边缘学科，使得精细化工产品的应用范围越来越广，几乎涉及一切技术经济部门，越来越受到世界各国政府部门、科学家和产业界的高度关注。因此精细化工已成为当今世界各国发展化学工业的战略重点，而精细化率也在相当大程度上反映着一个国家的综合技术水平及化学工业的集约化程度。近年来中国在发展精细化工方面取得了较大的进展，其精细化率已由1990年的25%提高至1995年的32%，成为化工行业中新兴和发展迅速的领域。在第9个五年计划期间，精细化工仍将是中国化学工业发展的战略重点之一。毋庸置疑，现代化工将以精细化工的发展及精细化率的提高作为重要标志。

与西方发达国家相比，我国的精细化工仍然比较落后。从世界化工市场分析，精细化工对化学工业和其他行业的制约日趋明显，精细化工产品在世界各国国民经济中的地位日益增强。自主研制开发多品种、高性能、新用途、高效益的精细化工产品，抢占世界化工市场制高点，将成为全球化工市场的竞争热点。市场竞争的实质是技术竞争，但归根结底是人才竞争。精细化工专业教育中至今尚无成熟完善的精细化工工艺方面的教科书或教学参考书，编著该类书籍无疑是很有意义的。

该书的特点之一是内容全面，包括了功能高分子材料、智能材料和电子信息化学品等高科技精细化工产品；特点之二是对近年来发展起来的计算机辅助工艺设计、精细化工生产中的关键技术和新技术、典型精细化工产品的生产工艺等，进行了较为详细的论述。全书内容丰富、层次分明、条理清晰、文笔流畅，编排风格也颇具匠心。

该书编著者都是长期从事精细化工专业教学和科研的人员，有着丰富的教学和科研经验，扎实的理论基础，对生产工艺和市场情况熟悉。因此，该书是一部在精细化工方面很具特色的专著，可以作为大专院校的教科书或教学参考书，也可以作为在化学化工领域中工作的科技和生产人员的参考书。

大连理工大学精细化工系教授
精细化工国家重点实验室主任　杨锦宗

上海交通大学应用化学系教授　黄德音

一九九七年四月

第四版前言

近年来我国及发达国家都对化学工业进行战略转移，加快精细化工的发展已经成为我国化学工业发展的重点及经济效益新的增长点。为了尽快缩短与国外先进水平的差距，我国化学工业积极开拓精细化工领域新产品的研发与生产，加大了化工及相关行业对精细化工人才的需求。无论从行业还是整个国民经济发展的角度看，精细化工专业技术人才特别是技术应用型人才的需求量将会持续增长。要使精细化工得到稳定健康的发展，高级人才的培养非常关键。本书即是为了提高当代大学生与研究生的精细化工专业技术素养及科学素质，培养创新思维和 OBE（outcome based education）理念，适应当代精细化工及化学工业的发展和国际竞争的需要而编写的。

本书第三版自 2014 年出版以来，承蒙广大读者及有关高校的厚爱，在国内高校及精细化工行业产生了较大影响。随着国内外精细化工的发展，一些新工艺、新技术、新产品不断涌现，第三版的一些内容已经难以满足读者的需要。为了更好地适应化工高等教育及精细化工的进展，力求与时俱进，编者对第三版进行了全面修订。在保持第三版教材原有风格和定位的基础上，对多数章节重新编写（书中涉及配方中的原料用量，若未特殊注明均为质量份），并对如下方面进行了较大修改：精简与更新部分章节内容，增加如"无机精细化工产品"等一些新的章节；突出实用性较强的精细化工产品合成原理与生产工艺，重绘书中大部分生产工艺流程图；增加或突出了表面活性剂、化妆品、精胶黏剂及一些发展较快的精细化工产品的生产原理与工艺。第四版既适应国情，又反映了时代特点，注重理论联系实际、知识创新和技术创新，具有较强的理论性、技术性与适用性。

本书由广西民族大学李和平担任主编，北京化工大学孙建军、仲恺农业工程学院黄雪、河南工业大学朱春山、桂林理工大学吕奕菊、广西民族大学卢彦越、桂林理工大学刘峥、广东石油化工学院李凝担任副主编。参加第四版编写的编者及分工如下：第 1、4、5、7 章由李和平编写；第 2 章由黄雪编写；第 3 章由及方华（桂林理工大学）、蒋光彬（桂林理工大学）编写；第 6 章由蒋光彬、及方华编写；第 8 章由孙建军、朱春山编写；第 9 章由张巧飞（河南工业大学）、朱春山编写；第 10 章由吕奕菊编写；第 11 章由邹志明（桂林理工大学）、李和平编写；第 12 章由李凝、滕俊江（广东石油化工学院）编写；第 13 章由李和平、邹志明、彭博（广西民族大学）、李凝、滕俊江编写；第 14 章由卢彦越、苏俏俏（广西民族大学）、李和平编写；第 15 章由李和平、魏文珑（太原理工大学）、刘燕刚（上海交通大学）、黄雪、朱春山、孙建军、刘峥、吕奕菊、李凝、张巧飞、滕俊江、邹志明编写。全书由李和平统编、修改定稿。

本书编写过程中参阅或引用了一些国内外学者的研究成果、相关著作、教材等，限于篇幅不能一一列举，在此谨对有关作者深表感谢。同时，对参与本书第一版至第三版教材编写的其他作者致谢。

由于精细化工发展较快，涉及范围广，加之编者水平和资料收集等条件所限，书中不妥之处在所难免，敬请广大读者批评指正。

编   者

2023 年 3 月

第三版前言

精细化工是化学工业的朝阳产业，是当代高科技领域中的重要组成部分，近年来已成为我国化工行业具有较强生命力及经济效益的新增长点。为了尽快缩短与国外先进水平的差距，我国化学工业积极开拓精细化工新领域，加大了化工及相关行业对精细化工人才的需求。无论从行业发展还是整个经济发展的角度看，精细化工生产技术人才的需求量会持续不断增长。因此，要使精细化工得到稳定健康发展，关键在于高级人才的培养。本书正是为了提高当代大学生与研究生的专业技术素养及科学素质，培养创新思维，拓展精细化工专业知识，适应当代精细化工及化学工业的发展和国际竞争的需要而编写的。

本书第二版自 2007 年出版以来，承蒙广大读者及有关高校的厚爱，已连续印刷了 15 次，在国内高校及精细化工行业产生了较大的影响。近年来，国内外精细化工发展较快，一些新工艺、新技术、新产品不断涌现，第二版的一些内容已经难以满足读者的需要。为了更好地适应化工高等教育及精细化工的进展，力求与时俱进，编者对第二版进行了全面的修订。在保持第二版原有风格和定位的基础上，重新编写了多数章节(书中涉及配方中的原料用量，若未特殊注明均为质量份)，并在以下方面进行了较大修改：精简与更新了部分章节内容，增加了一些新的章节内容，删去了"农用精细化工产品"一章；突出了实用性较强的精细化工产品合成原理与生产工艺，重新绘制了部分生产工艺流程图；增加或突出了日用精细化工、精细石油化工及一些发展较快的精细化工产品的生产原理与工艺。本次修订紧跟学科发展，注重理论联系实际、知识创新和技术创新，具有较强的理论性与适用性。

本书由桂林理工大学教授李和平博士担任主编，仲恺农业工程学院教授冯光炷博士、太原理工大学教授魏文珑博士、北京化工大学副教授孙建军博士、郑州轻工业学院教授尹志刚博士、桂林理工大学教授刘峥博士担任副主编。参加第三版编写的编者及分工如下：第 1、4、7、11 章由李和平编写；第 2 章由冯光炷、刘峥、丁国华（桂林理工大学）编写；第 3 章由尹志刚编写；第 5 章由刘峥编写；第 6 章由魏文珑、李和平编写；第 8 章由孙建军编写；第 9 章由冯光炷编写；第 10 章由丁国华编写；第 12 章由张淑华（桂林理工大学）编写；第 13 章由王桂霞（桂林理工大学）、李凝（广东石油化工学院）编写；第 14 章由李和平、袁金伟（桂林理工大学）、杨旭（桂林理工大学）、武冠亚（桂林理工大学）编写；第 15 章由李和平、冯光炷、魏文珑、李凝、王桂霞、刘燕刚（上海交通大学）编写。全书由李和平教授统编、修改定稿。

在本书编写过程中参阅了一些国内外学者的研究成果及相关著作，限于篇幅不能一一列举，在此谨对有关作者深表感谢。同时，对参与本书第一版、第二版编写的其他作者致谢。本书出版得到"桂林理工大学教材建设基金"的资助。

由于精细化工发展较快，涉及范围广，加之编者水平和资料收集等条件所限，书中错误和不妥之处在所难免，敬请广大读者批评指正。

编　者

2014 年 4 月

目　录

第1章　精细化工概论

我国精细化工初步发展于20世纪80年代，21世纪国内精细化工业进入了新的发展时期，成为全球精细化工产业最具活力、发展最快的市场。目前我国的精细与专用化学品仍处于行业生命周期中的成长前期，精细化工在中国乃至世界依然是朝阳工业，前景光明。随着精细化工行业上游材料的充足供应和下游应用的不断拓展，精细化工的发展得到了充足保障。尤其是下游应用领域不断向电子信息、生物医药、新能源等领域渗透，新型精细化工产品的需求也日益上升。此外，国内制造业整体水平的不断提高，促进了精细化工工艺设备和生产能力不断提升，为精细化工行业的发展提供了良好的硬件环境。

1.1　精细化工的定义与范畴

精细化工的
定义与范畴

1.1.1　精细化工的定义

"精细化工"是精细化学工业（fine chemical industry）的简称，是生产精细化工产品工业的通称。20世纪70年代，美国化工战略研究专家C. H. Kline根据化工产品"质"和"量"引出差别化的概念，把化工产品分为通用化学品、有差别的通用化学品、精细化学品、专用化学品四大类。根据Kline的观点，精细化学品是指按分子组成（作为化合物）来生产和销售的小吨位产品，有统一的商品标准，强调产品的规格和纯度；专用化学品是指小量而有差别的化学品，强调的是其功能。现代精细化工应该是生产精细化学品和专用化学品的工业，我国将精细化学品和专用化学品纳入精细化工的统一范畴。因此，从产品的制造和技术经济性的角度进行归纳，通常认为精细化学品是生产规模较小、合成工艺精细、技术密集度高、品种更新换代快、附加值大、功能性强和具有最终使用性能的化学品。我国化工界目前得到多数人认可的定义是：凡能增进或赋予一种（类）产品以特定功能，或本身拥有特定功能的多品种、技术含量高的化学品，称为精细化工产品，有时称为精细化学品（fine chemicals）或专用化学品（speciality chemicals）。按照国家自然科学技术学科分类标准，精细化工的全称应为"精细化学工程"（fine chemical engineering），属化学工程（chemical engineering）学科范畴。

随着精细化工的发展，行业上习惯将化工产品分为通用化工产品或大宗化学品（heavy chemicals）和精细化工产品两大类。通用化工产品又可分为无差别产品（如硫酸、烧碱、乙烯、苯等）和有差别产品（如合成树脂、合成橡胶、合成纤维等）。通用化工产品用途广泛，生产批量大，产品常以化学名称及分子式表示，规格是以其中主要物质的含量为基础。精细化工产品则分为精细化学品（如中间体、医药和农药以及香精的原料等）和专用化学品（如医药成药、农药配剂、各种香精、水处理剂等），具有生产品种多、附加价值高等特点，产品常以商品名称或牌号表示，规格以其功能为基础。精细化学品是通用化工产品的次级产品，它虽然有时也以化学名称及分子式表示，且规格有时也是以其主要物质的含量为基础，但它往往有较明确的功能指向，与通用化工产品相比，商品性强，生产工艺精细。专用化学品是化工产品精细化后的最终产品，更强调其功能性。一种精细化学品可以制成多种专用化学品，如铜酞菁有机颜料，同一种分子结构，由于加工成晶形不同、粒径不同、表面处理不同或添加剂不同的产品，可以用于纺织品着色、汽车上漆、建筑涂料或作催化剂等。专用化学品的附加值一般要比精细化学品更高。

化工产品的精细化工产值率（精细化率）可以用下面的计算方法表示：

$$精细化工产值率=\frac{精细化工产品的总产值}{化工产品的总产值}\times100\%$$

精细化工是综合性较强的技术密集型工业。生产过程中单元反应多、原料来源复杂、中间过程控制要求严格，生产工艺及应用涉及多领域、多学科的理论知识和专业技能，其中包括多步合成、特种分离技术、分析测试、性能筛选、复配技术、剂型研制、商品化加工、应用开发和技术服务等。随着科学技术的发展及人们生活水平的提高，要求化学工业不断提高产品质量及应用性能，增加规格品种，以适应各方面用户的不同需求。因此，精细化工已成为当今世界各国发展化学工业的战略重点，而精细化率也在相当大程度上反映着一个国家的化工发展水平与综合技术水平，以及化学工业集约化的程度。

1.1.2　精细化工的范畴

精细化工产品的种类繁多，所包括的范围很广，其分类方法根据每个国家各自的工业生产体制而有所不同，但差别不大，只是划分的宽窄范围不同。随着科学技术的进步，精细化工行业会越来越细。目前国内外的精细化工行业或种类主要包括：合成药物、农药、合成染料、有机颜料、涂料、胶黏剂、香料、化妆品、盥洗卫生用品、表面活性剂、日用与工业洗涤剂、肥皂、印刷用油墨、塑料增塑剂和塑料添加剂、橡胶添加剂、成像材料、电子用化学品与电子材料、饲料添加剂与兽药、催化剂、合成沸石、试剂、燃料油添加剂、润滑剂、润滑油添加剂、保健食品、金属表面处理剂、食品添加剂、混凝土外加剂、水处理剂、高分子絮凝剂、工业杀菌防霉剂、芳香除臭剂、造纸用化学品、纤维用化学品、溶剂与中间体、皮革用化学品、油田化学品、石油添加剂及炼制助剂、汽车用化学品、炭黑、脂肪酸及其衍生物、稀有气体、稀有金属、精细陶瓷、无机纤维、储氢合金、非晶态合金、火药与推进剂、酶与生物技术产品、功能高分子材料与智能材料等。

根据我国原化工部文件的规定，精细化工的含义是国际上通用的精细化学品和专用化学品的总和，包括农药、染料、涂料（包括油漆和油墨）及颜料、试剂和高纯物、信息用化学品（包括感光材料、磁性材料等）、食品和饲料添加剂、胶黏剂、催化剂和各种助剂、化学药品、日用化学品、功能高分子材料等11个大类；在催化剂和各种助剂中可分为催化剂、印染助剂、塑料助剂、橡胶助剂、水处理剂、纤维抽丝用油剂、有机抽提剂、高分子聚合物添加剂、表面活性剂、皮革助剂、农药用助剂、油田化学品、混凝土添加剂、机械和冶金用助剂、油品添加剂、炭黑、吸附剂、电子工业专用化学品、纸张用添加剂、其他助剂等20个小类。

值得注意的是，精细化工涵盖范围很广，上述分类是1986年我国化工部在为了统一精细化工产品的口径，加快调整产品结构，发展精细化工，作为计划、规划和统计的依据而提出的。由于当时以计划经济体制为主，条块分割，除了化工部主管精细化工外，其他如轻工部、卫生部、农业部等部委也分管了一部分，因此以上11个大类并未包括精细化工的全部内容。除上述11个大类之外，因新品种不断出现，而且生产技术往往是多门学科的交叉产物，所以很难确定其准确范畴。

1.2　精细化工特点与投资效益评价

多品种、系列化和特定功能、专用性质构成了精细化工产品的量与质的两大基本特征。精细化工产品生产的全过程不同于一般化学品，它是由化学合成或复配、剂型（制剂）加工和商品化（标准化）三个生产部分组成的。在每一个生产过程中又派生出各种化学的、物理的、生理的、技术的、经济的要求和考虑，这就导致精细化工必然是高技术密集型产业。与传统大化工（无机化工、有机化工、高分子化工等）相比，精细化工生产具有自身的一些显著特点。

1.2.1 精细化工行业特点

1. 精细化工行业属于制造行业，与其他行业的产业关联度较高

与精细化工行业关联度较大的行业主要包括：农业、纺织业、建筑业、造纸工业、食品工业、日用化学品行业、医药行业、汽车行业、信息技术（IT）行业等，精细化工行业的发展与上述行业息息相关。精细化工行业的上游主要为基础化工原料制造业，其提供的产品又是其他诸多行业的基本原材料，如农业、建筑业、纺织业、医药行业等。农业、建筑业、纺织业、医药行业、IT 行业等相关行业的发展为精细化工行业的发展提供了发展的契机，同时精细化工行业的发展也会促进上游行业的发展。

2. 精细化工行业具有一定的规模经济特征

国外精细化工生产企业的生产规模多在十万吨以上，20 世纪后半叶，全球精细化工生产企业以美国和日本为代表，具有大型化、专业化的特点，并且不断降低生产成本。目前我国精细化工行业也开始走向大型化、集约化。

3. 行业的周期性特征

精细化工行业面向的下游行业非常多，终端产品可应用于各类塑料制品、建筑材料、包装材料、家用电器、汽车机械等，覆盖国民经济的众多领域，其行业本身不存在明显的周期性特征，但受宏观经济的影响会随着整体经济状况的变化而呈现一定的波动性，行业周期和整个宏观经济运行的周期基本一致。

1.2.2 精细化工行业产业链

精细化工工业是国民经济的重要支柱产业，上游包括石油、天然气、生物质、煤炭、矿石等生产原料，下游涉及诸多行业。精细化工工业涉及国民经济中的诸多领域，具有很高的战略地位。我国精细化工行业产业链参见图 1-1。

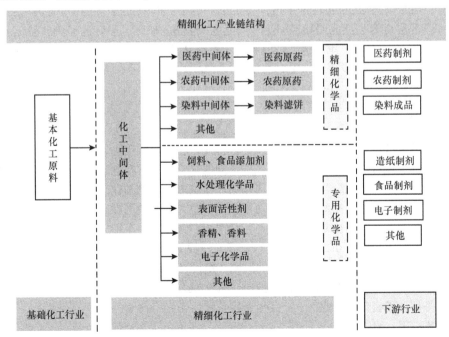

图 1-1　精细化工行业产业链基本结构图

1.2.3 精细化工产品的生产特点

1. 多品种

从精细化工的分类可以看出精细化工产品必然具有多品种的特点。随着科学技术的进步，精细化工产品的分类越来越多，专用性越来越强，应用范围越来越窄。由于产品应用面窄，针对性强，特别是专用化学品，往往是一种类型的产品可以有多种牌号，因而新品种和新剂型不断出现。例如，表面活性剂的基本作用是改变不同两相界面的界面张力，根据其所具有的润湿、洗涤、浸渗、乳化、分散、增溶、起泡、消泡、凝聚、平滑、柔软、减摩、杀菌、抗静电、匀染等表面性能，制造出多种多样的洗涤剂、渗透剂、扩散剂、起泡剂、消泡剂、乳化剂、破乳剂、分散剂、杀菌剂、润湿剂、柔软剂、抗静电剂、抑制剂、防锈剂、防结块剂、防雾剂、脱皮剂、增溶剂、精炼剂等。多品种也是为了满足应用对象对性能的多种需要，如染料应有各种不同的颜色，每种染料又有不同的性能以适应不同的工艺。食品添加剂可分为食用色素、食用香精、甜味剂、营养强化剂、防腐抗氧保鲜剂、乳化增稠品质改良剂及发酵制品等七大类，1000多个品种。

随着精细化工产品的应用领域不断扩大和商品的不断创新，除了通用型精细化工产品外，专用品种和定制品种越来越多，这是商品应用功能效应和商品经济效益共同对精细化工产品功能和性质反馈的自然结果。不断地开发新品种、新剂型或配方及提高开发新品种的创新能力是当前国际上精细化工发展的总趋势。因此，多品种不仅是精细化工生产的一个特征，也是评价精细化工综合水平的一个重要标志。

2. 采用综合生产流程和多功能生产装置

精细化工的多品种反映在生产上需要经常更换和更新品种，采用综合生产流程和多功能生产装置。生产精细化工产品的化学反应多为液相并联反应，生产流程长、工序多，主要采用的是间歇式的生产装置。为了适应以上生产特点，必须增强企业随市场调整生产能力和品种的灵活性。国外在20世纪50年代末期就摒弃了单一产品、单一流程、单用装置的落后生产方式，广泛采用多品种综合生产流程和多用途多功能生产装置，取得了很好的经济效益。20世纪80年代，单一产品、单一流程、单元操作的装置向柔性制造系统(flexible manufacturing system, FMS)发展。目前，我国的许多精细化工企业也采用了综合生产流程和多功能生产装置生产系列精细化工产品。

3. 技术密集度高

高技术密集度是由几个基本因素形成的。首先，在实际应用中，精细化工产品是以商品的综合功能出现的，这就需要在化学合成中筛选不同的化学结构，在剂型(制剂)生产中充分发挥精细化学品自身功能与其他配合物质的协同作用。这就形成了精细化工产品高技术密集度的一个重要因素。其次，精细化工技术开发的成功概率低，时间长，费用高。根据报道，美国和德国的医药和农药新品种的开发成功率为万分之一，日本为三万分之一至一万分之一；在染料的专利开发中，成功率一般为0.1%~0.2%。根据统计，开发一种新药需5~10年，其耗资可达2000万美元。若按化学工业的各个门类来统计，医药的研究开发投资最高，可达年销售额的14%。对一般精细化工产品来说，研究开发投资占年销售额的6%~7%是正常现象。造成以上情况的原因除了精细化工行业是高技术密集度行业外，产品更新换代快、市场寿命短、技术专利性强、市场竞争激烈等也是重要原因。另外，从20世纪70年代开始，各国由于环境保护以及对产品毒性控制方面的要求日益严格，也直接影响到精细化工研究开发的投资和速度。不言而喻，其结果必然导致技术垄断性强，销售利润率高。

技术密集还表现在情报密集、信息量大而快。由于精细化学品常根据市场需求和用户不断提出应用上的新要求以改进工艺过程，或是对原化学结构进行修饰，或是修改更新配方和设计，其结果必然产生了新产品或新牌号。另外，大量的基础研究工作产生的新化学品，也需要不断地寻找新的用途。为此，必须建立各种数据库和专家系统，进行计算机仿真模拟和设计。因此，精细化工生产技术保密性强，专利垄断性强，世界各精细化工公司通过自己的技术开发部拥有的技术进行生产，在国际市场上进行激烈的竞争。

精细化学品的研究开发关键在于创新。根据市场需要，提出新思维，进行分子设计，采用新颖化工技术优化合成工艺。早在 20 世纪 80 年代初，ICI 公司的 C. Suekling 博士就提出研究与开发（R&D）、生产、贸易构成三维体系。衡量化学工业水平的标志，除了生产和贸易外，主要是它的 R&D 水平。就技术密集度而言，化学工业是高技术密集指数工业，精细化工又是化学工业中的高技术密集指数工业。如果机械制造工业的技术密集指数为 100，则化学工业为 248，精细化工中的医药和涂料分别为 340 和 279。

4. 大量采用复配和剂型加工技术

复配和剂型加工技术是精细化工生产技术的重要组成部分。精细化工产品由于应用对象的专一性和特定功能，很难用一种原料来满足需要，通常必须加入其他原料进行复配，于是配方的研究便成为一个很重要的问题。例如，香精通常由几十种甚至上百种香料复配而成，除了有主香剂外，还有辅助剂、头香剂和定香剂等组分，这样制得的香精才会香气和谐、圆润、柔和。在合成纤维纺织用的油剂中，除润滑油以外，还必须加入表面活性剂、抗静电剂等多种其他助剂，而且要根据高速纺或低速纺等不同的应用要求，采用不同的配方，有时配方中会涉及十多种组分。又如，金属清洗剂组分中要求有溶剂、防锈剂等。医药、农药、表面活性剂等门类产品的情况也类似，可以说绝大部分专用化学品都是复配产品。为了满足专用化学品特殊的功能，便于使用和储存，通常将专用化学品制成适当的剂型。在精细化工中，剂型是指将专用化学品加工制成适合使用的物理形态或分散形式，如制成液剂、混悬液、乳状液、可湿剂、半固体、粉剂、颗粒等。香精为了使用方便通常制成溶液；液体染料为了使印染工业避免粉尘污染和便于自动化计量也制备成溶液；洗涤剂根据使用对象不同可以制成溶液、颗粒和半固体；牙膏和肤用化妆品则制成半固体；为了缓释和保护敏感成分，有些专用化学品会制成微胶囊。因此，加工成适当剂型也是精细化工的重要特点之一。

有必要指出，经过剂型加工和复配技术所制成的商品数目，往往远超过由合成得到的单一产品数目。采用复配技术和剂型加工技术所推出的商品，具有增效、改性和扩大应用范围等功能，其性能往往超过结构单一的产品。因此，掌握复配技术和剂型加工技术是使精细化工产品具有市场竞争能力的一个极为重要的方面，这也是我国精细化工发展的一个薄弱环节。

1.2.4 精细化工产品的商业特点

1. 技术保密，专利垄断

精细化工公司通过技术开发拥有技术而进行生产，并以此为手段在国内及国际市场上进行激烈竞争，在激烈竞争的形势下，专利权的保护是十分重要的，尤其是专用化学品多数是复配型的，配方和剂型加工技术带有很高的保密性。例如许多特种精细化工产品，其分装销售网可能遍布世界各地，但工艺或配方仅为总部极少数人掌握，严格控制，以保证独家经营，独占市场，不断扩大生产销售额，获得更多的利润。

2. 重视市场调研，适应市场需求

精细化工产品的市场寿命不仅取决于它的质量和性能，还取决于它对市场需求变化的适应性。因此，做好市场调研和预测，不断研究消费者的心理需求，不断了解科学技术发展所提出的新课题，不断调查国内外同行的新动向，不断改进，做到知己知彼，才能在同行强手面前赢得市场竞争的胜利。

3. 重视应用技术和技术服务

精细化工属于开发经营性工业，用户对商品的选择性高，因而应用技术和技术服务是组织精细化工生产的两个重要环节。为此，精细化工生产企业在技术开发的同时，需要积极开发应用技术和开展技术服务工作，不断开拓市场，提高市场信誉；还要十分注意及时将市场信息反馈到生产计划中，从而增强企业的经济效益。国外精细化工产品的生产企业极其重视技术开发和应用、技术服务这些环节间的协调，反映在技术人员配备比例上，技术开发、生产经营管理（不包括工人）和产品销售（包括技术服务）大体为 2∶1∶3，值得借鉴。

新产品在推广应用阶段要加强技术服务，其目的是掌握产品性能，研究应用技术和操作条件，指导用户正确使用，并开拓和扩大应用领域。只有这样，一个精细化工新品种才能为用户所认识，打开销路，进入市场并占领市场。

1.2.5 精细化工产品投资效益评价

生产精细化工产品可获得较高的经济与投资效益，概括起来可从下列三个方面评价。

1. 附加价值与附加价值指数

附加价值是指在产品的产值中扣除原材料、税金、设备和厂房的折旧费后，剩余部分的价值。它包括利润、人工劳动、动力消耗及技术开发等费用，所以称为附加价值。附加价值不等于利润，因为某种产品加工深度大，则工人劳动及动力消耗也大，技术开发的费用也会增加。而利润则受各种因素的影响，如是否是一种垄断技术、市场的需求量如何等。附加价值可以反映出产品加工中所需的劳动、技术利用情况，以及利润情况高等。此外，产品的质量是否能达到要求也很重要，这些都是高利润不可忽视的因素。

根据美国商务部资料介绍，投入石油化工原料 50 亿美元，产出初级化学品 100 亿美元，再产出有机中间体 240 亿美元和最终成品 40 亿美元。如进一步加工成塑料、树脂、合成橡胶、化学纤维、橡胶和塑料制品、清洗剂和化妆品，可产出中间产品 400 亿美元和最终成品 270 亿美元。再进一步深度加工成用户直接使用的农药、汽车材料、纸浆及纸的联产品、家庭耐用品、建筑材料、纺织品、鞋、印刷品及出版物，总产值可达 5300 亿美元。由此可见，初级化工产品随着加工深度的不断延伸，精细化程度提高，附加价值不断提高。一般，1 美元石油化工原料加工到合成材料，平均可增值 8 美元（塑料为 5 美元，合成纤维为 10 美元），如加工成精细化工产品，则可增值到 106 美元。

若能将深度加工与副产物的综合利用结合起来，经济效益会更好。我国石化企业具有丰富的精细化工产品所需原料，但当前已形成生产能力的大宗化工品均是经过一次或二次加工而成的，大部分未进行产品的深度加工，而且副产物的综合利用差距更大。一般，化工产品每深度加工一次，经济效益可成倍或成几倍地增长。例如，从丙烯出发合成丙烯酸，进而再合成高档原料 2-乙基己基丙烯酸酯，其经济效益可提高 3～4 倍。

以氮肥为基数的有关行业的附加价值指数(有关行业附加价值/氮肥附加价值)如下：氮肥 100，石油化工产品 335.8，染料、有机颜料、环式中间体 1219.2，塑料 1213.2，合成纤维 606，涂料 732.4，

医药制剂 4078，农药 310.6，感光材料 589.4，表面活性剂 143.3，合成橡胶 423.8，脂肪族中间体 632，无机盐 485，无机颜料 218.7，香料 79，油墨 95.7。

2. 投资效率

总体来说，化学工业属于资本型工业，资本密集度高，但精细化工投资少，投资效率（投资效率=附加价值/固定资产×100%）高，资本密集度仅为化学工业平均指数的 0.3～0.5，为化肥工业的 0.2～0.3。通常精细化工产品的返本期短，一般投产 3～5 年即可收回全部设备投资，有些产品还可以更短。

3. 利润率

利润率是剩余价值与全部预付资本的比率，是剩余价值率的转化形式。利润率的基本计算公式为：利润率=利润/成本×100%。

企业利润率的主要形式有：

（1）销售利润率：一定时期的销售利润总额与销售收入总额的百分比。它表明单位销售收入获得的利润，反映销售收入和利润的关系。

（2）成本利润率：一定时期的销售利润总额与销售成本总额的百分比。它表明单位销售成本获得的利润，反映成本与利润的关系。

（3）产值利润率：一定时期的销售利润总额与总产值百分比。它表明单位产值获得的利润，反映产值与利润的关系。

（4）资金利润率：一定时期的销售利润总额与资金平均占用额的百分比。它表明单位资金获得的销售利润，反映企业资金的利用效果。

（5）净利润率：一定时期的净利润（税后利润）与销售净额的百分比。它表明单位销售收入获得税后利润的能力，反映销售收入与净利润的关系。

国际上评价利润率高低的标准是：销售利润率少于 15%的为低利润率，15%～20%的为中利润率，大于 20%的为高利润率。根据近年来的统计结果，世界 100 家大型化工公司中，高、中利润率的均为生产精细化工产品的公司，大化工产品的深度加工可以提高利润率。

1.3　精细化工的形成与发展

精细化工的
形成与发展

1.3.1　精细化工的形成

精细化工的形成和发展是与人们的生活和生产活动紧密联系在一起的，是随着化学工业和整个工业的发展进程而逐步发展的。19 世纪前，伴随人类生活与生产活动的发展，尽管生产精细化学品的原料主要取之于天然，但在品种上确已有了很大发展，如药物、油漆、肥皂、农药等。20 世纪初，由于石油化学工业的兴起，精细化学品的发展产生了第一次大的飞跃。这次飞跃的特征是：以合成化学品为原料的精细化学品特别是精细有机化学品，在数量上和品种上均渐渐居于主体。20 世纪中叶，高分子化学的发展和高分子材料的出现，对工农业生产和人们的日常生活都产生了极其深刻的影响，同时为精细化学品带来了第二次大的飞跃。这次飞跃的特点是：①部分老行业更新换代，有了新发展，如肥皂发展了合成洗涤剂、油漆扩展为涂料等；②新生行业崛起，如胶黏剂、信息用化学品、功能高分子等。

大型化学工业在 20 世纪 50 年代初期是以煤为原料的生产路线。到 20 世纪 50 年代中期，美国解决了高压深冷的技术和设备，改用石油和天然气作原料，因而成本大为降低，使得不产油国家的煤化工路线无法与石油化工路线竞争。因此，联邦德国、日本、英国等国家也相继改用石油化工路线。20 世纪 70 年代的两次石油危机使油价暴涨，1973 年石油提价 70%，接着阿拉伯产油国减产 25%，油价上涨至原价的 3 倍，到 1981 年已涨到 10 倍。结果迫使贫油国家的化学工业向精细化工方向发展。精细化工和新技术的开发，促使一些发达国家的化学工业总体面貌发生了根本性的变化。

西欧化学工业在 20 世纪 70 年代石油危机引发的衰退中，依靠向高技术、精细化转移的结构调整，走出了困境，取得了发展。20 世纪 80 年代中期以后，主要工业国家化学工业结构重整，产品结构升级，产品精细化、功能化，加速精细化工发展成为世界化学工业发展的一个基本方向。该阶段可以说是精细化工的第三次飞跃。西方发达国家一方面控制以进口石油为原料的石油化工规模；另一方面以自己的雄厚财力和技术优势，在发达的石油化工基础上，向发展中国家难与之竞争的精细化工方面做战略转移。以乙烯生产为例，到 1985 年，美国削减 27%，日本已削减 36%，联邦德国削减 24%，形成了由大规模的传统产品向精细化工产品的转移。而这时产油产气国家，如沙特阿拉伯、加拿大、墨西哥和澳大利亚等，正在大规模发展石油化工，使 1987~1992 年世界乙烯产量再度回升。根据美国化学品制造商协会报告，美国化学工业在 1985 年采取艰苦的结构重整决策后，于 1986 年迅速复苏，净利润比 1985 年剧增 54.5%，而一般化学产品的交易额仅增 1%。德国巴斯夫公司调整并改革了塑料生产，关闭了年产 33 万吨的聚氯乙烯装置，从大吨位普通塑料转向生产高价值的精细高分子化工产品——工程塑料，并研制高强度、耐高温的聚合物合金，用于汽车制造、通信业和电子技术，代替金属的专用品，取得了巨大的经济效益。

1.3.2 精细化工的发展

1. 技术创新

精细化工属于新技术行业，其技术的创新和产品的创新在今后将被作为"创新工程"得到新的发展。催化剂是精细化工中的一个重要门类，其生产技术是化工生产中的核心技术。多年来，我国科研和生产企业对催化剂都很重视，已建立一套研制程序和创新方法。例如，稀土资源在中国最为丰富，以稀土元素铈、镨和钕等制造催化剂用于化肥工业、有机合成工业、合成橡胶工业、涂料工业等将更有作为。用于聚烯烃的金属催化剂也将迅速发展。

2. 精细化工技术合作研究与开发

随着社会主义市场经济的发展，对外开放的扩大，中国在精细化工技术研究和开发，以及产品生产方面与国外的合作和合资的程度越来越高。例如，在表面活性剂和胶黏剂等方面，与德国汉高（Henkel）、美国宝洁（P&G）、意大利 Press、瑞士 Buss、法国罗纳-普朗克等公司的合作和合资都会加强，以定制化学品为主攻方向的精细化工园区也将得到迅速发展。

3. 高新技术对精细化工的改造

随着世界和中国高新技术的发展，不少高新技术与精细化工融合，精细化工为高新技术服务，高新技术又进一步改造精细化工，使精细化工产品的应用领域进一步拓宽，产品进一步实现高档化、精细化、复合化、功能化。例如，超细超微的粉体工程已将无机和高分子材料推向了新的发展阶段。将无机和高分子制成粉体材料，从而成为高性能的精细化学品。在制备过程中有的方法必须要添加抗凝剂或分散剂、抗静电剂等表面活性剂，通过其作用制得各种超细和超微细的粉体材料（特别是纳米材料），这些粉体材料具有高比表面积、优异的导热和光学性能、高的耐磨性、极好的遮盖性、高吸附性、多功能性等各种特异性能。根据这些粉体材料的特性，又可将其用于精细化工产品的生产，如制备高活性的催化剂、多功能的化妆品、药品、涂料、胶黏剂、表面活性剂、磁性记录材料、塑料和橡胶等高分子材料合成和加工的改性剂及填料等。

4. 绿色高新精细化工

精细化工自身将向清洁化和节能化的方向发展，成为绿色高新精细化工，即在精细化学品的生产中要实现生态"绿色"化。采用精细化学品为相关行业服务时，也要追求相关行业的生产实现生态"绿色"化，也就是要模拟动植物、微生物生态系统的功能，建立起相当于"生态者、消费者和还原者"的化工生态链，以低消耗（物耗和水、电、汽、冷等能耗及功耗）、无污染（至少低污染）、资源再生、废物综合利用、分离降解等方式实现生产无毒精细化学品，实现精细化工的"生态"循环、"环境友好"及清洁和安全生产的"绿色"结果。化学工业是中国所有工业中的能耗大户，约占全国能耗的 10%，工业系统的 20%。因此，发挥精细化工的工艺特点，可为化学工业和相关行业节能做出贡献，这已成为 21 世纪精细化工发展的一个方向。

5. 利用可再生资源发展我国精细化工

利用取之不尽、用之不竭的可再生植物资源发展我国精细化工是实现可持续发展和循环经济长远战略目标的一大措施，也是绿色高新精细化工行业的主要研究方向。例如，辅酶 Q10 是醌类化合物，存在于动物、植物及微生物体内，主要影响某些酶的三维结构，直接参与这些酶的生化活动，同时是细胞呼吸和代谢强有力的天然抗氧化剂。它常用于人类心血管系统疾病的治疗，还具有提高人体免疫力、抗衰老等功效。由于以上的神奇功效和安全无副作用，它已成为市场上十分有用的非处方药，成为"营养研究方面的里程碑"。从人工废弃烟叶、马铃薯和桑叶中提取茄尼醇与异戊二烯溴加成制得十异戊二烯醇，再与辅酶 Q10 缩合制得 Q10 粗品，最后经 CO_2 超临界萃取得纯品。利用我国烟草资源丰富的优势，采用高新技术从烟草中提取高纯度（纯度大于 90%）的茄尼醇中间体进而生产辅酶 Q10，走中国发展天然精细化工中间体的道路。

6. 走消化、吸收、创新的道路

在引进精细化工技术的基础上，走消化、吸收、创新的道路。例如，丙烯酸和丙烯酸酯是生产高吸水性树脂、无磷洗衣粉助洗剂、水处理剂、丙烯酸橡胶、胶黏剂、涂料、油墨、化纤和纺织印染助剂、皮革和造纸助剂、无纺布、塑料助剂等的重要精细化工中间体。为增强我国丙烯酸行业的自我创新能力，国内已开发出丙烯氧化制丙烯醛、丙烯醛氧化制丙烯酸的两段催化剂，以及配套的反应器和相应的助剂，这将满足我国丙烯酸、丙烯酸酯市场的需求，走中国丙烯酸引进、消化、吸收和创新的道路。

7. 精细化工向集中化方向发展

我国有数千个千吨级以下的精细化工厂，多数每年只生产一两个品种，尤其是一些小的乡镇企业。这种生产状况不利于提高产品质量，不利于降低成本，更不利于生产中的"三废"处理，也不具备应变能力。今后应像国外大公司那样建立多功能生产车间，为精细化工集中生产提供条件。例如，德国巴斯夫公司生产的精细化工产品达 1500 多种；拜尔公司生产的精细化工产品达 1100 多种，竞争力极强。根据我国和世界市场的需求，今后我国将按精细化工发展的内在规律，充分利用国内外的资金、人才和技术，组织"官产学研"相结合的技术攻关、科技创新，从根本上进行原始创新，提升精细化工行业的整体水平，参与国际竞争。

1.3.3 精细化工与高新技术的关系

当代高科技领域的研究开发是精细化工发展的战略目标。高科技领域是指当代科学、技术和工程的前沿，对社会经济的发展具有重要的战略意义，从政治意识看是影响力，从经济发展看是生产力，从军事安全看是威慑力，从社会进步看是推动力。精细化工是当代高科技领域中不可缺少的重要组成部分，精细化工与电子信息技术、航空航天技术、自动化技术、生物技术、新能源技术、新材料技术和海洋开发技术等密切相关。

20 世纪人们合成和分离了约 2285 万种新化合物，新药物、新材料的合成技术大幅度提高，典型的单元操作日趋成熟，这主要归因于精细化工的长足发展和贡献。21 世纪科技界三大技术，即纳米技术、信息技术和生物技术，实际上都与精细化工紧密相关。可见，精细化工还将继续在社会发展中发挥核心作用，并被新兴的信息、生命、新材料、能源、航天等高科技产业赋予新时代的内容和特征。

1. 精细化工与微电子和信息技术

信息技术是现代社会文明的三大支柱之一，精细化工的发展为微电子信息技术奠定了坚实的基础。例如，近年来国外生产的大型电子计算机大部分采用金属氧化物半导体大规模集成电路作为主存储器。同时薄膜多层结构已大量用于集成电路，而电子陶瓷薄膜作为衬底和封装材料是实现多层结构的支柱。GaAs 作为电子计算机逻辑元件的材料，被认为是最有希望的材料。同时，制造集成电路块时，需要为之提供各种超纯试剂、高纯气体、光刻胶、聚酰亚胺等精细化学品。

精细化工产品可以用于大规模和超大规模集成电路的制备，在声光记录、传输和转换等方面也有重要应用。例如，电子封装材料、各种焊剂和基板材料；光存储材料和垂直磁性记录材料，传感器用的光、电、磁、声、力以及对气氛有敏感性的材料，如精细陶瓷材料、成像材料、光导纤维、液晶和电致变色材料等。

2. 精细化工与空间技术

当代航天工业和空间技术发展很快，各国竞争十分激烈，它体现了一个国家的综合实力。而航天所用的运载火箭、航天飞机、人造卫星、宇宙飞船、空间中继站以及通信、导航、遥测遥控等设备的功能材料、电子化学品、结构胶黏剂、高纯物质、高能燃料等都属于特种精细化学品。例如，航天运载火箭发动机的喷嘴温度高达 2800℃，喷嘴材料要求耐高温、耐高冲击和耐腐蚀，石墨和 SiC 陶瓷可以满足喷嘴材料的要求。火箭的绝热材料可用石墨和 Al_2O_3、ZrO_2、SiC 陶瓷制作。航天飞机从太空重返大气层时，机体各部分均处在超高温状态，机体的防护层采用碳纤维增强复合材料，并在 Al_2O_3-SiC-Si 的粉末中进行热处理，使其表面形成 SiC 保护层，再添入 SiO_2 以提高防护层的抗氧化性。又如，空间技术所用结构胶黏剂一般采用聚酰亚胺胶、聚苯并咪唑胶、聚喹噁啉胶、聚氨酯胶、有机硅胶及特种无机胶黏剂。

3. 精细化工与纳米科学技术

纳米科学技术是用单个原子、分子制造物质的科学技术。纳米科学技术以许多现代先进科学技术为基础，它是现代科学（混沌物理、量子力学、介观物理、分子生物学等）和现代技术（计算机技术、微电子和扫描隧道显微镜技术、核分析技术等）结合的产物。纳米科学技术又引发了一系列新的科学技术，如纳米电子学、纳米材料学、纳米机械学等。纳米科学技术被认为是世纪之交出现的一项高科技，有关专家认为其将有可能迅速改变物质资料的生产方式，从而导致社会发生巨大变革。欧美各国十分重视纳米技术，有些国家将其列入"政府关键技术""战略技术"，投入大量人力物力进行研发。我国也相当重视纳米技术研发，并取得了多项高水平的研究成果，有些方面已达到国际先进水平。

纳米材料由纳米粒子组成，纳米粒子一般是指尺寸为 1~100nm 的粒子，处在原子簇和宏观物体交界的过渡区域，是一种介观系统，它具有表面效应、量子尺寸效应、体积效应和宏观量子隧穿效应。

精细化工和当代纳米科学技术密切相关。一方面，有些传统的精细化工技术可以应用于纳米技术，如制备纳米粒子的方法可以采用精细化工的传统技术方法，即真空冷凝法、物理粉碎法、机械球磨法、气相沉积法、沉淀法、溶胶-凝胶法、微乳液法、水热合成法等。另一方面，纳米材料在精细化工方面也得到了一定的应用，如胶黏剂和密封胶、涂料、橡胶、塑料、纤维、有机玻璃、固体弃物处理等。由于纳米粒子的奇特性质，纳米材料在精细化工方面的应用也将使精细化工发生巨大的变革。

4. 精细化工与生物技术

生物技术可以认为是 21 世纪的革新技术，而精细化工可以实现生物技术工业化。生物技术研究的任务主要是解决直接与人类生活和生存有关的重大问题，如粮食、能源、资源、健康和环境等。生物技术与化学工业密切相关，它的突破与发展会对世界经济发展和社会发展产生巨大影响。生物技术固然先进，但也有一些难以处理的化学工程问题。例如，生化反应产物往往组分多且复杂；产物在料液中的含量很低；生物物质易变性，对热、某些酶和机械剪切力等很敏感，很容易引起分解变异；许多生物物质或生化体系的性质与 pH 的变化有很大的关系，很容易引起变性、失活、离解或降低回收率和产物纯度；生物物质混合液中，各物质的物理化学性质不一，情况十分复杂，其中有些生物大分子呈胶粒状悬浮，很难用常规的沉降、过滤等方法进行分离纯化。所有这些问题会使分离和纯化工艺过程变得十分复杂，使设备庞大，使生产费用上升，因而成为需要投入大量研究力量的突出问题。

精细化工产品的研制与开发

1.4 精细化工工艺与产品的研发

要提高精细化工产品的竞争能力，必须坚持不懈地开展科学研究，注意采用新技术、新工艺和新设备，还必须不断研究消费者的心理和需求，以指导新工艺新产品的研制开发。企业只有处于不断研制开发新工艺新产品的领先地位，才能确保其自身在激烈的市场竞争面前立于不败之地。

1.4.1 基础与前期工作

1. 精细化工工艺过程

精细化工工艺即精细化工技术或精细化学品生产技术，是指将原物料经过化学反应或工艺复配转变为产品的方法和过程，包括实现这一转变的全部措施。

在精细化工反应过程中，经过预处理的原料，在一定的温度、压力等条件下进行反应，以达到所要求的反应转化率和收率。精细化学反应类型多样，可以是氧化、还原、复分解、磺化、异构化、聚合等。现代精细化工生产的实现应用了基础科学理论（化学和物理学等）、化学工程的原理和方法以及其他有关工程学科的知识和技术。

将化学反应得到的混合物进行分离，去除副产物或杂质，获得符合组成规格的产品。以上每一步都需在特定的设备中，在一定的操作条件下完成要求的化学和物理转变。但由于精细化工生产中的物质转化内容复杂、类型繁多，经验性的生产工艺技术仍然存在。

精细化工工艺所涉及的内容一般有：原料和生产方法的选择，流程组织，配套设备（反应器、分离器、热交换器等）的设计、作用、结构和操作；催化剂及其他物料的影响；操作条件的确定，生产控制；产品规格及副产品的分离和利用；安全技术和技术经济等问题。现代化学生产技术的主要发展趋势是：基础化学工业生产的大型化，原料和副产物的充分利用，新原料路线和新催化剂（包括新反应）的采用，能源消耗的降低，环境污染的防治，生产控制自动化，生产的最优化等。在精细化工新工艺研发过程中，围绕上述内容有许多技术工作可做。

2. 精细化工新产品的分类

1）按新产品的地域特征分类

（1）国际新产品，指在世界范围内首次生产和销售的产品。

（2）国内新产品，指国外已生产而国内首次生产和销售的产品。

（3）地方或企业新产品，指市场已有但在本地区或本企业第一次生产和销售的产品。

2）按新产品的创新和改进程度分类

（1）全新产品，指具有新原理、新结构、新技术、新的物理和化学特征的产品。

（2）换代新产品，指生产基本原理不变，部分地采用新技术、新的分子结构，从而使产品的功能、性能或经济指标有显著提高的产品。

（3）改进新产品，指对老产品采用各种改进技术，使产品的功能、性能、用途等有一定改进和提高的产品，也可以是在原有产品的基础上派生出来而形成的一种新产品。改进新产品的工作是企业产品开发的一项经常性工作。

3. 信息收集与文献检索

信息收集是进行精细化工开发的基础工作之一。企业在开发新产品时，必须充分利用这种廉价的"第二资源"。根据统计，一项新发明或新技术的约90%的内容可以通过各种途径从已有的知识中取得信息。信息工作做得好，可以减少科研失败的风险，提高新产品的开发速度，避免在低水平上的重复劳动。

1）信息的内容

（1）化工科技文献中有关的新进展、新发现、最新研究方法或工艺等。

（2）国家科技发展方向和有关部门科技发展计划的信息。

（3）有关研究所或工厂新产品、新材料、新工艺、新设备的开发和发展情况的信息。

（4）有关市场动态、价格、资源及进出口变化的信息。

（5）有关产品产量、质量、工艺技术、原材料供应、消耗、成本及利润的信息。

（6）有关厂家基建投资、技术项目、经济效益、技术经济指标的信息。

（7）国际国内的新标准及"三废"治理方面的新法规。

（8）使用者对产品的新要求、产品样品及说明书、价目表等。

（9）有关专业期刊或报刊及其广告、网站、网页、网络数据库与信息等。

2）信息的查阅和收集

精细化工信息的来源途径较多，可从中外文科技文献、调查研究、参加各种会议得到，也可以从日常科研和生活中注意随时留心观察和分析获得。目前各图书馆的电子资源较为常用，如中国知网、万方数据库、维普资讯网、CALIS 外文期刊网、EBSCO（ASP 和 BSP）全文数据库、Elsevier 期刊、ProQuest 学位论文全文数据库、EI 工程索引等。

4. 市场预测和技术调查

1）注意掌握国家产业发展政策

国家产业发展重点的变化，往往导致某些产品的需求量大增而另一些产品的需求量减少，如建材化工产品受政策影响较大。国家对环境保护的要求日益重视，一些对环境有污染的精细化工产品势必好景不长，如残余甲醛超标的精细化学品、涂料用的有毒颜料、农业用的剧毒农药将逐渐被淘汰。

2）了解同种类产品在发达国家的命运

随着现代化水平的提高，人们的生活不断改善，某些正在使用的产品将逐渐被淘汰，新产品也将不断出现。这一过程发达国家比我国发生得早，在这些国家所发生的情况也可能在我国出现，因此他们的经验可以作为我们分析产品前景时的借鉴。在许多专业性刊物，如《化工科技动态》《化工进展》《化工新型材料》《精细与专用化学品》《精细化工》《现代化工》《精细石油化工》等期刊上经常刊登这类信息或综述文章，可供了解产品在国外市场上消亡和兴起的情况。

3）了解产品在国际国内市场上的供求总量及变化动向

企业应该针对产品在国际国内市场上的总需求量有一个估计。国外市场的需求数量可通过查阅有关数据库或询问外贸部门获得，并应了解需求上升或下降的原因；国内市场的总需求量则可根据用户的总数及典型用户的使用量来估计，并通过了解同类生产厂家的数量、生产规模的情况来估计总供货量，根据需求量与供货量的对比确定是否生产或生产规模的大小。

4）注意国家在原料基地建设方面的信息

有些市场较好的化工产品，由于原料来源短缺，无法在国内广泛生产和应用。但若解决了原料来源问题，产品可能很快更新换代。企业对此应有所准备，提前研制采用这些将大批量生产的原料的新产品。

5）了解产品用户信息

产品用户的生产规模变化及生产经营态势，必然导致产品需求量的变化，如能及时获取信息，将有利于企业做好应变准备。

6）设法保护本企业的产品

在我国，一种产品一旦销路广、利润高，便容易出现一哄而起的状况。企业对于自己独创的"拳头"产品，应申请专利或采用其他措施进行保护。

7）技术调查和预测

通过技术调查和预测，了解产品的技术状况与技术发展趋势，本企业能够达到的水平、国内的先进水平以及国际的先进水平。注意收集我国进口精细化工产品的品种和数量、国内销售渠道、样品、说明书、商品标签、生产厂家，以观测国外产品的特色和优点，预测本厂新产品的成本、价格、利润和市场竞争能力等。还要预测可能出现的新产品、新工艺、新技术及其应用范围，预测技术结构和产业结构的发展趋势。

8）注意"边空少特新"产品发展动向

凡是几个部门的边缘产品、几个行业间的空隙产品、市场需要量少的产品、用户急需的特殊产品和全国最新的产品，一般易被大企业忽视或因"调头慢"而一时难以生产，却对精细化工企业特别适宜。这类产品往往市场较好，如果一时无法自我开发，也可向研究机构或高等学校直接购买技术投产。

9）注意本地资源的开发利用

精细化工企业尤其是乡镇企业应注意本地资源的开发利用。例如，在盛产玉米、薯类的地区可发展糠醛、淀粉、柠檬酸、丙酮、丁醇等综合利用产品，并可将这些产品配制成其他利润更高的产品；在动植物油丰富的地区则可发展油脂化工产品，并对产品进行深加工，生产化妆品或洗涤剂等产品；在有土特产的山区、养蚕区则可发展香料、色素等产品。这类利用本地资源开发的产品竞争力强，而且生命力一般比较旺盛。

5. 产品的标准化及标准级别

产品标准是对产品结构、规格、质量和检验方法所做的技术规定。它是一定时期和一定范围内具有约束力的产品技术准则，是产品生产、质量检验、选购验收、使用、保管和洽谈贸易的依据。产品标准的内容主要包括：产品的品种、规格和主要成分；产品的主要性能；产品的适用范围；产品的试验、检验方法和验收规则；产品的包装、储存和运输等方面的要求。

1）国际标准

国际标准是国际上有权威的组织制定、为各国承认和通用的标准，如国际标准化组织（International Organization for Standardization，ISO）和国际电工委员会（International Electrotechnical Commission，IEC）所制定的标准。ISO 在除电子技术以外几乎所有领域中制定国际标准。1983 年，ISO 出版了 Key-World-In Context Index of International Standards，即《国际标准题录关键词索引》，简称《KWIC 索引》。我国国家技术监督局于 1994 年 8 月正式加入国际标准化组织。

2）国家标准

国家标准（GB）是对全国经济、技术发展有重大意义而必须在全国范围内统一的标准。国家标准是国家最高一级和规范性技术文件，是一项重要的技术法规，一经批准发布，各级生产、建设、科研、设计管理部门和企事业单位都必须严格贯彻执行，不得更改或降低标准。

3）行业标准

行业标准是在全国某个行业范围内统一的标准。根据《中华人民共和国标准化法》的规定：由我国各主管部、委（局）批准发布，在该部门范围内统一使用的标准，称为行业标准。例如，机械、电子、建筑、化工、冶金、轻工、纺织、交通、能源、农业、林业、水利等，都制定有行业标准。

行业标准由国务院有关行政主管部门制定，并报国务院标准化行政主管部门备案。当同一内容的国家标准公布后，则该内容的行业标准即行废止。

行业标准由行业标准归口部门统一管理。行业标准的归口部门及其所管理的行业标准范围，由国务院有关行政主管部门提出申请报告，国务院标准化行政主管部门审查确定，并公布该行业的行业标准代号。行业标准分为强制性标准和推荐性标准。下列标准属于强制性行业标准：①药品行业标准、兽药行业标准、农药行业标准、食品卫生行业标准；②工农业产品及产品生产、储运和使用中的安全、卫生行业标准；③工程建设的质量、安全、卫生行业标准；④重要的涉及技术衔接的技术术语、符号、代号（含代码）、文件格式和制图方法行业标准；⑤互换配合行业标准；⑥行业范围内需要控制的产品通用试验方法、检验方法和重要的工农业产品行业标准。

4）地方标准

为了加强地方标准的管理，根据《中华人民共和国标准化法》和《中华人民共和国标准化法实施条例》有关规定，对没有国家标准和行业标准而又需要在省、自治区、直辖市范围内统一的情况，可以制定地方标准（含标准样品的制定）。在公布国家标准或行业标准之后，该地方标准即行废止。

5）企业标准

企业标准（QB）是由生产企业制定发布并报当地相关部门审查备案或网上发布的标准。随着我国经济的发展，已研制生产出许多新型产品，这些产品尚未制定统一的国家或行业等标准，往往由企业根据用户的要求自行制定。有些产品虽有相应的国家标准或行业标准，但为提高产品质量或扩大使用范围，允许企业制定高于国家标准的内控企业标准。

我国精细化工或其他产品经企业制定相应的企业产品标准后可到"企业标准信息公共服务平台"（https://www.qybz.org.cn/）申请发布，但一些国家控制或特殊要求的精细化工产品（如食品添加剂、药物、化妆品等）目前尚需经过相关部门的严格审批备案。

1.4.2 精细化工工艺与产品研发课题来源

精细化工新工艺新产品开发课题的来源多种多样，但从研究设想产生的方式来考虑，主要有下述两种情况。

1. 起源于新知识的科研课题

研究者通过某种途径，如文献资料、演讲会、意外机遇、科学研究、市场及日常生活中了解到某一种科学现象或一个新产品，在寻找该科学现象或新产品的实际应用的过程中提出了新课题。课题的产生往往伴随着灵感的闪现，虽然新课题可能仍在研究者的研究领域之内，但大多并非预期要进行的研究内容。这类课题通常是研究者智慧的结晶，往往具有较高的独创性和新颖性。如果通过仔细分析和尝试性实验后认为课题符合科学性、实用性等原则，并且尚没有其他人进行同样研究，则研究成果往往是具有创造性的新发明。图 1-2 表示这类课题的产生过程。

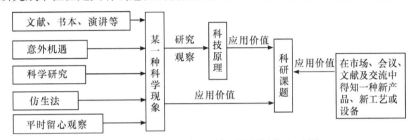

图 1-2　起源于新知识科研课题的产生过程

2. 解决具体问题的科研课题

在更多的情况下，精细化工产品的发明和改进是通过对具体课题进行深入研究后产生的，其思维过程如图 1-3 所示。

这一类课题可以是针对某一具体的精细化工产品，通过缺点列举、希望列举所提出的，也可以是在工业生产实际中提出来的，还可以是一些久攻不克的研究课题或攻关课题，以及仿制进口产品等。这些课题研究的目标和任务与第一种方式不同，它预先就有明确的任务和指标要求。我国现阶段精细化工产品的开发大部分是采用这一方式。

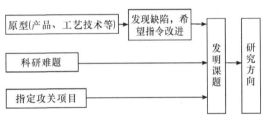

图 1-3　精细化工过程开发步骤示意图

科技人员要采用这一方式选题，就要经常深入生产现场和产品用户，了解现有产品的缺点和人们对它的期望。除此之外，还应经常了解其他研究人员的研究选题动向（通过技术刊物、会议、网络或调研活动），并及时向有关领导机关或厂家了解产品开发要求或国产化要求等信息，在积累了大量信息的基础上，便可找到合适的科研课题。

1.4.3　科研课题的研究方法

在研究课题选择的同时或课题选定之后，便要开始考虑怎样着手进行研究，即制定研究方案。一个课题的研究方法往往不止一种，有时甚至有几种或十几种方法都可以用来研究同一个课题。研究者的知识结构不同，思维方法不同，就可能选择不同的研究方法。常用的研究方法有以下几种：

（1）模仿和类比研究法。即模仿别人在研究同类产品时的研究方法开展研究；或以已有的产品为蓝本，根据其在某一种特征上与待开发产品的类似之处，通过模仿进行研究的方法。

（2）仿天然物研究法。这是类比研究法的一种特殊形式，即以自然界中天然存在的物资为蓝本，通过结构分析和机理研究，模拟天然物质的结构，研究出性能相近或更为优越的产品。

（3）应用科学技术原理或现象法。即通过查阅文献，深入了解有关的科学原理、作用机理、特殊科学现象，并应用这些科学技术原理进行研究的方法。

（4）筛选研究法。通过对大量物质和配方的尝试，找到所期望的物质或配方的研究方法。

（5）样品解剖分析法。如果掌握了某一精细化工产品的样品，而由于技术保密的原因无法知道其组成和配方，在研制同类产品时，可以采用分析化学的方法对其组成进行定性、定量分析，以便了解产品的大致成分及配方，在不侵犯其专利权的情况下作为研究工作的参考。

上述五种常用研究方法并不是孤立存在的，在研究一个具体课题时，科研人员往往综合使用上述几种方法。

1.4.4　精细化工新产品的发展规律

一个精细化工产品从无到有，从低级到高级的不断发展，往往要经历很长时间，随着现代科学技术的进步，这个时间过程被大大缩短了。只有掌握了新产品发展的规律，才能对产品的发展方向有正确的预测，才能确定研制开发新产品的目标。新产品的发展一般要经历以下几个阶段。

1. 原型发现阶段

精细化工产品的原型即其发展的起点，原型的发现是一种科学发现。在原型被发现之前，人们对所需要的产品是否存在，是否可能实现是完全茫然无知的，原型的发现是该类产品研究和发展的根源，为开发该产品提供了基本思路。例如，在 1869 年 Ross 发现磷化膜对金属有保护作用之前，人们并不知道可通过磷化来提高金属的防锈能力；在一百多年前人们发现除虫菊可以防治害虫并对人畜无害之前，人们也并不知道存在对人类无害的杀虫剂。许多精细化工产品的原型是人们在长期的实践中逐步发现的。又如，数千年前人类便已发现了天然染料，如由植物提取的靛蓝、由茜草提取的红色染料、由贝壳动物提取的紫色染料等，这些天然染料便是人工合成染料的原型。

现代科学技术的发展使许许多多闻所未闻的新产品原型不断被发现。新产品原型的发现往往预示着一类产品即将诞生，一系列根据原型发现原理的新发明即将出现。

2. 雏形发明阶段

原型发现往往直接导致一个全新的化工产品的雏形发明。但在多数情况下，雏形发明的实用价值很低。例如，Ross 发现铁制品磷化防锈以及由此发明了最简单的磷化液配方，但这个发明由于实用价值低而长期未受到重视。有些情况下，原型的发现并未直接导致雏形发明的产生，如在弗莱明发明青霉素之前，便已有细菌学者发现某些细菌会阻碍其他细菌生长这一现象，但并没有导致青霉素的发明。而弗莱明却利用类似发现，于 1929 年制成了青霉素粗制剂（雏形发明），但还未达实用目的。

雏形发明的出现可视为精细化工产品研究的开始，为开发该类产品提供了客观可能性。一般而言，在雏形发明诞生之后，针对该雏形发明的改进工作便会兴起，许多有类似性质和功能的物质会逐渐发现，有关的科技论文也会逐渐增多，产品日益朝实际应用的方向发展。通常，雏形发现和发明容易引起人们的怀疑和抵制，因为它的出现往往冲击了人们的传统观念。科研人员如果能认识到某一雏形发明的潜在前景，在此基础上开展深入研究，往往可以做出有重大意义的产品发明。

3. 性能改进阶段

雏形发明出现之后，对雏形发明的性能、生产方式进行改进并克服雏形发明的各种缺陷的应用研究工作便会广泛地开展，科技论文数量大幅度增加，对作用机理及化合物结构和性能特点的研究也开始进行。一般通过两种方式对雏形发明进行改进。

第一，通过机理研究，初步弄清雏形发明的作用机理，从而从理论上提出改进的措施，并通过大量的尝试和筛选工作，找到在性能上优于雏形发明的新产品。

第二，使雏形发明在工艺上、生产方法上及价格上实用化。经过改进后的雏形发明虽然性能上有所改善并能够应用于工业及生活实际中，但往往受到工艺条件复杂、使用不方便及原料缺乏等限制。为了解决这些问题，必须做更多更深入的研究，使产品逐渐走向实用。

4. 功能扩展阶段

在一种新型精细化工产品已在工业或人们生活中实际应用之后，便面临研究工作更为活跃的功能扩展阶段。功能扩展主要表现在以下几个方面：

（1）品种日益增多。为了满足不同使用者和应用场合的具体要求，在原理上大同小异的新产品和新配方大量涌现，出现一些系列产品。在这一阶段，研究论文或专利数量非常多，重复研究现象也大量出现。

（2）产品的性能和功能日益脱离原型。虽然新产品仍留有原型的影子，但在化学结构、生产工艺和配方组成上离原型会越来越远，性能也更为优异。

（3）产品的使用方式日益多样化。经常出现不同使用方法的产品或系列产品。

小型精细化工企业开发的新产品一般是功能扩展阶段的产品，但对于一个具有创新精神的企业，则应时刻注意有关原型发现和雏形发明的信息，不失时机地开展性能改进工作。一旦性能改进研究工作完成后，便要尽快转入产品的功能扩展研究，力争早日占领市场。

1.4.5 精细化工过程开发试验及步骤

精细化工过程开发是从一个新的技术思想的提出，通过实验室试验、中间试验到实现工业化生产取得经济实效并形成一整套技术资料这样一个全过程，或者说是把"设想"变成"现实"的全过程。由于化工生产的多样性与复杂性，化工过程开发的目标和内容有所不同，如新产品开发、新技术开发、新设备开发、老技术、老设备的革新等，但开发的程序或步骤大同小异。一般精细化工过程开发步骤如图1-4所示。

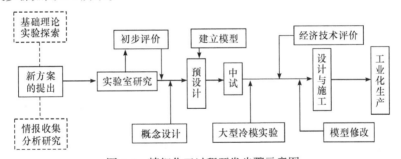

图1-4 精细化工过程开发步骤示意图

综合起来看，一个新的精细化工过程开发可分为三大阶段，分述如下。

1. 实验室研究（小试）

实验室研究阶段包括根据物理和化学的基本理论或从实验现象的启发与推演、信息资料的分析等出发，提出一个新的技术或工艺思路，然后在实验室进行实验探索，明确过程的可能性和合理性，测定基础数据，探索工艺条件等，具体事项说明如下。

（1）选择原料。小试的原料通常用纯试剂（化学纯、分析纯）。纯试剂杂质少，能本质地显露出反应条件和原料配比对产品收率的影响，减少研制新产品的阻力。在用纯试剂研制取得成功的基础上，逐一改用工业原料。有些工业原料含有的杂质对新产品质量等影响很小，则可直接采用。有些工业原料杂质较多，影响合成新产品的反应或质量，那就要经过提纯或其他方法处理后再用。

（2）确定催化体系。催化剂可使反应速率大大加快，能使一些不宜用于工业生产的缓慢反应得到加速，建立新的产业。近年来关于制取医药、农药、食品和饲料添加剂等的催化剂专利增长很快。选择催化体系尽量要从省资源、省能源、少污染的角度考虑，尤其要注意采用生物酶作催化剂。

（3）提出和验证实施反应的方法、工艺条件范围、最优条件和指标。其中包括进料配比和流速、反应温度、压力、接触时间、催化剂负荷、反应的转化率和选择性、催化剂的寿命或失活情况等，这些大部分可以通过安排单因素实验、多因素正交试验等得出结论。

（4）收集或测定必要的理化数据和热力学数据。包括密度、黏度、导热系数、扩散系数、比热、反应的热效应、化学平衡常数、压缩因子、蒸气压、露点、泡点、爆炸极限等。

（5）动力学研究。对于化学反应体系应研究其主反应速率、重要的副反应速率，必要时测定失活速率、处理动力学方程式并得出反应的活化能。

（6）传递过程研究。流体流动的压降、速度分布、混合与返混、停留时间分布、气含率、固含率、固体粒子的磨损、相间交换、传热系数、传质系数以及有内部构件时的影响等。

（7）材料抗腐蚀性能研究。所用原料应考虑对生产设备的腐蚀等影响。

（8）毒性试验。许多精细化工新产品要做毒性试验。急性毒性用 LD_{50} 来表示，又称半数致死量，指被试验的动物（大白鼠、小白鼠等）一次口服、注射或皮肤敷药剂后，有半数（50%）动物死亡所用的剂量。LD_{50} 的单位是所用药剂毫克数/千克体重。LD_{50} 数值越小，表示毒性越大。对于医药、农药、食品和饲料添加剂等精细化工产品，除了做急性毒性试验外，还要做亚急性和慢性毒性（包括致癌、致畸）等试验。在开发精细化工产品时，预先就要查阅毒性方面的资料，毒性较大的精细化工产品就不能用于与人类生存密切相关的领域，如食品周转箱、食品包装材料和日用精细化工产品等。

（9）质量分析。小试产品的质量是否符合标准或要求，需用分析手段来鉴别。原材料的质量、工艺流程的中间控制、"三废"处理和利用等都要进行分析。从事精细化工产品生产和开发的企业，应根据分析任务、分析对象、操作方法及测定原理等，建立必要的分析机构和添置相应的分析仪器设备。

2. 中试放大

从实验室研究到工业生产的开发过程，一般理解为量的扩大而忽视其质的方面。为使小试的成果应用于生产，一般要进行中试放大试验，它是过渡到工业化生产的关键阶段。往往每一级的放大都伴随技术质量上的差别，小装置上的措施未必与大装置上的相同，甚至一些操作参数要另做调整。在此阶段中，化学工程和反应工程的知识和手段是十分重要的。中试的时间对一个过程的开发周期往往具有决定性的影响。中试要求研究人员具有丰富的工程知识，掌握先进的测试手段，并能取得提供工业生产装置设计的工程数据，进行数据处理从而修正为放大设计所需的数学模型。此外，对于新过程的经济评价也是中试阶段的重要组成部分。

1）预设计及评价

结合已有的小试结果、资料或经验，较粗略地预计出全过程的流程和设备，估算出投资、成本和各项技术经济指标，然后加以评价或进行可行性研究。考察是否有工业化的价值，哪些方面还有待于改进，是要全流程的中间厂，还是只要局部中试就可以了，是否有可能利用现有的某些生产装置来进行中试并据此进行中间厂设计。

2）中试的任务

中试是过渡到工业化生产的关键阶段，它的建设和运转要力求经济和高效。中试的任务如下：①检验和确定系统的连续运转条件和可靠性；②全面提供工程设计数据，包括动力学、传递过程的诸方面数据，以供数学模型或直接设计之需；③考察设备结构的材质和材料的性能；④考察杂质的影响；⑤提供部分产品或副产品的应用研究和市场开发之需；⑥研究解决"三废"的处理问题；⑦研究生产控制方法；⑧确定实际的经济消耗指标；⑨修正和检验数学模型。

3）中试放大方法

根据目前国内外研究进展情况，放大方法一般分为经验放大法、部分解析法和数学模型放大法等，分述如下。

（1）经验放大法。这是依靠对类似装置或产品生产的操作经验而建立起来的以经验认识为主实行放大的方法。因此，为了不冒失败的风险，放大的比例通常是比较小的，甚至再有意加大一些安全系数。对难以进行的理论解析课题，往往依靠经验来解决。

（2）部分解析法。这是一种半经验、半理论的方法，即根据化学反应工程的知识（动量传递、热量传递、质量传递和反应动力学模型），对反应系统中的某些部分进行分析，确定各影响因素之间的主次关系，并以数学形式做出部分描述，然后在小装置中进行试验验证，探明这些关系式的偏离程度，找出修正因子，或者结合经验判断，制订出设计方法或所需结果。

（3）数学模型放大法。该法是针对一个实际放大过用数学方程的形式加以描述，即用数学语言来表达过程中各种变量之间的关系，再运用计算机来进行研究、设计和放大。这种数学方程称为数学模型，它通常是一组微分或代数方程式。数学模型的建立是整个放大过程的核心，也是最困难的部分。只要能够建立正确的模型，利用电子计算机，一般可以算出结果。要建立一个正确的数学模型，首先要对过程的实质有深刻认识和确切掌握，这就需要有从生产实践和科学研究两方面积累起来的、直接的和间接的知识，经过去伪存真、去芜存精，把它抽象成为概念、理论和方法，然后才能运用数学手段把有关因素之间的相互关系定量地表示出来。数学模型放大法成功的关键在于数学模型的可靠性，一般从初级模型到预测模型再到设计模型需经过小试、中试到工业试验的多次检验修正，才能达到真正完美的程度。

（4）相似模拟法。通过无量纲数进行放大的相似模拟法被成功地应用于许多物理过程，但对化学反应过程，由于一般不能做到既物理相似又化学相似，因此除特殊情况外，多不采用。

3. 工业化生产试验

一般正式工业化生产厂的规模为中间试验厂的10～50倍，当腐蚀情况及物性常数都明确时，规模可扩大到100～500倍。

组成一个过程的许多化工单元和设备能够放大的倍数并不一致。对于通用的流体输送机械，如泵及压缩机等，因是定型产品，不存在这个问题。对于一般的换热设备，只要物性数据准确，可以放大数百倍而误差不超过10%。对于蒸馏、吸收等塔设备，如有正确的平衡数据，也可放大100～200倍。总之，对于精细化工生产的单元操作和设备，经过中试后，即可比较容易地进行工业设计并投入工业化生产试验。但对于化学反应装置，由于其中进行着多种物理与化学过程，而且相互影响，情况错综复杂，理论解析往往感到困难，甚至实验数据也不易归纳为有把握的规律性的形式，工业化生产的关键或难点即在此。

精细化工产品大致分为配方型产品和合成型产品。对于配方型产品，其反应装置内进行的只是一定工艺条件下的复配或只有简单的化学反应，这种产品在经过中试后可直接进入工业化生产，一般不会存在技术问题。对于合成型产品，尤其是需经过多步合成反应的医药类产品，由于反应过程复杂，影响因素较多，在进行设计时需建立工业反应器的数学模型，然后进行工业化生产试验。这方面的问题属于化学反应工程学的研究范畴，在此简述如下。

数学模型可以分为两大类：一类是从过程机理出发推导得到的，称为机理模型；另一类是由于对过程的实质了解得不甚确切，而是从实验数据归纳得到的模型，称为经验模型。机理模型由于反映了过程的本质，可以外推使用，即可超出实验条件范围；而经验模型则不宜进行外推，或者不宜大幅度地进行外推。既然是经验性的，自然就有一定的局限性，超过了所归纳的实验数据范围，结论就不一定可靠。显而易见，能够建立机理模型当然最好，但由于科技发展水平的限制，目前还有许多过程的实质尚不甚清楚，也只能建立经验模型。工业反应器中的过程都是十分复杂的，需要抓住主要矛盾，将复杂现象简化，构成一个清晰的物理图像。一般工业化学反应器数学模型的建立，首先要结合反应器的形式，充分运用各有关学科的知识进行过程的动力学分析。图 1-5 为反应器模型建立程序，同时也给出了所涉及的学科及其相互关系。通过实验数据及热力学和化学知识，首先获得微观反应速率方程。前文已指出，要确定反应过程的温度条件，就牵涉相间的传热、反应器与外界的换热；要确定反应器内物料的浓度分布情况，则与器内流体流动状况、混合情况、相间传质等有关。反应组分的浓度或温度都是决定反应速率的重要因素。因此，微观反应速率方程是不可能描述工业反应器全过程的。这就需要将微观反应速率方程与传递过程结合起来考虑，运用相应的数学方法，建立宏观反应速率方程。最后，还需从经济的角度进行分析，以获得最适宜的反应速率方程。

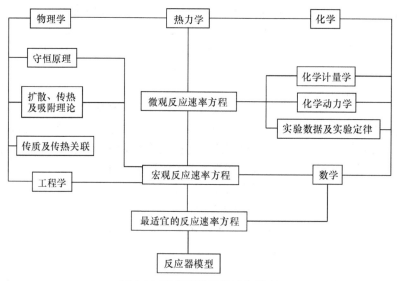

图 1-5 反应器模型的建立程序

数学模型的模型参数不宜过多，因为模型参数过多会掩盖模型和装置性能相拟合的真实程度。还应考虑到所得的模型方程计算机是否能运算，费时多少，特别是控制用的数学模型。另外，同一过程往往可以建立许多数学模型，这里就存在一个模型识别的问题，即对可能的模型加以鉴别，找出最合适的模型，模型确定后，还需根据实验数据进行参数估值。

工业反应器的规模改变时，不仅产生量的变化，而且产生质的变化。因此，将根据实验室数据和有关学科知识建立起来的反应器模型用于实际生产时，需要做不同规模的反应器试验，反复将数学模型在实践中检验、修改、锤炼与提高后，方可作为工业化生产设计的依据。当然，不是所有化工过程都可以用数学模型描述，也不是说每个化工过程的开发都必须建立数学模型，应视具体情况而定。

上述所讨论的几个放大阶段仅是工艺过程方面，当然这是重要的一面。但是，对于一个新产品，工厂或车间的设计与建设是不够的，还有许多方面的问题需要解决，如经济分析、机械设计、自动控制、环境保护等，都需综合考虑。

1.4.6 精细化工产品剖析原理与程序

精细化学品的原料来源途径较多，原料本身不纯，都是同系物的混合物，组成复杂不固定。精细化学品的产品大多不经分离提纯，为满足工艺的特定要求往往把各种性能不同的化学品混合复配，或把不溶于水的物质配成乳液，所以在一般剖析过程中，首先必须经过预分离和分离过程，再对其基本物性等进行定性和定量分析。再者，精细化学品的组成与性能之间缺乏简单的对应关系，特别是普遍存在着的协同效应或相互制约等，使用方面也表现为多功能性，所以剖析主要成分或有效成分的结构及含量后，还要进行配方、性能的研究和评价。

1. 精细化工产品剖析程序

由于剖析对象具有复杂性，剖析过程具有综合性，因而剖析工作具有烦琐性和多样性，没有一套规范化的普遍适用的程序和方法。在进行剖析时，思路要清晰，目标要明确，根据样品的性质、复杂的程度、组成成分及剖析的目的要求等，选择合适的程序和方法。精细化工产品剖析的一般程序见图 1-6。

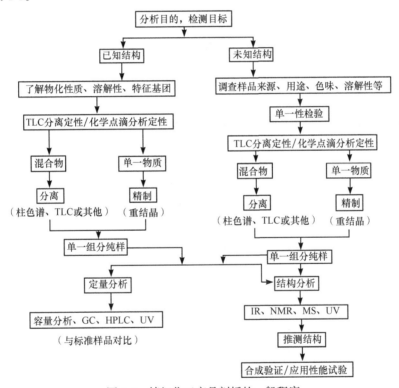

图 1-6　精细化工产品剖析的一般程序

对组成简单的样品剖析，通过物化性质的了解、薄层色谱或化学点滴分析定性，确定为混合物则进行分离，若为单一物质则精制后再进行定量分析完成剖析过程。但对于组成复杂、完全未知的样品进行剖析时，则要有步骤地按以下一般顺序进行：对样品进行了解和调查→对样品物化性质进行初步检验→编制剖析程序→剖析样品的预分离→纯度鉴定→结构测定→各组分含量的定量测定→合成、加工、配方和应用性能研究。

对样品进行了解和调查是剖析工作的第一步，也是最重要的一步，它对剖析工作起到事半功倍的效果。通过对剖析样品的来源和用途的深入了解（如样品的固有特性、使用特性以及可能的组分等），能够大大缩小剖析的范围。通过对剖析的目的、任务、价值的了解，可以明确剖析范围，减少不必要的实验。无论剖析哪类样品，在剖析工作进行之前，查阅各方面的资料，对样品有充分的了解都有利于剖析工作的深入进行。对样品的了解和调查主要从以下两个方面入手。

（1）样品的来源。剖析工作的对象大致来自三个方面：一是国内外新产品，特别是填补国内空白所引进的国外新产品；二是天然产物；三是生产过程中出现的剖析课题。若是国内外新产品，需要尽可能地获知该产品的商品名称、生产厂家、商标、批号，以缩小查找专业文献的作者和时段范围。若是天然产物，则要了解动植物种、属的拉丁名称，根据化学分类学原理，同源植物有相似的化学组成，因此要查找与其相同种、属植物的化学组分。若是生产过程中的剖析课题，则应了解该产品的生产流程、反应方程式，以尽可能获知剖析样品属生产过程中的哪一阶段，以及可能的组分及化学结构。

（2）样品的用途和经济价值。通过了解样品的用途，可获知样品的一些固有特性及可能组分，这有利于缩小剖析范围。如果剖析样品是民用的和销售量较大的材料和制品，一般是价格低廉的通用化工原料；若是军用产品，则可能是一些具有特殊性质的新材料。

2. 精细化工产品剖析实例

对于某一个剖析对象的剖析程序，应根据具体条件进行变化。例如，对新的清洗剂配方的剖析，工作重点首先是弄清对洗涤性能起决定作用的表面活性剂的品种和配比，其次是进行配方和应用研究，获得性能与样品相似或优于样品的新清洗剂配方。清洗剂中各助剂的组成、配比等可根据一般规律进行调整。剖析手段主要是溶剂萃取、柱色谱和薄层色谱，应用各类表面活性剂的标准品作对照等。

天然植物药物的剖析中，为获知该药物治疗某种疾病的有效成分，在剖析工作前，除对该天然植物的来源、种属、已分离得到的有关化学成分等进行调研外，重要的是确立一种药理模型（动物试验方法）。例如治疗肝炎的药物，必须分离植物提取物的各个部位，在动物身上做试验，观察其治疗效果，以确定提取物的有效部位和有效成分化合物。因此，药理试验是分离工作的眼睛，是剖析工作的前提。天然植物药物中有效成分的剖析程序如图1-7所示。

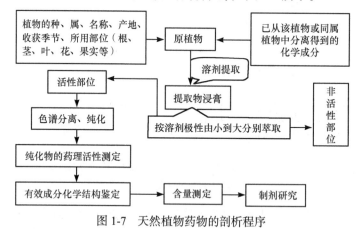

图 1-7　天然植物药物的剖析程序

第2章 表面活性剂

表面活性剂是一类具有两亲结构的化合物，分子中至少含有两种极性与媒亲性迥然不同的基团。人们对其进行系统的理论和应用研究的历史并不长，但由于它独特多样的功能性，发展非常迅速。目前，表面活性剂的应用已渗透到所有工业领域和技术部门。它用量虽小，但对改进技术、提高工作效率和产品质量、增收节支收效显著，因此有"工业味精"之美称。由于分子结构的特殊性，表面活性剂具有洗涤、润湿或抗黏、乳化或破乳、起泡或消泡、增溶、分散、防腐、抗静电等多种功能，作为精细化工领域的支柱产业，在国民经济各行各业特别是高科技领域中发挥着重要的作用，其发展水平已被视为各国高新化工技术产业的重要标志，并成为当今世界化学工业激烈竞争的焦点。

2.1 概　　述

表面活性剂的种类、特性与应用

2.1.1 表面张力与表面活性剂

不同聚集状态，即不同相的物质相互接触，形成相与相的分界面，称为界面。按照气相、液相、固相两两组合形式的不同，界面可分为：液-气、液-液、液-固、固-气、固-固五种类型。由于人眼通常看不见气相，因此常把液-气、固-气的界面称为表面。

通常把沿着与表面相切的方向，垂直作用于液体表面上任一单位长度的表面紧缩力，称为表面张力。液体的表面张力是液体的基本物理性质之一，液体的许多特性都与表面张力有关。

某些物质在加入量很少时就可使水的表面张力显著下降。例如，油酸钠水溶液在溶液浓度很低时（0.1%）就能使水的表面张力自 0.072N/m 降到 0.025N/m 左右。把能使溶剂的表面张力降低的性质称为表面活性；而把具有表面活性，加入很少量即能显著降低溶剂（一般为水）的表面张力、改变体系界面状态的物质称为表面活性剂。

2.1.2 表面活性剂的分子结构特点与分类

1. 表面活性剂的分子结构特点

表面活性剂的品种繁多，可以根据表面活性剂化学结构的特点简单归纳。表面活性剂分子可以看作碳氢化合物分子上的一个或几个氢原子被极性基团取代而构成的物质，其中极性取代基可以是离子基团，也可以是非离子。因此，表面活性剂分子结构一般由极性基和非极性基构成，具有不对称结构。它的极性基易溶于水即具有亲水性质，因此称为亲水基；而长链烃基（非极性基）不溶于水，易溶于"油"，具有亲油性质，因此称为亲油基，也称疏水基。由此可知，表面活性剂分子具有"两亲结构"，称为"两亲分子"。对于一定的体系如何选择使用表面活性剂，目前尚缺乏定量的理论指导，较为一致的看法是：表面活性剂的亲水基团的亲水性和亲油基团的亲油性是衡量表面活性剂效率的主要指标。

"亲水-亲油平衡"指表面活性剂的亲水基和疏水基之间在大小和力量上的平衡关系，它是表面活性剂的重要物理化学参数之一。反映这种平衡程度的量被称为亲水-亲油平衡（hydrophilic lipophilic balance，HLB）值。

HLB 值获得方法有实验法和计算法两种，其中后者较为方便。HLB 值没有绝对值，它是相对于某个标准所得的值。一般以石蜡的 HLB 值为 0，没有亲油基的聚乙二醇 HLB 值为 20，油酸的

HLB 值为 1，油酸钾的 HLB 值为 20，十二烷基硫酸钠的 HLB 值为 40 作为标准。由此可得到阴、阳离子型表面活性剂的 HLB 值为 1～40，非离子型的 HLB 值为 1～20。计算法得到 HLB 值的基本计算公式如下：

$$HLB 值 = \frac{亲水基质量}{亲水基质量 + 疏水基质量} \times 20$$

实际应用过程中，HLB 值可以通过戴维斯（Davis）、格里芬（Griffin）建立的公式计算，也可以由乳化法、临界胶束浓度法等实验方法测定。

HLB 值的范围与基本应用关系如下：

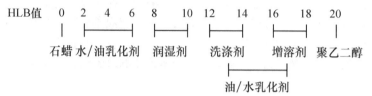

临界胶束浓度（critical micelle concentration，CMC）也是表面活性剂的主要性能参数，指表面活性剂在溶液中开始形成胶束的最低浓度。当溶液浓度达到 CMC 时，溶液表面定向排列已经饱和，表面张力达到最小值，开始形成小胶束；当溶液浓度超过 CMC 时，溶液中的分子的疏水基相互吸引，分子自发聚集，形成球状、棒状、层状胶束，将疏水基埋在胶束内部，参见图 2-1。

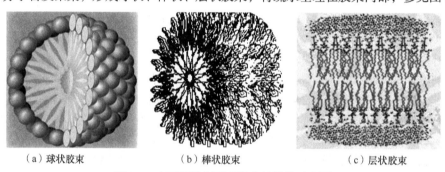

（a）球状胶束　　　　　　（b）棒状胶束　　　　　　（c）层状胶束

图 2-1　表面活性剂形成胶束的结构示意图

2. 表面活性剂的分类

表面活性剂性质的差异除与烃基的大小、形状有关外，主要与亲水基有关。亲水基的变化比疏水基要大得多，因而表面活性剂一般以亲水基的结构分类，即按离子类型的不同划分。

表面活性剂溶于水时，凡能离解成离子的称为离子表面活性剂，凡不能离解成离子的称为非离子表面活性剂。而离子表面活性剂按其在水中生成的表面活性离子的种类，又可分为阴离子表面活性剂、阳离子表面活性剂、两性表面活性剂等。一些具有特殊功能或特殊组成的新型表面活性剂未按离子、非离子划分，而是根据其特性列入特种表面活性剂。

1）阴离子表面活性剂

阴离子表面活性剂按亲水基不同，可分为羧酸盐（R—COOM）、硫酸酯盐（R—OSO$_3$M）、磺酸盐[R—SO$_3$M（R 包括芳基）]、磷酸酯盐（R—OPO$_3$M$_2$）、脂肪酰-肽缩合物（R$_1$CONHR$_2$COOH）等。由于 R 和 M 的不同，每一种又可衍生出许多种类的表面活性剂。

2）阳离子表面活性剂

工业上一般不直接应用阳离子表面活性剂的表面活性，而多利用其派生性质。阳离子表面活性剂以胺系为主，其分类与结构如图 2-2 所示。

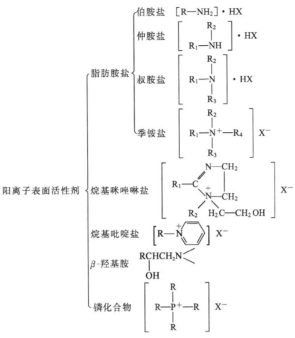

图 2-2　阳离子表面活性剂的分类与结构

3）两性表面活性剂

两性表面活性剂通常指由阳离子部分和阴离子部分组成的表面活性剂。其常见类别与结构见图 2-3。

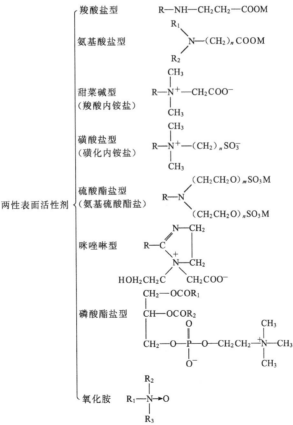

图 2-3　两性表面活性剂的分类与结构

4）非离子表面活性剂

非离子表面活性剂在水中不电离，其亲水基主要是由具有一定数量的含氧基团（一般为醚基和羟基）构成。非离子表面活性剂的分类与结构见图2-4。

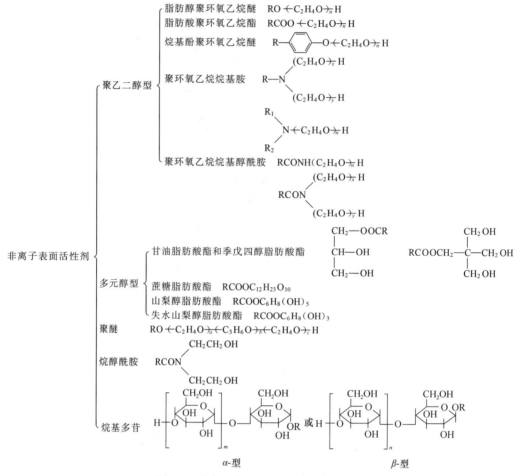

图 2-4 非离子表面活性剂的分类与结构

浊点是非离子表面活性剂的一个特性常数。非离子表面活性剂溶液由透明变混浊和由混浊变透明的平均温度称为浊点。非离子表面活性剂水溶液的浊点明显受表面活性剂的分子结构和共存物质的影响。

5）新型和特种表面活性剂

新型和特种表面活性剂各自具有特殊的结构及性能，类别较多，主要有氟系列、硅系列、硼系列、聚合物表面活性剂等。

2.1.3 表面活性剂的理化特性

表面活性剂的一般性质主要是指物理、化学和生物化学等性质，主要包括溶解性、化学稳定性、毒性、生物降解性等。这些性质主要因亲水基离子性质的不同而有所不同。

由于表面活性剂的特殊结构及分子特征，其能起乳化、分散、增溶、洗涤去污、润湿、发泡、消泡、保湿、润滑、杀菌、消毒、柔软、疏水、抗静电、防腐、浮选等一系列作用。

2.1.4 表面活性剂亲油基原料来源

表面活性剂亲油基原料来源主要有两方面:一是不可再生资源石油化工原料;二是可再生资源天然动植物油脂。哪种原料占据市场取决于资源可利用性及其价格、生产工艺、环境保护等多方面的影响。第二次世界大战后石油化工的兴起提供了高质量的在当时相对较为廉价的原料,使表面活性剂工业进入迅速发展时代,出现了石油化工资源与天然可再生资源的原料路线对峙的局面。近年来,由于石油资源生产战略上的考虑以及油脂作物生产技术的改进,特别是在"石油资源有限论"和"回归天然"、"无公害性"及天然原料的"环境相适宜性"的影响下,不少公司厂家对天然油脂生产表面活性剂表现出浓厚兴趣,出现了以纯天然物质为原料来改变石油化工和天然原料复合来源的倾向,正在进一步研究用天然再生资源作为表面活性剂工业基本原料来源的可能性,在油脂化学工业中已经可以明显地看出这种动向。但目前还不可能改变现有表面活性剂原料结构的比例,从总的形势看还应为两类资源并用,并兼备各种技术和配方,以适应市场需求的瞬间变化。

生产表面活性剂的原料主要包括长链正构烷烃及高碳烯烃、脂肪醇、脂肪胺、脂肪酸及其衍生物、烷基酚、烷基苯、淀粉等。

2.2 阴离子表面活性剂

典型阴离子表面
活性剂合成与应用

2.2.1 羧酸盐型阴离子表面活性剂

1. 肥皂

肥皂是历史悠久且产量较大的一种阴离子表面活性剂产品,其化学式为 RCOOM(R 为 $C_8 \sim C_{22}$ 烃基;M 为 Na^+、K^+、NH_4^+,一般为 Na^+)。肥皂是以天然动植物油脂与碱的水溶液加热发生皂化反应制得的。其化学反应式为

$$\begin{array}{ccccc} H_2COOCR & & & & CH_2OH \\ HCOOCR & + & 3NaOH \longrightarrow 3RCOONa & + & CHOH \\ H_2COOCR & & & & CH_2OH \end{array}$$

工业制皂有盐析法、中和法和直接法,从原理上讲盐析法和直接法都是油脂皂化法。国内目前普遍采用盐析法,国外先进的制皂工艺采用中和法和连续皂化法。

盐析法制皂工艺流程如图 2-5 所示。主要包括皂化、盐析、碱析、整理和调和五步制得皂基,然后进一步加工成洗衣皂和香皂。

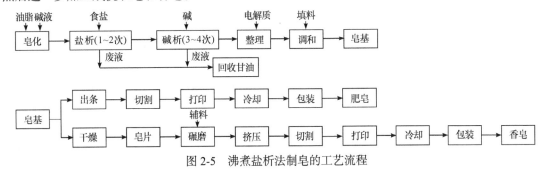

图 2-5 沸煮盐析法制皂的工艺流程

皂化所用的碱可以是氢氧化钠或氢氧化钾,用氢氧化钠皂化油脂得到的肥皂称为钠皂,主要可作洗衣皂和香皂;用氢氧化钾皂化油脂得到的肥皂称为钾皂,可作化妆皂。肥皂的性质除与金

属离子的种类有关外，还与脂肪酸部分的烃基组成有很大关系。钠皂质地较钾皂硬，胺皂最软，脂肪酸的碳链越长，饱和度越大，凝固点越高，用其制成的肥皂越硬。例如，用硬脂酸、月桂酸和油酸制成的三种皂，硬脂酸皂最硬，月桂酸皂次之，油酸皂最软。

硬脂酸钠是具有脂肪气味的白色粉末。易溶于热水和热乙醇，是常用的化妆品乳化剂。月桂酸钾是淡黄色浆状物，易溶于水，起泡力强，主要用于液体皂和香波生产，也常用作乳化剂。用三乙醇胺与油酸制成的皂为淡黄色浆状物，溶于水，易氧化变质。挥发性胺的脂肪酸盐常用于上光剂中。胺盐水解生成的自由胺挥发后，表面涂层中留下疏水物质，能提高表面的抗水性。松香酸与纯碱溶液中和形成的松香皂易溶于水，有较好的抗硬水能力和润湿能力，多用于洗衣皂生产。

2. 多羧酸皂类

多羧酸皂使用不多，较典型的是作润滑油添加剂、防锈剂用的烷基琥珀酸系列制品。琥珀酸学名丁二酸，带有一个长碳链后便成为有亲油基的二羧酸。该系列产品一般是利用 $C_3 \sim C_{24}$ 的烯烃与顺丁烯二酸酐共热，在 200℃下直接加成为烷基琥珀酸酐而制得的。其中较常见的是十二烷基琥珀酸（dodecyl succinic acid，DSA），加成反应为

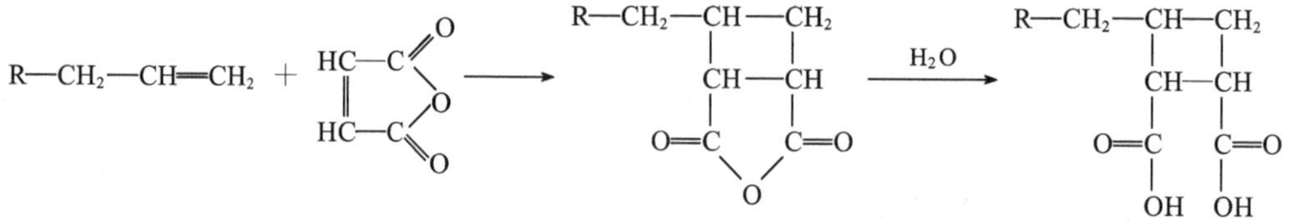

一般来说，亲油基上带有两个亲水基的产物，其表面活性不会优良。因而，此系列产品常将两个羧基中的一个用丁醇或戊醇加以酯化，生成单羧酸钠盐，即变为润湿、洗净、乳化作用良好的表面活性剂。

3. N-酰基氨基羧酸盐

N-酰基氨基羧酸盐是脂肪酰氯与氨基酸的反应产物，其结构为

R—CONH(CONHR″)ₙCOONa　　（R 为长碳链烷基，R′和 R″为蛋白质分解产物带有的低碳烷基）
　　|
　　R′

常用的氨基酸原料是肌氨酸和蛋白质水解物，脂肪酰氯则多为 C_{12}、C_{14}、C_{16}、C_{18} 的月桂酰氯、肉豆蔻酰氯、棕榈酰氯和硬脂酰氯以及带有一个双键的油酰氯。其中较著名的产品是商品名为雷米邦的 N-油酰基多缩氨基酸钠，其去污力和乳化力强，还具有良好的钙皂分散力，在纺织印染、丝毛加工业中用作洗净剂、乳化剂等。生产工艺如下：

（1）蛋白质的水解。将动物皮屑（也可使用脱脂蚕蛹等）脱臭，加入10%～14%的石灰和适量的水，以蒸汽直接加热，并保持0.35MPa左右的压强，搅拌2h，过滤后即可得到含多缩氨基酸钙的滤液。加纯碱使钙盐沉淀，再过滤，将滤液蒸发浓缩，便可用于与油酰氯的缩合。

（2）油酰氯的制备。油酸经干燥脱水后放入搪瓷釜，加热至50℃，搅拌下加入油酸量20%～25%的三氯化磷，55℃下保温搅拌0.5h，放置分层，得相对密度0.93的褐色透明油状产物。

（3）油酰氯与蛋白质的缩合。于搪瓷釜中放入多缩氨基酸溶液，60℃下搅拌加入油酰氯，保持碱性反应条件，最后加少量保险粉，升温至80℃，并将pH调至8～9。为了分离水层，先将产物用稀酸沉淀，分水后再加氢氧化钠溶解，即得产品。当用于洗发或沐浴香波时，可用氢氧化钾中和。

4. 聚醚羧酸盐类

聚醚羧酸盐主要用于润湿剂、钙皂分散剂及化妆品，其分子式为

$$R—(OC_2H_4)NOCH_2COONa$$

聚醚羧酸盐是聚乙二醇型非离子表面活性剂进行阴离子化后的产品。以高级醇聚环氧乙烷醚非离子表面活性剂为原料,与氯乙酸钠或丙烯酸酯反应,均可制备该种产品。反应式如下

$$R—(OCH_2CH_2)_nOH + ClCH_2COONa \longrightarrow R—(OCH_2CH_2)_nO—CH_2COONa$$

$$R—(OCH_2CH_2)_nOH + CH_2=CHCOOR' \longrightarrow R—(OCH_2CH_2)_nO—CH_2CH_2COONa$$

2.2.2 磺酸盐类表面活性剂

磺酸盐类表面活性剂是阴离子表面活性剂中产量最大、应用最广的一类,也是开发较早、品种较多的一类。下面介绍主要品种的合成方法、性能和应用。

1. 三氧化硫磺化工艺及反应器

直链烷基苯磺酸盐(LAS)、烷基硫酸盐(AS)、高级脂肪醇聚环氧乙烷醚硫酸盐(AES)及 α-烯烃磺酸盐(AOS)等磺酸盐及硫酸盐类阴离子表面活性剂的工业化规模生产多用气体 SO_3 作为磺化剂,SO_3 适用于醇、醇醚、烯烃及甲酯等的硫酸化和磺化。用气体 SO_3 为磺化剂的磺化反应为气-液相反应,在大多数情况下该反应的扩散速度为控制因素,具有反应速率快、放热量大、磺化物料黏度高的特点。目前所用反应器主要为膜式磺化反应器。膜式反应器是把反应热从整个反应管壁除去,体积小,结构紧凑,反应时间极短,适用于热敏性有机物的反应。但是由于操作过程中控制要求严格,不宜经常开、停车,设备加工精度及安装要求高,反应过程中产生大量酸雾,必须设有除雾器以净化尾气。

膜式反应器有多种不同的结构,可分为双膜式和多管式。双膜式反应器有 Allied、Chemithen、T.O. 三种;多管式反应器有 Mazzoni、Ballestra、M.M. 三种。从价格、性能、销量、产品质量等多种因素综合考虑,Chemithen 的双膜反应器和 Ballestra 的多管膜式反应器为最优。

2. 直链烷基苯磺酸盐

LAS 为黄色油状液体,经纯化后可形成六角形或斜方型薄片状结晶。其分子由亲油性烷基基团、离子性亲水磺酸盐基团及作为连接手段的亲油性苯环基团三部分构成,分子式为 $RC_6H_4—SO_3H$（R 为平均十二碳烷基）。经过长期以来人们对 LAS 结构与性能之间关系的研究,从其综合表面活性与生物降解两方面考虑,较为理想的 LAS 结构应该是 $C_{10}\sim C_{14}$ 的直链烷基,苯环在烷基的第三或第四个碳原子上连接,亲水基为苯环对位单磺酸基。

烷基苯是表面活性剂的亲油基团,通过磺化,在苯环上引入磺酸基团作为亲水基是形成表面活性剂的重要一步。目前常见的有两种工艺路线:

（1）发烟硫酸磺化法。该方法工艺成熟、产品质量稳定、易于控制、投资小,多为中小型生产厂家采用;不足之处是磺化剂利用率仅为 32%,产生大量废酸,污染环境。磺化反应式为

$$R—\langle\!\!\!\bigcirc\!\!\!\rangle + H_2SO_4 \cdot SO_3 \longrightarrow R—\langle\!\!\!\bigcirc\!\!\!\rangle—SO_3H + H_2SO_4$$

（2）SO_3 磺化法。该工艺产品含盐量低,产品内在质量好,生产成本较低,无废酸生成;但磺化反应需用特殊设计的高精确度加工反应器,适用于大规模工业生产。磺化反应式为

$$R—\langle\!\!\!\bigcirc\!\!\!\rangle + SO_3 \longrightarrow R—\langle\!\!\!\bigcirc\!\!\!\rangle—SO_3H$$

SO_3 磺化法工艺生产烷基苯磺酸的流程见图 2-6。

（1）空气压缩和干燥。空气经过滤器 M101 被空气泵 J101 送入系统,经水冷却器 E101 和乙二醇冷却器 E102 到 5℃左右,除去大部分水。冷却后的空气被送入硅胶干燥塔 L102 进行干燥吸附,使其出口空气露点达到 -60℃。

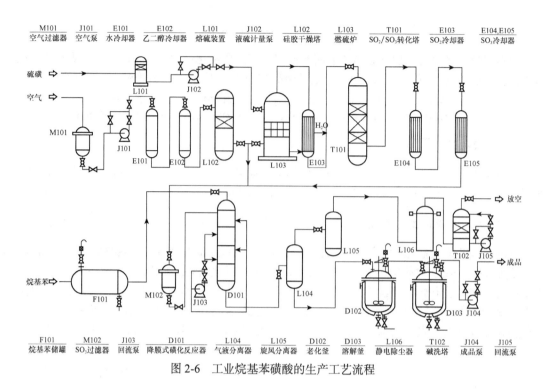

| M101 空气过滤器 | J101 空气泵 | E101 水冷却器 | E102 乙二醇冷却器 | L101 熔硫装置 | J102 液硫计量泵 | L102 硅胶干燥塔 | L103 燃硫炉 | T101 SO₂/SO₃转化塔 | E103 SO₂冷却器 | E104,E105 SO₃冷却器 |

| F101 烷基苯储罐 | M102 SO₃过滤器 | J103 回流泵 | D101 降膜式磺化反应器 | L104 气液分离器 | L105 旋风分离器 | D102 老化釜 | D103 溶解釜 | L106 静电除尘器 | T102 碱洗塔 | J104 成品泵 | J105 回流泵 |

图 2-6　工业烷基苯磺酸的生产工艺流程

（2）硫磺燃烧和 SO₃ 发生。固体硫磺在熔硫装置 L101 中经蒸汽加热熔化（温度 140～150℃），被液硫计量泵 J102 送入燃硫炉 L103 中与干燥空气相遇，燃烧后生成 650℃左右的 SO₂气体，通过 SO₂ 冷却器 E103 进入 SO₂/SO₃ 转化塔 T101 中，在 V₂O₅ 触媒条件下转化为 SO₃，其中两个中间空气冷却器保证最佳催化温度 430～450℃，其出口 SO₂ 转化率可达 98%。然后气体 SO₃通过 SO₃ 冷却器 E104、E105 冷却至磺化工艺的要求温度 50～55℃。

（3）磺化反应。经干燥空气稀释的 SO₃ 气体通过 SO₃ 过滤器 M102 除去酸雾后进入降膜式磺化反应器 D101，与经过计量的烷基苯沿反应器内壁流下形成的液膜并流发生磺化反应。生成热由夹套冷却水及时移去，生成的磺酸与未反应的尾气在气液分离器 L104 中分离之后，经过约 30min 的老化和水解反应，通过输送泵送至产品储罐，得到质量稳定的产品。

（4）尾气处理。根据环保要求，来自磺化单元的尾气在放空前需经处理。以微粒形式存在的有机物和微量的 SO₃ 经静电除尘器 L106 除去。尾气中所含 SO₂ 在碱洗塔 T102 中被连续循环的 NaOH 溶液吸收移去。

烷基苯磺酸与 NaOH 中和是生产 LAS 的最后一步，该反应属放热量较大的非均相反应。根据原料和投资情况，可选用间歇式中和工艺及连续式中和工艺。反应方程式为

$$R-\!\!\!\!\bigcirc\!\!\!\!-SO_3H + NaOH \longrightarrow R-\!\!\!\!\bigcirc\!\!\!\!-SO_3Na + H_2O$$

LAS 溶于水后呈中性，对水硬度不敏感，对酸碱水解的稳定性好，不易氧化。主要表现为发泡能力强，去污力高，易与各种助剂复配，兼容性好，因此应用领域广泛。LAS 最主要的用途是配制各种类型的液状、粉状、粒状、浆状洗涤剂、擦净剂和清洁剂。也可用作石油破乳剂，农药浓缩乳化剂，油井空气钻井发泡剂，软质陶瓷、水泥、石膏用泡沫剂，纺织用抗静电涂布剂，防结块剂，石灰分散剂，明胶凝聚剂，铝增亮剂等；在农业方面，可作为防化肥结块剂、杀菌剂和协同杀虫剂。

3.α-烯烃磺酸盐

1）生产原理

AOS 的生产包括磺化和水解两个主要反应过程，相应反应式如下：

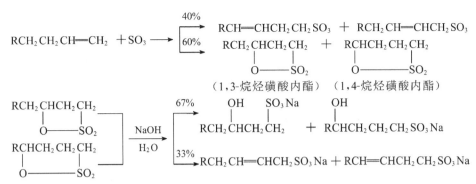

α-烯烃（AO）与 SO_3 的磺化过程较为复杂，生成的是多种化合物的混合物，大约为 40% 的烯烃磺酸和约 60% 的 1,3-烷烃磺酸内酯和 1,4-烷烃磺酸内酯。一般磺化温度为 40℃，以不高于 50℃ 为宜，SO_3 与 AO 的物质的量比为 1 : 0.5。

2）生产工艺

图 2-7 为生产 AOS 的工艺流程，该套设备及工艺还可用于 LAS、AS、AES 的生产。

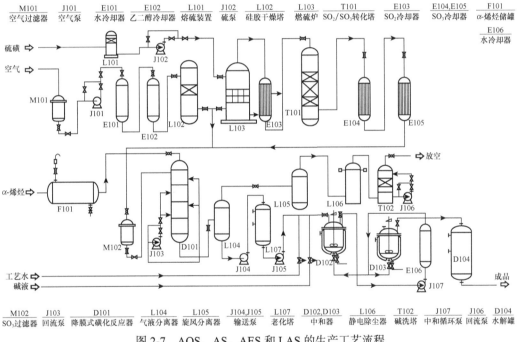

图 2-7 AOS、AS、AES 和 LAS 的生产工艺流程

（1）空气压缩和干燥。空气经过滤器 M101 被空气泵 J101 送入系统，经水冷却器 E101 和乙二醇冷却器 E102 冷却到 5℃ 左右，除去大部分水。冷却后的空气被送入硅胶干燥塔 L102 进行干燥吸附，使其出口空气露点达到 -60℃。

（2）硫磺燃烧和 SO_3 发生。固体硫磺在熔硫装置 L101 中经蒸汽加热熔化（温度 140～150℃），被液硫计量泵 J102 送入燃硫炉中与干燥空气相遇，燃烧后生成 650℃ 左右的 SO_2 气体，通过 SO_2 冷却器 E103 进入 SO_2/SO_3 转化塔 T101 中，在 V_2O_5 触媒条件下转化为 SO_3，其中两个中间空气冷却器保证最佳催化温度为 430～450℃，其出口 SO_2 转化率可达 98%。然后气体 SO_3 通过 SO_3 冷却器 E104、E105 冷却至磺化工艺的要求温度 50～55℃。

（3）磺化反应。经干燥空气稀释的 SO_3 气体通过 SO_3 过滤器 M102 除去酸雾后进入降膜式磺化反应器 D101，与经过计量的 α-烯烃沿反应器内壁流下形成的液膜并流发生磺化反应。生成热由夹套冷却水及时移去，生成的磺酸与未反应的尾气在气液分离器 L104 中分离之后，经过约 30min 的老化和水解反应，通过输送泵送至产品储罐，得到质量稳定的产品。

（4）尾气处理。根据环保要求，来自磺化单元的尾气在放空前需经处理。以微粒形式存在的有机物和微量的 SO_3 经静电除尘器 L106 除去。尾气中所含 SO_2 在碱洗塔 T102 中被连续循环的 NaOH 溶液吸收移去。

（5）中和。来自硫酸化单元的硫酸脂与经过计算的工艺水和碱液在中和器 D102、D103 中发生中和反应，得到一定浓度的 AOS，中和热由水冷却器除去。

（6）水解。将中和后的溶液泵入水解罐 D104 中，水解完全后即可得到产品。

AOS 具有优异的乳化、去污和钙皂分散力，溶解性、配伍性好，泡沫细腻丰富，易于生物降解，且具有毒性低、对皮肤刺激小等特点，特别是应用于无磷洗涤剂中，不仅可保持较好的洗涤能力，而且与酶制剂的相容性佳。粉（粒）状产品的流动性好，因而可广泛应用于无磷洗衣粉、液体洗涤剂等各种家用洗涤用品和纺织印染工业、石油化学品、工业硬表面清洗方面。

4. 仲烷基磺酸盐

仲烷基磺酸盐（SAS）是较新的商品表面活性剂，由正构烷烃 $C_{14} \sim C_{18}$ 与二氧化硫及空气反应制得，该反应与用硫酸的磺化和酯化明显不同，称为磺氧化。总的反应式如下：

$$H_3C—CH_2—R + 2SO_2 + O_2 + H_2O \xrightarrow{h\nu} \underset{\underset{SO_3H}{|}}{H_3C—CH—R} + H_2SO_4$$

在反应过程中，磺酸基可能会出现在直链烷烃基上任何一个位置，磺氧化后直接进行中和及干燥。

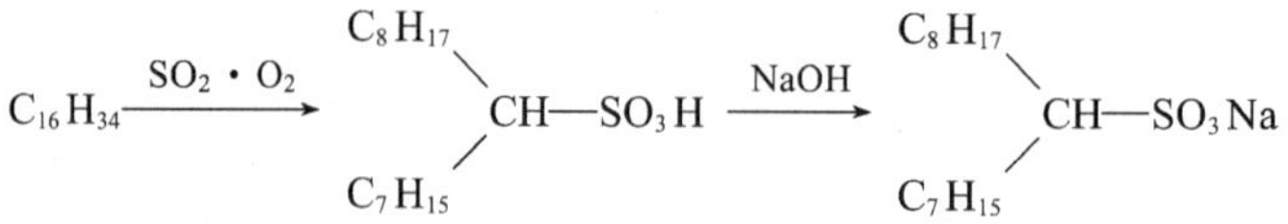

$$C_{16}H_{34} \xrightarrow{SO_2 \cdot O_2} \underset{C_7H_{15}}{\overset{C_8H_{17}}{CH—SO_3H}} \xrightarrow{NaOH} \underset{C_7H_{15}}{\overset{C_8H_{17}}{CH—SO_3Na}}$$

SAS 的表面活性与 LAS 接近，在碱、弱酸及水中有良好的稳定性。在硬水中仍具有良好的润湿、乳化、分散、去污和发泡能力，生物降解性优于 LAS。较多应用于液体洗涤剂配方中，如液体餐具洗涤剂和轻垢织物洗涤剂等。

5. 琥珀酸酯磺酸盐

琥珀酸酯磺酸盐（MS）的合成原理是将顺丁烯二酸酐与适当碳链的含羟基或氨基的化合物反应，生成琥珀酸单酯或双酯，然后用亚硫酸盐与上述单酯或双酯发生加成反应，生成相应的琥珀酸单酯磺酸盐或琥珀酸双酯磺酸盐。反应式如下：

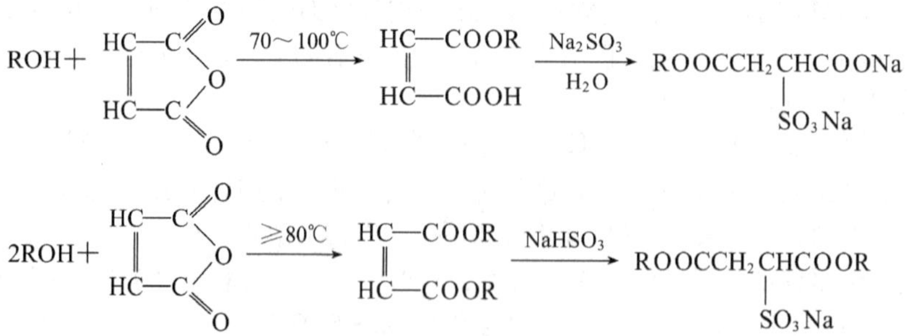

该类表面活性剂分子结构的合成可变性强，原料来源广，仅能与顺丁烯二酸酐作用的化合物就有脂肪醇、脂肪醇聚环氧乙烷醚、烷醇酰胺、乙氧基化烷醇酰胺、单甘油酯、聚甘油酯、酰胺、

聚乙二醇、有机硅醇及氟烷醇等十类上百种化合物,可以根据应用的需要而改变分子结构合成出某种性能独特的产品。其表面活性好,单酯类产品性能温和,对皮肤刺激性低,双酯类产品渗透力强,应用领域广。MS 目前除大量应用于日用化工领域作为发泡剂和清洗剂外,还在涂料合成、印染工业、医药工业、造纸工业、皮革加工、矿山开采、感光工业等领域广泛使用。

此外,磺酸盐类阴离子表面活性剂还有高碳脂肪酸甲酯磺酸盐(MES)、*N*-油酰基-*N*-甲基牛磺酸钠(依捷帮 T)、石油磺酸盐等。

2.2.3 硫酸酯盐类阴离子表面活性剂

硫酸酯盐类阴离子表面活性剂也是生产历史悠久、应用领域广泛、持续发展的重要表面活性剂品种,其代表产品是脂肪醇硫酸盐(FAS)和高级脂肪醇聚环氧乙烷醚硫酸盐。

1. 脂肪醇硫酸盐

FAS 早在 1930 年就投入商业化生产,它在分子结构上与 SAS 的区别是 FAS 的亲水基通过氧原子即 C—O—S 键与亲油基连接,而 SAS 的亲水基是通过 C—S 键直接连接,附加的氧使 FAS 的溶解性能比 SAS 更强,但 C—O—S 键比 C—S 键易水解,尤其是在酸性介质中。

工业上 FAS 通常用氯磺酸或三氧化硫将脂肪醇进行酯化,得到的脂肪醇硫酸单酯进一步用氢氧化钠、氨或乙醇胺中和而成。主要的反应式如下:

$$ROH + ClSO_3H \longrightarrow ROSO_3H + HCl$$
$$ROH + SO_3 \longrightarrow ROSO_3H$$
$$ROSO_3H + NaOH \longrightarrow ROSO_3Na + H_2O$$
$$ROSO_3H + H_2NCH_2CH_2OH \longrightarrow ROSO_3^- \ H_3N^+ CH_2CH_2OH$$

在各种不同 FAS 中,碳链为 $C_{12} \sim C_{14}$ 的发泡能力最强,其低温洗涤性能也最佳。十二醇硫酸钠(也称 K_{12})是 FAS 的杰出代表,通常为白色粉末,有特征气味,易溶于水,是牙膏中的常用发泡剂,也是香波、化妆品、各类泡沫浴剂、地毯清洗剂、电镀浴剂的重要活性成分,还可作农药润湿粉剂和乳液聚合乳化剂。燃硫法制备 SO_3 的硫酸化工艺合成十二烷基硫酸钠的工艺流程见图 2-8。

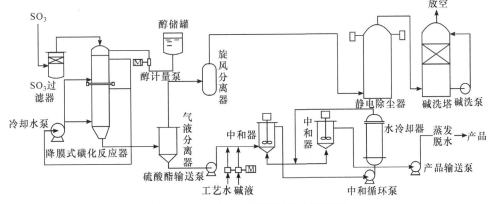

图 2-8 十二烷基硫酸钠的生产流程图

生产工艺前 4 步的流程及工艺步骤与烷基苯磺酸的工艺流程及图 2-6 完全相同。第 5 步为中和,即使来自硫酸化单元的硫酸酯与经过计量的工艺水和碱液在中和器中发生中和反应,得到一定浓度的十二烷基硫酸钠水溶液,中和热由水冷却器移去。最后经刮膜蒸发脱除水分进而制得高活性物含量的粉状产品。

消耗定额（按生产 1000kg 100% K_{12} 计）：月桂醇 687kg，硫磺 111kg，氢氧化钠 150kg。

2. 高级脂肪醇聚环氧乙烷醚硫酸盐

AES 是近年来发展最为迅猛的一类阴离子表面活性剂，其原因在于 AES 有一系列突出的优点，如对水硬度最不敏感、生化降解性能优异等。但 AES 应用于个人护理用品时就显得刺激性较大，在将其钠盐改为铵盐即脂肪醇聚氧乙烯醚硫酸铵（AESA）后，其温和性能得到明显提高。AES 的生产一般采用 $C_{12} \sim C_{14}$ 的椰油醇为原料，有时也用 $C_{12} \sim C_{15}$ 的醇与 $2 \sim 4$mol 的环氧乙烷缩合，再进一步进行硫酸化。中和时与 FAS 相似，可用氢氧化钠、氨或乙醇胺。例如：

$$RO(CH_2CH_2O)_nH + ClSO_3H \longrightarrow RO(CH_2CH_2O)_nSO_3H + HCl$$
$$RO(CH_2CH_2O)_nH + SO_3 \longrightarrow RO(CH_2CH_2O)_nSO_3H$$
$$RO(CH_2CH_2O)_nSO_3H + H_2NSO_3H \longrightarrow RO(CH_2CH_2O)_nSO_3^-NH_4^+$$
$$RO(CH_2CH_2O)_nSO_3H + NaOH \longrightarrow RO(CH_2CH_2O)_nSO_3^-Na^+$$

硫酸化时可采用发烟硫酸、氯磺酸、氨基磺酸或气体三氧化硫为反应剂，均可达到较高的收率。其中，用氨基磺酸可一步制得 AES 的铵盐。经 NaOH 作用后可得到 70% 活性物的浓缩型产品。与 LAS 一样，在工业生产中用得最广泛的还是气体三氧化硫硫酸化法，这种方法生产的 AES 产品含盐量低，多为浓缩型产品。燃硫法制备 SO_3 合成 AES 的工艺流程见图 2-7。

AES 可与 LAS 复配用于配制香波、轻垢洗涤剂、重垢液体洗涤剂等，并能与大量非离子表面活性剂复配，保持洗涤剂高的泡沫性和透明度。

其他硫酸酯盐还有硫酸化烯烃、硫酸化油、硫酸化脂肪酸酯、硫酸化脂肪酸盐、硫酸化聚酯等。

2.2.4 磷酸酯盐类阴离子表面活性剂

磷酸酯盐包括高级脂肪醇磷酸酯盐、高级脂肪醇或烷基酚聚环氧乙烷醚磷酸酯盐两大类，具有优良的抗静电、乳化、防锈和分散等性能，广泛应用于纺织、化工、国防、金属加工和轻工等工业部门。

1. 高级脂肪醇磷酸酯盐

高级脂肪醇磷酸酯盐也称为烷基磷酸酯盐，其化学结构主要可分为以下两种类型：

高级脂肪醇磷酸酯二钠盐　　　　高级脂肪醇磷酸酯双酯钠盐

单酯易溶于水，双酯较难溶于水，呈乳化状态。实际使用的产品都为两者的混合物。工业上采用脂肪醇和五氧化二磷反应制取烷基磷酸酯，反应式如下：

$$P_2O_5 + 4ROH \longrightarrow 2(RO)_2PO(OH) + H_2O$$
$$P_2O_5 + 2ROH + H_2O \longrightarrow 2ROPO(OH)_2$$
$$P_2O_5 + 3ROH \longrightarrow (RO)_2PO(OH) + ROPO(OH)_2$$

反应产物是单酯和双酯的混合物。单酯和双酯的比例与原料中的水分含量以及反应中生成的水量有关，水量增加，产物中的单酯含量增多；脂肪醇碳数较高，单酯生成量也较多。醇和 P_2O_5 的物质的量比对产物组成也有影响，二者的物质的量比从 $2:1$ 改变到 $4:1$，产物中双酯的含量可从 35% 增加到 65%。焦磷酸和脂肪醇用苯作溶剂，在 20℃进行反应，可制得单烷基酯。用三氯化磷和过量的脂肪醇反应，可制得纯双烷基酯。脂肪醇和 $POCl_3$ 反应也可制得单酯或双酯。

2. 高级脂肪醇聚环氧乙烷醚磷酸酯盐

高级脂肪醇聚环氧乙烷醚磷酸酯盐是一种非离子表面活性剂阴离子化的产品。高级醇聚环氧乙烷醚和烷基酚聚环氧乙烷醚这两种非离子物和磷酸酯化剂反应，即制得此类产品。其中前者使用最广泛，产物包括下列三种成分：

$$RO(CH_2CH_2O)_n - P = O \begin{matrix} ONa \\ \\ ONa \end{matrix}$$

单酯型

$$\begin{matrix} RO(CH_2CH_2O)_n \\ \\ RO(CH_2CH_2O)_n \end{matrix} P \begin{matrix} O \\ \\ ONa \end{matrix}$$

双酯型

$$\begin{matrix} RO(CH_2CH_2O)_n \\ RO(CH_2CH_2O)_n \\ RO(CH_2CH_2O)_n \end{matrix} P = O$$

三酯型

合成中常用的磷酸化剂有 H_3PO_4、P_2O_5、$POCl_3$ 等。例如，在室温和强烈搅拌下，于 15min 内将 1mol P_2O_5 加入到 2.7mol 壬基酚和 6mol 环氧乙烷的缩合物中，加热到 100℃，维持 5h，然后冷却，产物中含有单酯、双酯和少量三酯。改变投料比例，产物中各组成物之间的比例也会发生变化。

聚环氧乙烷醚磷酸酯盐具有非离子表面活性剂的一些性质，它能溶解在高电解质的溶液中，耐强碱，但在强酸中会发生水解。聚环氧乙烷醚磷酸酯盐的平滑性比单烷基磷酸酯的差，但抗静电性比烷基磷酸酯的好。

除了前面所提到的高级脂肪醇磷酸酯盐型和高级脂肪醇聚环氧乙烷醚磷酸酯盐型阴离子表面活性剂之外，近年来国内外研究开发的还有烷醇酰胺磷酸酯盐、高分子聚磷酸酯表面活性剂、硅氧烷磷酸酯表面活性剂等。

2.3 阳离子表面活性剂

阳离子表面活性剂的疏水基结构和阴离子表面活性剂相似，且疏水基和亲水基的连接方式也类似：一种是亲水基直接连在疏水基上，另一种是亲水基通过酯、酰胺、醚键等形式与疏水基间接相连。所不同的是，阳离子表面活性剂溶于水时，其亲水基呈现正电荷，亲水基主要为碱性氮原子，也有磷、硫、碘等。

2.3.1 胺盐型阳离子表面活性剂

所有的胺盐型阳离子表面活性剂均可通过胺与酸的中和反应制得。通常先将胺化物放入反应器内，然后加入用水稀释过的酸，便可得无水的胺盐和相应的水溶液，这种溶液可直接使用，或再用水稀释。所用的酸主要为乙酸、甲酸及盐酸，若特殊应用也可使用其他酸（如氢氟酸），用该种方法制得的阳离子表面活性剂可用作牙膏的活性组分。

一般按起始胺的不同分为高级胺盐阳离子表面活性剂和低级胺盐阳离子表面活性剂。前者多由高级脂肪胺与盐酸或乙酸进行中和反应制得，常用作缓蚀剂、捕集剂、防结块剂等。通常将脂肪胺加热成液体后，在搅拌下加入计算量的乙酸，即可得脂肪胺乙酸盐，反应式如下：

$$RCH_2NH_2 + CH_3COOH \longrightarrow RCH_2NH_2 \cdot CH_3COOH$$

后者也可由硬脂酸、油酸等廉价脂肪酸与低级胺如乙醇胺、氨基乙基乙醇胺等反应后，再用乙酸中和制得，不仅价格远远低于前者，而且性能良好，适于作纤维柔软整理剂的助剂。例如，用工业油酸与异丙基乙二胺在 290~300℃ 反应，将生成物再用盐酸中和，即得一种起泡性能优异的胺盐型表面活性剂，结构式如下：

$$\left[\begin{matrix} & N - CH - CH \begin{matrix} CH_3 \\ \\ CH_3 \end{matrix} \\ C_{17}H_{33} - C & \\ & NH - CH_2 \end{matrix} \right] \cdot HCl$$

胺盐的纯品均为无色,工业上大规模生产得到的是液体或膏体,可能呈淡黄色至浅褐色。

2.3.2 季铵盐阳离子表面活性剂

季铵盐阳离子表面活性剂从形式上看是铵离子(NH_4^+)的 4 个氢原子被有机基团所取代,形成 $R_1R_2N^+R_3R_4$ 的形式。季铵盐与胺盐的区别在于它是强碱,无论在酸性或在碱性溶液中均能溶解,并离解成带正电荷的脂肪链阳离子;胺盐为弱碱的盐,对 pH 较为敏感,在碱性条件下则游离成不溶于水的胺,失去表面活性。

1. 基本生产工艺及条件

季铵盐阳离子表面活性剂通常由叔胺与烷基化剂经季铵化反应制取,反应的关键在于各种叔胺的获得,季铵化反应一般较易实现。最重要的叔胺是二甲基烷基胺、甲基二烷基胺及伯胺的乙氧基化物和丙氧基化物。

最常用的烷基化剂为氯甲烷、氯苄及硫酸二甲酯,但是卤代长链烷烃,如月桂基氯或月桂基溴也有工业应用。由于烷基化剂氯甲烷、硫酸二甲酯等有毒,不允许残留在产品中,因此如有可能,就应使烷基化剂的使用量稍小于化学计量,如不可能,则可添加氨分解硫酸二甲酯,或者用氮气吹洗除去氯甲烷。

其反应条件取决于反应原料及所用溶剂的性质,因此必须调节这些参数。只含有一个长链烷基及两个甲基的叔胺,其季铵化速度最快,此时,用氯甲烷的反应只需较低的温度(约 80℃)和较低的压强(<0.05MPa)。

含有两个长链烷基及一个甲基的叔胺,用氯甲烷进行季铵化也只需较温和的条件。如果氨基的氮原子上连有两个以上的长链烷基,或者一个以上的 β-羟烷基,或者 β-位处有酯基时,则季铵化的反应条件就较为苛刻。

当氯甲烷或氯苄使胺类季铵化不理想时,改用硫酸二甲酯反应,往往可得到较高的收率。咪唑啉衍生物常用硫酸二甲酯进行季铵化。由于用油酸制得的咪唑啉具有良好的水溶性,因此它们特别适合于制备浓缩型织物柔软剂。

特别适于用作季铵化反应的溶剂是水、异丙醇或其混合物。反应产物主要以溶液状直接使用。在工业上重要的季铵盐是长碳链季铵盐,其次是咪唑啉季铵盐。

2. 长碳链季铵盐

长碳链季铵盐是阳离子表面活性剂中产量最大的一类,含一个至两个长碳链烷基的季铵盐主要用作织物柔软剂、杀菌剂及制备有机膨润土等。这类表面活性剂的合成方法主要有两种:①由高碳胺和低碳烷基化剂合成,用得比较多的是二甲基烷胺或双长链烷基仲胺与卤甲烷或硫酸二甲酯进行季铵化反应;②高碳卤化物和低碳胺合成季铵盐,如溴代烷和三甲胺或苄基二甲胺反应得季铵盐。此外,还可在季铵盐中引入硅烷以提高其抗菌性和防霉性。

当阳离子表面活性剂中的亲水基和疏水基通过酰胺、酯或醚等基团相连时,不仅具有优良的调理性能,还具有非常快的生物降解性能和安全可靠的毒理性能,如

$$C_{17}H_{33}CONHCH_2CH_2\!-\!\!\overset{\overset{\displaystyle C_2H_5}{|}}{\underset{\underset{\displaystyle C_2H_5}{|}}{N^+}}\!-\!CH_3 \cdot CH_3SO_4^-$$

理想的季铵化物柔软剂是在氮原子上既有酯基又有酰胺基,如

$$R_2COOCH_2CH_2 \overset{\overset{\displaystyle R_1}{|}}{\underset{\underset{\displaystyle CH_3}{|}}{N^+}} —CH_2CH_2NHCOCH_3 \cdot Cl^- \quad (R_1 = C_{16} \sim C_{18}; R_2 = C_{15} \sim C_{17})$$

脂肪烷基二甲基苄基氯化铵通常用作消毒杀菌剂，由于长时间应用单一品种易使某些微生物产生抗药性，因此国内外现已研制出第二代、第三代杀菌剂。双烷基二甲基氯化铵因具有合成工艺简单、生产成本低、无毒、无味、杀菌效果好等优点，成为第三代杀菌剂（双烷基中以碳数为8~10的季铵盐杀菌效果最佳）。若将其与第一代杀菌剂烷基二甲基苄基氯化铵复配使用，杀菌性能是前三代产品的4~20倍。$C_8 \sim C_{10}$ 双烷基甲基叔胺的长链烷基可以是双癸基、辛基癸基、双辛基等系列产物。常用的还有氯化十二烷基三甲基铵（表面活性剂 1231）、氯化十六烷基三甲基铵（表面活性剂 1631）等。

1）$C_8 \sim C_{10}$ 双烷基二甲基氯化铵

以椰子油加氢制得的 $C_8 \sim C_{10}$ 醇为原料经一步法合成双烷基甲基叔胺，再用氯甲烷经季铵化反应得 $C_8 \sim C_{10}$ 双烷基二甲基季铵盐，反应式如下：

$$2RCH_2OH + CH_3NH_2 \longrightarrow \underset{\underset{\displaystyle RH_2C}{|}}{\overset{\overset{\displaystyle RH_2C}{|}}{N}}—CH_3 + 2H_2O \xrightarrow{CH_3Cl} RCH_2 \overset{\overset{\displaystyle CH_3}{|}}{\underset{\underset{\displaystyle CH_3}{|}}{N^+}}—CH_2R \cdot Cl^-$$

由于双烷基甲基的季铵化是自催化反应，因此本工艺的关键是叔胺化反应。实现此叔胺化反应需要采用多功能高活性和具有优良选择性与稳定性的催化剂。

$C_8 \sim C_{10}$ 双烷基二甲基季铵盐的生产工艺流程如图 2-9 所示。先由地槽 9 将脂肪醇打入高位槽 11，计量后放入配料罐 10，将催化剂称量后加入，启动搅拌大约 5min 后，将混合料通过泵 16 打入反应釜 1，反应系统用氮气清洗 5min；以 380 号导热油加热，搅拌下升温至 100℃，通氢循环，继续升温至 200℃，保持约 1h，即认为催化剂活化完成。降温至 160℃，开始进甲胺气，以 1℃/min 的速度升温，以流量计 12、13、14 控制一甲胺、氢气（纯度在 70% 以上为宜）及混合气（总气流量）的流速，此时可以观察到油水分离器 4 有大量水生成，水中溶解的未反应的一甲胺放入蒸发罐 5，蒸发出一甲胺导入罐 18 重复使用。通一甲胺时间约 3h，保持温度 205℃，只通氢气，总循环量保持不变条件下 1h，停止通氢气降温至 150℃时，由板框过滤机 7 过滤，过滤后的粗叔胺产品可储于叔胺储罐 8。催化剂重复使用，第二批投料不用活化催化剂，只需在氢循环下升温至 160℃，直接通一甲胺反应即可重复其后操作。

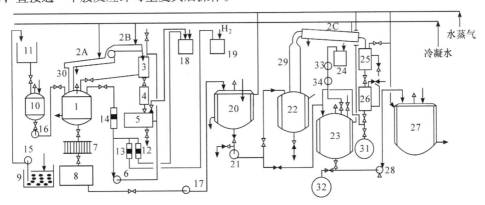

图 2-9　$C_8 \sim C_{10}$ 双烷基二甲基季铵盐的生产工艺流程

1. 反应釜；2A，2B，2C. 冷凝器；3，4. 油水分离器；5. 蒸发罐；6，15~17，21，28. 泵；7. 板框过滤机；8. 叔胺储罐；9. 地槽；10. 配料罐；11. 高位槽；12~14. 流量计；18. 一甲胺罐；19. 氢气罐；20. 萃取罐；22. 蒸馏釜；23. 季铵化罐；24. 氯甲烷储罐；25，26. 分离器；27. 混合罐；29，30. 分馏柱；31. 精叔胺储罐；32. 季铵盐储罐；33，34. 氯甲烷净化装置萃取工序：粗叔胺产品中溶解一部分过渡金属离子，蒸馏前先通过泵 17 打入萃取罐 20，将配制好的含 10%的萃取剂溶液按粗胺量的 20%（体积分数）打入，升温至 60℃，搅拌 40min，静置 20min 后放去下层萃取溶液，同样操作重复一次。第二次萃取液可作第二批萃取的第一次萃取溶液使用，经过萃取的叔胺为淡黄色，当叔胺收率在 98%以上时，可以直接通过泵 21 打入季铵化罐 23 进行季铵化，当叔胺收率较低时或要求以叔胺作为终产品出售时，可以通过泵 21 打入蒸馏釜 22。

蒸馏工序：蒸馏可以提纯叔胺，回收未反应的醇和少量仲胺，降低消耗定额，蒸馏总收率大于 96%，收集 185～220℃馏分，作为叔胺可以直接放入季铵化罐 23，也可以放入精叔胺储罐 31（作为终产品出售）。

季铵化工序：放入季铵化罐 23 的叔胺，在常压及 50℃下，通入 CH_3Cl 反应 5h，可使叔胺季铵化 50%以上。在 0.4～0.5MPa、（85±2）℃反应 4h，可使叔胺完全季铵化，无游离胺存在。需要注意的是：本工艺用的 CH_3Cl 是农药副产品。因此增加了两步装置 33、34 净化 CH_3Cl，并加 15%～25%异丙醇以均化基质的极性。但在通 CH_3Cl 0.5h 左右时，因季铵化是自催化的过程，又是放热反应，所以操作应特别谨慎，以免飞温，导致季铵化产物颜色变深。

2）氯化十二烷基三甲基铵

由十二烷基二甲基胺（十二叔胺）和氯甲烷进行季铵化反应而制得。其反应方程式如下：

$$C_{12}H_{25}N(CH_3)_2 + CH_3Cl \xrightarrow{NaOH} [C_{12}H_{25}N(CH_3)_3]^+Cl^-$$

先将 430kg 十二叔胺、乙醇、水和少量碱（NaOH）加入反应釜，经置换空气后，升温至反应温度，在搅拌下通入氯甲烷 111kg，反应数小时即可冷却出料。

氯化十二烷基三甲基铵主要用作杀菌剂、合成纤维（如丙纶）抗静电剂。在油田钻深井时，用作抗高温油包水型乳化泥浆的乳化剂，也用作乳胶工业的防黏剂和隔离剂等。

3）氯化十六烷基三甲基铵

由十六烷基二甲基胺（十六叔胺）与氯甲烷进行季铵化反应而制得。其反应方程式如下：

$$C_{16}H_{33}N(CH_3)_2 + CH_3Cl \xrightarrow{NaOH} [C_{16}H_{33}N(CH_3)_3]^+Cl^-$$

先将 650kg 十六叔胺或 C_{16}～C_{18} 烷基叔胺、300kg 乙醇、水和少量碱（NaOH）加入反应釜，经置换空气后，升温至反应温度，在搅拌下通入氯甲烷 150kg，反应数小时即可冷却出料。

氯化十六烷基三甲基铵主要用于配制乳化硅油、护发素、纤维柔软剂和抗静电剂等，也用作沥青乳化剂。

3. 咪唑啉季铵盐

咪唑啉季铵盐在阳离子表面活性剂中产量仅次于长碳链季铵盐，占第二位，它的功能与前者相似，但工艺路线比较简易，其起始原料大多采用动物油脂（如牛油、猪油）中制得的脂肪酸，最常用的是加氢牛油酸，也可用油酸制成咪唑啉季铵盐。与长碳链季铵盐不同，咪唑啉季铵盐中最常用的负离子是甲基硫酸盐负离子。

合成咪唑啉季铵盐一般以脂肪酸为起始原料，与多胺如二乙基三胺或三乙基四胺等经酰化、闭环，然后用硫酸二甲酯进行季铵化制得。首先将脂肪酸与 N-羟乙基乙二胺（AEEA）共热脱水，胺类被酰化，然后在 200℃的高温下闭环得咪唑啉环（HEAI），其合成工艺有溶剂法和真空法两种。SD-2 型阳离子咪唑啉的生产工艺流程见图 2-10。

（1）咪唑啉中间体的制备（环化反应）。在环化反应釜 D101 中加入 530kg 脂肪酸，加热，待脂肪酸全部熔化后，升温到 150℃，搅拌下慢慢加入 100kg 二乙烯三胺（DETA）。加完 DETA 后，在一定时间内升温到 250℃，开启真空泵 J102，在氮气保护下不断蒸出反应生成的水。反应完成后，分析咪唑啉中间体的质量，达到预定的指标后进入下一步反应。

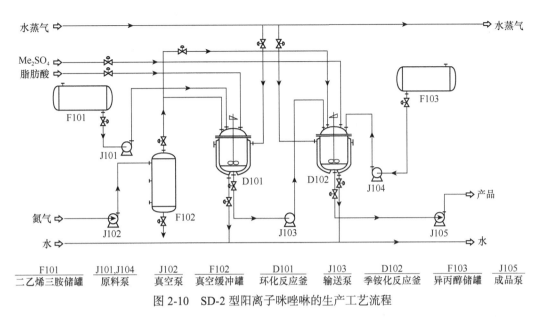

图 2-10　SD-2 型阳离子咪唑啉的生产工艺流程

F101	J101,J104	J102	F102	D101	J103	D102	F103	J105
二乙烯三胺储罐	原料泵	真空泵	真空缓冲罐	环化反应釜	输送泵	季铵化反应釜	异丙醇储罐	成品泵

（2）产品的制备（季铵化反应）。在季铵化反应釜 D102 内加入计量的异丙醇，升温到一定温度后，慢慢加入咪唑啉中间体，待咪唑啉中间体全部溶解后，控制一定温度慢慢加入 130kg 硫酸二甲酯。加完后，在 100℃下保温一定时间至反应完全即得产品 SD-2 型阳离子咪唑啉。

阳离子咪唑啉具有优良的柔软性、抗静电性、缓蚀性、乳化性和润滑性，作为柔软剂、抗静电剂、缓蚀剂、乳化剂和润滑剂等广泛用于丝绸、化纤、棉麻、造纸、石油开采和加工以及金属加工、机械制造等行业。

2.3.3　其他阳离子表面活性剂

1. 氮杂环类

除直链含氮化合物外，一些环状含氮化合物也可制成优良的阳离子表面活性剂，代表性产品如下：

含吡啶环　　$C_{16}H_{33}$—N〈吡啶环〉·Cl　　　　Fixanol

含喹啉环　　〈喹啉环〉N—$C_{12}H_{25}$·Br　　　Lsothan Q-15

含蒽唑啉环　　〈蒽唑啉环〉·Cl　　　Nopcogel 6-S

以应用较多的吡啶盐为例。其合成是以吡啶与 C_2～C_{18} 卤代烷（RX）为主原料，在 130～150℃下反应，蒸馏除去水及未反应的吡啶，即得到吡啶型铵盐，反应机理如下：

RX + N〈吡啶〉　⟶　R—N〈吡啶〉·X

R'X + R—N〈吡啶〉　⟶　R'—N〈吡啶〉·X（带R）

例如，十六烷基氯化吡啶、十六烷基溴化吡啶，可用作染色助剂和杀菌剂；十八酰胺甲基氯化吡啶是常用的纤维防水剂，它是吡啶氯化物与十八酰胺反应后再接甲醛的产物。

2. 双季铵盐

在阳离子表面活性剂的活性基上带有两个正电荷的季铵盐称为双季铵盐。以叔胺与β-二氯乙醚反应，可以制得双季铵盐，反应式如下：

$$RN(CH_3)_2 + ClCH_2CH_2OCH_2CH_2Cl \longrightarrow RN(CH_3)_2CH_2CH_2OCH_2CH_2N(CH_3)_2R \cdot Cl_2$$

同样，以叔胺与对苯二甲基二氯反应，可生成如下的双季铵盐：

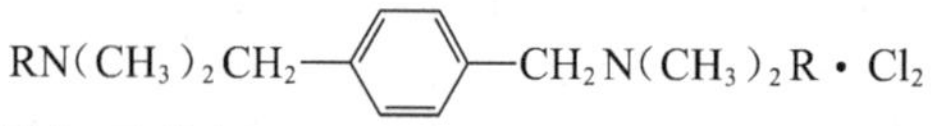

$$RN(CH_3)_2CH_2 -\!\!\!\!\boxed{}\!\!\!\!- CH_2N(CH_3)_2R \cdot Cl_2$$

这些化合物都是良好的纺织柔软剂。吡啶型季铵盐也可以是双季铵吡啶化合物。例如，卤代烷与四个（2-吡啶基甲基）亚烃基二胺反应，即可生成双季铵盐，结构式如下：

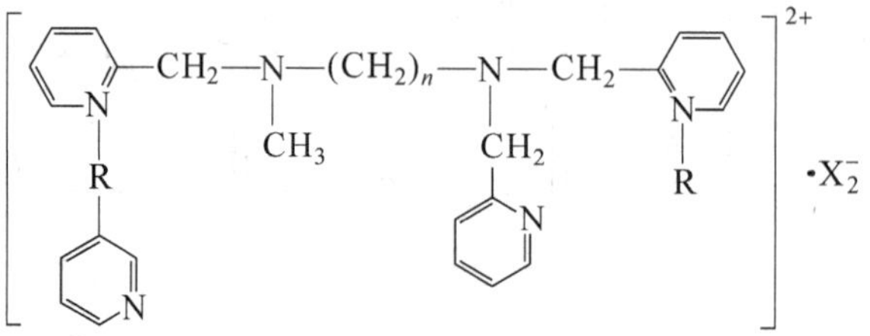

3. 鎓盐型阳离子表面活性剂

鎓盐型阳离子表面活性剂广泛用作杀菌剂，其杀菌力强，能阻止细菌发育。其主要种类有硫的鎓盐型阳离子表面活性剂、磷的鎓盐型阳离子表面活性剂、砷的鎓盐型阳离子表面活性剂。例如，磷的鎓盐型阳离子表面活性剂的结构通式及示例如下：

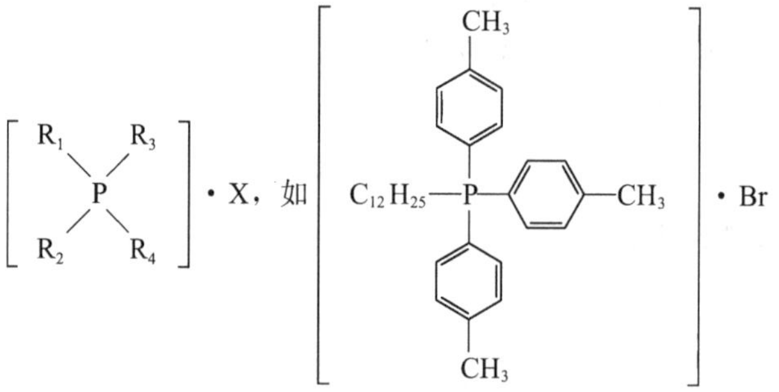

2.4 两性表面活性剂

两性表面活性剂的特点在于其分子结构中含有两个不同的官能团，分别具有阴离子及阳离子的特性。两性表面活性剂大多是在阳离子部分具有胺盐或季铵盐的亲水基，在阴离子部分具有羧酸盐、磺酸盐、硫酸盐和磷酸盐型的亲水基。现在实际使用的两性表面活性剂绝大部分是羧酸盐型，也可以引入羟基或聚环氧乙烷基来增加化合物的亲水性。按亲水基和疏水基结构不同，两性表面活性剂分为甜菜碱型、咪唑啉型、氨基酸型和氧化胺型。

除氧化胺外，两性表面活性剂的合成与阳离子表面活性剂很相似，由可以进行烷基化的含氮化合物（长链烷胺）与烷基化剂进行反应制得，所不同的是，合成两性表面活性剂的烷基化剂常用氯乙酸钠、丙烯酸及氯代羟基丙磺酸等。

2.4.1 甜菜碱型两性表面活性剂

甜菜碱最初是从植物甜菜中分离而得，因此以此命名这类表面活性剂。天然甜菜碱是三甲胺乙内酯（CH_3)$_3$$N^+CH_2COO^-$，最普通的烷基甜菜碱可以看成是其同系物，阳离子部分为季铵盐，阴离子部分为羧酸盐。此外，按阴离子不同，还有磺基甜菜碱及硫酸酯甜菜碱。

羧基甜菜碱的典型品种是 *N*-烷基二甲基甜菜碱，工业上主要采用烷基二甲基叔胺与卤代乙酸盐进行反应制得。其中最常见的产品 *N*-十二烷基二甲基甜菜碱（BS-12）的合成反应如下：

$$\text{ClCH}_2\text{COOH} + \text{NaOH} \longrightarrow \text{ClCH}_2\text{COONa} + \text{H}_2\text{O}$$

$$\text{C}_{12}\text{H}_{25}\text{N(CH}_3)_2 + \text{ClCH}_2\text{COONa} \longrightarrow \text{C}_{12}\text{H}_{15}\overset{\overset{\displaystyle \text{CH}_3}{|}}{\underset{\underset{\displaystyle \text{CH}_3}{|}}{\text{N}^+}}\text{—CH}_2\text{COO}^- + \text{NaCl}$$

首先用等物质的量的氢氧化钠溶液中和氯乙酸至 pH 为 7, 得到氯乙酸钠盐, 然后一次加入等物质的量的十二烷基二甲基胺, 在 50~150℃反应 5~10h, 即得目的产品, 浓度为 30%左右。

按类似的方法可制得不同烷基的 N-烷基二甲基甜菜碱, 也可制得十二烷基二羟乙基甜菜碱。利用天然脂肪酸与低相对分子质量二胺反应生成酰胺基叔胺, 再与氯乙酸钠处理, 得酰胺甜菜碱。利用长链的卤代醚或卤代亚硫酸酯与带有叔胺基的氨基酸反应, 可以生成通过醚键或亚硫酸酯键连接的两性表面活性剂。

另一类型的甜菜碱是长碳链不在氮原子上, 而是在羧基的 α-碳原子上, 称为烷基甜菜碱。其合成首先由长链脂肪酸与溴反应生成溴代脂肪酸, 再与三甲胺反应而得, 反应式与工艺如下:

$$\text{C}_{14}\text{H}_{29}\text{CH}_2\text{COOH} + \text{Br}_2 \longrightarrow \text{C}_{14}\text{H}_{29}\underset{\underset{\displaystyle \text{Br}}{|}}{\text{CH}}\text{COOH} \xrightarrow{\text{N(CH}_3)_3} \text{C}_{14}\text{H}_{29}\underset{\underset{\displaystyle \text{N}^+(\text{CH}_3)_3}{|}}{\text{CH}}\text{COO}^- + \text{HBr}$$

(1) 将棕榈酸 460 份和适量三氯化磷混合加热, 然后在 90℃下缓慢滴加 454 份溴素。加完后, 再继续搅拌 6h, 再加入 250 份水, 并通入二氧化硫, 使反应液由暗褐色逐渐变为浅黄色, 分去水分, 可得溴代棕榈酸 653 份 (溴质量分数为 23.83%)。

(2) 取 α-溴代棕榈酸 100 份, 熔融, 在 30℃下, 控制在 2h 左右滴入 300 份 25%三甲胺溶液, 然后放置 48h, 除水及回收三甲胺, 即可得上述目的产品 α-十四烷基甜菜碱 130 份。

当烷基化剂改为氯或溴乙基磺酸钠、3-氮-2-羟基磺酸钠、2,3-环氧丙磺酸时, 可得到磺基甜菜碱。磺基甜菜碱的主要应用是纺织工业的染色、匀染、润湿工序, 其对聚丙烯纤维、尼龙有足够的抗静电效果。

此外, 硫酸酯甜菜碱可由叔胺和氯醇等化合物反应引入羟基, 然后进行酯化反应生产。

2.4.2 咪唑啉型两性表面活性剂

具有商业意义的咪唑啉型两性表面活性剂是以脂肪酸和适当的多胺为原料, 经两步法合成得到。反应的第一步是脂肪酸与多胺缩合, 经酰化、环合消除两分子水形成咪唑啉环, 脂肪酸通常为 C$_8$~C$_{18}$ 的脂肪酸, 多胺通常是羟乙基乙二胺、多乙烯多胺等。第二步是将咪唑啉环与氯乙酸钠或其他能引入阴离子基团的烷基化剂进行季铵化反应。引入羧基阴离子常用的烷基化剂为氯乙酸钠、丙烯酸酯和丙烯酸; 引入磺酸基阴离子常用 3-氯-2-羟基丙磺酸、2,3-环氧丙磺酸等。

最常用的咪唑啉型两性表面活性剂是在咪唑啉环上带有 β-羟乙基的品种, 其合成与咪唑啉季铵盐类似, 只是在最后季铵化时采用氯乙酸钠或丙烯酸等。例如, 月桂基乙酸钠型咪唑啉的合成原理如下:

$$\text{C}_{11}\text{H}_{23}\text{COOH} + \text{H}_2\text{NCH}_2\text{CH}_2\text{NHCH}_2\text{CH}_2\text{OH} \xrightarrow{\text{脱水}} \text{C}_{11}\text{H}_{23}\text{CONHCH}_2\text{CH}_2\text{NHCH}_2\text{CH}_2\text{OH} \xrightarrow{\text{脱水}}$$

生产工艺流程 (图 2-11) 如下:

(1) 烷基咪唑啉中间体的合成 (环化反应)。加入 170kg 月桂酸到环化反应釜 D101 内, 加热熔化后, 再从 F101 泵入 90kg 羟乙基乙二胺 (AEEA)。在一定时间内升温到指定温度, 开启真空泵 J102，在氮气保护下不断蒸出反应生成的水，反应完成后，分析中间体的质量，达到预定的指标后进入下一步反应。

（2）氯乙酸钠的制备。在另一配料罐 D103 内加入一定计量的水，在一定温度和搅拌下加入 160kg 氯乙酸，全部溶解后，用碳酸钠调节到预定的 pH（9～11），即得到反应所需的氯乙酸钠溶液。

（3）产品的生产（季铵化反应）。将氯乙酸钠溶液泵入季铵化反应釜 D102 中，升温到 85～90℃后，搅拌下慢慢泵入环化反应制得的咪唑啉中间体，加完后保温反应一段时间。当体系的 pH 从 13 降至 8～8.5 时，为反应终点。

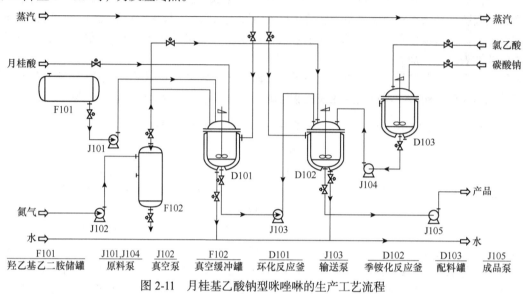

图 2-11 月桂基乙酸钠型咪唑啉的生产工艺流程

羧甲基型两性咪唑啉表面活性剂具有低的表面张力、良好的发泡性、增溶性和耐硬水性，与其他表面活性剂配伍性好、毒性低、刺激性小、易生物降解，是配制婴儿香波、浴液和个人清洁用品（如香波、浴液、化妆品等）的优质原料，还可作为洗涤剂、抗静电剂、柔软剂、钙皂分散剂等广泛用于其他工业。

2.4.3 氨基酸型两性表面活性剂

氨基酸型两性表面活性剂主要包括 β-氨基丙酸型与 Tego 型两性表面活性剂。其中，β-氨基丙酸型氨基酸表面活性剂中最重要的是 N-十二烷基-β-氨基丙酸钠，它具有发用化妆品所需的特殊性能，如低毒性、安全性、无刺激，特别是对眼睛无刺激、泡沫去污性能理想及与皮肤亲和力强、相容性好等。其合成路线有如下两条：

$$C_{12}H_{25}NH_2 \xrightarrow[H_2C=CHCN]{缩合} C_{12}H_{25}NHCH_2CH_2CN \xrightarrow[NaOH]{水解} C_{12}H_{25}NHCH_2CH_2COONa$$

$$C_{12}H_{25}NH_2 + H_2C=CHCOOCH_3 \xrightarrow{缩合} C_{12}H_{25}NHCH_2CH_2COOCH_3 \xrightarrow[NaOH]{水解}$$

$$C_{12}H_{25}NHCH_2CH_2COONa + CH_3OH$$

商品 Tego 是很好的杀菌剂，也是氨基酸型两性表面活性剂类的主要品种。与甜菜碱相对应，Tego 也有含不同连接基的化合物，也可得到相应的含磺酸基及硫酸酯的化合物。常用的 Tego 51 的结构式为 $RNHCH_2CH_2NHCH_2CH_2NHCH_2COOH \cdot HCl$（R 为 C_8～C_{18}）。其合成是由多乙烯多胺、卤代烷经缩合、蒸馏得 $RNHCH_2CH_2NHCH_2CH_2NH_2$，再与氯乙酸反应即得 Tego 51。若将卤代烷和二乙烯三胺的物质的量比改为 1 : 1.5，则可得另一商品 Tego 103。

2.4.4 氧化胺两性表面活性剂

氧化胺的化学性质与两性表面活性剂相似，既能与阴离子表面活性剂相容，也能与非离子表面活性剂和阳离子表面活性剂相容，在中性和碱性溶液中显示出非离子特性，在酸性介质中显示出弱阳离子特性。常用的氧化胺有烷基二甲基氧化胺、烷基二乙醇基氧化胺和烷酰丙胺基二甲基氧化胺三种，它们的结构式依次为

$$
\underset{\overset{|}{CH_3}}{\overset{\overset{CH_3}{|}}{R-N\to O}}
\qquad
\underset{\overset{|}{CH_2CH_2OH}}{\overset{\overset{CH_2CH_2OH}{|}}{R-N\to O}}
\qquad
\underset{\overset{|}{CH_3}}{\overset{\overset{CH_3}{|}}{RCONH(CH_2)_3N\to O}}
$$

氧化胺的制备分为空气氧化法和过氧化氢氧化法两种，一般采用后者。选用小分子有机酸作为氧化催化剂，使体系过氧化氢过量，待达到一定转化率后，用亚硫酸钠（Na_2SO_3）还原过剩氧化剂，产物中一般含一定的无机盐，反应式如下：

$$
\underset{\overset{|}{CH_3}}{\overset{\overset{CH_3}{|}}{RCONH(CH_2)_3N}} + H_2O_2 \longrightarrow \underset{\overset{|}{CH_3}}{\overset{\overset{CH_3}{|}}{RCONH(CH_2)_3N\to O}}
$$

首先将胺、溶剂（水或醇溶液）及整合剂加入反应器，搅拌下升温至 55～65℃，在此温度下滴加过氧化氢，反应放热，故滴加速度取决于温度的控制。叔胺和过氧化氢的投料比为 1∶1.1（物质的量比）。滴加完后，温度提高到 70～75℃，直到反应结束。反应总周期随胺的性质而异，一般在 4～12h。用水作溶剂时，产物浓度在 35%以下，浓度高时形成凝胶；用异丙醇或异丙醇-水作溶剂时，浓度可达 70%。加入整合剂是因为过氧化氢对重金属比较敏感，且胺氧化物对铁比较敏感。

氧化胺具有较好的泡沫性和稳泡性，与烷醇酰胺相比，用量和效果略高于后者，对皮肤非常温和，感觉比较柔和及有油性，对眼睛刺激性小，与其他活性组分混合可提高抗刺激性的效果，与季铵盐配用，可使季铵盐用于化妆品防腐剂中。在香波、餐具洗涤剂等配方中得到广泛应用，也可用作柔软剂、抗静电剂和相转移催化剂。

2.5　非离子表面活性剂

非离子表面活性剂在水中不离解成离子状态，其表面活性是由中性分子体现出来的。合成非离子表面活性剂所用主要单元反应有乙氧基化、酯化、聚合反应等。

2.5.1 聚环氧乙烷醚型非离子表面活性剂

聚环氧乙烷醚型非离子表面活性剂主要包括脂肪醇聚环氧乙烷醚、烷基酚聚环氧乙烷醚系列（TX、NP 或 OP）、脂肪酸聚环氧乙烷酯、脂肪胺与环氧乙烷加成物、脂肪酰胺与环氧乙烷加成物、PEO/PPO 嵌段聚醚型非离子表面活性剂等。

1. 乙氧基化反应及生产工艺

（1）乙氧基化反应。乙氧基化反应即由含活性氢的化合物如脂肪醇、烷基酚、脂肪胺或烷醇酰胺等与环氧乙烷（EO）进行加成反应，在羟基或氨基上引入聚环氧乙烷醚基链。乙氧基化反应如下：

$$
RXH + nH_2C\!\!\!-\!\!\!-\!\!\!\underset{O}{\overset{}{\diagdown\diagup}}\!\!\!-\!\!\!CH_2 \longrightarrow RX(CH_2CH_2O)_nH
$$

式中，RXH 为脂肪醇、烷基酚、脂肪胺、脂肪酸等含活泼氢的化合物。

（2）生产工艺。传统的间歇釜式搅拌工艺特别适合于高黏度、高相对分子质量聚醚生产，这是其他生产工艺无法比拟的。设备通用性强，既可用于乙氧基化反应，又可用于其他类型的反应，如酯化、磺化等。但釜式工艺制得的聚醚加成物的体积增长比一般不大于 15，对于体积增长比较大的高相对分子质量产品来讲，必须进行多次加成。为此国内外针对间歇式乙氧基化工艺的缺点进行了改进，如采用计算机智能控制或引入外循环强化传递反应热的先进技术，或者在釜内引入雾化喷头以强化传质的先进设计。同时人们也开发了管式乙氧基化工艺、Press 喷雾式乙氧基化新工艺及 Buss 回路乙氧基化新工艺，几种工艺路线比较如表 2-1 所示。

表 2-1　几种生产工艺比较

项目	工艺路线			
	传统釜式搅拌工艺	连续管式工艺	Press 工艺	Buss 工艺
催化剂	KOH、NaOH	KOH、NaOH	KOH、NaOH	KOH、NaOH
反应器内气体的爆炸性	有	有	有	无
设备密封性	易发生泄漏	无泄漏	无泄漏	无泄漏
尾气排放	有	有	有	无
产品分布	分布较宽	分布较窄	分布较窄	分布较窄
副产物含量	较高	—	少	少
色泽	色泽较深	—	色泽好	色泽好
生产灵活性	灵活	不灵活，适合大批量生产	不灵活，适合大批量生产	不灵活，适合大批量生产
体积增长比	1：15	1：15	1：50	1：20
功率/（kW·h）	80	160	70.5	35

2. 脂肪醇聚环氧乙烷醚

脂肪醇乙氧基化反应是一种可由酸或碱性催化剂催化的醇与环氧乙烷的开环聚合反应：

$$R{-}OH + nH_2C{-\!\!-\!\!-}CH_2 \longrightarrow R(CH_2CH_2O)_n OH \quad (R=C_{12}{\sim}C_{14}醇或 C_{16}{\sim}C_{18}醇；n=3,9,15,25\cdots)$$

这是一个阶梯式加成反应，副反应是微量水与环氧乙烷开环聚合成聚乙二醇（PEG）。因此反应最终产物除包括环氧乙烷加合数分布不同的目的产品脂肪醇聚环氧乙烷醚（AEO），还有未反应的原料醇及副产物聚乙二醇。已经发现环氧乙烷加合数的分布除与所用催化剂有直接关系外，还与反应时物料的传质有关，但催化剂是关键因素。副产物 PEG 及未反应原料醇的含量则除受催化剂影响外，还与原料中的水含量、反应装置及工艺条件有关，采用先进的乙氧基化反应器可显著降低原料醇及 PEG 含量。

EO 分布指数的定义为 EO 加合数在 $n\pm2$ 范围的组分占总组分中（不包括原料醇 PEG）的含量（其中 n 为主组分的 EO 加合数）：

$$EO 分布指数=（n\pm2 的组分量）/醇醚总组分量$$

宽分布工业产品（BRE）的分布指数通常只在 50% 左右，而窄分布工业产品（NRE）的分布指数可达 80% 甚至更高。EO 分布指数越高，产品 AEO 质量越高。

脂肪醇聚环氧乙烷醚系列产品（AEO-3，AEO-9，AEO-15，AEO-25）的生产工艺有多种，下面以国际上较为先进的意大利第三代 Press 乙氧基化工艺为例，该工艺的特点是反应速率快，副产少，操作弹性大，安全性高。

将脂肪醇与催化剂定量加入反应器后升温至 90～110℃，同时启动物料循环泵喷雾抽空脱水。然后用氮气置换，继续升温至 160℃左右，通入液态环氧乙烷，环氧乙烷进入反应器后立即气化并充满反应器；而溶有催化剂的脂肪醇经泵压和喷嘴以雾状均匀喷入反应器的环氧乙烷气相中，并迅速反应，液相物料连续循环喷雾与环氧乙烷反应，保持环氧乙烷分压 $0.2\sim0.4MPa$，直至配比量的环氧乙烷反应完为止，取样分析，中和脱色，即出料包装。

该系列产品作为洗净剂、乳化剂、润湿剂、匀染剂、渗透剂、发泡剂等在民用及各种工业领域中均有着极为广泛的应用。此外，AEO-15 和 AEO-25 等在皮革、印染、造纸以及化妆品工业中也均有广泛的应用。

3. 烷基酚聚环氧乙烷醚系列（TX、NP 或 OP）

壬基酚在催化剂作用下与环氧乙烷反应生成壬基酚聚氧乙烷醚，聚合反应如下：

$$C_9H_{19}\!-\!\!\!\bigcirc\!\!\!-OH + nH_2C\!\!-\!\!CH_2 \xrightarrow{\text{催化剂}} C_9H_{19}\!-\!\!\!\bigcirc\!\!\!-(CH_2CH_2O)_{\overline{n}}H$$

壬基酚醚的生产工艺有多种，以瑞士 Buss 回路乙氧基化工艺为例，生产工艺流程见图 2-12。Buss 回路乙氧基化工艺由预处理段、反应段和后处理段三段组成，无尾气排放。

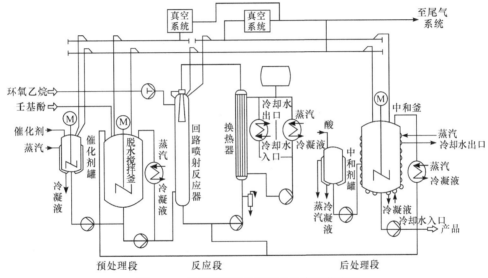

图 2-12　壬基酚聚氧乙烷醚的生产工艺流程

（1）预处理段。将定量的壬基酚和催化剂加入到脱水搅拌釜中，在 110℃下减压脱水，然后升温至 160℃后进入回路喷射反应器中。

（2）反应段。启动物料循环泵，循环物料并升温，在反应器内物料温度和氮气压力达到设定值后，即可通入液态或气态环氧乙烷，气化后的环氧乙烷在高效气液混合喷射反应器中与液相物料充分混合反应。保持环氧乙烷分压，直至所需环氧乙烷加完为止。

（3）后处理段。减压除氮，中和物料，然后送至产品储罐。

消耗定额（kg/t）：环氧乙烷 $440\sim700$，壬基酚 $330\sim560$，催化剂（如 NaOH）3，冰醋酸 2，过氧化氢（30%）2。

该系列产品可作为民用洗涤剂和工业清洗剂中的主要去污活性组分；在石油开采及三次采油中作为乳化降黏、清防蜡及驱油组分；在农药乳油中用作乳化剂及润湿剂；在乳化聚合中用作乳化剂及稳定剂；在皮革工业中作脱脂剂；作化纤油剂的单体；作印染用匀染剂、净洗剂等。

脂肪酸聚环氧乙烷酯的生产方法与生产醚类产品相似，酯键比醚键较不稳定，在热水中易水解，在强酸或强碱中稳定性也差，溶解度比醚类小。但由于脂肪酸来源比较容易，并且具有低泡、生物降解性好等特点，应用较广。

2.5.2 多元醇型非离子表面活性剂

用多元醇与脂肪酸反应生成的酯作亲油基，其余未反应的羟基作亲水基的一类表面活性剂称为多元醇类非离子表面活性剂。从化学结构上看，这类表面活性剂是多元醇的部分脂肪酸酯以及它们的环氧乙烷加成物。

1. 甘油脂肪酸酯及聚甘油脂肪酸酯

1）甘油脂肪酸酯

甘油脂肪酸酯的性质依脂肪酸的种类（碳原子数、饱和度）而异，一般为白色至淡黄色的粉末、薄片、粗末、蜡块状、半流体、黏稠液体等形态，无味、无臭或具有特异的气味，不溶于水，但与热水强烈振荡混合时可分散在水中呈乳化态，溶于乙醇和热脂肪油。

甘油酯分为单酯、双酯和三酯，三酯没有乳化能力，双酯的乳化能力也只不足单酯的 1%，最常用的为甘油单硬脂酸酯，其通式为

$$
\begin{array}{ccc}
\text{CH}_2\text{OOCR} & \text{CH}_2\text{OH} & \text{CH}_2\text{OOCR} \\
| & | & | \\
\text{CHOH} & \text{CHOOCR} & \text{CHOOCR} \\
| & | & | \\
\text{CH}_2\text{OH} & \text{CH}_2\text{OOCR} & \text{CH}_2\text{OOCR} \\
（单酯） & （双酯） & （三酯）
\end{array}
$$

（硬脂酸：$R=—C_{17}H_{35}$；油酸：$R=—C_{17}H_{33}$）
（棕榈酸：$R=—C_{16}H_{33}$；月桂酸：$R=—C_{11}H_{23}$）

目前工业产品分为单酯含量在 40%～50% 的单双混合酯（MDG）及经分子蒸馏的单酯含量高于或等于 90% 的分子蒸馏单甘酯（DMG）。单甘酯的 HLB 值为 2～3，是水/油型乳化剂。

为了改善甘油酯的性能，甘油酯可与其他有机酸反应生成甘油酯的衍生物，如聚甘油酯、二乙酰酒石酸甘油酯、乳酸甘油酯、柠檬酸甘油酯等，其特点是改善了甘油酯的亲水性，提高了乳化性能和与淀粉的复合性能等，在食品加工中有独特的用途。

工业生产一般多采用硬脂酸和甘油直接酯化，或者是油脂的甘油醇解（酯交换）两种合成工艺路线，分述如下：

（1）直接酯化法。硬脂酸和甘油在催化剂氢氧化钠或对甲苯磺酸或其他固体酸的存在下，进行直接酯化反应制取单甘酯。酯化产物为两种单硬脂酸甘油酯的异构体、两种二硬脂酸甘油酯异构体和一种三硬脂酸甘油酯的混合物，其化学反应式如下：

$$
\begin{array}{l}
\text{CH}_2\text{OH} \\
| \\
\text{CHOH} \quad +C_{17}H_{35}\text{COOH} \rightleftharpoons
\end{array}
\begin{array}{l}
\text{CH}_2\text{OH} \\
| \\
\text{CHOH} \\
| \\
\text{CH}_2\text{OOCC}_{17}H_{35}
\end{array}
+
\begin{array}{l}
\text{CH}_2\text{OH} \\
| \\
\text{CHOOCC}_{17}H_{35} \\
| \\
\text{CH}_2\text{OH}
\end{array}
+
\begin{array}{l}
\text{CH}_2\text{OOCC}_{17}H_{35} \\
| \\
\text{CHOH} \\
| \\
\text{CH}_2\text{OOCC}_{17}H_{35}
\end{array}
$$

$$
+
\begin{array}{l}
\text{CH}_2\text{OOCC}_{17}H_{35} \\
| \\
\text{CHOOCC}_{17}H_{35} \\
| \\
\text{CH}_2\text{OH}
\end{array}
+
\begin{array}{l}
\text{CH}_2\text{OOCC}_{17}H_{35} \\
| \\
\text{CHOOCC}_{17}H_{35} \\
| \\
\text{CH}_2\text{OOCC}_{17}H_{35}
\end{array}
$$

为提高此平衡反应的转化率，通常采用甘油过量，甘油与硬脂酸的物质的量比一般约为 2：1，催化剂用量按硬脂酸质量计为 0.1%，在 180～200℃搅拌下反应 2～4h，所得单甘酯含量在 40%～60%。需将反应后的混合物进行蒸馏、精制等操作。但反应产物具有较高和相近的沸点，一般采用高真空蒸馏或分子蒸馏才能将单甘酯的浓度提到 90% 以上。

分子蒸馏对设备要求较高，温度为 200℃，残压为 $1.33×10^{-2}$～1.33Pa。至今，在我国利用分子蒸馏设备和工艺仍然存在一些问题，主要是真空度难以达到要求，因此产品单甘酯的质量较差。

（2）甘油醇解法。合成工艺流程如下：

$$甘油，硬化油→脱水→酯交换反应→脱臭→蒸馏→产品$$

在反应釜中加入硬化油和甘油，在 0.06%～0.1% 的 $Cu(OH)_2$ 催化作用下，于 180～185℃ 搅拌通入氮气，酯化反应 5h，再减压脱臭 1h，在氮气流下冷却至 100℃ 出料。冷却即得褐色粗单甘酯，单甘酯含量为 40%～60%。粗单甘酯经分子蒸馏，即得到乳白色粉末状单甘酯。

也可利用脂肪酶催化合成单甘酯，脂肪酶可以在有或无有机溶剂体系中进行。通过油脂水解或醇解，脂肪酸与甘油酯化，或甘油醇解反应多种途径合成单甘酯，反应方程式如下：

$$
\begin{array}{c}
CH_2\!-\!COOR \\
| \\
CH\!-\!COOR \\
| \\
CH_2\!-\!COOR
\end{array}
+
\begin{array}{c}
CH_2\!-\!OH \\
| \\
CH\!-\!OH \\
| \\
CH_2\!-\!OH
\end{array}
\underset{脂肪酶}{\rightleftharpoons}
\begin{array}{c}
CH_2\!-\!OCOR \\
| \\
CH\!-\!OH \\
| \\
CH_2\!-\!OH
\end{array}
+
\begin{array}{c}
CH_2\!-\!OH \\
| \\
CH\!-\!OCOR \\
| \\
CH_2\!-\!OH
\end{array}
$$

2）聚甘油脂肪酸酯

聚甘油脂肪酸酯（PGFE）是聚甘油与脂肪酸生成的酯，主要用作化妆品和食品工业的乳化剂。其无毒，对人体无副作用，是一种安全性较高的表面活性剂，结构式可表示为

$$
R\!-\!\overset{\displaystyle O}{\overset{\|}{C}}\!-\!O\!\left[\!CH_2\overset{\displaystyle OH}{\overset{|}{CH}}CH_2O\!\right]_{\!n}\!H
\quad (n\text{ 为甘油聚合度，通常为小于 }10\text{ 的整数})
$$

PGFE 的制备方法有直接化法与酯交换法两种，第一种方法的工艺步骤如下：

（1）在 500kg 精甘油中，溶解 5kg NaOH，蒸去水分后，于 260℃ 下，24h 吹入 CO_2，加热，搅拌，缩合。除去生成的水分，在 0.26kPa 下通入惰性气体，在 220～225℃ 下蒸去甘油，最后在氮气流下冷却，得到暗琥珀色黏稠的聚甘油。

（2）取 485kg 聚甘油和 450kg 硬脂酸加入反应釜中，搅拌下于 220～230℃ 加热 2h，反应后在 CO_2 气流中冷却，未反应的少量聚甘油混合物经过静置与酯分离。生成的酯中游离脂肪酸含量在 0.3% 以下，无不愉快气味，呈浅黄色，冷却后得脆状固体物即为产品。

2. 蔗糖脂肪酸酯

蔗糖脂肪酸酯简称蔗糖酯，是蔗糖与各种羧基结合而成的一大类有机化合物的总称。它以无毒、易生物降解及良好的表面活性广泛用于食品、医药、化妆品、洗涤用品、纺织及农牧等行业。它是联合国粮食及农业组织与世界卫生组织推荐用食品添加剂。它有两种分类法，按构成蔗糖酯的脂肪酸种类不同，可分为硬脂酸蔗糖酯、棕榈酸蔗糖酯等；按蔗糖羟基与脂肪酸成酯的取代数不同，又可分为单酯、双酯、三酯及多酯等。蔗糖分子有 8 个羟基，除取代数有 1～8 个之外，控制蔗糖酯中脂肪酸的碳数和酯化度，或对不同酯化度的蔗糖酯进行混配，可获得任意 HLB 值的产品。商品蔗糖酯是单、双、三及多酯各种异构体的混合物。

目前国内外生产 C_{12}～C_{18} 的蔗糖酯均采用酯交换法，酯化反应式示意如下：

$$ROH + R'COOR'' \rightleftharpoons R'COOR + R''OH$$

根据不同条件，酯交换法又分为溶剂法、Snell 法、无溶剂法及微乳化法等。以下仅对溶剂法作一说明。

按 n（硬脂酸甲酯）：n（蔗糖）=1：3 将原料加入反应釜中，搅拌下升温至 80～90℃，加入事先溶于溶剂的 K_2CO_3 催化剂，减压到 10.7～12.0kPa，反应 3～6h，蒸出副产物甲醇之后，得到粗蔗糖酯。用减压法蒸出溶剂，加热过滤，回收蔗糖与催化剂后即得到蔗糖脂肪酸酯。溶剂可以是二甲基甲酰胺（DMF）、二甲亚砜、二甲苯、丙二醇等。催化剂可以是 NaOH、KOH、K_2CO_3、CH_3ONa 等。产物中单、双或三酯的收率可通过调整蔗糖与脂肪酸低碳醇酯用量比来控制。如果蔗糖用量大，则单酯收率高，反之则生成双酯或三酯较多。

3. 失水山梨醇脂肪酸酯

失水山梨醇脂肪酸酯的商品名为司盘（Span），常用的司盘类乳化剂的 HLB 值为 4～8。其产品以脂肪酸结构来划分，如 Span 20、Span 40、Span 60、Span 80 等，最常用的是 Span 60 和 Span 80。

传统生产司盘的方法为一步合成法。现今多用先醚化后酯化法生产。例如，Span 60（山梨醇酐单硬脂酸酯）是由山梨醇与硬脂酸发生脱水酯化反应而得，反应式如下：

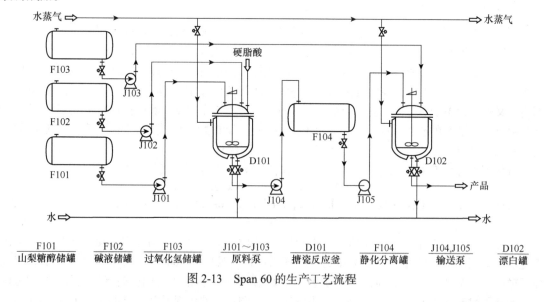

生产工艺流程（图 2-13）如下：

（1）将 F101 中 700kg 山梨糖醇按计量泵入反应釜 D101 中，减压脱水至釜内翻起小泡，然后加入 780kg 硬脂酸，再加入 40% 碱液 2.5 kg，在减压条件下 2h 内升温至 170℃，然后缓慢升温至 180～190℃，保温 2h 后再继续升温，直至 210℃，在此温度下保温 4h。抽样测酸值，当酸值到 8 mg KOH/g 左右时酯化反应结束。

（2）反应物料泵入 F104 中静置，冷却过夜，除去底层焦化物。

（3）物料输送到 D102 中，加入适量过氧化氢脱色，最后升温至 110℃ 左右，冷却成型、包装得成品。

图 2-13　Span 60 的生产工艺流程

Span 主要用于医药、化妆品、食品、农药、涂料等工业领域，作为乳化剂、稳定剂、抗静电剂、柔软上油剂等。

4. 失水山梨糖醇聚氧乙烯脂肪酸酯（Tween）

失水山梨糖醇聚氧乙烯脂肪酸酯的商品名为吐温（Tween），该类表面活性剂的 HLB 值为 16～18，亲水性好，乳化能力很强。常用的吐温类乳化剂有聚氧乙烯山梨醇酐单硬脂酸酯（Tween 60）、聚氧乙烯山梨醇酐单油酸酯（Tween 80）。Tween 60 为淡黄色膏状物，HLB 值为 14.6；Tween 80 为淡黄色油状液体，HLB 值为 15.0。

失水山梨醇脂肪酸酯聚氧乙烯醚系列表面活性剂是在催化剂作用下，由失水山梨醇脂肪酸酯与环氧乙烷聚合而得，采用釜式搅拌乙氧基化工艺为例。

将加热后的 Span 20 和催化剂（溶液）按配比量加入到不锈钢反应釜中，然后升温至 80～120℃开始抽真空减压脱水；水分脱净后，用 0.2～0.4MPa 氮气置换 2～3 次，然后继续升温至 150～170℃，通入环氧乙烷，并维持反应器内压强 0.2～0.4MPa，温度 150～170℃，在配比量环氧乙烷加完并老化一段时间后反应釜内压强不再下降，即可排空，置换。然后降温至 80℃左右，用冰醋酸中和至 pH 6～8。必要时脱色，取样分析、出料、包装。

主要原料的消耗定额见表 2-2。

表 2-2　合成 Tween 系列表面活性剂的主原料消耗定额（单位：kg/t）

原料	Tween 20	Tween 40	Tween 60	Tween 80
环氧乙烷	700	680	670	680
Span 20	300	320	300	320
催化剂	2	2	2	2
冰醋酸	2	2	2	2
过氧化氢	8	6	6	3

Tween 广泛用于化妆品、食品、制革、化纤油剂、农药、印染等工业领域。例如，在药品、化妆品生产中用作乳化润湿剂；在泡沫塑料生产中用作乳化稳定剂；在合成纤维工业中用作油剂单体；在金属加工中用作乳化防锈剂；在油田中用作乳化、防蜡、降黏剂；在农药助剂中用作展着剂和黏附剂。我国 GB 2760—2019 批准使用的 Tween 型食品乳化剂有聚氧乙烯山梨醇酐单月桂酸酯（Tween 20）、聚氧乙烯山梨醇酐单棕榈酸酯（Tween 40）和 Tween 60、Tween 80。

2.5.3　烷醇酰胺型表面活性剂

酰胺化反应是制备烷醇酰胺型表面活性剂最重要的反应。将脂肪酸与乙醇胺或二乙醇胺共热到 180℃就会发生酰胺化反应，在这一系列产品中最重要的是脂肪酸与二乙醇胺反应得到的烷醇酰胺，反应式如下：

$$RCOOH + NH(CH_2CH_2OH)_2 \xrightarrow[\triangle]{N_2} RCON\begin{matrix} CH_2CH_2OH \\ CH_2CH_2OH \end{matrix} + H_2O$$

脂肪酸与二乙醇胺的反应比较复杂，除生成酰胺外也会生成酯，而酯可再与过量的二乙醇胺经过一些中间产物或直接地转化成酰胺，在反应中剩余的二乙醇胺也会自动地与脂肪酸生成盐。由于这种反应复杂，因此产物是多组分混合物，并且随脂肪酸与二乙醇胺的物质的量比及反应条件而变化。工业上的烷醇酰胺有两种类型，即 2∶1 烷醇酰胺和 1∶1 烷醇酰胺。

2∶1 烷醇酰胺采用 1mol 脂肪酸与 2mol 二乙醇胺在 160～180℃加热 4h 制备；1∶1 烷醇酰胺则由等物质的量的脂肪酸甲酯与二乙醇胺在 100～110℃加热 2～4h 制备，同时蒸出甲醇而得产品，其组成有较大差异。1∶1 烷醇酰胺纯度很高，因此又称超级烷醇酰胺。烷醇酰胺的特色是有泡沫稳定作用和良好的洗涤性能，还可增加液体洗涤剂的黏度，最广泛的用途是配制液体洗涤剂、各种类型的香波、干洗剂以及纺织、皮革工业中的清洗剂，也常用于复配金属清洗剂和油墨清洗剂。

2.6 新型与特种表面活性剂

2.6.1 元素表面活性剂

1. 氟表面活性剂

氟表面活性剂是以氟碳链为非极性基团的表面活性剂，即以氟原子部分或全部取代碳氢链上的氢原子。该表面活性剂具有碳氢表面活性剂所没有的优异性能，其特性主要取决于氟碳链，如高表面活性、高热力学和化学稳定性等。在一般表面活性剂不能使用，或者即使使用其效果也较差的领域内，添加极少的氟表面活性剂即可发挥显著效果。因此尽管目前市场规模还很小，且价格远高于一般表面活性剂，但越来越引起人们的重视，而且其应用领域也在不断扩大。

氟表面活性剂具有极高的表面活性，可使水的表面张力降至 15mN/m，且具有很高的化学稳定性和热稳定性，氟碳链不但疏水而且疏油，按用途分为水溶性和油溶性两大类。水溶性的氟表面活性剂主要用于氟树脂乳液聚合的乳化剂、电镀添加剂、高效灭火剂、渗透剂和精密电子仪器清洗剂等；油溶性的氟表面活性剂主要用于涂料、油墨均质剂、环氧系胶黏添加剂及氟树脂用表面改质剂。

氟表面活性剂的生产技术包括氟疏水链的合成和亲水基的引入。由于其亲水基的引入与普通碳表面活性剂相同，可以是阴离子、阳离子、非离子和两性的，因而氟表面活性剂的发展主要取决于氟碳链单体合成方法的进展。目前氟碳链的合成主要有电解氟化法、调聚法和离子齐聚法。

2. 含硅表面活性剂

以聚硅氧烷（分为硅氧烷基型和硅烷基型）为疏水链，中间位或断位连接一个或多个含硅极性基团而构成的一类表面活性剂称为含硅表面活性剂。含硅表面活性剂也是性能优良的表面活性剂类别，可作为杀菌剂、消泡剂、织物柔软整理剂、羊毛防缩整理剂、抗静电剂及合纤油剂、化妆品用头发调理剂、UV 吸收促进剂、润滑剂等使用。

含硅表面活性剂的生产工艺包括有机硅疏水链的合成和亲水基的引入。有机硅化合物的合成方法一般是先合成氯硅烷，然后再与各种有机试剂反应；亲水基的引入则视亲水基的不同，由硅烷或硅氧烷与含相应亲水基的化合物反应。

非离子含硅表面活性剂一般由各种硅氧烷基在催化剂存在下与聚醚或环氧乙烷反应即可；阳离子含硅表面活性剂则可通过含卤素的硅烷或硅氧烷和胺类反应或由硅烷与含烯烃的胺类进行加成反应再季铵化制备；阴离子含硅表面活性剂由含卤硅烷与丙二酸酯反应再水解或利用环氧有机硅化合物与亚硫酸盐作用而得。反应分别列举如下：

$$C_2H_5O \underset{\underset{OC_2H_5}{|}}{\overset{\overset{OC_2H_5}{|}}{-Si-}}OC_2H_5 + 4HO(C_2H_4O)_n R \xrightarrow{CF_3COOH} Si[(OC_2H_4)_n OR]_4$$

$$(CH_3O)_3Si(CH_2)_3Cl + C_{18}H_{37}N(CH_3)_2 \longrightarrow (CH_3O)_3Si(CH_2)_3 \underset{\underset{CH_3}{|}}{\overset{\overset{CH_3}{|}}{-N^+-}}C_{18}H_{37} \cdot Cl^-$$

$$R_3SiC_nH_{2n}Cl + H\underset{\underset{COOC_2H_5}{|}}{\overset{\overset{COOC_2H_5}{|}}{-C-}}H \longrightarrow R_3SiC_nH_{2n}\underset{\underset{COOC_2H_5}{|}}{\overset{\overset{COOC_2H_5}{|}}{-CH}} \xrightarrow{NaOH} R_3SiC_nH_{2n}COONa$$

利用 Si—H 键的活泼性，在糖分子中引入硅氧烷基，能得到一类性能十分优异的以糖为亲水基的硅氧烷表面活性剂，研究中使用的是五乙酰基-D-葡萄糖的 α 体和 β 体，反应具有立体选择性，反应点发生在羟甲基上。反应在常压、40℃下，以 $Co(CO)_8$ 为催化剂，以乙酰基化的葡萄糖、三甲基氢硅烷、一氧化碳为原料合成。

含氟硅氧烷表面活性剂具有比普通硅氧烷表面活性剂更特殊的性能，它具有好的耐热稳定性和化学稳定性，也具有更低的表面张力。硅氧烷化合物常用于织物的防水防污整理，含氟硅氧烷则不仅可赋予防水防污的能力，还赋予防油的能力，因而有"三防"材料的美称。

3. 含硫表面活性剂

含硫表面活性剂主要指分子中含有 $\overset{\overset{\textstyle O}{\uparrow}}{—S—}$ 或 $—S^+—$ 基团的表面活性剂，结构上的特点决定了它在某些方面表现出独特的性能（如低温洗涤性），而且在低温和无助剂情况下就具有较好的净洗效果和优异的杀菌性，其杀死或抑制革兰氏阴性菌及采油中的硫酸盐还原菌的效果优于常见的季铵盐。作为植物生长调节剂，能较显著地提高瓜果成熟时糖和碳水化合物的含量。在医药上可用作抗过敏剂、重伤防溃烂剂、抗瘤及消炎剂。

按亲水基的不同，含硫表面活性剂同样可分为非离子、阴离子、阳离子和两性表面活性剂四类，其合成工艺与普通表面活性剂的合成相似。含硫阳离子表面活性剂一般通过硫醚或亚砜与烷基化剂反应制得；若要制备高分子聚合物型表面活性剂则先制成能烷基化的高分子，然后再与硫醚反应；含硫两性表面活性剂的合成方法与含硫阳离子表面活性剂相似，只是烷基化剂不同；含硫非离子表面活性剂的合成则是将硫醚氧化即得亚砜表面活性剂，具有非常好的表面活性。

含硫阴离子表面活性剂中以一种含有亚砜基团的阴离子表面活性剂尤为引人注目，该类表面活性剂易生物降解，刺激性小，特别是低温和不加三聚磷酸钠（STPP）时去污性也很突出，加之耐硬水，因而对发展无磷洗涤剂非常有利。例如，2-（十二烷基亚砜）乙基硫酸钠的合成反应路线如下：

$$\text{RCH}{=}\text{CH}_2 \xrightarrow[\text{AIBN}]{\text{HSCH}_2\text{CH}_2\text{OH}} \text{RSCH}_2\text{CH}_2\text{OH} \xrightarrow[\text{丙酮}]{\text{H}_2\text{O}_2} \text{R}{-}\overset{\overset{\textstyle O}{\uparrow}}{\text{S}}{-}\text{CH}_2\text{CH}_2\text{OH}$$

$$\xrightarrow{\text{SO}_3,\text{CH}_2\text{Cl}_2} \text{R}{-}\overset{\overset{\textstyle O}{\uparrow}}{\text{S}}{-}\text{CH}_2\text{CH}_2\text{OSO}_3\text{H} \xrightarrow{\text{NaOH}} \text{R}{-}\overset{\overset{\textstyle O}{\uparrow}}{\text{S}}{-}\text{CH}_2\text{CH}_2\text{OSO}_3\text{Na}$$

4. 含硼表面活性剂

含硼表面活性剂是以硼酸为母体形成 B—O 键的硼酸酯类化合物，是一类特种表面活性剂。其品种较多，如硼酸双甘酯单硬脂酸酯钠盐的制备是以乙醇、硼酐为原料分三步合成，中间产物为硼酸三乙酯和硼酸双甘酯，最终产物的纯度用薄层层析法检出。

硼酸酯表面活性剂沸点高，不挥发，高温下极稳定，表面活性优异，具有优良的抗静电、阻燃、抗磨润滑、杀菌、防腐及催化等多方面综合性能，尤其是它易于生物降解，无毒、无腐蚀性，是一类绿色、环境友好的特种表面活性剂。其可用作气体干燥剂、润滑油、压缩机工作介质和防腐剂，还可用作聚乙烯、聚氯乙烯、聚丙烯酸甲酯的抗静电剂、防滴雾剂，各种物质的分散剂和乳化剂、杀菌剂等。

2.6.2 聚合物表面活性剂

聚合物表面活性剂是由大量既含亲水基又含疏水基的结构单元自身反复重复所组成，可分为天然和合成聚合物表面活性剂两大系列。因其结构独特，亲水基及疏水基大小、位置等可调，既可制得低分子表面活性剂，又可制得高分子表面活性剂，从而具有一系列独特性能，如优良的分散、乳化、絮凝、低泡、稳定等作用，成为一类很有实用价值和发展前途的表面活性剂。

聚合物表面活性剂无毒或低毒，合成、改性容易，其品种和性能在不断发展。目前工业化产品的来源和种类主要有羧酸盐型聚合物表面活性剂、以糖为亲水基的聚合物表面活性剂、由 β-环糊精（β-CD）衍生的筒状低聚阴离子表面活性剂、有机硅改性聚乙烯醇型聚合物表面活性剂。

天然聚合物表面活性剂的制备可由碳水化合物或糖类等直接获得或经衍生及接枝共聚而得。合成聚合物表面活性剂的制备一般视反应单体不同，可以先引入亲水基，再进行单体聚合；也可以先聚合，再引入亲水基；还可以是二者交替。其亲水基的引入同普通表面活性剂的合成一样。

缩合聚合、加聚反应和开环聚合是聚合物单体相连的最基本反应，视单体和需合成聚合物表面活性剂性能、相对分子质量不同，由上述基本反应又可以衍生出许多方法。例如，齐聚是正在开发的很有前途的方法，由齐聚制备的低相对分子质量聚合物表面活性剂兼有高分子和低分子表面活性剂两者的性能，特别适合作分散剂和乳化剂。此外，接枝共聚也是近年研究较多、很有发展前途的方法，利用接枝共聚可以使聚合物表面活性剂获得更为独特的功能。例如，Hughes 将含羧基的单体如丙烯酸、衣康酸及任意共聚物单体接枝到母体如聚乙烯醇、脂肪醇聚环氧乙烷醚或蓖麻油乙氧基化物上，所得聚合物表面活性剂生物降解性好，可用于衣物洗涤剂和餐具清洗剂及作为助洗剂、抗再沉积剂等。

2.6.3　生物表面活性剂

生物表面活性剂是细胞与生物膜正常生理活动所不可缺少的成分，一方面广泛地分布于动植物体内，另一方面微生物在其菌体外较大量地产生、积蓄微生物表面活性剂。生物表面活性剂的疏水基一般是脂肪酸或烃类，而亲水基则为糖、多元醇、多糖及肽等。根据亲水基结构，可分为下述 5 种：①以糖为亲水基的糖脂系；②以低缩氨基酸为亲水基的酰基缩氨酸系；③以磷酸基为亲水基的磷脂系；④以羧酸为亲水基的脂肪酸系；⑤结合多糖、蛋白质及脂的高分子生物表面活性剂即生物聚合体。大多数生物表面活性剂具有脂质的结构。

生物表面活性剂的制备有两种方式：一种是直接从动植物及生物体内提取，对于分离相对容易、含量丰富、产量大的生物表面活性剂，利用此法不失为一种简便易行、成本低的途径。目前已广泛用于食品、医药及化妆品的磷脂类表面活性剂就是从蛋或大豆的油和渣中分离提取的。大豆磷脂为制造大豆油时的副产品，将提取大豆原油的溶剂蒸发除去，再通入水蒸气，则磷脂沉淀分离，将沉淀分离的黄色乳浊液离心脱水后，在 60℃下减压干燥，再精制而得。另一种方法是由微生物制备，这种方法不同于由动植物开发，在制备技术及经济效果方面非常有利并且可以大量生产。由微生物制备生物表面活性剂的能力主要取决于能降解烃类的微生物，其次则取决于供微生物生长的碳源的组成。能形成表面活性剂的微生物种类很多，其中有细菌、酵母及真菌等，可作碳源的化合物有碳氢化合物、碳水化合物及动植物油等。一般只有在有脂质或有碳氢化合物存在的情况下，才能获得最佳的生物表面活性剂收率。

槐糖脂是糖脂系生物活性剂中最有应用前途的一类生物表面活性剂，其结构见图 2-14。槐糖脂至今只能在球拟酵母或假丝酵母培养基中找到，在工业上成功应用的关键是要选用廉价丰富的碳源。其制备收率随碳源不同而不同，以油类和糖类化合物共同作碳源收率高于单独以油类作碳源，最高收率可达 160g/L。制备工艺如下：将微生物假丝酵母菌属（Candida bombicola ATCC 22214）接种于琼脂斜面培养基，然后转移到盛有 100mL 介质的 500mL 锥形烧瓶中，在 30℃下于旋转摇动器（转速 250r/min）上需氧培养一天；在 Bellco 玻璃发酵瓶中加入 700mL 介质和 20mL 上述肉汤培养液，在磁力搅拌下发酵，搅拌速度为 450r/min。每分钟通氧量与液体量体积比为 2∶1，发酵温度 30℃。介质优化组成为：0.1% KH_2PO_4，0.5% $MgSO_4 \cdot 7H_2O$，0.01% $FeCl_3$，0.01% NaCl，0.4%酵母萃取物，0.1%尿素，10.5% Canola 油，10%葡萄糖。

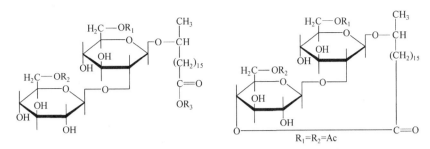

图 2-14　槐糖脂结构

目前关于槐糖脂生物表面活性剂研究的焦点有两个：一个是通过选择大量丰富易得的农业再生资源作碳源；另一个是通过进一步改进反应器来提高产品收率。

生物表面活性剂因完全生物降解、无毒、对生态环境安全，且具有高表面活性和生物活性，成为近年颇为引人注目的一类表面活性剂，在食品、化妆品、医药等领域颇具应用前景。

2.6.4　冠醚类表面活性剂

冠醚类表面活性剂为疏水基上接有环状聚醚的化合物，是一类既能选择性地络合阳离子、阴离子及中性分子，又具有表面活性以及能形成胶团等复合性能的表面活性剂，在生物化学、分析化学、药物化学及有机化学等领域有很大用途。此外，当它与极性基团或某些金属离子形成络合物后，使之从非离子表面活性剂变成离子表面活性剂。

冠醚环的聚环氧乙烷侧链上引入羟基，可作为载体，高效率、高选择性、能动地输送碱金属或碱土金属离子。在冠醚的各种部位引入氨基酰亚胺基，可以提高其对碱金属和银离子的选择性，用以从照相废液中回收银离子。

此外，从缩水丙三醇合成的有两个疏水基链的冠醚不仅对 Na^+、K^+ 有很好的络合能力，而且由于它具有与磷脂质极为相似的结构，因此可合成典型的功能性磷脂质化合物。

2.6.5　烷基葡糖苷

烷基葡糖苷（alkyl polyglucoside，APG）是 20 世纪 80 年代初大力开发的新型非离子表面活性剂，其合成原理与前述多元醇型表面活性剂蔗糖酯的合成相似，所不同的是烷基葡糖多苷是由各种糖与脂肪醇反应脱水形成醚键化合物，即糖醚，而非糖酯。由于原料葡萄糖、脂肪醇取自天然，非常适应今后表面活性剂发展的大趋势，且产品性能优良，应用范围广，因此被普遍认为是表面活性剂新产品中最具发展潜力的绿色表面活性剂。

工业生产的 APG 是一个极端复杂的同分异构体混合物，一般是一定碳链长度范围内的糖苷低聚物，其平均聚合度 DP 分为 1.4、1.6 和 1.8 三类。烷基多苷的理想结构式如下：

$$
H-\left[O\ \begin{matrix} CH_2OH \\ OH \\ OH \end{matrix} \right]_x O-\begin{matrix} CH_2OH \\ OH \\ OH \end{matrix}\ O-(CH_2)_n CH_3
$$

通常以通式 RO（G）$_n$ 来表示烷基葡糖苷，其中 R 表示烷基（一般为含 C$_8$～C$_{18}$ 的饱和直链烷基）；G 表示葡萄糖单元；n 为每个脂肪醇链所结合的葡萄糖单元数；以平均聚合度 DP 表征烷基葡糖多苷组成。目前，已可用 HPLC-GC 及 TLC 方法来分析 APG 的主要成分单苷、二苷、三苷、四苷及五苷的分布，同时也可用色谱法及柱层析法来分析残留的高碳醇。

烷基葡糖多苷的合成方法很多，共有 6 条可能的合成路线：①Koenigs-Khorr 反应；②直接糖苷化法；③转糖苷化法；④酶催化法；⑤原酯法；⑥糖的缩酮物的醇解。考虑到实用性和经济因素，真正可用于且已实施了工业化生产的只有直接糖苷化法（简称直接法）和转糖苷化法（简称二步法）两种技术路线。而酶催化法合成糖苷选择性好，反应条件温和，收率高，产品纯，具有很大的发展前途，此技术的关键是酶的制取。

目前工业上烷基多苷的生产主要是以脂肪醇和葡萄糖为原料，利用直接法制得。以淀粉为原料虽然成本低，但淀粉中含有蛋白质、脂肪和灰分等杂质，需经预处理将其脱除。第一步制成的低碳醇糖苷也需经过精制后才能用于下一步的合成，因此低碳醇的循环使用率和损失量直接影响着 APG 的制造成本。图 2-15 为 Henkel 公司采用直接法生产 APG 的生产工艺流程图。

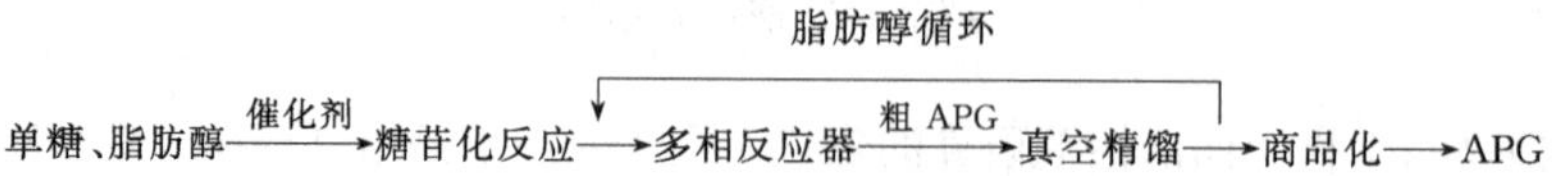

图 2-15　APG 的生产工艺流程

葡萄糖经预处理，用一专用设备将其精细粉碎后再与部分丁醇（酯交换法）或与部分高碳醇（直接合成法）制成悬浮液，再进入反应器，反应完全后的混合物过滤回收催化剂，滤液经高真空除去过剩的脂肪醇，得粗糖苷；未反应的脂肪醇回到反应器循环使用，粗糖苷加水溶解制成一定糖苷浓度的溶液，经漂白后调制成出售时的商品浓度，催化剂经简单再生重复使用。工艺参数如温度、压强、搅拌技术、蒸发效率及在反应器中的停留时间等的优化，都可降低不希望的多糖和有色物质的生成而提高糖苷的含量，即使生成少量有色物质，其颜色也很浅，且容易漂白。

催化剂性能的好坏是烷基多苷合成的关键，已用于合成烷基多苷的催化剂有：各种无机酸如 HCl、H_3PO_4、HPO_2 以及各种有机酸[C_2～C_{18} 磺基羧酸、对甲苯磺酸、磺基丁二酸、十二烷基苯磺酸、一种强酸和 K_a 为 10^{-8}～10^{-1} 的弱碱所生成的盐（如对甲苯磺酸吡啶盐、2, 4, 6-三甲基苯磺酸喹啉盐）]和杂多酸、超强酸等。如在一定条件下加入一定量的硼氢化钠（加入时间很重要），可起到降低产品色泽的作用，这是因为葡萄糖的醛基容易发生反应，从而生成各种有色物质。若将其醛基还原成羟基，则得到热稳定性高得多的山梨醇，而硼氢化钠是将醛基还原成羟基的特效试剂。

2.6.6　烷基葡糖酰胺

由于使用可再生性农业原料生产、具有绿色环保概念以及多官能团结构的特殊功效，近年来糖基表面活性剂日益受到重视和消费者欢迎。一种葡糖衍生表面活性剂——烷基葡糖酰胺（AGM 或 APA）已成功实现规模化和工业化生产，成为糖基表面活性剂中仅次于烷基葡糖苷的第二大品种。目前主要是美国 P&G 公司制造，用于高档液体和粉状洗涤剂。

对烷基葡糖酰胺的称谓较混乱，如多羟基脂肪酸酰胺、烷基葡糖丁二酰胺、N-烷基-N-酰基葡糖胺、葡糖苷脂肪酸酯、烷基葡萄糖酰胺、烷基葡糖酰胺等。APA 即 N-烷酰基-N-甲基葡萄糖，是一种非离子绿色表面活性剂新品种。APA 的代表品种主要是十二烷基葡萄糖酰胺，按照严格的命名应为 N-十二酰基-N-甲基- 1 -氨基- 1 -脱氧-D-葡萄糖醇（N-dode-canoyl-N-methyl-1-amino-1-deoxy-D-glucitol），通用名为 N-月桂基-N-葡萄糖酰胺（N-lauryl alkyl-N-polyglucoside amide），简称APA。

APA 的研究和开发由来已久，目前合成烷基葡糖酰胺采用两步法的主反应如下：

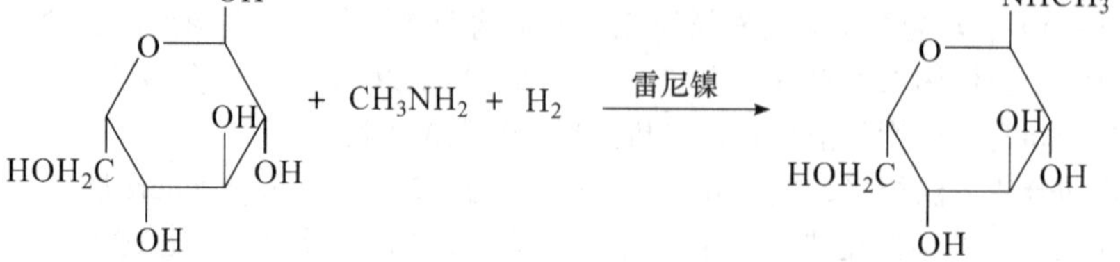

$$\text{(烷基葡糖胺)} + C_{11}H_{23}COOCH_3 \xrightarrow{OH^-} \text{(烷基葡糖酰胺)} + CH_3OH$$

第一步在甲醇中用烷基胺将葡萄糖胺化，大多使用甲基胺。为使反应产物具有最佳活性，需注意在反应过程中保留葡萄糖的仲醇碳原子。然后以雷尼镍（Raney Ni）为催化剂，于氢气中高压还原得到烷基葡糖胺，该步反应收率一般可达 86%～93%。

第二步在甲醇中使用碱金属催化剂，用烷基葡糖胺和脂肪酸甲酯在回流状态下合成烷基葡糖酰胺。反应实际是将仲胺基多元醇酰化，过程中分馏出副产物甲醇。如使用甲基，葡糖胺收率为 84%～95%；如使用苯基，葡糖胺收率为 50%～70%。

该酰化反应值得注意之处是碱性催化。通常单官能团仲胺与甲酯加碱性催化剂不能反应，因此最初的反应产物可能是氨基四羟基酯，通过碱催化使羟基酰化，再迅速重排成为聚胺化物，最终产物是五羟基胺而不是胺基酯。通过 NMR 和 Raman 光谱数据以及 X 射线衍射研究已证实了这一推测。

APA 与通常非离子表面活性剂一样，具有比离子表面活性剂高的表面活性。P&G 公司将 APA 用于液体和粉状洗涤剂，能够改善洗涤产品的刺激性，对皮肤更加温和，改善泡沫性能，还可以提高产品的透明度，起增溶剂的作用。APA 的另一优点是易于分解，生物降解性好，用于洗涤剂可改善环境相容性。

2.6.7 松香基表面活性剂

松香是一种来源丰富、价格便宜的天然化工原料，主要成分是树脂酸（枞酸、长叶松酸和新枞酸等），利用它们的活性基团，可以合成一系列与脂肪酸、脂肪胺、脂肪醇类表面活性剂结构相似而又独具特色的表面活性剂产品。由于松香酸是天然产物，由其合成的一系列表面活性剂一般具有较好的生态性能，符合绿色表面活性剂的原料绿色化要求。随着人们对表面活性剂环保和应用性能需求的提高，以松香为原料合成高附加值的功能性表面活性剂在生物降解、金属螯合、抑菌性能、生物医药以及纳米技术等方面被赋予了松香基表面活性剂优异的表面性能或新的功能。

松香基表面活性剂主要包括松香酸类阴离子表面活性剂（松香酸碱金属盐、松香酰磺酸盐类表面活性剂、N-酰基氨基酸类表面活性剂）、松香基非离子表面活性剂[松香酸（醇、酯）聚环氧乙烷化合物以及松香多元醇酯类表面活性剂、松香胺聚环氧乙烷醚、松香酸酰胺]、松香基阳离子表面活性剂(松香基季铵盐化合物)、松香基两性表面活性剂(如含咪唑啉环类的两性表面活性剂)。根据松香基表面活性剂的结构特征，可分为分解型、可反应型、螯合型、Bola 型以及双子型表面活性剂五大类。近年来对该类表面活性剂合成方面的研究较多，如通过松香与亲双烯试剂反应得到改性松香之后，再经两步酯化反应可以得到松香酯基表面活性剂。

松香基功能性表面活性剂不仅具有传统表面活性剂的乳化、润湿、分散等功能，可应用于纺织、金属、食品加工、造纸、皮革等传统工业领域，还具有生物降解、抑菌性能、金属螯合等功能，使松香基表面活性剂在传统应用的基础上不断向高新技术领域发展。

2.6.8 双生（子）表面活性剂

由连接在隔离基两端的两个相同双亲部分组成的表面活性剂被定义为双生（dimeric）或偶联

（gemini）表面活性剂，有时也被称为双子表面活性剂或二重连接（siamese）表面活性剂。该类表面活性剂有阴离子型、非离子型、阳离子型、两性离子型及阴-非离子型、阳-非离子型等。早期研究中曾将双生阳离子称为双季铵盐表面活性剂，对离子型双生表面活性剂又称为双极（bipolar）表面活性剂。作为端基的间隔基团可以是柔性的或刚性的、亲水的或疏水的。两端的疏水基可以是烷基、烷烯基、烷基芳基等，也有碳氟链和碳氟混合烷链的产品。含有酯基等易离解基团的双生物也是可分解表面活性剂。亲水基可以是阴离子、阳离子、非离子或两性离子，甚至可以是带有相反电荷的双亲水基。各种亲水基、疏水基和间隔基的不同组合决定了双生表面活性剂的多样性和多功能性，从而引起人们的关注。三联体或多联体表面活性剂本质上是双生体的延伸，与相应单体表面活性剂相比，双生体大多具有更强的表面活性和生物活性。

通常双生表面活性剂的研究也包括三联体及寡聚体表面活性剂。三联体表面活性剂由三个两亲部分通过间隔基连接在端基组装而成，寡聚体或多联体则由更多疏水基、亲水基和间隔基组装而成，本质上是双生体的延伸。这些联体表面活性剂通过 2-2 或 3-3 的组合可能产生与众不同的吸附形态和缔合形态，从而表现出与众不同的性能。这种 2-2 或 3-3 组合的表面活性剂存在相互作用并往往是协同效应或增效效应，因此双生表面活性剂以及三联体和寡聚体表面活性剂大多具有比单体表面活性剂更强的降低表面张力的效率和效能。通过选择结构也可以使其具有更好的溶解、分散、乳化、润湿和泡沫性能。

双季铵盐类是最早进行研究的双生表面活性剂，它们通过两分子烷基二甲基胺和适量的 α, ω-二卤代烷一步反应制备，例如

$$2C_{12}H_{25}N（CH_3）_2 + XCH_2CHOHCH_2X \longrightarrow C_{12}H_{25}N^+X^-（CH_3）_2CH_2CHOHCH_2X^-N^+（CH_3）_2C_{12}H_{25}$$

该反应可在乙醇溶剂中进行，加热回流约 48h。根据反应原料，也可以选择其他溶剂如丙酮、异丙醇、乙酸乙酯等。

用 1-O-烷基甘油与溴乙酸在酸催化下酯化反应，然后再与胺类反应，可制备带有双酯基的可分解阳离子双生表面活性剂。以十二烷基叔胺、环氧氯丙烷和氯乙酸为原料，利用两步法可以合成双季铵羧甲基钠盐新型两性双子表面活性剂。

2.6.9　反应型表面活性剂

反应型表面活性剂是一类能参与化学反应并与基质相结合的表面活性剂。反应型表面活性剂带有反应基团，它能与所吸附的基体发生化学反应，从而永久地键合到基体表面，对基体起表面活性作用，同时也成了基体的一部分，可以解决许多传统表面活性剂所不能解决的问题。

反应型表面活性剂至少包括两个特征：一是表面活性剂；二是能参与化学反应，而且反应之后也不丧失其表面活性。反应型表面活性剂除了包括亲水基和亲油基之外，还应包括反应基团（如乙烯基或烯丙基），反应基团的类型和反应活性对于反应型表面活性剂有特别重要的意义。根据反应基团类型及应用范围的不同，反应型表面活性剂可分为可聚合乳化剂、表面活性引发剂、表面活性链转移剂、表面活性交联剂、表面活性修饰剂等。

反应型表面活性剂可以广泛用于溶液聚合、分散聚合、接枝聚合、乳液聚合、无皂聚合、功能性高分子及复合材料的制备等多个方面，开辟了表面活性剂合成及应用的新领域。在这些方面反应型表面活性剂全部或部分代替传统表面活性剂后，产品的性能得到很大改善，可得到大量的精细化工新产品。合成新型性能优良的反应型表面活性剂，特别是在表面活性剂分子中添加特殊功能的官能团、基团、片段，使表面活性剂更加功能化，降低表面活性剂使用后的副作用，增强产品使用的简单方便性，减少其对自然环境的污染，以满足绿色化学原理是目前的主要研究方向。

2.6.10　分解型表面活性剂

表面活性剂基于其多种功能可广泛应用于不同领域，但在某些用途中表面活性剂的残留也会

引起多种弊端，如泡沫、乳化等，其中环境影响越来越引起人们的重视。分解型表面活性剂因含有在一定条件下可分解（裂解）的弱键，而具有更好的环境友好特性，同时分解型表面活性剂可以解除表面活性剂发挥作用后不希望出现的泡沫、乳化等情况，以及分解后的产物所产生的一些新功能，其开发和性能研究引起了国内外科学家的普遍关注，已成为目前研究的一个热点。分解型表面活性剂按分解的方式可分为酸分解、碱分解、热分解和光分解等，按可分解官能团可分为缩醛型、缩酮型、热降解型、原甲酸酯类、紫外光敏感型、有机硅型、聚乙烯基醚-聚（N-酰基烯胺）嵌段共聚物和亚磺酸酯类。一些分解型表面活性剂现已工业化生产。例如，葡萄糖酸与醛（或酮）反应得到缩醛（或缩酮），再与碱作用得到可分解的阴离子表面活性剂，或与仲胺作用得到可分解的非离子表面活性剂，反应式如下：

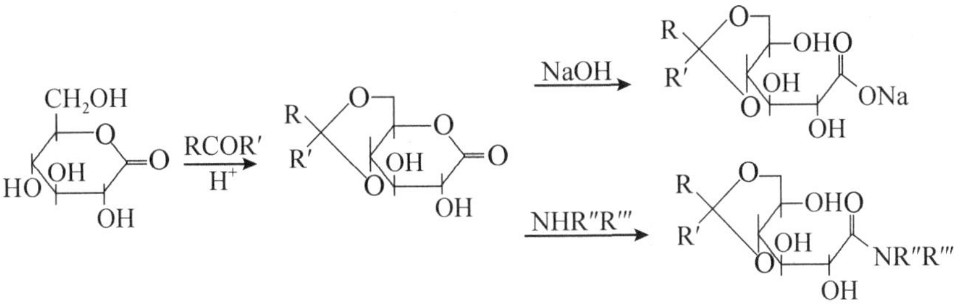

第3章 香料与香精

近年来全球香精香料市场中，亚洲、大洋洲和南美洲等国家和地区成为重点企业的主要竞销地区，这些地区的需求远高于世界的平均增长率。其中，中国香精香料行业迅速成长，已经完全发展成为一个竞争性的行业，在国际上的影响力也不断提高。同时，随着居民生活水平的提高、消费结构的升级，消费者在追求健康、营养、卫生的同时，逐渐寻求口味的时尚与新颖，市场需求将呈现出快速增长的发展态势，这为我国香料香精制造业的快速发展提供了广阔的市场空间，目前的生产已基本满足人们生活和工农业生产、市场的需要。

3.1 概　　述

香料与香精的
定义和分类

3.1.1 香料与香精的定义

刺激嗅觉神经（或味觉神经）而产生的感觉广义上称为气味，具有快感的气味称为香味。广义的香味又分为由嗅觉感知的香气和由味觉及嗅觉共同感知的香味。能够发出香气或带有香味的物质即称为香料，但是某些香料当其纯度较高时甚至会发出臭味，只有当适当稀释之后才会发出香味。另外，有时为调香的需要还会直接使用某些臭味物质，这些物质也属于香料的范畴，所以关于香料的概念不宜绝对化。

一般凡是能被嗅觉和味觉感觉出芳香气息或滋味的物质属于香料，但在香料工业中，香料通常特指用以配制香精的各种中间产品。香精也称调和香料，是由人工调配制成的香料混合物。单一的香料大多气味比较单调，不能单独地直接使用。采用专门的技术（称为调香）将各种香料按一定的比例调配成香精后，可以赋予香精一定的香型以适应加工对象的特定要求，所以在加香产品中直接使用的是各种香精。

3.1.2 香与分子构造的关系

很久以来，人们对有香物质的分子构造很感兴趣。合成香料出现以后，尤其是某些在自然界尚未发现其天然存在的合成香料问世后，极大地丰富了调香师们进行艺术创造的素材，出现了许多充满幻想和抽象色彩的人造香型。这进一步激起化学家们对于有机化合物分子构造与香气之间关系的研究兴趣，这种研究的最终目标是预测某种新化合物的香气特征，但是由于受到鉴定主观性以及香料分子构造复杂性的影响，研究进展是令人失望的。目前，还只能从碳链中碳原子的个数、不饱和性、官能团、取代基、同分异构等因素对香气的影响做一些经验性的解释，这对于香料化合物的合成仍有一定指导作用。

各类有香分子的相对分子质量存在上限，该上限一般与官能团和嗅阈值有关，通常在300以内。嗅阈值是指一种物质引起嗅感觉的必要刺激的最小量，通常用 mg/L 和 µg/L 等单位表示。在有机化合物中，如果碳原子个数太少，则沸点太低，挥发过快；反之，碳原子个数太多，难以挥发，都不宜作香料使用。在脂肪族香料化合物中，C_8 和 C_9 的香强度最大，C_{16} 以上的脂肪族烃类属于无香物质。醇类化合物中，C_4 和 C_5 醇类化合物有杂醇油香气，C_8 醇香气最浓，而 C_{14} 醇几乎无香。醛类化合物中，C_4 和 C_5 醛具有黄油型香气，C_{10} 醛香气最强，C_{16} 醛无味，而低级脂肪族醛具有强烈的刺鼻气味。酮类化合物中，C_{11} 脂肪族酮香气较强，C_{16} 酮是无臭的；对于环酮，碳原子个数的改变不但影响香气的强度，而且影响香气的性质。$C_5 \sim C_8$ 的环酮具有类似薄荷的香气，

$C_9 \sim C_{12}$ 的酮具有樟脑香气，$C_{13} \sim C_{14}$ 的环酮具有柏木香气，碳数更大的大环酮则具有细腻而温和的麝香香气。

此外，脂肪族羧酸化合物中，C_4 和 C_5 酸有腐败的黄油香气，C_8 和 C_{10} 酸有不快的汗臭气息，C_{14} 羧酸无臭。酯类化合物的香强度介于醇和酸之间，但香气更佳，一般具有花、果、草香等香味。

链状烃比环状烃的香气要强，随着不饱和性的增加，其香气相应变强。例如，乙烷是无臭的，乙烯具有醚的气味，乙炔则具有清香。醇类化合物中引入不饱和键，会令香气增强，而且不饱和键越接近羟基，一般香气增加越显著。

羟基是强发香的官能团，但是—OH 数增加会令香气减弱，尤其是当分子间及分子内形成氢键时。芳香族醛类及萜烯醛类中，大多具有草香、花香，其他如酮、酸、酯官能团都是香料化合物中常见的官能。碳架结构相同而官能团不同的物质，其香气会有很大区别；同时，官能团相同，取代基不同也会导致香气的很大差异。例如，紫罗兰酮和鸢尾酮的香气有很大区别，而它们的分子结构只差一个取代基：

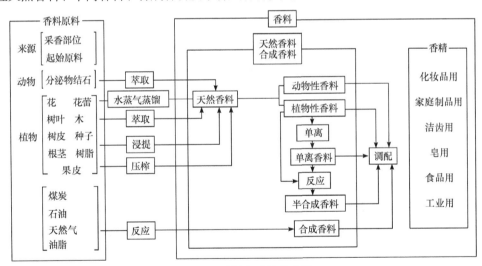

（α-紫罗兰酮，紫罗兰花香）　　　　（α-鸢尾酮，鸢尾根香）

香气也会因分子的立体异构而存在差异，如反-α-紫罗兰酮与顺-α-紫罗兰酮、反-茉莉酮与顺-茉莉酮，还有 L-薄荷醇与 D-薄荷醇、L-香芹酮与 D-香芹酮都是这方面的典型例子。

3.1.3　香料的分类

通常香料按照其来源及加工方法分为天然香料和人造香料，进一步可细分为动物性天然香料、植物性天然香料、单离香料、合成香料及半合成香料，其关系见图 3-1。

图 3-1　香料和香精的分类

（1）动物性天然香料。动物性天然香料是动物的分泌物或排泄物，实际经常应用的只有麝香、灵猫香、海狸香和龙涎香 4 种。

（2）植物性天然香料。植物性天然香料是以芳香植物的采香部位（花、枝、叶、草、根、皮、茎、籽、果等）为原料，用水蒸气蒸馏、浸提、吸收、压榨等方法生产出来的精油、浸膏、酊剂、香脂等。

（3）单离香料。单离香料是使用物理或化学方法从天然香料中分离提纯的单体香料化合物，如用重结晶方法从薄荷油中分离出来的薄荷醇（俗称薄荷脑）。

（4）合成香料。合成香料是指通过化学合成法制取的香料化合物，特指以石油化工基本原料及煤化工基本原料为起点经过多步合成反应而制取的香料产品。

（5）半合成香料。半合成香料是指以单离香料或植物性天然香料为反应原料制成其衍生物而得到的香料化合物。近年来松节油已成为最重要的生产半合成香料的原料，其产品在全部合成香料产品中占有相当大的比例。

上述合成香料和半合成香料一般也统称为合成香料。在合成香料中，某些产品的分子结构与天然香料中发现的香料成分完全相同，因此某些香料产品既可能是单离香料，又可能是合成香料。

3.1.4 香料化合物的命名

香料化合物的名称多数来源于最初发现其天然存在的植物或动物的名称，如桂醛是肉桂中的主要醛类成分，从灵猫的香腺中发现的大环酮类化合物被称为灵猫酮。还有一些香料化合物是根据与其香气相似的天然植物而命名的，如兔耳草醛是"人造结构"的合成香料，在自然界中未曾发现其存在，由于它的香气有些像兔耳草，故而得名。

随着人工合成香料品种的不断增加，根据这些新品种分子结构与天然品种的相似性，派生出新的香料化合物名称，如二氢灵猫酮、乙基香兰素等。

在香料广泛应用的过程中，很多香料化合物形成了自己的俗名、商品名或代号，有的化合物的名称多达近十种，因此香料化合物的命名推行具有客观唯一性的规则十分必要。这种方法就是系统命名法，也称 IUPAC 命名法（可参阅有机化学及有机化合物命名法的书籍）。

3.1.5 香精的分类与应用

在各种加香产品中使用的是利用多种天然香料和合成香料调配而成的香料混合物，即香精。香精一般少量添加于其他产品中作为辅助原料。针对香精的不同用途，对香精的形态有着不同的要求；同时在各种用途中，可以选用多种不同香型的香精。因此香精可根据形态分类，也可以根据香型分类。

1. 按照形态分类

（1）水溶性香精。该类香精常用 40%～60% 的乙醇水溶液为溶剂，香精中所含的各种组分必须能溶于这类溶剂中。水溶性香精广泛用于汽水、冰淇淋、果汁、果冻等饮料及烟酒制品中，另外在香水等化妆品中也有应用。

（2）油溶性香精。该类香精有两类常用溶剂，一是天然油脂，如花生油、菜籽油、芝麻油、橄榄油和茶油等；二是有机溶剂，如苯甲醇、甘油三乙酸酯等。以天然植物油脂配制的油溶性香精主要用于食品工业中，如糕点、糖果的加工；而以有机溶剂配制的油溶性香精，一般用于化妆品中，如霜膏、发脂、发油等，许多香料本身就是醇、酯类化合物，所以也有一些用于上述化妆品中的油溶性香精不需要再添加有机溶剂。

（3）乳化香精。该类香精一般是在大量的蒸馏水中添加少量香料，由于加入表面活性剂和稳定剂经加工制成乳液，乳化抑制了香料的挥发，也有利于改善加香产品的性状。乳化香精主要应用于糕点、巧克力、奶糖、奶制品、雪糕、冰淇淋等食品中，在发乳、发膏、粉蜜等化妆品中也经常使用，常用的表面活性剂有单硬脂酸甘油酯、大豆磷脂、山梨糖醇酐脂肪酸酯、聚氧乙烯木糖醇酐硬脂酸酯等，常用的稳定剂有酪朊酸钠、果胶、明胶、阿拉伯胶、琼胶、海藻酸钠等。

（4）粉末香精。分为由固体香料磨碎混合制成的粉末香精，粉末状液体吸收调和香料制成的粉末香精和由赋形剂包覆香料而形成的微胶囊状粉末香精。这类香精广泛应用于香粉、香袋、固体饮料、固体汤料、工艺品、毛纺品中。

2. 按香型分类

（1）花香型香精。以模仿天然花香为特点，如玫瑰、茉莉、铃兰、郁金香、紫罗兰、薰衣草等。

（2）非花香型香精。以模仿非花的天然物质为特点，如檀香、松香、麝香、皮革香、蜜香、薄荷香等。

（3）果香型香精。以模仿各种果实的气味为特点，如橘子、柠檬、香蕉、苹果、梨子、草莓等。

（4）酒用香型香精。有柑橘酒香、杜松酒香、朗姆酒香、白兰地酒香、威士忌酒香等。

（5）烟用香型香精。如蜜香、薄荷香、可可香、马尼拉香型、哈瓦那香型、山茶花香型。

（6）食用香型香精。如咖啡香、可可香、巧克力香、奶油香、奶酪香、杏仁香、胡桃香、坚果香、肉味香等。

（7）幻想型香精。以上6种类型的香精属于模仿天然香味的模仿型香精，幻想型则是在各种模仿型香精的基础上，由调香师根据丰富的经验和美妙的幻想，巧妙地调和各种香料尤其是使用人工合成香料而创造的新香型。幻想型香精大多用于化妆品，往往冠以优雅抒情的称号，如素心兰、水仙、古龙、巴黎之夜、圣诞之夜等。

3. 香料与香精的用途

香料与香精的用途非常广泛，与人们的生活息息相关。在食品、烟酒制品、医药制品、化妆品、洗涤剂、香皂、牙膏等多种行业中，香精都有广泛的应用。此外，在塑料、橡胶、皮革、纸张、油墨以至饲料的生产中，都要使用香精。香疗保健用品、薰香、除臭剂等更是广为人知的应用实例。香疗保健用品通过直接吸入飘逸的香气或香料与皮肤的接触，使人产生有益的生理反应，从而达到防病、保健、振奋精神的作用。已有的香疗保健用品包括各种香疗袋、香塑料、香涂料、空气清洁剂和洗涤剂等，具有兴奋、催眠、调节食欲、戒烟等多种疗效。

3.2 香　精

在日用品中香精主要起使产品赋香的作用，具有审美的价值。除了赋香外，香精还有其他多种功能。由于人类接受香精气味的感官与大脑负责情绪的部分有紧密联系，因此香精对人类的情绪也有很大的影响。

3.2.1 香气的分类和强度

已有的香料品种如此之多，而且同一种香料由于原料或加工工艺的不同也会导致香气特征的不同，为了在调香过程中方便地进行辨香和交流，就需要对香气进行分类。由于香气类型千差万别，人的主观感觉与偏好又各有所异，因此香气的分类方法也多种多样。比较知名的有里曼（Rimmel）分类法、贝绿特分类法、克拉克分类法、罗伯特分类法和奇华顿分类法，由 K. 博尔和 D. 加比推荐的比较实用的香气分类法见表3-1。

表 3-1 香气的分类

序号	类型	香气特征	序号	类型	香气特征
1	醛香	长链脂肪醛，如人体气味、熨烫衣物的气息	11	药草香	青草药的复杂香气，如鼠尾草
2	动物香	麝香及粪臭素等	12	药香	像消毒剂的气味，如苯酚、来苏水、水杨酸甲酯
3	膏香	浓重的甜香型，如秘鲁香膏、可可、香荚兰、肉桂	13	金属香	接近金属表面的典型香气，如铜和铁
4	樟脑香	樟脑或近似樟脑的香气	14	薄荷香	薄荷或近似薄荷的香气
5	柑橘香	新鲜柑橘类水果的刺激性香味	15	苔香	类似森林深处及海藻的香型
6	泥土香	近似腐殖土壤或潮湿泥土气息	16	粉香	接近于爽身粉的扩散型的甜香香型
7	油脂香	近似动物油脂及脂肪的香味	17	树脂香	树脂等渗透出的芳香
8	花香	各类花香总称	18	辛香	各种辛香料香气的总称
9	果香	各类水果香气总称	19	蜡烛香	类似蜡烛或石蜡的香气
10	青草香	新割草及叶子的典型香气	20	木香	木香的总称，如檀木、柏木等

各种香料的香气不仅在类型上有区别，而且在强弱程度上也有很大不同。通常有香物质产生的香感觉在一定的浓度范围内随着香物质浓度的增加而增强。将一定的香精或香料产品按照一定比例稀释后进行嗅辨，即可根据能否嗅辨来确定香气强度。这种香气强度反映了有香物质分子固有的性质，香气强度也经常以嗅阈值即最少可嗅值做定量的表征。尽管香气强度的测定受到嗅辨者主观性的影响，但是拟定香精配方时仍为选择各种香料的用量提供了重要的参考依据。

一些科学家采用非负矩阵分解（nonnegative matrix factorization，NMF）的数学算法将复杂的嗅觉信息简单化，发现了 10 种主要的香气类别，每一类香气都与一些分子联系在一起，而这些分子正是产生这种香气的来源。研究者发现的 10 类主要香气包括：花朵、木头/树脂、水果（非柑橘类水果）、腐臭、化学、薄荷、香甜、爆米花、刺激和柠檬/柑橘。

3.2.2 香精的组成和作用

调香没有固定的绝对方法以供遵循，从一定意义上，它是技术与艺术的结合，在很大程度上依赖于调香师的经验和艺术鉴赏力，所以有人将调香师的调香与画家的调色相类比。但是，就像画家调色需要遵循一些最基本的原则或规律一样，对于调香来讲，也存在一些最基本的原则或规律。反映在香精的组成上，就要求调香师必须从香精的香型、香韵以及其中各种香料的挥发度对香感觉的影响两个方面综合平衡地选用香料。香料对于香型、香韵的基本组成和作用如下：

（1）主香剂，决定香精香型的基本原料，多数情况下一种香精含有多种主香剂。

（2）合香剂，也称协调剂，基本作用是调和香精中各种主香剂的香气，使主体香气更加浓郁。

（3）定香剂，也称保香剂，是一些本身不易挥发的香料，它们能抑制其他易挥发组分的挥发，从而使各种香料挥发均匀，香味持久。

（4）修饰剂，也称变调剂，是一些香型与主香剂不同的香料，少量添加于香精之中可使香精格调变化，别具风韵。

（5）稀释剂，常用乙醇，此外还有苯甲醇、二丙基二醇、二辛基己二酸酯等。

根据香料在香精中的挥发性可以将香料分为头香、体香和基香，分述如下：

（1）头香，对香精嗅辨时最初片刻所感到的香气。为了给人良好的第一印象，总是有意识地添加一些挥发度高、香气扩散力好的香料，使香精轻快活泼、富于魅力。这种香料称为头香剂或顶香剂。常用的头香剂有辛醛、壬醛、癸醛、十一醛、十二醛等高级脂肪醛以及柑橘油、柠檬油、橙叶油等天然精油。

（2）基香，也称尾香，指在香精挥发过程中最后残留的香气，一般可持续数日之久。基香香料挥发度很低，实际上就是前面介绍的定香剂。

（3）体香，是挥发度介于头香剂和定香剂之间的香料所散发的反映香精主体香型的香气，也就是头香过后立即能嗅到的香气。其持续时间明显短于基香而长于头香，这种持续稳定的香气特征是由主香剂等香精的主要组成部分决定的。

3.2.3 香精的调配与生产工艺

香型是香精的主体香气，而香韵则是指由于一些次要组分的加入而赋予香精的浓郁而丰润、美妙而富于变化、活泼而富于魅力的独特感受。香型和香韵都是通过配方的拟定来实现的。

香精的生产工艺包括配方的拟定和批量生产的配制工艺。香精香型的确定主要是通过配方的拟定来解决的，而香精的形态则主要是通过批量生产中的特定工艺来实现的。

1. 香精配方的设计与调香

为了得到具有某种天然动植物的香气或香型，必须要经过调香过程，才能使之达到或接近某种天然动植物的香气或香型。调香就是将数种乃至数十种香料，按照一定的比例调和成具有某种香气或香型和一定用途的调和香料的过程。调香是一种非常强调艺术性和经验性的专门技术，从事这种技术工作的人被称为调香师。由于嗅觉和味觉是带有主观性的化学感觉，香精品质的评价以至香原料种类和用量的选定均不能由仪器来完成，主要依靠调香师的嗅觉。在拟方→调配→修饰→加香的反复实践过程中，调香师应具备辨香、仿香和创香的能力。仿香就是要调配出与天然香气或已有加香产品香气相仿的香精，而创香则是在仿香的基础上创拟新颖的幻想型香型（自然界中不存在的新香型）。无论是仿香还是创香，都要以辨香为基础。辨香就是依靠嗅觉辨别出各种香料的香气特征及其品质等级。

香精配方的拟定是香精生产的基础，香精配方的设计大体分为以下几个步骤：①首先明确调香的目标，即明确香精的香型和香韵；②根据所确定的香型，选择适宜的主香剂调配香精的主体部分——香基；③如果香基的香型适宜，再进一步选择适宜的合香剂、修饰剂、定香剂等；④最后加入富有魅力的顶香剂。

香精初步调配完成后，要经过小样评估和大样评估，考察通过后香精配方的拟定才算完成。小样评估是试配5～10g香精小样直接嗅辨评估；大样评估是试配500～1000g香精在加香产品中使用，考察加香效果。

图3-2所示的调香三角形反映了各类香料之间的过渡关系，是一个很重要的调香参考工具。如图3-2所示，将动物性香气、植物性香气和化学性香气安排在正三角形的三个顶点，在三条边上以类似香料香气强弱顺序依次排列，将最基本的香料类型都包括在内。下面以玫瑰香型的调香为例，简单说明其应用。

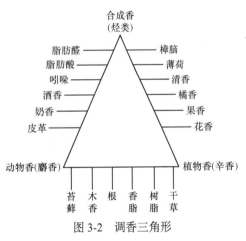

图 3-2 调香三角形

首先选择属于玫瑰香型的主香剂，比较典型的如香茅醇、香叶醇、乙酸香叶酯等；其次选择同一香型的定香剂，通常有苯乙醇、乙酸苯乙酯、苯乙酸乙酯、乙酸二甲基苄甲酯、异丁酸苯乙酯；之后选择具有玫瑰型香气的头香剂，有甲酸香叶酯、甲酸香茅酯、苯乙醛、玫瑰醚。

合香剂可以在调香三角形中预定香型（花香）所在的同一条边上的各类香型中选择，如从果香型香料中选择草莓醛和桃醛；从清香型中选择叶醇、庚酸甲酯；从柑橘型中选择香柠檬油；直至从薄荷型香料中选择乙酸薄荷酯；从樟脑型香料中选择樟脑。如此扩展之后的香基香气变得比较丰润协调，但仍嫌枯燥，缺乏天然玫瑰的生机，需要再添加适宜的修饰剂。这些修饰剂需要从调香三角形的另外两条边上选择，如脂肪醛族香料中的壬醛、动物香中的麝香丁、酒香中的杂醇油、木香中的龙脑、树脂中的泰国树胶、根类香料中的鸢尾根油、香脂中的秘鲁香脂等。经过如此调配的香精就在比较浓郁的玫瑰香型的基础之上，具备了富于变化的美妙香韵。

在调香过程中选择香料时还应注意某些香料的变色以及毒性或刺激性的问题。常用的易变色香料有吲哚、硝基麝香、醛、酚等；有毒性或刺激性的香料有山麝香、葵子麝香、香豆素等。

2. 香精的生产工艺

1）不加溶剂的液体香精

不加溶剂的液体香精的生产工艺流程如图 3-3 所示。其中熟化是香精制造工艺中的重要环节，经过熟化之后的香精香气变得和谐、圆润和柔和。目前采取的方法一般是将调配好的香精放置一段时间，令其自然熟化。

图 3-3　不加溶剂的液体香精的生产工艺流程

2）油溶性和水溶性液体香精

油溶性和水溶性液体香精的生产工艺流程见图 3-4。水性溶剂常用 40%～60% 的乙醇水溶液，一般占香精总量的 80%～90%，其他的水性溶剂丙二醇、甘油溶液也有使用。油性溶剂常用精制天然油脂，一般占香精总量的 80% 左右，其他的油性溶剂有丙二醇、苯甲醇、甘油三乙酸酯等。

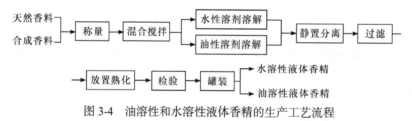

图 3-4　油溶性和水溶性液体香精的生产工艺流程

3）乳化香精

乳化香精的工艺流程见图 3-5。配制外相液的乳化剂常用的有：单硬脂酸甘油酯、大豆磷脂、二乙酰蔗糖六异丁酸酯（SAIB）等；稳定剂常用阿拉伯胶、果胶、明胶、羧甲基纤维素钠等。乳化一般采用高压均浆器或胶体磨在加温条件下进行。

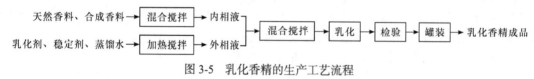

图 3-5　乳化香精的生产工艺流程

4）粉末香精

（1）粉碎混合法。如果原料均为固体，则粉碎混合法是生产粉末香精的最简便的方法，只需经过粉碎、混合、过筛、检验几步简单处理即可制得粉末香精成品。

（2）熔融体粉碎法。把蔗糖、山梨醇等糖质原料熬成糖浆，加入香精后冷却，将凝固所得硬糖粉碎、过筛以制得粉末香精。这种方法的缺点是在加热熔融的过程中，香料易挥发或变质，制得的粉末香精的吸湿性也较强。

（3）载体吸附法。制造粉类化妆品所需要的粉末香精可以用精制的碳酸镁或碳酸钙粉末与溶解了香精的乙醇浓溶液混合，使香精成分吸附于固态粉末之上，再经过筛即可用于粉类化妆品。

（4）微粒型快速干燥法。在冰淇淋、果冻、口香糖、粉末汤料中广泛应用的粉末状食用香精是采用薄膜干燥机或喷雾干燥法制成的。在快速干燥的过程中，含有糊精、糖类等固态基质的溶液或乳化液形成了粉末状的微粒。

（5）微胶囊型喷雾干燥法。将香精与赋形剂混合乳化，再进行喷雾干燥，即可得到香精，包裹在微型胶囊内的粉末香精。赋形剂就是能够形成胶囊皮膜的材料，在微胶囊型食用香精的生产中使用的赋形剂多为明胶、阿拉伯胶、变性淀粉等天然高分子材料，在其他的微胶囊型的香精生产中也使用聚乙烯醇等合成高分子材料。图 3-6 以甜橙微胶囊型粉末香精的制备为例，列出该法制备粉末香精的工艺流程。

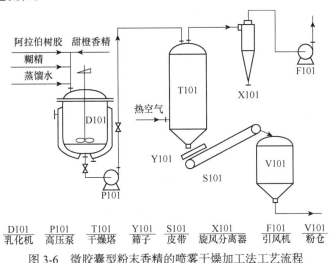

D101	P101	T101	Y101	S101	X101	F101	V101
乳化机	高压泵	干燥塔	筛子	皮带	旋风分离器	引风机	粉仓

图 3-6　微胶囊型粉末香精的喷雾干燥加工法工艺流程

3.3　天 然 香 料

天然香料是历史上应用最早的香料，指原始而未经加工可直接应用的动植物发香部位，或通过物理方法进行提取或精炼加工而未改变其原来成分的香料。天然香料包括动物性天然香料和植物性天然香料两大类。

3.3.1　动物性天然香料

市场上较为名贵的香精配方（如高级香水等高级化妆品所用香精）几乎都含有动物性香料。常用的动物性天然香料有龙涎香、海狸香、麝香和灵猫香 4 种，均是珍贵的定香剂，分述如下。

（1）龙涎香。龙涎香是产自抹香鲸肠内的病态分泌结石，其密度比水低，排出体外后浮漂于海面或冲至岸上而为人们所采集。现在也有大量的龙涎香来自捕鲸业，但含有龙涎香的抹香鲸很少。新鲜的龙涎香几乎是呈黑色，经长期的阳光照射和海水浸泡后自然化或长期储存人工熟化后变成淡灰色，同时香气也得到增强。龙涎香中主要的有效组分是五香气的龙涎香醇（分子式 $C_{30}H_{52}O$），结构式为

龙涎香醇通过自氧化作用和光氧化作用而成为具有强烈香气的一些化合物；γ-二氢紫罗兰酮、

2-亚甲基-4-（2,2-二甲基）-6-亚甲基环己基丁醛、α-龙涎香醇，3a, 6, 6, 9a-四甲基十二氢萘并呋喃。这些化合物共同形成了强烈的龙涎香气。使用时用 90%的乙醇将龙涎香稀释成 30%的酊剂，经放置一段时间后再使用。

龙涎香是品质极高的香料佳品，具有微弱的温和乳香，常用于豪华香水。

（2）海狸香。海狸生长在加拿大、阿拉斯加和西伯利亚等地。在海狸的生殖器附近有两个梨状腺囊，其内的白色乳状黏稠液即为海狸香，雄、雌两性海狸均有分泌。捕杀海狸切取香囊，经干燥取出的海狸香呈褐色树脂状。将海狸香稀释成乙醇酊剂，即释放出愉快的温和的动物香气。除乙醇酊剂外，海狸香还可以制成树脂状，制备方法是用丙酮、苯或乙醇萃取干燥的碎末腺囊。

海狸香由于产地不同，香韵也有所不同，加拿大产海狸香有桦木或松木香韵，西伯利亚产海狸香具有优雅的皮革香韵。总的来说，海狸香香气独特，留香持久，主要用作东方型香精的定香剂，以制配豪华香水。

（3）麝香。麝鹿是生长在尼泊尔、西藏及我国西北高原的野生动物，雄性麝鹿从 2 岁开始分泌麝香，自阴囊分泌的淡黄色、油膏状的分泌液存积于麝鹿脐部的香囊，并可由中央小孔排泄于体外。传统的方法是杀麝取香，即切取香囊，先行干燥，腺囊干燥后，分泌液变硬、呈棕色，成为一种很脆的固态物质，呈粒状及少量结晶。固态时麝香发出恶臭，用水或乙醇高度稀释后才散发独特的动物香气。由于保护野生动物资源的需要，猎麝已受到禁止或限制，因此试验成功了更科学的养麝刮香方法。无论何种方法获得的麝香，价格都是相当昂贵的。

麝香本身属于高沸点难挥发物质，在东方被视为最珍贵的香料之一。作为珍贵的定香剂，它不但留香能力强，而且可以赋予香精诱人的动物性香韵，所以常用于豪华香水香精。业已证明，天然麝香中主要的芳香成分是一种饱和大环酮——3-甲基环十五酮（Ⅰ），其次的香成分还有 5-环十五烯酮（Ⅱ）、麝香吡啶、麝香吡喃等。这些研究结果极大地促进了合成麝香类香料的问世。

（4）灵猫。灵猫香来自灵猫的囊状分泌腺，无需特殊加工，用刮板刮取香囊分泌的黏稠状分泌物即为灵猫香。现代采集灵猫香的方法是饲养灵猫，定期刮香。灵猫产自埃塞俄比亚、印度、马来西亚等地，在我国人工饲养已获成功。饲养的灵猫有规律地（大约间隔一周）从腺囊内分泌出淡黄色的新鲜分泌液，曝晒后变稠而成褐色油膏状物。浓时有不愉快的恶臭，稀释成乙醇酊剂后散发出令人愉快的微甜的香气。在天然灵猫香混合物中，主要的香成分是仅占 3%左右的不饱和大环酮——灵猫酮，其化学结构为 9-环十七酮（Ⅲ）。

（Ⅰ）　　　　　　（Ⅱ）　　　　　　（Ⅲ）

灵猫香香气与麝香相比更为优雅，曾经长期作为豪华香水的通用成分。

3.3.2　植物性天然香料

植物性天然香料是从芳香植物的花、草、叶、枝、根、茎、皮、果实或树脂中提取出来的有机芳香物质的混合物。根据它们的形态（油状、膏状或树脂状）和制法，可分为精油（含压榨油）、浸膏、酊剂、净油、香脂和香树脂。由于植物性天然香料的主要成分都是具有挥发性和芳香气味的油状物，它们是芳香植物的精华，因此也把植物性天然香料统称为精油。

含精油的植物分布在许多科属，产区也遍布世界各地。精油的含量不仅与植物种类及其采香部位有关，同时随土壤气候条件、生成年龄、收割时间及储运情况而异，但是芳香植物的选种和培育对于天然香料生产是至关重要的第一步。

采集的芳香植物需经过一定的工艺处理以提取所需的植物天然香料。目前植物性天然香料的提取方法主要有五种：水蒸气蒸馏法、浸提法、压榨法、吸收法和超临界萃取法。用水蒸气蒸馏法和压榨法制取的天然香料，通常是芳香的挥发性油状物，统称精油；压榨法制取的产物也称压榨油；超临界萃取法制得的产物一般也属于精油。浸取法是利用挥发性溶剂浸提芳香植物，产品经过溶剂脱除（回收）处理后通常为半固态膏状物，因此称为浸膏；某些芳香植物（如香荚兰）及动物分泌物经乙醇溶液浸提后，有效成分溶解于其中而成为澄清的溶液，这种溶液则称为酊液或酊剂。用非挥发性溶剂吸收法制取的植物性天然香料一般混溶于脂类非挥发性溶剂之中，故称香脂。将浸膏或香脂用高纯度的乙醇溶解，滤去植物蜡等固态杂质，将乙醇蒸除后所得到的浓缩物称为净油。

下面分类介绍植物性天然香料的主要提取方法及一些重要的植物性天然香料的工艺流程。

1. 水蒸气蒸馏法

水蒸气蒸馏法是提取植物性天然香料最常用的一种方法，其流程、设备、操作等方面的技术都比较成熟，成本低且产量大，设备及操作都比较简单。一般将水蒸气蒸馏法分为三种形式：水中蒸馏、水上蒸馏和水汽蒸馏，生产工艺流程见图3-7。

图3-7介绍的只是水蒸气蒸馏法的关键步骤及其通常的后处理步骤，而实际处理各种芳香植物时，在使用蒸馏手段提取精油之前，往往还需要对植物原料进行某些前处理。如果是草类植物或者采油部位是花、叶、花蕾、花穗等，一般可以直接装入蒸馏器进行加工处理；但如果采油部位是根茎等，则一般需经过水洗、晒干或阴干、粉碎等步骤，甚至还要经过稀酸浸泡及碱中和；此外有些芳香植物需要首先经过发酵处理。

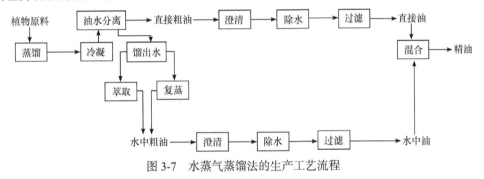

图 3-7　水蒸气蒸馏法的生产工艺流程

在最为常用、产量较大的天然植物香料中，有很大一部分是用水蒸气蒸馏法生产的，如薄荷油、留兰香油、广藿香油、薰衣草油、玫瑰油、白兰叶油以及桂油、茴油、桉叶油、伊兰油等。作为很重要的半合成原料的香茅油也是利用水蒸气蒸馏法生产的。这些重要的天然香料在我国都有大批量的生产，出口量也很大。

2. 浸提法

浸提法也称液固萃取法，是用挥发性有机溶剂将原料中的某些成分转移到溶剂相中，然后通过蒸发、蒸馏等手段回收有机溶剂，而得到所需的较为纯净的萃取组分。用浸提法从芳香植物中提取芳香成分，所得的浸提液中含有植物蜡、色素、脂肪、纤维、淀粉、糖类等难溶物质或高熔点杂质。

对浸提溶剂的选择，首先应遵循无毒或低毒、不易燃易爆、化学稳定性好和无色无味的原则，其次要兼顾其对于芳香成分和杂质的溶解选择性，并尽量选择沸点较低的溶剂以利于蒸除回收。目前我国常用的浸提溶剂主要有石油醚、乙醇、苯、二氯乙烷等。

按照产品的形态，浸提操作的工艺流程分为浸膏生产工艺（图3-8）、净油生产工艺（图3-9）及酊剂制备工艺（图3-10）。

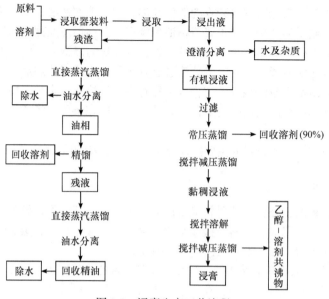

图 3-8 浸膏生产工艺流程

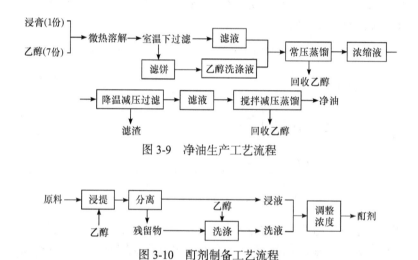

图 3-9 净油生产工艺流程

图 3-10 酊剂制备工艺流程

比较典型的浸膏和净油产品如大花茉莉浸膏、墨红浸膏、桂花浸膏、树苔浸膏、茉莉浸油、白兰浸油等在我国均有大量生产，由香荚兰豆大批量制取香荚兰酊的工业生产技术已经成熟。

茉莉浸膏生产过程中使用的溶剂是石油醚，采用两步蒸馏法（常压蒸馏+减压蒸馏）回收溶剂；在墨红浸膏、桂花浸膏的生产中使用的有机溶剂也是石油醚，树苔浸膏的有机溶剂是乙醇。为了比较完全地脱除和回收石油醚，一般在进行减压蒸馏之前向粗膏液内加入少量无水乙醇形成乙醇-石油醚共沸物，再经减压蒸馏脱除以制得精制的浸膏。

某些鲜花原料进行浸取之前还需进一步预加工处理，如桂花要先经过腌制，树苔及其树花要先经过酶解，这些预处理的目的是促进有效芳香成分更多更快地扩散传递到溶剂中。

浸提法可以在低温下进行，能更好地保留芳香成分的原有香韵。因此，名贵鲜花类的浸提大多在室温下进行。此外，浸提法还可以提取一些不挥发性的有味成分，因此浸膏类香料在食品香精中有广泛应用。

3. 压榨法

压榨法主要用于柑橘类精油的生产。这些精油中的萜烯及其衍生物的含量高达 90% 以上，萜烯类化合物在高温下容易发生氧化、聚合等反应，因此用水蒸气蒸馏法进行加工会导致产品香气失真。压榨法最大的特点是其过程在室温下进行，可使精油香气逼真，质量得到保证。

压榨法制取精油的工艺技术已很成熟，依靠先进设备实现了绝大部分生产过程的自动化，主要的生产设备有螺旋压榨机和平板磨橘机或激振磨橘机两种。

1）螺旋压榨法

螺旋压榨机依靠旋转的螺旋体在榨笼中的推进作用，使果皮不断被压缩，果皮细胞中的精油被压榨出来，再经淋洗和油水分离、去除杂质，即可得到橘类精油。在螺旋压榨法制取精油工艺中最为重要的一个问题是，如何避免果皮中所含的果胶在压榨粉碎的过程中大量析出，与水发生乳化作用而导致油水分离困难。为此，必须对原料预先进行浸泡处理。首先用清水浸泡，然后用过饱和石灰水浸泡。石灰水可以和果胶反应生成不溶于水的果胶酸钙，从而避免大量果胶乳胶体的生成。除了预先对果皮进行浸泡处理，在进行喷淋时，也常在喷淋液中加入少量水溶性电解质如硫酸钠，同样也有着避免乳胶液生成的作用。螺旋压榨法的工艺流程见图 3-11。

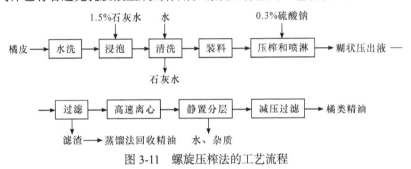

图 3-11　螺旋压榨法的工艺流程

2）整果磨橘法

使用平板磨橘机或激振磨橘机生产橘类精油的方法称为整果磨橘法。虽然装入磨橘机的是整果，但实际磨破的仍是果皮。果皮细胞磨破后精油渗出，用水喷淋再经分离即得精油。由于果皮并未剧烈压榨粉碎，因此果胶析出发生乳化的问题并不严重。整果磨橘法的工艺流程见图 3-12。

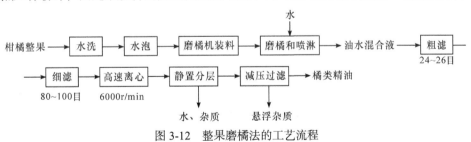

图 3-12　整果磨橘法的工艺流程

如上所述的冷磨或冷榨法虽然可以避免橘类精油中的大量萜烯类化合物遇高温而反应，但是冷磨冷榨法制得的橘类精油如经长期放置仍然会发生萜烯类化合物氧化或聚合而影响精油质量。为获得高质量的橘类精油，需进行除萜处理，一般分为两步。首先用减压蒸馏法去除单萜烯，然后用 70% 的稀乙醇萃取经过减压蒸馏的高沸点精油，以除去沸点较高的倍半萜烯和二萜烯。

压榨法生产的压榨油产品主要包括甜橙油、柠檬油、红橘油、香柠檬油、佛手油等，都是深受人们喜爱的天然香料，在饮料、食品、香水、香皂、牙膏、化妆品以及烟用、酒用香精中都有广泛的应用，甚至还被用于胶黏剂和涂料之中。

4. 吸收法

吸收法生产天然香料有非挥发性溶剂吸收法和固体吸附剂吸收法两种主要形式，常用于处理一些名贵鲜花。固体吸附剂吸收法实质上是典型的吸附操作，所得产品也是精油，而非挥发性溶剂吸收法中所得的是香脂。

1）非挥发性溶剂吸收法

根据操作温度的不同，这种吸收法又可分为温浸法和冷吸收法。温浸法的主要生产工艺与前述搅拌浸提法极其相似，只是浸提操作控制在50～70℃下进行。所使用的溶剂是经过精制的非挥发性的橄榄油、麻油或动物油脂，在50～70℃下这些油脂呈黏度较低的液态，便于搅拌浸提。温浸法中的吸收油脂一般反复使用，直至油脂被芳香成分饱和。经过一次搅拌温浸并筛除残花后得到的油脂称为一次吸收油脂。一次吸收油脂与新的鲜花经过二次搅拌温浸后得到二次吸收油脂。吸收油脂就是这样被反复利用，直至接近饱和即可冷却而得所需的香脂。

冷吸收法是在特定尺寸的木制花框中的多层玻璃板的上下两面涂敷脂肪基，再在玻璃板上铺满鲜花。脂肪基是冷吸收法专用的膏状猪牛脂肪混合物，是将2份精制猪油和1份精制牛油加热混合、充分搅拌再冷却至室温而得。脂肪基吸收鲜花所释放的气体芳香成分，间隔一段时间从花框中取出残花再铺上新花，如此反复多次直至脂肪基被芳香成分所饱和，刮下玻璃板上的脂肪即为冷吸收法的香脂产品。花框中取出的残花还可用挥发性溶剂进行浸提以制取浸膏。

2）固体吸附剂吸收法

某些固体吸附剂如常见的活性炭、硅胶等，可以吸附香势较强的鲜花所释放的气体芳香成分，利用这一性质人们开发了固体吸附剂吸收法以制取高品质的天然植物精油，并在20世纪60年代实现了工业应用。如前所述，此法实际上是典型的吸附循环操作，包括吸附、脱附和脱附液蒸馏分离三个主要步骤，所用的脱附剂一般为石油醚，蒸馏分离一般含常压蒸馏和减压蒸馏两步。吸附是用空气吹过花室内的花层，再与吸附器内的吸附剂接触进行气相吸附，空气进入花室之前要分别经过过滤和增湿处理，以保证高质量精油的纯净，避免吸附剂被污染，并提高空气的芳香能力。

上述两种吸收法的手工操作繁重，生产效率很低。由于吸收法的加工温度不高，没有外加的化学作用和机械损伤，香气的保真效果最佳，产品中的杂质极少，因此产品多为天然香料中的名贵佳品。但是吸收法尤其是冷吸收法和吸附法受其吸收或吸附机制的限制，只适用于芳香成分易于释放的花种，如橙花、兰花、茉莉花、水仙、晚香玉等，而且最好用新采摘的鲜花。

3.4 单 离 香 料

单离香料是从天然香料（主要是植物性天然香料）中分离出的比较纯净的某一种特定的香成分，可更好地满足香精调配的需要。例如，可以从香茅油中分离出一种具有玫瑰花香的萜烯醇——香叶醇，在玫瑰香型香精中用作主香剂，在其他香型香精中也被广泛使用。香茅油本身由于含有其他香成分，在很多情况下不能像香叶醇一样在香精中直接使用。

单离香料的生产主要有蒸馏法、重结晶法、冻析法及化学处理法，下面介绍后两种方法。

3.4.1 冻析法

冻析是利用天然香料混合物中不同组分的凝固点的差异，通过降温的方法使高熔点的物质以固状化合物的形式析出，使析出的固状物与其他液态成分分离，以实现香料的单离提纯。其原理与结晶分离过程类似，但是一般不采用分步结晶等强化分离的手段，而且固态析出物也不一定是晶体。

在日化、医药、食品、烟酒工业有着广泛应用的薄荷脑（薄荷醇）就是从薄荷油中通过冻析的方法单离出来的，工艺步骤如下：

薄荷油→冻析（脱脑薄荷油）→粗薄荷脑→烘脑→冷却→薄荷脑

在食用香精中应用广泛的芸香酮可以通过冻析方法从芸香油中分离出来。用于合成洋茉莉醛和香兰素的重要原料黄樟油素则主要是使用冻析结合减压蒸馏的方法生产的，其工艺步骤如下：

黄樟油→冷冻（0℃左右）→过滤→粗黄樟油素→减压蒸馏→黄樟油素

3.4.2　化学处理法

利用可逆化学反应将天然精油中带有特定官能团的化合物转化为某种易于分离的中间产物以实现分离纯化，再利用化学反应的可逆性使中间产物复原而成原来的香料化合物，这就是化学处理法制备单离香料的原理。

1. 亚硫酸氢钠加成物分离法

醛及某些酮可与亚硫酸氢钠发生加成反应，生成不溶于有机溶剂的磺酸盐晶体加成物。这一反应是可逆的，用碳酸钠或盐酸处理磺酸盐加成物，便可重新生成对应的醛或酮。但是在反应过程中如果有稳定的二磺酸盐加成物生成，则反应变成不可逆反应。为了防止二磺酸盐加成物的生成，常用亚硫酸钠、碳酸氢钠的混合溶液而不用亚硫酸氢钠溶液，反应原理如下：

$$R-\overset{\overset{\displaystyle O}{\|}}{C}-H + Na_2SO_3 + H_2O \longrightarrow R-\overset{\overset{\displaystyle OH}{|}}{\underset{\underset{\displaystyle OSO_2Na}{|}}{C}}H + NaOH$$

$$R-\overset{\overset{\displaystyle OH}{|}}{\underset{\underset{\displaystyle OSO_2Na}{|}}{C}}H + HCl \longrightarrow R-\overset{\overset{\displaystyle O}{\|}}{C}-H + SO_3 + NaCl + H_2O$$

一般的工艺流程见图 3-13。

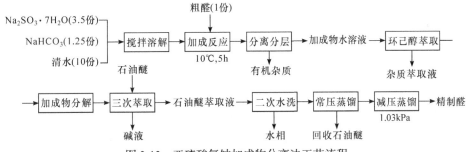

图 3-13　亚硫酸氢钠加成物分离法工艺流程

采用亚硫酸氢钠法生产的比较重要的单离香料有柠檬醛（目前我国生产柠檬醛的主要方法）、肉桂醛、香草醛和羟基香茅醛，此外还有枯茗醛、胡薄荷醛和莳酮等。这些醛酮类单离香料的生产过程中，除了加成反应、分层分离、酸化分解等步骤，一般还需要减压蒸馏等手段作为前处理工序或后处理工序。

2. 酚钠盐法

酚类化合物与碱作用生成的酚钠盐溶于水，将天然精油中其他化合物组成的有机相与水相分层分离，再用无机酸处理含有酚钠盐的水相，便可实现酚类香料化合物的单离。在各类香精中有着广泛应用的丁香酚、异丁香酚和百里香酚都是用酚钠盐法生产的。酚钠盐法单离丁香酚的反应原理和工艺过程（图 3-14）如下：

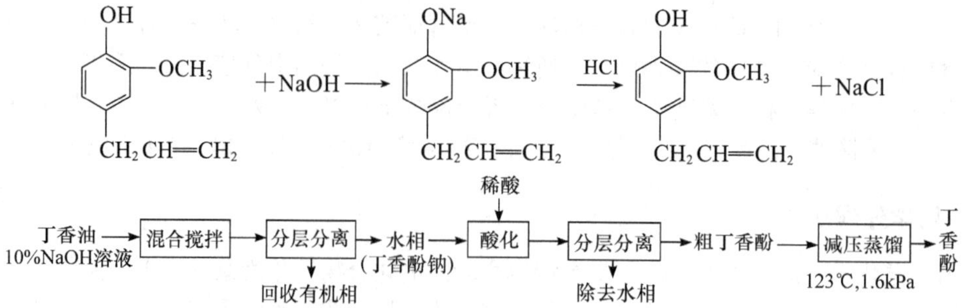

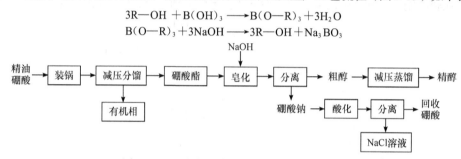

图 3-14　酚钠盐法单离丁香酚的工艺流程

3. 硼酸酯法

硼酸酯法是从天然香料中单离醇的主要方法之一。硼酸与精油中的醇可以生成高沸点的硼酸酯，经减压精馏与精油中的低沸点组分分离后，再经皂化反应即可使醇游离出来。以硼酸酯法作为主要方法生产的醇类单体香料有香茅醇、玫瑰醇、芳樟醇、岩兰草醇、檀香醇等。一般经皂化反应得到的粗醇要经过减压蒸馏再进行精制。硼酸酯法的反应原理及生产工艺流程（图 3-15）如下：

$$3R—OH + B(OH)_3 \longrightarrow B(O—R)_3 + 3H_2O$$
$$B(O—R)_3 + 3NaOH \longrightarrow 3R—OH + Na_3BO_3$$

图 3-15　硼酸酯法单离香料的生产工艺流程

3.5　半合成香料

各种天然精油不仅可以精制单离香料或直接用于调配香精，还可以作为合成香料的原料。从 20 世纪初就已经开始利用精油为原料，深度加工制备出半合成香料，如从丁香油合成香兰素；以柠檬醛制备紫罗兰酮；以黄樟油素制备洋茉莉醛；用香茅醛生产羟基香茅醛等。尤其是利用松节油生产松油醇、乙酸异龙脑酯、樟脑等，已实现工业化的产品多达 150 余种。这些半合成香料是香料的重要组成部分，一般由于它独特的品种或品质以及工艺过程的经济性而独具优势，是以煤焦油或石油化工基本原料为原料的全合成香料所无法替代的。

3.5.1　以香茅油和柠檬桉叶油合成香料

香茅油和柠檬桉叶油都是天然香料中的大宗商品，在我国的产量和出口创汇量也都很大。它们都含有香茅醛、香茅醇、香叶醇等重要的有香成分，将这些成分单离然后再进行合成反应是常见的工艺路线，但也有不需单离，直接处理精油而制得香精的情况。

1. 柠檬桉叶油催化氢化制备香茅醇

柠檬桉叶油因含有大量香茅醛，香气中总含有肥皂气息，若通过催化氢化使香茅醛还原为香茅醇，则可使香气质量明显改观。氢化可进行至羰值接近于零，所得产物除香茅醇外，还含有四氢香叶醇和二氢香叶醇，它们是柠檬桉叶油中所含香叶醇的氢化还原产物，使得产品含有玫瑰香气之外的甜韵。反应式如下：

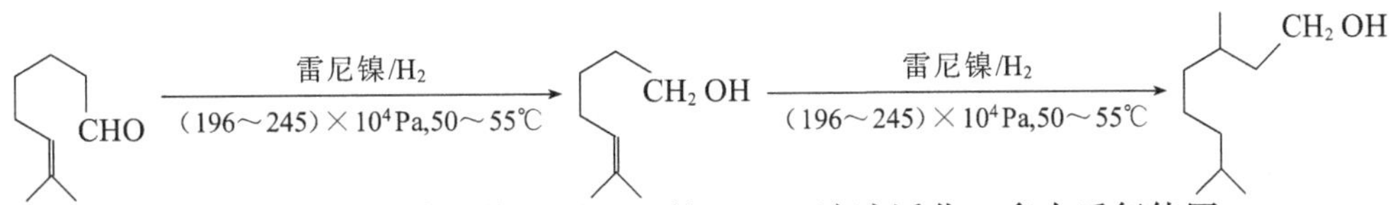

产物中的镍催化剂可经过滤回收，用 20% 的 NaOH 溶液活化，多次反复使用。

2. 合成羟基香茅醛

羟基香茅醛具有铃兰菩提花、百合花香气，清甜有力，质量好的还可以用于食用香精。目前主要的生产方法均属于半合成法，即已单离的香茅醛。文献报道的有 5 条反应路线，其中一种重要的反应路线如下：

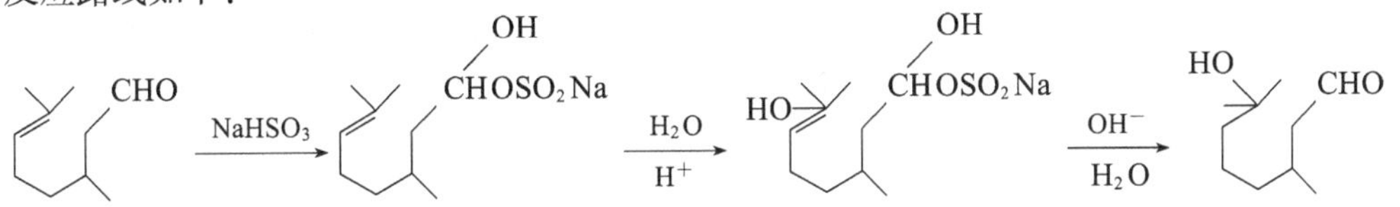

3.5.2　以八角茴香油合成香料

八角茴香油主产于广西、云南及广东，是我国传统的出口产品。八角茴香油的主要成分为大茴香脑，主要用于牙膏和酒用香精，也是重要的合成香料的原料。

1. 大茴香脑的异构化

顺式大茴香脑有刺激性、辛辣等不良气味，而且毒性比反式大茴香脑高 10~20 倍，不能用于医药和食用香精中，在化妆品等日用香精中的限用量也要求很高，因此需要通过异构化反应使顺式大茴香脑转变为反式大茴香脑。异构化反应如下：

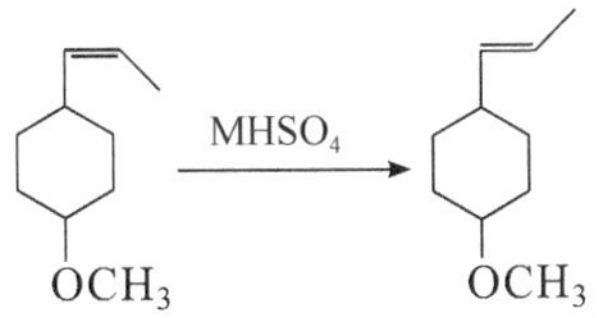

异构化的条件为：在硫酸氢盐作用下于 180~185℃加热 1~1.5h，达到热力学平衡，此时顺式大茴香脑仅有 10%~15%，经高效精馏可将其与反式大茴香脑分离。

2. 大茴香醛的合成

大茴香醛具有特殊的类似山楂的气味，主要用于日用香精。臭氧化法的收率可达 55% 以上；电解氧化法则可得到 52% 的大茴香醛及 25% 的大茴香酸；如以 1:3.5:2 的质量比将大茴香脑与 14°Be′ 硝酸和冰醋酸相作用，可得理论量 70% 的大茴香醛；若用 15%~20% 的重铬酸钠和对氨基苯磺酸在 70~80℃下氧化，转化率可达 50%~60%。反应式如下：

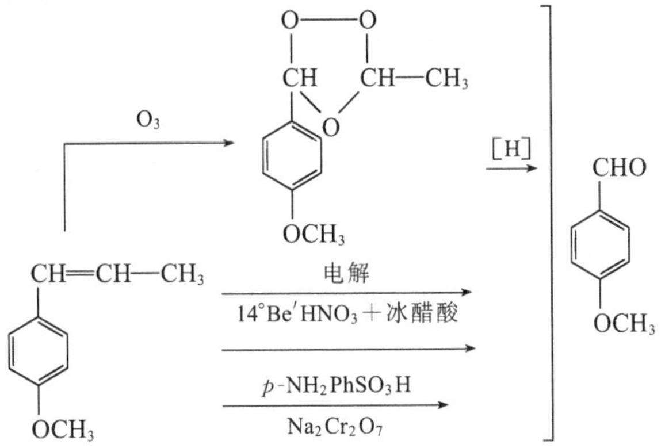

3.5.3 以丁香油或丁香罗勒油合成香料

我国丁香油的主产地是广西、广东，主要成分为丁香酚，含量最高可达95%。丁香罗勒是从苏联引种的，种植于两广、江、浙、闽、沪等地，丁香罗勒油的主要成分为30%～60%的丁香酚。

1. 异丁香酚的制取

异丁香酚是合成重要的香料化合物香兰素的中间原料，可通过丁香酚的异构化来制取。

（1）浓碱高温法。用40%～45%的KOH溶液1份加入到约1份的丁香油中，加热至130℃，再迅速加热到220℃左右，分析丁香酚残留量以决定反应的终点。然后采用水蒸气冲蒸除去非酚油成分，之后酸解、水洗至中性，蒸馏分离以得到异丁香酚。合成反应如下：

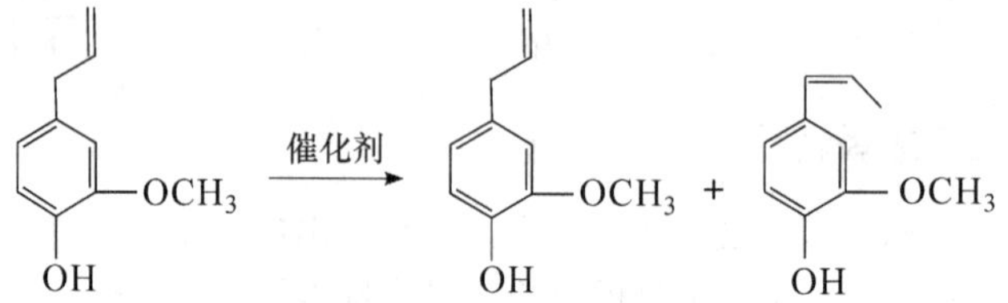

（2）羰基铁催化异构法。首先通过光照使五羰基铁产生金黄色的九羰基二铁，重结晶、过滤、醚洗涤后备用。将含有0.15%（质量分数）的九羰基二铁的丁香酚在80℃光照约30min，停止光照后在80℃加热5h，丁香酚转化率可达90%以上，实验过程中可以惰性气体鼓泡搅拌以提高异丁香酚的收率。

2. 异丁香酚合成香兰素

香兰素可以异丁香酚为原料合成，而异丁香酚可由丁香酚异构化而得。香兰素的合成原理是异丁香酚丙烯基的双键氧化，具体方法包括：硝基苯一步氧化法；或先以酸酐保护羟基，再进行氧化，最后通过水解使羟基复原；还可用臭氧氧化，然后再进行还原反应以制取香兰素。第二种方法的合成反应路线如下：

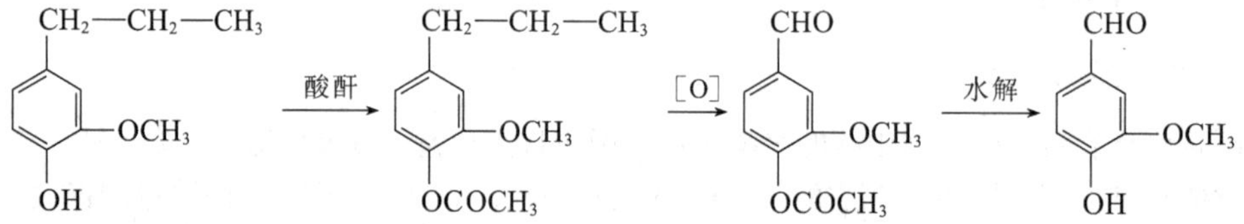

3.5.4 以松节油合成香料

松节油是世界上产量最大的精油品种，全世界年产量约30万t，占世界天然精油产量的80%，其中50%左右是纸浆松节油。从世界范围内来看，以松节油为原料合成半合成香料是香料工业的一大趋势。以美国为例，其合成香料的原料50%为松节油，其余50%来自石油化工原料，我国也是松节油的主产国之一，生产松脂、松节油的潜力颇大，资源相当丰富，近几年来的开发利用已逐步获得了较好的经济效益。

松节油的综合利用范围非常广阔，涉及选矿、卫生设备、印染助剂、杀虫剂、合成树脂、合成香料等，其中合成香料的种类非常多。例如，英国BBA公司利用松节油合成萜类香料的工艺流程及主要产品见图3-16。

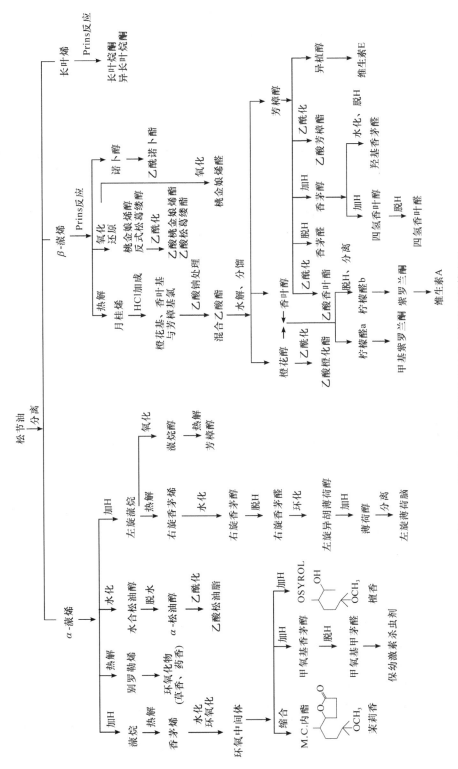

图3-16 英国BBA公司利用松节油合成萜类香料等产品

3.6 合成香料

合成香料

由于天然香料受到自然条件的限制和影响，因此存在品种或产量不能满足需要、质量不稳定以及成本较高等问题。随着近代科学技术水平的不断提高，尤其是化学分析和有机合成技术的发展，大多数天然香料已经进行了成分剖析，主要的发香成分也实现了化学方法的合成，而且有很多自然界并未发现的发香物质被合成出来并应用于香精调配之中。合成香料由于能够克服天然香料的上述缺点，发展十分迅速，至今已在香精香料领域内占据主导地位。香料新品种的全合成开发以及合成新工艺的研究是目前合成香料研究中的热点。

3.6.1 合成香料的定义与种类

合成香料是根据一定的合成路线制造的"人造香料"，合成香料可以分为半合成香料和全合成香料，但一般特指全合成香料。全合成香料则从一般的石油化工及煤化工基本原料出发，通过多步合成而制成。

合成香料不宜再根据其原料来源或者带有共性的加工工艺方法来分类，而应根据其分子结构来分类。按照分子结构将合成香料加以分类的方法主要有两种：一种是官能团分类，另一种是按碳原子骨架分类。合成香料分子结构的这两个方面对发香与否以及香气的性质都有影响，无疑地这两个方面对合成路线也都有影响，因此合成香料的分类应该兼顾这两个方面。有鉴于此，可以将合成香料划分为：①无环脂肪族香料；②无环萜类香料；③环萜类香料；④非萜脂环族香料；⑤芳香族香料；⑥酚及其衍生物香料；⑦含氧杂环香料；⑧含 N、S 杂环及其他香料化合物。每类合成香料中又可以根据官能团的情况划分为饱和烃、不饱和烃、醇、醛、酮、醚、酸、酯、内酯等。

3.6.2 合成香料的生产原理与工艺

合成香料的种类及主要品种如下：

（1）无环脂肪族香料。主要包括脂肪醇（叶醇、2-己烯醇）、饱和脂肪醛（辛醛、壬醛、癸醛、十一醛、月桂醛和甲基壬基乙醛）、不饱和脂肪醛（主要包括链二烯醛类和链烯醛类两大类，如黄瓜醛和甜瓜醛）、脂肪酮（甲基壬基酮、2,3-丁二酮）、脂肪酸及酯类（主要包括 C_3～C_{12} 酸、2-甲基丁酸、甲酸戊酯、乙酸乙酯、乙酸异戊酯、庚炔羧酸甲酯和辛炔羧酸甲酯）。

（2）无环萜类香料。主要包括无环萜烯（月桂烯或香叶烯）、无环萜醇（主要包括香叶醇、橙花醇、四氢香叶醇、芳樟醇、玫瑰醇、香茅醇、月桂烯醇、二氢月桂烯醇、薰衣草醇、金合欢醇和橙花叔醇等）、无环萜醛（柠檬醛、香茅醛和羟基香茅醛）、无环萜酯（主要品种是乙酸芳樟酯，即 3,7-二甲基-1,6-辛二烯-3-醇乙酸酯，其左旋异构体是薰衣草油、香柠檬油的主要成分）。

（3）环萜类香料。主要包括环萜烃（柠檬烯、蒎烯）、环萜醇（薄荷脑、松油醇、龙脑即 2-莰醇）、环萜酮（香芹酮、紫罗兰酮、α-甲基紫罗兰酮和 β-突厥烯酮）。

（4）非萜脂环族香料。非萜脂环醛（新铃兰醛）、脂环酮（二氢茉莉酮）、非萜脂环酯（包括菠萝酯、茉莉酮酸甲酯、二氢茉莉酮酸甲酯和乙酸 4-叔丁基环己酯等）。

（5）芳香族香料。主要包括芳香醇（苯乙醇、苄醇、桂醇、二氢桂醇、苏合香醇和二甲基苯乙基原醇等）、芳香醛（苯甲醛、苯乙醛、仙客来醛、铃兰醛、桂醛及其衍生物等品种）、芳香酮（苯乙酮、对甲基苯乙酮和二苯酮）、芳香酯（包括芳香醇与脂肪酸形成的酯如乙酸苄酯、乙酸苯乙酯）、芳香族羧酸（苯乙酸或苄基甲酸）和芳香族酸的酯（包括苯甲酸甲酯、苯甲酸苄酯、苯乙酸乙酯、苯乙酸苯乙酯和桂酸苄酯）等。

（6）酚及其衍生物香料。酚（丁香酚和异丁香酚）、酚醚（二苯醚）、酚醛（香兰素和乙基香兰素、洋茉莉醛）、羧酸苯酚酯（主要包括水杨酸甲酯、水杨酸异戊酯和水杨酸苄酯三种）等。

（7）含氧杂环香料。主要品种是麦芽酚和乙基麦芽酚。

（8）含 N 香料化合物。主要品种有柠檬腈、邻氨基苯甲酸甲酯、N-甲基邻氨基苯甲酸甲酯和吲哚等。

（9）合成麝香。通常将麝香类化合物分为大环麝香化合物（包括酮类、内酯类、氧杂内酯类、双内酯类等）、硝基麝香化合物（包括苯环类、茚满类和萘满类等）、多环麝香化合物（包括四氢萘类、茚满类和异色满类等）和其他类麝香化合物（如 16-雄烯-3-α-醇、吐纳麝香等）四大类，其品种众多，应用广泛。

（10）其他合成香料。如内酯类香料（γ-十一内酯桃醛、香豆素或 1, 2-苯并吡喃酮）、缩羰基类香料（二乙缩柠檬醛、苹果酯）、结晶玫瑰等。

根据上面的品种可以看出，化学合成的香料主要是有机化合物，其合成原理与工艺与相应的有机化合物类似，下面以紫罗兰酮、甲基壬基乙醛两种典型的合成香料为例介绍。

1. 紫罗兰酮

紫罗兰酮（$C_{13}H_{20}O$）的中文名称较多，如芷香酮、环柠檬烯基丙酮、α-紫罗酮、4-（2, 6, 6-三甲基-2-环辛烯-1-基）-3-丁烯-2-酮等。无色至浅黄色黏稠液体，通常为 α-和 β-紫罗兰酮的混合物，α 体紫罗兰酮具有甜花香，β 体类似松木香，稀时类似紫罗兰香。紫罗兰酮有三种异构体，γ-紫罗兰酮尚未发现天然存在，而 α-和 β-紫罗兰酮存在于多种天然植物中。

紫罗兰酮的合成分为全合成和半合成，半合成从柠檬醛出发，与丙酮进行反应生成假性紫罗兰酮，再环化合成紫罗兰酮。全合成由小分子出发合成紫罗兰酮。合成原理如下：

（1）紫罗兰酮可用柠檬醛与丙酮在碱性条件下缩合，得到假性紫罗兰酮，如用路易斯酸或 80%磷酸处理，主要得到动力学产物 α-紫罗兰酮；如用强酸，如浓硫酸和在较剧烈条件下处理，则得热力学产物 β-紫罗兰酮。柠檬醛可以从山苍子油中单离，采取的是半合成路线。合成反应式如下：

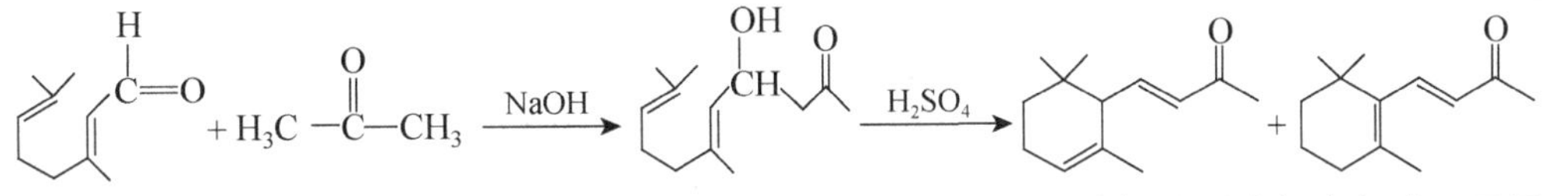

α 和 β 体可利用其衍生物的溶解性质不同分离。β-紫罗兰酮的缩氨基脲溶解度极小，可用于分离提纯 β 体。母液中的粗 α-紫罗兰酮缩氨基脲可用稀硫酸使其转回成酮，再变成肟进行纯化。α-紫罗兰酮肟冷却到低温时析出结晶，而 β-紫罗兰酮的肟则为油状物，借此得以分离。

α 和 β 体也可利用其亚硫酸氢钠加成物的性质不同分开，即 β 体的加成物在水蒸气蒸馏时分解，故可蒸出 β 体，留下的是 α 体加成物，可用碱处理再生成 α 体；或者将亚硫酸氢钠加成物溶液以食盐饱和，使 α 体加成物沉淀，而 β 体加成物则留在溶液中，分别再生得 α-和 β-紫罗兰酮。

山苍子产于我国东南部及东南亚一带，原为野生植物，现在我国已有大面积种植。山苍子油的主要成分为柠檬醛（含量为 66%～80%），是合成紫罗兰酮系列及 α（β）突厥（烯）酮香料的主要原料。

（2）以脱氢芳樟醇为原料。脱氢芳樟醇可以乙炔和丙酮为基本原料经过一系列反应合成，脱氢芳樟醇与乙酰乙酸乙酯反应生成乙酰乙酸脱氢芳樟醇，经脱羧和分子重排即得假性紫罗兰酮，合成反应如下：

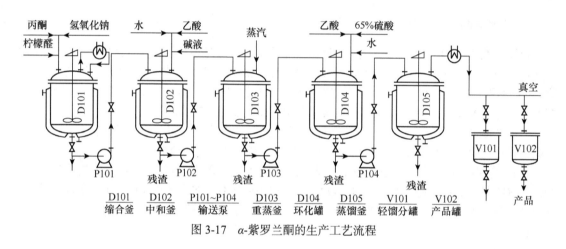

生产工艺流程参见图 3-17。

图 3-17 α-紫罗兰酮的生产工艺流程

D101 缩合釜   D102 中和釜   P101~P104 输送泵   D103 重蒸釜   D104 环化罐   D105 蒸馏釜   V101 轻馏分罐   V102 产品罐

将定量的柠檬醛、丙酮以及氢氧化钠溶液加至缩合釜 D101 中，加热升温至 60℃左右，保温 3h，反应完毕。送至中和釜 D102，先分出丙酮碱水层，油相用水洗，用 10%稀乙酸中和至 pH 为 6 左右，然后用沸水洗涤，分去水层。再在 D103 中重蒸得粗假性紫罗兰酮。继续用 65%硫酸在环化罐 D104 中进行环化；用碱调 pH 至 9～10，再用 30%乙酸调 pH 至 6，水洗，再在 D105 中减压蒸馏，分别收集轻馏分与产品 α-紫罗兰酮在 V101、V102 中。

紫罗兰酮是最常用的合成香料之一，是配制紫罗兰、金合欢、晚香玉、素心兰等花香型及幻想型香精的常用组分。α-紫罗兰酮具有修饰、圆熟、增甜、增花香的作用，是非常宝贵的香料；β-紫罗兰酮除作为上述各种香精的主香剂外，还是生产维生素 A 的原料。

2. 甲基壬基乙醛

甲基壬基乙醛又称 2-甲基壬乙酸醛、2-甲基十一醛、2-甲基十一烷醛、C_{12} 醛、2-甲基正十一醛、甲基正壬基乙醛、2-甲基壬基乙醛等。分子式为 $CH_3(CH_2)_8CH(CH_3)CHO$，外观与性状为具有强烈的像柑橘香气的无色油状液体。甲基壬基乙醛尚未发现其天然存在。合成方法主要有两种：

（1）将甲基壬酮与烷基氯代乙酸酯（如氯代乙酸酯）在乙醇钠溶液中反应，生成缩水甘油酯，再经皂化和脱羧等反应制取。反应式如下：

$$CH_3(CH_2)_8{-}\overset{\displaystyle O}{\overset{\|}{C}}{-}CH_3 + Cl{-}CH_2COOC_2H_5 \xrightarrow{CH_3CH_2ONa} CH_3(CH_2)_8{-}\overset{\displaystyle CH_3}{\underset{\displaystyle O}{\overset{|}{C}}}{-}\overset{}{CH}{-}COOC_2H_5$$

$$\xrightarrow[\text{皂化}]{NaOH} CH_3(CH_2)_8{-}\overset{\displaystyle CH_3}{\underset{\displaystyle O}{\overset{|}{C}}}{-}CHCOONa$$

$$\xrightarrow[\text{酸化}]{H^+} CH_3(CH_2)_8{-}\overset{\displaystyle CH_3}{\underset{\displaystyle O}{\overset{|}{C}}}{-}CH{-}COOH \xrightarrow[\text{脱羧}]{\triangle} CH_3(CH_2)_8\underset{\displaystyle CH_3}{\overset{|}{CH}}CHCHO + CO_2$$

（2）利用正十一醛在胺类催化剂存在下与甲醛反应生成 2-亚甲基十一醛，再加氢生成 2-甲基十一醛。反应式如下：

$$CH_3(CH_2)_9CHO \xrightarrow{HCHO} CH_3(CH_2)_8\overset{\displaystyle CH_2}{\overset{\|}{C}}CHO \xrightarrow{H_2} CH_3(CH_2)_8\underset{\displaystyle CH_3}{\overset{|}{CH}}CHCHO$$

而正十一醛可以从 1-癸烯开始，经羰基化作用而得：

$$CH_3(CH_2)_7CH{=\!=}CH_2 \xrightarrow{H_2/CO} CH_3(CH_2)_9CHO + CH_3(CH_2)_7\underset{\displaystyle CH_3}{\overset{|}{CH}}CHCHO$$

实际上这一羰基化反应的产物是以正十一醛和 2-甲基癸醛为主的混合物，将该混合物在二正丁胺存在下与甲醛反应，再经双键氢化反应，所得产物混合物中含有 50%以上的 2-甲基十一醛，通过分馏即可分离出纯的 2-甲基十一醛。

第一种合成方法的生产工艺流程参见图 3-18。

（1）将 420 份甲基壬酮、350 份氯乙酸乙酯、30 份乙醇钠加入反应釜 D101 中，室温下反应 4h。加入冰水继续搅拌洗涤，然后导入分层器 V101 中得粗缩水甘油酯。经精馏塔 T101 在 150～170kPa 减压精馏得甲基壬基环氧丙酸乙酯。

（2）将甲基壬基环氧丙酸乙酯导入反应釜 D102 中，加入 60 份氢氧化钠进行皂化反应，控制温度 45℃下反应 4h，然后加入 40～50 份 37%盐酸进行酸化反应 3～5h。

（3）将反应物料在分层器 V103 中分离得甲基壬基环氧丙酸，再经精馏塔 T102 蒸馏脱羧，最后经精馏塔 T103 减压精馏得产品甲基壬基乙醛。

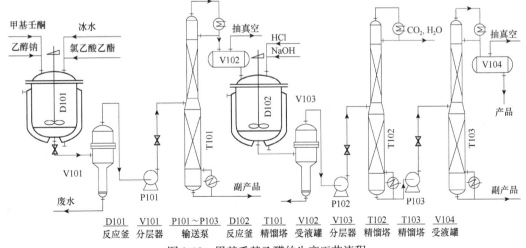

图 3-18 甲基壬基乙醛的生产工艺流程

甲基壬基乙醛作为头香剂，在各种化妆品、香水香精中的使用量相当大，而且经常被用作幻想型香精的香料组分。

第4章 化 妆 品

化妆品不仅是人们日常生活的必需品，也是衡量一个国家的文明程度和生活水平的标志，在保护人民身体健康以及精神文明建设方面都起着十分重要的作用。近年来化妆品的开发和研制中越来越多、越来越广泛地应用了现代高新技术。化妆品的生产已经超脱了日用化工范畴，它以精细化工为背景，以制药工艺为基础，融汇了医学、芳香化学、生物工程学、生命科学、微电子技术、包装新材料应用等，化妆品产业正在逐步发展成一个应用多学科的高技术产业。

4.1 概　　述

化妆品的种类
与作用

4.1.1 化妆品的发展与作用

化妆品是清洁、美化人体面部、皮肤及毛发等处的日常用品，它有令人愉快的香气，能充分显示人体的美，给人们以容貌整洁、讲究卫生的好感，并有益于人们的身心健康。

"爱美之心人皆有之"，人类对美化自身的化妆品，自古以来就有不断的追求。化妆品的发展大约可分为四个阶段（也称四代）：①第一代是使用天然的动植物油脂对皮肤做单纯的物理防护，即直接使用动植物或矿物来源的不经过化学处理的各类油脂。自7世纪到12世纪，阿拉伯国家在化妆品生产上取得了重要的成就，其代表是发明了用蒸馏法加工植物花朵，大大提高了香精油的产量和质量。与此同时，我国化妆品也已有了长足的发展，在古籍《汉书》中就有画眉、点唇的记载；《齐民要术》中介绍了有丁香芬芳的香粉；我国宋朝韩彦直所著《枯隶》是世界上有关芳香较早的专门著作。②第二代是以油和水乳化技术为基础的化妆品。18、19世纪欧洲工业革命后，化学、物理学、生物学和医药学得到了空前的发展，许多新的原料、设备和技术被应用于化妆品生产，更由于以后的表面化学、胶体化学、结晶化学、流变学和乳化理论等原理的发展，引进了电介质表面活性剂以及采用了HLB值的方法，解决了正确选择乳化剂的关键问题，化妆品生产从过去原始的初级的小型家庭生产，逐渐发展成为一门新的专业性的科学技术。正是在这个基础上，化妆品行业才成为目前我国轻工行业中发展最迅猛、最受广大民众欢迎的行业。③第三代是添加各类动植物萃取精华的化妆品，如从皂角、果酸、木瓜等天然植物或者从动物皮肉和内脏中提取的深海鱼蛋白和激素类等精华素加入化妆品。④第四代是仿生化妆品，即采用生物技术制造与人体自身结构相仿并具有高亲和力的生物精华物质并复配到化妆品中，通过补充、修复和调整细胞因子达到抗衰老、修复受损皮肤等功效，这类化妆品代表了21世纪化妆品的发展方向。

关于化妆品的定义，世界各国化妆品法规中均有论述。欧洲经济共同体于1976年发布了《欧洲经济共同体化妆品规程》，其中规定：化妆品是指用于人体外部或牙齿和口腔黏膜的物质或制品，主要起清洁、香化或保护作用，以达到健康、改变外形或消除体臭的目的。我国2019年修订的《化妆品卫生监督条例》是为加强化妆品的卫生监督，保证化妆品的卫生质量和使用安全，保障消费者健康而制定的，该条例对化妆品的定义是：以涂擦、喷洒或者其他类似的方法，散布于人体表面任何部位（皮肤、毛发、指甲、口唇等），以达到清洁、消除不良气味、护肤、美容和修饰目的的日用化学工业产品。化妆品的作用可以概括如下：

（1）清洁作用。除去面部、皮肤及毛发脏污物质，如清洁霜、清洁面膜、浴液和洗发香波等。

（2）保护作用。保护面部，使皮肤、毛发柔软光滑，用以抵御风寒、烈日、紫外线辐射，并防止皮肤开裂，如雪花膏、冷霜、防晒霜、防裂油膏、发乳等。

（3）美化作用。美化面部、皮肤以及毛发或散发香气，如香粉、胭脂、唇膏、香水、定型发膏、卷发剂、指甲油、眉笔等。

（4）营养作用。营养面部、皮肤及毛发，以增加组织细胞活力，保持表面角质层的含水量，减少皮肤细小皱纹以及促进毛发生机，如丝素霜、珍珠霜、维生素霜、精华素等。

（5）治疗作用。用于卫生或治疗，如雀斑霜、粉刺霜、祛臭剂、痱子粉、药性发乳（蜡）等。

4.1.2　化妆品的分类

化妆品种类繁多，其分类方法也五花八门，可按目的、内含物成分、剂型等分类，也可按使用部位、年龄、性别等分类。通常按使用目的和相应组合进行分类，可分为以下九类：

（1）乳剂类化妆品。雪花膏、清洁霜、冷霜、减肥霜、润肤霜等。

（2）香粉类化妆品。香粉、粉饼、爽身粉、痱子粉等。

（3）美容类化妆品。唇膏、睫毛膏、眉笔、胭脂、指甲油、面膜等。

（4）香水类化妆品。香水、花露水、化妆水、痱子水、祛臭水等。

（5）香波类化妆品。透明液体香波、珠光香波、调理香波、儿童香波、护发素等。

（6）烫发、卷发类化妆品。电烫发浆、化学卷发剂、喷雾定型发胶、定型啫喱水等。

（7）染发类化妆品。暂时性染发剂、半永久性染发剂和永久性染发剂等。

（8）护发类化妆品。发油、发蜡、发乳、透明发胶等。

（9）其他类化妆品。防晒水、粉刺水、中草药类化妆品、剃须膏等。

4.1.3　化妆品的主要生产原料

化妆品是由各种不同作用的原料经配方加工所制得的一类产品。化妆品质量除受配方、加工技术及制造设备条件影响外，主要还取决于所采用原料的质量。化妆品所用原料的品种虽然很多，但按其用途和性能可分成基质原料和辅助原料两大类。

1. 基质原料

组成化妆品基体的原料称为基质原料，它在化妆品配方中占有较大的比例。由于化妆品种类繁多，采用原料也很复杂，随着人们生活水平的提高，新开发的原料日益增多。现选择有代表性的原料介绍如下。

1）油性原料

油性原料是组成膏霜类化妆品与发蜡、唇膏等油蜡类化妆品的基本原料，主要起护肤、柔滑、滋润等作用。化妆品中所用的油性原料一般有三类：从动植物中取得的油性物质；矿物（如石油）中取得的油性物质；化学合成的油性物质。动植物的蜡主要是由脂肪酸和脂肪醇化合而成的酯，蜡是其习惯名称。

（1）椰子油、蓖麻油及橄榄油。分别由椰子果肉、蓖麻子及橄榄仁中提取而得，主要成分分别是月桂酸、蓖麻油酸及油酸的三甘油酯，比较适合制造化妆皂、香波、发油、冷霜等化妆品。

（2）羊毛脂。从羊毛中提取所得，内含胆甾醇、虫蜡醇和多种脂肪酸酯。它是性能良好的原料，对皮肤有保护作用，具有柔软、润滑及防止脱脂的性能。但由于它的气味和色泽，应用时往往受到限制。目前通常把羊毛脂加工成它的衍生物，不但保持了羊毛脂特有的理想功能，又改善了它的色泽和气味，如羊毛醇已被大量用于护肤膏霜及蜜中。

（3）蜂蜡。它由蜜蜂的蜂房精制而得，主要成分是棕榈酸蜂蜡酯、虫蜡酸等，是制造冷霜、唇膏等美容化妆品的主要原料。由于有特殊气味，不宜多用。

（4）鲸蜡。它从抹香鲸脑中提取而得，主要含有月桂酸、豆蔻酸、棕榈酸、硬脂酸等的鲸蜡脂及其他脂类，是制造冷霜的原料。

（5）硬脂酸。从牛脂、硬化油等固体脂中提取而得，其工业品通常是硬脂酸和棕榈酸的混合物，是制造雪花膏的主要原料。

（6）白油。它是石油高沸点馏分（330～390℃），经去除芳烃或加氢等方法精制而得，适合于制造护肤霜、冷霜、清洁霜、蜜、发乳、发油等化妆品。

除了上述油性原料外，还有杏仁油、山茶油、水貂油、巴西棕榈蜡、虫胶蜡、凡士林、角鲨烷等在化妆品中都具有广泛的应用。

2）粉类原料

粉类原料是组成香粉、爽身粉、胭脂等化妆品基体的原料，主要起遮盖、滑爽、吸收等作用。滑石粉是制造香粉、粉饼、胭脂、爽身粉的主要原料；高岭土是制造香粉的原料，它能吸收、缓和及消除由滑石粉引起的光泽；钛白粉具有极强的遮盖力，用于粉类化妆品及防晒霜中；氧化锌有较强的遮盖力，同时具有收敛性和杀菌作用；云母粉用于粉类化妆品中，使皮肤有自然的感觉，主要用于粉饼和唇膏中。

2. 辅助原料

使化妆品成型、稳定或赋予化妆品以色、香及其他特定作用的原料称为辅助原料。它虽然在产品配方中比例不大，但极为重要。

1）乳化剂

乳化剂是使油性原料与水制成乳化体的原料。在化妆品中有很大一部分制品，如冷霜、雪花膏、奶液等都是水和油的乳化体。乳化剂是一种表面活性剂，其主要作用：一是起乳化效能，促使乳化体的形成，使乳化体稳定；二是控制乳化类型，即水包油或油包水型。有关乳化剂类型及应用详见第2章。

2）香精

香精是赋予化妆品以一定香气的原料，它是制造过程中的关键原料之一。香精选用得当，不仅受消费者的喜爱，而且能掩盖产品介质中某些不良气味。香精是由多种香料调配混合而成，且带有一定类型的香气，即香型。化妆品在加香时，除了选择合适的香型外，还要考虑到所选用的香精对产品质量及使用效果有无影响。因此不同制品对加香要求不同。

3）色素

色素是赋予化妆品一定颜色的原料。人们选择化妆品往往凭视、触、嗅等感觉，而色素是视觉方面的重要一环，因此色素用的是否适当对化妆品好坏也起决定作用。常用的有合成色素、无机色素（氧化铁、炭黑、氧化铬绿等）、天然色素（胭脂树红、胭脂虫红、叶绿素、姜黄素和叶红素等）。

4）防腐剂和抗氧剂

（1）防腐剂。由于大多数化妆品含有水分，还含有胶质、脂肪酸、蛋白质、维生素及其他各种营养成分，在产品制造、储运及消费者使用过程中可能引起微生物繁殖而使得产品变质，所以在化妆品配方中必须加入防腐剂。用于化妆品防腐剂的要求是：不影响产品的色泽，不变色，无气味；在用量范围内应无毒性、对皮肤无刺激性；不会对产品的黏度、pH有影响。为了获得广谱的抑菌效果，往往采用两三种防腐剂配合使用。

化妆品防腐剂的品种较多，如对羟基苯甲酸酯类（商品名称"尼泊金"），它稳定性好，无毒性，气味极微，在酸、碱介质中都有效，在化妆品中广泛应用。也可用山梨酸、脱氢乙酸、乙醇等。

（2）抗氧剂。许多化妆品含有油脂成分，尤其是含有不饱和油脂的产品，日久后，空气、光等因素易使油脂发生酸败而变味，酸败的过程实际上是油脂的氧化过程。抗氧剂的作用是阻滞油脂中不饱和键的氧化或者本身能吸氧，从而防止油脂酸败，使化妆品质量得到保证，其用量一般为 0.02%～0.1%。常用的抗氧剂有没食子酸丙酯、二叔丁基对甲酚（BHT）、叔丁羟基茴香醚（BHA）、维生素 E（生育酚）、乙醇胺、抗坏血酸、柠檬酸、磷酸及其盐类等。

在化妆品配方中作为辅助性原料的还有胶黏剂（如阿拉伯树胶、果胶、甲基纤维素等）；滋润剂，使产品在储存与使用时能保持湿度，起滋润作用的原料（如甘油、丙二醇等）；助乳化剂（如氢氧化钾、氢氧化钠、硼砂等）；收敛剂，使皮肤毛孔收敛的原料（如碱性氧化铝、硫酸铝等）；其他配合原料还有营养成分、防晒原料、中草药成分等。

4.1.4 化妆品的安全性

使用化妆品的目的是保护皮肤、清洁卫生和美容，安全保证是化妆品必须具有的要素，不得有碍人体的健康，同时在使用时不能有任何副作用。许多国家对化妆品的原料及制品都有一系列法规。化妆品的安全性资料包括急性毒性试验、急性皮肤刺激试验报告、多次重复刺激试验报告、应变性试验报告、光毒性试验报告、光变性试验报告、眼刺激性试验报告、致诱变性试验报告和人体斑贴试验报告等。上述材料均符合标准才能获准生产。

影响化妆品安全性的因素主要有配方的组成、原料的选择及纯度和原料组分之间的相互作用。选择生产化妆品的原料必须符合药典的规定，不符合要求的化学合成原料或不纯物质会有安全性问题，如重金属元素存在于化妆品中，长期使用会引起癌症或生育畸形等，又如含丙二醇高的产品可引起皮肤湿疹。作为消费者，在使用化妆品时必须注意产品的有效期；在选用新产品时有必要进行简易的皮肤刺激性试验，从而选择适合自身皮肤的产品。

4.2 膏霜类化妆品

润肤与香水
类化妆品

在研究膏霜类化妆品配方时，较理想的是采用组成和皮脂膜相同的油分，但每个人的皮肤差异较大，分泌出的皮脂组成和含量也有差异，不能一概而论。根据皮脂的组成，选择认为对皮肤必需的成分制备产品。膏霜类化妆品主要是由油、脂、蜡和水、乳化剂等组成的一种乳化体，其分类方法很多，按乳化形式和化妆品含油量分类见表 4-1。若从形态上看，呈半固体状态不能流动的膏霜类一般称为固体膏霜，如雪花膏、润肤霜、冷霜等；呈液态能流动的称为液态膏霜，如奶液、清洁奶液等。

表 4-1　膏霜类化妆品的分类

乳化形式	构成成分含量/%			典型实例
	油相量	水相量	其他	
无油性	0	100	黏液质粉末	冻胶状雪花膏、牙膏
水包油型	10～25	90～75	粉末 各种药剂	粉底霜、雪花膏 中性乳膏：收敛性雪花膏、婴儿雪花膏 冷霜：营养霜、清洁霜、按摩霜、按摩膏
	30～50	70～50		
	50～75	50～25		
油包水型	50～85	50～15	营养药剂	
无油水性	100	0	药剂、粉末	防臭膏、特殊清洁膏、按摩膏

4.2.1 雪花膏类化妆品

雪花膏类化妆品属于弱油性膏霜，具有舒适而爽快的使用感，油腻感较少，其代表性产品有雪花膏、粉底霜、刮须后用膏霜等。

1. 雪花膏

雪花膏是一种以硬脂酸为主要油分的膏霜，因其涂在皮肤上即似雪花状溶入皮肤中而消失，故称为雪花膏。雪花膏在皮肤表面形成一层薄膜，使皮肤与外界干燥空气隔离，能节制表皮水分的蒸发，保护皮肤不致干燥、开裂或粗糙。

1）基础配方

硬脂酸 3.0~7.5，十八醇或十六醇 3.0~8.0，多元醇（如甘油）5.0~10.0，白油 0~9.0，硅油 0~2.0，碱（按氢氧化钾计）0.5~1.0，不皂化物（如脂肪醇）0~2.5，三乙醇胺 0~0.5，精制水 60~80，香精适量，防腐剂适量。

在设计雪花膏配方时，应掌握下列几点：①配方中硬脂酸的用量一般为 10%~25%；②一般需把 15%~30%的硬脂酸中和成皂，假定其中 25%的硬脂酸被中和成皂，其余 75%即为游离硬脂酸；③碱的种类较多，在选用不同碱时，用量会有差别；④制造雪花膏用的水质与其他化妆品要求相同，即必须是经过紫外线灯灭菌，培养检验微生物为阴性的去离子水。

2）生产工艺

膏霜类化妆品生产工艺具有通用性，工艺流程见图 4-1，主要包括原料加热、混合乳化、搅拌冷却、静止冷却、包装等工艺过程。本节以雪花膏制造过程详细说明。

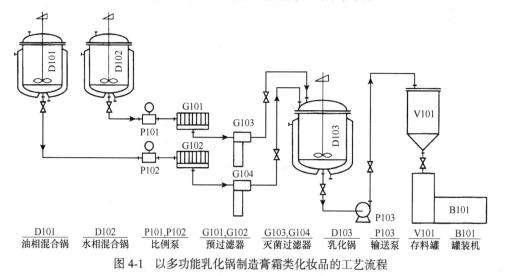

| D101 | D102 | P101,P102 | G101,G102 | G103,G104 | D103 | P103 | V101 | B101 |
| 油相混合锅 | 水相混合锅 | 比例泵 | 预过滤器 | 灭菌过滤器 | 乳化锅 | 输送泵 | 存料罐 | 罐装机 |

图 4-1　以多功能乳化锅制造膏霜类化妆品的工艺流程

（1）原料加热。将油相原料甘油、硬脂酸等投入设有蒸汽夹套的不锈钢油相混合锅 D101 内，边混合边加热至 90~95℃，维持 30min 灭菌，加热温度不要超过 110℃，避免油脂色泽变黄。在带不锈钢夹套的水相混合锅 D102 内加入去离子水和防腐剂等，搅拌下加热至 90~95℃，维持 20~30min 灭菌；再将碱液（浓度为 8%~12%）加入水中搅拌均匀。

（2）混合乳化。测量油相混合锅 D101 油温，并做好记录，开启加热锅底部放料阀，使升温到规定温度的油脂经预过滤器 G102、灭菌过滤器 G104 后流入乳化锅 D103；然后启动 D102 搅拌并开启放料阀，使水相经过预过滤器 G101、灭菌过滤器 G103 后流入乳化锅 D103 内。

硬脂酸极易与碱发生皂化反应，无论加料次序怎样，都可以很好地进行皂化反应。乳化锅有夹套蒸汽加热和温水循环回流系统，500L 乳化锅搅拌器转速约 50r/min 较适宜。密闭的乳化锅使用无菌压缩空气，用于制造完毕时压出雪花膏。

（3）搅拌冷却。在 D103 中乳化的过程中，因加水时冲击产生的气泡，待乳液冷却至 70~80℃时，气泡基本消失，这时才能进行温水循环冷却。初期夹套水温为 60℃，并控制循环冷却水在 1~1.5h 内由 60℃下降至 40℃，则相应可控制雪花膏停止搅拌的温度为 55~57℃，整个冷却时间约 2h。

在冷却过程中，如果回流水与原料温差过大，骤然冷却，势必使雪花膏变粗，如果温差过小，势必延长冷却时间，所以必须在每一阶段很好地控制温水冷却。香精在 50～60℃ 时加入。

（4）静止冷却。乳化锅停止搅拌后，用无菌压缩空气将锅内成品经 P103 压出至存料罐 V101，经取样检验合格后尚须静置冷却到 30～40℃ 才可以进行瓶装。如装瓶时温度过高，冷却后体积会收缩，温度过低则膏体会变稀薄。一般以隔一天包装为宜。

（5）包装。雪花膏是水包油型乳剂，且含水量在 70% 左右，水分很易挥发而发生干缩现象，所以包装密封很重要，也是延长保质期的主要因素之一。沿瓶口刮平后，盖以硬质塑料薄膜，盖衬有弹性的厚塑片或纸塑片，将盖子旋紧，在盖子内衬垫塑片上应留有整圆形的瓶口凹纹。另外包装设备即灌装机 B101、容器必须注意卫生。

2. 粉霜

粉霜兼有雪花膏和香粉两者的使用效果，不仅有护肤作用，同时有较好的遮盖力，能掩盖面部皮肤表面的某些缺陷。粉霜大致有两种类型：一种是以雪花膏为基体的粉霜，适用于中性和油性皮肤；另一种是以润肤霜为基体的，含有较多油脂和其他护肤成分，适用于中性和干性皮肤。粉霜的组成一般在雪花膏或润肤霜体中加入二氧化钛和氧化铁等颜料配制而成。

【配方】 粉底霜：硬脂酸 12.0，十六醇 2.0，甘油单硬脂酸酯 2.0，香料 0.5，二氧化钛 1.0，氧化铁（赤色）0.1，丙二醇 10.0，氢氧化钾 0.3，精制水 71.7，氧化铁（黄色）0.4，防腐剂、抗氧剂适量。

粉霜制造工艺过程可参照图 4-1。粉料先加入多元醇中搅拌混合，用小型搅拌机调和成糊状，经 200 目筛子过筛或胶体磨研均匀备用。当雪花膏或润肤霜升温至 70～80℃ 时，加入正在搅拌的乳液中，使之搅拌均匀。由于粉料是以第三相存在于乳剂中，加入粉料后乳剂有增稠现象，所以粉霜制造过程，应延长搅拌时间和降低停止搅拌的温度，以雪花膏为基体制成粉霜为例，停止搅拌的温度是 50～53℃，能得到稠度较为适宜和光泽较好的化妆品。

4.2.2 润肤霜类化妆品

润肤霜类化妆品是介于弱油性和油性之间的膏霜。润肤霜的目的在于使润肤物质补充皮肤中天然存在不足的游离脂肪酸、胆固醇、油脂，使皮肤中的水分保持平衡。经常使用润肤霜能使皮肤保持水分和健康，逐渐恢复柔软和光滑。能保持皮肤水分和健康的物质称为天然调湿因子（natural moisturizing factor，NMF）。使水分从外界补充到皮肤中去是比较困难的，最好的方法是防止表皮角质层水分过量损失，而天然调湿因子有此功效。但 NMF 组成复杂，至今仍存在未知成分。因此润肤霜内要加入润肤剂、调湿剂和柔软剂，如羊毛脂衍生物、高碳醇、多元醇等。最近又提出吡咯烷酮羧酸用作 NMF 之一添加于化妆品中。润肤霜类化妆品有润肤霜、营养霜、夜霜、手用霜、按摩霜、婴儿霜等多种。从乳化类型上看，市场上以水包油型化妆品占主导地位。

1. 生产原理与配方设计

在设计润肤霜配方时，要根据人类表皮角质层脂肪的组成，选用有效的润肤剂和调湿剂，还要考虑到制品的乳化类型及皮肤的 pH 等因素。

（1）润肤剂。润肤剂能使表皮角质层水分减缓蒸发，免除皮肤干燥和刺激，可选用羊毛脂及其衍生物、高碳脂肪醇、多元醇、角鲨烷、植物油、乳酸等。

（2）调湿剂。调湿剂是一种可以使水分传送到表皮角质层结合作用的物质。皮肤水分的含量、润滑、柔韧直接和调湿有关。天然调湿因子能避免皮肤干燥，所以在配方中加入的组成物质应与天然调湿因子相类似。吡咯烷酮羧酸及其钠盐都是很好的调湿剂，乳酸和它的钠盐调湿作用仅次于吡咯烷酮羧酸钠，而且乳酸是皮肤的酸性覆盖物，能使干燥皮肤润湿和减少皮屑。

（3）乳化剂。由于制品是水包油型乳剂，必须选用亲水性乳化剂为主，即 HLB 值大于 7，辅以少量亲油性乳化剂，即 HLB 值小于 7，配成"乳化剂对"用于制造水包油型润肤霜。对于化妆品乳化剂，首先要考虑实用价值，能保护皮肤或毛发。乳化剂的 HLB 值越高，对皮肤的脱脂作用越强。如果过多地采用 HLB 值高的乳化剂，可能会引起皮肤干燥或刺激，因此要尽可能减少乳化剂的用量。另外，润肤霜的 pH 应控制在 4～6.5，与皮肤的 pH 相似。

2. 生产工艺过程

水包油型润肤霜的制造技术适用于润肤霜、清洁霜、夜霜等化妆品。虽然润肤霜所采用的原料品种较多，但其生产工艺、设备及环境等要求与雪花膏生产工艺基本类似。本节主要介绍水包油型乳化剂的制备方法。

某些乳化剂虽然采用同样配方，由于操作时加料方法和乳化搅拌机械设备不同，乳化剂的稳定性及其物理现象也各异，因此，在实际生产时根据产品要求及配方情况选择适宜的方法。

（1）加料方法。乳化时根据不同的配方原料，加料方法会有所不同，下面几种方法是生产化妆品时常用的。

（i）初生皂法，即把脂肪酸溶于油脂中，碱溶于水中，然后两相搅拌乳化。该法可得到稳定的乳液，如雪花膏的制造。

（ii）水溶性乳化剂溶于水中，油溶性乳化剂溶于油中，然后两相混合乳化。此法水量少时为水/油型乳液，当加水量多时变为油/水型乳剂，这种方法所得内相油脂的颗粒较小。

（iii）水溶和油溶性乳化剂都溶入油中，然后将水加入油中乳化，此法所得内相油脂颗粒也比较小。

（iv）交替加入法，在乳化锅内先加入乳化剂，然后边搅拌边逐渐交替加入油和水的方法。

（2）制备方法。制备油/水型乳化剂大致有 4 种方法：均质刮板搅拌机制备方法，管型刮板搅拌机半连续制备法，锅组连续制备法，低能乳化法。目前大多采用均质刮板搅拌机制备法，适用于少批和中批量生产；管型刮板搅拌机半连续制备法适用于大批量生产，在欧美等国家某些大型化妆品厂有采用。本节将介绍均质刮板搅拌机制备法。

均质刮板搅拌机主要由两部分组成：①均质搅拌机。它由涡轮及涡轮外套固定的扩散环所组成。涡轮转速 1000～3000r/min，可无级调速，均质搅拌机对乳剂有湍流、撞击分散、剪切等作用。②刮板搅拌机。由另一只马达驱动的刮板搅拌机，转速 0～150r/min，靠锅壁的搅拌机框架上的数块刮板叶片随时移去锅壁的乳剂，降低锅壁的热传导阻力，夹套冷却水能较快地使乳剂冷却。均质刮板搅拌机适宜制造油/水型润肤霜、清洁霜、粉霜、夜霜和蜜类产品。

配方实例如下：

【配方 1】 润肤霜：硬脂酸 10.0，蜂蜡 3.0，十六醇 8.0，角鲨烷 10.0，单硬脂酸甘油酯 3.0，聚氧乙烯单月桂酸酯 3.0，羊毛脂衍生物 2.0，丙二醇 10.0，三乙醇胺 1.0，香精 0.5，防腐剂适量，精制水 49.5。

【配方 2】 营养霜：硬脂酸 14.0，羊毛脂油 4.0，肉豆蔻酸异丙酯 5.0，鲸蜡醇 1.0，氨基甲基丙二醇 0.1，对羟基苯甲酸丁酯 2.0，甘油 5.0，人胎盘抽取液适量，精制水 33.4。

营养霜通常是在润肤剂中加入蜂王浆、人参浸出液、维生素、胎盘提取液、水解珍珠等营养物质制成的，因此添加营养物质时，乳剂温度应低于 40℃。

【配方 3】 晚霜：矿物油 23.5，橄榄油 3.8，羊毛脂 10.4，硬脂酸 3.3，鲸蜡 5.4，鲸蜡醇 10.4，三乙醇胺 9.0，防腐剂 0.8，香料适量，精制水 33.4。

4.2.3 冷霜类化妆品

公元 150 年左右希腊人 Galen 以橄榄油、蜂蜡、水为主要成分配制成的膏状产品，不仅能赋予皮肤油分，还以水分滋润皮肤，获得当时人们的好评。这种膏霜和当时仅用油保养皮肤相比，特点在于其含有水分，当水分挥发时会赋予冷却感，故称为冷霜。它是油性膏霜的代表品种之一，从乳剂类型来看，可分为水/油和油/水型冷霜；从构成来看，油相多，水相少。目前使用的冷霜绝大多数属于水/油型的油性膏霜。

冷霜是保护皮肤的用品，广泛用于按摩或化妆前调整皮肤，其中掺和营养药剂、油脂等专用于干性皮肤的化妆品也较多。使用这种膏霜进行按摩，能提高按摩效果和增强冷霜的渗透性，所以逐渐用作按摩霜，已成为美容院不可缺少的产品。

质量优异的冷霜的乳化体应光亮、细腻、没有油水分离现象，不易收缩，稠度适中，便于使用。典型的冷霜是蜂蜡-硼砂体系制成的水/油膏霜。

1. 原理和配方设计

蜂蜡-硼砂制成的水/油型乳剂是典型的冷霜。蜂蜡游离脂肪酸的成分主要是蜡酸，又名二十六酸（$C_{25}H_{51}COOH$），含量约 13%，它与硼砂和水生成的氢氧化钠发生皂化反应生成二十六酸钠，在制造冷霜过程中起乳化作用，使油相与水相乳化，形成膏体。反应方程式如下：

$$Na_2B_4O_7 + 7H_2O \rightleftharpoons 2NaOH + 4H_3BO_3$$
$$2C_{25}H_{51}COOH + Na_2B_4O_7 + 5H_2O \rightleftharpoons 2C_{25}H_{51}COONa + 4H_3BO_3$$

如果硼砂用量不足以中和蜂蜡游离脂肪酸，制品不但乳化稳定性差，而且没有光泽，外观粗糙；若硼砂过量，也会导致乳化不稳定，且将有硼酸或硼砂结晶析出。一般情况下，若蜂蜡的酸值为 24，它和硼砂质量之比为 10：（0.5～0.6）时，基本上可满足化妆品质量要求。蜂蜡-硼砂制成冷霜的稠度、光泽和润滑性，要依靠配方中的其他成分，使用后要求在皮肤上留下一层油性薄膜，水/油型冷霜的水分含量一般为 10%～40%，因此油、脂、蜡的含量变化幅度也较大。下面介绍几个配方实例。

【配方 1】 基础配方：蜂蜡 10.0，硼砂 1.0，精制水 33.0，液体石蜡 50.0，其他余量。

【配方 2】 羊毛酸异丙酯冷霜：乙氧基化羊毛脂 3.0，羊毛酸异丙酯 2.0，蜂蜡 10.0，矿物油 44.0，硬脂酸单甘油酯 2.0，地蜡 5.0，硼砂 0.6，精制水 33.4，香精、防腐剂适量。

【配方 3】 水包油型按摩冷霜：固体石蜡 5.0，蜂蜡 10.0，凡士林 15.0，液体石蜡 41.0，甘油—硬脂酸酯 2.0，聚氧乙烯山梨糖醇酐 2.0，皂粉 0.1，硼砂 0.2，精制水 32.7，香精 1.0，防腐剂、抗氧剂适量。

2. 生产工艺过程

冷霜化妆品根据包装容器形式不同，配方和操作也有些差别，大致可分为瓶装冷霜和盒装冷霜。瓶装冷霜要求在 38℃时不会有油水分离现象，乳剂的稠度较薄，油润性较好。盒装冷霜的稠度和熔点都较高，要求质地柔软，受冷不变硬，不渗水，耐温要求 40℃不渗油。凡是盒装冷霜都属于水/油型乳剂，装入铁盒或铝盒不会生锈或干缩。

冷霜的生产过程基本和雪花膏生产过程一样，只是某些细节上有些差异。搅拌冷却时，冷却水温度维持在低于 20℃，停止搅拌的温度在 25～28℃，静置过夜，次日再经过三辊机研磨，经过研磨剪切后的冷霜混入了小空气泡，需要经过真空搅拌脱气，使冷霜表面有较好的光泽。

4.3 香水类化妆品

润肤与香水
类化妆品

以香味为主的化妆品称为芳香制品，香水类化妆品是芳香类化妆品中的一类，属于液状化妆品。一般按其用途分类有皮肤用，如香水、古龙水、花露水、各种化妆水等；毛发用，如头水、奎宁水、营养性润发水等。这些香水类化妆品除了用途不同外，有时也可按赋香率不同而加以区分，如香水赋香率为 15%～25%（有时达 50%），而花露水为 5%～10%，古龙水为 3%～5%，头水为 0.5%～1%，化妆水为 0.05%～0.5%。

4.3.1 香水、花露水类化妆品

香水、花露水类化妆品大多是用乙醇为溶剂的透明液体。乙醇能溶解许多组分，制成各种带治疗性和艺术性的制品，给人以美的享受和起到保护皮肤的作用。由于乙醇本身是无色无臭，对皮肤无毒害，挥发后能引起凉爽感觉，既是温和的收敛剂和抗菌剂，又是较好的溶剂，几乎能溶解所有香料。

1. 香水

香水是由香精的乙醇溶液再加适量定香剂等制成，具有芬芳浓郁的香气，主要喷洒于衣襟、手帕及发际等部位，散发怡人的香气，是重要的化妆品之一。

香水中香精用量较高，一般为 15%～25%，乙醇浓度为 75%～85%，加入 5%水能使香气透发。乙醇对香水、花露水等化妆品的影响很大，不能带有丝毫杂味，特别是香水，否则会对香气产生严重的破坏作用。所以香水用乙醇必须要经过精制，其方法为：①乙醇中加入 0.02%～0.05%高锰酸钾，剧烈搅拌，同时通空气鼓泡，如有棕色的二氧化锰沉淀，静置过滤除去，再经蒸馏备用。②每升乙醇中加入 1～2 滴 30%浓度的过氧化氢，在 25～30℃下储存几天。③乙醇中加入 1%活性炭，每天搅拌几次，放置数日后，过滤备用。④在乙醇中加入少量香料，如秘鲁香脂、安息香树脂等，放置 30～60 天，消除和调和乙醇气味，使气味醇和。

香精是决定香水香型和质量的关键原料，高级香水一般使用茉莉、玫瑰和麝香等天然原料，但天然香料供应有限，近年来合成了很多新品种，以补充天然香料的不足。香水根据香型可分为两种：一种为花香香水，一般分为一种花香的单香型和几种花香的多香型；另一种为幻想香水，用花以外的天然香料制造的香水或是凭调香师的艺术灵感创造出来的，使人联想到某种自然现象、景色、人物、音乐等，如"夜间飞行""巴黎之夜""美加净"等。

新鲜调制的香水，香气未完全调和，需要放置长时间（数周～数月），这段时间称为陈化期。在陈化期中，香水的香气会渐渐由粗糙转为醇芳馥，此谓成熟或圆熟。

2. 花露水

花露水是一种用于沐浴后祛除汗臭以及在公共场所解除秽气的夏令卫生用品。另外，花露水具有一定消毒杀菌作用，涂在蚊叮虫咬处有止痒消肿的功效，涂抹在患痱子的皮肤上，也能止痒且有凉爽舒适之感。要求香气易于发散，并且有一定持久留香的能力。

花露水以乙醇、香精、蒸馏水为主体，辅以少量螯合剂、抗氧剂和耐晒的水溶性颜料，颜色以淡湖兰、绿、黄为宜。香精用量一般为 2%～5%，乙醇浓度为 70%～75%。习惯上香精以清香的薰衣草油为主体，有的产品采用东方香水香型（如玫瑰麝香型），以加强保香能力，称为花露香水。

【配方】 花露水（质量分数/%）：玫瑰麝香型香精 3.0，豆蔻酸异丙酯 0.2，麝香草酚 0.1，乙醇（95%）75.0，蒸馏水 22.0，色素适量。

3. 古龙水

古龙水又称科隆水，由意大利人在德国的科隆市研制成功，属男用花露香水，其香气清新、舒适，在男用化妆品中占有一席之地。其香精用量为 3%～5%，乙醇浓度为 75%～80%，香精中含有柠檬油、薰衣草油、橙花油等。典型配方如下（质量分数/%）：柠檬油 5.0，甲基葡萄糖(PO)$_{20}$醚 1.5，甲基葡萄糖(EO)$_2$醚 1.0，乙醇 72.5，精制水 20.0，色素适量。

4. 生产工艺

香水、古龙水、花露水的制造技术基本相似，主要包括生产前准备工作、配料混合、储存陈化、冷冻过滤、灌装及包装等工段，工艺流程见图4-2。

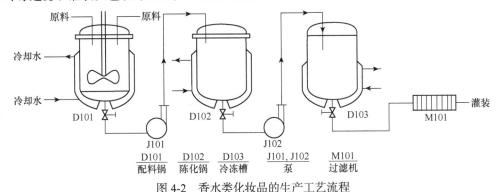

图 4-2 香水类化妆品的生产工艺流程

（1）混合。先将乙醇计量加入配料锅 D101 内，然后加入香精（或香料）、色素，搅拌均匀后，再加入去离子水（或蒸馏水），搅拌均匀。用泵 J101 将配制好的香水输送到陈化锅 D102。

（2）储存陈化。储存陈化是调制乙醇液香水的重要操作之一。陈化有两个作用：一是使香味匀和成熟，减少粗糙的气味。刚制成的香水香气未完全调和，比较粗糙，需要在低温下放置较长时间，使香气趋于和润芳香，这段时间称为陈化期，或称为成熟期。二是使容易沉淀的水不溶性物自溶液内离析出来，以便过滤。

香精的成分很复杂，由醇类、酯类、内酯类、醛类、酸类、酮类、脂类、胺类及其他香料组成，再加上乙醇液香水大量采用乙醇作为介质。它们之间在陈化过程中可能发生某些化学反应，如酸和醇作用生成酯，而酯也可能分解生成酸和醇；醛和醇能生成缩醛和半缩醛；胺和醛或酮能生成席夫碱化合物；其他氧化、聚合等反应。一般希望香精在乙醇溶液中经过陈化后，一些粗糙的气味消失而变得和润芳香。储存时间：一般花露水、古龙水需 24h 以上，香水至少一个星期，高级香水时间更长，特殊香水至少要陈化 3 个月。

陈化是在有安全装置的密闭容器中进行的，容器上的安全管用以调节因热胀冷缩而引起的容器内压力的变化。

（3）冷冻过滤。制造乙醇液香水及化妆水等液体状化妆品时，过滤是十分重要的一个环节。陈化期间，溶液内所含少量不溶物质会沉淀下来，可采用过滤的方法使溶液透明清晰。为了保证产品在低温时也不至出现混浊，过滤前一般应经过冷冻使蜡质等析出以便滤除。冷冻可在固定的冷冻槽 D103 内进行，也可在冷冻管内进行。过滤机的种类和式样很多，其中板框式过滤机 M101 在化妆品生产中应用最多。

为提高产品的质量（低温透明度），可采用多级过滤。首先经过滤机过滤除去陈化过程中沉淀下来的物质和其他杂质，然后经冷却器冷却至 0~5℃，使蜡质等有机杂质析出，经过滤后输入半成品储锅。也可在冷却过滤后恢复至室温，再经一次细孔布过滤，以确保产品在储存和使用过程中保持清晰透明。在半成品储锅中应补加操作过程中挥发或损失的乙醇等，化验合格后即可灌装。

采用压滤机过滤，并加入硅藻土或碳酸镁等助滤剂以吸附沉淀微粒，否则这些胶态的沉淀物会阻塞滤布孔道，增加过滤困难，或穿过滤布，使滤液混浊。助滤剂的用量应力求少，达到滤清要求为好，尽可能避免助滤剂过多使一些香料被吸附而造成香气的损失。

（4）灌装及包装。乙醇液香水的包装形式较多，通常可分为普通包装和喷雾式（包括泵式和气压式）包装两种类型。装瓶前先将空瓶用生产用的乙醇洗涤后再灌装，并应在瓶颈处空出 4%~

7.5%容积，预防储藏期间瓶内溶液受热膨胀而使瓶子破裂，装瓶宜在室温 20～25℃下操作。

4.3.2 化妆水类化妆品

1. 化妆水的成分

化妆水一般为透明液体，能除去皮肤上的污垢和油性分泌物，保持皮肤角质层有适度水分，具有促进皮肤的生理作用、柔软皮肤和防止皮肤粗糙等功能。化妆水种类较多，一般根据使用目的可分为润肤化妆水、柔软性化妆水、收敛性化妆水等。化妆水的主要成分包括溶剂（精制水和乙醇、异丙醇等）、保湿剂（甘油、聚乙二醇及其衍生物和糖类等）、柔软剂（高级醇及其酯、苛性钾、三乙醇胺等）、增黏剂（果胶、黄蓍胶、纤维素衍生物等）、增溶剂（主要是非离子表面活性剂）、收敛剂、杀菌剂、缓冲剂、营养剂、香料、染料、防腐剂等。

2. 化妆水的生产工艺

化妆水类化妆品生产工艺基本上与香水类化妆品一致，但由于配方组成不同，工艺上稍有差别（图 4-3）。在生产过程中，先在精制水中溶解甘油、丙二醇等保湿剂及其他水溶性成分，再用乙醇溶解防腐剂、香料、作为增溶剂的表面活性剂以及其他醇溶性成分，上述溶解过程都在室温下进行。然后将两体系混合增溶，再加染料着色，经过滤除去不溶物质后即可装瓶，得到澄清的化妆水类化妆品。

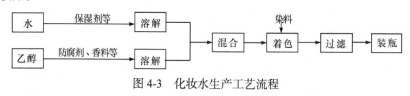

图 4-3　化妆水生产工艺流程

3. 化妆水的典型配方

1）润肤化妆水

润肤化妆水是为除去附着于皮肤的污垢和皮肤分泌的脂肪，为清洁皮肤而使用的化妆水，具有使皮肤柔软的效果。作为去垢剂的主要是非离子和两性表面活性剂，以及称为碱剂的苛性钾等，也添加甘油、丙二醇等保湿剂。

【配方 1】　润肤化妆水：甘油 10.0，聚乙二醇 2.0，油醇聚氧乙烯（15）醚 2.0，乙醇 20.0，精制水 65.8，香料 0.2，染料、防腐剂适量。

【配方 2】　碱性润肤化妆水：甘油 25.0，乙醇 25.0，氢氧化钾 0.05，精制水 49.93，香料 0.02。

2）柔软性化妆水

柔软性化妆水是给予皮肤适度的水分和油分，使皮肤柔软、保持光滑湿润的透明化妆水。它的添加成分较多，除了保湿剂、去垢剂外，还添加柔软剂及黏液质等。配方如下：甘油 3.0，丙二醇 4.0，缩水二丙二醇 4.0，油醇 0.1，Tween 20 1.5，月桂醇聚氧乙烯（20）醚 0.5，乙醇 15.0，精制水 71.8，香料 0.1，色素适量，防腐剂、紫外线吸收剂适量。

3）收敛性化妆水

收敛性化妆水是对皮肤有收敛作用的化妆水。使皮肤收敛是将皮肤蛋白质轻微凝固，使皮肤绷紧，抑制皮肤的过剩油分。它是保养脂性皮肤的专用化妆水。收敛剂按其活性离子种类可分为两种：阳离子型，如明矾、硫酸铅、氯化铝、硫酸锌、对酚磺酸锌等；阴离子型，如柠檬酸、乳酸等。收敛性化妆水的配方如下：柠檬酸 0.1，对酚磺酸锌 0.2，甘油 5.0，油醇聚氧乙烯（20）醚 1.0，乙醇 20.0，精制水 73.5，香料 0.2。

4）头水、须后水

头水是乙醇溶液的美发用品，有杀菌、消毒、止痒及防止头屑的功效，具有幽雅清香的气味。它的主要成分有乙醇、香精、精制水、止痒消毒剂，有时也加入保湿剂如甘油、丙二醇等，以防止头发干燥。奎宁头水的配方如下：盐酸奎宁 0.2，水杨酸 0.8，香精 1.0，乙醇 70.0，精制水 28.0。

须后水是男用化妆水，用以消除剃须后面部绷紧及不舒服之感，并有提神清凉及减少刺痛、杀菌等功能。香气一般采用馥奇型、古龙香型等。适当用量的乙醇能产生缓和和收敛作用及凉爽提神感觉，加入少量薄荷脑则更为显著。须后水的配方如下：乙醇 50.0，尿囊素氯化羟基铝 0.2，甘油 1.0，薄荷醇 0.1，杀菌剂 0.1，香料适量，染料适量，精制水 48.6。

4.4 美容类化妆品

美容化妆品是指用于眼部、唇、颊及指甲等部位，以达到掩盖缺陷、美化容貌及赋予被修饰部位各种鲜明彩色及芳馥气味的一大类产品。美容化妆品有面颊类（胭脂、面膜等）、唇膏类、指甲用类（指甲油等）、眼用类（眼影、睑墨、睫毛膏、眉笔、眼线液等）化妆品等。

4.4.1 胭脂

胭脂是搽在面肤上使之呈现立体感和红润、健康气息的化妆品。胭脂由滑石粉、碳酸锌、碳酸钙、氧化锌、二氧化钛、云母、脂肪酸锌、色料、香料、胶黏剂及防腐剂等原料组成。生产时根据具体情况可选取其中数种并适当调配，经混合后压制成粉饼，即为胭脂化妆品。胭脂的典型配方参见表 4-2。

表 4-2　胭脂的典型配方

原料	配方 1	配方 2	配方 3	原料	配方 1	配方 2	配方 3
色料	12	9.5	6	碳酸钙	4	—	—
香料	0.5	0.5	1	碳酸镁	6	20	—
二氧化钛	7.5	—	—	云母	1	1	0.5
氧化锌	—	15	10	高岭土	16	—	10
滑石粉	50	45	60	淀粉	—	—	7
脂肪酸锌	4	—	6	防腐剂	适量	适量	适量
硬脂酸镁	—	10	—	胶黏剂	适量	适量	适量

胭脂的生产可分为研磨、配色、加胶黏剂和压制等步骤。质量好的胭脂应具有细致的组织，均匀鲜艳的色彩，良好的遮盖力，敷用便利，黏附性良好，能均涂于皮肤上而又容易擦除。粉饼需有一定的坚实度，不轻易破碎。要达到这些要求必须有好的配方、适当的胶黏剂和严格的操作工艺。胭脂的生产工艺流程参见图 4-4。

（1）研磨与配色。将色料、滑石粉、碳酸锌、碳酸钙、氧化锌、二氧化钛、云母、脂肪酸锌、防腐剂等在 H101 中混合后，在球磨机 Q101 中研磨成色泽均匀、颗粒细致的细粉，这一步骤对胭脂的生产很重要。为了使粉料和颜料既能磨细，又能均和，多采用球磨机来完成。球磨机的种类和式样很多，有金属制和瓷制。为了防止金属对胭脂中某些成分的影响，用瓷制球磨机较为安全。

在研磨过程中，每隔一定的时间需取样比较，直至色彩均一、颗粒细腻、前后两次取出的样品对比不再有所区别为止。

保持色泽的一致很重要，因此每批产品的色泽必需和标准色样比较，如果色度和标准色样有区别，就需加以调整。比色的方法是取少量的干粉以水或胶黏剂润湿后，压制小样，然后比较色度的深浅，如果色度较浅则以颜料含量较多的混合料调整，色度较深则以颜料含量较少的混合料调整。

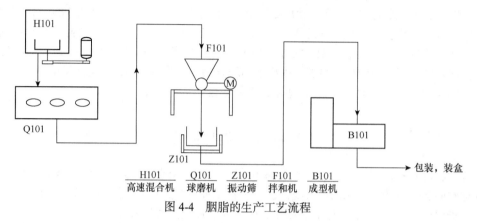

| H101 | Q101 | Z101 | F101 | B101 |
| 高速混合机 | 球磨机 | 振动筛 | 拌和机 | 成型机 |

图 4-4　胭脂的生产工艺流程

（2）加胶黏剂。胶黏剂的加入可在球磨机 Q101 内进行，但在带式拌和机 F101 内进行更为适宜。将着色的粉料加入拌和机中不断地搅拌，同时将胶黏剂以喷雾器喷入，这样可使胶黏剂均匀地拌入粉中，拌和后经 Z101 过筛。采用不同类型的胶黏剂，则加入的方法也略有不同，如粉状胶黏剂只要简单拌和过筛，抗水性的胶黏剂是先加油脂拌和，再加水过筛。

香料的加入需视压制的方法决定，一般分为湿压和干压两种方法。湿压法香料是在加胶黏剂时加入，干压法是将潮湿的粉料烘干后再混入香料，这样做主要是避免香料受到烘焙的过程。

（3）压制。采用轧片机压制是将加入胶黏剂后的胭脂粉制成颗粒，经烘干后拌入香料即可压制，这种以干粉压制的方法，压力需要大一些。一般的方法是将加过胶黏剂和香料的湿粉经过筛后，用成型机 B101 压成粉饼，然后一块块地放在盘上，摆在通风的干燥室内，静置一天或两天。干燥的温度不宜太高，否则会引起粉饼不均匀地收缩，比较适宜的温度是 30～40℃。用模子压制时底座是用马口铁或铝皮冲成圆形的盘，底上轧有凹凸的花纹，能使粉饼粘牢。

干燥后的胭脂饼即可装盒。可先在盒内涂一层不干胶水，既有粘牢胭脂饼底座的作用，又能减少运输时受震动的力量，因为不干胶水是有弹性的，能防止底座和容器间相互撞击，从而减少粉饼被震碎的可能。

4.4.2　指甲化妆品

指甲化妆品是用于保护指甲、促进指甲生长、指甲抛光或接长指甲，以增加指甲美观度、去除指甲油的化妆品。它的品种主要有指甲调理剂、指甲保护剂、指甲接长剂、指甲抛光剂、指甲油、指甲油去除剂等。

指甲化妆品中最重要的制品是指甲油，它是用于修饰和增加指甲美观度的化妆品，它应具有易涂敷、快干形成光膏膜、黏附牢固、不易剥落、用指甲油去除剂易除去的特性。其主要成分为成膜剂、树脂、增塑剂、溶剂、色料和沉淀防止剂等。

4.4.3　唇膏

唇膏有两大类：一类是色彩唇膏，又名口红，用于美容化妆；另一类是无色彩唇膏，即护唇膏，用于保护嘴唇，防干裂，适宜于男女老幼。该两类唇膏制备工艺相同，配方相近，主要区别在于无色彩唇膏中不添加色素。唇膏对人体必须无害，对皮肤应无刺激，不能有异味，在嘴上易溶解、涂敷、保留时间长，饮食时红色不易沾在容器上，在一般的温度和湿度下不变形、不出油、不干裂，在存放期间内色调无变化，不失去光泽。

1. 原料和配方

唇膏的原料有油脂、蜡、色料和表面活性剂。由于唇膏接触唇部，因此选用的原料要求非常严格，必须对皮肤无刺激性，还应严格控制原料的杂菌含量、pH及重金属含量。

油脂和蜡是构成唇膏的基体物料，常用的油性原料有巴西棕榈蜡、蜂蜡、纯地蜡、鲸蜡、羊毛脂、可可脂、蓖麻油、含水植物油、固体石蜡、凡士林、液体石蜡、十六醇等高级醇、肉豆蔻酸异丙酯等。

唇膏外观颜色由颜料决定。颜料一般用易溶于蓖麻油的四溴四氯荧光红酸（绿红色）、曙红酸（红色）、二溴荧光素（橙黄色）等。在唇膏的色调渐趋鲜艳的过程中，从20世纪60年代到今天，加珠光颜料的唇膏极为流行，常用的是云母覆盖二氧化钛的珠光颜料，珠光色泽自银白色到金黄色不等。

表面活性剂在唇膏中起分散、润湿和渗透作用，常用的表面活性剂为非离子型，如卵磷脂、甘油脂肪酸酯、蔗糖脂肪酸酯、Span等。

【配方1】 口红：α-生育酚脂肪酸酯3.0，小烛树蜡1.5，蜂蜡9.0，十六醇5.0，凡士林15.0，硬脂酸丁酯5.0，颜料7.0，玫瑰油0.5，蓖麻油44.0。

【配方2】 颜料涂覆粉口红：蜂蜡2.0，巴西棕榈蜡2.0，地蜡8.0，羊毛脂5.0，液体石蜡26.0，角鲨烷4.0，红226号颜料涂覆的钛白/云母6.0，颜料浆46.7，香精0.3。

2. 生产工艺

用蓖麻油等溶剂溶解颜料，将颜料混合于油、脂、蜡中，经三辊机研磨及真空脱泡锅搅拌脱除空气泡，充分混合后制成细腻致密的膏体，再经浇模、冷却成型等过程，可制成表面光洁、细致的唇膏。其流程如下：

颜料混合、原料熔化→真空脱泡→保温搅拌→浇铸成型→冷却→加工包装

（1）颜料混合。在不锈钢或铝制颜料混合机内加入溴酸红等颜料及其他颜料，再加入部分蓖麻油或其他溶剂，加热至70～80℃，充分搅匀后从底部放料口送至三辊机研磨。为尽量使聚结成团的颜料碾碎，需反复研磨数次，然后放入真空脱泡锅。

（2）原料熔化。将油、脂、蜡加入原料熔化锅，加热至85℃左右，熔化后充分搅拌，经过滤放入真空脱泡锅。

（3）真空脱泡。在真空脱泡锅内，唇膏基质和色浆经搅拌充分混合，此时应避免强烈的搅拌。真空条件能脱去经三辊机研磨后产生的气泡，否则浇成的唇膏表面会带有气孔，影响外观质量。脱气完毕后放入慢速充填机。

（4）保温浇铸。保温搅拌的目的在于使浇铸时颜料均匀分散，故搅拌浆应尽可能靠近锅底，一般采用锚式搅拌浆，以防止颜料下沉。同时搅拌速度要慢，以免混入空气。

浇模时将慢速充填机底部出料口放出的料直接浇入模子，待稍冷后，刮去模子口多余的膏料，置冰箱中继续冷却。也有的模子直接放在冷冻板上冷却，冷冻板底下由冷冻机直接制冷。

控制浇铸时温度很重要，一般控制在高于唇膏熔点10℃时浇铸。各种唇膏熔点差距很大，一般熔点为52～75℃，但一些受欢迎的产品熔点控制在55～60℃。另外，为了使唇膏在保温浇铸时避免温度（70～80℃）原因使香气变坏，每批料制造量以5～10kg为宜。

（5）加工包装。从冰箱中取出模子，开模取出已定型的唇膏，将其插入容器底座，注意插正、插牢。若外露部分不够光亮，可在酒精灯上将表面快速重熔以使外观光亮圆整。然后插上套子，贴底贴，装盒入库。

4.4.4 面膜

面膜从形态上可分为液状（包括冻胶状、凝胶状）、糊状（膏状）、粉末状等，而且有搽到皮肤上干燥后形成皮膜和不形成皮膜之分。面膜主要成分有皮膜形成剂、增黏剂、保温剂、柔软剂等。由于皮膜形成剂、增黏剂等属于高分子化合物，不容易被增溶剂溶解，另外当使用粉末时会与高分子相互作用或聚合，因此在考虑配方及生产过程中需十分注意。

1. 液状面膜

（1）皮膜型面膜。皮膜型面膜也称为剥离型面膜，它利用皮膜形成时的收缩力绷紧皮肤，皮膜干燥后剥离，同时将附着在皮肤上的污垢吸附除去。构成成分中皮膜形成剂用聚乙烯醇、聚乙烯吡咯烷酮、羧甲基纤维素、各种树脂乳浊液；增黏剂主要是各种胶质，如果胶、明胶等；保湿剂多用甘油、丙二醇、聚乙烯醇类等。这些成分均匀溶解于精制水、乙醇中。典型配方如下：聚乙烯醇 15.0，羧甲基纤维素 5.0，甘油 5.0，乙醇 10.0，香料适量，防腐剂适量，精制水 65.0。

在生产过程中，先向加有防腐剂的精制水中加羧甲基纤维素和用一部分乙醇润湿的聚乙烯醇，加热至 70℃，同时搅拌，静置一昼夜。次日再加甘油。剩下的乙醇和香料混合均匀，搅拌冷却。

（2）非皮膜型面膜。非皮膜型面膜采用皮膜形成力弱的高分子化合物。搽后约 5min 还是原样，有直接擦去和以温水揉擦洗去两种。擦去型面膜的配方如下：甲基纤维素 3.0，羧基乙烯聚合物 1.0，油醇聚氧乙烯（15）醚 1.0，三乙醇胺 1.0，乙醇 5.0，精制水 89.0，香料适量，防腐剂适量。

2. 糊状面膜

糊状面膜也有形成和不形成皮膜两种。前者是在润肤液中加吸附作用强的高岭土、滑石及油分，具有特殊的干燥性、皮膜张力和使用感觉；后者是在皮膜性弱的黏液中加粉末使成糊状。剥离型面膜的配方和生产工艺如下：乙酸乙烯树脂乳液 15.0，聚乙烯醇 10.0，橄榄油 3.0，甘油 5.0，氧化锌 8.0，高岭土 7.0，乙醇 5.0，精制水 47.0，香料适量，防腐剂适量。

在制造时，用一部分乙醇润湿聚乙烯醇，加入含有氧化锌和高岭土的精制水中，加热至 70℃，同时搅拌，静置一昼夜。次日加甘油、乙酸乙烯树脂乳液，溶于剩余部分乙醇的香料、防腐剂、橄榄油中，搅拌成均匀糊状。

3. 粉状面膜

粉状面膜产量较小，但制造、包装运输和使用都很方便。采用的粉末有高岭土、氧化锌、滑石粉、碳酸镁、胶态黏土、硅石等。在制造生产时，在粉末中添加卵磷脂等增溶剂及加氢羊毛脂等油分，赋香后加入防霉剂等，再根据不同使用目的，选择配用合适的添加剂，如化妆水、乳液、果汁、蛋清等。

4.5 香粉类化妆品

香粉类化妆品主要用于面部，它能改变脸部颜色，遮掩褐斑，防止皮肤分泌油分，使皮肤具有光滑的天鹅绒般的感觉。其作用是使极细颗粒的粉质涂敷于面部，要求有近乎自然的肤色和良好的质感，它的香气应该芬芳馥醇而不浓郁，以免掩盖香水的香味。

香粉类产品可根据其形态来区分，一般分为搽脸香粉、粉饼、水粉、香粉膏等。

4.5.1 香粉

香粉化妆品除了必须具有优良的黏性、伸展性、覆盖力、润滑性及耐久性外，其选用的原料应满足安全性，这类产品多为美容后修饰和补妆用。可调节皮肤色调，消除面部油光，防止油腻皮肤过分光滑和过黏，显示出无光泽但透明的肤色；还可吸收汗液和皮脂，增强化妆品的持续性，产生滑嫩、细腻、柔软绒毛的肤感。

1. 基础配方

香粉的配方主要包括滑石粉、高岭土、碳酸钙、碳酸镁、氧化锌、钛白粉、金属皂、香精、色素、淀粉、云母粉及珠光颜料等。在研究配方时根据产品性能要求及原材料性能选用不同的原料及配比。典型的香粉配方如下：滑石粉 45.5，高岭土 8.0，碳酸钙 8.0，碳酸镁 15.0，氧化锌 15.0，硬脂酸锌 8.0，香料、颜料适量。

一般香粉的 pH 是 8～9，而且粉质干燥，为了克服此缺点，在香粉中加入脂肪物，称为加脂香粉，它不影响皮肤的 pH，而且香粉黏附于皮肤的性能好，容易敷施，粉质柔软。

2. 生产工艺

香粉的生产工艺过程包括混合、磨细、过筛、加脂、灭菌、包装。生产工艺流程参见图 4-5。

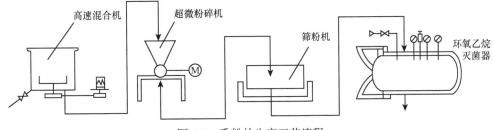

图 4-5　香粉的生产工艺流程

（1）混合。将各种原料利用机械作用进行均匀混合，混合香粉用机器主要有四种：卧式混合机、球磨机、V 形混合机、高速混合机。目前使用比较广泛的是高速混合机，它是一种高效混合设备，具有圆筒形夹壁容器，在容器底部装置转轴，轴上装有搅拌桨叶，转轴可与电动机用皮带连接，或直接与电动机连接，在容壁底部开有出料孔，在容器上端有平板盖，盖上有挡板插入容器内，并有测温孔用以测量容器内粉料在高速搅拌下的温度。当粉料按配比倒入容器后，必须将密封盖盖好，在夹套内通入冷却水，经检查后才可启动电机，整个香料搅拌混合时间约 5min，搅拌转速达 1000～1500r/min。由于高速搅拌下极短的时间内温度直线上升，粉料温度上升后易变质、变色，故在运行时必须时常观察温度的变化。另外，投入粉料的量只能是混合机容积的 60% 左右，控制一定的投料量和搅拌时间就不至于产生高热。

（2）磨细。磨细是将粉料再度粉碎，使加入的颜料分布得更均匀，显出应有的光泽。磨细程度不同，香粉的色泽也略有不同。磨细机主要有球磨机、气流磨、超微粉碎机三种。不管从生产效率比较，还是从生产周期比较，气流磨、超微粉碎机磨细的程度都比球磨机好得多，但是球磨机也经常被采用，原因是结构简单，操作可靠，产品质量稳定。

（3）过筛。通过球磨机混合、磨细的粉料要通过卧式筛粉机，将粗颗粒分开。若采用气流磨或超微粉碎机，再经过旋风分离器得到的粉料，则不一定再进行过筛。

（4）加脂。为了克服一般香粉的缺点，在其中常加入一定量的油分，操作方法是：在混合、磨细的粉料中加入含有硬脂酸、蜂蜡、羊毛脂、白油、乳化剂和水的乳剂，充分搅拌均匀。100 份粉料加入 80 份乙醇搅拌均匀，过滤除去乙醇，在 60～80℃烘箱内烘干，使粉料颗粒表面均匀地涂布着脂肪物，经过干燥的粉料含脂肪物 6%～15%，通过筛子过筛就成为香粉化妆品。

（5）灭菌。要求香粉、粉饼的杂菌数小于 100 个/g，尤其是眼部化妆品，如眼影粉要求杂菌数等于零，所以粉料要进行灭菌。粉料灭菌通常有两种方法：一种是采用环氧乙烷气体灭菌法，另一种是钴-60 放射性灭菌法。

（6）包装。香粉包装盒子的质量也是重要的一环，除了讲求包装盒美观外，盒子不能有气味。另外要注意不同包装方法对包装量的影响。

4.5.2 粉饼

香粉制成粉饼的形式主要是便于携带，防止倾翻及飞扬，其使用效果和目的均与香粉相同。粉饼有两种形式：一种是用湿海绵敷面作粉底用的粉饼，其组成中含有较多油分和胶黏剂，有抗水作用；另一种是普通粉饼，其用法和香粉相同，即用粉扑敷于面部。

1. 基础配方

粉饼的组成几乎和香粉一样，为了易于结块，含滑石、高岭土等较多。此外还要加入胶黏剂以利于成型，所用的胶黏剂有两种：一种是水溶性的，如天然的阿拉伯树胶、黄蓍胶等，以及合成的羧甲基纤维素、羧乙基纤维素等；另一种是油溶性的，即直接利用油分达到黏结目的。从目前发展趋势来看，使用油性胶黏剂的产品增多，但通常是制成乳状液后使用。典型配方如下：滑石粉 74.0，高岭土 10.0，二氧化钛 5.0，液体石蜡 3.0，山梨糖醇 4.0，山梨糖醇酐倍半油酸酯 2.0，丙二醇 2.0，香料、颜料适量。

2. 生产工艺

粉饼、香粉等制造设备基本类同，要经过混合、磨细和过筛，为了使粉饼压制成型，必须加入胶质、油分等，生产工艺流程参见图 4-6。

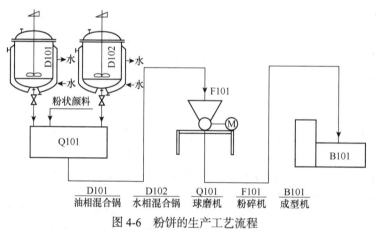

| D101 | D102 | Q101 | F101 | B101 |
| 油相混合锅 | 水相混合锅 | 球磨机 | 粉碎机 | 成型机 |

图 4-6　粉饼的生产工艺流程

（1）胶质溶解。把胶粉加入去离子水中搅拌均匀，加热至 90℃，加入保湿剂甘油或丙二醇及防腐剂等，在 90℃保持 20min 灭菌，用沸水补充蒸发的水分后备用。另外，所用的石蜡、羊毛脂等油脂必须先溶解、过滤后备用。

（2）混合。按配方称取滑石粉、二氧化钛等粉质原料，在球磨机中混合 2h，加石蜡、羊毛脂等混合 2h，再加香精继续混合 2h，然后加入胶水混合 15min。在球磨混合过程中，要经常取样检验颜料是否混合均匀，色泽是否与标准样相同。

（3）粉碎。将在球磨机中混合好的粉料筛去石球，然后加入超微粉碎机中进行磨细，再在灭菌器内用环氧乙烷灭菌，之后将粉料装入清洁的桶内，用桶盖盖好，防止水分挥发，并检查粉料是否有未粉碎的颜料色点等杂质。

（4）压制成型。压粉饼的机器形式有数种，有油压泵产生压力的手动粉末成型机，每次压饼2～4块；也有自动压制粉饼机，每分钟可压制粉饼4～30块。可根据不同生产情况选用。压制前，粉料先要经过60目的筛子，再按规定质量的粉料加入模具内压制。压制要做到平、稳，防止漏粉、压碎，根据配方适当调节压力。压制好的粉饼经外观检查后包装。

4.6 毛发用化妆品

毛发用化妆品

毛发具有保护皮肤、保持体温等功能。在毛发用化妆品中比较重要的一类是头发用化妆品。头发的作用不仅仅是保护头皮，还保护整个头部。头部稠密地生长着头发，毛囊有皮脂腺，分泌大量皮脂，它们极易大批腐败，其残留物经一定时间后也会发生变质，再加上外部带入的尘埃，易使头发沾污，散发不愉快气味，因此，毛发用化妆品很有必要。按用途，毛发用化妆品可分为清洁用、护发用、美发用和营养治疗用四大类。

4.6.1 洗发香波

洗发香波按形态一般可分为液状、乳膏状、粉末状、块状及气溶胶型；按外观可分为透明型和乳浊型；按内容分为肥皂型、合成洗涤剂型及两者的混合型；依据功效可分为普通香波、药用香波、调理香波、专用香波（如婴儿香波）等。随着技术进步，各种新原料的出现，各品种之间的差异已变得不怎么明显了，具有几种功效的产品已层出不穷，如三合一香波等，不仅具有去污功能，还具有护发、调理、去头屑等功能。

1. 基础配方

现代香波主要有三种成分：表面活性剂、辅助表面活性剂及添加剂。

表面活性剂是香波的主要成分，且以亲水性大的阴离子表面活性剂为主，它赋予香波以良好的去污力和丰富的泡沫，使香波具有极好地去污清洗能力，如烷基硫酸盐、脂肪醇聚氧乙烯硫酸盐、脂肪酸盐等。

辅助表面活性剂能增强表面活性剂的去污力和稳泡作用，改善香波的洗涤性能和调理功能，如烷基磺酸盐、脂肪酸醇酰胺、氧化胺、咪唑啉两性表面活性剂、水解蛋白质衍生物、季铵盐聚合物等。

添加剂赋予香波各种不同的功能，如增稠剂、稀释剂、螯合剂、防腐剂、滋润剂、调理剂等。另外某些特殊香波还加入药剂或天然添加剂，使之具有特定效应，如去头屑的药剂 3-三氟甲基-4,4′-二氯代碳酰替苯胺等。另外，由于表面活性剂大多有较强的脱脂作用，能引起头发组织和物理性能发生不良变化，一般在配方中添加脂剂，如羊毛脂、鲸蜡和蛋白油等，克服和防止过度脱脂的弊端。

（1）透明液体香波。透明香波的特点是使用方便、泡沫丰富、易于清洗，是最大众化的香波品种。它所用的原料浊点应较低，以使成品在低温下仍能保持澄清透明，如烷基硫酸钠、烷基醇酰胺、醇醚硫酸酯盐等。典型透明香波的配方如下：十二烷基聚氧乙烯（3）硫酸酯三乙醇胺盐（40%）32.0，十二烷基聚氧乙烯（3）硫酸钠 6.0，月桂酸二乙醇酰胺 4.0，聚乙二醇 400 1.0，精制水 57.0，香料、色素适量，防腐剂、金属离子螯合剂、柠檬酸（调节 pH 至 6.5）适量。

（2）膏状香波。膏状香波也称洗头膏，是国内开发较早的香波品种，它属于皂基型的香波，易于漂洗，活性物的含量一般比液体香波高，配方常含有羊毛脂等脂肪物，洗后头发更为光亮、柔顺。典型膏状香波的配方如下：AES 10.0，十二烷基硫酸钠 5.0，乙二醇单硬脂酸酯 3.0，月桂酸二乙醇酰胺 2.0，羊毛脂衍生物 1.0，蛋白质衍生物 3.0，精制水 76.0，香料、染料、防腐剂适量。

（3）珠光香波。珠光香波的黏度比普通香波略大，配方中除了含普通香波的原料外，还加有遮光剂（如高级醇、酯类、羊毛酯等）。香波呈珠光是由于其中生成了许多微晶体，能将光散射四方，同时香波中的乳液微粒又具有不透明的外观，于是显现出珠光。常用的珠光剂有硬脂酸镁、硬脂酸铅、聚乙二醇（400）二硬脂酸酯等。典型配方如下：AES 7.5，十二烷基酰胺丙基甜菜碱2.1，Tween 20 1.4，椰油脂肪酰基羟乙基磺酸钠3.0，聚乙二醇二硬脂酸酯0.25，苄醇0.2，香精0.35，染料、防腐剂、精制水适量。

（4）调理香波。调理香波除了具有清洁头发的功能外，主要特点是改善头发的梳理性，防止静电产生，头发不黏结缠绕，易梳理，有光泽及柔软感。目前，市场上的产品绝大多数是调理香波。

香波的调理性是基于它所用的调理剂，经洗发后吸附在头发的表面或渗入头发纤维内。头发调理剂可分为离子型，如阳离子表面活性剂及阳离子聚合物；疏水型，如油脂等。调理效果的好坏与调理剂的吸附能力及调理剂的类型有密切关系，因此试制时必须加以仔细选择，否则效果会适得其反。一般调理香波的配方如下：N-椰子酰基-N-甲基牛磺酸钠10.0，十二烷基甜菜碱8.0，月桂酸二乙醇酰胺4.0，乙二醇硬脂酸酯1.5，丙二醇2.0，三甲基原多肽氯化铵0.3，聚季铵化乙烯醇102，乙二胺四乙酸二钠0.1，色素、香料、防腐剂适量，精制水余量。

上述四种香波只是香波中的代表，另外还有特殊功效的香波，这些香波往往是在上述香波配方中添加具有一些特殊功能的添加剂，如去头屑止痒香波、杀菌香波等。

2. 生产工艺

香波的生产技术与其他产品，如乳剂类化妆品相比是比较简单的，它的生产过程以混合为主，一般设备仅需有加热和冷却用的夹套，并配有适当的搅拌反应锅即可。在生产中要注意的是，由于香波的主要原料大多是极易产生泡沫的表面活性剂，因此加料的液面必须浸过搅拌桨叶片，以避免过多的空气被带入而产生大量的气泡。

香波的生产有两种方法：一种是冷混法，一般适用于配方中原料水溶性较好的制品；一种是热混法。从目前来看，除了部分透明香波产品用冷混生产外，其他产品的生产都用热混法。

热混法的操作步骤是先将精制水加热至70～90℃，在搅拌下再将水溶性较好的组分如AES、K-12等溶于精制水中，然后加入要溶解的固体原料及脂性原料，继续搅拌，直至符合产品外观需求为止。开始冷却，当温度下降到40℃以下时，加色素、香料和防腐剂等。pH和黏度的调节一般在环境温度下进行。

用热混法生产时，温度最好不要超过70～80℃，以免配方中的某些成分遭到破坏。生产珠光香波时，产品能否具有良好的珠光外观不仅与珠光剂用量有关，而且与搅拌速度和冷却时间快慢有联系。快速冷却和迅速的搅拌会使体系外观暗淡无光，而控制一定的冷却速度可使珠光剂结晶增大，从而获得闪烁晶莹的光泽。

4.6.2 整发剂

整发剂是一类对头发具有整理、养护、定型作用的发用化妆品。从剂型上看，有水剂、油剂、乳剂等；从形态上看，有液状、膏状、喷雾状等。整发剂品种繁多，如发油、发乳、发蜡、喷雾发胶、定型摩丝等。

1. 护发整形剂

护发整形剂按油脂的含量可分为非油性、轻油性和重油性三种类型。

非油性产品由乙醇、水和甘油为溶剂制成的护发水，再配入醇溶或水溶性树脂制成喷雾发胶，若加入营养原料即制成营养护发水等。它们具有各种不同用途，如定发型、养发、止痒等功效，主要品种有喷雾发胶、营养护发水、奎宁护发水等。

轻油性产品主要指油/水型和水/油型发乳，大多数发乳含油和水各占 50%左右，敷用于头发并不那么油腻，而且能使头发柔软、滑爽，并具有一定的定型作用。

重油性产品主要原料是动植物或矿物的油、脂、蜡，不含乙醇或水，主要品种有发油和发蜡。发油主要原料是植物油或动物油，无论哪种油都不会使头发蛋白质柔软，因此不能使头发变形，缺乏定型作用，再加上容易黏附灰尘，目前发油产品很少。发蜡主要以动植物或矿物油、脂、蜡为原料，适于硬发者，用在头发上有一定的光泽度，持久性良好，有一定的定型整理功能。

1）发乳

发乳有两种类型，即油/水型和水/油型。油/水型发乳能使头发变软且具有可塑性，能帮助梳理成型，当部分水分被头发吸收后油脂覆盖于头发，减缓头发水分的挥发，避免头发枯燥和断裂。油脂残留于头发，延长头发定型时间，保持自然光泽，而且易于清洗。而水/油型发乳在使用时仅有少量的水被吸收，故其定型效果不如油/水型。本节将介绍油/水型发乳的生产方法。

（1）基础配方。油/水型化妆品选用的油脂应能保持头发光亮而不油腻，选用量也应适当，如蜂蜡和十六醇用量多，梳理时的"白头"迟迟才能消失。在考虑产品配方时，要求原料质量稳定，并要求注意发乳的主要质量指标，如耐热、耐寒、色泽应洁白、pH 为 5～7。此外，要注意使用效果，如保持头发水分的效果、增加头发光泽、使用时梳理 3～5 次"白头"就消失。要求发乳具有以上的性能，与选用的原料和配方有密切关系。

油/水型发乳的乳化剂，有的采用阴离子乳化剂，如硬脂酸-三乙醇胺、硬脂酸-氢氧化钾；也有采用非离子乳化剂，如单硬脂酸甘油酯、单硬脂酸乙二醇酯、Span 及 Tween 系列等；也可阴离子、非离子乳化剂混合使用。油、脂、蜡则以白油、白凡士林、鲸蜡、蜂蜡、十六～十八混合醇等为主。总之，采用的原料品种繁多，发乳的配方变化也很大。典型配方如下：液体石蜡 15.0，硬脂酸 5.0，无水羊毛脂 2.0，三乙醇胺 1.8，薯树胶粉 0.7，丙二醇 4.0，抗氧剂 0.2，防腐剂 0.5，香料 0.4，精制水 70.4。

（2）生产工艺。油/水型发乳的生产工艺可参阅 4.2 节中润肤霜的生产方法，下面简单介绍锅组连续法生产发乳的方法。

锅组连续法生产发乳，至少要有两个 500～2000L 均质刮板乳化锅为一组，或数个为一组，要按包装数量来定。首先在 A 锅内分别加入已预热至 85～90℃的油相和水相，开动均质搅拌机 5～10min，启动刮壁搅拌机，并进行冷却水冷却，冷却至 40～42℃时加入香精等原料。A 锅生产完毕，在规定温度 38℃取出发乳样品 10g，经过 10min 离心分析乳化稳定性，离心为 3000r/min，测定结果：10g 试样在离心试管底部析出水分小于 0.3mL，就可认为乳化已稳定。在乳化锅内加无菌压缩空气，由管道将发乳输送到包装工段进行热装灌，经过管道的发乳已降温至 30～33℃。待 A 锅发乳包装完毕，已生产完毕的 B 锅等待包装，A、B 两锅交替生产，可以进行连续热装灌包装工艺。

2）发蜡

发蜡主要有两种类型，一种是由植物油和蜡制成，另一种是由矿脂制成。发蜡大多由凡士林为原料所制成，所以黏性较高，可以使头发梳理成型，头发光亮度也可保持几天。其缺点是黏稠、油腻、不易洗净，为了克服此缺点，在配方中可加入适量植物油或白油，以降低化妆品的黏度，增加滑爽的感觉。

发蜡用的主要原料有蓖麻油、日本蜡、白凡士林、松香等动植物油脂及矿脂，还有香精、色素、抗氧剂等。

【配方 1】 植物性发蜡：蓖麻油 88.0，精制木蜡 10.0，香料 2.0，染料、抗氧剂适量。

【配方 2】 矿物性发蜡：固体石蜡 6.0，凡士林 52.0，橄榄油 30.0，液体石蜡 9.0，香料 3.0，染料、抗氧剂适量。

两种类型的发蜡生产过程基本相同，但在具体操作条件上，两者略有差别。配制发蜡的容器一般采用装有搅拌器的不锈钢夹套加热锅。

（1）原料熔化。植物性发蜡的生产一般把蓖麻油加热至 40～50℃，若加热温度高，易被氧化，而日本蜡、木蜡可加热至 60～70℃备用。对于以矿脂为主要原料的矿脂发蜡，一般熔化原料温度较高，凡士林一般需加热至 80～100℃，并要抽真空，通入干燥氮气，吹去水分和矿物油气味后备用。

（2）混合、加香。植物性发蜡的生产是把已熔化备用的油脂混合到一起，同时加入色素、香精、抗氧剂，开动搅拌器，使之搅拌均匀，并维持在 60～65℃，通过过滤器即可浇瓶。对于矿物发蜡，把熔化备用凡士林等加入混合锅，并加入其他配料（如石蜡、色素等），冷却至 60～70℃，加入香精，搅拌均匀，即可过滤浇瓶。

在发蜡配料时，一般每锅料控制在 100～150kg，以保证配料搅拌和浇瓶包装在 1～2h 内完成。这样一方面避免油脂等长时间加热易被氧化，另一方面保证香气质量，因为香精在较长时间保持在 60～70℃，不但头香易挥发，而且香气质量易变坏。

（3）浇瓶冷却。对于植物性发蜡，浇瓶后的发蜡应放入-10℃的冰箱或放置在-10℃专用的工作台面上，要求冷却速度快一些，这样结晶细，可增加透明度。而矿物发蜡浇瓶后，冷却速度则要求慢一些，以防发蜡与包装容器之间产生空隙，一般是把整盘浇瓶的发蜡放入 30℃的恒温室内，使之慢慢冷却。

2. 固发剂

固发剂是固定头发形状的美发化妆品，其中含有成膜剂、少量的油脂和溶剂。溶剂一般是水和乙醇。成膜剂是固发剂的重要组分。作为一个好的成膜剂既要能固定发型，又能使头发柔软，这就要求成膜物质具有一定挠曲性，常用的有水溶性树脂，如聚乙烯吡咯烷酮、丙烯酸树脂等，这些树脂柔软性稍差，往往需加入增塑剂，如油脂等。目前较为新型的成膜剂有聚二甲基硅氧烷等，与其他组分调配后，使头发光泽而有弹性，相互不粘，容易漂洗，不留残余固体物。近年来，为了环保倾向于要求固发剂少用乙醇多用水，这要求选择的原料水溶性要好。目前固发剂常用的品种有啫喱水、发胶、摩丝、喷发胶等。

常用喷发胶的配方如下：聚二甲基硅氧烷 2.5，二氧化硅 0.5，环状聚二甲基硅氧烷 1.5，香精 0.1，十八烷基苄基二甲基季铵盐 0.1，乙烯吡咯烷酮/乙酸乙烯酯共聚物 2.0，乙醇 23.3，异丁烷喷射剂 70.0。

在生产时，首先将成膜剂、油脂、表面活性剂、香料等溶于乙醇或水中，然后把溶解液与喷射剂按一定比例混合密闭于容器中，通过喷雾就可在头发上使用。

4.6.3 其他发用化妆品

1. 烫发剂

烫发主要是指将直发处理成卷曲状，其实质是将 α-角朊的自然状态的直发改变为 β-角朊的卷发。由于头发角朊中存在二硫键、离子键、氢键以及范德华力等多种作用力，因此限制了角朊的 α、β 类型间转变。要实现这种转变必须施以外力克服上述作用力，使角朊的型变易于进行，采用这种方法达到卷发目的的，就称为烫发。烫发有热烫法和冷烫法两种。

1）冷烫液

目前卷发多采用冷烫法，其原理是由冷烫液将角朊中的二硫键还原，头发在卷曲状态下重新生成新的二硫键，而达到永久形变。

冷烫液的主要成分是巯基乙酸铵，其他成分大体上与电烫液相仿。由于巯基乙酸铵极易被氧化，用料必须纯净，特别是防止铁离子的混入。制品中游离氨含量和pH对冷烫液效果影响很大，pH一般应维持在8.5～9.5。

冷烫液的基本配方如下：50%巯基乙酸铵水溶液10.0，28%氨水1.5，液体石蜡1.0，油醇聚氧乙烯（30）醚2.0，丙二醇5.0，乙二胺四乙酸二钠适量，精制水80.5。

生产工艺：先将石蜡、油醇聚氧乙烯醚溶于水中调匀，加入丙二醇及乙二胺四乙酸二钠溶解，最后加入氨水及巯基乙酸铵，充分混合后即得成品，将其装瓶密封。

2）中和剂

经过烫发剂处理后，需用中和剂使头发的化学结构在卷曲成型后形成新的稳定结构，即生成新的二硫键。中和剂主要有移去头发上烫发剂的残余液和促进二硫键重新键合的作用。在作用机理上中和剂起的是氧化作用，主要由氧化物及有机酸构成。氧化物有过氧化氢及溴酸钠等。典型配方如下：溴酸钠8.0，柠檬酸0.05，透明质酸钠0.01，精制水适量。

2. 染发剂

将灰白色、黄色、红褐色头发染成黑色，或将黑色头发染成棕色、红褐色及漂成白色等过程称为染发。染发所需的发用化妆品称为染发剂。染发剂按使用的染料可分为植物性、矿物性和合成染发剂。根据染发原理又可分为漂白剂、暂时性染发剂、永久性染发剂三种。

暂时性染发剂的牢固度很差，不耐洗涤，一般只是暂时黏附在头发表面作为临时性修饰，经一次洗涤就全部除去。本节主要介绍永久性染发剂。

永久性染发剂是染发化妆品中最重要的一类，它使用氧化性染料，又称为氧化染发剂。用这种染发剂染发，不仅染料遮盖头发表面，而且染料中间体能渗入头发内层，再被氧化成不溶性有色大分子，使头发染色。

目前，氧化染发剂所用的染料大多是对苯二胺及其衍生物，显色剂为过氧化氢。采用氧化染发剂进行染发，必须在头发内发生氧化作用后才发色。对苯二胺及其衍生物在氧化剂如过氧化氢的作用下发生一系列缩合反应，形成大分子结构体，这种大分子聚合体具有共轭双键而显现颜色，根据分子的大小，颜色可由黄色至黑色。若染成其他颜色，可并加多元醇、对氨基苯酚等中间体。

为了达到理想的效果，染发剂配方中还需加入表面活性剂以提高渗透、匀染、湿润等作用，加入其他添加剂以减小对苯二胺对人体的有害性。常用黑色染发剂的配方如下：

一号药剂：对苯二胺3.0，2,4-二氨基甲氧基苯1.0，间苯二酚0.2，油醇聚氧乙烯（10）醚15.0，油酸20.0，异丙醇10.0，氨水（28%）10.0，去离子水41.8，抗氧化剂适量，金属离子螯合剂适量。

二号药剂：过氧化氢（30%）20.0，去离子水80.0，稳定剂、增稠剂适量，pH调节剂（调pH至3.0～4.0）适量。

在配制时应适当控制染料中间体的添加温度，一般控制在50～55℃，以防温度偏高而发生中间体的自动氧化。染发剂是一个相当不稳定的产品，生产和储藏条件的变化都易促使产品发生变化，故在配制时应尽量避免与空气接触。氧化剂本身也是不稳定产品，温度偏高时极易分解失氧，故应严格控制氧化剂的添加温度，一般在室温下添加氧化剂。

4.7　特种化妆品

特种化妆品主要是指通过某些特殊功能以达到美容、护肤、消除人体不良气味等作用的化妆品类型。该类化妆品内含特效成分，但其作用缓和，总体性能介于化妆品与药品之间。特种化妆品主要包括防晒、抑汗、祛臭、脱毛、中成药化妆品等类型。

4.7.1 防晒类化妆品

防晒是防止日光中波长为 2900~3200Å 的紫外线对皮肤的侵害，因此防晒化妆品要对这部分紫外线有吸收或散射的能力。

防晒类化妆品按使用目的可分为三大类：防止因太阳光线引起的皮肤炎症或防止晒黑，即防日晒化妆品；晒黑化妆品，它故意要求防晒至最低限度，也称快黑化妆品；用于日晒后修整的皮肤类化妆品。若从防晒产品的效用出发可分为全遮型、加强防护、正常晒黑、快晒黑四大类。至于从防晒化妆品的外观看，可以分水状、油状、膏霜状、冻胶状等。

1. 防日晒化妆品

皮肤受日光中紫外线照射会被灼伤而造成细胞组织和细胞的新陈代谢发生障碍，使细胞老化、退化，使纤维细胞转变、斑马体增加、血管细胞受损、免疫系统转变等。为防止这种伤害，应搽用防日晒化妆品。防日晒化妆品的主要成分为防晒剂、油、蜡及表面活性剂等，要求在使用于皮肤后，能在皮肤上留有一层连续扩展的防晒剂薄层以及发挥防晒功用。防晒化妆品有液状、膏霜状、棒状、油膏等形式。

【配方1】 防晒液：乙醇 70.0，聚乙二醇（8）0.25，苯甲酸高碳醇酯 20.0，羟丙基纤维素 0.75，季铵盐-26 0.6，松香酰水解动物蛋白 5.0，二甲基对氨基苯甲酸辛酯 3.25，香料 0.15。

工艺：将乙醇与聚乙二醇混合，迅速搅拌下加羟丙基纤维素，混合 45min 后，加苯甲酸高碳醇酯，混合 5min；加季铵盐-26，混合 5min；再加松香酰水解动物蛋白，混合 5min；最后加二甲基对氨基苯甲酸辛酯及香料，混匀后即可包装。本品具有润肤、防水、不剥离和美容的作用，使用后有清凉、润滑感。

【配方2】 防晒膏：2-乙基己基对甲氧基肉桂酸酯 3.0，4-叔丁基-4′-甲氧基二苯甲酰甲烷 7.5，硬脂酸 10.0，十六醇 5.0，油醇 1.0，肉桂酸异丙酯 4.0，甘油 6.0，其他适量，精制水 53.5。

工艺：将紫外线吸收剂及油分混合，加热至 95℃；将甘油加入水并加热至同温度，在搅拌下将水相加于油相，冷至 40℃加其他原料等。

2. 晒黑化妆品

使用晒黑化妆品，受太阳光照射而不发生炎症或红斑等，并赋予皮肤均匀自然的棕色和健美感。因此，晒黑剂应采用能吸引波长 3200Å 以下紫外线、允许 3200Å 以上紫外线透过的紫外线吸收剂。晒黑化妆品的剂型、配方与生产工艺基本与防晒化妆品相同。典型晒黑剂的配方如下：6-羟基-5-甲氧基吲哚 0.75，十六烷醇聚氧乙烯醚 7.0，硬脂醇 4.0，肉豆蔻酸异丙酯 4.0，凡士林 11.0，硅油 10.0，丙二醇 5.0，山梨醇（70%水剂）10.0，香精、防腐剂适量，精制水加至 100。

3. 日晒后修整化妆品

由于日晒后的皮肤处于黑色素增加的状态，要恢复皮肤白皙必须使生成的黑色素减色漂白，并抑制黑色素生成过程中的酶。例如，美白清洁霜可以促进皮肤恢复白皙、防止褐斑和色素沉着。配方如下：硫磺 0.5，硬脂酸 12.0，软脂酸 8.0，肉豆蔻酸 10.0，月桂酸 4.0，甘油 14.0，丙二醇 5.0，氢氧化钾 6.7，香料适量，杀菌剂、抗氧及防腐剂适量，精制水 39.8。

4.7.2 抑汗、祛臭化妆品

抑汗、祛臭化妆品是去除或减轻汗分泌物的臭味，或防止这种臭味生成的制品。由于每个人生理条件不同，汗臭情况也有所不同。对同一个人来说，汗臭情况也会随各种因素改变而不同，一般防止汗臭有收敛防臭、杀菌防臭、香料防臭三种方法。

抑汗、祛臭化妆品大致可分为抑汗化妆品和祛臭化妆品两类。从制剂上可以是粉状、液状、膏霜状或其他形态。

1. 抑汗化妆品

抑汗化妆品的主要成分为收敛剂及具有良好乳化和祛臭作用的表面活性剂。它能使皮肤表面的蛋白质凝结，使汗腺口膨胀，阻塞汗液的流通，从而产生抑止或减少汗液分泌量的作用。

（1）抑汗液。该化妆品的配方较为简单，大部分是含有一种收敛剂及少量润湿剂、香精、乳化分散剂的水或乙醇溶液。抑汗液的配方如下：丙二醇 5.0，碱式氯化铝 15.0，双-3,5,6-三氯苯酚甲烷 0.1，水 29.9，乙醇 50.0。

生产时，将祛臭剂和香精溶于乙醇中，碱式氯化铝溶于水中。然后，缓慢将水液加于醇溶液中，静置 72h 后过滤包装。

（2）抑汗霜。抑汗霜是较受欢迎的一种抑汗化妆品，通常含收敛剂 15%～20%。由于收敛剂具有酸性，选用的乳化剂需能耐酸，如单硬脂酸甘油酯等。化妆品中的脂肪物含量一般为 15%～20%，另外还有缓冲剂、滋润剂等。

【典型配方】 硫酸铝 18.0，单硬脂酸甘油酯 17.0，月桂醇硫酸钠 1.5，鲸蜡 5.0，尿素 5.0，丙二醇 5.0，钛白粉 0.5，香精 0.2，精制水 47.8。

生产工艺：将油脂和非离子型乳化剂加热至 75～80℃，同时将阴离子型乳化剂及丙二醇用水一起加热至 75～80℃。然后将水相在均质搅拌下加入油相中，保持 10～20min，继续搅拌至形成乳剂，并加入钛白粉混合均匀。当温度达到 35～40℃时，在搅拌下缓缓加入硫酸铝使之溶解。最后，在 40℃以下缓缓加入磨细的尿素，溶解后再拌入香精，即可包装。

2. 祛臭化妆品

祛臭化妆品主要有祛狐臭、防体臭、防脚臭和抑口臭等种类，其作用主要在于祛臭剂，常用的有氯化苯酚衍生物、苯酚磺酸盐等，它们能抑制或杀灭细菌。

【祛狐臭霜配方】 甘油单硬脂酸酯 10.0，硬脂酸 5.0，鲸蜡醇 1.5，肉豆蔻异丙酯 2.5，六氯二苯酚基甲烷 0.5，氢氧化钾 1.0，甘油 10.0，香料 0.8，精制水 68.7。

生产工艺：将六氯二苯酚基甲烷、油、脂等组分混合加热熔化，将氢氧化钾、甘油溶于水并加热至 75℃，在此温度下通过均质搅拌将水相加于油相。当温度下降至 40℃时加料，搅拌冷至室温，即可包装。

4.7.3 脱毛化妆品

脱毛化妆品是利用剥离溶解涂敷后凝固的蜡来脱毛的蜡状化妆品及使用化学脱毛剂的糊状或膏状化妆品。脱毛剂的主剂是采用对角朊有溶解作用的硫化物，可分为有机和无机两大类。无机脱毛剂主要是碱金属或碱土金属的硫化物，如硫化锶、硫化钠及硫化钙等，它们的缺点是气味大、令人不快，同时对皮肤刺激较大。目前脱毛剂产品主要以有机类为主，它们对皮肤刺激缓和，几乎无臭，赋香容易，如巯基乙酸盐等。巯基乙酸盐也是冷烫液的主剂，pH 在 9.6 以下时可用于烫发，pH 在 10～13 时能切断毛发，作为脱毛剂使用。在实际应用时，一般用两种以上的巯基乙酸盐，并加脱毛辅剂以加速脱毛。脱毛剂一般是制成碱性乳膏，需要高度的制造技术，其脱毛效果除受脱毛剂用量的影响外，也受 pH 支配，还要注意对皮肤的刺激。

典型脱毛剂的配方如下：巯基乙酸钙 7.0，十二烷醇聚氧乙烯（9）醚 5.0，失水山梨醇单油酸酯 4.0，十八醇 3.0，液体石蜡 4.0，鲸蜡醇 3.0，凡士林 4.5，氢氧化钙 9.0，精制水加至 100。

生产工艺：将表面活性剂溶于少量水中，加入已预热熔化的油性物质，搅拌冷却成乳剂，再加入巯基乙酸钙、氢氧化钙及剩余水混合而成的浆状液，搅拌 30min 即可包装。

4.7.4 中草药化妆品

药物化妆品是指含药物的化妆品,更准确地说,是指以具有医疗作用的药物为其成分之一的化妆品,该化妆品以化妆为主要目的。

目前,现代化妆品配方中增加中草药成分可使化妆品具有一些特殊功用。例如,富含鞣酸的草本植物具有收敛性,皂草苷具有清洗作用,黏蛋白具有保湿性能等。但是深入研究表明有些原料具有更多特殊作用,如对缓解头发屑或对秃发症有疗效的某些中草药物。

目前已得到应用的中草药很多,可分为动物性与植物性两种。植物性的有花粉、人参、首乌、灵芝、芦荟、杏仁、黄瓜、银耳等有效提取物。动物性的有胎盘液、蜂王浆、珍珠、牛奶、蚕丝等有效提取物。由于中草药在化妆品中的应用范围很广,限于篇幅,本节仅通过一些实例来阐述。

1. 人参系列化妆品

人参除含有人参皂苷、人参醇外,还含有许多微量元素和维生素 B 复合物、维生素 C 以及雌性激素等。它在化妆品中的应用几乎是无限制的,人参化妆品能促进人体细胞生长、防止和延缓皮肤老化,被誉为外用滋补剂,主要化妆品有营养霜、营养蜜、防皱露、沐浴液等。例如,人参防皱霜的配方如下:柠檬酸 0.1,柠檬酸钠 0.5,减皱促进剂 0.1,甘油 5.0,乙醇 12.0,脂肪醇聚环氧乙烷醚 1.0,人参浸出液 1.0,精制水 80.3,香精适量,防腐剂适量。

生产工艺:将香精溶于乙醇中,其他组分溶于水中,然后两者混合,充分搅拌后,静置、过滤后包装。

2. 芦荟系列化妆品

芦荟是百合科多年生肉质草本植物,其化学活性成分复杂,主要含有芦荟素、芦荟大黄素、糖类、配糖物、氨基酸、生物酶等。它具有导泻、杀菌、解毒、消炎、保温、防晒和抗癌功能,添加于化妆品的提取物有三种:芦荟胶浓缩液、芦荟油、芦荟粉。

【芦荟防晒蜜配方】 硬脂酸 3.0,十八醇 0.3,羊毛脂 0.5,肉豆蔻酸异丙酯 5.0,乳化剂 0.1,甘油 5.0,三乙醇胺 1.4,芦荟胶浓缩水 20.0,精制水 64.7,香精适量,防腐剂适量。

生产工艺:先把硬脂酸等油溶性物质加热至 75℃ 熔化,再把乳化剂等水溶性物质加热至 70~75℃,搅拌溶解于水中,然后在均质搅拌下将水相缓慢加入到油相中,使之乳化完全。搅拌冷却至 45℃ 时,加入香精及防腐剂即可。

【芦荟香波配方】 羊毛脂 2.0,十二烷基硫酸钠 15.0,两性表面活性剂 3.0,椰子油烷醇酰胺 5.0,氯化钠 1.0,防腐剂 0.2,芦荟汁 25.0,香精、色素适量,精制水 48.8。

3. 胎盘系列化妆品

胎盘提取物是由人或牛羊等胎盘中提取的,一般为其水解物,含有一系列生物活性物质,如内含碱性膦酸酯酶等酶类物质、核酸、多糖、蛋白质、氨基酸、维生素、激素等,具有促进皮肤细胞新陈代谢和赋活作用,有防止皮肤老化与防皱功效,还具有较好的减退面部色素斑和防晒效果。例如,市场上常见的胎盘雪花膏的配方如下:硬脂酸 18.0,甘油 5.0,羊毛脂 2.0,三乙醇胺 1.0,胎盘提取液 1.0,精制水 73.0,香精、防腐剂适量。

生产工艺:先将硬脂酸、甘油、羊毛脂混合加热至 80℃ 待用,再将三乙醇胺及水混合并加热至 80℃,在均质搅拌下将水相加入油相中,使之乳化完全,搅拌冷却至 40℃ 时加入胎盘提取物及香精等,并充分混合均匀后包装。

第5章　日用洗涤剂

日用洗涤剂

日用洗涤剂正在逐步成为当今社会人们离不开的生活必需品。不管是在公共场所、豪华饭店，还是在每个家庭中，都可以看到日用洗涤剂的踪迹。人类生活的都市化是不可避免的，都市生活对清洁洗涤剂的依赖也是不可避免的，被包装得多姿多彩的化学洗涤剂已经融入人们的日常生活。因此，改善洗涤剂工艺配方，使用不危害人体、不破坏生存环境、无毒无公害的洗涤剂成为当务之急。

5.1　概　　述

5.1.1　洗涤剂的分类

洗涤剂是指以去污为目的而设计配合的产品，由必需的活性成分（活性组分）和辅助成分（辅助组分）构成。作为活性组分的是表面活性剂；作为辅助组分的有助剂、抗沉淀剂、酶、填充剂等，其作用是增强和提高洗涤剂的各种效能。日用洗涤剂一般包括肥皂和合成洗涤剂两大类。

肥皂是指至少含有 8 个碳原子的脂肪酸或混合脂肪酸的碱性盐类（无机的或有机的）的总称。根据肥皂阳离子不同，可分为碱性皂（包括钠皂、钾皂、铵皂、有机碱皂等）、金属皂。另外，根据肥皂的用途可分为家用和工业用两类，家用皂又分为洗衣皂、香皂、特种皂等，工业用皂则主要指纤维用皂。

合成洗涤剂则是近代文明的产物，起源于表面活性剂的开发，是指以（合成）表面活性剂为活性组分的洗涤剂。合成洗涤剂通常按用途分类，分为家用和工业用两大类。家用洗涤剂主要包括用于服装、厨房、家具、家庭日用品等的洗涤剂，也包括洗发香波、浴液等用于洗涤的化妆品。工业用洗涤剂包括国民经济各行各业使用的洗涤剂，范围非常广泛。

按合成洗涤剂产品配方组成及洗涤对象不同，又可分为重垢型洗涤剂和轻垢型洗涤剂两种。重垢型洗涤剂是指产品配方中活性物含量高，或含有大量多种助剂，用以除去较难洗涤的污垢的洗涤剂，如棉纤维或合成纤维等质地污染较重的衣料。轻垢型洗涤剂是指含有较少助剂或不加助剂，用以去除易洗涤的污垢的洗涤剂。

按产品状态：合成洗涤剂又分为粉状洗涤剂、液体洗涤剂、块状洗涤剂、粒状洗涤剂、浆状或膏状洗涤剂等。

5.1.2　洗涤剂的组成

洗涤剂是由必需的活性成分（活性组分）和辅助成分（辅助组分）构成的。作为活性组分的是表面活性剂；作为辅助组分的有助剂、抗沉积剂、酶、填充剂等，其作用是增强和提高洗涤剂的各种效能。

1. 表面活性剂

表面活性剂作为洗涤剂的主要原料或活性成分，使用较多的是阴离子和非离子表面活性剂，阳离子与两性表面活性剂使用较少。洗涤剂配方中目前使用的多为几种表面活性剂的复配，以发挥良好的协同作用。洗涤剂用表面活性剂的选择应考虑去污性、工艺性、经济性和安全性。在日用洗涤剂中使用的表面活性剂主要有直链烷基苯磺酸盐（LAS）、烷基硫酸盐（AS）、高级脂肪醇聚环氧乙烷醚硫酸盐（AES）、仲烷基磺酸盐（SAS）、α-烯烃磺酸盐（AOS）、高碳脂肪酸甲酯磺酸盐（MES）、脂肪醇聚氧乙烯醚、烷基酚聚氧乙烯醚（APE）、脂肪酸烷醇酰胺、烷基葡糖苷（APG）等种类。

2. 洗涤助剂

合成洗涤剂中除表面活性剂外还要有各种助剂才能发挥良好的洗涤能力。助剂有的本身有去污能力，很多本身没有去污能力，但加入洗涤剂后，可使洗涤剂的性能得到明显的改善。因此，可以称为洗涤强化剂或去污增强剂，是洗涤剂中必不可少的重要组分。

一般认为，助剂有如下几种功能：①对金属离子有螯合作用或有离子交换作用以使硬水软化；②起碱性缓冲作用，使洗涤液维持一定的碱性，保证去污效果；③具有润湿、乳化、悬浮、分散等作用，在洗涤过程中，使污垢能在溶液中悬浮而分散，有能防止污垢向衣物再附着的抗再沉积作用，使衣物显得更加洁白。

洗涤剂助剂可分为无机助剂和有机助剂两大类，其主要品种简述如下：

（1）三聚磷酸钠及磷酸盐。三聚磷酸钠又称五钠，是洗涤剂中用量最大的无机助剂，它与LAS复配可发挥协同效应，大大提高LAS的洗涤性能，因此可认为两者是"黄金搭档"。

三聚磷酸钠在洗涤剂中作用很多，如对金属离子有螯合作用，软化硬水，与肥皂或表面活性剂的协同效应；对油脂有乳化去污性能；对无机固体粒子有胶溶作用；对洗涤液提供碱性缓冲作用；使粉状洗涤剂产品具有良好的流动性，不吸潮，不结块等。

除五钠外，焦磷酸钠、焦磷酸钾、三偏磷酸钠、六偏磷酸钠、磷酸三钠等磷酸盐都是洗涤剂中重要而且常用的助剂，其作用也大体相同。

近年来，由于水域污染，藻类大量繁殖，因此含磷化合物的用量受到限制，许多企业逐步寻求磷的代用品，但目前为止尚未找到从价格、性能等方面可以完全取代磷酸盐的洗涤剂助剂。

（2）碳酸盐。碳酸盐在洗涤剂行业中应用的有碳酸钠、碳酸氢钠和碳酸钾等。在浓缩洗衣粉中，碳酸钠是最重要的助剂之一。

（3）硅酸盐。合成洗涤剂工业中应用最多的硅酸盐是偏硅酸钠和水玻璃。它的作用有：缓冲作用，即维持一定的碱度；保护作用，可以使纤维织物强度不受损伤；软化硬水作用；抗腐蚀作用，防止配方制品对金属、餐具、洗衣机或其他硬表面的腐蚀作用；具有良好的悬浮力、乳化力、润湿力和泡沫稳定作用；使粉状洗涤剂松散，易流动，防结块。

硅酸盐和碳酸盐配伍，是无磷洗涤剂的主要助剂。

（4）4Å分子筛。4Å分子筛是由人工合成的沸石，由于钠离子与铝硅酸离子结合比较松弛。可与钙离子、镁离子交换，因此可以软化硬水。4Å沸石与羧酸盐等复配，是重要的无磷洗涤剂助剂，有很大发展前途。

（5）过硼酸钠或过碳酸钠。过硼酸钠或过碳酸钠都是含氧漂白剂，加在洗涤剂配方中使洗涤剂有漂白作用，可制成彩漂洗衣粉等。过硼酸钠在欧洲和美洲各地区应用于洗衣粉中，应用量很大，起漂白、消毒和去污作用。但它的漂白作用只有在高温下（70～80℃）才完全起作用，低温时需加入活化剂才可使用。

（6）荧光增白剂。对于白色物体如纺织品或纸张等，为了获得更加令人满意的白度，或者某些浅色印染织物需要增加鲜艳度时，通常加入一些能发射出荧光的化合物来达到目的，这种能发射出荧光的化合物称为荧光增白剂。

洗涤剂中所用的荧光增白剂的结构大致有下列几种：①二苯乙烯类荧光增白剂；②香豆素类荧光增白剂；③萘酰亚胺类荧光增白剂；④芳唑类荧光增白剂；⑤吡唑类荧光增白剂等。

（7）络合剂。络合剂可以和硬水中的钙、镁离子等络合，形成溶解性的络合物而被消除。有干扰的重金属离子也可使用多价络合剂使之变成无害。因此，通过选择合适、有效的多价络合剂，可使重金属离子钝化，消除这些金属离子对表面活性剂、过氧化物漂白剂、荧光增白剂等的不良影响，提高洗涤剂的去污性能。

洗涤剂中常用的络合剂除磷酸盐外，还有乙二胺四乙酸（EDTA）、乙二胺四乙酸二钠（EDTA-2Na）、次氮基三乙酸（NTA）、柠檬酸钠等。

（8）水溶助长剂。水溶助长剂是在轻垢和重垢洗涤剂配方中起到增溶、黏度改变、降低浊点和作为偶合剂等作用的助剂。它也具有在喷雾干燥前降低料浆的黏度，防止成品粉结块，增加粉体的流动性等作用。所用的助剂有对甲苯磺酸钠、二甲苯磺酸钠、尿素等。

（9）抗污垢再沉积剂。洗涤过程的主要作用是从织物上将污垢全部除去。只有当除去的污垢完全分散在洗涤液中，并不再沉积到织物上时，才能获得最佳洗涤效果，所以洗涤剂配方中一般要添加抗污垢再沉积剂。抗污垢再沉积剂的作用主要是由于它们对污垢的亲和力较强，把污垢粒子包围起来，使之分散于水中，防止污垢与纤维吸附。一般最常用的抗污垢再沉积剂为羧甲基纤维素钠，此外还有聚乙烯醇、聚乙烯吡咯烷酮等。

（10）溶剂。在洗涤剂甚至在粉状洗涤剂中，现在还使用许多溶剂。如果污垢是脂肪性或油溶性的，溶剂则有助于将污垢从被洗物上清除。洗涤剂中常用的溶剂有：乙醇、异丙醇、乙二醇、乙二醇单甲醚、乙二醇单丁醚、乙二醇单乙醚、松油、四氯化碳、三氧乙烯、二氯乙烷、煤油等。

（11）防腐剂。微生物的作用会使洗涤制品等霉变、腐败、腐蚀和破坏等。为防止此类破坏，需加入杀菌剂或防腐剂。另外，在制造和使用中一定要注意清洁卫生，防止产品受微生物侵害，洗涤剂中常用尼泊金酯类、甲醛、苯甲酸钠、凯松、布罗波尔、三溴水杨酰苯胺、二溴水杨酰苯胺等防腐剂。

5.2 日用液体洗涤剂

5.2.1 液体洗涤剂的通用生产工艺

一般市售的民用液体洗涤剂外观清澈透明，不因天气的变化而混浊，酸碱度接近中性或微碱性，对人体皮肤无刺激，对水硬度不敏感，去污力较强。其主要成分有表面活性剂、碱性助洗剂、泡沫促进剂、稳泡剂、溶剂、增溶剂、防腐缓蚀剂、耐寒防冻剂、香精、色素等。按洗涤对象的差异分为重垢和轻垢型两类产品。重垢型液体洗涤剂主要用于洗涤油污严重的棉麻织物，具有很强的去污力；其碱性助洗剂使产品 pH 大于 10，并配有络合剂、抗污垢再沉积剂及增白剂等。轻垢型产品主要用于手洗羊毛、尼龙、聚酯纤维及丝织品等柔软性织物，也常用作餐具清洗。产品中一般不采用非离子表面活性剂，用得最多的是 LAS 与 AES 或 FAS 与 AES 的复配物，前者与后者的最佳比例为 5∶1。

液体洗涤剂生产工艺所涉及的化工单元操作设备主要是带搅拌器的混合罐、高效乳化或均质设备、物料输送泵和真空泵、计量泵、物料储罐和计量罐、加热和冷却设备、过滤设备、包装和灌装设备。把这些设备用管道串联在一起，配以恰当的能源动力即组成液体洗涤剂的生产工艺，流程参见图 5-1。

生产过程的产品质量控制非常重要，主要控制手段是原料质量检验、加料配比、计量、搅拌、加热、降温、过滤等操作。液体洗涤剂生产工艺流程通常包括下述几部分。

1）原料准备

所有液体洗涤剂至少有两种原料（表面活性剂和水）组成，多者有二三十种。液体洗涤剂产品实际上是多种原料的混合物。因此，熟悉所使用的各种原料的物理化学特性，确定合适的物料配比及加料顺序与方式是至关重要的。

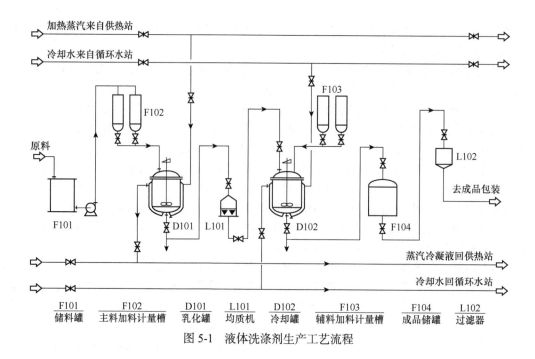

图 5-1　液体洗涤剂生产工艺流程

| F101 | F102 | D101 | L101 | D102 | F103 | F104 | L102 |
| 储料罐 | 主料加料计量槽 | 乳化罐 | 均质机 | 冷却罐 | 辅料加料计量槽 | 成品储罐 | 过滤器 |

2）混合或乳化

大部分液体洗涤剂是制成均相透明混合溶液，还有一部分则制成乳状液。主要根据原料和产品特点选择不同工艺，还有一部分产品要制成微乳液或双层液体状态。

3）混合物料的后处理

无论是生产透明溶液还是乳状液，在包装前还要经过一些后处理，以便保证产品质量或提高产品稳定性。这些处理可包括：

（1）过滤。在混合或乳化操作时要加入各种物料，难免带入或残留一些机械杂质，或产生一些絮状物，这些都直接影响产品外观，所以物料包装前的过滤是必要的。因为滤渣相对来说很少，只需在釜底放料阀后加一个管道过滤器，定期清理即可。

（2）均质。经过乳化的液体，其乳液稳定性往往较差，最好再经过均质工艺，使乳液中分散相的颗粒更细小、更均匀，得到高度稳定的产品。

（3）排气。在搅拌的作用下，各种物料可以充分混合，但不可避免地将大量气体带入产品。由于搅拌的作用和产品中表面活性剂等的作用，有大量的微小气泡混合在成品中。气泡有不断冲向液面的作用力，可造成溶液稳定性差，包装时计量不准。一般可采用抽真空排气工艺，快速将液体中的气泡排出。

（4）稳定。也可称为老化。将物料在老化罐中静置储存数小时，待其性能稳定后再进行包装。

液体洗涤剂生产过程中，原料、中间品和成品的输送可采用不同的方式。少量固体物料是通过人工输送，在设备手孔中加料；液体物料主要由泵送或重力（高位）输送。重力输送主要涉及厂房高度和设备的立面布置。物料流速则主要靠位差和管径大小来决定。

4）包装

绝大部分民用液体洗涤剂都使用塑料瓶小包装，因此，在生产过程的最后一道工序，包装质量是非常重要的，否则将前功尽弃。正规生产应使用灌装机、包装流水线。小批量生产可用高位手工灌装。严格控制灌装量，做好封盖、贴标签、装箱和记载批号、合格证等工作。包装质量与产品内在质量同等重要。将上述介绍的几个工序环节按工艺顺序连接在一起可绘出工艺流程示意图。

根据液体洗涤剂生产技术确定的生产规模、品种、投资等，可对上述工艺流程进行简化或调整，再进行工程设计和计算，包括物料衡算、热量衡算、物料输送和设备的平立面布置等。

5.2.2 液体洗涤剂的配方工艺

下面介绍几种常用液体洗涤剂的配方与生产工艺。

1. 通用液体洗涤剂（洗洁精）

【配方】 十二烷基苯磺酸钠 19.5，三乙醇胺 4，月桂酸-乙醇酰胺 1.5，次氯酸钠 0.6，硫酸钠 0.9，水 73.5。

配方中，十二烷基苯磺酸钠、三乙醇胺为阴离子表面活性剂，起乳化、分散、去污、起泡作用；月桂酸-乙醇酰胺为非离子表面活性剂，与阴离子表面活性剂合用，去污洗涤效果更好；次氯酸钠为漂白剂，分解出的初生态氧去污脱色力强；硫酸钠为洗涤助剂；水为溶剂。

生产工艺步骤如下：

（1）于不锈钢釜或塑料桶内，加入十二烷基苯磺酸钠、硫酸钠和水，搅拌混合，使其全溶。

（2）加入预先配制的 10%次氯酸钠的水溶液，继续搅拌 30min。

（3）用另一容器，将月桂酸-乙醇酰胺和三乙醇胺共同加热搅拌，使其完全溶解。

（4）待不锈钢釜或塑料桶内十二烷基苯磺酸钠溶液完全漂白后，加入（3）配成的溶液。

（5）充分搅拌，即得白色透明的液体洗涤剂。

如需要加色或加香时，可加入少许碱性染料或香精，搅拌混合均匀，即得有色带香的液体洗涤剂。

洗洁精是适合一般家庭使用的大众化洗涤剂，用来洗涤碗、碟等餐具，具有洗净和消毒的双重效果，使用方便，不刺激皮肤。可广泛用于洗涤棉、毛、丝、合成纤维等各种织物，也可用于餐具、果蔬的洗净消毒。

2. 餐具洗涤剂

【配方】 脂肪醇聚氧乙烯醚（$n=9$）30，苯甲酸钠 0.5，脂肪醇聚氧乙烯醚（$n=7$）20，香料 0.5，烷基苯磺酸钠 50，蒸馏水 850，二乙醇胺 40。

生产工艺：将水加入配料罐内，顺序加入表面活性剂，搅拌均匀后，再加入防腐剂苯甲酸钠，最后加入香料，搅拌均匀后灌装。

餐具洗涤剂可洗涤碗碟，去油腻性能好。洗水果蔬菜，简易卫生、容易过水，是碗碟、果蔬的理想清洁剂。

3. 液体洗手剂

【配方】 AES 2～6，十二烷基硫酸钠 0.5～5，聚乙烯醇 1～1.5，烷基醇酰胺 2～5，羧甲基纤维素钠 1.5，Tween 80 1.5～2，乙酰羊毛脂 1～1.5，三聚磷酸钠 1～2，尿素 0.7～1.5，液体石蜡 1.5，甘油 1，尼泊金甲酯 0.2，乙醇 5～10，甲醛 0.1，香精、颜料适量，蒸馏水加至 100。

配方中，AES、十二烷基硫酸钠为阴离子表面活性剂，起润湿、去污、洗净作用；烷基醇酰胺、Tween 80 为非离子表面活性剂，起乳化分散洗涤作用；聚乙烯醇和羧甲基纤维素钠为增稠剂，起调节黏度作用；乙酰羊毛脂为润湿剂，起润肤渗透作用；三聚磷酸钠为洗涤助剂，起辅助乳化洗净作用；尿素为增溶剂，降低产品的浊点，保持其透明度；液体石蜡为油相成分，起润肤护肤作用；甘油为保湿剂，起润肤固香作用；乙醇可溶解香精、抑菌消毒；甲醛为杀菌剂，起灭菌保鲜作用；尼泊金甲酯起抑菌保鲜作用；香精可增加香味；颜料起调色作用；蒸馏水将全部组分溶解分散成为溶液。

生产工艺：先将聚乙烯醇加入蒸馏水中，加热升温至 90℃，搅拌保温 30min，使其完全溶解，冷至 50～55℃时，加入烷基醇酰胺，搅拌均匀备用。

在另一反应容器中加入 AES、十二烷基硫酸钠和尿素于适量蒸馏水中，加热至 50℃搅拌使之全溶，冷却至 40℃，分别加入乙酰羊毛脂和预先用乙醇润湿的羧甲基纤维素钠，充分搅拌使其分散均匀，即呈半透明浆状物。将其倒入保温备用的聚乙烯醇溶液中，充分搅拌均匀，再依次加入液体石蜡、Tween 80 和甘油，最后加入事先用蒸馏水在 50℃所溶解的三聚磷酸钠。充分混合均匀后，冷却至 35～40℃，加入甲醛、尼泊金甲酯、颜料、香精，调节颜色合适，再调节 pH 为 7.0～8.5。将制得的溶液静置 1d，陈化成为液体洗手剂。

液体洗手剂使用时手感舒适，对皮肤有光滑、柔软、富于弹性的作用，对干裂易脱脂皮肤有一定润肤作用，对油脂容易洗净，对油漆、油墨、矿物油以及其他污垢也有较好的洗涤效果。

5.3　日用粉状洗涤剂

粉状洗涤剂是最常见的合成洗涤剂成型方式，尤其在我国占民用洗涤剂总量的 80%以上，其优点是使用方便、产品质量稳定、包装成本较低、便于运输储存、去污效果好。

5.3.1　粉状洗涤剂的生产工艺

粉状洗涤剂的生产工艺方法很多，主要包括高塔喷雾干燥法、附聚成型法和膨胀成型法。大型企业目前主要采用第一种，生产工艺详述如下。

高塔喷雾干燥法是目前生产空心颗粒粉状洗涤剂的主要方法，完整的高塔喷雾干燥成型工艺包括配料、喷雾干燥成型及后配料三部分，工艺流程参见图 5-2。

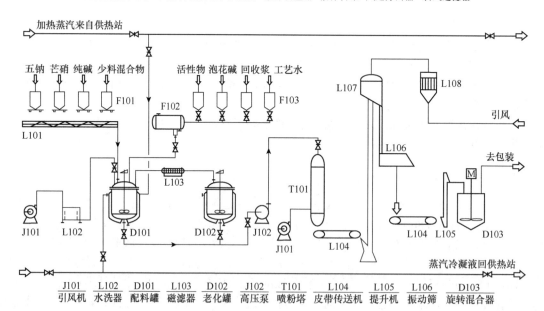

图 5-2　粉状洗涤剂生产工艺流程图

1）配料

配料是将单体活性物和各种助剂根据不同品种的配方而计算出投料量，按一定顺序在配料缸中均匀混合制成料浆的操作。料浆质量的好坏直接影响到成品的质量。根据配料操作方式的不同，配料可分为间歇配料和连续配料。

（1）间歇配料。间歇配料是根据配料罐的大小，将各种物料按配方比例一次投入，搅匀，将罐内料浆放完后，再进行下一罐配料的操作方法。目前，我国大部分采用这种方法，主要是因为设备简单，操作容易掌握。实际操作中将料浆浓度（总固体含量）控制在 55%～65%。

间歇配料时控制料浆温度很重要。一定的料浆温度有助于助剂的溶解，有利于搅拌和防止结块，使浆料呈均匀状。一般情况下，料浆温度提高，助剂易溶，但有的助剂例外，如碳酸钠在 30℃ 时溶解度最大，温度再高，溶解度反而下降，温度太高可能会使五钠水合过快及加速水解，使料浆发松；温度过低则助剂溶解不完全，料浆黏度大、发稠，影响料浆的流动性。根据国内多年生产的经验，料浆温度控制在 60℃ 左右。

另外，配料时的投料顺序也会影响料浆的质量。一般情况下按下述规律投料：先投难溶的料，后投易溶的料；先投密度小的料，后投密度大的料；先投用量少的料，后投用量大的料，边投料边搅拌，以达到料浆均匀一致。

投料完成后，一般要对料浆进行后处理，使其变成均匀、细腻、流动性好的料浆，料浆后处理一般包括过滤、脱气和研磨。过滤是将料浆中的块团、大颗粒物质以及其他不溶于水的物质除掉，防止设备磨损及管道堵塞，常用的设备有过滤筛、真空过滤机等，所用滤网孔径一般在 3mm 以下。脱气是把料浆中的空气除去，以保障喷雾干燥后成品有合适的视比重，常用的脱气设备是真空离心脱气机，实际生产中也可以略去此工序。研磨是为了使料浆更均匀，防止喷雾干燥时堵塞喷枪，常用的设备是胶体磨。

（2）连续配料。连续配料是指各种固体和液体原料经自动计量后连续不断地加入配料罐内，同时连续不断地出料。采用连续配料制得的料浆均匀一致，成品质量稳定。由于是自动加料，这样既保证不会因疏忽而多加或少加某种原料，又可保证在称量上不发生错误。除此之外，由于自动配料一般在密封状态下操作，料浆混合时带气现象较少，可使料浆流动性好。一般采用自动配料可使料浆浓度增加 3%～6%，这样可在不增加任何能量消耗的情况下，使喷粉能力提高 30%～40%。

2）喷雾干燥成型

喷雾干燥包括喷雾及干燥两个过程。喷雾是将料浆经过雾化器的作用，喷洒成极细小的雾状液滴；干燥则是载热体（热空气）与雾滴均匀混合进行热交换和质交换，使水分蒸发的过程。喷雾与干燥二者必须密切结合，才能获得良好的干燥效果和优质的产品。

3）高塔喷雾干燥工艺

配制好的料浆用高压泵 J102 以 3～8MPa 的压力通过喷嘴在喷粉塔 T101 内雾化成微小的液滴，而来自热风炉的空气经加热后送至喷粉塔 T101 的下部，液滴和热空气在塔内相遇进行热交换而被干燥成颗粒状洗衣粉，再经风送老化，由振动筛 L106 筛分后作为基础粉去后配料。喷粉塔顶出来的尾气经尾气系统净化后放空。风送分离器 L107 顶出来的热风经袋式过滤器 L108（或子母式旋风分离器）除尘后排空或作为二次风送入热风炉。

4）后配料工艺

将一些不适宜在前配料加入的热敏性原料及一些非离子表面活性剂与喷雾干燥制得的洗涤剂粉（又称基础粉）混合，从而生产出多品种洗涤剂的过程称为后配料。

基础粉、过碳酸钠、酶制剂等固体物料经各自的皮带秤计量后由预混合输送带送入旋转混合器；非离子、香精等液体物料计量后进入旋转混合器的一端喷成雾状，与固体物料充分混合后而成产品，从另一端出料，收集到一个料斗里为包装工序供成品粉。

5.3.2 粉状洗涤剂的配方工艺

1. 加酶洗衣粉

【配方】 直链烷基苯磺酸钠25，三聚磷酸钠22～28，硫酸钠20～25，硅酸钠7～10，羧甲基纤维素钠1.5，荧光增白剂0.05～0.1，酶颗粒制剂（10000IU）10，对甲苯磺酸钠2，纯碱0.1，香精0.1，95%乙醇1～2。

配方中，常用的酶制剂有蛋白酶（如碱性蛋白酶）、脂肪酶、淀粉酶等，酶颗粒能溶解、软化污垢中的蛋白质，便于除去。直链烷基苯磺酸钠起去污、分散、起泡作用；三聚磷酸钠、硫酸钠、硅酸钠、纯碱、对甲苯磺酸钠为洗涤助剂，起辅助去污作用；羧甲基纤维素钠为增稠剂，起调节黏度和黏附污垢的作用；荧光增白剂对白色衣物有增白作用；香精起增香作用；乙醇起溶解消毒作用，有助于污垢的溶化软化，便于除去，又起防腐作用。

生产工艺：按配比将除酶颗粒和香精外的全部组分混合均匀，首先在大塔内喷出底粉，然后采用后配料混合法加入颗粒酶和香精等，充分混合均匀，即成产品。

加酶洗衣粉适用于洗涤织物，特别适用于血渍、奶渍、汗渍、果汁、茶渍等特殊污斑的洗涤。酶在pH为9～10和温度为50～55℃时能发挥最大作用。

2. 无磷洗衣粉

【配方】 脂肪醇聚氧乙烯醚10，醇醚硫酸盐5，烷基苯磺酸钠5，硅酸钠10，碳酸氢钠10，碳酸钠30，羧甲基纤维素钠1，硫酸钠39，去离子水5。

通过代磷助剂4Å沸石、层状硅酸钠、聚丙烯酸钠、淀粉氧化物、次氮基三乙酸钠、柠檬酸钠及乙二胺四乙酸二钠等，在洗衣粉中可以取代聚磷酸盐，通过复配，可以达到理想的去污效果。

生产工艺：先将配方中未列出的荧光增白剂、着色剂等加至表面活性剂中，搅拌均匀，再加入碳酸钠，然后每加一种其他原料应搅拌均匀，最后加入香料。混合后用10目的筛子过筛，包装。

若用喷雾干燥法，则先配成含固量为50%～60%（质量分数）的料浆，再喷雾干燥。可用于手工、洗衣机洗涤。

3. 浓缩洗衣粉

浓缩洗衣粉的成分与普通洗衣粉基本相同，但活性成分含量高，填充剂Na_2SO_4的含量相对低。

【配方】 烷基苯磺酸钠3～10，脂肪醇聚氧乙烯醚6～7，醇醚硫酸盐0～3，肥皂2～3，碳酸钠20～25，三聚磷酸钠45～50，羧甲基纤维素钠1～2，硅酸钠2～5，荧光增白剂0.1，硫酸钠0～5，香精适量，去离子水5。

生产工艺：分别将配方中所有的固体原料过筛，分出团粒和粗粒。把加热的液体表面活性剂与三聚磷酸钠混合1～2min。然后加其他固体原料，搅拌均匀。加水后继续搅拌，直至把团粒打碎。若粉末发黏，可加煅烧的二氧化硅，并老化1～1.5h，待粉末流动性好时，再进行包装。

第6章 合成药物

药物是人类在长期与疾病做斗争的过程中不断发现、积累而丰富起来的，其来源不外乎天然（矿物、动物、植物、微生物）和人工制造两个方面。人们开始大量地合成和制备药物是在 19 世纪末期 20 世纪初期，一些简单的化学药物如水杨酸和阿司匹林、苯佐卡因、氨替比林、非那西汀等被大规模地生产。药物化学的研究开始由天然产物的研究转入人工合成品的研究，与此同时，某些天然的和合成的有机染料中间体如百浪多息用于致病菌的感染治疗，人们发现某些合成化合物具有治疗作用而将其用于临床。这个阶段用于致病菌感染治疗的合成有机染料中间体是化学药物的最初起源，为制药工业的蓬勃发展奠定了良好的基础。目前，临床用药物主要有五大来源，即化学合成法、生化法、半合成法、动物脏器及植物提取法。从产品的价值来看，生化法可能是最重要的；而从吨位来看，化学合成法占统治地位。本章主要介绍化学合成药物。

6.1 药物概述

6.1.1 药物与化学合成药物的定义

药物是指能够对生活机体某种生理功能或生物化学过程发生影响的化学物质，可用以预防、治疗和诊断疾病，也包括用于计划生育、杀灭病媒及消毒污物。广义的药物还包括生物制品如疫苗、类毒素和抗毒素等。化学药物是一类结构明确的具有预防、治疗、诊断疾病，或为了调节人体功能、提高身体质量、保持身体健康的特殊化学品，与人类日常生活息息相关。化学合成作为合成药物的一种手段，在未来会越来越重要。

从天然矿物、动植物中提取的有效成分，以及经过化学合成或生物合成等方法制得的药物，统称为合成药物。化学合成包括有机合成和无机合成。生物合成包括全生物合成、部分生物和部分化学合成。药物合成在医药工业中占极重要的地位，合成产物在医疗实践中被广泛应用。有些合成药物与天然药物的结构很相似，但不完全相同，如优奎宁与奎宁相似，但不完全相同；有些合成药物则与天然药物毫无关系，如阿司匹林、呋喃西林等。

化学药物是以结构明确的化合物作为其物质基础，以药效发挥的功效（生物效应）作为其应用基础的。化学合成药物以化学理论为指导，依据化学规律研究和生产，其特点是疗效快、效果明显。化学药物在中国炼丹术、阿拉伯炼金术、欧洲炼金术的基础上，历经由粗到精、由盲目到自觉、由经验性实验到科学合理设计的过程，即发现、发展和设计贯穿于化学药物发展的全部历程。但人体是一个复杂系统，化学合成药缺乏对人体本身结构分子水平的分析研究及人体各部分相关联的整体综合考察，因此治疗效果虽然明显，但有头痛医头、脚痛医脚的局限性治疗特征，且常有不同程度的副作用。

6.1.2 合成药物的命名

了解药物如何命名可有助于解释药物商标的产生。每种专卖药一般至少有三个名称：化学名称、普通名称（非专卖药）和商品名称（专利或商标药）。

药物的化学名称除用于一些简单无机药物如碳酸钠外，很少用于一般药物，因为虽然它精确地反映了药物的化学结构，但实际上采用化学名非常复杂和麻烦。在美国，药物非专卖名称由官方机构——美国命名委员会（United States Adopted Name，USAN）决定，商品名由制药公司选择。制药公司总是挑选独特、简短并容易记住的商品名，以便于医师处方及消费者按名索购。出于这些目的，商品名有时与该药用途有关，如 Diabinese（氯磺丙脲的商品名）用于治疗糖尿病，而 Flexeril（三碘季铵酚的商品名）用于缓解肌痉挛。美国食品药品监督管理局（FDA）要求药物的普通制剂应含有与其原药一样的活性成分，并能以相同吸收速率进入机体。非专卖药的制造商是否用商品名以能否增加销量而定。

6.1.3 合成药物的分类

依照相关法律法规，国际上将药物与药品进行分类管理，可分为处方药物及非处方药物两类。处方药物是考虑到医疗安全只能在医疗监护下使用的药物，必须由执业医师出具书面处方（如内科医生、牙科医生或兽医）。非处方药物是不用医疗监护即具有相当安全性的药物，可在无处方情况下由药店直接出售。在美国，FDA 是决定哪些药物需要处方，哪些药物可在药店直接销售的官方机构。例如，布洛芬（镇痛药）原来是处方药物，现在可在普通药店购买。通常，药店所售药物每片、每粒胶囊或每剂所含活性成分实际上是小于相应处方药物含量的。

根据医药行业的生产实际，结合化学药物的性能和临床常见病，将化学合成药物按药理作用与药效分为心血管系统药物、抗病毒药、抗菌药物（包括抗生素）、抗精神失常药、抗炎解热镇痛药、消化系统药物、抗癌或抗肿瘤药、呼吸系统药、麻醉药、催眠药和镇静药、抗癫痫药、抗组织胺药、利尿脱水药、脑血管障碍治疗药、抗寄生虫药、降血糖药、维生素类药、激素类药、血液系统药物等。

6.2 抗菌与抗生素类药物

引起人体疾病的微生物包括霉菌、病毒和细菌。直到 1935 年发现磺胺药物之前，细菌性疾病一直是致人死亡的主要原因。抗菌与抗生素类药物至今仍是消费额最高的两类药物。

人们常将抗生素和抗菌药混为一谈，其实两者不是一回事。抗生素是指由真菌、细菌和其他微生物在生活过程中产生的具有抗病菌、抗病原体或者其他活性的物质，包括天然抗生素和后期经过人工改造的抗生素，即抗生素是直接或间接来源于微生物的药物。抗生素的名称后面多有某霉素，药物作用广泛；抗菌药是仅对细菌有抑制或杀灭作用的药物。

6.2.1 抗菌药物

细菌有成千上万种，它们被革兰氏分为两类：能被革兰氏试剂（结晶紫及碘）染为蓝色的称为革兰氏阳性菌；没有反应或呈红粉色的称为革兰氏阴性菌。革兰氏阴性菌比革兰氏阳性菌多一层含脂多糖的膜壁，它能阻止杀菌剂进入细胞膜，因而难以杀死。

根据形态学原理，细菌可以按照它们的形状及排列状况为基础进行分类。细菌的存在形式可以有杆菌状、球孢子菌状、螺菌状，以及不完全的弧菌状。球孢子菌的直径为 10^{-4}cm；杆菌的直径与球孢子菌相同，但长度是它的 2~4 倍；螺菌呈螺旋状。

抗菌药有两种来源：一种是抗生素，占抗菌药物的绝大多数，是抗菌药的重要组成部分；另一种是化学合成的抗菌药物。

1. 磺胺类抗菌药物

1932 年，多马克发现百浪多息能控制链球菌感染，1935 年磺胺类药物正式应用于临床。具有抗菌谱广、性质稳定、体内分布广、使用简便、供应充足等优点。尽管目前有效的抗生素很多，但磺胺类药物在控制各种细菌性感染的疾病中，特别是在处理急性泌尿系统感染中仍有重要价值。

根据临床使用情况，磺胺类药物可分为三类：①肠道易吸收的磺胺药。主要用于全身感染，如败血症、尿路感染、伤寒、骨髓炎等。根据药物作用时间的长短分为短效、中效和长效类。短效类在肠道吸收快、排泄快，半衰期为 5~6h，如磺胺异噁唑（sulfisoxazole，SIZ）；中效类的半衰期为 10～24h，如磺胺嘧啶（sulfadiazine，SD）、磺胺甲噁唑即新诺明（sulfamethoxazole，SMZ）；长效类的半衰期为 24h 以上，如磺胺甲氧嘧啶（sulfametoxydiazine，SMD）、磺胺二甲氧嘧啶（sulphormethoxine，SDM）等。②肠道难吸收的磺胺药，能在肠道保持较高的药物浓度，主要用于肠道感染如菌痢、肠炎等，如酞磺胺噻唑片（phthalylsulfathiazole tablets，PST）。③外用磺胺药，主要用于灼伤感染、化脓性创面感染、眼科疾病等，如磺胺嘧啶银盐（silver sulfadiazine，SD-Ag）、甲磺灭脓（sulfamylon，SML）等。

磺胺类药是一类用于预防细菌感染性疾病的化学治疗药物，其构效关系如下：

（1）氨基与磺酰氨基在苯环上必须成对位，氨基上一般没有取代基。

（2）苯环用其他环代替或苯环上引入基团时，将使抑菌作用降低或完全失去。

（3）将磺酰胺基团—SO_2NH_2 以其他非磺胺基团代替时，多数情况会使抑菌作用降低。

（4）磺酰胺基 N-单取代化合物一般可以使抑菌作用增强，而以杂环取代时抑菌作用的增强更为明显。形成 N,N-双取代化合物时，一般活性丧失。

多数磺胺药物的通式为 H_2N—〈〉—SO_2NHR，通常由对乙酰基苯磺基酰氯（ASC）与相应的杂环氨基衍生物缩合反应而得。下面以磺胺甲噁唑为例，说明磺胺药物的合成原理。

磺胺甲噁唑的化学名称为 4-氨基-N-（5-甲基-3-异噁唑基)-苯磺酰胺。其合成方法是首先由草酸二乙酯与丙酮在乙醇钠存在下缩合得乙酰丙酮酸乙酯（Ⅰ），然后与盐酸羟胺环合得 5-甲基-3-异噁唑甲酸乙酯（Ⅱ），氨解得 5-甲基-3-异噁唑甲酰胺（Ⅲ），再经 Hoffmann 降解制得 5-甲基-3-氨基异噁唑（Ⅳ）。（Ⅳ）与 ASC 在水中缩合，以 $NaHCO_3$ 为缩合剂，再经水解除去乙酰基即得磺胺甲噁唑。合成反应路线如下：

磺胺类药对许多革兰氏阳性菌和一些革兰氏阴性菌、诺卡氏菌属、衣原体属和某些原虫（如疟原虫和阿米巴原虫）均有抑制作用。在阳性菌中高度敏感者有链球菌和肺炎球菌；中度敏感者有葡萄球菌和产气荚膜杆菌。阴性菌中敏感者有脑膜炎球菌、大肠杆菌、变形杆菌、痢疾杆菌、肺炎杆菌、鼠疫杆菌。对病毒、螺旋体、锥虫无效。

2. 喹诺酮类抗菌药

喹诺酮类药物按结构分为四类：萘啶羧酸类，如萘啶酸、依诺沙星（enoxacin）；吡啶并嘧啶酸类，如吡咯米酸（piromidic acid）；喹啉羧酸类，如诺氟沙星、环丙沙星（ciprofloxacin）、哌氟沙星（pefloxacin）、氧氟沙星（ofloxacin）；噌啉羧酸类。以临床常用的氧氟沙星为例说明。

氧氟沙星系第三代喹诺酮类合成抗菌药，具有抗菌谱广、抗菌活性强、生物利用度好、口服安全有效、毒性作用低、无耐药性等优点。其对多种革兰氏阳性和革兰氏阴性菌有较好的抗菌作用，对绿脓杆菌、衣原体也有抗菌作用。对新青霉素、克林霉素、庆大霉素耐药的菌株以及对诺氟沙星耐药的菌株，其作用良好，无交叉、肠道感染、皮肤软组织感染、泌尿系统感染等。

氧氟沙星别名氟嗪酸、泰利必妥、康泰必妥、噁嗪氟哌酸、奥氟哌酸，学名：（±）-9-氟-2,3-二氢-3-甲基-10-（4-甲基哌嗪基）-7-氧代-7H-吡啶并[1,2,3-de]-1,4-苯并噁嗪-6-羧酸。它以 2,3,4-三氟硝基苯为起始原料，经过选择性碱水解、醚化、还原，以及与 $C_2H_5OCH=C(COOEt)_2$ 或 $(CH_3)_2NCH=C(COOEt)_2$ 缩合、环合、水解，与乙酸硼作用后，再引入 N-甲基哌嗪而得产品。合成路线如下：

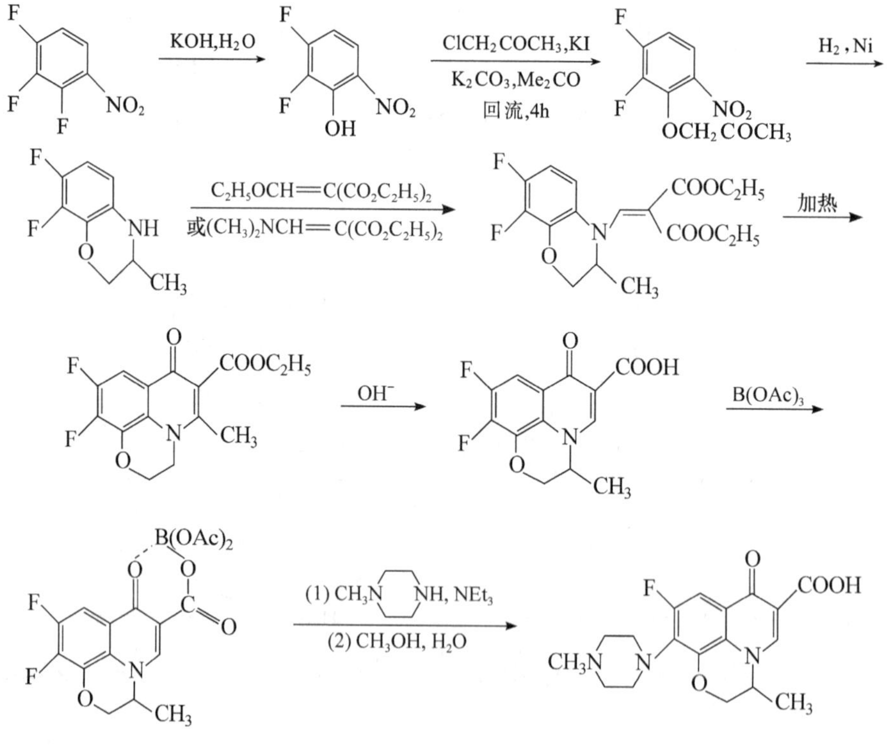

6.2.2 抗生素类药物

抗生素类药物是由细菌、霉菌或其他微生物产生的次级代谢产物或人工合成的类似物，对各种病原微生物有强力的抑制作用或杀灭作用。抗生素主要来源是生物合成（发酵），少数利用化学合成或半合成制得。半合成抗生素与发酵抗生素相比具有更多的优点，因为通过结构改造，可以降低毒性、减少耐药性、改善生物利用度及提高治疗效力。20世纪90年代以后，科学家们将抗生素的范围扩大，统称为生物药物素。主要用于治疗各种细菌感染或致病微生物感染类疾病，一般情况下对其宿主不会产生严重的副作用。

按照药物学的发展，可以将抗生素分为九大类：β-内酰胺类、氨基糖苷类、四环素类、氯霉素、大环内酯类、林可霉素类、抗细菌抗生素、抗真菌抗生素、抗肿瘤抗生素等。此外，还有具有免疫抑制作用的抗生素如环孢素等。少数种类的抗生素同时具有抗肿瘤和免疫抑制作用，绝大多数抗生素也有抗菌作用。

1. 青霉素类抗生素

青霉素（penicillin）是霉菌属青霉菌所产生的一种抗生素的总称。天然青霉素共有 7 种，分子中都含有 β-内酰胺结构，结构通式如下：

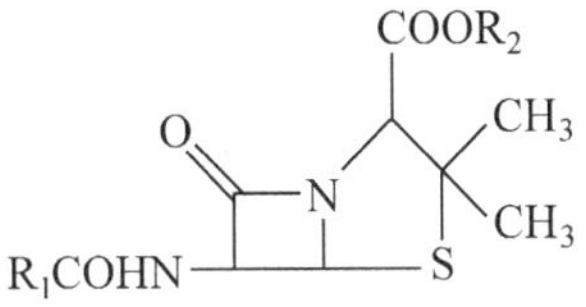

（R_2 未特别指明时，一般为H）

取代基 R 不同，构成各种不同品种的青霉素，其中异苄基青霉素（又称青霉素 G）效果较好，其钠或钾盐为治疗革兰氏阳性菌感染的首选药物。而在酸性溶液中，以青霉素 V 较稳定，不易被胃酸破坏，可供口服。青霉素 G 性质不稳定，易受亲电或亲核试剂进攻引起水解或分子重排，故青霉素 G 不能口服，只供注射用，以免受胃酸破坏。一些临床常用的青霉素见表 6-1。

表 6-1 临床常用的青霉素

取代基团 R	名称	使用说明
	青霉素 G （benzylpenicillin G）	天然产物，注射用，主要对革兰氏阳性菌有效
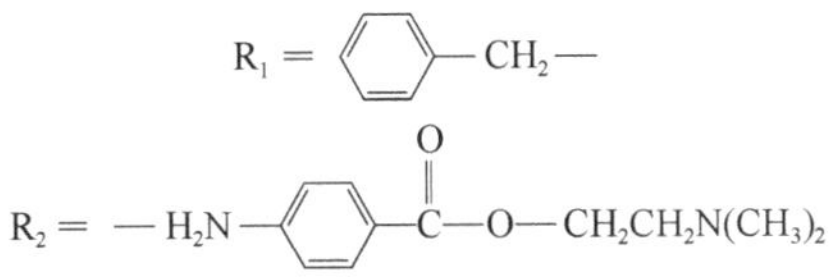 $R_1 = $ $R_2 = $	普鲁卡因青霉素 G （penicillin G）procain	注射用，慢慢水解成青霉素 G，有长效作用，每日一次
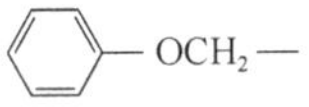	青霉素 V （phenoxymethyl）penicillin	耐酸，可以口服
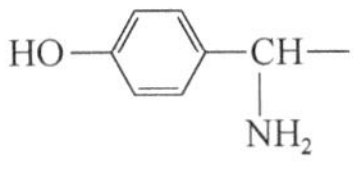	羟氨苄青霉素 （amoxycillin）	耐酸，广谱，对革兰氏阳性菌有效，可以口服，用途广
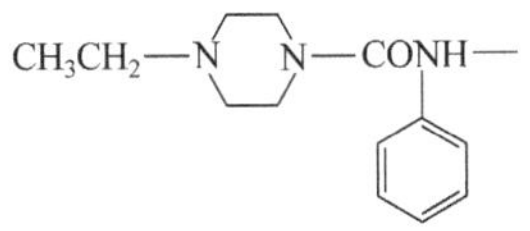	氧哌嗪青霉素 （piperacillin）	为第三代半合成青霉素、抗菌谱广，对革兰氏阳性菌、阴性菌、产气杆菌、厌气杆菌都有效，注射用

利用苄基青霉素为原料，在弱碱性条件下，经青霉素酰化酶酶解，生成主要中间体 6-氨青霉烷酸（6-APA）。该中间体与相应侧链酸（酐）或侧链酰氯进行缩合，即可得各种半合成青霉素。合成反应如下：

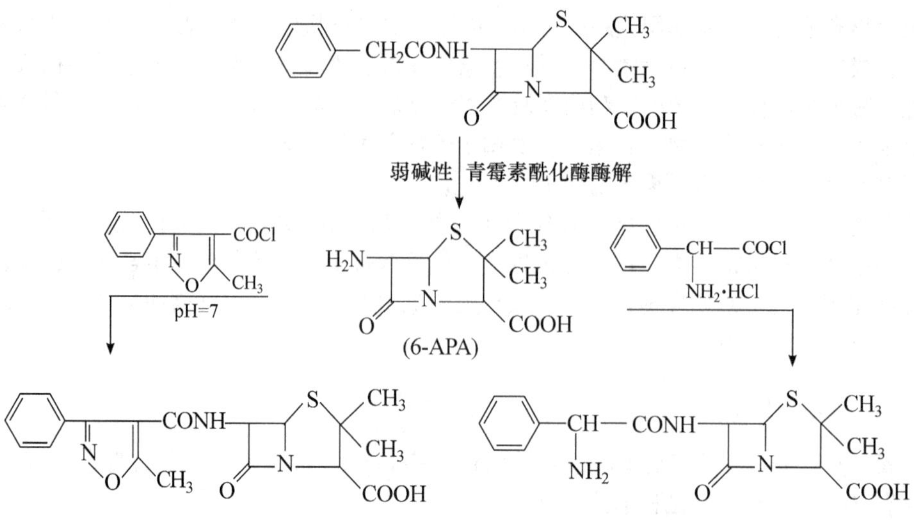

弱碱性 | 青霉素酰化酶酶解

(6-APA)

pH=7

（苯唑西林）

（氨苄青霉素）

2. 先锋霉素类抗生素

先锋霉素是由头孢菌素 C（cephalosporin C）经过半合成制得的一种抗生素，与青霉素的结构有类似之处，分子内含有 β-丙酰胺环，并具有相似的作用和原理。临床上主要用于耐药金葡萄球菌和一些革兰氏阴性菌所引起的各种感染，如肺部、尿路和呼吸道感染、败血病及脑膜炎等。从结构上看，先锋霉素与青霉素不同的是，前者含硫环为六元环，后者为五元环，结构通式如下：

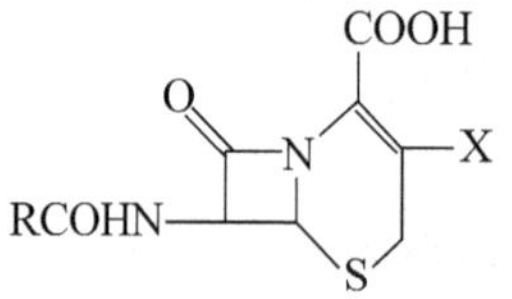

（X为CH_2OCOCH_3等）

在合成工艺上与青霉素不同的是，头孢菌素不能直接发酵制各种先锋霉素，需先经改造，即将侧链断裂形成 7-氨基头孢霉烷酸（7-ACA），一般降解反应在亚硝酰氯和甲酸存在下进行。再由 7-氨基头孢霉烷酸与相应的化合物（如酰氯等）缩合而得。例如，噻孢霉素（cephalothin）是由 7-氨基头孢霉烷酸为原料，在丙酮中以碳酸氢钠为缩合剂与噻吩乙酰氯缩合制得：

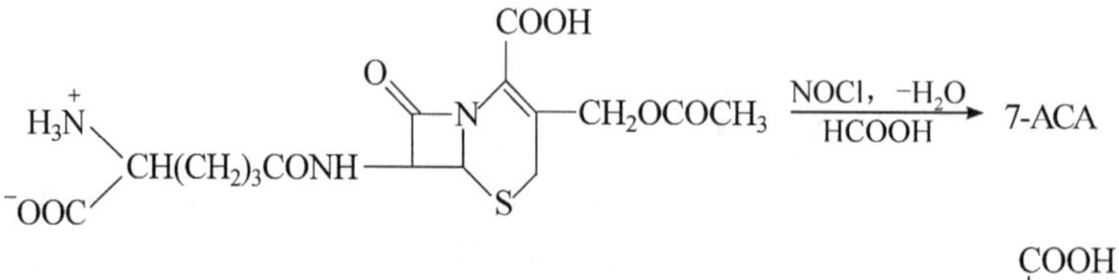

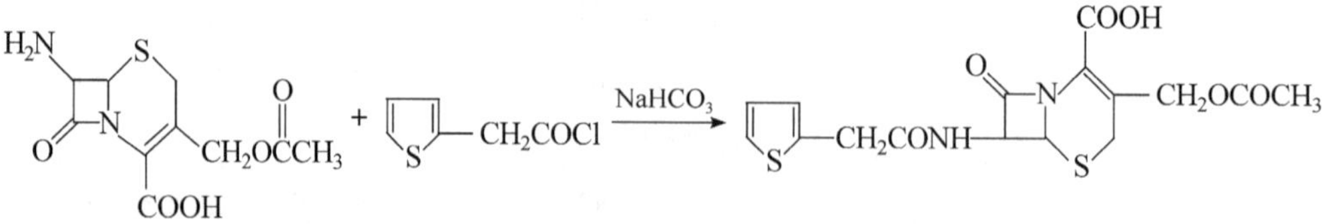

$$\xrightarrow[\text{HCOOH}]{NOCl, \ -H_2O} \text{7-ACA}$$

$$\xrightarrow{NaHCO_3}$$

临床上应用的先锋霉素已有 10 种左右，国内常用的品种有先锋霉素 Ⅰ（cephalothin）、先锋霉素 Ⅱ（cephaloridine）、先锋霉素 Ⅳ（cephalexin）、先锋霉素 Ⅴ（cefazolin）、先锋霉素（cephaloglycin）。

3. 大环内酯类抗生素

大环内酯类抗生素是以 12～18 元环骨架的大环内酯为母体，通过羟基，以苷键和 1～3 个分子的糖或二甲氨基糖相连接的一类结构相似的抗生物质。

大环内酯类抗生素主要由链霉菌培养液中提取而得，其第一代产品首推美国礼来公司于1952年上市的14元环大环内酯类抗生素——红霉素。从上市以来，一直是临床上治疗革兰氏阳性菌感染的重要药物。

我国药品市场常见大环内酯类抗生素有：琥乙红霉素片（利君沙）、罗红霉素分散片（严迪）、罗红霉素胶囊（赛乐林）、阿奇霉素胶囊、阿奇霉素颗粒（泰力特）、阿奇霉素干混悬剂（希舒美）、阿奇霉素分散片（联邦赛乐欣）、阿奇霉素片（维宏）、克拉霉素片（克拉仙）。

4. 四环素类抗生素

四环素类抗生素是由链霉菌产生或经半合成制取的一类碱性广谱抗生素，是快效抑菌剂，在高浓度时也具有杀菌作用。包括金霉素、土霉素、四环素及半合成多西环素、美他环素、米诺环素及地美环素、美他霉素等，均是氢化骈四苯的衍生物。四环素类可分为天然品与半合成品两类。天然品有金霉素、土霉素、四环素和去甲金霉素等，金霉素已被淘汰，去甲金霉素我国不生产，四环素和土霉素较常用。半合成品有多西环素和米诺环素，前者在我国较为常用。

四环素类的抗菌机制主要为与细菌核蛋白体 30S 亚单位在 A 位特异性结合，阻止 AA-tRNA 在该位置上的连接，从而阻止肽链延伸和细菌蛋白质合成。其次，四环素类还可引起细胞膜通透性改变，使胞内的核苷酸和其他重要成分外漏，从而抑制 DNA 复制。

此外，常用的氨基苷类抗生素如庆大霉素、链霉素、卡那霉素、妥布霉素、新霉素等，由于这些抗生素能治疗由革兰氏阴性菌感染的疾病，而被广泛应用于临床。然而，这些药物对肾功能有一定的损害。

6.3 心血管系统药物

心血管系统药物是指作用于心血管系统的药物。心、脑血管疾病是常见的两类严重疾病，其互为因果、密切相关，并相互掩盖或依赖。心血管系统药物主要作用于人体的心脏及血管系统，改进心脏的功能，调节心脏血液的总输出量，或改变循环系统各部分的血液分配。根据用于治疗疾病的类型，一般分为降血脂药、抗心绞痛药、抗高血压药、抗心律失常药、周围血管扩张药、抗休克血管活性药及改善心脑循环药、强心药等七类。

6.3.1 降血脂药

血脂异常主要分为胆固醇升高、甘油三酯（TG）升高以及低密度脂蛋白升高。能降低血浆甘油三酯或降低血浆胆固醇的药物称为降血脂药，又称抗动脉粥样硬化药。动脉粥样硬化及冠心病患者的血脂较正常人高，血浆中的脂质主要是胆固醇、甘油三酯和磷酸，通常与蛋白质结合，以脂蛋白的形式存在。临床上血浆胆固醇高于 230mg/100mL 和甘油三酯高于 140mg/100mL 统称为高脂血症。当血脂长期升高后，血脂及其分解产物将逐渐沉积于血管壁上，并伴有纤维组织生成，使血管通道变窄、弹性减小，最后可导致血管堵塞。降血脂药可以减少血脂的含量，缓解动脉粥样硬化病症状。

降血脂药物主要分为七类：①苯氧芳酸类，主要有非诺贝特、吉非贝齐、苯扎贝特等。苯氧芳酸类药物降血脂作用强，起效快，降甘油三酯的作用比降胆固醇的作用强。②三羟甲基戊二酰-辅酶A 还原酶抑制剂，此类药物有洛伐他汀、辛伐他汀、普伐他汀等。此类药物以降胆固醇为主，降脂作用强，起效快。③烟酸类，主要品种有氧甲吡嗪、烟酸肌醇酯、烟酸戊四醇酯、吡啶甲醇等，降低血清甘油三酯的作用比降低胆固醇强。④多不饱和脂肪酸类，包括各种植物种子油，如橡胶树种子油、月见草籽、水飞蓟种子的油和海鱼的制剂。这类药物有降血脂和降低血液黏度的作用，但作用比较温和。⑤泛硫乙胺，为辅酶 A 的衍生物，有降低血清胆固醇、甘油三酯和升高高密度脂蛋白胆固醇的作用。⑥藻酸双酯钠（PSS），以海藻提取物为原料的类肝素海洋药物，有降低血黏度、扩张血管和降低血脂、升高高密度脂蛋白胆固醇（HDL）水平的作用。主要用于缺血性心脑血管疾病的防治。⑦其他降血脂药物，如银杏类（天保宁），实验证明它能使血清甘油三酯显著降低。

下面介绍氯贝丁酯（clofibrate）的合成方法。氯贝丁酯的化学名称为 2-（4-氯苯氧基）-2-甲基丙酸乙酯，又名安妥明、冠心平、降脂乙酯。其合成一般是以对氯苯酚为原料，与丙酮、氯仿在碱性条件下缩合，再经酸化生成对氯苯氧基异丁酸，最后经乙酯化后即得本品。也可用苯氧异丁酸在无水乙醇中通氯气，同时氯化、酯化制得。合成反应路线如下：

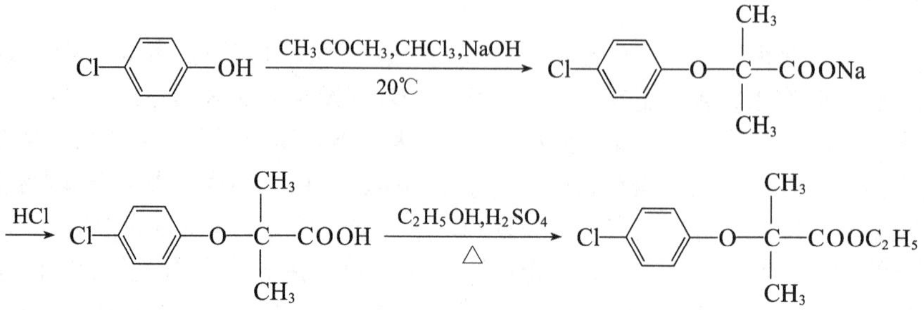

6.3.2 抗心绞痛药

一般认为心绞痛的发作是由心肌急剧的暂时性缺血和缺氧引起的，是冠心病的常见症状。治疗心绞痛的合理途径是增加供氧或降低耗氧。目前已知有效的抗心绞痛药物主要是通过降低心肌耗氧量而达到缓解治疗的目的。抗心绞痛药物可分为如下五类：①硝酸酯、亚硝酸酯类，以硝酸甘油为代表，主要品种有亚硝酸异戊酯、硝酸甘油酯（硝化甘油）、四硝基赤醇酯、硝酸戊四醇酯、尼可雷啶（nicorandil）等；②β阻滞剂，如普萘洛尔等；③钙拮抗剂（calcium antagonist，Ca-A），即钙通道阻滞剂，是一种能抑制钙离子依赖过程的药物，主要有二氢吡啶（DHP）类（如硝苯地平、尼卡地平、尼索地平等）、苯烷基胺类（如维拉帕米）、苯噻䓬类（如地尔硫䓬）、普尼拉明（心可定）、硝苯地平、哌克昔林等；④其他抗心绞痛的药，如吗多明（脉导敏）、双嘧达莫（潘生丁）、卡波罗孟（延通心）等；⑤中草药及其制剂，如丹参、川芎、毛冬青的有效成分等。

1. 地尔硫䓬的合成

地尔硫䓬又名硫氮䓬酮，适用于运动性心绞痛及陈旧性心肌梗死等，其合成路线如下：

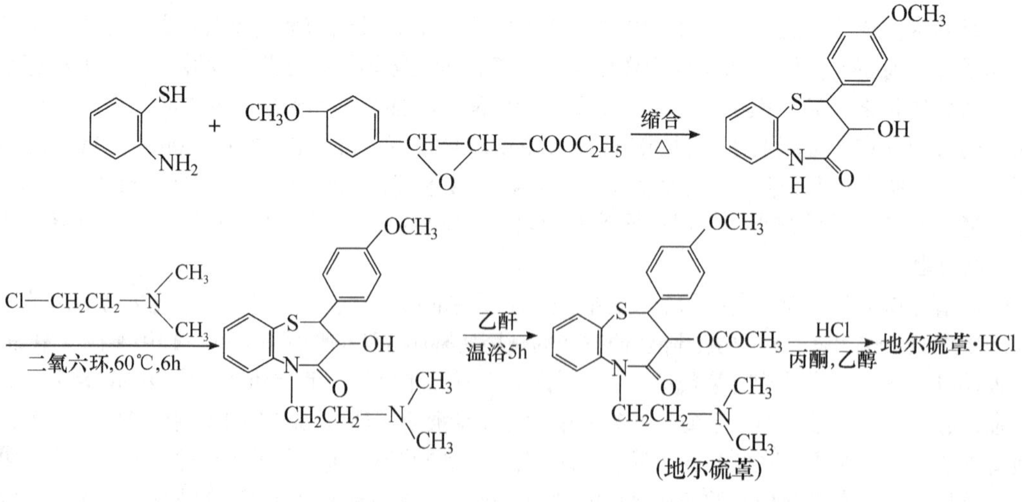

2. 硝基吡啶的合成

硝基吡啶的化学名称为 2,6-二甲基-3,5-二甲酯基-4-（2′-硝基苯）-1,4-二氢吡啶，是一个对称的 1,4-二氢吡啶二羧酸衍生物，可以用一分子邻硝基苯甲醛、二分子乙酰乙酸乙酯和过量的氨水在甲醇中回流得粗品，再经异丙醇重结晶精制而得。合成反应路线如下：

$$\text{邻硝基苯甲醛} + 2CH_3COCH_2COOCH_3 + NH_3 \cdot H_2O \xrightarrow[\text{回流}]{\text{甲醇}} \text{产物}$$

合成中间体邻硝基苯甲醛是以邻硝基甲苯为原料，首先与草酸二乙酯缩合后水解得 2-硝基苯-丙酮酸盐，再经次氯酸钠氯化并与氯仿反应得 2-硝基亚苄二氯，最后用硫酸水解而得。

$$\xrightarrow[\text{(2) }H_2O]{\text{(1) } COOC_2H_5, COOC_2H_5, CH_3CH_2ONa}}$$

$$\xrightarrow[\text{NaOH}]{\text{NaOCl}} \qquad \xrightarrow[H^+]{H_2O}$$

6.3.3 抗高血压药

高血压为最常见的心血管疾病，临床表现为动脉血压升高。抗高血压药物能降低血压，减少脑出血或心肾功能丧失的发生率，从而减少死亡率，并延长寿命。目前用于临床的抗高血压药已有一百多种，这些药可使 95% 以上的高血压患者的血压得到控制，按其药理性质或作用机制可将抗高血压药分为九大类：①中枢肾上腺素能神经阻滞剂，如可乐定（又称氯压定或可乐宁，clonidine）和甲基多巴（methyldopa）等。②神经节阻滞剂，为早期抗高血压药，如美加明、六甲溴铵等。③肾上腺素能神经阻滞剂，如利舍平、胍乙啶等。④肾上腺素能受体阻滞剂，又按阻滞不同的受体分为β受体阻滞剂（如莫托洛尔、阿替洛尔等），α受体阻滞剂（如哌唑嗪等），α、β受体阻滞剂（如柳苄洛尔等）。⑤血管扩张剂，如硝普钠、肼苯哒嗪等。⑥利尿剂，可减少细胞外液容量、降低心排血量，并通过利钠作用降低血压，降压作用较弱，起作用较缓慢，但与其他降压药物联合应用时常有相加或协同作用，常用作高血压的基础治疗。常用的利尿剂按照其降压作用的强弱，分为高效利尿剂（速尿、利尿酸）、中效利尿剂（双氢克尿噻、氯噻酮）、低效利尿剂（安体舒通、氨苯蝶啶）等。⑦钙拮抗剂，如硝苯吡啶、尼群地平、非洛地平、氨氯地平等。⑧血管紧张素转换酶抑制剂，如依那普利、苯那普利等。⑨血管紧张素受体拮抗剂，如氯沙坦、缬沙坦等。

以卡托普利的合成为例，卡托普利的化学名称为 1-（3-巯基-2-D-甲基丙酰基）-L-脯氨酸，其合成由 L-脯氨酸经缩合、酯化、氢化、缩合、成盐及脱盐、水解而制得，合成路线如下：

$$\text{HN}-\text{COOH} \xrightarrow[\text{NaOH,HCl}]{C_6H_5CH_2OCOCl} C_6H_5CH_2OCON-\text{COOH} \xrightarrow[\text{CH}_2Cl_2,H_2SO_4]{\text{异丁烯}}$$

$$C_6H_5CH_2OCON-\text{COOC}(CH_3)_2CH_3 \xrightarrow[\text{乙醇,Pd/C}]{H_2} HN-\text{COOC}(CH_3)_2CH_3 \xrightarrow[\text{CH}_2Cl_2]{CH_3COSCH_2CHCOOH}$$

$$CH_3COSCH_2CHCO-N-\text{COOC}(CH_3)_2CH_3 \xrightarrow[\text{三氟乙酸,乙腈}]{\text{双环己胺}}$$

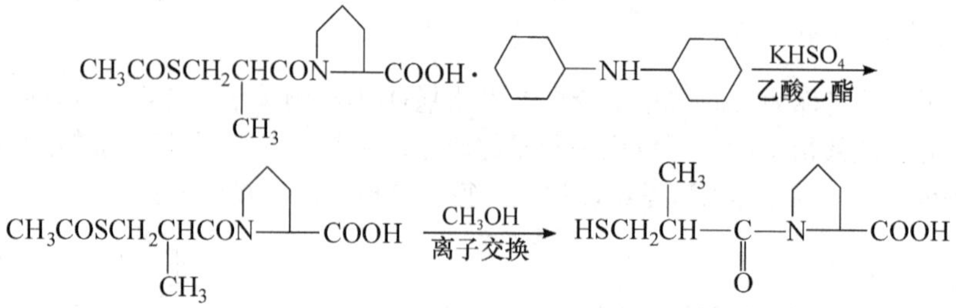

(卡托普利)

6.3.4 抗心律失常药

心律失常分为心动过速型和心动过缓型。心动过缓可用阿托品或异丙肾上腺素治疗。下面主要介绍心动过速型药物。根据药物作用机理一般分为以下四类：

（1）抑制 Na^+ 转运类药物。最早发现的是 20 世纪 30 年代的奎尼丁，其他 I_A 类有双异丙吡胺、缓脉灵、西苯唑啉等；I_B 类有利多卡因、慢心律（美西律）等；I_C 类有氟卡胺、氯卡胺（劳卡胺）和常咯啉（常心定）等。

（2）β-受体阻滞药。常用的有普萘洛尔（心得安）、氟司洛尔、阿替洛尔（氨酰心安）、美托洛尔（甲氧乙心胺）、拉贝洛尔（柳苄洛尔）、吲哚苯酯心胺等。

（3）延长动作电位过程的药物。主要品种有乙胺碘呋酮、N-乙酰普鲁卡因胺等。

（4）钙通道阻滞剂。该类药物已在抗心绞痛药中做过介绍，主要品种有维拉帕米、地尔硫䓬等。

以利多卡因的合成为例。利多卡因也称昔罗卡因，化学名称为 N-（2,6-二甲苯基）-2-（二乙氨基）乙酰胺，临床用其盐酸盐一水合物，主要用于治疗急性心肌梗死、室性心律失常等。通常以间二甲苯为原料制得 2,6-二甲基苯胺，再与氯乙酰氯及二乙胺缩合制得。合成反应如下：

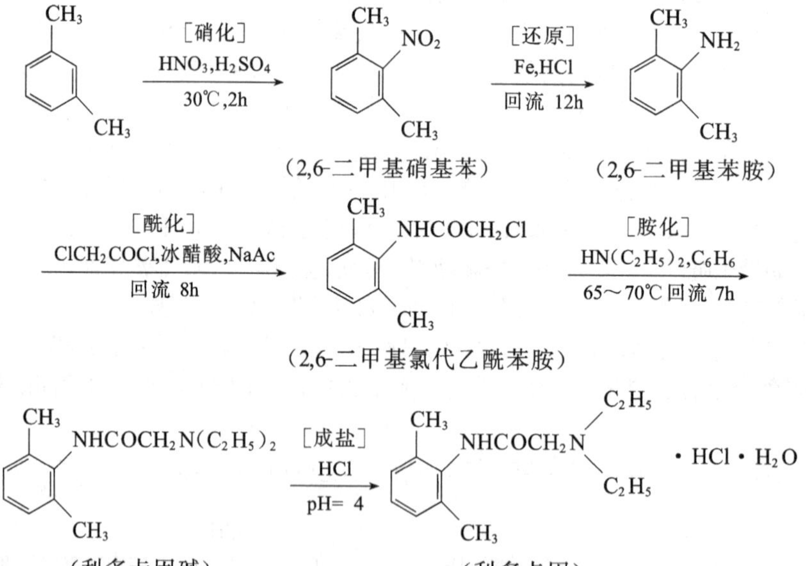

（2,6-二甲基硝基苯）　　　　　　　（2,6-二甲基苯胺）

（2,6-二甲基氯代乙酰苯胺）

（利多卡因碱）　　　　　　　　　（利多卡因）

利多卡因的合成工艺主要经硝化、还原、酰化、胺化和成盐五步。

6.3.5 强心药

强心药又称正性肌力药，即加强心肌收缩力的药。心肌收缩力的严重损害可引起慢性心力衰竭，心脏不能把血液泵至外周部位，无法满足肌体代谢需要。这种充血性心力衰竭（CHF）是一种常见病，寻找治疗 CHF 药物已成为国际上研究的重大课题。该类药物主要是天然强心苷类植物提取物，基本结构是由甾体衍生物的苷元与含有几个分子的糖（如葡萄糖、鼠李糖、洋地黄毒糖）组成。

天然强心苷存在于许多有毒植物中，如洋地黄、铃兰、黄花夹竹桃、福寿草、羊角拗、万年青等。强心苷种类很多，口服较纯的地高辛（异羟基洋地黄毒苷）就是其中的一种，制备工艺方法如下：将毛花洋地黄叶粉加水混合，在 28～35℃ 自行发酵，以促进原生苷全部转化为有效成分，然后加 2%石灰水水解，再用 80%乙醇提取，得到的粗品含有异羟基洋地黄毒苷、羟基洋地黄毒苷和洋地黄毒苷。然后加丙酮溶出洋地黄毒苷，不溶物再加适量 80%热乙醇溶出羟基洋地黄毒苷，不溶的异羟基洋地黄毒苷再用 50%乙醇反复重结晶即得纯品地高辛。

6.4 镇静催眠药和抗精神失常药

6.4.1 镇静催眠药

引起类似正常睡眠状态的药物称为催眠药。催眠药在小剂量时可使服用者处于安静或思睡状态，称为镇静药。当剂量增加到一定量时具有催眠作用。镇静催眠药的作用较广，它有较好的抗焦虑作用，可以改善紧张、焦虑、恐惧等不良情绪，因而也被称为安眠药、抗焦虑药。安眠药有较强的抗惊厥作用，临床上把它作为抗癫痫药物之一，如硝基安定、氯硝安定、安定（地西泮）等。目前常用安全有效的抗焦虑药还有利眠宁、舒乐安定（艾司唑仑）。此外，抗阻胺药、抗精神病（抗精神分裂症）药、镇痛药以及一些中草药也有镇静催眠作用。

镇静催眠药历史古老，种类繁多，迄今已合成两千余种。镇静催眠药物按化学结构大致可分为以下三类：

（1）酰脲及氨基甲酸酯类。酰脲类药物的基本结构为 RCONHCONH$_2$，主要品种有阿达林、苯巴比妥、异戊巴比妥、安眠酮及第三代安眠药佐匹克隆等。

（2）苯二氮草类。苯二氮草类杂环化合物为 20 世纪 50 年代后期发展起来的中枢作用药物，典型品种有利眠宁、安定、氟托西泮、阿普唑仑、依替唑仑等。

（3）水合氯醛、对羟苄醇及其衍生物。水合氯醛[CCl$_3$CH(OH)$_2$]为早期使用的催眠镇静药。中药天麻中的有效成分天麻素系葡萄糖对羟基苯甲醇形成的苷，有较好的镇静催眠作用，现已人工合成。

苯二氮草类药物的合成均以 3-苯-5-氯噁呢（Ⅰ）为原料，合成工艺有相似之处，以安定的合成为例：3-苯-5-氯噁呢（Ⅰ）在甲苯中与硫酸二甲酯作用，生成的 1-甲基-3-苯基-5-氯噁呢甲磺酸盐（Ⅱ），在乙醇中用铁粉还原，得 2-甲氧基-5-氯二苯甲酮（Ⅲ），再在环己烷中与氯乙酰氯酰化，生成的 2-N-甲基-氯乙酰氨基-5-氯二苯甲酮（Ⅳ）在甲醇中与盐酸乌洛托品作用得安定（Ⅴ）。合成反应路线如下：

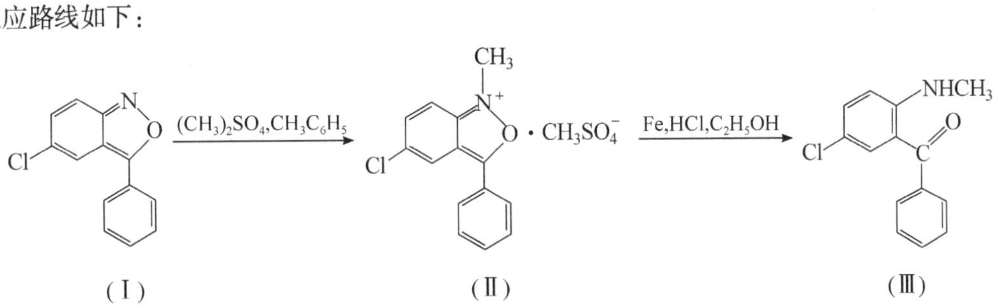

（Ⅰ）   （Ⅱ）   （Ⅲ）

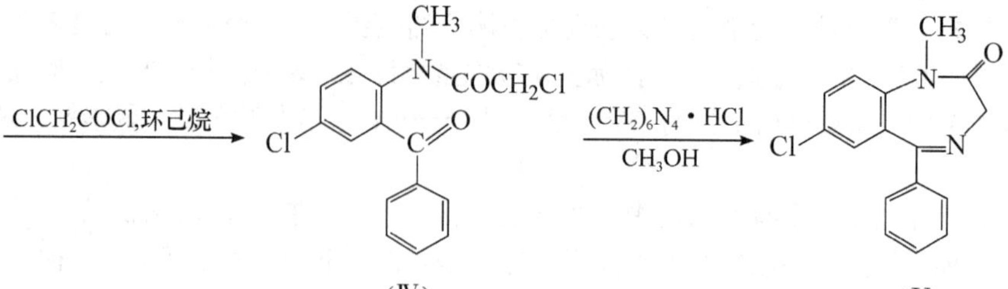

$\xrightarrow{\text{ClCH}_2\text{COCl},环己烷}$ (IV) $\xrightarrow[\text{CH}_3\text{OH}]{(\text{CH}_2)_6\text{N}_4 \cdot \text{HCl}}$ (V)

6.4.2 抗精神失常药

用以治疗各种精神失常疾患的药物，统称为抗精神失常药物。抗精神失常药又分为抗精神病药、抗抑郁药、抗躁狂症药和抗焦虑药等。

1. 抗精神病药

氯丙嗪的发现为精神病的化学疗法开辟了新的领域，但由于其毒副作用大，又相继经结构修饰合成了三氟丙嗪、奋乃静、泰尔登、氟哌噻吨、氯氮平等类似物。丁酰苯类及其衍生物类药物的典型品种有氟哌啶醇、溴哌利多、氟司必林、舒必利（sulpiride）等。下面介绍舒必利的合成方法。

舒必利的化学名称为（R,S）-5-磺酰胺基-N-[1-乙基-（2-吡啶烷基）甲基]-2-甲氧苯酰胺，是以水杨酸为原料，经甲基化得邻甲氧苯甲酸；氯磺化后氨解，得 2-甲氧基-5-磺酰氨基苯酸；再经乙酯化和胺解而得，合成反应如下：

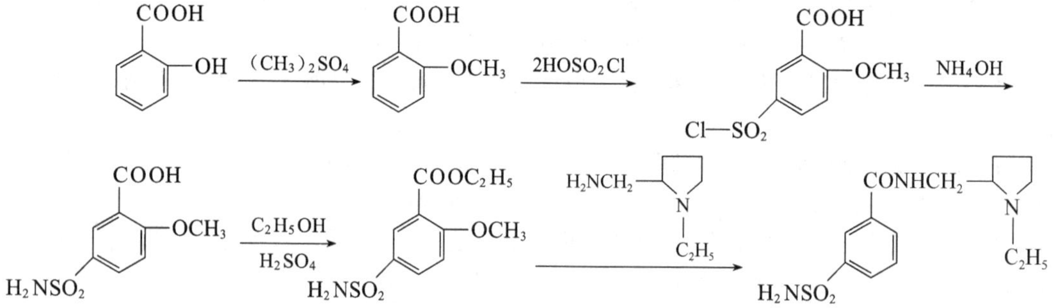

$\xrightarrow{(\text{CH}_3)_2\text{SO}_4}$ $\xrightarrow{2\text{HOSO}_2\text{Cl}}$ $\xrightarrow{\text{NH}_4\text{OH}}$

$\xrightarrow[\text{H}_2\text{SO}_4]{\text{C}_2\text{H}_5\text{OH}}$ $\xrightarrow{}$

2. 抗抑郁药

抑郁症是以情绪异常为主要临床表现的精神疾患，常有强烈的自杀意向及躯体性伴随症状。临床上应用的抗抑郁药可分为去甲肾上腺素重摄取抑制剂（三环类抗抑郁药）、四环类抗抑郁药（马普替林、阿莫沙平等）、单胺氧化酶抑制剂及 5-羟色胺再摄取抑制剂。主要品种有利用生物电子原理合成的丙咪嗪和氯米帕明、盐酸阿米替林（amitriptyline hydrochloride）、氟西汀等。

盐酸阿米替林是对丙咪嗪类结构改造过程中，受硫杂蒽类药物演变过程的启发，采用生物电子等排原理，以碳原子代替二苯并氮杂䓬母核中的氮原子，并通过双键与侧链相连而发现的，是目前效果较好的抗抑郁药。其由[a,b]环庚酮为原料经格氏反应得 5-羟基-5-（3-二甲氨基丙基）二苯[a,b]环庚二烯，再用浓盐酸脱水、成盐即得。合成反应如下：

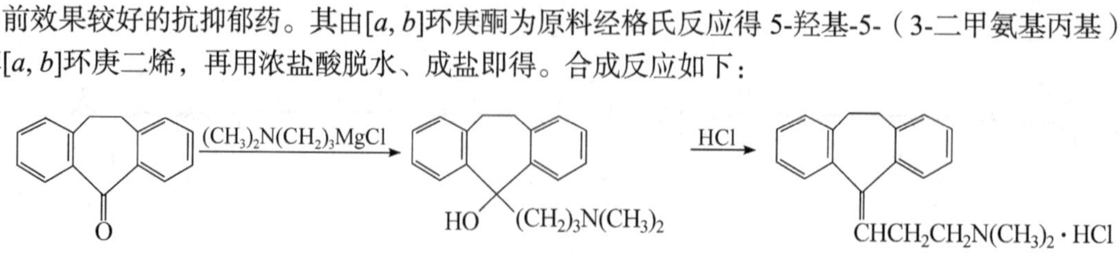

$\xrightarrow{(\text{CH}_3)_2\text{N}(\text{CH}_2)_3\text{MgCl}}$ HO (CH$_2$)$_3$N(CH$_3$)$_2$ $\xrightarrow{\text{HCl}}$ CHCH$_2$CH$_2$N(CH$_3$)$_2$ · HCl

抑郁症是一种典型的心理疾病，导致抑郁症的原因有很多。抑郁症的标准治疗以药物治疗和心理治疗为主。抗抑郁药物治疗虽然是一条必要途径，但不是唯一的方法。还可以通过心理治疗

· 124 ·

加药物治疗，平时尝试排解自己抑郁的心情，积极地进行康复治疗。

3. 抗躁狂症药

躁狂症是指患者的心境极其不稳定、情感高涨、思维奔逸、活动过多的一种情感障碍。躁狂症是一种呈间歇性发作的精神疾病，患者的躁狂症特征不光患者自身可以感觉到，周围人更能发现。一般有遗传病史，性格内向、孤僻、敏感，环境适应能力差，以及受到过精神刺激的人容易患上躁狂症。针对这些病因，要控制或者预防躁狂有一些针对性的办法，有遗传史的必须时刻具备预防意识，警惕病情发作，及时治疗。常用药物有氯丙嗪、氟哌啶醇、氯氮平，一般可口服给药，有明显兴奋症状者可用肌肉注射给药。也可采用锂盐治疗，常用的锂盐制剂是碳酸锂。

6.5 非甾体类抗炎药

解热镇痛抗炎药是一大类药物，能退烧、止疼，大多数还有抗炎、抗风湿作用。平常所说的激素，如氢化可的松、强的松、地塞米松等，即糖皮质激素，其化学结构中含有甾核。解热镇痛抗炎药的抗炎作用和糖皮质激素不同，所以这类药又称为非甾体抗炎药（nonsteroidal antiinflammatory drug，NSAID）。非甾体类抗炎药是通过抑制前列腺素的合成而起作用的，有很多种，包括现在常用的阿司匹林、对乙酰氨基酚（扑热息痛）、吲哚美辛（消炎痛）、萘普酮（萘丁美酮）、双氯芬酸（双氯灭痛）、尼美舒利、罗非昔布、塞来昔布、布洛芬（ibuprofen）、非诺洛芬（fenoprofen）、酮基布洛芬（酮布芬，ketoprofen）、氟苯布洛芬（flurbiprofen）、布替布芬、萘普生（naproxen）、双氯芬酸钠、格拉非宁（glafenine）、吡罗昔康（炎痛喜康）、舒多昔康、伊索昔康、苄达明（炎痛静）等，还包括以前常用但现在已经不主张应用的氨基比林、安乃近、保泰松等。该类药物具有抗炎、抗风湿、止痛、退热和抗凝血等作用，在临床上广泛用于骨关节炎、类风湿性关节炎、多种发热和各种疼痛症状的缓解。

通常习惯按结构将非甾体类抗炎药分为水杨酸类、苯胺类衍生物、吡唑酮类衍生物、3,5-吡唑烷二酮类、邻氨基苯甲酸类、吲哚乙酸类、芳基烷酸与丙酸衍生物类等。

6.5.1 水杨酸类

1898 年合成的乙酰水杨酸（阿司匹林，aspirin）至今仍广泛应用，但对胃黏膜有副作用，因此人们对阿司匹林进行了一系列结构改进，如将它做成盐、酰胺和酯等。典型品种有阿司匹林铝、扑炎痛（贝诺酯）、5-对氟苯基乙酰水杨酸（优司匹林）、赖氨酸阿司匹林等。

乙酰水杨酸为白色针状或片状结晶或结晶性粉末，味微酸。工业生产乙酰水杨酸是以水杨酸和乙酐为原料经酰化反应制备：

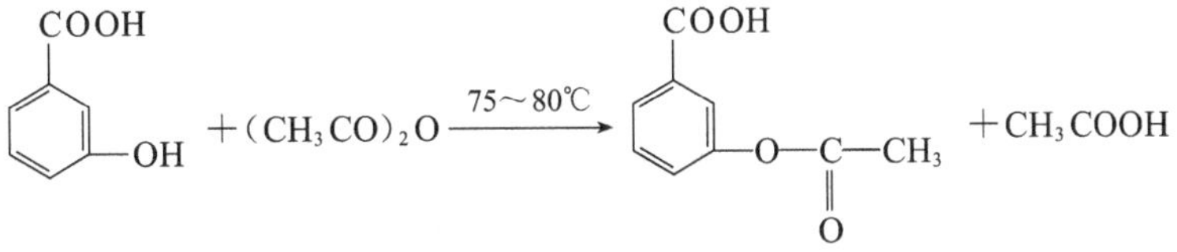

生产工艺流程见图 6-1。

在装有回流冷凝器的搪玻璃酰化釜中，投入上批母液及 221kg 乙酐，在搅拌下加入 280kg 水杨酸，逐步升温至 75～80℃，保温搅拌反应 5h。反应结束后，缓慢冷却至析出结晶。用离心机滤集乙酰水杨酸结晶，并尽量除尽母液，收集母液供下批反应。晶体以冷水洗涤数次，滤干，用气流干燥器干燥、过筛，即得乙酰水杨酸成品。

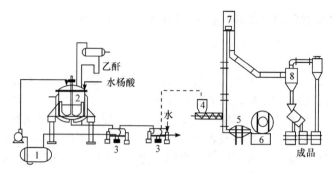

图 6-1 乙酰水杨酸的生产工艺流程

1. 母液储槽；2. 酰化釜；3. 离心机；4. 加料器；5. 加热器；6. 鼓风机；7. 气流干燥器；8. 旋风分离器

6.5.2 苯胺类衍生物

苯胺类衍生物的毒副作用较大，应用不如水杨酸类药物广泛。目前临床应用的主要有扑热息痛，其化学名称为对乙酰氨基酚，产品的合成方法因原料不同而异。原料主要有硝基苯、苯酚、对硝基氯苯等，以硝基苯为原料的合成反应如下：

$$
\underset{\text{(硝基苯)}}{\overset{NO_2}{\bigcirc}} \xrightarrow[\text{或催化氢化}]{\text{电解，铝屑还原}} \left[\underset{\text{(苯胲)}}{\overset{}{\underset{NHOH}{\bigcirc}}}\right] \xrightarrow{\text{Bamberger 重排}} \underset{NH_2}{\overset{OH}{\bigcirc}} \xrightarrow{\text{乙酰化}} \underset{OH}{\overset{HNC-CH_3}{\bigcirc}}
$$

生产工艺流程如下：

对硝基苯、氢气 $\xrightarrow[\text{Pd/C 催化剂}]{\text{10\%稀 }H_2SO_4}$ 还原釜 ⟶ 冷却沉淀 $\xrightarrow{\text{洗涤}}$ 过滤 ⟶ 离心过滤 ⟶ 扑热息痛粗品

6.5.3 吡唑酮类衍生物

吡唑酮类衍生物较多，其中安替比林、氨基比林、安乃近三者应用最广，它们都是 5-吡唑酮的衍生物，所不同的仅是环 4 位上的取代基，结构式如下：

（安替比林）　　　　　（氨基比林）　　　　　　　（安乃近）

上述三个化合物具有基本相同的结构，其中氨基比林与安乃近都是以安替比林为原料经进一步反应而得。该类化合物的合成主要是安替比林的合成。

安替比林的合成目前基本采用苯胺为原料，经重氮化、还原、缩环、甲基化、水解而得，现对其合成步骤分述如下。

（1）苯胺的重氮化。

$$
\underset{}{\overset{}{\bigcirc}}-NH_2 \xrightarrow[63\sim65\text{℃}]{NaNO_2/HCl} \underset{}{\overset{}{\bigcirc}}-N_2^+Cl^-
$$

· 126 ·

（2）重氮盐的还原。由重氮盐还原苯肼可采用的方法有锌粉还原、氯化亚锡还原、电解还原及亚硫酸盐还原等，工业上主要采用亚硫酸盐还原。还原反应一般为两个阶段进行，即冷还原与热还原：

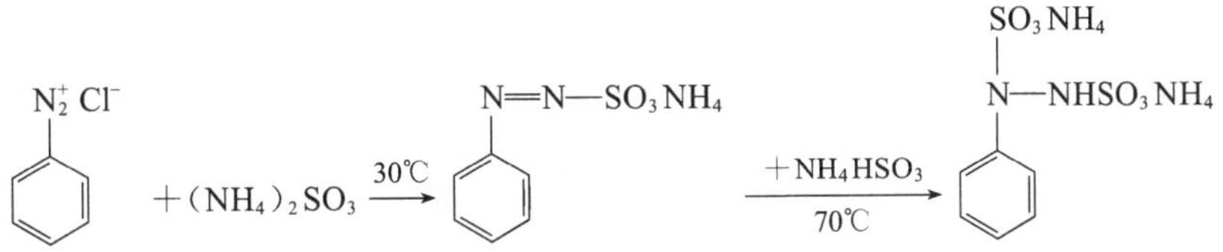

（3）苯肼磺酸铵盐的水解与中和。

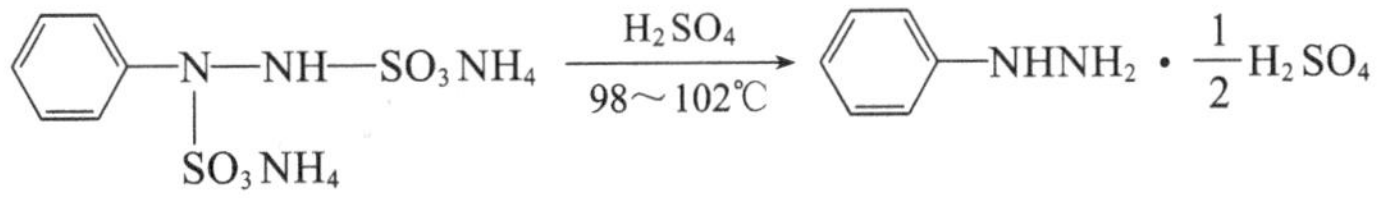

（4）吡唑酮的合成。

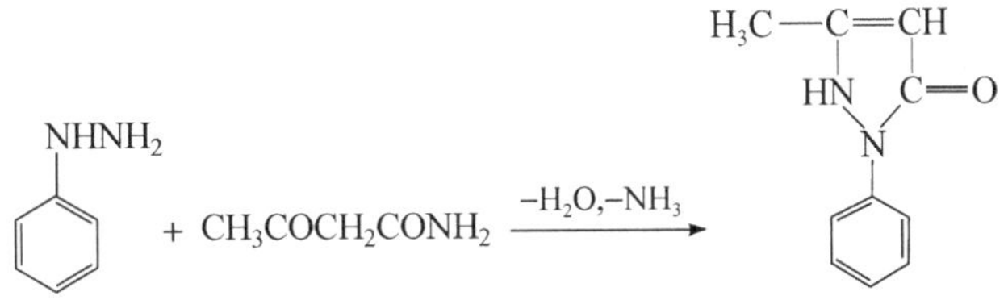

缩合反应在 pH 为 2.5、温度为 58～62℃下进行，乙酰乙酸胺的加料速度应先慢后快，搅拌速度不宜过快，这样能使生成的吡唑酮结晶大，便于结晶的过滤。反应结束后，以液氨调节 pH 至 4.4～4.7，以使吡唑酮完全结晶析出。再以离心机进行离心过滤，得吡唑酮结晶。

（5）甲基化反应。甲基化反应在 150～170℃进行，反应时间约为 6h。甲基化反应的配料比为：吡唑酮∶硫酸二甲酯∶氢氧化钠=1∶1.16∶2.66。

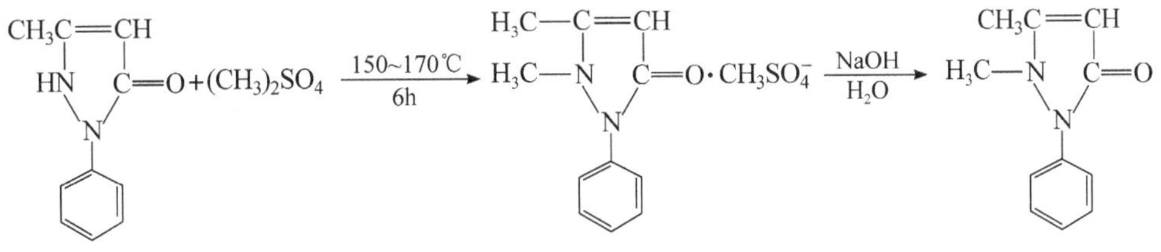

（6）水解。甲基化反应结束后，先加入适量水在 105～110℃水解 2h，然后加入氢氧化钠溶液在 100～105℃水解 3h 并同时回收甲醇。水解结束后静置分层，分出水层，油层即为安替比林。

6.5.4 吲哚乙酸类

吲哚乙酸类非甾体类抗炎药以吲哚美辛（消炎痛）为代表，化学名称为 1-（对氯苯甲酰）-5-甲氧基-2-甲基吲哚-3-乙酸。其合成方法是首先采用甲氧基苯肼（Ⅰ）和乙醛（Ⅱ）反应生成对甲氧苯腙（Ⅲ），再取（Ⅲ）12kg 溶于 30L 吡啶中，低温下滴加对氯苯甲酰氯（Ⅳ）15kg。反应混合物在室温放置 12h，再注入冷水中得 N-（对甲氧基）-N-（对氯苯甲酰）腙（Ⅴ）的粗结晶约 19kg。（Ⅴ）用 50%乙醇水溶液重结晶可得熔点 107～108℃的纯品。再进一步将（Ⅴ）加水水解，可得 N-（对甲氧苯）-N-（对氯苯甲酰）肼（Ⅵ）。取（Ⅵ）9.1kg 加入 50kg 乙酰丙酸（Ⅶ）中，冰浴冷却下通入干燥氯化氢 1.46kg，然后慢慢升温至 76℃，加热 1.5h。放置 12h 后，把反应液加入大量冷水中，可得树脂状物质。该物溶于乙醇或氯仿中，用活性炭或者通过硅胶柱进一步精制后，再用丙酮-水混合剂重结晶，得吲哚美辛（Ⅷ）的针状结晶，熔点 155～162℃。各步的收率均在 80%以上，合成反应路线如下：

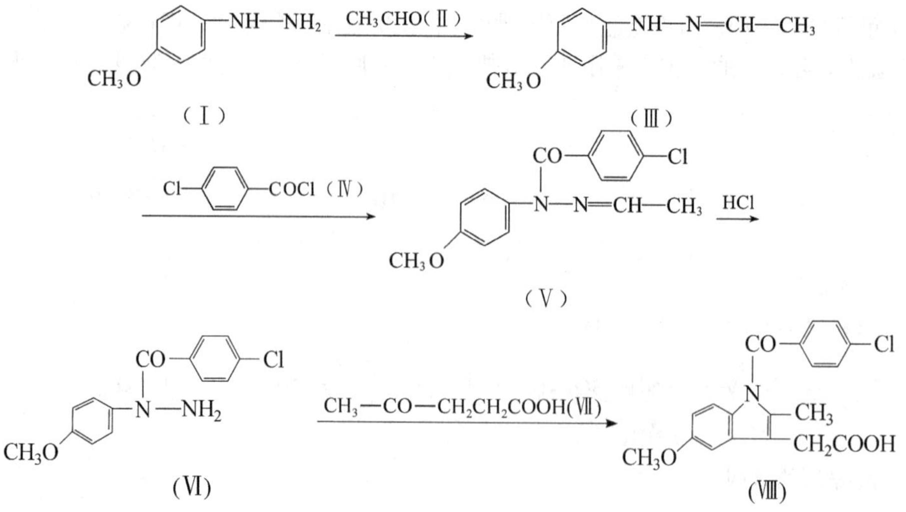

（Ⅰ）

CH₃CHO（Ⅱ）

（Ⅲ）

Cl—〈〉—COCl（Ⅳ）

（Ⅴ）　HCl

（Ⅵ）

CH₃—CO—CH₂CH₂COOH（Ⅶ）

（Ⅷ）

6.5.5 非水杨酸盐类

非水杨酸盐类非甾体类抗炎药的品种较多，包括布洛芬、吲哚美辛、氟比洛芬、苯氧基布洛芬、萘普生、萘丁美酮、吡罗昔康、保泰松、双氯芬酸、酮基布洛芬、酮咯酸、四氯芬那酸、舒林酸、托美丁等，以萘普生合成工艺为例。

根据所用原料的不同，工业上萘普生有三种合成方法。下面主要介绍以 β-甲氧萘为起始原料的合成工艺。

以 β-甲氧萘为原料与乙酰氯反应生成 2-乙酰-6-甲氧萘，再与含硫吗啉一起回流，得硫代酰胺衍生物。再与浓盐酸一起回流后，放至室温，加 NaOH 呈碱性，得 6-甲氧基-2-萘乙酸；酯化后，与碳酸二乙酯作用，用二氯甲烷提取，得 6-甲氧基-2-萘丙二酸二乙酯。再将此中间体与氢化钠、甲醇混合，加碘甲烷，加热回流，用乙二酸中和。用二氯甲烷提取后，加甲醇水解，生成 6-甲氧基-2-萘-α-甲基丙二酸，干燥，在 180℃加热脱羧，即得 6-甲氧基-2-萘-α-甲基乙酸。将此生成物与辛可尼丁（cinchonidine）和甲醇混合进行光学拆分。滤取结晶，即得右旋（D）光学异构体。滤液用稀盐酸调至酸性，用乙醚提取即得左旋（L）光学异构体。合成反应路线如下：

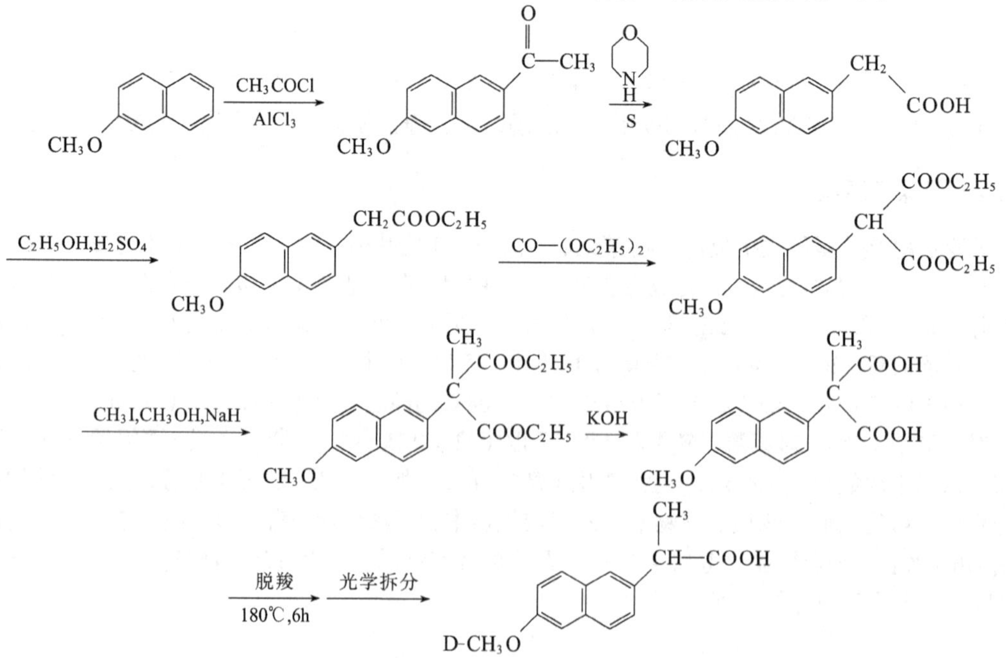

CH₃COCl / AlCl₃

（morpholine, N/H/S）

C₂H₅OH,H₂SO₄

CO—(OC₂H₅)₂

CH₃I,CH₃OH,NaH

KOH

脱羧 180℃,6h　光学拆分

6.6 抗组织胺药

在动物体内，组织酸在组织酸脱羧酶催化下生成组织胺，是人体产生的一种炎性介质。组织胺是一种化学递质，有其形成、释放和作用过程，抗组织胺药也有阻断其形成、释放和作用之分。抗组织胺药就是组织胺受体的阻断药，实际的作用机制为抗组织胺的抗炎药。组织胺必须与组织胺受体作用才能产生效应。目前已知组织胺受体有三个亚型：H_1、H_2 和 H_3 受体。组织胺作用于H_1 受体，引起肠管、支气管等器官的平滑肌收缩，还可引起毛细血管扩张，导致血管通透性增加，产生局部红肿、痒感；组织胺作用于 H_2 受体，引起胃酸增加，而胃酸分泌过多与消化性溃疡的形成有密切关系；H_3 受体的作用尚在研究中。因此，抗组织胺药也可分为组织胺 H_1 受体拮抗剂和 H_2 受体拮抗剂。前者主要作用为抗过敏药，后者主要作用为抗溃疡药。

第一代抗组织胺药，如马来酸氯苯那敏（扑尔敏）、苯海拉明等，有明显的镇静作用和中枢神经不良反应，最常见的是嗜睡和乏力、反应时间延长等，服用这类药物后应避免从事开车、操作精密仪器等工作。另外，此类药物还具有抗胆碱能作用，可引起口干、眼干、视力模糊、便秘、尿潴留等症状，还可能诱发青光眼。因此，前列腺肥大、青光眼、肝肾功能低下者和老年患者应慎用。第二代抗组织胺药，副作用很少，几乎无明显的抗胆碱能作用和镇静作用，常用的药物有西替利嗪、氯雷他定、咪唑斯汀、依巴斯汀等。但近期研究发现阿司咪唑（息斯敏）和特非那定（敏迪）可能导致少见的、严重的心脏毒性，会引起致命性心律失常。当与酮康唑、伊曲康唑和红霉素合用时会加重上述不良反应，故应避免同时使用。有严重肝功能损害或潜在心血管疾病的患者也应慎用。第三代抗组织胺药，如地氯雷他定、非索非那定、左西替利嗪等，副作用更轻，与红霉素、酮康唑等合用也不会产生心脏毒性。

抗组织胺药按化学结构分类，可分为六类：①单乙醇胺类，如苯海拉明、多西拉敏、司他斯汀；②烷基胺类，如马来酸氯苯那敏、曲普利啶（克敏）；③乙二胺类，如芐吡二胺、美沙吡林；④吩噻嗪类，如异丙嗪、美喹他嗪；⑤哌嗪类，如羟嗪、去氯羟嗪、西替利嗪、左西替利嗪；⑥哌啶类，如赛庚啶、氯雷他定、依巴斯汀、咪唑斯汀、非索非那定、氮草斯丁。

6.6.1 抗过敏药

以目前常用的扑尔敏的合成为例。扑尔敏的化学名称为 N,N-二甲基-γ-（4-氯苯基）-2-吡啶丙胺顺丁烯二酸盐，是一种白色结晶性粉末，具有升华性，且升华物有特殊晶形。其合成方法是以 2-甲基吡啶为原料，四氯化碳为溶剂，在光照下通氯气进行氯化，生成的 2-氯甲基吡啶在盐酸中与苯胺缩合，生成 2-对氨基芐基吡啶，重氮化后，以氯化亚铜为催化剂，得 2-对-氯芐基吡啶，在甲苯中以钠氨为缩合剂和溴代乙醛缩二乙醇缩合，生成 1-对-氯苯-1-（2-吡啶）-丙醛缩二乙醇，再用二甲基甲酰胺进行缩合，最后在无水甲苯中与顺丁烯二酸的丙酮溶液成盐即得。合成反应路线如下：

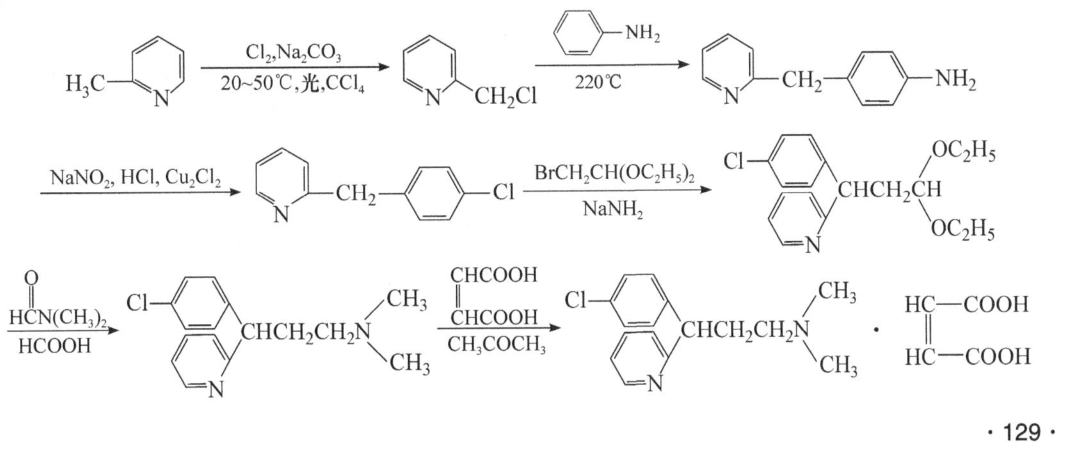

6.6.2 抗溃疡药

消化性溃疡的基本原因是胃液分泌过多，相对超过了胃分泌的黏液对胃的保护能力和十二指肠液中和胃酸的能力。含有胃蛋白酶的低 pH 的盐酸胃液使胃壁自身消化，而正常情况下，胃是不会自身消化的。胃壁细胞分泌盐酸是由于组织胺、乙酰胆碱或胃壁素刺激胃壁细胞膜上相应的受体。根据抑制胃酸分泌的机理，抗溃疡药分为 H_2 受体拮抗剂、质子泵抑制剂、前列腺素三类。

1. H_2 受体拮抗剂

H_2 受体拮抗剂主要有咪唑类（如西咪替丁、米芬替丁）、呋喃类（如雷尼替丁）、噻唑类（如法莫替丁）、哌啶甲苯类（如罗沙替丁）和吡啶类（如依可替丁）等五类。其中，1975 年由 Black 成功研制西咪替丁，产品的开发和应用使 Black 荣获 1988 年诺贝尔生理学或医学奖。

西咪替丁（甲氰咪胍，cimetidine）的合成方法是以乙酰乙酸乙酯用二氯亚砜氯化后与甲酰胺环合得 5-甲基-4-咪唑甲酸乙酯。再在四氢呋喃中用钾硼氢、三氯化铝还原得 5-甲基-4-咪唑甲醇，然后在乙酸中与半胱胺盐酸盐缩合成硫醚化合物，再经与氰亚胺荒酸二甲酯缩合、甲胺取代得西咪替丁。合成反应路线如下：

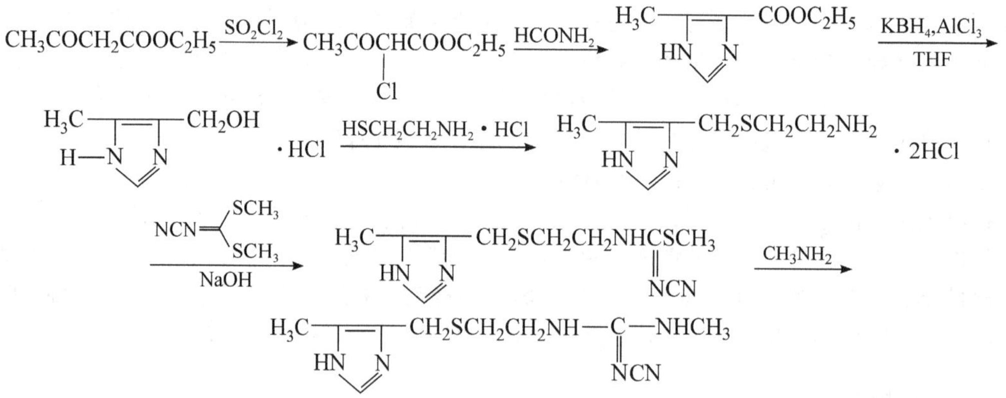

2. 质子泵抑制剂

抑制质子泵（H^+/K^+-ATP 酶）而使胃酸分泌受到抑制的药物称为质子泵抑制剂。质子泵抑制剂是目前治疗消化性溃疡的一种先进药物，能有效、快速地抑制胃酸分泌，消除幽门螺杆菌，从而达到快速治疗溃疡的目的。质子泵抑制剂主要用来抑制胃酸分泌，保护胃黏膜，在临床上广泛应用于糜烂性胃炎、急性胃炎、慢性胃炎、胃溃疡，甚至胃癌、反流性食管炎等疾病的治疗，其对于杀灭幽门螺杆菌也有效果。可以联合两种抗生素，以及果胶铋剂，对于有幽门螺杆菌感染的患者，起到联合用药，控制杀灭幽门螺杆菌的作用。该药物的作用机制主要是抑制氢钾三磷酸腺苷酶，含有吡啶环、硫酸基团和苯并咪唑环三个结构部分。目前质子泵抑制剂大多是苯并咪唑衍生物，通过对吡啶环或苯并咪唑环的不同修饰，以抑制胃酸。这种药物种类繁多，典型品种有兰索拉唑、奥美拉唑胶囊、泮托拉唑等。其中，兰索拉唑的合成反应路线如下：

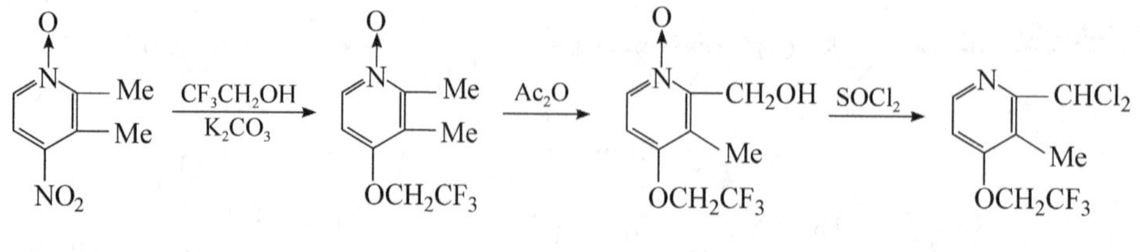

$$\xrightarrow[\text{NaOCH}_3/\text{CH}_3\text{OH}]{} \qquad \xrightarrow{m\text{-ClC}_6\text{H}_4\text{CO}_3\text{H}}$$

3. 前列腺素

此外，前列腺素（prostaglandins，PG）首先是从人体的前列腺液体中发现的，20世纪50年代瑞典人分离并确定了它的结构。经研究发现 PG 的多种类似物不仅能抑制胃酸分泌，而且作用强、持效久、选择性高、副作用小，还有保护黏膜的作用。PG 有多种类型，目前主要为 E 型，包括 E_1 和 E_2 型类似物。PG 可采用不饱和 C_{26} 三元酸经酶催化合成。1985 年后陆续上市的主要品种有米索前列醇、奥诺前列素、罗沙前列醇等。

6.7 抗病毒药与抗感冒药

抗病毒药物

6.7.1 病毒及病毒引起的疾病

病毒是病原微生物中最小的一种，其结构简单，只含有一种核酸（核糖核酸 RNA，或脱氧核糖核酸 DNA），外壳是蛋白质，不具有细胞结构。大多数病毒缺乏酶系统，不能单独进行新陈代谢，必须依赖宿主的酶系统才能生存繁殖（复制）。抗病毒药物必须能够高度选择性地作用于细胞内病毒的代谢过程，并对宿主细胞无明显损害。

病毒的分类：从遗传物质分类，分为 DNA 病毒、RNA 病毒、蛋白质病毒（如朊病毒）；从病毒结构分类，分为真病毒（euvirus，简称病毒）和亚病毒（subvirus，包括类病毒、拟病毒、朊病毒）；从寄主类型分类，分为噬菌体（细菌病毒）、植物病毒（如烟草花叶病毒）、动物病毒（如禽流感病毒、天花病毒、HIV 等）；从性质分类，分为温和病毒（HIV）、烈性病毒（狂犬病毒）。

冠状病毒在系统分类上属套式病毒目（*Nidovirales*）冠状病毒科（*Coronaviridae*）冠状病毒属（*Coronavirus*）。冠状病毒最先是 1937 年从鸡身上分离出来的，病毒颗粒的直径为 60～200nm，平均直径为 100nm，呈球形或椭圆形，具有多形性。病毒有包膜，包膜上存在棘突，整个病毒像日冕，不同的冠状病毒的棘突有明显的差异。在冠状病毒感染细胞内有时可以见到管状的包涵体。冠状病毒感染在世界各地极为普遍，其中的一个变种是引起非典型肺炎的病原体。到目前为止，大约有 15 种不同冠状病毒株被发现，能够感染多种哺乳动物和鸟类，有些可使人发病。

冠状病毒引起的人类疾病主要是呼吸系统感染（包括严重急性呼吸综合征，SARS）。该病毒对温度很敏感，在 33℃时生长良好，但 35℃就使之受到抑制。由于这个特性，冬季和早春是该病毒疾病的流行季节。冠状病毒是成人普通感冒的主要病原之一，儿童感染率也较高，主要是上呼吸道感染，一般很少波及下呼吸道。另外，还可引起婴儿和新生儿急性肠胃炎，极少数情况下也会引起神经系统综合征。

2019 新型冠状病毒（2019-nCoV）是目前已知的第 7 种可以感染人的冠状病毒，其余 6 种分别是 HCoV-229E、HCoV-OC43、HCoV-NL63、HCoV-HKU1、SARS-CoV（引发严重急性呼吸综合征）和 MERS-CoV（引发中东呼吸综合征）。

据不完全统计，人类的传染病中病毒性疾病高达 60%～65%，病毒性疾病已成为当前严重危害人类健康的一类疾病。最常见的病毒性疾病包括流感、麻疹、水痘、呼吸道病毒感染、流行性腮腺炎、脊髓灰质炎、病毒性肝炎、狂犬病、流行性出血热以及死亡率极高的艾滋病等。目前病毒性疾病总体来讲没有特效药，现在大部分病毒疾病都需要对症支持治疗，只有少数的抗病毒药用于病毒性疾病，应以预防为主。例如，流行性感冒病毒简称流感病毒，是一种造成人类患流行性感冒的 RNA 病毒，它会造成急性上呼吸道感染，并借由空气迅速地传播，在世界各地常会有周期性大流行。此外在人类出现的各种流感中，易感人群多是儿童，所以更需要儿童流感的防治。

抗病毒中药以抗流感病毒药物最多，如常用的金银花、连翘、板蓝根等，其有效成分在防治某些病毒性疾病方面已取得较好的效果，但尚需深入研究开发。

6.7.2 抗病毒药

国内抗病毒药物可分为以下几类：抗 HIV 药物，包括依非韦伦等 8 个产品；抗疱疹病毒药物，包括 5 个洛韦类产品及膦甲酸钠和阿糖腺苷；抗乙（丙）肝药物，包括拉米夫定和 α 干扰素；抗流感药物，包括奥塞米韦、复方金刚烷胺和金刚乙胺；广谱抗病毒药，包括利巴韦林、吗啉双胍、溶菌酶和聚肌胞等。从分子结构看，投放市场的主要有核苷类（如碘苷、三氟胸苷、阿糖腺苷）、开环核苷类（如无环鸟苷、丙氧鸟苷）、金刚烷胺类（如金刚烷乙胺）、酞丁胺、异丙肌苷等。其中典型品种无环鸟苷的合成方法简述如下。

鸟嘌呤（Ⅰ）与硅烷化试剂在高温和无水条件下反应 3～5h 得硅烷化保护的鸟嘌呤（Ⅱ）。（Ⅱ）与乙酰氧乙氧卤代甲烷（Ⅲ）在 9 位烷基化后，经乙醇脱保护基得 9-乙酰氧乙氧甲基鸟嘌呤（Ⅳ），水解，在水中或水-乙醇中结晶即得无环鸟苷（Ⅴ）。合成反应路线如下：

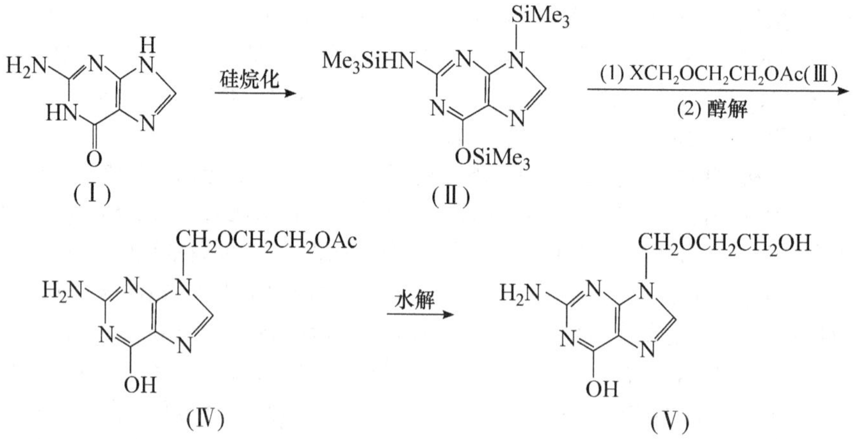

6.7.3 抗感冒药

感冒主要分为两种类型，即流行性感冒和普通感冒。感冒是常见病、多发病。治疗感冒目前尚没有特效方法，主要是对症治疗、抗病毒治疗和免疫调节治疗，并发细菌感染时可选用抗菌药物治疗。目前国内常用的西药抗感冒药物主要有康必得、帕尔克、白加黑、尼克、臣功再欣、力克舒、新康泰克、感冒通、感康、严迪感冒片、日夜百服宁、泰诺感冒片、海王银得菲、泰克、速效感冒胶囊、速效感冒片、丽珠感乐、小儿感冒片等；中药抗感冒药有板蓝根、维 C 银翘片、感冒清片和胶囊、感冒清热冲剂、感冒冲剂、三九感冒灵、羚羊感冒片、抗病毒冲剂、夏桑菊冲剂等。

抗感冒药一般是复方制剂，主要有三种类型：西药复方制剂、中西药组成的复方制剂、中药复方制剂。例如，新康泰克是纯西药复方制剂（含伪麻黄碱和氯苯那敏）；维 C 银翘片是中西药组成的复方制剂（含金银花、连翘、桔梗、扑热息痛、维生素 C）；感冒清热冲剂就是纯中药的复方制剂（含荆芥穗、桔梗、柴胡、苦杏仁等）。

感冒用药并不是千篇一律，应根据不同类型的感冒选择合适的药物，避免误用或重复使用。根据感冒症状及发病季节合理用药，基本原则如下：

（1）对发热、头痛、肌肉痛、咽喉痛的患者可选用含对乙酰氨基酚、双氯芬酸和布洛芬等解热镇痛的抗感冒药。

（2）流泪、流鼻涕、打喷嚏等症状较重的患者可选用含有抗组织胺剂、伪麻黄碱药物。

（3）咳嗽症状较重者可选用含有右美沙芬的药物，该药对咳嗽中枢和外周有双重性镇咳作用。

（4）季节不同，感冒的原因不同，出现的症状不同，用药自然也不同。冬季感冒主要以头疼发热、鼻塞流涕、打喷嚏为主，西药可选用解热镇痛药（如康必得、白加黑、感康、新康泰克等）；服用中药应辨证用药，风寒感冒（轻度发热、头疼、痰稀不口渴）可选用感冒冲剂、荆防冲剂等；风热感冒（发热明显、汗出不畅、头疼、流黄鼻涕、口渴）可选用桑菊感冒片、维 C 银翘片、柴胡口服液等。夏季感冒是因为湿热淤积体内的同时突然着凉，反射性引起鼻子和喉咙的一时性缺血，有头昏脑涨、心烦口渴、四肢无力、恶心呕吐、小便少等中暑症状，除西药对症治疗外，中医辨证为暑湿感冒，可选用十滴水、藿香正气胶囊等。

6.8 抗 癌 药 物

6.8.1 抗癌药物的研发与分类

肿瘤（neoplasm）指体内细胞在驱动因素和致病因素的作用下，在人体内发生的新生物，分为良性肿瘤和恶性肿瘤。良性肿瘤指在人体内无浸润和转移的肿瘤，恶性肿瘤指在人体内可发生浸润和转移的肿瘤。因此，癌症肯定是肿瘤，是一种恶性肿瘤，但肿瘤不一定是癌症。恶性肿瘤或癌症的治疗方法有外科手术、放射治疗、化学药物治疗和免疫治疗等。抗癌药物（anticancer drug）与抗肿瘤药物（anti-tumor drug）并不是完全相同，但人们经常混用。

癌症是人类健康的三大杀手之一，寻找有效的抗肿瘤药物和方法是世界医学与相关学科面临的重要课题。根据国际癌症研究机构（International Agency for Research on Cancer，IARC）预计，未来癌症发病人数将以年均 3%~5%的速度递增。近年来，随着人们生活方式的改变以及环境污染的加剧，癌症的发病率呈逐年上升的趋势，目前城市中癌症死亡人数已经占到居民死亡总数的25%，农村为 21%。癌症患者年轻化的趋势也比较明显。另外，根据世界卫生组织（World Health Organization，WHO）统计，全世界有 60%的人死于癌症、糖尿病、心血管疾病、慢性呼吸系统疾病这四大类疾病，而癌症则是最主要的死因之一。鉴于当前癌症的严峻形势，加之尚无真正特效的药物或疫苗问世，使得探索和开发新型、廉价、安全和有效的抗癌药物成为当前亟待拓展的一个领域。

近年来，分子肿瘤学、分子药理学的发展使肿瘤本质逐步被阐明。大规模快速筛选、组合化学、基因工程等先进技术的发明和应用加速了抗癌药物的开发进程，使其研究与开发进入了一个崭新的时代。当今抗肿瘤药物的发展战略有以下几点：①以占恶性肿瘤 90%以上的实体瘤为主攻对象，大规模快速筛选抗癌药物活性分子；②从天然产物中寻找活性成分，或经化学修饰提高活性；③针对肿瘤发生发展的机制，寻找新的分子作用靶点（酶、受体、基因等）；④新技术的导入和应用：组合化学、结构生物学、计算机辅助设计、基因工程、DNA 芯片、药物基因组学（功能基因组学与药理学结合）等。

癌症的治疗中，药物治疗是一个很重要的环节，有效抗癌药物的使用可以帮助患者获得更长的生存时间，最为常见的抗癌药物有化疗药物、中药、生物制药、靶向药物等。基因重组技术的发展促进了基因工程蛋白质药物的蓬勃发展，蛋白质癌症药物的发展也随新技术的开发而进入了新时代，其中成功研发上市的药物有细胞激素类药物、治疗用拟人单株抗体等。

抗癌药物按化学结构和作用原理可分为细胞毒类药物（如铂类化合物，顺铂、卡铂和草酸铂等；烷化剂）、抗代谢药、金属络合物抗肿瘤药、生物反应调节剂、抗癌抗生素、植物提取药、激素类、新型分子靶向抗癌药物等种类。较为畅销的品种除紫杉醇、多西他赛（docetaxel）外，还有吉西他滨（gemcitabine）、托泊替康（topotecan）和泰索帝（taxotere）等许多品种。

6.8.2 烷化剂

烷化剂是作用于 DNA 化学结构的抗癌药物，主要包括氮芥类（如盐酸氮芥、环磷酰胺、氮甲、瘤可宁）、乙烯亚胺类（如六甲蜜胺、噻替哌）、磺酸酯及卤代多元醇类（如白消安、二溴甘露醇）、亚硝基脲类（如卡莫司汀、牛磺莫司汀）等四类。下面介绍环磷酰胺的合成原理与工艺方法。

环磷酰胺的化学名称为 N, N-双-（β-氯乙基）-四氢-2H-1, 3, 2-氧氮磷六环-2-胺-2-氧化物—水合物，又名癌得星。合成反应路线如下：

$$\text{(HOCH}_2\text{CH}_2)_2\text{NH} \xrightarrow{\text{POCl}_3, \text{C}_5\text{H}_5\text{N}} (\text{ClCH}_2\text{CH}_2)_2\text{N}-\text{P}(=\text{O})\text{Cl}_2 \xrightarrow[\text{(C}_2\text{H}_5)_3\text{N}, \text{ClCH}_2\text{CH}_2\text{Cl}]{\text{H}_2\text{NCH}_2\text{CH}_2\text{CH}_2\text{OH}}$$

$$(\text{ClCH}_2\text{CH}_2)_2\text{N}-\text{P} \xrightarrow{\text{H}_2\text{O}} (\text{ClCH}_2\text{CH}_2)_2\text{N}-\text{P} \cdot \text{H}_2\text{O}$$

合成方法：二乙醇胺在无水吡啶中与过量的三氯氧磷反应，同时进行氯化和磷酰化，直接转化为氮芥磷酰二氯。再在二氯乙烷中以三乙胺为催化剂，与 3-氨基丙醇缩合后即成油状无水物。加一定量的蒸馏水，成水合物即得成品。

6.8.3 抗代谢抗肿瘤药

抗代谢药主要干扰 DNA 合成所需要的叶酸、嘌呤、嘧啶核苷酸途径，抑制肿瘤细胞的存活和复制必不可少的代谢途径而起抗肿瘤作用。该类药物主要分为嘧啶类（如氟尿嘧啶、去氧氟尿苷、优福定）、嘌呤类（如 6-巯基嘌呤、硫鸟嘌呤）、叶酸类（如甲氨蝶呤、甲酰四氢叶酸钙）等三类。其中，典型品种氟尿嘧啶的合成方法阐述如下。

氟尿嘧啶的化学名称为 5-氟-2, 4（1H, 3H）-嘧啶二酮，具有酮式与烯醇式互变异构。其合成反应路线如下：

$$\text{ClCH}_2\text{COOC}_2\text{H}_5 + \text{KF} \xrightarrow{\text{CH}_3\text{CONH}_2} \text{FCH}_2\text{COOC}_2\text{H}_5 \xrightarrow[\text{,10}\sim\text{20℃}]{\text{CH}_3\text{ONa}, \text{HCOOC}_2\text{H}_5}$$

（氟化丙醛酸乙酯烯醇型钠盐）

$$\xrightarrow[\text{CH}_3\text{ONa}, \text{CH}_3\text{OH}]{(\text{CH}_3\text{S}-\text{C}(=\text{NH})\text{NH}_2)_3 \cdot 1/2\text{H}_2\text{SO}_4}$$

$$\xrightarrow[\text{(2) NaOH, H}_2\text{O}_2]{\text{(1) HCl, H}_2\text{O}} + \text{CH}_3\text{SH}$$

合成工艺：首先加热熔融乙酰胺，温度为 145℃，再加入氟化钾和氯乙酸乙酯，升温至 145～160℃进行反应，得氟乙酸乙酯。将此中间体滴入有甲醇钠、甲苯与甲酸乙酯的反应液中，控制温度在 10～25℃进行缩合反应。缩合物与甲醇、甲醇钠和硫酸甲基异硫脲汽浴加热回流，66～67℃反应 6h，加水过滤，滤液用盐酸调 pH 为 3～4，得到 2-甲硫基-4-羟基-5-氟嘧啶。再在盐酸中水解，加热回流后，用冷水洗至弱酸性，稀碱中和至中性并用过氧化氢氧化得成品。

6.9 其他合成药物

6.9.1 麻醉药物

麻醉药物可使中枢神经系统的活动处于有选择性的、可逆性的抑制状态，使意识、感觉和反射消失、肌肉松弛，处于嗜睡或睡眠状态，以适应外科手术的进行。麻醉药分为全身麻醉药（全麻药）和局部麻醉药（局麻药），全麻药又分为吸入全麻药和静脉麻醉药。全麻药物主要有三类：镇痛类药物如芬太尼、舒芬太尼、瑞芬太尼、安氟烷、七氟烷、异氟烷、地氟烷等；镇静类药物如丙泊酚、咪达唑仑等；肌肉松弛药物如琥珀胆碱等，包括去极化、非去极化、短效、长效等药物。局麻药物主要有盐酸普鲁卡因、利多卡因、丁卡因、布比卡因、盐酸辛可卡因等。下面以盐酸普鲁卡因为例，说明该类药物的合成工艺方法。

盐酸普鲁卡因又名奴佛卡因，化学名称为对氨基苯甲酸-β-二乙胺基乙酯盐酸盐。盐酸普鲁卡因的合成方法较多，其主要区别在于引入二乙胺基乙醇的方式上。目前引入方式主要有先酯化后氨解法、酯交换法、直接酯化法三种。直接酯化法生产盐酸普鲁卡因的工艺流程见图 6-2。合成反应路线如下：

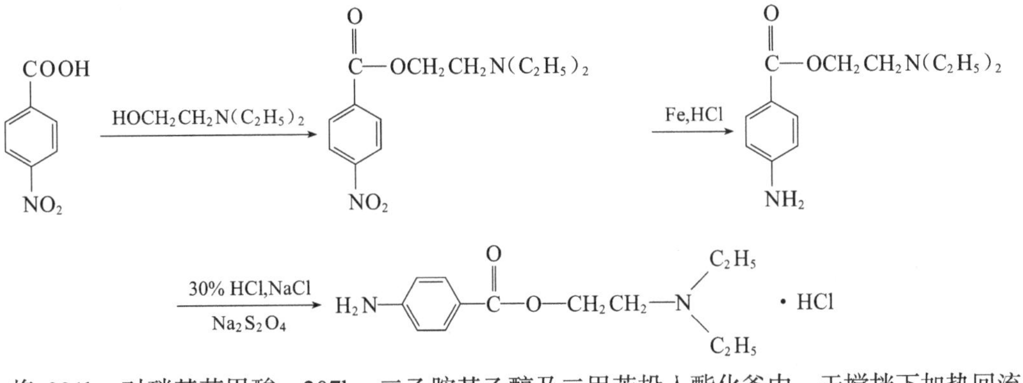

将 331kg 对硝基苯甲酸、207kg 二乙胺基乙醇及二甲苯投入酯化釜中，于搅拌下加热回流反应，在反应中蒸出二甲苯与水的共沸物，共沸物经冷凝分出其中的水后，二甲苯再循环回酯化釜中。酯化完毕后减压蒸去二甲苯，然后将反应液抽入放有 6%盐酸液的酸化桶中进行成盐反应。过滤，滤液加水稀释到含盐酸硝基卡因 11%～12%。然后，将混合罐中的盐酸硝基卡因用 NaOH 溶液调节 pH 至 3.8～4.2。移入还原釜中，在剧烈搅拌下缓缓加入 285kg 铁粉，升温还原。当还原液中无硝基物反应后还原完毕。过滤除去铁泥，滤液以硫化钠除去溶液中残留的铁离子后，以 $NaHCO_3$ 溶液中和，冷却析出普鲁卡因沉淀，过滤出沉淀，母液供下批继续使用。

将滤出的普鲁卡因结晶放入成盐釜，在搅拌下缓缓加入 30%盐酸，使其全部溶解。料液放入盐析釜，加入 NaCl 盐析，并以保险粉除去色素。加热过滤，滤液冷却结晶得粗品。粗品放入精制釜以蒸馏水溶解，再以保险粉除色素一次后再重结晶一次，过滤、洗涤、干燥即得成品。

6.9.2 血液系统药物

血液循环系统由血液、血管和心脏组成。血液有四种成分：血浆，红细胞，白细胞，血小板。血浆约占血液的 55%，是水、糖、脂肪、蛋白质、钾盐和钙盐的混合物，也包含了许多止血必需的血凝块形成的化学物质。血细胞（包括红细胞、白细胞和血小板）组成血液的另外 45%。任何一处出现问题就会引发血液系统疾病。

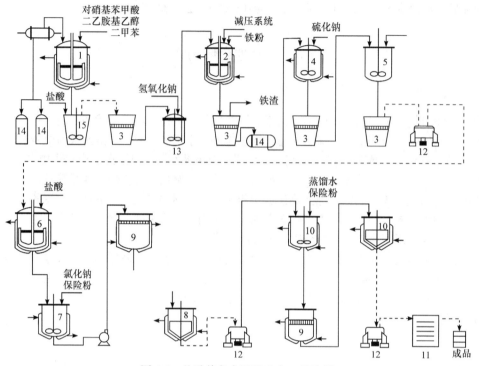

图 6-2　盐酸普鲁卡因的生产工艺流程

1. 酯化釜；2. 还原釜；3. 过滤桶；4. 去铁釜；5. 沉淀釜；6. 成盐釜；7. 盐析釜；8. 结晶釜；9. 过滤釜门；10. 精制釜；11. 干燥器；12. 离心机；13. 混合罐；14. 储槽；15. 酸化桶

血液系统疾病包括：遗传性球形红细胞增多症、骨髓增生异常综合征、蚕豆病（胡豆黄）、过敏性紫癜、原因不明性巨球蛋白血症、血管性假血友病、血友病、继发性血小板减少性紫癜、原发性血小板减少性紫癜、原发性血小板增多症、真性红细胞增多症、嗜酸性粒细胞增多症、白细胞减少症（粒细胞缺乏症）、阵发性睡眠性血红蛋白尿、自身免疫性溶血性贫血、溶血性贫血、地中海贫血、缺铁性贫血、巨幼红细胞性贫血、单纯红细胞再生障碍性贫血、再生障碍性贫血（虚劳）、贫血等。

血液系统药物包括止血药、抗血小板药、促凝血药、抗凝血药及溶栓药、血容量扩充剂、抗贫血药和升白细胞药等，主要品种包括吲哚布芬（indobufen）、达曲班（daltroban）、噻氯匹定（ticlopidine）、奥扎格雷（ozagrel）、伊波格雷（isbogrel）、阿那格雷（anagrelide）、氯吡格雷（clopidogrel）、阿加曲班（argatroban）、西洛他唑（cilostazol）、氯克罗孟（cloricromen）等。以奥扎格雷为例说明如下。

奥扎格雷别名 OKY-046、Cataclot、Xanbon，学名（E）-4-（1-咪唑基甲基）肉桂酸钠。该药物的合成是以对甲基苯甲醛为原料，首先和乙酸酐进行醇醛缩合后脱水，生成 3-对甲苯基丙烯酸，进而乙酯化为 3-对甲苯基丙烯酸乙酯。再以过氧化苯甲酰为引发剂，用 N-溴代琥珀酰亚胺（NBS）将环上的甲基溴化为溴甲基，再和咪唑反应后水解生成奥扎格雷钠。合成反应路线如下：

$$H_3C-\text{苯}-CHO \xrightarrow[CH_3CO_2Na]{(CH_3CO)_2O} H_3C-\text{苯}-CH=CHCO_2H \xrightarrow{C_2H_5OH}$$

$$H_3C-\text{苯}-CH=CHCO_2C_2H_5 \xrightarrow[BzOOBz]{NBS} BrCH_2-\text{苯}-CH=CHCO_2C_2H_5 \xrightarrow[NaH,CH_3CN,15\text{-冠醚}-5]{咪唑}$$

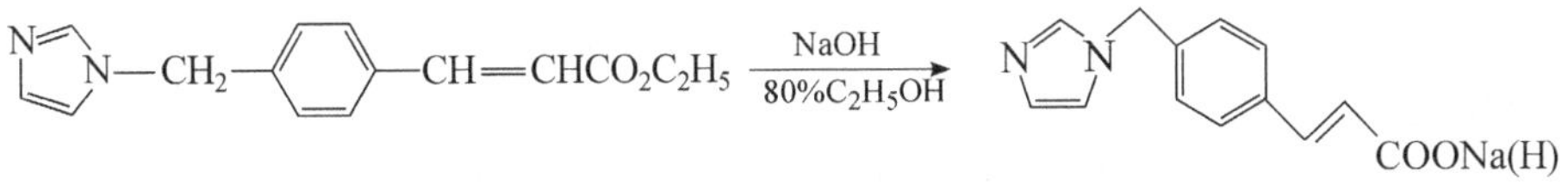

奥扎格雷为强力血栓素合成酶抑制剂。通过抑制血栓素合成酶，降低体内血栓素 A_2（TXA_2），并促进前列环素（PGI_2）的生成，以对抗血小板的聚集和脑血管的痉挛，而对环氧化酶等其他花生四烯酸代谢酶几乎无影响。临床用于蜘蛛网下腔出血术后的脑痉挛以及伴随脑缺血症状，还可用于脑血栓急性期伴随的运动障碍的改善。

6.9.3 解毒药

解毒药指能排除或中和毒物，对抗毒性作用，减弱毒性反应，解除或减轻中毒症状，降低中毒死亡率，以治疗中毒为目的的药物。

随中毒的毒物不同，而有不同的解毒药物，目前还没有一种万能的解毒药。大部分解毒药物只对一部分毒物有效。解毒药物的种类非常多，下面列举一些常用的解毒药物。医用活性炭是比较高效的解毒药物，主要通过吸附而减轻人体对毒物的吸收。乙醇中毒可以用纳洛酮或者纳美芬解毒。安眠药类药物中毒常用氟马西尼解毒。老鼠药中毒常用维生素 K 解毒。氰化物中毒可用硫代硫酸钠、亚硝酸钠两个药物解毒。有机磷中毒以前常用阿托品和解磷定，现在新型的长托宁非常有效。重金属最常见的汞中毒可以用二巯基丙磺酸钠解毒。解毒药也包括有些药物的拮抗剂，可用于这些药物中毒后的解毒，如氢溴酸烯丙吗啡的拮抗药，可用于吗啡、哌替啶等的中毒。

氟马西尼（flumazenil），别名氟马泽尼、Anexate、Flumazepil、Ro-15-1788 等，学名为 8-氟-5，6-二氢-5-甲基-6-氧代-4H-咪唑并[1，5-a][1，4]苯并二氮杂草-3-羧酸乙酯，合成工艺如下。

5-氟靛红在冰醋酸和浓硫酸中，用 30%过氧化氢氧化得黄色固体的 6-氟靛红酸酐，收率 82%。然后和肌氨酸（N-甲基甘氨酸）在二甲亚砜中，于 100℃反应，得化合物（Ⅰ），收率 80%。再在氯仿中，N，N-二甲基苯胺存在下，与三氯氧磷回流。氯化所得化合物（Ⅱ）经处理后，在二甲基甲酰胺中，叔丁醇钠存在下，与氰基乙酸乙酯反应，得氟马西尼，收率 40%，熔点 200～203℃。合成反应路线如下：

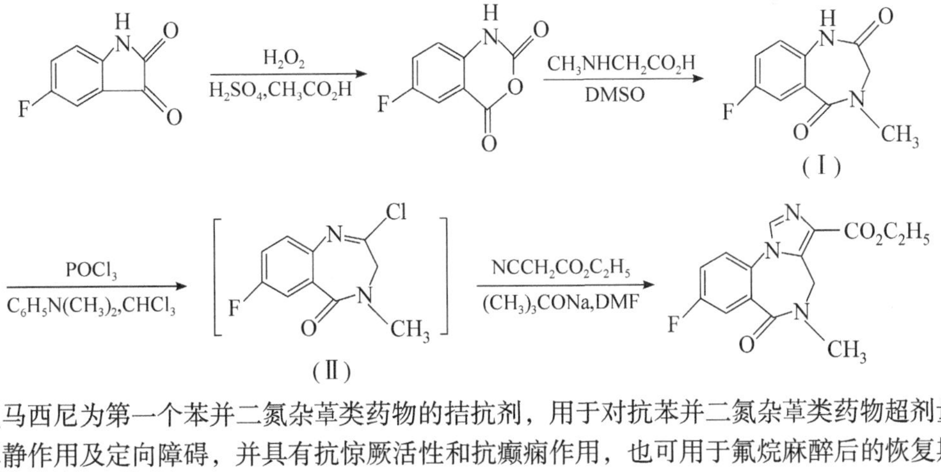

氟马西尼为第一个苯并二氮杂草类药物的拮抗剂，用于对抗苯并二氮杂草类药物超剂量使用后的镇静作用及定向障碍，并具有抗惊厥活性和抗癫痫作用，也可用于氟烷麻醉后的恢复期及因乙醇中毒所致肝硬化的脑病，作为原因不明的神志丧失的诊断药，用以鉴别苯并二氮杂草类及其他药物中毒的脑损伤。

6.10 现代合成新药的研发

新药开发与特色
药物资源利用

现代新药创制是一个系统工程，发现与开发过程中涉及多学科与领域，包括分子生物学、生物信息学、分子药理学、药物化学、计算机化学、药物分析化学、药理学、毒理学、药剂学、制药工艺及计算机等，是诸多学科交叉、高新技术互相渗透的复杂研究体系。这些环节的有机配合可以促进新药研制的质量与速度，使创制的新药更具安全性、有效性和可控性。作为一项涉及多类学科和领域的系统工程，创新药物研究为化学、生物信息学、医药学基因组学、转录组学、蛋白质组学、代谢组学等分别在 DNA、RNA（mRNA）、蛋白质、代谢产物等多个层面为研究新药靶标和发现新药先导物奠定了理论基础，而不断发展和完善的计算机辅助药物设计、组合化学、高通量筛选等则为新药研究提供了强大的技术保证。过去大多随机、偶然和被动的新药发现如今已转变为主动的、以明确目标及靶点为依据的新药发现与开发。如今新药设计与开发有了突飞猛进的发展，创新药物不断问世，为世界精细化工及制药工业带来了蓬勃生机。

6.10.1 新药的定义和类型

新药是指新研制的、临床尚未应用的药物，其化学本质应为新的化合物或称新化学实体（new chemical entity, NCE）、新分子实体（new molecular entity, NME）、新活性实体（new active substance, NAS）等。

由于世界各国新药发展水平、实际应用情况和药政管理要求等方面存在差异，因而各国法规上的新药规定有所不同。美国 FDA 定义新药是一种"新的化合物"，并且"该药的治疗成分从未通过任何成员国或地区的法律认可"。《中华人民共和国药品管理法实施条例》（2019 年修订版）中定义新药为"未曾在中国境内上市销售的药品"，《药品管理法》第四十一条进一步明确"首次在中国销售的药品"，是指国内或者国外药品生产企业第一次在中国销售的药品，包括不同药品生产企业生产的相同品种。国家食品药品监督管理局（2013 年 3 月英文简称改为 CFDA）于 2007 年 10 月 1 日起施行的《药品注册管理办法》进一步明确："对已上市药品改变剂型、改变给药途径、增加新适应证的药品注册按照新药申请的程序申报。"同时规定"改变剂型但不改变给药途径，以及增加新适应证的注册申请获得批准后不发给新药证书；靶向制剂、缓释、控释制剂等特殊剂型除外"。

《药品注册管理办法》将注册药品分为中药及天然药物、化学药品和生物制品三大类，各类药品按其创新程度及独特性再予以不同等级分类。例如，完全创新药物（突破性新药）应具备全新的化学结构或作用靶点，有独特的作用机理和适应证；部分创新药物与已知药物相比，作用相同但化学结构及特点不同，或者化学结构相似但作用有别，如延伸性新药、Me-Too 或 Me-Better 药物；新药还包括改变原有药物应用形式的新剂型、新复方制剂等。

6.10.2 新药的研究过程

新药研究是指新药从实验室发现到上市应用的整个过程，包括新药的发现研究和开发研究，经过靶点的发现与确证、先导化合物的产生与优化、临床前研究和临床研究等具体阶段，如图 6-3 所示。

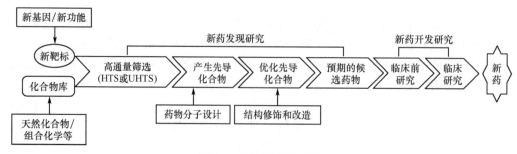

图 6-3　新药的研究过程

新药发现研究以生命科学为基础，依托现代科技创新；新药开发研究则侧重应用价值并强调合法规范。前者是发现和确定候选药物，属于药物化学研究的范畴；后者分为临床前研究和临床研究，目的是验证候选药物安全、有效且质量稳定可控。按照现代新药研究的科学规律及法定程序，可将新药发现与开发过程归纳为四个发展阶段，即新药的发现与筛选、临床前研究及新药研究申请、临床研究及新药申请、新药的上市监测。

6.10.3 新药发现的模式

创新药物研究的关键在于新药的发现，一旦确定候选化合物，其研究目标就已经基本明确，研究方法也就有据可依。但是，新药的发现是不可控的过程，具有极大的随机性。

传统的药物发现过程大致有两种模式。一种是针对疾病作用机理和疾病发生发展过程进行了解，从中找到疾病发生发展过程的某个环节，用来作为药物治疗的靶点。凡是能够改善疾病症状、改变组织器官功能的物质，就有可能发展成为药物，这种模式与药物研究的主要目的相一致，是一个直观有效的方法，而对于机制方面的研究，则是为了进一步认识药物作用进行的扩展工作。另一种是定向筛选发现的药物，包括对治疗特定疾病药物的筛选和特定药物来源物质的筛选。定向筛选通常是采用特定的筛选方法：对特定的样品群包括样品的来源、性质等进行筛选，越大范围筛选，发现高质量药物的可能性越大；选择适当的方法或模型，对大量特定样品进行筛选，是保证定向筛选的关键；对定向筛选的化合物进行结构优化或改造，是获得高质量药物的重要途径。

近年来，新药研发自始至终都遵循着自身规律在提高和前进，但同时困难重重。从美国 FDA 批准新药的数量上可以看出，20 世纪 90 年代初每年二十多个，到后来的每年 30～40 个，此后又持续在每年 20 个左右。可见，研发难度不断提高，发现模式亟待改变。

6.10.4 新药设计的基本原理

安全、有效和可控性是药物需具备的基本属性。在一定意义上，这些属性由药物的化学结构所决定。因此，构建药物的化学结构是创制新药的主要组成部分。药物分子设计（molecular drug design）是指通过科学的构思和理性的策略，构建具有预期药理活性的新化学实体的分子操作，是实现新药创制的主要途径和手段。狭义上来说，药物设计就是新药的发现过程，其研究的内容是药物发现的中心环节——先导化合物的发现与优化，以及所涉及的理论、技术和方法。

创制新药首先应确定防治的疾病，并选定药物作用的靶点。一般而言，病理过程由多个环节构成，当某个环节或靶点被抑制或切断，则可达到治疗的目的，故生物靶点的选择是研究新药的起始。药物作用的生物靶点一般是指能够与生物大分子结合并产生药理效应的生物大分子。这些靶点的种类主要有受体、酶、离子通道和核酸，存在于机体靶器官细胞膜上或细胞质内，且各有其特有的功效，有时也统称为受体，是包括各种激素、神经介质和调节因子、生长因子等在内的内源性物质与细胞上识别部位结合的受点（binding site）。配体（ligand）是能与受体产生特异性结合的生物活性物质，包括体内生物活性物质（激素、神经递质、细胞因子和信息分子）以及外源性的生物活性物质如药物。配基与生物大分子在特定位置结合后，可导致整个受体分子构象改变并产生生理活性，这个结合部位是受体的关键部位（受点）。

1. 药物作用靶点与新药研究

药物靶点是能够与特定药物特异性结合并产生治疗疾病作用或调节生理功能作用的生物大分子或生物分子结构。近几十年的药物发现研究几乎均集中于寻找或设计作用于靶点的高选择性配体药物分子。当前国际上药物研究的竞争主要集中体现在药物靶点的研究上。

研究表明，蛋白质、核酸、酶、受体等生物大分子不仅是生命的基础物质，也是药物的作用靶点。迄今已发现作为治疗药物靶点的总数近 500 个，这里不包括抗菌、抗病毒、抗寄生虫药的作用靶点。就目前上市的药物来说，以受体为作用靶点的药物约占 52%，其中 G-蛋白偶联受体（G-protein coupling receptor，GPCR）靶点占绝大多数；以酶为作用靶点的药物约占 22%；以离子通道为作用靶点的药物约占 6%；以核酸为作用靶点的药物约占 3%；其余 17% 的药物作用靶点目前还不是很清楚。

2. 先导化合物发现与合理药物设计

创新药物研究的基本途径和方法包括先导化合物的发现及先导化合物的结构优化等几个方面，构建全新药物分子结构的前提条件是寻找和发现先导化合物。先导化合物的发现有两个基本途径：筛选和合理药物设计。一段时间内，此阶段研究还是依赖药物化学家从各种来源发现新颖结构化合物，并通过对各种动物模型进行试验来筛选。但这种方法有很多缺点，如命中率很低，随机性比较强。使这两个途径都发生了根本性改变的原因是现代生物技术、计算机技术的发展以及与药物化学的交叉渗透，产生了很多新技术和新方法。其中合理药物设计（包括计算机辅助药物设计）的广泛应用是最突出的成果之一。近年来，分子生物学、病理生理学、结构生物学和酶学等生命科学研究的最新成果被合理药物设计越来越多地引用，针对生命科学研究领域中基础研究所揭示的与疾病过程相关的酶、受体、离子通道及核酸等潜在的药物作用靶位，再参考其内源性配体或天然底物的化学结构特征，借助于计算机技术以及一些新理论、新方法来设计药物分子，以发现可选择性作用于靶位的新药。活性强、选择性好、副作用小是这些药物的特点。这种合理药物设计是目前新药研究的最具挑战性的工作。合理药物设计是各种学科交叉的产物，如物理学、生物学、化学、数学及计算机科学。社会对医药的需求使合理药物设计快速发展。

6.10.5 新药研究选题的思路与方法

新药研究的选题既涉及理论问题，也存在方法学问题，必须符合科学性、可行性、需要性、创新性、效益性的一般原则。在国内外用药需求的社会调研及信息调研的基础上，一份科学、规范的新药研究选题报告应能回答三个核心问题：①药物是否安全有效，在疗效、安全性或使用方法及用药覆盖面等方面与现用同类药品相比是否有独特之处，这是药物能否通过审评最终上市的关键，当然有时也不能在选题时完全决定，但可以通过必要证据来支持这种判断；②所研究的内容是否有知识产权问题，应为专利或行政保护即将到期，或是未在我国申请专利保护，不侵犯知识产权者；③选题的依据是否充分，是否具有特殊的市场针对性或广阔的市场前景。此外，应尽量充分列入原研药物的其他信息，如理化性质、作用机制、安全性评价、临床使用情况等方面内容，还需要对主要工作内容及技术关键、研究计划进行说明，以便论证时可以做到因地制宜、有的放矢。

1. 选题的创新意识

我国制药工业的发展正处于由仿制向创新战略转移的重要历史时期，药学研究的重心已转移到加强新药发现与开发为中心的轨道。研制具有自主知识产权的新药已成为今后一个时期内我国药学科学研究的主攻方向和重要而艰巨的任务。因此，新药研究的选题应体现在比现有治疗药物具有优势，或填补某一适应证治疗药物的缺少，或增加一个具有自主知识产权，但不比现有治疗药物差的品种。一个品种改变结构或改变制剂手段，与原来的品种比较，一定有它的特点，在生物学特性上表现出减少毒性、增加疗效、半衰期延长或缩短（作用时间延长或起效快）等，理化性质可能表现出溶解度增加、稳定性增加等。此外，对每个创新药物的研制都应有其选题依据，而选题依据是用实验数据来证明的，不是某个新的研究热点、理论都能转变为新药。

2. 选题的原则和领域

新药研究的选题方向和领域应该遵循以下原则：①市场原则——坚持以市场为导向，选题应是市场前景明确、份额容量较大或有潜在市场前景，利于产业化的品种；②领先原则——具有较高的科技含量，其技术、工艺、质量和疗效领先于国内同行水平的品种；③竞争原则——新品开发通过高技术形成高附加值，以掌握定价主动权，从而获得足够的利润空间，使新产品具有很强的市场竞争能力和拓展能力；④短平快原则——具有成熟市场、保护期将结束或已到期的移植产品，仿制或引进国外即将上市的产品或专利已过期并可合作开发的品种；⑤保护原则——列入开发计划的项目除了能用专利等法律法规保护外，最好还能使产品在专利公开后也很难被其他人员及公司模仿，从而保护自己的市场不受侵犯；⑥差异化原则——产品对疾病具有针对性、特异性，现行市场上基本没有同类产品或替代产品的品种。

第7章 胶 黏 剂

胶黏剂与胶黏剂参考书

胶黏剂（adhesive）是现代工业发展和人类生活水平提高必不可少的重要材料，与塑料、合成橡胶、合成纤维、涂料并称为五大合成材料。粘接技术以其他连接方式不可比拟的特种工艺，在现代经济、现代国防、现代科技中发挥着重大作用，如现代航天、航空的各种飞行器中几乎没有不采用胶黏剂和粘接技术的。胶黏剂已经渗透到现代工业和日常生活中，可以说哪里有人类，哪里就少不了胶黏剂产品和粘接技术，它们为工业提供了新颖实用的工艺，为人类营造了多姿多彩的生活。胶黏剂与粘接技术在结构连接、装配加固、减振抗振、减重增速、装饰装修、防水防腐、应急修复等方面的作用越来越大，特别是在节能、环保、安全以及新技术、新工艺、新产品的开发中已成为重要的工程材料和工艺方法。

7.1 概 述

胶黏剂是涉及各学科的高度综合的一大类精细化工产品，其研究涉及高分子化学、有机化学、无机化学、分析化学、高分子物理、物理学、流变学、生物学、材料学等。胶黏剂研究还涉及表面与界面的化学和物理性质研究，以及胶接接头的形变和断裂的力学研究等。

7.1.1 胶黏剂的分类

通过界面的黏附和物质的内聚等作用，能使两种或两种以上的制件或材料连接在一起的天然的或合成的、有机的或无机的一类物质，统称为胶黏剂，又称为胶粘剂或黏（粘）合剂，习惯上简称为胶。简而言之，胶黏剂就是通过黏合作用，使被黏物结合在一起的物质。胶黏剂是目前通用的标准术语，也包括其他一些胶水、胶泥、胶浆、胶膏等。

胶接（黏合、粘接、胶结、胶黏）是指同质或异质物体表面用胶黏剂连接在一起的技术，具有应力分布连续、质量轻、密封好、多数工艺温度低等特点。胶接特别适用于不同材质、不同厚度、超薄规格和复杂构件的连接。胶接技术近年来发展较快，应用领域非常广泛。

胶黏剂的品种繁多，组成各异，迄今国内外尚无一个统一的分类方法，下面就目前常用的分类方法做简要介绍。

1. 按主体化学成分或基料分类

按胶黏剂的主体化学成分或基料可将其分为无机胶黏剂和有机胶黏剂两大类，见表7-1。

表7-1 胶黏剂的分类（按主体化学成分或基料）

<table>
<tr><td colspan="2">无机胶黏剂</td><td colspan="2">硅酸盐、磷酸盐（如磷酸-氧化铜）、氧化铅、硫磺、氧化铜-磷酸、水玻璃、水泥、SiO_2-Na_2O-B_2O_3无机-有机聚合物、陶瓷（氧化锆、氧化铝）、低熔点金属（如锡、铅等）</td></tr>
<tr><td rowspan="3">有机胶黏剂</td><td rowspan="3">天然胶黏剂</td><td>动物胶</td><td>皮胶、骨胶、虫胶、酪素胶、血蛋白胶、鱼胶等</td></tr>
<tr><td>植物胶</td><td>淀粉、糊精、松香、阿拉伯树胶、天然树脂胶（如松香、木质素、单宁）、天然橡胶等</td></tr>
<tr><td>矿物胶</td><td>矿物蜡、沥青等</td></tr>
</table>

有机胶黏剂	合成胶黏剂	合成树脂型	热塑性	纤维素酯、烯类聚合物（如聚乙酸乙烯酯、聚乙烯醇、过氯乙烯、聚异丁烯等）、聚氨酯、聚醚、聚酰胺、聚丙烯酸酯、α-氰基丙烯酸酯、聚乙烯醇缩醛、乙烯-乙酸乙烯共聚物等
			热固性	环氧树脂、酚醛树脂、脲醛树脂、三聚氰胺-甲醛树脂、有机硅树脂、呋喃树脂、不饱和聚酯、丙烯酸树脂、聚酰亚胺、聚苯并咪唑、酚醛-聚乙烯醇缩醛、酚醛-聚酰胺、酚醛-环氧树脂、环氧-聚酰胺等
		合成橡胶型		氯丁橡胶、丁苯橡胶、丁基橡胶、丁腈橡胶、异戊橡胶、聚硫橡胶、聚氨酯橡胶、氯磺化聚乙烯弹性体、硅橡胶、羧基橡胶等
		复合型		酚醛-丁腈胶、酚醛-氯丁胶、酚醛-聚氨酯胶、环氧-丁腈胶、环氧-聚硫胶等

2. 按表观物理形态分类

根据市场上所售胶黏剂的外观，人们常将胶黏剂分为以下五种类型：

（1）溶液型。合成树脂或橡胶在适当的溶剂中配成有一定黏度的溶液，所用的合成树脂主要是热固性和热塑性两类，所用的橡胶是天然橡胶或合成橡胶。

（2）水基型（乳液型）。合成树脂或橡胶分散于水中，形成水溶液或乳液，如大家熟知的胶黏木材用乳白胶（聚乙酸乙烯乳液）、脲醛胶，还有氯丁橡胶乳液、丁苯橡胶乳液和天然橡胶乳液等均属此类。

（3）膏状或糊状型。这是一类用合成树脂或橡胶配成的易挥发的高黏度胶黏剂，主要用于密封和嵌缝等。

（4）固体型。一般是将热塑性合成树脂或橡胶制成粒状、块状或带状形式，加热熔融时可以涂布，冷却后即固化，也称热熔胶。

（5）膜状型。将胶黏剂涂布于各种基材（纸、布、玻璃布等）上，呈薄膜状胶带，或直接将合成树脂或橡胶制成薄膜使用。后者往往用于要求较高的胶接强度场合。

3. 按固化方式分类

胶黏剂在胶接过程中一般均要求固化，按其固化方式一般分为以下五类：

（1）水基蒸发型。如聚乙烯醇水溶液和乙酸乙烯-乙烯（VAE）共聚乳液型胶黏剂。

（2）溶剂挥发型。如氯丁橡胶胶黏剂。

（3）热熔型。如棒状、粒状与带状的乙烯-乙酸乙烯热熔胶。

（4）化学反应型。如 α-氰基丙烯酸酯瞬干胶、丙烯酸双酯厌氧胶和酚醛-丁腈胶等。

（5）压敏型。受指压即粘接且不固化的胶黏剂，俗称不干胶，如橡胶或聚丙烯酸酯型的溶液或乳液，涂布于各种基材上可制成各种材质的压敏胶带。

4. 按受力情况分类

胶接件通常是作为材料使用的，因此人们对胶接强度十分重视，为此通常将胶黏剂分为结构胶黏剂与非结构胶黏剂两类。

（1）结构胶黏剂。能传递较大的应力，可用于受力结构件的连接。一般静态剪切强度要求大于 $9.807 \times 10^6 Pa$，有时还要求较高的均匀剥离强度等。这类胶黏剂大多由热固性树脂配成，常用环氧树脂（或改性环氧树脂）、酚醛树脂（或改性酚醛树脂）等作为主要组分。

（2）非结构胶黏剂。不能传递较大应力的胶黏剂，常用热塑性树脂、合成橡胶等作为主要组分（如用于电子工业的硅橡胶胶黏剂）。

5. 按用途分类

分为金属、塑料、织物、纸品、卷烟、医疗、制鞋、木工、建筑、汽车、飞机、电子器件等用胶，还有特种功能胶，如导电胶、导磁胶、耐高温胶、减振胶、半导体胶、牙科用胶、医用胶等。

7.1.2 胶黏剂的组成

胶黏剂的组分包括基料、溶剂、固化剂、增塑剂、填料、偶联剂、交联剂、促进剂、增韧剂、增黏剂、增稠剂、稀释剂、防老剂、阻聚剂、阻燃剂、引发剂、光敏剂、消泡剂、防腐剂、稳定剂、络合剂、乳化剂等。应当强调指出，并非每种胶黏剂都含有上述各个组分，除了基料是必不可少的之外，其他组分则视性能要求和工艺需要决定取舍。

（1）基料。基料是胶黏剂的主要成分，起黏合作用，要求有良好的黏附性和湿润性。作为基料的物质可以是天然产物，也可以是人工合成的高聚物。从目前来看，合成高分子聚合物占有绝对的主导地位。对于以高分子聚合物为基料配制成的胶黏剂，需要考虑辅助与主体组分相互之间的互溶性。高分子物质之间互溶或互相扩散必须具备一定的条件。首先是热力学的可能性问题，一个过程只有在体系的吉布斯自由能降低的情况下才有可能进行。在一个过程中体系的吉布斯自由能变化关系式为

$$\Delta G = \Delta H - T\Delta S$$

式中，ΔG 为体系吉布斯自由能的变化；ΔH 为体系焓的变化；ΔS 为熵值；T 为热力学温度。若 ΔG 为负值，即 $\Delta H \leqslant T\Delta S$ 时，两种物质具有相溶性。但聚合物的 ΔS 很小，$T\Delta S$ 几乎接近于零，故一般不具备任意扩散互溶的条件。只有 ΔH 为零时，聚合物分子之间可以通过链段运动做有限的扩散。对于非热性聚合物，可用 Hidebrrand 公式计算混合时的 ΔH：

$$\Delta H = V_m V_1 V_2 (\delta_1 - \delta_2)^2$$

式中，V_1、V_2 为体积；δ_1、δ_2 为溶解度参数。显然两物质的 δ 值相等是 $\Delta G = 0$ 的先决条件，也是聚合物形成扩散互溶的先决条件。对各种具有不同 δ 值的聚合物，两者的 δ 值相差越小，溶解效果越好。一般有机溶液的 δ 值为 7～12，用作胶黏剂的高分子物质的 δ 值为 8～12，才能配制成均匀的体系。

（2）溶剂。溶剂是指能够降低某些固体或液体分子间力，而使被溶物质分散为分子或离子均一体系的液体。在胶黏剂配方中常用的溶剂是低黏度的液体物质，其种类很多，主要有脂肪烃、酯类、醇类、酮类、氯代烃类、醚类、砜类和酰胺类等。但多数有机溶剂有一定的毒性、易燃性、易爆性，对环境有污染，存在安全隐患，所以使用受到限制，有逐渐被水基胶黏剂取代的趋势。

溶剂在胶黏剂中起着重要作用。由于用于配胶的高分子物质是固态或黏稠的液体，不便施工，而加入合适的溶剂可降低胶黏剂的黏度，使其便于施工。其次，溶剂能增加胶黏剂的润湿能力和分子活动能力，从而提高黏结力。同时，溶剂可提高胶黏剂的流平性，避免胶层厚薄不匀。

胶黏剂所用溶剂的极性大小，不但影响主体材料与被粘物的结合，也是与主体材料互溶性好坏的标志，因此选择溶剂时要注意溶剂的极性，通常选择与胶黏剂基料极性相同或相近的溶剂。一般说来，极性相近的物质具有良好的相溶性，因此高分子材料的良溶剂必须是与其极性相同或相近的液体。其次，在选择溶剂时，一般要求选择挥发速度适当的溶剂或快、慢混合的溶剂。溶剂挥发过快，一方面会使胶液表面成膜，膜下溶剂来不及挥发掉；另一方面挥发是吸热过程，如果挥发过快会使胶膜表面温度降低而凝结水汽，影响粘接质量。溶剂挥发过慢，则需要延长晾置时间，影响工效。此外，选择溶剂时也要考虑溶剂的价格、毒性和来源等。

7.1.3 胶黏剂的应用和选用原则

胶黏剂的应用非常广泛，除了在人们日常生活中经常使用，还渗透到工业、农业、国防、尖

端科技领域内，已成为航天、航空、车辆、船舶、电气、电子、机械、纺织、制鞋、服装、建筑、包装、木材加工、医疗、食品等行业中不可缺少的材料之一。因此，如何从众多性能各异的胶黏剂中选择合适的品种，显得极为重要。

在综合分析胶黏剂性能的基础上，通常可根据被粘材料的极性、分子结构、结晶性、物理性质（如表面张力、溶解度参数、脆性和刚性、弹性和韧性等）及胶粘接头的功能要求（如机械强度、耐热性能、耐油特性、耐水性能、光学特性、电磁、生理效应等）来选择胶黏剂。其原则是首先根据被粘材料的可粘性确定胶黏剂的类型，其次按接头功能选取可满足指标要求的胶黏剂，最后根据实施工艺可能性确定选用的胶黏剂品种。当无法找到适宜的胶黏剂时，则可通过开发新的胶黏剂、新的表面处理方法或新的粘接工艺而解决。被粘材料的极性与所选用的胶黏剂的关系见表7-2。

表 7-2　被粘材料的极性与胶黏剂的选用

材料的极性		常用胶黏剂
极性材料	钢、铝	酚醛-丁腈胶、酚醛缩醛胶、环氧胶、聚丙烯酸酯胶、无机胶等
	镍、铬、不锈钢	酚醛-丁腈胶、聚氨酯胶、聚苯并咪唑胶、聚硫醚胶、环氧胶等
	铜	酚醛缩醛胶、环氧胶、聚丙烯酸酯胶等
	钛	酚醛-丁腈胶、酚醛缩醛胶、聚酰亚胺胶、聚丙烯酸酯胶等
	镁	酚醛-丁腈胶、聚氨酯胶、聚丙烯酸酯胶等
	陶瓷、水泥、玻璃	环氧胶、不饱和聚酯胶、无机胶等
	木材	聚乙酸乙烯乳胶、脲醛树脂胶、酚醛树脂胶等
	纸张	聚乙酸乙烯乳胶、聚乙烯醇胶等
	织物	聚乙酸乙烯乳胶、氯丁-酚醛胶、聚氨酯胶等
	环氧、酚醛、氨基塑料	环氧胶、聚氨酯胶、聚丙烯酸酯胶等
	聚氨酯塑料	聚氨酯胶、环氧胶等
弱极性材料	有机玻璃	聚丙烯酸酯胶、聚氨酯胶、α-氰基丙烯酸酯胶、二氯乙烷
	聚碳酸酯、聚砜	不饱和聚酯胶、聚丙烯酸酯胶、聚氨酯胶、二氯乙烷
	氯化聚醚	聚丙烯酸酯胶、聚氨酯胶
	聚氯乙烯	过氯乙烯胶、聚丙烯酸酯胶、α-氰基丙烯酸酯胶、环己酮
	ABS	不饱和聚酯胶、聚氨酯胶、α-氰基丙烯酸酯胶、甲苯
	天然橡胶、丁苯橡胶	氯丁胶、聚氨酯胶
非极性材料	聚乙烯、聚丙烯	聚异丁烯胶、F-2胶（氟塑料单组分胶）、F-3胶（氟塑料胶）、EVA热溶胶
	聚苯乙烯	甲苯胶、聚氨酯胶、α-氰基丙烯酸酯胶、甲苯
	聚苯醚	聚丙烯酸酯胶、α-氰基丙烯酸酯胶、二氯乙烷
	聚四氟乙烯、氟橡胶	F-2胶、F-3胶
	硅树脂	有机硅胶、α-氰基丙烯酸酯胶、聚丙烯酸酯胶
	硅橡胶	硅橡胶胶

7.2　胶黏剂的鉴别方法

对于商品化的胶黏剂，若需知道具体的类型和详细的组成或成分，必须进行胶黏剂的专业鉴别。准确的方法是借助物理和化学的手段，利用仪器分析（如红外光谱、核磁共振等）确定未知胶黏剂的成分。比较简便的方法是燃烧法、化学显色法、溶解试验法、热分解鉴别法和红外光谱鉴别法等。根据胶黏剂的主体成分及高分子化合物的燃烧和化学特性等性质的不同,可初步判断胶黏剂的类别。胶黏剂产品大部分为液体,在进行鉴定之前必须将溶剂挥发除尽。

7.2.1 燃烧法

胶黏剂中的高分子化合物品种不同,燃烧难易、火焰特征、产物气味等也有差异,可据此进行鉴别。表 7-3 为常用胶黏剂的燃烧特征,具体试验时可按下述顺序进行判断。

表 7-3　胶黏剂的燃烧特征

胶黏剂	着火难易	自燃性	火焰特征	燃烧状态	气味
聚乙(丙)烯	可直接点火	有	底部蓝,上端黄	熔融落下	有石蜡燃烧时的气味
聚苯乙烯	可直接点火	有	橘黄色,产生浓黑的烟灰	软化	苯乙烯单体味
聚偏二氯乙烯	可直接点火	无	心绿,焰黄	酸性烟	刺激性臭味
聚四氟乙烯	困难	无	蓝黄色	燃烧时放火花	刺激性臭味,酸性烟
聚乙酸乙烯	可直接点火	有	暗黄色,产生黑烟,但比聚苯乙烯少	软化	乙酸味
氯磺化聚乙烯	困难	无	橙黄色	自熄,黑烟,软化	氯化氢气味
聚异丁烯	可直接点火	无	黄色	易燃,黑烟	轻微甜味
环氧树脂	可直接点火	有	黄色,冒黑烟	离火后继续燃烧	苯酚味
聚氯乙烯	困难	无	黄色,下边发绿,发白烟	离火自熄	氯化氢气味
聚氨酯	可直接点火	有	黄色,边缘发蓝	软化	异氰酸酯气味
聚酯	可直接点火	有	黄色(端点发蓝),发黑烟	膨胀龟裂	芳香味
三聚氰胺甲醛树脂	困难	无	淡黄火焰	膨胀龟裂,燃烧部位发白	氨和甲醛味
酚醛树脂	困难	有	黄色火焰	膨胀龟裂	苯酚、甲醛味
脲醛树脂	困难	有	顶端带蓝色的弱的黄火焰	膨胀龟裂,燃烧部位发白	浓的甲醛味
尼龙	较慢	无	蓝色(端点发黄)	熔融落下,发泡	指甲烧焦味
丙烯酸酯	可直接点火	有	黄色(端点发蓝),产生黑烟	龟裂,有碎片落下,发黄少有熔融	花果腐烂臭味
不饱和聚酯	可直接点火	有	暗黄色,有些烟	膨胀龟裂	苯乙烯味
聚对苯二甲酸乙二醇酯	可直接点火	无	黄色	急剧熔化呈透明状,伸长呈纤维状	甜味
ABS	可直接点火	无	心蓝,焰黄	—	苯乙烯味,黑烟
醇酸树脂	可直接点火	较慢	黄色	—	苦味,黑烟
硅树脂	可直接点火	无	鲜艳黄白色	—	无味,灰分白色
聚甲基丙烯酸甲酯	可直接点火	无	心蓝,焰黄	—	甲基丙烯酸甲酯味
硝酸纤维素	瞬时着火	有	很热的黄色火焰	很迅速地燃烧软化	氧化氮味
聚乙烯醇缩丁醛	可直接点火	无	—	易燃,黑烟,边滴边燃	刺激性臭味
不饱和聚酯	可直接点火	无	黄色	易燃,稍膨胀,偶有开裂	苯乙烯单体气味
天然橡胶	可直接点火	有	暗黄色,发黑烟		烧橡皮臭味
氯丁橡胶	困难	无	橘黄色,下边发绿,有黑烟	软化,凝固成炭	烧橡皮臭味和氯化氢味
丁腈橡胶	可直接点火	有	暗黄色火焰,有较多烟灰	软化	烧毛发味
丁基橡胶	可直接点火	有	黄色火焰,产生黑烟	软化	似蜡味
聚硫橡胶	容易	较慢	紫色火焰	—	有 SO_2 刺激性气味
硅橡胶	困难	无	白烟	残留白色的灰烬	
氟橡胶	困难	无	橙黄色	自熄,无烟,软化	有毒气体,稍有不愉快气味

将试样加热时，熔融的为热塑性树脂，不能熔融的为热固性树脂。点火燃烧时两类树脂都有可燃或自熄两种现象发生，热固性树脂中可燃的有不饱和聚酯、环氧树脂和硅树脂。其中不饱和聚酯有黑烟、苯乙烯气味、残留物发脆；环氧树脂有黑烟且有苯酚气味；硅树脂的火焰呈亮黄色，并有大量 SiO_2 灰产生。自熄性的有酚醛树脂、三聚氰胺甲醛树脂和脲醛树脂，其中残样变黑的为酚醛树脂；另外两种的残样变白且有蛋白质气味，用沸水浸 10～20min 后褪色的为脲醛树脂，不褪色的为三聚氰胺甲醛树脂。热塑性树脂中能自熄的有含氮、卤素的聚合物和聚碳酸酯等。将试样进行铜丝火焰法试验，产生绿色火焰的为聚三氟氯乙烯和聚氯乙烯（或聚偏氯乙烯），接着用氟元素检定法最后判定；不产生绿色火焰的有聚酰胺、聚四氟乙烯和聚碳酸酯，先用氮元素检验法确定是否为聚酰胺，如果不是聚酰胺则再用氟元素法最后判定，其中聚碳酸酯还可能有苯酚气味。可燃的样品，如果有石蜡味，能浮于水上，则为聚乙烯（$d=0.90$）或聚丙烯（$d=0.92～0.95$）。将不能浮于水上者点火燃烧，如无黑烟且具有浓甲醛味的为聚甲醛，无黑烟且具有芳香味和部分起泡的为聚甲基丙烯酸甲酯。能冒黑烟的可能是聚乙酸乙烯酯、聚乙烯醇缩醛、乙酸纤维和聚苯乙烯等。这些聚合物中聚乙酸乙烯酯、聚乙烯醇缩醛可溶于乙醇，另外二者不溶于乙醇。能溶于乙醇时再在硫酸中加热，有乙酸味的为聚乙酸乙烯酯，无乙酸味的是聚乙烯醇缩醛（还可以进一步进行醛检定）。不溶于乙醇时再在浓硫酸中加热，有乙酸味的为乙酸纤维，无乙酸味的为聚苯乙烯（还有苯乙烯气味）。

7.2.2 胶黏剂基料的热分解鉴别法

胶黏剂基料受热时分解产生低相对分子质量挥发性气体，不同聚合物产生的气体性质是不同的，可用简单方法加以鉴别。取少量的试样置于耐热试管中，在敞开的试管口上放一块湿润的广泛 pH 试纸（也可用石蕊试纸或刚果红试纸），将试样对着火焰加热试管，仔细观察试样的变化情况（熔融、黏流、分解、形成气体、凝聚、蒸发等）及蒸气与 pH 试纸的反应。有机酸为弱酸性反应（pH 为 4～5），无机酸为强酸性反应（pH 为 1～2），通常强碱的烟雾 pH 为 8～10，在短暂加热后，注意嗅试样的气味或试样产生的气体的气味，最后用木塞塞住试管口，将试管水平放置让其冷却，再嗅其气味，仔细观察试管上有无晶体及晶体的状态。

解聚生成挥发性特殊气味的可能是聚苯乙烯、聚甲基丙烯酸酯或聚甲醛等。产生多量炭质残留物的可能是酚醛树脂、纤维素醚、聚偏二氯乙烯、苯胺树脂、硅树脂等。产生碱性气体的可能是脲醛树脂、三聚氰胺树脂、苯并鸟粪胺树脂、聚酰胺及胺固化的环氧树脂。产生弱酸性气体的可能是乙酸纤维素、醇酸树脂、聚丙烯酸（酯）、聚氨基甲酸酯及聚酯等。产生无机酸（强酸性）气体的可能是聚氯乙烯及其共聚物、聚偏二氯乙烯、氯磺化聚乙烯、氯化橡胶、氯丁橡胶及硝酸纤维素等。

7.2.3 溶解试验法

将试样在 20 倍量的甲苯中回流，能溶时再用甲醇处理。可溶于甲苯和甲醇的为羟基含量低的聚乙烯醇缩丁醛及乙基纤维素。可溶于甲苯，但不溶于甲醇时，看能否溶于乙酸乙酯，不溶于乙酸乙酯的为聚异丁烯、聚乙烯、聚丙烯，其中聚异丁烯为橡胶状且能溶于四氯化碳，聚乙烯、聚丙烯不溶于四氯化碳。可溶于乙酸乙酯时，再看能否溶于四氯化碳，不能溶于四氯化碳却能溶于25%氢氧化钾乙醇溶液的为聚丙烯酸酯，不能溶于四氯化碳又不能溶于 25%氢氧化钾乙醇溶液的为聚甲基丙烯酸酯。能溶于四氯化碳时，首先用卤素检定法看是否是氯化橡胶，如果不是就在沸水中浸 5min，能软化的为聚苯乙烯，否则为聚甲基苯乙烯。

在 20 倍的甲苯中回流不能溶解时，再用乙酸乙酯处理，不溶于乙酸乙酯但可溶于水时为聚乙烯醇，不溶于水时看是否溶于四氯化碳，能溶于四氯化碳时可能为盐酸橡胶和聚碳酸酯，进一步用卤素检定法判定。不溶于四氯化碳时再看能否溶于环己酮，能溶于环己酮的可能为聚氯乙烯、苯乙烯丙烯腈共聚物、氯乙烯丙烯腈共聚物，此三者可由氮、氯检定法判定。不溶于环己酮时按四氯乙烯、甲酚、氟代苯、二甲基甲酰胺的顺序依次改换溶剂处理，依次能溶时为氯乙烯丙烯酸酯共聚物、聚酰胺、聚三氟氯乙烯、聚甲醛，最后不溶时为聚四氟乙烯。

在 20 倍的甲苯中回流不能溶解，但可以溶于乙酸乙酯时，将样品再用四氯化碳处理。若能溶于四氯化碳，则可能是聚乙酸乙烯酯与高羟基含量的聚乙烯醇缩丁醛，如果是聚乙酸乙烯酯则不溶于异丙醇，能溶于异丙醇则为高羟含量的聚乙烯醇缩丁醛。不溶于四氯化碳时再用乙醇处理，能溶于乙醇则为聚乙烯醇缩乙醛，若不溶于乙醇则检定氮素，看是否是聚乙烯咔唑。如果不是聚乙烯咔唑，则用甲酸戊酯处理，能溶的为氯乙烯-乙酸乙烯共聚物，否则可能是纤维素、聚乙烯醇缩甲醛与聚偏氯乙烯。再用乙酸处理，不能溶时为聚偏氯乙烯，能溶时再将样品用四氯化碳处理，能溶为纤维素，不能溶时为聚乙烯醇缩甲醛。

7.2.4 化学显色法

在燃烧试验的基础上，可用化学法进一步鉴定胶黏剂的类别，具体的鉴定方法分述如下。

1. 酚醛树脂胶黏剂

（1）甲醛的鉴定。将试样加 72% 稀酸进行水解，加入 0.1mL 0.1% 铬变酸（1, 8-二羟基萘-3, 6-二磺酸），于 60～70℃加热 10min 后，呈现红紫色，证明有甲醛存在。

（2）酚类的鉴定。将试样放入试管中，直接用火加热，试样分解变为蒸气，用试纸（滤纸浸渍 2, 6-氯苯醌氯亚胺乙醚溶液后烘干）吸收放出的蒸气，再放入氨气环境，若呈现蔚蓝色，表明有酚类存在。

2. 环氧树脂胶黏剂

将试样溶解于硫酸，再加入浓硝酸之后，倒入大量的氢氧化钠水溶液中，若呈黄色，一般为环氧树脂。

3. 聚氨酯胶黏剂

取 50mg 试样，加入数滴 2mol/L 氢氧化钠，以酚酞作指示剂，若呈碱性（变红），再加入几滴盐酸羟胺。0.5～1min 后加入盐酸使之呈酸性，随后加入 2% 的氯化亚铁 1 滴，呈现紫色者为聚酯类聚氨酯；如果是黄色，则为聚醚型聚氨酯。

4. 脲醛树脂胶黏剂

（1）甲醛的鉴定。同酚醛树脂胶黏剂。

（2）尿素的鉴定。取几毫克试样放入微试管中，加几滴浓盐酸，于 110℃蒸发至干，冷却后加 1 滴苯肼，再于 195℃的油浴内加热 5min。冷却之后加入 50% 的氨水 3 滴和 10% 的硫酸镍 5 滴，搅拌并加入 10～12 滴氯仿振荡，氯仿层中若由紫色变为红色，则证明有尿素存在。

5. 三聚氰胺甲醛树脂胶黏剂

（1）甲醛的鉴定。同酚醛树脂胶黏剂。

（2）三聚氰胺的鉴定。①将试样放入微型试管中，加 1 滴浓盐酸，在硅油浴中逐渐加热至 190～200℃，直至氯化氢驱尽为止；②冷却后加 50mg 硫代硫酸钠，于管口放上 3% 过氧化氢润湿的刚果红试纸，并加热至 140℃，如有三聚氰胺存在，试纸即显蓝色。

6. 橡胶型胶黏剂

用三氯乙酸与橡胶型胶黏剂一起加热，会显示出不同的颜色，加入水也会有不同的变化。橡胶与三氯乙酸的反应及颜色变化参见表7-4。

表 7-4　橡胶与三氯乙酸的反应及颜色变化

橡胶名称	加热后的颜色	加水后的变化
天然橡胶	橘红色	紫灰色沉淀
氯丁橡胶	开始蔚蓝，后变无色，再呈红黑色（膨胀）	褐色混浊
丁腈橡胶	黄色（膨胀）	白色混浊
丁苯橡胶	红褐色	褐色混浊
异丁橡胶	黄色	白色混浊

7. 聚乙酸乙烯酯胶黏剂

在试样中加入碘，呈红色即为聚乙酸乙烯酯。乳液型可直接试验，溶剂型必须将溶剂蒸干。

8. 聚乙烯醇胶黏剂

将液体试样用水适当稀释或固体试样以水溶解后，取出5mL放入试管，加入硼酸水溶液（浓度为40g/L）2mL和碘溶液（用12.7g碘和25g碘化钾以1L水溶解）0.5mL，呈现蔚蓝色为聚乙烯醇（如果部分凝胶化则呈红褐色）。

另一种方法是取试样0.5g、浓硫酸5g加入同一试管，再加入间苯二酚0.2g，用火直接加热，冷却后在可见光下呈绿褐色，证明是聚乙烯醇。

9. 聚苯乙烯胶黏剂

将试样置于试管中，加热使之解聚，产生苯乙烯气体，在紫外线灯照射下呈紫色荧光。

10. 聚氯乙烯胶黏剂

将试样溶解于吡啶之中，煮沸1min，加入2%的氢氧化钠甲醇溶液1mL，溶液呈褐色乃至黑色。

11. 硝酸纤维素胶黏剂

把试样置于试管中加热，放出二氧化氮，在等量的乙醚和乙醇混合溶剂中溶解，与二苯胺的硫酸溶液反应呈深蓝色的，即为硝酸纤维素。

12. 羧甲基纤维素胶黏剂

将试样加热熔融并变焦，在乙二醇中溶解。溶于水后，加入硫酸铜水溶液可生成铜盐。聚乙烯、聚丙烯酸酯类等胶黏剂没有独特的显色反应，因此不能用上述方法加以识别。

7.2.5　红外光谱鉴别法

胶黏剂的基料多为高分子化合物，一些高分子化合物有自己的特征红外吸收，因此容易用红外光谱法初步判别，仔细分析研究对于共聚物、共混物也是能判定的。一般来说，$4000\sim3000cm^{-1}$ 为 OH、NH 伸缩振动；$3300\sim2700cm^{-1}$ 为 CH 伸缩振动，其中 $3000cm^{-1}$ 以上的为芳香 CH，$3000cm^{-1}$ 以下的为脂肪 CH；$2500\sim1900cm^{-1}$ 为各种三键、累积双键的伸缩振动；苯环在 $2000\sim1660cm^{-1}$ 有特征吸收。在 $1800\sim600cm^{-1}$ 区间大多数聚合物都有最强谱带。

如在 1800～1700cm^{-1} 区域有最强谱带的高聚物主要是聚酯类、聚羧酸类和聚酰亚胺类等；在 1700～1500cm^{-1} 区域有最强谱带的高聚物主要是聚酰胺类、聚脲和天然的多肽；在 1500～1300cm^{-1} 区域有最强谱带的高聚物主要是饱和的聚烃类和一些有极性基团取代的聚烃类；在 1300～1200cm^{-1} 区域有最强谱带的高聚物主要是芳香族聚醚类、聚砜类和一些含氯的高聚物；在 1200～1000cm^{-1} 区域有最强谱带的高聚物主要是脂肪族聚醚类、醇类和含硅、含氟的高聚物；在 1000～600cm^{-1} 区域有最强谱带的高聚物，主要是含有取代苯、不饱和双键和一些含氯的高聚物。另外，不同聚合物往往具有特征谱带，表 7-5 列出了胶黏剂常用聚合物的特征谱带。用红外光谱法鉴别胶黏剂时应设法将助剂分离出去，否则要注意助剂对判断的干扰。

表 7-5 胶黏剂常用聚合物的特征谱带

高聚物	最强谱带/cm^{-1}	特征谱带/cm^{-1}
聚乙酸乙烯酯	1740	1240* 1020* 1375
聚丙烯酸甲酯	1735	1170 1200 1260 2960
聚丙烯酸丁酯	1730	1165 1245 2980 960～940
聚甲基丙烯酸甲酯	1730	1150～1190 1240～1268 2995
聚甲基丙烯酸丁酯	1730	1150～1180 1240～1268 2965 970* 950*
聚酯型聚氨酯	1735	1540*
聚酰亚胺	1725*	1780*
聚丙烯酸	1700	1170 1250
聚马来酸酐	1785*	1850* 1240 950
聚酰胺	1640*	1550* 3090* 3300 700
聚丙烯酰胺	1650～1600	3300 3175 1020
聚乙烯吡咯烷酮	1665	1280 1410
聚异丁烯	1385～1365	1230
全同聚丁烯	1465	921 847 797 758
萜烯树脂	1465	1385～1365 3400 1700
天然橡胶	1450	835*
氯磺化聚乙烯	1475	1250* 1160* 1316*（肩带）
氯丁橡胶	1440	1670* 1110* 820
石油烷烃树脂	1475	750 700 1700
双酚 A 型环氧树脂	1250	2980 1300* 1188* 830*
酚醛树脂	1240	3300 815*
叔丁基酚醛树脂	1212	1065* 878 820
聚氯乙烯	1250	1420* 1330* 700 600
聚乙烯醇缩甲醛	1020*	1060* 1130* 1175* 1240*
聚乙烯醇缩丁醛	1140*	1000*
LP 型聚硫橡胶	1070*	1190* 1152* 1112* 1030*
A 型聚硫橡胶	1190	1410 1250 1105
聚甲基硅氧烷	1100～1020	1260* 800
聚甲基苯基硅氧烷	1100～1020	3066* 3030* 1430 1260
聚偏氯乙烯	1070～1045	1405

高聚物	最强谱带/cm^{-1}	特征谱带/cm^{-1}
聚四氟乙烯	1250～1100	637～624 554
聚三氟氯乙烯	1198～1125	970[*] 1280
聚偏氟乙烯	1175	1395 1070 875
1,2-聚丁二烯	911	990 1642 700
反-1,4-聚丁二烯	967	1667
顺-1,4-聚丁二烯	738	1646
（高）氯化聚乙烯	670	760 790 1266
氯化橡胶	790	760 736 1280～1250

注：用"～"连着的为双峰，"*"标注的为特征峰。

7.3 氨基树脂胶黏剂

合成树脂胶黏剂

氨基树脂胶黏剂主要包括氨基树脂、固化剂、助剂等成分。氨基树脂是由具有氨基的化合物与甲醛缩聚而成，氨基化合物有尿素、三聚氰胺[$C_3N_3(NH_2)_3$]、硫脲[$CS(NH_2)_2$]、苯胺等。在氨基树脂胶黏剂中，脲醛树脂胶（UF）制造工艺简单，成本低廉，在合成胶黏剂中产量居首位，应用广泛。三聚氰胺树脂胶（MF）由于成本较高，在使用上受到一定的限制，但近年来随着化学工业的发展，这种胶黏剂的生产和使用也逐渐增多，主要用于装饰板生产和对脲醛树脂等胶黏剂的改性等方面。

7.3.1 脲醛树脂胶黏剂

脲醛树脂是尿素与甲醛在碱性或酸性催化剂作用下，缩聚而成初期脲醛树脂，再在固化剂或助剂使用下，形成不溶、不熔的末期树脂。脲醛树脂胶有较高的胶合强度，较好的耐水性、耐热性及耐腐蚀性，不污染木材胶合制品。但是，这种胶黏剂中因含有游离甲醛，胶层易老化。

脲醛树脂胶从外观形式看，主要有液状和粉状树脂两种：①液体树脂胶是黏稠状的液体，固体含量随制造条件不同而异。该种树脂不稳定性高，若不严格控制生产工艺，树脂的储存期将大大地缩短，一般可储存 2～6 个月。储存期过长，逐渐变稠，甚至凝胶失去效用。②粉状树脂胶需经喷雾干燥制得。由于它的低分子缩聚物能溶于水，不需特殊溶剂，且能缩短固化时间，不论在常温或加热条件下均能很快固化，使用方便。粉状脲醛树脂胶的储存期可长达 1～2 年之久。

1. 脲醛树脂形成的基本原理

尿素与甲醛的反应是十分复杂的。尿素与甲醛都是富于反应性的物质，加之甲醛溶液中还含有其他物质，这些物质也参与并影响化学反应。尿素是阴离子反应体，甲醛是阳离子反应体。现就其在不同酸度条件下的反应介绍如下。

（1）碱性条件下反应。在碱性条件下，甲醛分子内形成离子 $\overset{+}{C}H_2\overset{-}{O}$，$\overset{+}{C}$与尿素的—$NH_2$ 中的 N 原子的非共有电子对相配位。其次，—NH_2 的 H 脱离，中和 O，生成一羟甲基脲，反应式如下：

$$H_2N—\overset{\overset{O}{\|}}{C}—NH_2 + \overset{+}{C}H_2\overset{-}{O} \longrightarrow H_2NCON\overset{\overset{+}{\uparrow}}{\underset{\overset{\downarrow}{CH_2\overset{-}{O}}}{—}}H_2 \longrightarrow H_2NCONHCH_2OH$$

同样，另一个—NH$_2$也和甲醛反应，生成二羟甲基脲。但是—NH$_2$和—NH—的反应性差异很大，如果甲醛过量很多，也可生成三羟甲基脲和四羟甲基脲，它们的存在还只有间接的证明。

反应还可以生成环状衍生物尤戎（uron，结构式如下）、一羟甲基尤戎以及二羟甲基尤戎。

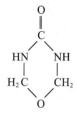

杂氧-3,5-二氮环己基-4-酮，uron，尤戎

为了进行脲醛树脂的缩合反应，正如下面酸性下反应所述，必须考虑 H$^+$ 浓度为羟甲基阳离子生成的原因，因为[H$^+$]=10^{-14}/[OH$^-$]，所以 H$^+$ 浓度少，即在碱性条件下，难以发生缩合反应。

（2）酸性条件下反应。酸性条件下反应是脲醛树脂制造中最重要的，左右反应的是反应液中H$^+$的浓度。甲醛的水合物甲二醇在 H$^+$ 存在下生成羟甲基阳离子$\overset{+}{C}H_2OH$，这个阳离子与尿素中 N 原子的非共有电子对配位，再使 H$^+$ 脱离，生成一羟甲基脲：

$$O=\underset{NH_2}{\overset{NH_2}{C}} \quad +\overset{+}{C}H_2OH \longrightarrow O=\underset{NH_2}{\overset{H_2N-CH_2OH}{C}} \longrightarrow O=\underset{NH_2}{\overset{NH-CH_2OH}{C}} \quad +H^+$$

这是在酸性条件下的加成反应机理，再由这个一羟甲基脲脱水生成亚甲基脲，亚甲基脲与尿素结合生成亚甲基二脲，即进行以下的缩合反应：

$$O=\underset{NH_2}{\overset{NH-CH_2OH}{C}} \quad +H^+ \longrightarrow O=\underset{NH_2}{\overset{NH-CH_2-\overset{+}{O}H_2}{C}} \quad \xrightarrow{-H_2O} \quad O=\underset{NH_2}{\overset{NH-\overset{+}{C}H_2}{C}}$$

$$O=\underset{NH_2}{\overset{NH-CH_2}{C}} \quad + \quad O=\underset{NH_2}{\overset{NH_2}{C}} \longrightarrow O=\underset{NH_2}{\overset{NH-CH_2-NH}{C}} \quad \underset{H_2N}{\overset{}{C=O}}+H^+$$

以上的加成反应与缩合反应交替进行，生成物进一步缩聚形成以亚甲基为主体、少量醚键连接的线型或支链型的初期树脂，它是不同缩合度的分子混合物。

这样，尿素的—NH$_2$发生羟甲基化或者亚甲基化，—NH$_2$变为—NH—，—NH—的活性比—NH$_2$的低。由于同样受羟甲基阳离子的攻击，—NH— 也和$\overset{+}{C}H_2OH$反应，直链分子不仅发生分支生成高分子，而且构成网状结构。

上面虽然只提到羟甲基反应和亚甲基化反应，但羟甲基和羟甲基之间会生成如下的亚甲基醚键：

$$—CH_2OH + —CH_2OH \longrightarrow —CH_2OCH_2— + H_2O$$

这种亚甲基醚键比较弱，加热脱去甲醛而成为亚甲基：

$$—CH_2OCH_2— \xrightarrow{\triangle} —H_2C— + CH_2O$$

在适当的 pH 和温度下，脲醛树脂固化的产物也还存在游离的羟甲基，这个基团是亲水性的，通常认为这是脲醛树脂不具有高耐水性的原因，但更主要的原因是脱水缩合的逆反应，即必须考虑发生的水解反应。

根据以上尿素与甲醛的反应机理，一般认为脲醛树脂的形成有两个阶段：羟甲基脲生成阶段（加成反应）和树脂化阶段（缩聚反应）。

（1）羟甲基脲的生成。尿素与甲醛在中性至弱碱性介质（pH=7～8）中进行反应时，依物质的量比的不同，可生成一、二、三和四羟甲基脲。羟甲基脲生成反应如下：

$$\begin{array}{c} NH_2 \\ | \\ C=O \\ | \\ NH_2 \end{array} + HCHO \rightleftharpoons \begin{array}{c} NHCH_2OH \\ | \\ C=O \\ | \\ NH_2 \end{array} \quad \text{一羟甲基脲}$$

$$\begin{array}{c} NHCH_2OH \\ | \\ C=O \\ | \\ NH_2 \end{array} + HCHO \rightleftharpoons \begin{array}{c} NHCH_2OH \\ | \\ C=O \\ | \\ NHCH_2OH \end{array} \quad \text{二羟甲基脲}$$

这些反应在水溶液中是可逆的，依次反应引入羟甲基基团，降低氨基基团剩余氢原子加成和缩合反应的能力，直至反应进行到相对平衡。生成一、二和三羟甲基脲反应速率常数比均为9:3:1。

尿素相当于四个官能团的单体，但在反应过程中，由于空间阻碍的作用，这些官能团并不全部进行反应。甲醛分子上的羰基具有双官能团的性能，反应式为

$$H_2N-CO-NH_2 \xrightarrow[-H_2O]{+\overline{O}H} H_2N-CO-\overline{N}H \xrightarrow{CH_2O} H_2N-CO-NH-CH_2\overline{O} \xrightarrow{+\overset{+}{H}}$$

$$H_2N-CO-NH-CH_2OH \rightleftharpoons \begin{array}{c} H \\ | \\ N-C \\ \end{array}$$

所生成的 N-羟甲基脲因分子内氢键而稳定，继续反应则生成二羟甲基脲。如果甲醛过量很多，也可以生成三羟甲基脲和四羟甲基脲。

（2）树脂化反应。在碱性催化反应中，反应停止在羟甲基脲阶段，但是酸的影响很容易使 N-羟甲基脲变成共振稳定的正碳-亚氨离子，例如

$$R_2N-CO-NH-CH_2OH \xrightarrow[-H_2O]{+\overset{+}{H}} [R_2N-CO-NH-\overset{+}{CH_2} \rightleftharpoons R_2N-CO-\overset{+}{N}-CH_3]$$

然后，上式中的后一产物和适当的亲核反应对象发生亲电取代反应。因为尿素是酸性的 NH 化合物，其自身在这样的反应中可作为反应对象，从而按下式发生链增长，生成相对分子质量为数百的不溶于水或有机溶剂的聚亚甲基脲。

$$R_2N-CO-NH-\overset{+}{CH_2} + H_2N-CO-NH_2 \longrightarrow R_2NCONHCH_2NHCONH_2 + H^+$$

羟甲基脲分子中由于存在活泼的羟甲基（—CH$_2$OH），可进一步发生缩聚反应，生成具有线型结构的聚合物。在 pH<7 时，羟甲基相互之间和羟甲基与尿素之间的反应是缩聚过程的基本反应，可能发生的反应如下：

（i）一羟甲基脲的缩聚生成亚甲基键（—CH$_2$—）并析出水：

$$H_2N-CO-NH-CH_2OH + H_2N-CO-NH-CH_2OH \longrightarrow$$
$$H_2N-CO-NH-CH_2-NH-CO-NH-CH_2OH + H_2O$$

$$H_2N-CO-NH-CH_2-NH-CO-NH-CH_2OH + H_2N-CO-NH-CH_2OH \longrightarrow$$
$$H_2N-CO-NH-CH_2-NH-CO-NH-CH_2-NH-CO-NH-CH_2OH + H_2O$$

（ii）一羟甲基脲和尿素缩聚生成亚甲基键（—CH$_2$—）并析出水：

$$H_2N-CO-NH-CH_2OH + H_2N-CO-NH_2 \longrightarrow H_2N-CO-NH-CH_2-NH-CO-NH_2 + H_2O$$

$$H_2N-CO-NH-CH_2-NH-CO-NH_2 + H_2N-CO-NH-CH_2OH \longrightarrow$$

$$H_2N-CO-NH-CH_2-NH-CO-NH-CH_2-NH-CO-NH_2 + H_2O$$

（iii）二羟甲基脲缩聚生成二亚甲基醚键（—CH₂—O—CH₂—）并析出水和甲醛：

$$HOH_2C—HN—CO—NH—CH_2OH + HOH_2C—NH—CO—NH—CH_2OH \longrightarrow$$

$$\begin{array}{c} NH—CH_2—O—CH_2—NH \\ O=C \qquad\qquad C=O + 2H_2O \\ NH—CH_2—O—CH_2—NH \end{array}$$

$$\begin{array}{c} NH—CH_2—O—CH_2—NH \\ O=C \qquad\qquad C=O \\ NH—CH_2—O—CH_2—NH \end{array} \longrightarrow \begin{array}{c} NH—CH_2—NH \\ O=C \qquad C=O + 2CH_2O \\ NH—CH_2—NH \end{array}$$

（iv）一羟甲基脲和二羟甲基脲缩聚并析出水：

$$2H_2N—CO—NH—CH_2OH + 2HOH_2C—NH—CO—NH—CH_2OH \longrightarrow$$

$$\begin{array}{c} NH—CH_2—N—CH_2—N—CH_2—N—CH_2OH \\ O=C \quad C=O \quad C=O \quad C=O \qquad + 5H_2O \\ NH—CH_2—NH \quad HN—CH_2—NH \end{array}$$

尿素和甲醛缩聚产物的特征是既有羟甲基，又有亚甲基。树脂中这些基团的相对含量对黏度、储存稳定性、与水混合性、固化速度和脲醛树脂的其他性质影响很大。

脲醛树脂与酚醛树脂不同。酚醛树脂不用固化剂，加热即能固化；而脲醛树脂要有固化剂，在室温或加热下，而且只有在树脂中含有游离羟甲基的情况下才进行固化。脲醛树脂转化为不熔不溶状态，这种转化是分子链之间形成横向交联的结果。横向交联不仅是分子链之间羟甲基相互作用，而且由于羟甲基和亚氨基的氢之间相互作用。脲醛树脂固化时可能发生下列的基本反应：

$$—NH—CH_2OH + H_2N—CO—NH— \xrightarrow{-H_2O} —NH—CH_2—NH—CO—NH—$$

$$—NH—CH_2OH + —NH—CH_2— \xrightarrow{-H_2O} —NH—CH_2—N—CH_2—$$

$$—NH—CH_2OH + —NH—CH_2OH \xrightarrow{-H_2O} —NH—CH_2—O—CH_2—NH—$$

$$—NH—CH_2OH + —NH—CH_2OH \xrightarrow{-(H_2+CH_2O)} —NH—CH_2—NH—$$

脲醛树脂转变成不熔不溶的化合物时放出水和甲醛，可以下列反应式表示：

$$\left[\begin{array}{c} \cdots—NH—CO—NH—CH_2—N—CO—NH—CH_2—N—\cdots \\ \qquad\qquad\qquad\quad CH_2OH \qquad\qquad\qquad CH_2OH \\ + \\ \cdots—NH—CH_2—N—CO—NH—CH_2—N—CO—NH—\cdots \\ \qquad\qquad\quad CH_2OH \qquad\qquad\qquad CH_2OH \\ + \\ \cdots—NH—CH_2—N—CO—NH—CH_2—N—CO—NH—CH_2OH \\ \qquad\qquad CH_2OH \qquad\qquad\qquad CH_2OH \end{array}\right] \xrightarrow{-(CH_2O+3H_2O)}$$

$$\begin{array}{c} \cdots—NH—CO—NH—CH_2—N—CO—NH—CH_2—N—\cdots \\ \qquad\qquad\qquad\qquad CH_2 \qquad\qquad\qquad\qquad CH_2OH \\ \cdots—NH—CH_2—N—CO—N—CH_2—N—CO—NH—\cdots \\ \qquad\qquad\qquad\qquad\qquad\qquad\qquad\qquad\qquad CH_2 \\ \qquad\qquad\qquad CH_2 \qquad\qquad\qquad\qquad\qquad O \\ \qquad\qquad\qquad\qquad\qquad\qquad\qquad\qquad\qquad H_2C \\ \cdots—NH—CH_2—N—CO—NH—CH_2—N—CO—NH—CH_2OH \end{array}$$

树脂转变成固化状态经历三个阶段（甲、乙、丙阶段）。在甲阶段，树脂是可溶于水的黏性液体（或固体）；在乙阶段，树脂是凝胶状疏松体；进一步转变成不熔不溶状的丙阶段。与酚醛树脂不同，脲醛树脂即使在固化状态下，在溶剂中也能膨胀，加热时也可软化，这证明脲醛树脂在固化时生成的交联键数量少。

脲醛树脂为基料的胶黏剂的某些性质取决于脲醛缩聚作用机理和固化树脂空间结构的特点。在原树脂中羟甲基和醚基含量的增加，会引起胶黏剂固化过程中甲醛析出量的增加。如果在固化后的树脂中含有相当多的游离羟甲基，则粘接强度和耐水性明显降低。这些和其他一些特点必须在各种脲醛树脂合成过程和应用过程中加以考虑。

尿素与甲醛之间反应的进程受一系列因素的影响，其中包括不同缩合阶段的 pH、尿素与甲醛的物质的量比、反应温度。这些因素直接影响树脂相对分子质量的增长速度，因此在缩聚程度不同时，反应产物的性质有很大区别，特别是可溶性、黏度、固化时间，这些性质很大程度上取决于树脂的相对分子质量。

2. 间歇式合成脲醛树脂车间工艺及设备

脲醛树脂生产车间的主要设备为反应釜、冷凝器、真空泵、各种原料的高位储罐和质量计量罐（或槽），还需要一些辅助设备，如输液泵、储水罐、真空罐、脱水罐、储胶罐、汽水分离器等。

国内生产脲醛树脂均采用间歇式反应釜，即在一个反应釜内完成制备树脂的全过程。间歇式生产由于是单釜反应，可以根据需要随时改变操作条件，灵活性大，适用于多品种生产，但生产效率较低，需要设备多。图 7-1 为间歇式氨基树脂通用生产工艺流程图。

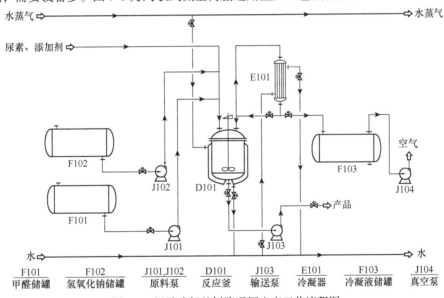

图 7-1　间歇式氨基树脂通用生产工艺流程图

用间歇式反应釜生产树脂，原料甲醛等可通过釜抽真空直接吸入，也可以先抽入计量罐再加入釜内，液体原料均可用此法。固体料如尿素、三聚氰胺可直接从釜盖上的加料口加入，也可采取在反应釜斜上方设一平台，平台上有加料孔，下面有滑道通釜上加料口，这样就可以把固体料倒在平台加料孔中，可改善工人劳动条件。放料时大多数工厂是放入桶内运到车间使用，也有用泵直接输送到车间储罐。

现在国内外生产氨基树脂还有用预缩液的，脲醛预缩液是高浓度甲醛与尿素反应生成羟甲基化合物和少量低聚合度反应物。然后再根据不同工艺进行下一步反应，由于用了高浓度甲醛，树脂不需脱水或脱少量水，就能达到要求的固体含量，同时可缩短树脂制备时间，提高生产效率。

另外，也可用不同浓度的预缩液制备不同树脂含量的成品，免去脱水工序或少脱一些水。使用预缩液既可提高反应釜利用率，又可节约能源。预缩液耐低温也解决了甲醛低温聚合的问题。

3. 自动化合成脲醛树脂车间工艺及设备

连续法生产一般由 3～5 个反应釜串联组成，生产过程全部自动化。图 7-2 为连续生产脲醛树脂的工艺流程图。第 1 台是尿素与甲醛的预缩合釜，反应液连续通过后面的 4 台反应釜。每台反应釜的物质的量比、反应介质 pH 和反应温度都不同，物质的量比是通过加入不同的尿素量来控制的。反应介质的 pH 用连续测定 pH 计测定。从第五个反应釜出来的树脂液进入稀胶液储槽 4，然后用泵将稀胶液打入蒸发器 5 中进行减压脱水，通过分离器 6 将蒸发的水分经冷凝器 7 冷却后排出，同时胶液由分离器的下部通过冷凝器，使胶液温度降至 40℃以下，进入胶液储槽 8。

采用连续工艺流程的优点是：由于严格控制每个釜的原料物质的量比、反应介质 pH 及优化反应时间，因而副反应少，产品质量稳定，能实现自动化生产，所需生产设备少，生产效率比间歇法提高五六倍或更多。但它也存在一些缺点，由于对进料比、进料速度、催化剂的活性和用量、反应介质 pH、反应温度及时间等条件控制非常严格，因而对设备的自动化程度及测试手段的要求较高，生产的灵活性小，一般生产品种较单一。因此这种工艺流程适合于产量大、品种少的氨基树脂生产车间。

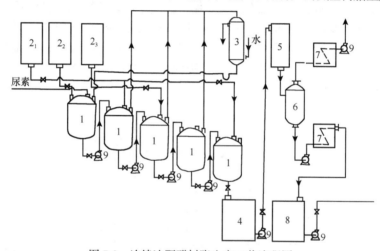

图 7-2　连续法脲醛树脂生产工艺流程图

1. 反应釜；2_1. 碱液计量罐；2_2. 甲醛或脲醛预缩液计量罐；2_3. 酸液计量罐；3. 回流冷凝器；4. 稀胶液储槽；5. 蒸发器；
6. 分离器；7. 冷凝器；8. 胶液储槽；9. 泵

4. 液体脲醛树脂生产工艺实例

针对木材加工的性能要求，液体脲醛树脂胶的配方和工艺条件略有不同，典型配方见表 7-6。

表 7-6　液体脲醛树脂胶的配方

原料	质量/kg			
	配方 1	配方 2	配方 3	配方 4
甲醛（37%）	475.0	432.4	308.3	660
尿素（97%）	185.6	200.0	114	280
NaOH（30%）	适量	适量	适量	适量
NH$_4$Cl（20%）	适量	适量	—	适量
水	—	—	77.75	40
甲酸	—	—	适量	—

（1）配方1。将甲醛加入反应釜，开动搅拌机，用氢氧化钠溶液调甲醛液 pH 为 7.5～8.0，并加热至 40℃。加第一批尿素（占尿素总量的 3/4），在 30min 内将内温升到 80℃，在此温度下保持反应 1h。然后加第二批尿素（占尿素总量的 1/4），在 80℃下保持 0.5h（此时 pH 为 6.0～6.5），立即用氯化铵溶液调反应液 pH 为 5.0～5.3，在此 pH 下继续保持 0.5～1.5h（在保温 20～30min 时，反应液开始混浊），当反应液的黏度达到 50mPa·s 后，立即用氢氧化钠溶液调 pH 为 6.0，同时使内温降至 60℃，开始真空脱水。在脱水过程中，内温不宜超过 65℃。当脱水量达到计算脱水量时（脱水量按甲醛水溶液含水量的 70% 计），停止脱水，通水冷却，并用氢氧化钠溶液调反应液的 pH 为 6.8～7.0，内温降至 40℃以下放料。

（2）配方3。将甲醛和 17.75kg 稀释水加入反应釜，开动搅拌。用氢氧化钠或甲酸调 pH 为 4.5～5.5。将反应液加热到 80～85℃。在 1～1.5h 内缓慢加入已溶解好的浓度为 65.5% 的尿素溶液，在加尿素过程中，温度要求自升到 95～100℃，不能过高。加完尿素后，抽样复测 pH 应在 4.7～5.5，若 pH 过高，用经 4 倍水稀释过的甲酸液进行调整。视反应速率，每隔 5～20min 抽样测定黏度或混浊度。混浊度的测定是用 50mL 有刻度的离心试管，取蒸馏水 47mL，加入反应液 3mL，不断搅拌，置于水浴中降温。如此时测定液出现混浊，则提高温度，使测定液重新透明，然后再置于水浴中，当测定液出现白色混浊时的温度即为混浊度。直到混浊度满足要求时，即为反应终点。反应液到达终点时，立即用氢氧化钠调节 pH 为 7.5～8.5，降温至 70℃左右，进行真空脱水。真空度以不溢釜为前提，使其逐渐上升到最大值。在脱水过程中经常抽样测定黏度，当黏度达到所需范围内时即停止脱水，降温至 40℃以下放料。

配方 2 和配方 4 的生产工艺与上述工艺类似。

5. 粉状脲醛树脂的生产工艺

粉状脲醛树脂胶黏剂是由液状脲醛树脂胶经喷雾干燥制得，具有使用简单、运输方便、储存期长等特点，可作为胶合板、刨花板用胶。生产工艺流程如图 7-3 所示。

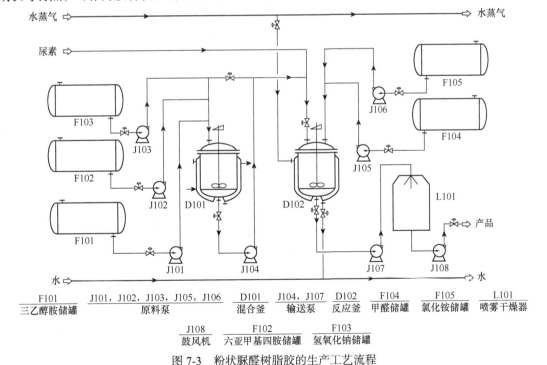

图 7-3　粉状脲醛树脂胶的生产工艺流程

（1）将 380～450 份甲醛水溶液加入反应釜 D101 中，在不断搅拌下加入碱性催化剂调节 pH

为 6.0。碱性催化剂为氢氧化钠、三乙醇胺、六亚甲基四胺的水溶液，其质量配比为氢氧化钠：三乙醇胺：六亚甲基四胺：水=1.8：2.1：1.5：150，并升温至 75℃。

（2）将物料泵入反应釜 D102 后，再将第一次尿素 110～160 份在 35min 内加入反应釜 D102。

（3）加完尿素后，在 90～92℃保温反应 40～60min。

（4）用 10%氯化铵水溶液调节反应液的 pH 为 4.5～5.3，并加入第二次尿素 60～70 份，反应至雾点。

（5）用 15%氢氧化钠水溶液调节反应液的 pH 为 7.0，终止反应。

（6）将反应釜 D102 夹套通冷水降温至 40℃以下。

（7）在反应物中加入占反应物质量 0.25%～0.85%的聚硅氧烷表面活性剂，然后通过 L101 进行喷雾干燥，制得粉状脲醛树脂。

6. 脲醛树脂胶的调制和使用

在使用脲醛树脂胶时，通常把加入固化剂或某种助剂以改变脲醛树脂胶性能的过程称为胶液调制，简称调胶。

（1）固化剂。脲醛树脂在加热或常温下，虽然能够固化把木材胶合在一起，但固化的时间很长，胶合质量差。为此，在实际应用时加入固化剂，把脲醛树脂胶的 pH 降低到 4～5，使其快速固化，保证胶合质量，提高生产率。脲醛树脂胶的固化剂应是酸性物质，如乙二酸、苯磺酸及磷酸等；或是与树脂混合后能放出酸的，如氯化铵、氯化锌、盐酸苯胺、硫酸铵、磷酸铵及硫酸铁胺等酸性盐。常用的是氯化铵，用量为树脂质量的 0.1%～2%。

（2）助剂。脲醛树脂胶的化学结构决定了它的物理化学性质。调整尿素与甲醛的物质的量比、反应介质的 pH、原料的质量和生产工艺等，固然可以改变脲醛树脂胶的性质和应用范围，但是这种性质的改变是有限的，范围比较小。应用各种助剂可对改变脲醛树脂性质有很好的效果。脲醛树脂胶应用的助剂有填充剂（如果壳粉、淀粉、血粉、豆粉等）、发泡剂（如血粉）、甲醛结合剂（防臭剂、尿素、三聚氰胺等）、防老化剂（如 PVA 及其缩醛、PVAc 乳液、醇类等）、耐水剂（如苯酚、间苯二酚、硫脲等）、增黏剂（如大豆粉、树皮粉、PVA 等）、消泡剂及成膜剂等，用量视具体情况而定，一般为 1%～20%。

7.3.2 三聚氰胺树脂胶黏剂

三聚氰胺树脂胶黏剂包括三聚氰胺甲醛树脂胶和三聚氰胺尿素甲醛树脂胶，其耐热性和耐水性高于酚醛树脂胶和脲醛树脂胶。三聚氰胺甲醛树脂简称三聚氰胺树脂，这种胶黏剂有较高的化学活性，因此固化快。三聚氰胺树脂胶制成的产品比脲醛树脂胶制成的产品具有更大的硬度和更好的耐磨性，而且耐沸水性、耐化学药物性、电绝缘性等也都较好。

1. 三聚氰胺树脂形成的基本原理

三聚氰胺与甲醛缩聚形成树脂的基本原理和尿素与甲醛缩聚形成树脂的基本原理相似，但比尿素与甲醛间的反应更复杂，总反应方程式如下：

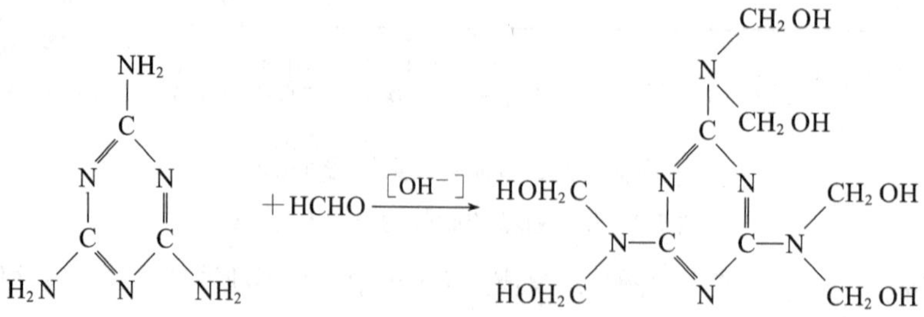

在形成初期聚合物时，三聚氰胺的三氮杂环结构保持独立完整。在加热或加入固化剂 NH_4Cl 后，树脂产生交联，形成坚硬的不溶不熔树脂，其结构较为复杂。

在三聚氰胺树脂胶形成过程中，原料组分的物质的量比、反应介质的 pH 以及反应温度和反应时间等，都是影响树脂质量的重要因素。同时关系到最初产物和最终产物的结构，对树脂的质量和性能起着决定性的作用。

2. 对甲苯磺酰胺改性三聚氰胺甲醛树脂的生产工艺

该种胶黏剂是三聚氰胺与甲醛在中性或弱碱性介质中进行缩聚，并以对甲苯磺酰胺改性而制成的，工艺流程如图 7-1 所示。适用于塑料装饰板的表层纸、装饰纸及覆盖纸的浸渍。

将 364.8kg 甲醛和 85.2kg 水加入反应釜，开动搅拌器，用 30% 的 NaOH 溶液调 pH 至 8.5～9.0。加入 189kg 三聚氰胺，在 20～30min 内升温至 85℃。注意，当温度升至 70～75℃时，反应液开始透明，此时 pH 不应低于 8.5。

温度在（85±1）℃下，保温 30min 后测定混浊度。当混浊度达到 29～32℃时（夏季为 29℃，冬季高于 30℃），立即降温，并同时加入 95%乙醇 29kg 和对甲苯磺酰胺 25.65kg，使温度降至 65℃。在（65±1）℃保温 30min 后冷却至 30℃，用 30% 的 NaOH 调 pH 为 9.0 时即可放料。

7.3.3 改性脲醛树脂胶黏剂

由于脲醛树脂本身的特征结构，分子中含有 3 或 4 个羟甲基，具有亲水性，在酸性条件下易水解，又易与—NH_2 交联。由于脲醛树脂具有固化后产生的内应力使树脂耐水性与耐老化性差、易龟裂、胶层变脆、使用时会放出有害的甲醛气体等缺点，同时在合成树脂时还会遇到易凝胶、储存期短等问题，因此其应用范围受到了一定的限制。为了扩大应用范围，采用不同的改性方法对其进行改性，可获得具有不同性能的树脂。改性脲醛树脂一般采用弱碱-弱酸-弱碱，尿素分批加入的合成工艺。工业化生产的主要有三聚氰胺改性脲醛树脂胶黏剂、三聚氰胺-聚乙烯醇改性脲醛树脂胶黏剂、淀粉改性脲醛树脂胶黏剂、糠醇改性脲醛树脂胶黏剂、水性聚酯聚氨酯改性脲醛树脂胶黏剂等。

1. 三聚氰胺改性脲醛树脂胶黏剂

三聚氰胺树脂胶黏剂固化后的胶层性脆易破裂，一般木材行业主要使用改性的三聚氰胺树脂胶。三聚氰胺树脂胶的储存期短，经改性可延长储存期，或制成储存期可更长的粉状三聚氰胺树脂。由于改性三聚氰胺树脂胶的价格较高，一般多用于纸质塑料板材的生产。

尿素与甲醛反应生成的树脂中含有—OH 和—CONH 基团，因此在水中特别是热水中（高于 70℃）稳定性差、易水解。这主要是由于脲醛树脂中酰胺键水解，树脂结构被破坏。

三聚氰胺可与羟甲基脲反应，使—OH 和—CONH 基团减少，并在初期脲醛树脂中引入三氮杂环，提高耐水性和耐热性。从三聚氰胺自身的结构看，它具有一个环状结构和 6 个活性基团（通常只有 3 个参与反应），这就在很大程度上促进了脲醛树脂的交联，形成三维网状结构。同时封闭了许多亲水基团，如—CH_2OH 等，从而大大提高了脲醛树脂的耐水性能。另外，三聚氰胺具有一定的缓冲作用，能抑制 pH 的降低，在一定程度上防止和降低了脲醛树脂的水解和水解速度。另外，三聚氰胺能使胶黏剂的固化速度加快，使之能在较高的 pH 下固化，减少固化剂用量。

采用一定量的三聚氰胺替代尿素，可在合成的开始、中间或之后加入。三聚氰胺改性的脲醛树脂采用尿素与甲醛物质的量之比为 1:（1～1.6），加入时 pH 在 6.0～8.0，温度控制在 80～93℃，加入量为 2.0%左右较为适宜。

研究三聚氰胺的加入量和途径时发现如下规律：①在合成过程中间或开始加入，其量不宜超过 10%，否则极易发生胶凝；②在合成后期加入，储存稳定性虽有较大提高，但需加入量比较多；③在合成过程中间加入少量三聚氰胺，热压前再加入适宜比例（35%）的三聚氰胺甲醛树脂，这种方法制得的胶黏剂综合性能最理想，耐水性可达到德国标准 DIN 68763 中的要求。

2. 三聚氰胺-聚乙烯醇改性脲醛树脂胶黏剂

在常见脲醛树脂胶的生产基础上，采用三聚氰胺、聚乙烯醇作为改性添加剂，能制出一种改性成本提高不多但具有耐水性和耐老化性的脲醛树脂胶黏剂。

（1）耐水性改进机理。在树脂缩聚过程中加入三聚氰胺共聚，三聚氰胺结构中的活性基团氨基与树脂中的羟甲基发生缩聚反应，反应式如下：

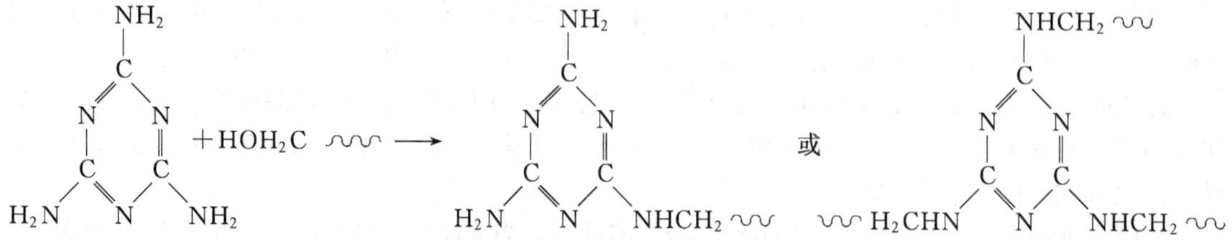

反应的结果：一方面可减少游离羟甲基的含量，另一方面由于三聚氰胺的环状结构而使树脂形成更多的体型结构，从而将一部游离羟甲基封闭在体型结构中。这样既大大降低了能与水结合的游离羟甲基的量，从而提高了胶的耐水性，三聚氰胺的环状结构也可以提高树脂固化后的胶结强度。此外，三聚氰胺还具有降低游离甲醛含量的作用。

（2）耐老化性改进机理。在缩聚过程中，聚乙烯醇线型链上的活性基团（—OH）与别的活性基团发生反应而形成接枝和嵌段共聚物。聚乙烯醇线型链本身的柔性和其支链上醚键的柔性使整个树脂分子具有良好的柔韧性，可减少树脂固化时体积收缩而释放出相应应力，提高了胶的韧性（耐老化性）。此外，聚乙烯醇参与共聚还可使树脂交联密度下降，脆性下降，挠性增加，从而提高胶的韧性。

（3）合成工艺。在反应器中投入 25 份甲醛水溶液，开动搅拌，用 NaOH 溶液调节 pH 为 7.5～8.5，升温至 40℃，加入 0.08 份 PVA 和第一批尿素 8 份（为尿素总量的 73%），在 15min 内均匀升温至 95℃，保温搅拌反应 1h。再降温至 60℃，此时测 pH 为 6.0 左右，加盐酸调 pH 为 5.5，再加入余下 3 份尿素和 0.5 份三聚氰胺。此时测 pH 为 6.5，调 pH 为 5.5，在 15min 内均匀升温至 70～75℃，保温反应 25～35min，直至反应物黏度达到要求为止。达到终点后用 NaOH 溶液调反应物pH 为 7.5～8.5，再冷却，出料。

7.4 酚醛树脂胶黏剂

合成树脂胶黏剂

酚醛树脂（PF）是第一个人工合成的高分子化合物。早在 1872 年，德国科学家拜耳发现酚与醛在酸的作用下可以缩聚得到树脂状产物，但当时这种树脂状产物并未引起人们重视。1909 年，美国科学家 Baekeland 的酚醛树脂胶黏剂专利为酚醛树脂的工业化奠定了基础。近百年来，人们对酚醛树脂的化学结构、生产工艺与实际应用进行了大量的研究，并取得了较多的成果，合成了许多改性及增强的新品种。目前其产量居合成树脂胶黏剂品种的第三位。

酚醛树脂是由酚（苯酚、甲酚、二甲酚、间苯二酚等）与醛（甲醛、乙醛、糠醛等）在酸性或碱性催化剂存在下作用所生成的缩聚物，除用于胶黏剂外，尚有许多重要用途。

酚醛树脂可分为热塑性和热固性两种类型，用于胶黏剂的主要是后一种类型。

7.4.1 热固性酚醛树脂胶黏剂

1. 合成原理及产物结构

热固性酚醛树脂的缩聚反应一般是在碱性催化剂存在下进行的，常用催化剂为氢氧化钠、氨水、氢氧化钡、氢氧化钙、氢氧化镁、碳酸钠、叔胺等，NaOH 用量 1%～5%，Ba(OH)$_2$3%～6%，六亚甲基四胺 6%～12%。苯酚和甲醛的物质的量比一般控制在 1∶(1～1.5)，甚至 1∶(1.0～3.0)，甲醛量比较多。总的反应过程可分为两步，即甲醛与苯酚的加成反应和羟甲基化合物的缩聚反应。

（1）甲醛与苯酚的加成反应。用氢氧化钠为催化剂时，首先苯酚与甲醛进行加成反应，生成多种羟甲酚，并形成一元酚醇和多元酚醇的混合物。这些羟甲基苯酚在室温下是稳定的。羟甲基酚可进一步发生加成反应：

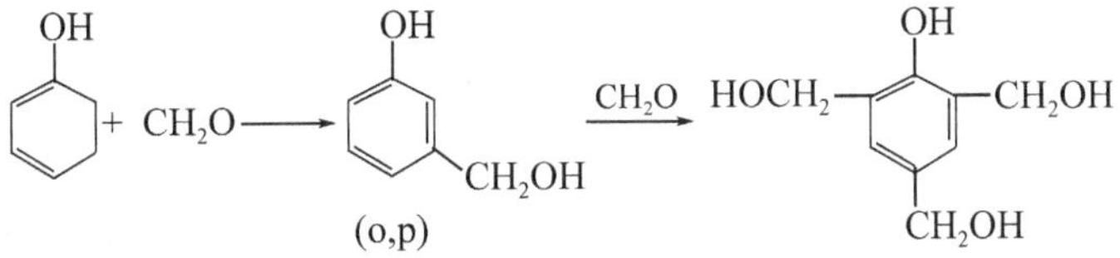

（2）缩聚反应。在通常加成条件下，如在较高 pH（约 9）、温度 60℃以下，缩聚反应很少发生，加成反应大约是缩聚反应的 5 倍，且甲醛与羟甲基苯酚的反应要比甲醛与酚反应容易，此现象将持续到 50%甲醛反应完。在温度大于 60℃时，缩聚反应通常发生在单/双/三羟甲基苯酚、游离酚和甲醛之间，反应比较复杂。在加成反应发生的同时，也发生缩聚反应。

缩聚反应与温度有关，在低于 170℃时主要是分子链的增长，此时的主要反应有两类：①酚核上的羟甲基与其他酚核上的邻位或对位的活泼氢反应，失去一分子水，生成亚甲基键：

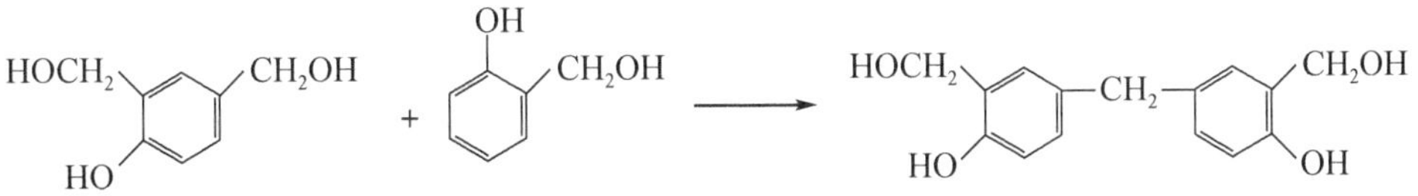

据报道，生成亚甲基键的活化能约为 57.4kJ/mol。②两个酚核上的羟甲基相互反应，失去一分子水，生成二苄基醚：

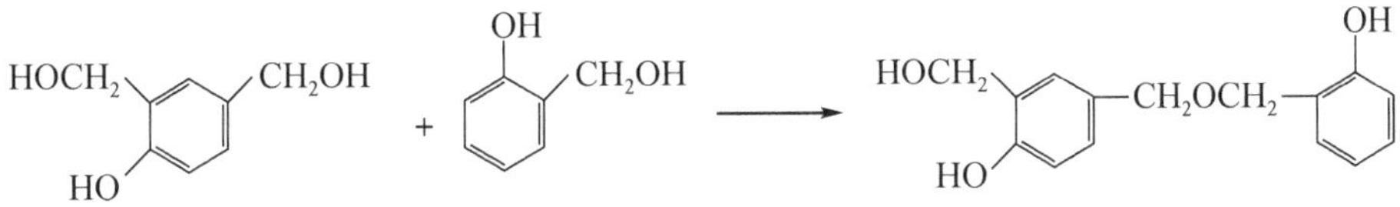

虽然反应①与②都可发生，但在碱性条件下主要生成①中的产物，也就是说缩聚体之间主要是以亚甲基键连接。继续反应会形成很大的羟甲基分子，据测定，加成反应的速率比缩聚反应的速率要快得多，所以最后反应物为线型结构，少量为体型结构。

由上述两类反应形成的单元酚醇、多元酚醇或二聚体等在反应过程中不断地进行缩聚反应，使树脂平均相对分子质量增大，若反应不加控制，最终形成凝胶。在凝胶点前突然使反应过程冷却下来，则各种反应速率都下降，由此可合成适合多种用途的树脂。当控制反应程度较低时，可制得平均相对分子质量很低的水溶性酚醛树脂，用作木材胶黏剂；当控制缩聚反应至脱水成半固树脂时，此树脂溶于醇类等溶剂，可做成清漆及制备玻璃钢用树脂；若进一步控制反应到脱水制成酚醛固体树脂，则可用作酚醛模塑料或特殊用的胶黏剂等。

由于缩聚反应推进程度的不同，各阶树脂的性能也不同，巴克兰将树脂分为不熔不溶状态的三个阶段如下：

A 阶树脂——能溶解于乙醇、丙酮及碱的水溶液中，加热后能转变为不熔不溶的固体，它是热塑性的，又称可熔酚醛树脂。

B 阶树脂——不溶解在碱溶液中，可以部分或全部溶解于丙酮或乙醇中，加热后能转变为不熔不溶的产物，也称半熔酚醛树脂。B 阶树脂的分子结构比可熔酚醛树脂要复杂得多，分子链产生支链，酚已经在充分地发挥其潜在的三官能作用，这种树脂的热塑性较可熔酚醛树脂差。

C 阶树脂——不熔不溶的固体物质，不含或含有很少能被丙酮抽提出来的低分子物。C 阶树脂又称为不熔酚醛树脂，其相对分子质量很大，具有复杂的网状结构，并完全硬化，失去其热塑性及可熔性。

受热时，A 阶酚醛树脂逐渐转变为 B 阶酚醛树脂，再变成不熔不溶的体型结构的 C 阶树脂。

2. 热固性酚醛树脂的生产工艺

热固性酚醛树脂可生产成固体状、水溶性或带水的乳液状、乙醇与水的溶液状等，可根据其工业用途而定。因而酚与醛的配比、催化剂的种类及生产方法也有不同。

生产铸型树脂或木材胶黏剂时，常按 1mol 苯酚与 1.5～2mol 甲醛相配合，催化剂采用氢氧化钠、氢氧化钾等。用于制造各种层压制品的热固性酚醛树脂为 6mol 酚与 7mol 甲醛相配合，并用氨水为催化剂，酚类用苯酚、甲酚等。生产工艺流程如图 7-4 所示，也可采用图 7-1 的流程生产，以实现脲醛与酚醛树脂生产设备的一致性。下面以氨催化酚醛树脂的合成过程为例来说明热固性酚醛树脂的工业生产过程。

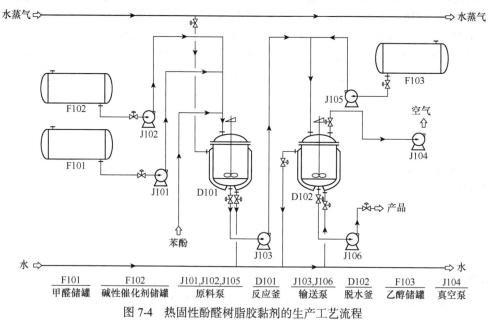

图 7-4　热固性酚醛树脂胶黏剂的生产工艺流程

（1）将 1152kg 苯酚加入反应釜 D101 中，开动搅拌，打开冷却水，在 40～45℃下加入 61.8kg 浓度 25%的氨水，保持 10min。

（2）加入 1294kg 37%的甲醛溶液，在 15min 内使内温升至 70℃，保持 20min 后再升温到 95～98℃。

（3）保持回流沸腾约 30min，每隔一定时间取样测定黏度或折射率，当折射率达到 1.478～1.485 时即为缩聚终点。

（4）物料泵入脱水釜 D102，立即降温至 70℃，启动真空泵 J104，进行真空脱水，大约 30min，取样测定黏度，当达到约 1400mPa·s 时停止脱水。树脂的脱水过程在 70℃、0.67MPa 条件下进行，操作必须小心控制，以防树脂凝胶。

（5）脱水至树脂呈透明后测定凝胶化时间达 70s/160℃左右时，立即加入 F103 中的 600kg 乙醇，继续搅拌至树脂完全溶解。冷却至 40℃过滤出料。

用氢氧化钠作催化剂可制备水溶性热固性酚醛树脂，催化剂用量小于 1%，如上述过程使反应物在回流温度下反应 0.75～1h 即可出料，不必脱水。

水溶性热固性酚醛树脂主要用于矿棉保温材料的胶黏剂、胶合板和木材的胶黏剂、纤维板和复合板的胶黏剂等。氨催化的热固性酚醛树脂主要用于浸渍增强填料，如玻璃纤维或布、棉布和纸等，也用以制备增强复合材料。

7.4.2　水溶性酚醛树脂的合成原理与工艺

水溶性酚醛树脂的合成方法繁多，下面主要介绍一种木材工业中常用的 Rseol 型树脂的合成工艺。

（1）原料配比。苯酚：甲醛：氢氧化钠：水=1：1.5：0.25：7.5（物质的量比）；甲醛分两次加入：第一次加总量的 80%，第二次加总量的 20%；实际用水量=按配方计算的水量－（甲醛含水量+碱含水量）。

（2）合成原理。水溶性酚醛树脂是由苯酚与甲醛在氢氧化钠催化剂作用下缩聚而成。苯酚与NaOH 在平衡反应时形成负离子的形式：

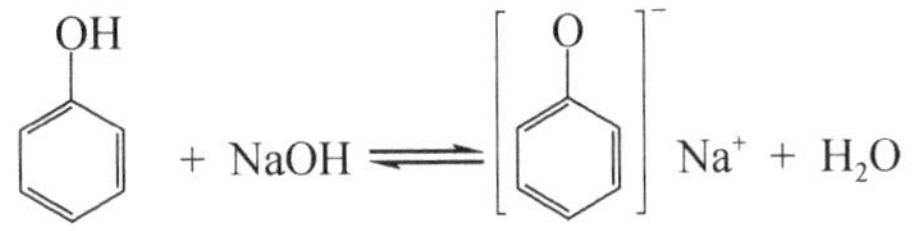

离子形式的酚钠和甲醛发生加成反应：

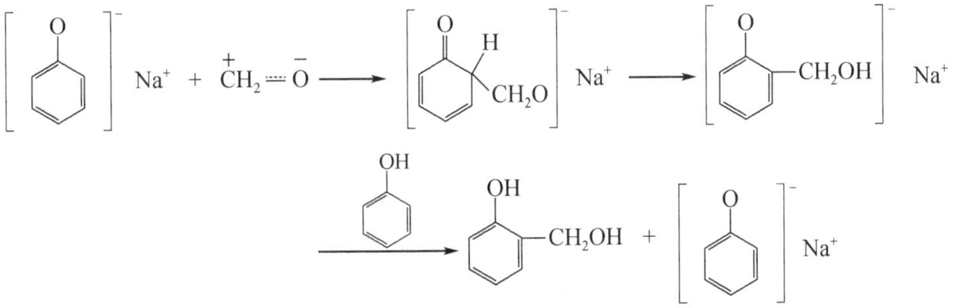

（3）工艺流程（图 7-4）与步骤。将已熔化的苯酚加入反应釜 D101，搅拌下加入 NaOH 溶液及水，升温至 42~45℃，保温 25min。然后加入第一批甲醛，温度在 45~50℃保温 30min，继续在 70~80min 内由 50℃升至 87℃，再在 24min 内由 87℃升至 95℃，并在温度为 95~96℃下保温反应 18~20min。保温后，在 24min 内冷却至 82℃，加第二批甲醛，在 82℃保温 13min 后，在 30min 内升温至 92℃，并在 92~96℃下继续反应 20~60min（视黏度而定）。黏度达到要求后，立即向夹套通入冷却水降温至 40℃以下出料。

7.4.3　酚醛树脂的改性原理与方法

工业酚醛树脂的改性工艺主要有四种，其原理与方法如下。

（1）与尿素、密胺反应。酚醛树脂可与尿素、密胺发生如下反应：

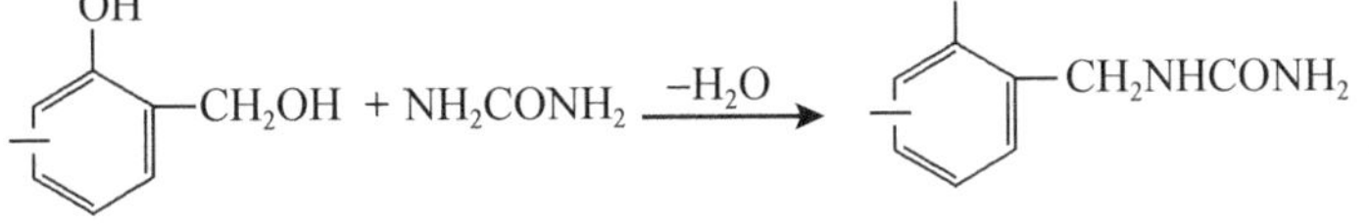

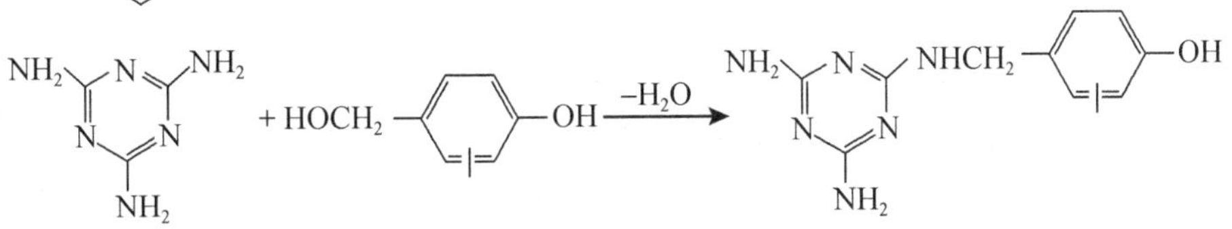

因而可用尿素和密胺来改性酚醛树脂。关键是控制反应使其发生共聚而不是均聚。显然，酚

醛树脂也可与脲醛树脂、密胺树脂进行反应。

（2）与环氧树脂反应。酚醛树脂与环氧树脂或环氧化合物的反应主要是酚羟基与环氧基的开环反应。环氧树脂是一种强度高、粘接性强、电性能优异、耐氧化性等性能优良的树脂。因此酚醛树脂可用环氧树脂来改性。

（3）与异氰酸酯反应。异氰酸酯是非常活泼的化合物，能与具有活泼氢的化合物反应，就酚醛树脂而言，酚羟基和羟甲基均可与异氰酸酯反应，如酚羟基与异氰酸酯反应生成氨基甲酸酯化合物：

可用催化剂有叔胺如 *N*-烷基吗啉、DABCO，金属盐如月桂酸锡。水等是竞争的反应，因此要注意水的除去。此反应可快速进行，因此可快速固化。

（4）与不饱和化合物或聚合物反应，前已述及。羟甲基苯酚可脱水成喹若亚甲基，此中间体可与不饱和化合物发生 Diels-Alder 反应或氢抽提反应：

利用此类反应把酚醛树脂用作橡胶硫化剂、橡胶胶黏剂组分等。

7.5 环氧树脂胶黏剂

合成树脂胶黏剂

在合成胶黏剂中，无论是品种和性能，还是用途和价值，环氧树脂胶黏剂都占有举足轻重的地位，对多种材料都具有良好的胶接能力，还有密封、绝缘、防漏、固定、防腐、装饰等多种功用，故在航空、航天、军工、汽车、建筑、机械、舰船、电子、电器、信息、化工、石油、铁路、轻工、农机、工艺美术、文体用品、文物修复、日常生活等领域都获得了相当广泛和非常成功的应用，素有"万能胶"和"大力胶"之称。20 世纪 80 年代后，环氧树脂胶黏剂向着专用化、功能化和高性能化的方向发展。不仅在航空工业中得到广泛的应用，也应用于国防工业的多项尖端技术（如航天飞机、火箭等的重要部位）。随着新型高性能环氧树脂的不断开发成功，将会出现品种繁多、性能优异、用途广泛的高性能化和多功能化环氧树脂胶黏剂，前景十分广阔。

7.5.1 环氧树脂胶黏剂的分类与组成

环氧树脂是分子中含有两个或两个以上环氧基团而相对分子质量较低的高分子化合物。环氧基就是由一个氧原子和两个碳原子组成的三元环。在环氧树脂结构中含有脂肪族羟基、醚基和极活泼的环氧基。羟基和醚基都有高度的极性，使环氧树脂分子能与邻界面产生电磁引力，而环氧基团能与介质表面的游离基发生反应形成化学键，所以环氧树脂的黏合力特别强。它对大部分的材料如木材、金属、玻璃、塑料、橡胶、皮革、陶瓷、纤维等都具有良好的黏合性能，只对少数材料如聚苯乙烯、聚氯乙烯、赛璐珞等黏合力较差，固化后的环氧树脂具有优良的耐化学腐蚀性、耐热性、耐酸碱性、耐有机溶剂性及良好的电绝缘性。此外，树脂固化后收缩性小，如加入适量填充剂，收缩率能降至 0.1%～0.2%，并可在 150～200℃下长期使用，耐寒温度可达-55℃。

环氧树脂的种类很多，且在不断地增加，按照化学结构分类有缩水甘油醚类、缩水甘油酯类、缩水甘油胺类、脂环族环氧树脂、环氧烯烃类、海因环氧树脂、酰亚胺环氧树脂、萘系环氧树脂、有机硅环氧树脂、有机钛环氧树脂等。缩水甘油醚类环氧树脂包括双酚 A 型环氧树脂、双酚 F 型环氧树脂、双酚 S 型环氧树脂、双酚 P 型环氧树脂、氢化双酚 A 型环氧树脂、酚醛型环氧树脂、溴代环氧树脂、脂肪族缩水甘醚树脂等。

　　环氧树脂胶黏剂主要由环氧树脂、固化剂、增塑剂、增韧剂、促进剂、稀释剂、填充剂、偶联剂、阻燃剂、稳定剂等组成。其中环氧树脂、固化剂、增韧剂是不可缺少的组分，其他组成则根据需要决定是否添加。

7.5.2　环氧树脂的合成原理与工艺

　　工业上应用最多的环氧树脂是双酚 A 型环氧树脂，产量约占环氧树脂总产量的 90% 以上。双酚 A 型环氧树脂由双酚 A（二酚基丙烷）和环氧氯丙烷在碱性催化剂作用下缩合而成：

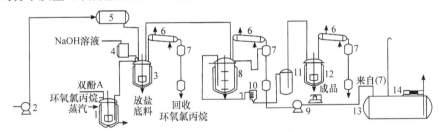

　　其聚合度 $n = 0 \sim 20$；$n = 0$ 时，相对分子质量为 340，外观为黏稠液体；$n \geqslant 2$ 时，在室温下是固态的。如果在反应中适当控制环氧氯丙烷和双酚 A 的比例，则可生成高相对分子质量树脂，但是由于相对分子质量的增大，交联密度将减少，不适于作胶黏剂来使用。因此，一般用作胶黏剂的环氧树脂为平均相对分子质量小于 700、软化点低于 50℃ 的低相对分子质量树脂。相对分子质量为 900 以上的品种在室温下均呈固态，其主要用途是涂料和层压材料。下面主要介绍低相对分子质量环氧树脂的生产工艺。

　　低相对分子质量环氧树脂的生产工艺流程见图 7-5。

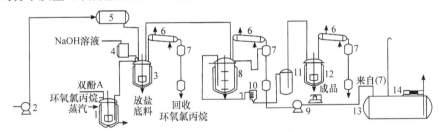

图 7-5　环氧树脂的生产工艺流程

1. 溶解锅；2，9. 齿轮泵；3. 反应锅；4. 氢氧化钠溶液高位计量槽；5. 苯高位槽；6. 冷凝器，7. 接收器；8. 回流脱水锅；10. 过滤器；11. 苯树脂溶液沉降储槽；12. 脱苯锅；13. 苯地下储槽；14. 蒸汽泵

　　（1）原料配比。低相对分子质量和中相对分子质量环氧树脂的牌号及原料配比见表 7-7。

表 7-7　环氧树脂的配料比（单位：mol）

原料名称	含量/%	低相对分子质量环氧树脂					中相对分子质量环氧树脂	
		E-51	E-44	E-42	E-35	E-31	E-20	E-12
二酚基丙烷	100	1	1	1	1	1	1	1
环氧氯丙烷	93~94	10	2.75	2.4	2	1.8	1.473	1.218
氢氧化钠	90	2.8	—	—	—	—	—	—
氢氧化钠	30	—	a. 1.435	a. 1.68	—	—	—	—
			b. 0.775	b. 0.415				

原料名称	含量/%	低相对分子质量环氧树脂					中相对分子质量环氧树脂	
		E-51	E-44	E-42	E-35	E-31	E-20	E-12
氢氧化钠	15	—	—	—	2	1.8	—	—
氢氧化钠	10	—	—	—	—	—	1.598	1.185
苯	适量	适量	适量	适量	适量	适量	适量	适量

（2）低相对分子质量环氧树脂生产工艺过程及操作条件。

（i）把二酚基丙烷（双酚A）投入溶解锅1中，然后通入环氧氯丙烷，开动搅拌器，夹套通入蒸汽加热使其升温溶解。

（ii）用齿轮泵2将溶解液打入带有锚式搅拌器的反应锅3中，开动搅拌器。搅拌器的转速为70r/min。

（iii）从氢氧化钠溶液高位计量槽4滴加氢氧化钠溶液a，加氢氧化钠至一定量时温度升高很快，这时将夹套通入冷却水，以控制反应系统温度。

（iv）反应初阶段结束后，减压回收过量的环氧氯丙烷，环氧氯丙烷的蒸气经冷凝器6冷凝进入接收器，放出后循环使用。

（v）回收结束后，从苯高位槽加入苯溶解，再加氢氧化钠溶液b。

（vi）后阶段反应结束后，夹套通冷水冷却，静置，把上层苯树脂溶液抽吸到回流脱水锅8，下层的盐底料加苯再萃取一次，抽吸后放掉。

（vii）回流脱水锅中回流至蒸出的苯清晰无水珠为止。冷却静置，经过滤器10至储槽11中，沉降后抽入脱苯锅12脱苯（先常压后减压）。

（viii）脱苯后，直接从锅中放出成品环氧树脂。

回流脱水的目的是脱去苯树脂溶液中的微量水分，以析出溶于这些水中的碱和盐。水、碱、盐的存在都影响树脂的质量，故采用溶剂萃取法时必须回流脱水。低相对分子质量环氧树脂生产中各步骤的操作控制条件见表7-8。

表7-8　低相对分子质量环氧树脂操作控制条件

步骤	项目	树脂牌号				
		E-51	E-44	E-42	E-35	E-31
溶解	温度/℃	90	70	70	70	70
	时间/min	30	30	30	30	30
第一次加 NaOH	温度/℃	48～53	50～55	50～55	50～55	50～55
	时间/h	0.5	4	4	6	6
维持时间	温度/℃	50～55	55～60	55～60	50～55	50～55
	时间/h	8	4	4	4	4
回收	最高温度/℃	<120	<85	<85	不做回收	
	真空度/Pa	>8.0×10⁴	>8.0×10⁴	>8.0×10⁴		
加苯溶解	温度/℃	70	70	70	70	70
	时间/min	30	30	30	30	30
第二次加 NaOH	温度/℃		68～73	68～73		
	时间/h		1	0.5		

步骤	项目	树脂牌号				
		E-51	E-44	E-42	E-35	E-31
维持时间	温度/℃		68~73	68~73		
（第二次加 NaOH）	时间/h		3	2.5		
回流脱水	控制终点	至馏出液清晰无水珠落下为止				
沉降	时间/h	4	4	4	4	4
脱苯放料	通常条件	先常压脱苯至液温 110℃以上，开始减压后，脱苯至 140~143℃无液馏出时放料				

（3）环氧树脂的固化剂及固化机理。环氧树脂的固化剂可分为反应型固化剂（如脂肪族和脂环族胺类、芳香族胺类和有机酸酐低分子物类）和催化型固化剂（如叔胺、咪唑、硼化物等）。例如，胺类固化剂主要是通过"活泼氢"与环氧基发生反应，使树脂固化交联：

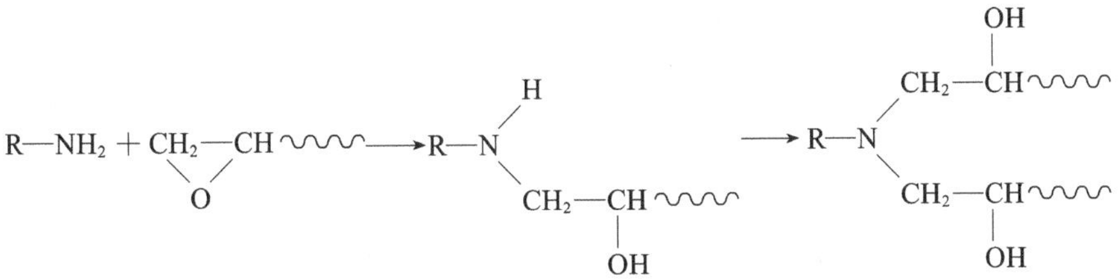

催化型固化剂主要是使环氧基开环，使环氧树脂进行均聚，生成以醚键为主要结构的均聚物。固化剂的用量与环氧树脂的环氧值和固化剂自身的特性有关，如采用胺类固化剂必须准确地选择固化剂用量。

7.5.3 环氧树脂胶黏剂的配制和使用

环氧树脂本身硬度高、刚性强，但韧性较差，所以单独由环氧树脂配制的胶黏剂虽有很高的抗剪切强度，但抗不均匀扯离强度和抗冲击强度很低，必须加入大量橡胶或线型树脂进行改性才能提高其韧性。此外，由于环氧树脂中含有大量羟基等亲水基团，耐水性和耐潮性尚有欠缺，可以适当改性或选用抗水性能好的固化剂提高耐水性。

1. 环氧树脂胶黏剂的助剂

（1）增塑剂。加入适量增塑剂可以增加树脂的流动性，降低树脂固化后的脆性，并能提高抗弯和抗冲击强度。常用的增塑剂有邻苯二甲酸二丁酯、邻苯二甲酸二辛酯、磷酸三苯酯等，一般用量为树脂质量的 5%~20%。加入热塑性聚酰胺、聚酯树脂或丁腈橡胶等，也可以改善环氧树脂的脆性，提高树脂的抗冲击强度。

（2）稀释剂。环氧树脂常加入一定的稀释剂来降低树脂黏度、增加流动性和渗透性，以便于操作，并可延长适用期。常用的稀释剂有丙酮、环己酮、甲苯、二甲苯、正丁醇等，一般加入量为树脂质量的 5%~15%。另一种稀释剂为分子端基带有活性基团，能参与固化反应的稀释剂，称为活性稀释剂，如石油环氧树脂、环氧丙烷苯基醚等，用量一般为树脂质量的 5%~20%。

（3）填充剂。环氧树脂所用填充剂种类很多，常用的有铁粉、石英粉、石棉粉、水泥、陶土、碳酸钙等，用量根据填充剂的性质和使用要求而定，其范围在 5%~300%。

2. 环氧树脂胶黏剂的配制和使用

（1）配胶。环氧树脂胶黏剂中组分较多，大多数又是黏稠液体或固体，不易搅拌均匀，稍不注意就会造成胶液中局部树脂过量，另一局部固化剂过量，这样固化后的胶层各种性能都将很差，所以配胶时首先要准确计量，然后在容器中充分搅拌均匀。

对于室温固化的胶，配好后一般会发生放热现象，如不及时使用则造成凝胶。因此，室温固化环氧胶都有使用期问题，尤其是夏季配制的胺固化环氧胶，一般使用期只有几分钟至十几分钟。环氧胶的使用期与三个因素有关：一是反应放热量；二是配胶量；三是环境温度。为了保证粘接质量和避免浪费，对室温固化环氧胶应随用随配。

（2）涂胶和晾置。环氧树脂大多数黏度大，流动性差，涂胶时不能过快，以防止漏胶和产生气泡。对于无惰性溶剂的环氧胶，涂后晾置 3～5min 即可搭接固化，不宜晾置时间过长；含有丙酮、乙醇、乙酸乙酯和三氯甲烷等挥发性溶剂的环氧胶，涂胶后应晾置 20～30min；对于高温固化环氧胶，如以双氰胺为固化剂的环氧胶，要在 50～100℃温度下晾置 20～30min，以保证溶剂完全挥发。

（3）固化。环氧树脂的固化除需按要求加压外，某些室温固化环氧胶，如为了提高粘接强度可采用加温固化，但在加温之前要在室温下先固化一定时间。

3．环氧树脂胶黏剂调配工艺实例

（1）常温固化环氧胶。称取 100 份环氧树脂、20 份邻苯二甲酸二丁酯、50～100 份氧化铝粉，将它们混合并搅拌均匀，再加入 8 份二乙烯三胺，混合搅拌均匀后即可使用。

（2）高温固化环氧胶。称取 100 份环氧树脂、20 份线型聚酯树脂、50～100 份氧化铝粉，放入容器中混合加热至 120～140℃；用另一容器称取 40 份邻苯二甲酸酐，加热熔化，然后倒入上面的环氧树脂混合物中迅速搅拌，即可使用。

（3）高强度环氧胶。将 100 份环氧树脂和 80 份聚砜树脂混合加热至 140～150℃，搅拌至聚砜全部溶解后冷却。也可以先将聚砜溶于 200 份三氯甲烷，然后混入环氧树脂（如果配制无溶剂胶黏剂，可加热将三氯甲烷除去）。最后加入 200 份三氯甲烷、50 份二甲基甲酰胺和 12 份双氰胺，混合均匀即可使用。

7.6　聚氨酯胶黏剂

聚氨酯胶黏剂是指分子链中含有氨基甲酸酯基团（—NHCOO—）或异氰酸酯基（NCO—）的一类胶黏剂，是由德国化学家 O. Bayer 及其同事于 20 世纪 30 年代研究成功的。

聚氨酯胶黏剂分为多异氰酸酯和聚氨酯两大类，已有溶剂、热熔、厌氧、压敏、光敏、发泡等多种形式。由于含有异氰酸酯基和氨酯基，具有很高的活性和很强的极性，对于橡胶、金属、织物、皮革、纸张、木材、陶瓷、玻璃、塑料等多种材料都有优良的粘接性能。同时，聚氨酯大分子链之间或与被粘物之间均能形成氢键结合，使分子内聚力增强，粘接强度更高，耐磨性、耐溶剂性更好。聚合物改性的异氰酸酯具有柔性的分子链，因而有很高的弹性，耐冲击振动、耐疲劳，特别是耐低温性极好，优于其他任何胶黏剂。

7.6.1　聚氨酯胶黏剂的组成与分子设计

聚氨酯胶黏剂按结构形态可分为多异氰酸酯类、预聚体或羟聚体类和端封型类三类；按使用形态可分为无溶剂型、溶剂型、热熔型和水基型四类。聚氨酯胶一般分为单组分和双组分两种基本类型，单组分为湿气固化型，双组分为反应固化型。单组分胶施工方便，但固化较慢；双组分有固化快、性能好的特点，但使用时需要配制，工艺较为复杂。两者各有发展前途。

聚氨酯胶黏剂的成分主要有异氰酸酯、多元醇、含羟基的聚醚、聚酯和环氧树脂、填料、催化剂和溶剂等。在制备聚氨酯胶黏剂（PU 胶黏剂）时，选用原料不同，制得的聚氨酯性能也不同。如原料的官能度不同，可制成线型或交联型的聚氨酯胶黏剂，既可制成热塑性的，又可制成热固性的。在聚氨酯分子中链段一般是柔性的，也可以制成刚性的。所以在制备聚氨酯胶黏剂时，根据聚氨酯胶黏剂的本体性质和使用性质进行设计，以满足不同基材和使用条件的需要。

胶黏剂的本体性质取决于胶黏剂的化学结构和物理结构。聚氨酯胶黏剂可看作一种含软链段和硬链段的嵌段共聚物。由于两链段的热力学不相容，产生相分离，在聚合物基体内部形成相区和微相区。聚氨酯中存在的氨酯基和脲键产生氢键对硬段相区的形成有较大的贡献，硬段相区起增强作用，而软段基体被硬段相区交联，所以聚氨酯具有柔韧性和宽范围的物性。因此可以通过改变软硬链段的结构大幅度地改变其各种性能，从而满足不同材料之间的粘接。

1. 软段结构设计

软段是由低聚物多元醇构成，多数为聚酯或聚醚多元醇，用不同的低聚物多元醇或酯制得的聚氨酯胶黏剂性能各不相同。聚酯型聚氨酯胶黏剂一般比聚醚型聚氨酯胶黏剂具有较高的强度和硬度，且耐热性和抗氧化性较优。这是因为酯基的极性大，内聚能比醚基的内聚能高。但聚酯型聚氨酯胶黏剂易水解，且原料来源不如聚醚多元醇的原料易得、价廉。在聚醚的分子结构中，含有醚键，较易旋转，链的柔顺性比酯键好，因此聚醚型的聚氨酯胶黏剂软化温度低，耐低温性能好，有较好的韧性和延伸性。无论是聚酯型还是聚醚型的聚氨酯胶黏剂，其软段的结晶性对聚氨酯胶黏剂的最终机械强度和模量都有较大的影响。

聚氨酯胶黏剂的初粘力主要与胶黏剂本身的结晶能力有关。一般来说，结晶能力强的聚酯或聚醚合成的聚氨酯胶黏剂，相应的初始粘接强度也高一些。但是，含适度侧基的聚酯，如含侧基新戊二醇制得的聚酯，侧基对酯键起保护作用，能改善聚氨酯胶黏剂的抗热氧化、抗水解和抗霉菌性能。如在聚酯预聚体中引入芳环结构，可显著提高其熔融温度，从而提高聚氨酯胶黏剂的耐热性。

2. 硬段结构设计

多异氰酸酯形成的硬段结构对聚氨酯胶黏剂的性能，特别是刚性和强度有很大的影响，二苯甲烷-4,4′-二异氰酸酯（MDI）比甲苯二异氰酸酯（TDI）制备的聚氨酯具有较高的模量和撕裂强度。这是因为 MDI 对称，产生结构规整有序的相区结构。芳香族异氰酸酯制备的聚氨酯由于具有刚性的芳环，硬段内聚能增大，其强度比来自脂肪族异氰酸酯的聚氨酯大，并且抗热氧化性能也好。但是在 TDI 和 MDI 的结构中，有一个共同特点是异氰酸酯基团直接与苯核上碳原子相连，这样异氰酸酯基团与苯核形成醌型结构，易于氧化变黄，抗紫外线降解性能较差。近几年出现了不少新品种，如不变黄异氰酸酯，苯二亚甲基二异氰酸酯（XDI）。在其结构中苯环与异氰酸酯基团之间多了一个亚甲基（—CH$_2$—），破坏了醌电子结构的形成，所以 XDI 对光、热均匀稳定。还有 HDI 及 HDI 的衍生物 IPDI 等一类饱和脂肪族有机异氰酸酯制得的 PU 对光稳定，不会泛黄。为了提高聚氨酯胶黏剂的阻燃性能，可选用新型阻燃异氰酸酯，有两大类：一类是含磷有机异氰酸酯，另一类是卤代有机异氰酸酯。

为了提高聚氨酯胶黏剂的表面防水性及耐热性，可选用有机硅异氰酸酯。一般异氰酸酯化合物的化学活性很大，常温下能与含活泼氢化合物发生化学反应，以致储藏稳定性差。为了克服这一缺陷，可选用一些隐蔽性异氰酸酯化合物，如碳酸己二腈（ADNC）、三甲胺甲基丙烯酰亚胺（TAMI）等，这些化合物在与其他物料反应时，先释放出异氰酸酯基团，然后参与反应。

3. 扩链剂结构设计

扩链剂一般是小分子二元醇，如乙二醇、1,4-丁二醇等。含芳环的二元醇比脂肪族二元醇有较好的强度。二元胺作扩链剂能形成脲键，极性比氨酯键强，所以比二元醇扩链的 PU 具有更高的机械强度、模量、黏附性、耐热性，并且还有较好的低温性能。有时为了提高胶层的硬度，可采用芳香族受阻型二元胺，如 3,3'-二氯-4,4'-二苯胺甲烷等。

7.6.2 聚氨酯的合成与交联反应原理

以多异氰酸酯和聚氨基甲酸酯（PU，简称聚氨酯）为主体的胶黏剂统称为聚氨酯胶黏剂。聚氨酯指具有氨基甲酸酯链的聚合物，通常由多异氰酸酯与多元醇反应制得：

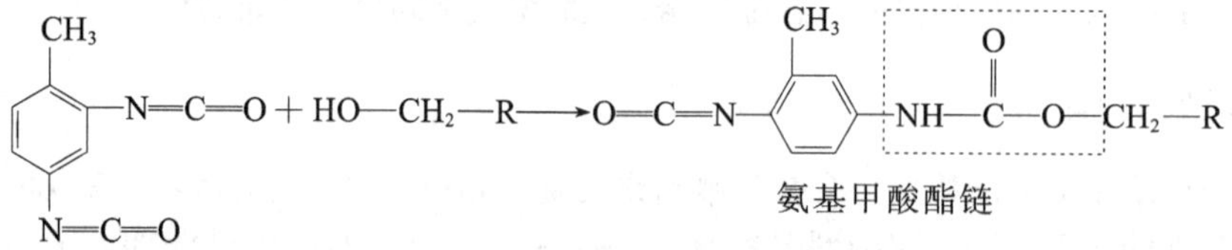

氨基甲酸酯链

常用的多异氰酸酯有 TDI、MDI、六亚甲基-1,6-二异氰酸酯（HDI）等。常用的多元醇有端羟基聚酯（如聚己二酸乙二醇酯、聚己二酸-1,4-丁二醇酯等）、端羟基聚醚。

由端羟基聚酯（或端羟基聚醚）与不同比例的多异氰酸酯反应得到聚氨酯预聚体。其反应式如下：

端异氰酸酯基聚氨酯预聚体（Ⅰ）

端羟基聚氨酯预聚体（Ⅱ）

聚氨酯预聚体（Ⅰ）和预聚体（Ⅱ）可作为单组分胶黏剂，也可配合使用或者用交联剂交联成为双组分胶黏剂。聚氨酯胶黏剂交联时的反应主要有以下几种：

（1）氨基甲酸酯交联。多异氰酸酯化合物（或端异氰酸酯基聚氨酯）和多羟基化合物（如三羟基丙烷、甘油、多官能端羟基聚氨酯等）反应，形成氨酯键而交联。

（2）取代脲交联。异氰酸酯和胺、水反应形成脲键，成为大分子或网状结构：

采用二元胺[如 3,3'-二氯-4,4'-二氨基二苯基甲烷（MOCA）]作为端异氰酸酯聚氨酯预聚体的交联剂，可配制成高性能的聚氨酯胶黏剂。异氰酸酯容易与水发生反应，对空气中的湿度也十分敏感，在制备时应避免异氰酸酯与湿气的接触，采用的试剂、溶剂、填料必须预先干燥。

（3）缩二脲交联。异氰酸酯和脲可进一步反应形成缩二脲链，使聚氨酯大分子链形成交联的网状结构，使胶黏剂能有较大的抗蠕变性能和较好的耐热性能：

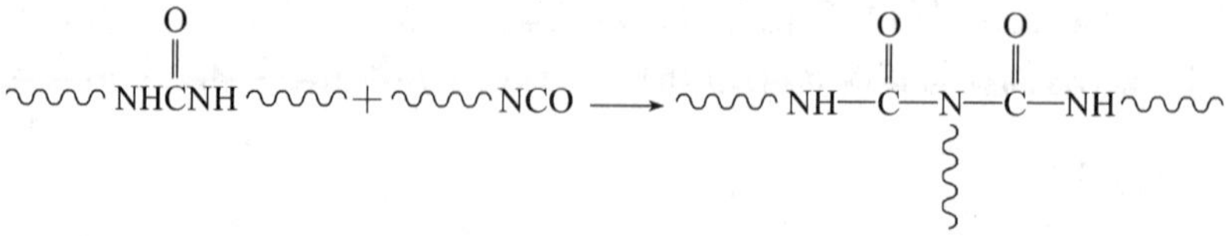

（4）脲基甲酸酯交联。异氰酸酯和聚氨酯分子中的氨酯基反应生成脲基甲酸酯，形成交联网状结构。此反应速率相当缓慢，需在 140℃ 以上的高温时才能完成：

(5) 酰脲交联。当聚氨酯分子中存在酰胺基时，异氰酸酯基可与其中酰胺基交联形成酰脲：

7.6.3 聚氨酯胶黏剂的生产原理与工艺

针对聚氨酯的用途，下面介绍三类典型聚氨酯胶黏剂的合成工艺。

1. 双组分聚氨酯胶黏剂（101 胶）

101 胶广泛用于金属、非金属、塑料、皮革的粘接。其生产工艺流程参见图 7-6。

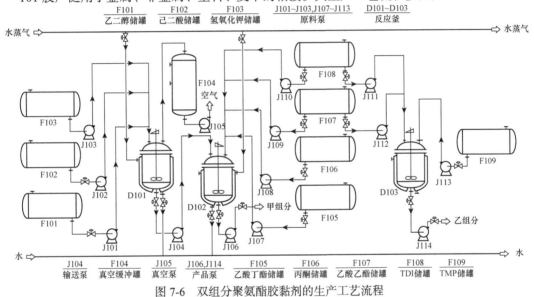

图 7-6 双组分聚氨酯胶黏剂的生产工艺流程

甲组分生产分为两步。聚酯合成反应式如下：

$$n\,HOOC(CH_2)_4COOH+(m+1)HO(CH_2)_2OH \longrightarrow$$

$$HO\!\left[\!CH_2\!-\!CH_2\!-\!O\!-\!CO\!-\!(CH_2)_4\!-\!COO\right]_m\!CH_2CH_2OH+2n\,H_2O$$

聚酯改性反应式如下：

$$m\,HO\!\left[\!CH_2\!-\!CH_2\!-\!O\!-\!CO\!-\!(CH_2)_4\!-\!COO\right]\!CH_2CH_2OH+(m+1)$$

$$HO(R_1)_2\!\left[\!O\!-\!CH_2CH_2\!-\!O\!-\!CO\!-\!(CH_2)_4COO\right]\!(CH_2)_2OH$$

$$\left(R_1\!=\!-CH_2\!-\!CH_2\!-\!O\!-\!CO\!-\!(CH_2)_4\!-\!COO\right]\!CH_2CH_2OCONH\right.$$

乙组分为 TDI 的改性，反应式如下：

$$CH_3CH_2-C(CH_2OH)_3 + \underset{OCN}{\overset{CH_3}{\bigcirc}}_{NCO} \longrightarrow CH_3CH_2-C\left[CH_2COONH-\overset{CH_3}{\bigcirc}_{NCO}\right]_3$$

生产工艺步骤如下：

（1）聚己二酸乙二醇酯的生产工艺。在不锈钢反应釜 D101 中加入 F101 中计量的乙二醇，加热并搅拌，加入 F102 己二酸，逐步升温至 200～210℃，出水量达 185kg。当酸值达 40mg KOH/g 时，开启真空泵 J105，减压脱水 8h（内温 200℃，0.048MPa）。当酸值达到 10mg KOH/g 时，减压去醇 5h（内温 210℃，0.67kPa）。控制酸值 2mg KOH/g 出料。制得羟值为 50～70mg KOH/g（相对分子质量为 1600～2240）、外观为浅黄色的聚己二酸乙二醇酯，收率为 76%。

（2）改性聚酯树脂（甲组分）的合成。于反应釜 D102 内加入乙酸丁酯，开动搅拌，再加入聚己二酸乙二醇酯，加热至 60℃，加入 TDI（80/20）4～6kg（根据羟值与酸值确定加量），升温至 110～120℃，黏度达到 6A（变速箱 W-6，电机 2.8kW）。打开计量槽加入乙酸乙酯 5kg 溶解，再加乙酸乙酯 10kg 溶解，最后加入丙酮 134～139kg，搅拌混合均匀，制得浅黄色或茶色透明黏稠液体，便为甲组分，收率为 98%。

（3）三羟甲基丙烷加成物（乙组分）的合成。于反应釜 D103 内加入 TDI（80/20）246.5kg 和乙酸乙酯（优级品）212kg，开动搅拌，升温至 65～70℃。滴加预先熔化的 TMP 60kg，控制温度 65～70℃，大约 2h 滴完，之后在 70℃保温 1h，冷却到室温出料，制得外观为浅黄色的黏稠液体，即为乙组分，收率 98%。

2. 单组分聚氨酯胶黏剂

双组分聚氨酯胶黏剂固然有很多优点，但必须在临用前现配，带来麻烦和不便，并且配好的胶液也会随时间变化，影响粘接性能。单组分聚氨酯胶黏剂使用更为方便，主要种类包括有端异氰酸酯基聚氨酯预聚体湿固化型、封闭型聚氨酯预聚体与多元醇混合型、丙烯酸酯-聚氨酯射线固化等类型。以湿固化型聚氨酯胶黏剂为例，该胶中含有活泼的 NCO 基团，当暴露于空气中时能与潮气发生反应而交联固化；在粘接时也能与被粘物表面的吸附水和羟基进行化学反应，形成脲键结构。因此湿固化型聚氨酯胶黏剂的固化产物为聚氨酯-聚脲结构，其反应过程如下：

$$OCN \text{\textasciitilde\textasciitilde} NCO + H_2O \longrightarrow H_2N \text{\textasciitilde\textasciitilde} NH_2 + CO_2$$
（预聚体）

$$OCN \text{\textasciitilde\textasciitilde} NCO + H_2N \text{\textasciitilde\textasciitilde} NH_2 \longrightarrow \left[HN \text{\textasciitilde\textasciitilde} NH-\overset{O}{\overset{\|}{C}}-HN \text{\textasciitilde\textasciitilde} NHC\right]_n$$
（脲键）

NCO 封端预聚体是由聚醚或聚酯多元醇与二异氰酸酯反应而得，一般预聚体中异氰酸酯基含量为 2%～10%（异氰酸酯基含量是指 100g 预聚体中含异氰酸酯基 NCO 的克数）。

【生产实例 1】 将 51 份聚氧化乙烯多元醇（$M = 300$）、26 份 MDI、8.7 份 TDI（80/20）、4.1 份 1,4-丁二醇混合，于 80℃反应 3h 后降温，用 10 份二甲苯稀释，便得—NCO 含量约为 7.3% 的预聚体。其反应过程如下：

$$2n\ OCN-R-NCO + \overset{R}{\underset{}{\left(CH_2-CH-O\right)_n}}H + nHO\left(CH_2\right)_4OH$$
（MDI）　　　（聚氧化乙烯多元醇）　　（1,4-丁二醇）

$$\longrightarrow \left[CONH-R-NHCO-CH_2-\overset{R}{\underset{}{CH}}-OCONH-R-NHCO-O\left(CH_2\right)_4O\right]_n$$

产品可用作弹性体被粘物的胶黏剂，具有柔韧性好、强度高、耐水等优点。

【生产实例 2】 将 50 份 TDI（80/20）、50 份 MDI、0.4 份辛酸亚锡、50 份滑石粉及 10 份烃类溶剂混合搅拌 45～65min，再加入 200 份聚醚多元醇（$M = 2800$）、20 份萜烯酚醛树脂、2 份二月桂酸二丁基锡，混合均匀后即得单组分湿固化胶黏剂。空气中固化时间为 4～5h，储存期 6 个月以上。

3. 水性聚氨酯胶黏剂

水性聚氨酯是以水代替有机溶剂作为分散介质的新型聚氨酯体系。欲制备水性聚氨酯胶黏剂，首先需要制备稳定的水性聚氨酯。由于其原料的特殊性，二异氰酸酯或多异氰酸酯及其预聚体含有活泼的异氰酸酯基团（NCO），它对水具有比羟基更高的反应活性，含 NCO 的物质遇水反应最终生成脲类化合物及二氧化碳。假如将合成聚氨酯的几种原料，如聚醚二醇、TDI、扩链剂二羟甲基丙酸，直接加入水中进行乳液聚合，则 TDI 优先与水反应，由于大量水的存在，二元醇化合物基本上不参与异氰酸酯的反应，因而得不到聚氨酯乳液，故水性聚氨酯的制备需采用不同于一般合成树脂乳液的特殊方法。一般需将低聚物二醇（或多元醇）和二异氰酸酯预先反应，制成一定相对分子质量的预聚体或高相对分子质量聚氨酯树脂，之后才能采用相转移方法将之溶解或乳化于水中。总之，多元醇原料必须在水性化之前结合入聚氨酯分子结构中。

水性聚氨酯的合成主要有以下几种方法：

（1）由低聚物二元醇、二异氰酸酯，或者低分子扩链剂，制备 NCO 封端聚氨酯预聚体，或在有机溶剂中制备高相对分子质量聚氨酯，在乳化剂及高剪切作用下进行乳化，称为强制乳化法。

（2）由中低相对分子质量的聚氧化乙烯二醇（或含 PEO 链段的共聚物二醇、与其他低聚物多元醇共混物）作为低聚物二醇原料，与二异氰酸酯（及扩链剂）制备聚氨酯或其预聚体，再分散于水中。

（3）先制备含 PEO 等亲水性链段或基团的端 NCO 预聚体，再与亚硫酸氢钠醇水反应并乳化；预聚体坯可与酮肟或己内酰胺等封闭剂反应，并乳化于水，形成封闭型聚氨酯乳液，也称为封端异氰酸酯法。

（4）端 NCO 聚氨酯预聚体与多元胺反应，制备聚氨酯-脲-多胺（PUUA），再在水溶液中乳化或将 PUUA 与环氧氯丙烷的加成物在酸性水溶液中乳化，得到阳离子型聚氨酯乳液。PUUA 与二元酸酐反应，在碱性水溶液中乳化，或 PUUA 与环氧氯丙烷的加成物再与内酯或磺内酯反应，在碱性水溶液中乳化，可得阴离子型聚氨酯乳液。

（5）采用含羧基、磺酸基团或叔胺基团的扩链剂制备聚氨酯或其预聚体，中和，制成离子型聚氨酯并乳化。

（6）利用聚氨酯的胺基与甲醛反应，或含 NCO 的聚氨酯预聚体与过量三乙醇胺反应，使聚氨酯带有亲水的羟甲基。

（7）采用含羧基、磺酸钠或叔胺基团的低聚物多元醇制备聚氨酯预聚体并离子化，乳化于水。

下面以阴离子型聚氨酯乳液胶黏剂为例，其生产工艺如下：

（1）预聚体的制备：将 270 份聚氧化丙烯二醇、92 份聚酯型增塑剂（ParaplexG-30）、18 份 2,2′-二羟甲基丙酸、3.75 份三羟甲基丙烷、1.75 份 5-氯-2-（3,5-二叔丁基-2-羟基苯）苯并三唑（UV-327）和 0.9 份 2,2′-亚甲基-双（4-甲基-6-叔丁苯酚）混合物加热，混合均匀，慢慢加入 67.5 份甲苯二异氰酸酯（TDI），在 80～85℃反应数小时，得预聚体。三羟甲基丙烷与 TDI 的反应式如下：

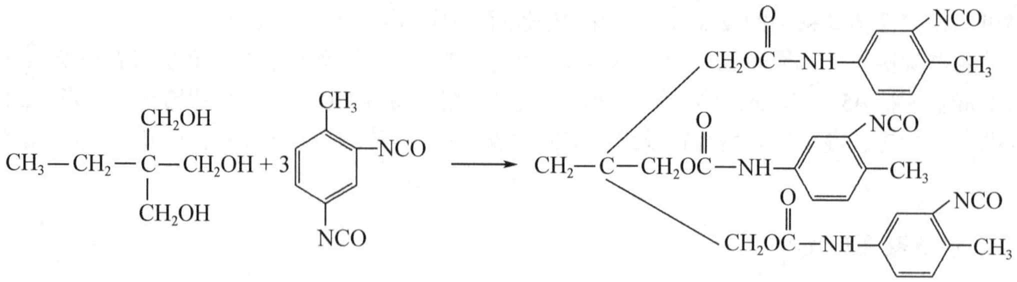

（2）取上述预聚体 200 份在含有 3.88 份三乙胺与 230 份冷水的溶液中乳化，并继续搅拌数小时，过 100 目筛，即制得固含量 50%左右的交联型聚氨酯乳液。

（3）将该乳液经少量氨水及聚丙烯酸增稠剂增稠可得固含量 40%、黏度 48Pa·s 的水性聚氨酯胶黏剂，该胶黏剂耐水性好。

乳液胶黏剂及精细化工典型生产工艺与设备

7.7 聚乙酸乙烯及其共聚物胶黏剂

聚乙酸乙烯及其共聚物乳液胶黏剂在胶黏剂产量中居第二位，仅次于脲醛树脂胶黏剂。聚乙酸乙烯乳液胶黏剂具有良好的初始粘接强度，能任意调节黏度，易于和各种添加剂混溶，可配制成性能优异、品种繁多、用途广泛的胶黏剂。可用于纸张、木材、皮革等加工，也可用于书籍装订，还可用于纤维塑料、薄膜和混凝土等材料的粘接。

聚乙酸乙烯及其共聚物胶黏剂主要包括聚乙酸乙烯酯（PVAc）乳液、乙酸乙烯酯（VAc）与丙烯酸酯、马来酸酯、羟甲基丙烯酰胺、乙烯等不饱和单体的共聚物胶黏剂。

7.7.1 聚乙酸乙烯乳液胶黏剂

聚乙酸乙烯乳液俗称乳白胶或白胶，简称 PVAc 乳液。聚乙酸乙烯酯乳液固体分为 25%～50%，目前市场比较好的白乳胶固体分或不挥发物含量为 35%～36%，技术指标要求见 HG/T 2727—2010，环保执行标准符合 GB 18583—2008。市售 35%聚乙酸乙烯酯乳液的基本配方见表 7-9。

表 7-9　35%聚乙酸乙烯酯乳液的基本配方

组成	作用	质量份
丙烯酸	功能单体	0～1.2
乙酸乙烯酯	单体	100.0
聚乙烯醇 1788	稳定剂 1	17.0
聚乙烯醇 2099	稳定剂 2	8.5
OP-10	乳化剂	0.4
邻苯二甲酸二丁酯（BDP）	增塑剂	12.0
过硫酸铵	引发剂	0.28
碳酸氢钠	pH 调节剂	0.3
EDTA	络合剂	0.06
辛醇或其他	消泡剂	0.02
去离子水	聚合介质	250

1. 聚乙酸乙烯乳液合成机理

乳液聚合的引发反应在胶束内发生，聚合反应主要是在引发后的胶束中以及由此形成的聚合物微粒中进行的，单体液滴主要起单体储藏的作用。由于胶束的数目非常大，一个胶束中几乎只可能含有一个自由基，因此链终止速度显著降低，乳液聚合速度快，所得聚合物相对分子质量高。乙酸乙烯乳液聚合属自由基聚合反应类型，遵循自由基聚合反应的一般规律，需要经过链引发、链增长和链终止三个主要阶段。下面以过硫酸铵作为引发剂的聚合反应为例，说明聚乙酸乙烯形成的机理。

（1）聚合反应的链引发。将单体、水、乳化剂、引发剂等物料加入反应器中，经搅拌形成乳状液。乙酸乙烯乳液聚合通常采用过硫酸盐作引发剂，如过硫酸钾或过硫酸铵，在加热时反应体系中的引发剂分子受热分解生成自由基。通常反应体系中水为连续相，其中溶解有少量单体分子、单分子状态存在的表面活性剂分子，还有呈聚集态存在的胶束、溶解有单体分子的胶束和单体液滴。引发剂自由基被胶束所吸附而进入胶束之内，当自由基扩散进入单体增溶的胶束时，硫酸根离子型自由基则与乙酸乙烯单体结合，形成单体自由基。过硫酸铵在加热时便分解成硫酸根离子型自由基（初级自由基）：

$$(NH_4)_2S_2O_8 \xrightarrow{\text{分解}} 2NH_4SO_4 \cdot \xrightarrow{\text{分解}} 2NH_4^+ + 2SO_4^- \cdot$$

硫酸根离子型自由基再与乙酸乙烯单体结合，形成单体自由基：

$$SO_4^- \cdot \ + \ H_3C-\overset{\overset{\displaystyle O}{\|}}{C}-O-HC=CH_2 \longrightarrow SO_4^- -CH_2-\underset{\underset{\displaystyle OOCCH_3}{|}}{CH} \cdot$$

（2）聚合反应的链增长。上述单体自由基再与单体结合引发聚合，形成链自由基，而消耗的单体不断由单体液滴经过水相扩散进入胶束进行补充，如此继续下去，引发单体分子开始聚合反应，使聚合链不断增长，从而得到高相对分子质量聚合物。而胶束则被生成的聚合物所膨胀，形成了单体溶胀的聚合物活性微粒。它继续进行反应，直至第二个自由基扩散进入此微粒时而导致链终止。这样就形成表面吸附了单分子乳化剂层的聚合物乳胶微粒。随着引发剂的继续分解，胶束内的引发反应不断发生，活性微粒数目迅速增加，而此时链终止速度较小，故总聚合反应速率呈上升的趋势。当单体转化率达到 10%～20%时，反应体系中的乳化剂分子多以单分子层的形式被吸附于聚合物微粒的表面，而水相中乳化剂的浓度则下降到临界胶束浓度之下，不再形成新的胶束，也不再形成新的聚合物微粒。单体继续由单体液滴进入活性微粒之中进行补充，聚合物微粒不断扩大。聚合反应以恒速进行，与此同时，水相的表面张力明显增加。当单体转化率达到60%～70%时，单体液滴由逐渐变小进而全部消失。链增长反应式如下：

$$SO_4^- -CH_2-\underset{\underset{\displaystyle OOCCH_3}{|}}{CH} \cdot \ + \ H_3C-\overset{\overset{\displaystyle O}{\|}}{C}-O-HC=CH_2 \longrightarrow SO_4^- -CH_2-\underset{\underset{\displaystyle CH_3COO}{|}}{CH}-\underset{\underset{\displaystyle OOCCH_3}{|}}{CH}-CH_2 \cdot \ \xrightarrow{H_3COOHC=CH_2}$$

$$SO_4^- \left[CH_2-\underset{\underset{\displaystyle OOCCH_3}{|}}{CH} \right]_2 \left[\underset{\underset{\displaystyle OOCCH_3}{|}}{CH}-CH_2 \cdot \right] \xrightarrow{H_3COOHC=CH_2} \cdots \longrightarrow SO_4^- \left[CH_2-\underset{\underset{\displaystyle OOCCH_3}{|}}{CH} \right]_n \left[\underset{\underset{\displaystyle OOCCH_3}{|}}{CH}-CH_2 \cdot \right]$$

（3）聚合反应的链终止。这时单体液滴已不存在，剩余的单体存在于聚合物微粒之中为聚合物所吸附或溶胀。聚合反应速率逐渐下降，开始发生聚合物的链终止反应。链终止一般有三种方式，即双基结合、双基歧化、链自由基与引发剂自由基结合相碰终止。因此在反应结束时一般要加一部分引发剂，这是为了使反应终止。

（i）双基结合终止。两个链自由基相互碰撞，产生一个长链的稳定分子，这个分子两端都有引发剂的成分：

$$SO_4^- \!-\!\!\left[CH_2\!-\!CH\right]_x\!\left[CH\!-\!CH_2\cdot\right] + \left[\cdot H_2C\!-\!CH\right]_y\!\left[CH\!-\!CH_2\right]\!-\!SO_4^- \longrightarrow$$
$$\quad\quad\quad OOCCH_3\ OOCCH_3 \quad\quad OOCCH_3\ OOCCH_3$$

$$SO_4^- \!-\!\!\left[CH_2\!-\!CH\right]_{(x+1)}\!\left[CH\!-\!CH_2\right]_{(y+1)}\!-\!SO_4^-$$
$$\quad\quad\quad OOCCH_3 \quad\quad\quad OOCCH_3$$

这种情况下，分子的长度为两个链自由基长度之和，平均聚合度也为两者之和，是主要的链终止方式。

（ⅱ）双基歧化终止。两个链自由基相互作用，一个失去氢变为不饱和，另一个得到氢成饱和端基，二者都失去活性中心，而分子的长度没有改变：

$$SO_4^- \!-\!\!\left[CH_2\!-\!CH\right]_x\!\left[CH\!-\!CH_2\cdot\right] + \left[\cdot H_2C\!-\!CH\right]_y\!\left[CH\!-\!CH_2\right]\!-\!SO_4^- \longrightarrow$$
$$\quad\quad\quad OOCCH_3\ OOCCH_3 \quad\quad OOCCH_3\ OOCCH_3$$

$$SO_4^- \!-\!\!\left[CH_2\!-\!CH\right]_x\!\left[CH\!-\!CH_3\right] + \left[H_2C\!=\!C\right]_y\!\left[CH\!-\!CH_2\right]\!-\!SO_4^-$$
$$\quad\quad\quad OOCCH_3\ OOCCH_3 \quad\quad CH_3COO \quad OOCCH_3$$

（ⅲ）链自由基与初级自由基相碰终止。链自由基与硫酸根离子型自由基相碰，形成一组稳定的分子，聚合反应终止：

$$SO_4^- \!-\!\!\left[CH_2\!-\!CH\right]_n\!\left[CH\!-\!CH_2\cdot\right] + SO_4^- \longrightarrow SO_4^- \!-\!\!\left[CH_2\!-\!CH\right]_n\!\left[CH\!-\!CH_2\right]\!-\!SO_4^-$$
$$\quad\quad\quad OOCCH_3\ OOCCH_3 \quad\quad\quad\quad\quad OOCCH_3\ OOCCH_3$$

由于链终止，整个聚合反应结束，最后得到聚乙酸乙烯酯乳液。最终反应体系内主要是由表面活性剂分子包覆的聚合物乳胶微粒，其粒径为 40～100μm，以及残留的少量单体分子。在乳液聚合过程中，不仅单体转化成聚合物，而且微粒也发生了消失和重新组合的过程，表面活性剂分子也发生了转移和重新分配。

2. 聚乙酸乙烯酯乳液合成工艺

聚乙酸乙烯酯乳液生产一般采用半连续聚合方法，其工艺流程如图 7-7 所示。

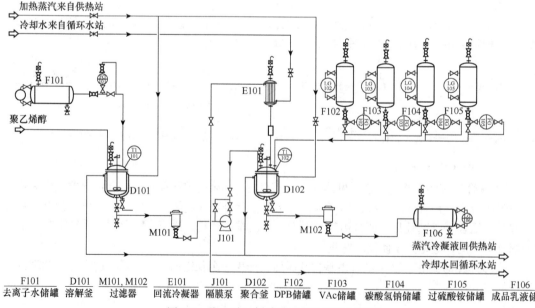

F101	D101	M101, M102	E101	J101	D102	F102	F103	F104	F105	F106
去离子水储罐	溶解釜	过滤器	回流冷凝器	隔膜泵	聚合釜	DPB储罐	VAc储罐	碳酸氢钠储罐	过硫酸铵储罐	成品乳液储槽

图 7-7　聚乙酸乙烯酯乳液的生产工艺流程

（1）将蒸馏水放入水计量槽 F101 计量后放入聚乙烯醇溶解釜 D101 中。

（2）将 5.4 份聚乙烯醇由人孔投入聚乙烯醇溶解釜 D101 内。

（3）向聚乙烯醇溶解釜 D101 的夹套中通入水蒸气，使釜内升温至 80～95℃，搅拌 1～4h，配制成聚乙烯醇溶液。

（4）把 100 份乙酸乙烯酯（VAc）投入单体计量槽 F103 内；把邻苯二甲酸二丁酯（DBP）投入增塑剂计量槽 F102 内；把预先配制好的 2 份 10%过硫酸钾溶液和 10%碳酸氢钠溶液分别投入引发剂计量槽 F105 和 pH 缓冲剂计量槽 F104 内。

（5）把聚乙烯醇溶液由溶解釜 D101 通过过滤器 M101 用隔膜泵 J101 输送到聚合釜 D102 中，并由人孔加入 1.1 份 OP-10，开动搅拌使其溶解。

（6）向聚合釜 D102 中由单体计量槽 F103 加入 15 份单体乙酸乙烯酯，并通过引发剂计量槽 F105 向其中加入占总量 40%的引发剂溶液，在搅拌下乳化 30min。

（7）向聚合釜 D102 的夹套中通入水蒸气，将釜内物料升温至 60～65℃，此时聚合反应开始，釜内温度因聚合反应的放热而自行升高，可达 80～84℃，釜顶回流冷凝器 E101 中将有回流出现。

（8）待回流减少时，开始向聚合釜 D102 内通过单体计量槽 F103 滴加 85 份乙酸乙烯酯单体，并通过引发剂计量槽 F105 滴加过硫酸钾溶液。通过控制加料速度来控制聚合反应温度为 78～80℃，所有单体约在 8h 内滴加完毕；单体滴加完毕后，加入全部剩余的过硫酸钾溶液。

（9）加完全部物料后，通过蒸汽将体系温度升至 90～95℃，并在该温度下保温 30min。

（10）向聚合釜 D102 夹套中通入冷水使物料冷却至 50℃，通过 pH 缓冲剂计量槽 F104 加入 0.3 份碳酸氢钠（配成 10%溶液）；通过增塑剂计量槽 F102 向釜内加入 10.9 份 DBP，然后充分搅拌使物料混合均匀。

（11）最后通过过滤器 M102 过滤后，成品放入乳液储槽 F106。

按上述工艺生产的 PVAc 乳液具有诸多优点，但也存在生产成本高、耐水性和耐温性不良、耐热性差等缺点，尤其是在冬季低温（小于 5℃）条件下，易冻结甚至破乳而失去粘接性。针对上述问题，国内外学者进行了多种改性研究，主要的改性方法有：①加入氧化淀粉等物质以降低生产成本；②加入外交联剂如热固性酚醛树脂或脲醛树脂以增加耐水性；③采用复合乳化剂和改用聚乙烯醇缩甲醛为保护胶体，改善抗冰、耐水、抗蠕变性能；④内加交联剂以改进 PVAc 乳液的综合性能。

7.7.2　乙酸乙烯共聚物胶黏剂

聚乙酸乙烯乳液是热塑性树脂，属无溶剂胶中的水性胶，具有粘接强度较高、固化速度较快、胶黏范围广泛、制备简单、使用方便等优点。但其软化点较低，合成中通常用亲水性聚乙烯醇作保护胶体，因而聚乙酸乙烯乳液有两个致命弱点：耐寒性及耐水性差。这就限制了其推广应用，降低了其使用价值。

采用内加交联剂的方法，即将乙酸乙烯与一种或一种以上的不饱和单体进行共聚生成接枝或互穿网络共聚物胶黏剂，可以从根本上改变普通 PVAc 乳液的性质，开拓新的应用领域。

1. 乙酸乙烯共聚物合成原理与方法

内加交联剂即在聚乙酸乙烯乳液制造时，引入一种或几种能与乙酸乙烯共聚并有交联功能的单体，使产物具备自交联的功能，这种交联作用使聚合物由热塑性变为热固性。由于所加入的单体在形成的聚乙酸乙烯分子中的交联作用，故称这些单体为交联剂。用这种方法制得的共聚乳液，在胶合过程中进一步交联，使胶层固化。固化后的胶层也同其他热固性树脂一样，具有不溶、不熔的性质，因而它的黏合强度及胶层的耐热、耐水、耐蠕变性能大大提高。同时，共聚物的其他性能，如耐酸碱性、耐溶剂性能及耐磨性也相应得到改善。

可用作交联剂并能与乙酸乙烯共聚的单体有丙烯酸、甲基丙烯酸、羟乙基丙烯酸的烷酯、马来酸及其单酯或双酯、氯乙烯、偏氯乙烯、甲基丙烯酸羟乙酯、甲基丙烯酸羟丙酯、甲基丙烯酸缩水合甘油酯、N-羟甲基丙烯酰胺、N-尿素甲基丙烯酰胺、乙烯基三乙氧基硅烷等。

可用一种或两种以上上述单体与乙酸乙烯共聚，一般希望所得到的共聚物中，除乙酸乙烯以外的单体成分，以不超过20%（按质量计）为宜。这类聚合反应通常在60～85℃的范围内进行，反应时间多为3～8h。采用的乳化剂聚乙烯醇的用量在2%～6%（以乳液质量计）较合适。所得共聚乳液中的固体含量为40%～60%。

2. 生产原理与工艺实例

以丙烯酸为内加交联剂，采用烷基酚聚环氧乙烷醚和十二烷基苯磺酸钠混合复配乳化剂，合成的聚乙酸乙烯共聚物乳液胶黏剂具有耐水、耐寒、粘接强度大和无毒、无臭、对人体无刺激作用的特点。合成反应式如下：

$$n\text{H}_2\text{C}=\underset{\underset{\text{OCOCH}_3}{|}}{\text{CH}} \xrightarrow{\text{乳液聚合}} \left(\text{CH}_2-\underset{\underset{\text{OCOCH}_3}{|}}{\text{CH}}\right)_n + \left(\text{H}_2\text{C}-\underset{\underset{\text{OCOCH}_2}{|}}{\text{CH}}\right)_n \left(\text{CH}_2-\underset{\underset{\text{OCOCH}_3}{|}}{\text{CH}}\right)_p$$

$$n\text{H}_2\text{C}=\underset{\underset{\text{OCOCH}_3}{|}}{\text{CH}} + m\text{H}_2\text{C}=\underset{\underset{\text{COOH}}{|}}{\text{CH}} \xrightarrow{\text{乳液聚合}} \left(\text{H}_2\text{C}-\underset{\underset{\text{OCOCH}_3}{|}}{\text{CH}}\right)_n\left(\text{CH}_2-\underset{\underset{\text{COOH}}{|}}{\text{CH}}\right)_m$$

$$\left(\text{CH}_2-\underset{\underset{\text{OH}}{|}}{\text{CH}}\right)_n + \text{H}_2\text{C}=\underset{\underset{\text{COOH}}{|}}{\text{CH}} \xrightarrow{\text{酯化}} \left(\text{H}_2\text{C}-\underset{\underset{\text{OCOCH}=\text{CH}_2}{|}}{\text{CH}}\right)_n$$

采用图7-7的生产工艺流程。将10.74份保护胶体聚乙烯醇和100份水加入反应器中逐渐升温，于90℃下完全溶解。降温至60℃，加1.2份乳化剂及部分引发剂过硫酸铵（总量0.15，配成5%～10%的溶液）。将体系升温至72～75℃并维持该温度。在30min内滴加入1/4量的混合单体（100份乙酸乙烯酯与6份丙烯酸混合），继续搅拌反应。当体系温度自动上升表明聚合反应开始。维持80℃在6h内滴加剩余混合单体，并间隔15min滴加3滴引发剂溶液。单体滴加完后继续搅拌10min升温，同时将余下引发剂全部滴完，温度升至（90±1）℃，恒温反应30min，降温至70℃，加入适量邻苯二甲酸二丁酯等助剂，调pH 4～6，继续搅拌30min后冷却出料即为改性乳白胶。

由上述单体与乙酸乙烯所得的共聚物乳液，在使用时为了缩短固化时间，可以加入固化剂。固化剂一般采用酸性金属盐，如硝酸铬、高氯酸铬、硝酸铝、氯化铝、四氯化锡等。用量为每100kg乳液加0.1～1.2mol固化剂（按固体计），可配成水溶液使用，添加的量由希望达到的交联程度而定。由于酸性金属盐在乳液中起了交联剂（或架桥剂）的作用，因此它不仅能加速固化，而且还提高了胶的耐水性。

7.7.3 外加交联剂改性聚乙酸乙烯酯乳液胶黏剂

1. 外加交联剂改性聚乙酸乙烯酯乳液原理与方法

外加交联剂即在聚乙酸乙烯酯均聚乳液中，加入能使大分子进一步交联的物质，使聚乙酸乙烯酯的性质向热固性转化。常用作外加交联剂的物质有热固性树脂胶（如酚醛树脂胶、脲醛树脂胶）、硅胶等。当在聚乙酸乙烯酯乳液中加入50%脲醛树脂时，耐水粘接强度显著地提高，试验表明可提高 3～4 倍。此外，也有采用聚乙酸乙烯酯乳液和脲醛树脂分涂在两个被胶接表面来进行胶压的工艺。

2. 生产原理与工艺实例

羧基丁苯胶乳改性 PVAc 乳液。羧基丁苯胶乳可增加 PVAc 乳液胶层的柔软性、耐水性，还可降低乳液的成膜温度，又可减少 PVAc 乳液中增塑剂用量，提高耐热性。羧基丁苯胶乳分子中的羧基（—COOH）能与多亚甲基多苯基多异氰酸酯（PAPI）分子中的异氰酸酯基（—NCO）反应交联，进一步提高 PVAc 乳液的耐水性和耐热性。由于羧基丁苯胶乳可用作软质 PVC 薄膜的胶黏剂，因此改性后的 PVAc 乳液还可用于粘接人造革。

交联剂 PAPI 能与 PVAc 乳液中的羟基（—OH）反应交联，从而大幅度提高改性 PVAc 的耐水性和耐热性。甲苯磺酰氯可抑制—NCO 与水的反应。羧基丁苯胶乳改性 PVAc 乳液胶黏剂的生产工艺如下：

（1）主剂的制备。将 80kg PVAc 乳液加入反应釜中，开动搅拌，加入 20kg 羧基丁苯胶乳、1kg 十二烷基苯磺酸钠，于室温下搅拌 15min，混合均匀后即得主剂。外观为乳白色，无颗粒和异物，pH 6～8。加入十二烷基苯磺酸钠可使主剂与交联剂混合后黏度增加速度较慢，发泡量较少。

（2）交联剂的制备。将 90kg PAPI 加入干净、干燥的反应釜中，开动搅拌，加入 10kg 对甲苯磺酰氯，于室温下搅拌混合 10min，即得棕色黏性交联剂。黏度 300～500mPa·s，密封储存。

（3）使用方法。按主剂∶交联剂（质量比）=100∶15 混合，搅拌均匀即可使用。

7.8　丙烯酸酯类胶黏剂

胶黏剂开发案例

7.8.1　丙烯酸酯类胶黏剂的分类与组成

丙烯酸酯类胶黏剂主要可分两大类：一类是热塑性聚丙烯酸酯与其他单体的共聚物；另一类是反应性丙烯酸酯。前者大量应用于压敏型、热熔型和水乳型接触胶黏剂，可称为非反应性的胶黏剂；后者包括各种丙烯酸酯单体或在分子末端具有丙烯酰基的低聚物为主要组分的胶黏剂，即瞬干胶、厌氧胶、光敏胶和丙烯酸酯结构胶。其中应用最多的是水乳型接触胶黏剂，其次是溶液型胶黏剂。

按胶黏剂的形态和应用特点，可分为溶剂型、乳液型、反应型、压敏型、瞬干型、厌氧型、光敏型和热熔型等。其中，压敏胶、厌氧胶、光敏胶、热熔胶等基本上已自成体系。本节主要介绍溶剂型、乳液型、反应型丙烯酸系和 α-氰基丙烯酸酯胶黏剂等。

单体是形成高聚物的基料。不同单体赋予聚合物产品硬度、拉伸强度、弹性、粘接性和柔软性等不同性能，并决定着乳液及其乳胶膜的物理和机械性能。一般乳液聚合所用的单体为油溶性，不溶或微溶于水。合成丙烯酸酯类乳液共聚物胶黏剂的单体一般为丙烯酸和 C_1～C_8 的丙烯酸烷基酯。随着烷基链长的加长，均聚物逐渐变软，玻璃化温度降低，质地柔软，直到丙烯酸正丁酯后，由于烷基碳原子的增加，出现侧链结晶倾向，聚合物变脆。常用的丙烯酸酯单体有丙烯酸甲酯、丙烯酸乙酯、苯乙烯、丙烯腈、顺丁烯二酸二丁酯、偏二氯乙烯、氯乙烯、丁二烯、乙烯等。常用的功能单体有丙烯酸、甲基丙烯酸、马来酸、富马酸、衣康酸、丙烯酰胺等。常用的交联单体有（甲基）丙烯酸羟乙酯、（甲基）丙烯酸羟丙酯、N-羟甲基丙烯酰胺、乙二醇二（甲基）丙烯酸酯、己二醇二（甲基）丙烯酸酯、三羟甲基丙烷三丙烯酸酯、二乙烯基苯等。常用丙烯酸系单体的物理性质参见表 7-10。

表 7-10 丙烯酸系单体的物理性质

单体名称	沸点 /℃	相对密度 d^{25}	折射率 n_D^{25}	闪点/℃		溶解度（25℃）/（g/100g）		聚合物玻璃化温度 /℃	聚合物脆化点/℃
				开环	闭环	单体/水	水/单体		
丙烯酸	141.0	1.0445	1.4185	55	46	—	—	−106	
丙烯酸甲酯	80.3	0.9574	1.401	10	−1	5	2.5	8	4
丙烯酸乙酯	99.4	0.917	1.404	10	−2	1.5	1.5	−22	−4
丙烯酸正丁酯	147.4	0.894	1.416	49	39	0.2	0.7	−54	−45
丙烯酸异丁酯	138	0.884	1.412	30	32	0.2	0.6	−40	−24
丙烯酸-2-乙基己酯	213	0.881	1.433	92	87	0.01	0.15	−70	−55
丙烯酸-2-羟乙酯	82	1.1038	1.4505	77	—	5.5	2.5	−15	
丙烯酸-2-氰乙酯	77	1.05720	1.4448	99				−7	

7.8.2 聚合原理和单体选择

丙烯酸系胶黏剂的广泛适用性与其选用单体的特性具有很大的关系。丙烯酸系胶黏剂既可以是热固性的，也可以是热塑性的，甚至可以是弹性体和水溶性的，其特性可以通过选择不同的单体组合、聚合方法及胶黏剂的调制而得到。

在单体选择中，玻璃化温度（T_g）是其重要的特征之一，它控制着胶黏剂许多很重要的特性。共聚物的 T_g 值可通过 Fox 公式而得到：

$$\frac{1}{T_g} = \frac{W_1}{T_{g_1}} + \frac{W_2}{T_{g_2}} + \cdots + \frac{W_n}{T_{g_n}} = \sum \frac{W_i}{T_{g_i}}$$

式中，T_g 为共聚物的玻璃化温度；T_{g_i} 为组分 i 的玻璃化温度；W_i 为组分 i 的质量分数。通过此公式可以计算出许多软硬不同的或机械强度不同的共聚物胶黏剂来，但是仅用此公式进行胶黏剂的配方设计是远远不够的。为了获得最令人满意的效果，经常还需要对其进行改性处理，如制备多官能团的共聚体，在适当条件下，可以自交联或与外加交联剂交联产生三维结构，从而有更好的耐热性、耐溶剂性和强度。官能性单体包括丙烯酸、甲基丙烯酸、丙烯酰胺、甲基丙烯酰胺、N-羟甲基丙烯酰胺、甲基丙烯酸羟乙酯或羟丙酯、丙烯酸缩水甘油酯等，而氨基树脂、环氧树脂、含羟基聚合物可以作为这类多官能团聚合物的共反应树脂。

7.8.3 溶液型丙烯酸酯系胶黏剂

溶液型丙烯酸酯胶黏剂分为两种类型：一种是将聚合物溶解于适当的溶剂中，制成一定黏度的聚合物溶液胶；另一种是通过（甲基）丙烯酸酯为主要单体进行溶液聚合的方法制得的胶。该类胶黏剂又称为第一代丙烯酸酯类胶黏剂，其特点是具有透明性，一般用于有机玻璃之间以及有机玻璃与金属等材料的粘接。下面介绍该类胶黏剂的典型品种 BS-3 胶黏剂的合成工艺。

BS-3 胶黏剂的主要组成为甲基丙烯酸甲酯-苯乙烯-氯丁橡胶接枝共聚物，配方如下（质量份）：甲基丙烯酸甲酯 48，苯乙烯 7.5，氯丁橡胶 1.5，307 不饱和聚酯（50%乙酸乙酯溶液）7.5，环烷酸钴（4%汽油溶液）0.75，偶氮二异丁腈 0.04~0.06，乙酸乙酯 5.5，工业汽油 11。

生产工艺（工艺流程参见图 7-7）：在反应釜中投入乙酸乙酯与汽油，开动搅拌，投入经塑炼、切碎处理的氯丁橡胶，在反应釜夹套通蒸汽，控制釜温为 60℃，溶解 2h。待溶液澄清透明，再加入甲基丙烯酸甲酯、苯乙烯以及引发剂偶氮二异丁腈，将釜温升到 80℃，保温 1h，再升温至 88~

90℃，使两种单体与氯丁橡胶接枝共聚，保持 2h 后，溶液成为透明的黏稠液体，反应即告完成。逐步冷却至室温，加入交联剂 307 不饱和聚酯和促进剂环烷酸钴，搅拌均匀，即为 BS-3 胶黏剂。

在使用前加入占胶黏剂总量 3%～6%的固化剂过氧化甲乙酮，胶液经一定时间后即固化。主要用于铝、铁、不锈钢、铜等金属材料和有机玻璃、聚苯乙烯、硬聚氯乙烯、聚碳酸酯以及 ABS 塑料等材料的粘接。

7.8.4 乳液型丙烯酸酯系胶黏剂

乳液型丙烯酸酯系胶黏剂可用于无纺布、织物、植绒、聚氨酯泡沫材料、复合薄膜、地毯背衬等方面，还可用于建筑（作为砖石胶黏剂、装饰用胶黏剂及密封剂）等方面。

丙烯酸酯进行乳液聚合的组成包括单体、水、引发剂、乳化剂、缓冲剂和保护胶体等。引发剂可采用过氧化物体系，也可采用氧化还原体系。乳化剂包括阴离子型和非离子型乳化剂。缓冲剂是为维持 pH 所加入的一些碳酸氢钠等非酸盐。具有代表性的保护胶体有聚乙烯醇、甲基纤维素等。下面介绍一种乳液型丙烯酸酯胶黏剂的生产原理与工艺。

该胶黏剂以三种或三种以上的丙烯酸酯单体为主要成分，经自由基引发聚合而成。其聚合原理如下：

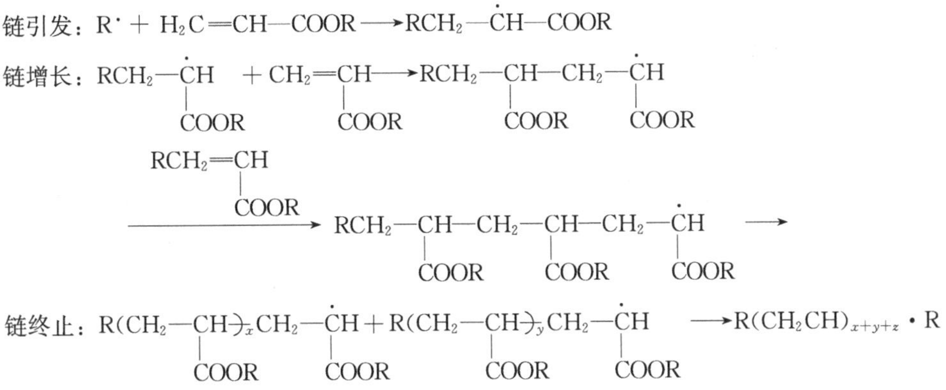

$$链引发：R\cdot + H_2C{=}CH{-}COOR \longrightarrow RCH_2{-}\overset{\cdot}{C}H{-}COOR$$

链增长：

链终止：

式中，R·为引发剂分解产生的自由基。

代表性的聚合反应原理及共聚物结构式如下：

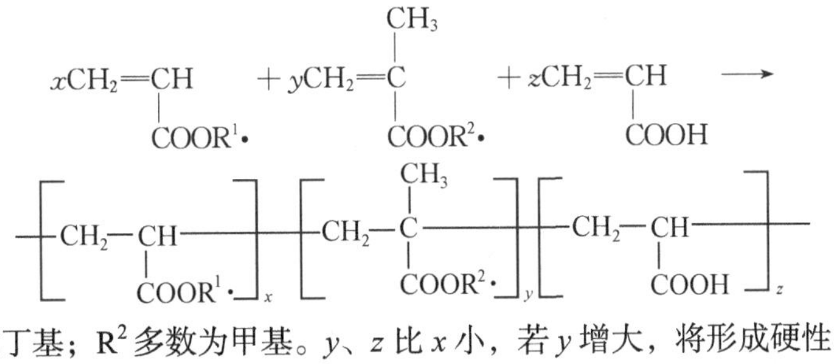

式中，R^1 为乙基或丁基；R^2 多数为甲基。y、z 比 x 小，若 y 增大，将形成硬性的胶膜。

生产工艺说明如下（工艺流程参见图 7-7）：

（1）将 10kg 乳化剂、0.8kg 引发剂过硫酸铵、800kg 水先制成乳液，将其 1/3 加入反应釜 D101 中。

（2）将混合单体（丙烯酸丁酯 650kg、丙烯酸-2-乙基己酯 200kg、甲基丙烯酸甲酯 100kg）与 2/3 乳化剂（20kg）快速搅拌后，取 4/5 置于 F105 中，另 1/5 置于反应釜 D101 内。

（3）升温搅拌，温度到 80℃后，保持 30min，再加入 F105 中计量的混合液。

（4）将混合液在 2h 内加完并在 80～85℃下再反应 2h。

（5）降温，适量氨水调 pH 到 9，出料，放置 1～2 天后使 pH 自动降至 7.2，即为产品。

7.8.5 反应型丙烯酸酯系胶黏剂

反应型丙烯酸酯胶黏剂也可称为第二代丙烯酸酯胶黏剂（SGA）、室温快固丙烯酸酯胶黏剂或AB胶等，是以丙烯酸酯的自由基共聚合为基础的双组分胶黏剂。与传统的胶黏剂相比，通常以甲基丙烯酸酯、高分子弹性体和引发剂溶液为主剂，而以促进剂溶液为底剂。使用时，将主剂和底剂分别涂在两个黏合面上，两个黏合面接触时，立即发生聚合反应，粘接时间几分钟即可完成。制备此类胶黏剂的技术关键在于：①在使用条件下，可产生大量的活性自由基来引发聚合反应。这一引发体系应是很好的氧化-还原体系，同时单体纯度应较高。②胶黏剂中引入高分子弹性体或增黏剂，应能使聚合反应或者接枝交联反应顺利进行。③适量增加多官能团的单体或预聚体，以保证胶接强度和内聚强度。④应有良好的储存稳定性。典型配方如下：

组分A：甲基丙烯酸甲酯42，甲基丙烯酸羟乙酯18，二甲基丙烯酸乙二醇酯15，甲基丙烯酸6，ABS树脂25，异丙苯过氧化氢8，邻苯二酚0.1。

组分B：甲基丙烯酸甲酯52.5，甲基丙烯酸羟乙酯22.5，甲基丙烯酸6，ABS树脂25，甲基硫脲8。

该类胶黏剂可用于金属、塑料、珠宝首饰、玻璃及复合材料的粘接，并且粘接迅速。对于粘接材料进行一般的表面处理就可以达到较高的粘接强度，对于金属甚至可以进行油面粘接。

7.8.6 氰基丙烯酸酯胶黏剂

氰基丙烯酸酯胶黏剂属于产量较少、价格较贵的一类，但由于其使用方便、应用范围广、瞬时固化粘接（粘接时间几秒钟）等，发展速度较快。常用的商品氰基丙烯酸酯胶黏剂即501、502、504等胶，其主要成分为α-氰基丙烯酸酯（可以是甲酯、乙酯、丁酯、异丙酯等）。由于氰基和酯基具有很强的吸电子性，因此在弱碱或水存在下，可快速进行阴离子聚合而完成粘接过程。

α-氰基丙烯酸酯的合成工艺有许多种，但目前普遍采用的是将相应的氰乙酸酯与甲醛发生加成缩合反应，然后加热裂解这种缩合产物，即得α-氰基丙烯酸酯。

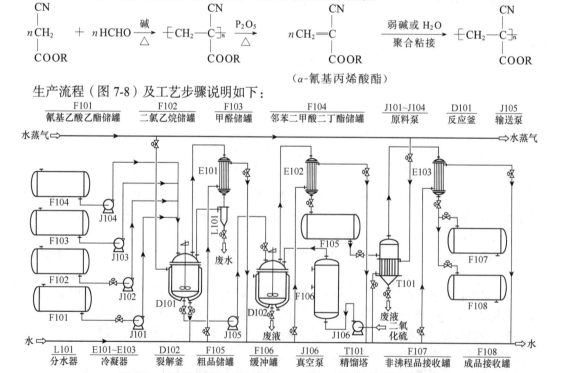

生产流程（图7-8）及工艺步骤说明如下：

图 7-8　氰基丙烯酸乙酯胶黏剂（502胶黏剂）的合成工艺流程

（1）先将 F101 中 126kg 氰基乙酸乙酯与 F102 中 80kg 二氯乙烷按计量泵入反应釜 D101 中，搅拌并升温到 70℃。

（2）慢慢加入 37% 甲醛 82kg 与 0.4kg 六氢吡啶的混合物，泵入速度以釜内温度稍低于回流温度为宜，在 30～60min 内加完。

（3）打开冷凝器 E101 通水管，继续加热使之回流，通过分水器 L101 除水，使出水达 70～72kg 后，加入 20kg 邻苯二甲酸二丁酯及 1.0kg 对甲基苯磺酸，再继续回流分水，直到蒸汽温度超过 83℃时，蒸去二氯乙烷。

（4）将物料体系泵入裂解釜 D102，控制温度为 60～70℃，加入 5.0kg 五氧化二磷、适量对苯二酚搅匀后，启动真空泵 J106，在减压蒸馏装置中并在二氧化硫气氛中进行裂解，收集沸程为 90～120℃的粗品于 F105 中。

（5）在收集的物料中再加入五氧化二磷 2kg、对苯二酚 0.5kg，再通过精馏塔 T101 进行精馏，收集 80～90℃下的馏分于 F108 中（仍在二氧化硫的保护下）即得产物 502 胶。

为了便于此类胶黏剂的储存和使用，α-氰基丙烯酸酯单体中需加入一些助剂，如稳定剂（SO_2、CO_2、P_2O_5、对甲苯磺酸、乙酸铜等）、阻聚剂（对苯二酚等）、增稠剂（PMMA 等）、增塑剂（磷酸三甲酚酯、DBP、DOP、癸二酸二乙酯等），还可引入弹性填料（如丙烯酸的共聚物）增加其韧性。

α-氰基丙烯酸酯胶黏剂除了聚乙烯、聚四氟乙烯等外，几乎可以粘接所有物质，因此有"万能胶"之称。除此之外，其电气性能、耐老化性、耐溶剂性均很优良。氰基丙烯酸酯胶黏剂的缺点是韧性差、耐热性不好，不能实施大面积粘接。

7.9 橡胶胶黏剂

胶黏剂开发案例

橡胶胶黏剂是一类以氯丁、丁腈、丁基硅橡胶、聚硫等合成橡胶或天然橡胶为主体材料配制成的胶黏剂。它具有优良的弹性，适于粘接柔软的或热膨胀系数相差悬殊的材料，如橡胶与橡胶，橡胶与金属、塑料、皮革、木材等材料之间的粘接。在飞机制造、汽车制造、建筑、轻工、橡胶制品加工等部门有着广泛的应用。

橡胶胶黏剂主要分两大类，即结构型胶黏剂和非结构型胶黏剂。结构型又分溶剂胶液型和胶膜胶带型，它们多为复合体系（除聚氨酯胶外）。非结构型橡胶胶黏剂可分溶液型和乳液型两大类，其中以溶液型橡胶胶黏剂（简称橡胶胶液）为主要类型。橡胶胶液又分为非硫化型和硫化型两种。将生胶经充分塑炼后，直接溶于有机溶剂中，就可制得非硫化型橡胶胶黏剂，如天然橡胶、环化橡胶、再生橡胶等，这类胶液价格低廉，但强度较差。硫化型橡胶胶液是在塑炼后的生橡胶中加入硫化剂、硫化促进剂、补强剂、增黏剂、抗氧剂等配合剂，并经混炼后溶于有机溶剂而制得。这种胶液性能较好，因此应用范围较广。

7.9.1 复配型橡胶胶黏剂的基本生产工艺

复配型橡胶胶黏剂的生产包括塑炼、混炼、切片及溶解等基本生产工艺过程，分述如下。

1. 塑炼

1）塑炼方法和原理

塑炼的实质是使橡胶大分子链断裂，大分子链由长变短，平均相对分子质量降低的过程。促使大分子链断裂的因素有机械破坏作用和热氧化裂解两种作用。机械破坏是指在机械作用下使大分子链断裂。热氧化裂解是指氧对橡胶分子的化学降解作用。在机械塑炼过程中，这两种作用同时存在。根据所采用的塑炼方法和工艺条件的不同，它们各自所起作用程度的不同，所表现的塑炼效果也不一样。

在橡胶胶黏剂生产中，最常使用的塑炼方法有机械塑炼法和化学塑炼法。机械塑炼法主要是通过开放式炼胶机、密闭式炼胶机和螺杆塑炼机等的机械破坏作用，降低生胶的弹性，获得一定的可塑性；化学塑炼法是借助某些药品的化学作用，使生胶达到塑化目的。

机械塑炼法中，开炼机塑炼时的温度一般在80℃以下，属于低温机械塑炼方法。开炼机塑炼所得塑炼胶质量好，收缩小，适用于胶料品种变化多、耗胶量少的工厂。密炼机和螺杆塑炼机塑炼，塑炼排胶温度都在120℃以上，甚至高达160~180℃，属于高温机械塑炼。采用密炼机塑炼生产效率高，劳动强度低，动力消耗少，适于胶种变化少、耗胶量较大的工厂。螺杆塑炼机生产效率更高，耗电量更少，一般用于胶料品种少、耗胶量大的工厂。

化学塑炼法是指在塑炼过程中，为了提高塑炼效果而加入塑解剂的方法。塑解剂在低温下塑炼时，属终止型作用；在高温下塑炼时，属引发型作用。塑解剂一般可分为三种类型：①用于低温塑炼的自由基接受体型，如硫酚等；②用于高温塑炼的自由基引发型，如各种过氧化物；③既可用于低温塑炼，又可用于高温塑炼的混合型，如促进剂M、DM等。

另外，在塑炼时由于橡胶与机械摩擦产生静电，电压可达2000~6000V，个别情况可达15000V。在这样高的电压下，辊筒与堆积胶之间常发生火花放电，产生臭氧，从而使橡胶分子产生臭氧裂解，加速了塑炼效果。

2）塑炼机械与工作原理

（1）开炼机塑炼。开炼机类型不同构造亦有差别，但基本结构相同。开炼机塑炼是最早的塑炼方法，主要工作部分是两个速度不等、相对回转的空心辊筒。当胶料加到两个相对回转的辊筒上面时，借在生胶与辊筒表面之间的摩擦作用，把生胶带入两个辊筒的间隙中，由于辊筒的挤压作用和拉撕作用，生胶受到强烈的剪切作用和化学作用，这样反复多次便可达到塑炼的目的。

（2）密炼机塑炼。密炼机根据密炼室内转子横截面几何形状的不同分椭圆形转子密炼机、三角形转子密炼机和圆筒形转子密炼机三种类型。橡胶工业中应用最广泛的为椭圆形转子密炼机。密炼室是密炼机的主要工作部分，内有两个以不同速度相对转动的转子，进行塑炼或混炼。炼胶时，生胶或其他物料从加料斗加入以后，首先落入两个相对回转的转子上部，在上顶栓的压强及摩擦力的作用下被带入两个转子的间隙中，受到捏炼作用。然后由下顶栓的突棱将胶料分开为两部分，分别随着转子的回转通过转子表面与密炼室正面壁之间的间隙，在此受到强烈的机械剪切撕捏作用后，到达密炼室的上部。在转子不同速度的影响下，两股胶料以不同的速度汇合在两转子上部，然后又进入两转子间隙中，如此循环反复进行。由此可见，在密炼机中，全部胶料在整个密炼室中同时受到机械捏炼作用，因而胶料摩擦生热多，温度较高（一般为120~140℃，随着转子转速提高，上顶栓压强增大，温度可高达160℃以上），使橡胶受到剧烈的氧化裂解作用，促使生胶塑性增大。

2. 混炼

混炼是指在炼胶机上将各种配合剂均匀地混到生胶（塑炼胶）中的过程。混炼胶的质量对胶料进一步加工和成品的质量有着决定性的影响，即使配方很好的胶料，如果混炼不好，将会出现配合剂分散不均匀，胶料可塑度过高或过低，易焦烧、喷霜等，使后续工艺不能正常进行，而且还将导致制品性能下降。混炼方法通常分为开炼机混炼和密炼机混炼两种。开炼机混炼适用于制造小批量胶料的工厂，有时也用于一些特殊胶料的制造。密炼机混炼则广泛用于大中型企业。

1）开炼机混炼

（1）混合过程。开炼机混炼胶操作顺序可分为三个阶段，即包辊、吃粉和翻炼。包辊是指加入生胶的软化阶段；吃粉是指加入粉剂的混合阶段；翻炼是指吃粉后使生胶和配合剂达到均匀分散的阶段。操作方法有三角包、八把刀、捣胶等。

（2）辊距与填料容量。辊距小，剪切力大，有利于配合剂的分散。但辊距小，使堆积胶量增大，又使胶料难以进入辊间。适宜的辊距一般为 4～8mm，使两辊间保持适宜的堆积胶量便于粉剂的吃入。

（3）辊筒的转速和速比。转速过小混炼效率低，过大操作不安全，一般控制在 16～18r/min。速比大，剪切力大，利于配合剂分散，但生热快，易于焦烧，而且配合剂易被压成硬块或鳞片；速比过小，则不能使配合剂有效地分散。适宜的速比一般是 1：（1.1～1.2）。

（4）辊温。辊温主要影响橡胶在开炼机上的包辊性，各种橡胶的开炼机混炼温度可参阅有关文献。通常为了便于操作橡胶都是包在前辊上，但是不同的橡胶包辊性不同，天然橡胶包热辊，而多数合成橡胶包冷辊，所以在混炼天然橡胶时应使前辊温度高于后辊，混炼合成橡胶时应使前辊温度低于后辊。

（5）混炼时间。混炼时间应根据炼胶机转速、速比、混炼容量及配合剂的用量决定。在保证混炼胶质量的前提下，要求采用最短的混炼时间。时间过长不但生长效率低，而且胶料会发生"过炼"，导致胶料的物理机械性能下降。

（6）加料顺序。这是影响开炼机混炼质量的一个重要因素，加料顺序不当会导致分散不均匀、脱辊、过炼，甚至发生焦烧等质量问题。加料顺序应根据配方中配合剂的特性及用量来考虑。一般原则是：用量少、难分散的配合剂先加；用量多、易分散的配合剂后加；硫磺或临界温度低、活性大的促进剂需待其他配合剂完全混合均匀后，或将胶料冷却后再加。通常加料顺序为：橡胶（再生胶或各种母炼胶）→固体软化剂→小料（促进剂、活性剂、防老剂）→补强剂、填充剂→液体软化剂→硫磺→超促进剂→薄通→捣胶下片。液体软化剂一般待粉剂吃尽后再加，以防粉剂结团和胶料打滑。若补强剂、填充剂和液体软化剂用量较多时，可交替加入，以加速混合分散。以上为一般加料顺序，对于特殊胶料要有特殊的操作法，如硬质胶的硫磺用量高达 30～50 份，如果后加则难以在短时间内分散均匀，混炼时间加长，会导致焦烧，因此要先加硫磺，最后加入促进剂母胶或油膏，这样既可使二者得到均匀地分散，又可防止焦烧。

2）密炼机混炼

密炼机的混炼过程可分为三个阶段，即湿润、分散和捏炼。操作方法一般分为一段混炼法和两段混炼法两种。此外，由于广泛地使用合成橡胶，又发展起来一种逆混法。

（1）一段混炼法。指经密炼机一次完成混炼，然后压片制得混炼胶的方法。它适用于全天然橡胶或掺用合成橡胶比例不超过 50%的胶料。一般混炼操作中，为使胶料温度不至于剧烈升高，一般采用慢速密炼机（20r/min）。其加料顺序为：生胶（塑炼胶）→小料→补强剂、填充剂（用量多时可分两次加入）→油类软化剂→排料→冷却→加硫磺及超促进剂。

（2）两段混炼法。指通过密炼机两次完成混炼而压片制成混炼胶的方法。这种方法适应于合成橡胶含量超过 50%的胶料。此法是为了改进两种并用橡胶的掺和与填充剂的分散而采用的。第一段混炼与一段混炼法一样，只是不加硫磺和活性大的促进剂。一段混炼完后下片冷却，停放一定的时间（一般为 4h 以上），然后再进行第二段混炼。第二段混炼是对第一段混炼的补充加工，胶料第二次通过密炼机进一步混炼均匀后排料到压片机上再加硫化剂，翻炼后下片。为了使各种配合剂更好地在橡胶中分散，提高生产效率，通常第一段混炼使用中、快速密炼机，第二段混炼采用慢速密炼机，以便在较低温度下加入硫化剂。分段混炼法每次炼胶时间较短，混炼温度较低，配合剂分散更均匀、胶料质量较高。

（3）逆混法。逆混法的加料顺序与常规方法相反，其顺序为：配合剂→生胶（或塑炼胶）→小料、软化剂→加压→混炼→排料。逆混法的优点是充分利用装料容积，减少混炼时间（因所有配合剂都一次加入，减少了上顶栓的升降次数）。

3. 切片和溶解

混炼胶的溶解一般在带有强力搅拌的密封式溶解器中进行：首先将混炼胶剪成细碎的小块（最好刚混炼完毕即切片），投入溶解器中，倒入大部分溶剂，待胶料溶胀后搅拌 8～24h（室温）使之溶解成均匀的溶液，再加入剩余的溶剂调配成所需浓度的胶液。根据所用橡胶的特性，也可以将仅塑炼的生胶和各种配合剂不经混炼而直接加入溶剂中溶解，但这样制成的胶液一般储存稳定性较差。

7.9.2 氯丁橡胶胶黏剂

1. 氯丁橡胶胶黏剂的分类与组成

氯丁橡胶系由氯代丁二烯经自由基乳液聚合而成。该类橡胶结构比较规整，极性大和易结晶，结晶温度在-35～32℃（以 0℃为最快）。氯丁橡胶（CR）在室温下即使不硫化也具有较高的内聚强度和较好的黏附性能，同时具有耐酸碱、耐磨、防燃烧等优良性能。此外，大多数氯丁橡胶胶黏剂是单组分，并能在室温下固化。氯丁橡胶胶黏剂的分类见表 7-11。

表 7-11　氯丁橡胶胶黏剂分类

类型	溶液型	乳胶型	树脂改性型	室温硫化双组分型
组成	氯丁橡胶、填料、硫化体系、防老剂、溶剂	橡胶乳胶、填料、硫化体系、防老剂	氯丁橡胶、酚醛树脂、硫化体系、防老剂、溶剂	甲：氯丁橡胶、硫化体系、防老剂、溶剂 乙：促进剂
固化条件	室温、加压	室温、锤压	室温、锤压或加热、加压	室温、锤压
特性与用途	胶接强度稍差，用于木材、织物的胶接	使用方便，用于木材、织物的胶接	胶接强度高，初粘力高，使用方便，用于胶接橡胶、皮革间和金属等	胶接强度好，初粘力高，使用稍麻烦，用于橡胶、皮革间和金属等

2. 通用溶剂型氯丁橡胶胶黏剂的配方设计与生产工艺

溶剂型氯丁橡胶胶黏剂的制备有炼胶溶解法、直接溶解法和混合溶解法。

炼胶溶解法是将氯丁橡胶塑炼、混炼、切成胶条，投入专用设备中搅拌溶解成胶液，再与规定量的树脂预反应物混合均匀即成产品。炼胶后制得的氯丁橡胶胶黏剂黏度低、渗透性好、初粘强度高、涂刷性好、储存稳定。

直接溶解法就是 CR 不经炼胶直接溶解，再与其他组分配合而成胶黏剂，其特点是溶解速度慢、黏度大、初粘力低、储存稳定性差、涂刷性不好，但终粘强度高。由于省去了炼胶，既方便，又可降低固含量，因此，近些年越来越多地采用直接溶解法生产氯丁胶黏剂。

混合溶解法就是将30%～50%或更大比例的 CR 直接溶解，其余 CR 炼胶后溶解，兼具炼胶溶解法和直接溶解法二者之长，制得的氯丁橡胶胶黏剂性能比较综合，是值得采用的好方法。

近代发展了直接溶解加高剪切精炼方法，使 CR 相对分子质量部分降解，从而可以生产出不拉丝的 CR 胶黏剂，且金属氧化物分散得更好。

混配型 CR 胶黏剂是溶剂型 CR 胶黏剂的一种，其操作工艺一般分为两步：首先使叔丁基酚醛树脂和 MgO、ZnO 在溶剂中预反应。即将树脂先和溶剂配成溶液，加入 MgO、ZnO 和催化剂，在室温下反应 6～24h，滤去液渣即得反应物，然后加入由 CR 和其他组分组成的混炼胶，溶解搅拌而得胶浆。

该类胶黏剂主要由氯丁橡胶、缓慢硫化剂（氧化镁、氧化锌）、防老剂（防老剂 D、防老剂 A 或防老剂 2246 等）、增黏剂、促进剂、填料、溶剂（甲苯、氯烃或丁酮）组成，生产设备流程图参见图 7-9。

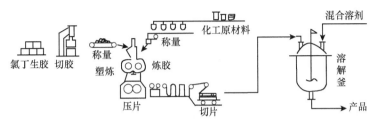

图 7-9　通用氯丁胶黏剂的生产设备流程图

溶剂型氯丁橡胶基本配方如下：

（1）未改性氯丁橡胶胶黏剂的基本配方。氯丁橡胶（通用型）100，氧化镁 4～8，碳酸钙（填料）100，防老剂丁（防老剂 D）2，氧化锌 10，溶剂 408。

（2）典型树脂改性氯丁橡胶胶黏剂的配方。氯丁橡胶 100，2402 树脂 20～100，氧化锌 5，氧化镁 8，促进剂 D 1，促进剂 TMTD 1，防老剂 D 2，混合溶剂适量。

生产工艺步骤如下：

（1）炼胶。根据炼胶机的容量和每次炼胶量，按配比计算出各组分的实际加量；准确称量各组分；将辊筒及接胶盘擦拭干净，调整好挡板的位置；启动机器，调整辊距为 2～3mm，将氯丁胶块投入辊筒的间隙，通过两三次，使其软化成片；调整辊距 0.5～0.7mm，让胶片通过 3～5 次，完成塑炼。

（2）混炼。调整辊距为 2～2.5mm，加入轻质氧化镁、防老剂，混合 3～5 次，吃入固体物料，做成配炼胶；调整辊距为 0.5～0.7mm，薄通 6～8 次。混炼均匀后放厚辊距，下片 2～3mm。下片后放在干净的架子上或隔塑编布冷却，以防互相粘连。

塑炼和混炼时都要通冷水冷却辊筒，表面温度不超过 50℃（手感不烫）。连续炼胶时，每次应间隔 5～10min，以使辊筒降温。如果配方中有氧化锌，应在轻质氧化镁基本被混入后再加，以防产生焦烧。混炼胶存放时间一般不超过 10d。

当混炼胶片稍冷却不粘时需要切成约 40mm×300mm 的胶条，放入干净的编织袋内待溶胶加料用。

（3）树脂与轻质氧化镁预反应工艺。将反应釜清理干净，关闭放料阀门。于反应釜内加入规定量的溶剂（甲苯和环己烷）；开动搅拌，加入轻质氧化镁，搅拌混合 10min；连续加入称量好的 2402 树脂，搅拌溶解 3～4h，直至完全溶解为止。加入催化剂后开始记录反应时间。于 24～26℃ 反应 6～10h。当环境温度低于 15℃时预反应不能进行，需于反应釜夹套内通蒸汽或热水加温，维持 30～40℃温度 0.5h，促使整个反应开始后停止加热。按预定反应时间到达后，停车放料，检查反应情况。具体做法是打开放料阀门，向容器内放出少量，立即关闭阀门，如果预反应物马上凝成水瘤状，说明已反应完好。如果预反应物继续滴滴答答地流下，说明预反应不好，应延长反应时间 2～3h，再行检查。检查方法也可将预反应放在烧杯内，用搅拌棒蘸取观察凝结或流淌情况。预反应物最好是尽快用完，停放时间一般为 7～10d。

（4）氯丁胶黏剂的生产。关闭溶解釜的放料阀门；加入甲苯、乙酸乙酯和投料量 1/2 的溶剂汽油；开动搅拌，加入萜烯树脂和石油树脂，搅拌 20～30min。如果是混合溶解法，应先溶生胶，搅拌 3～4h（若生胶块大，可先溶少量混炼胶后再加入生胶溶解，可以防止大块胶沉釜底）。加入规定量的预反应物，投入混炼胶条，密闭加料口，继续搅拌 5～6h，停车，密闭搅拌轴转动处，停放过夜。慢慢启动搅拌，然后停车加入二氯甲烷和剩余的溶剂汽油，搅拌 60min，停车倒料 2

次。继续搅拌 30min，停车密闭放置 1h。检验合格后即可出料包装。溶胶温度一般为 15～30℃，低于 15℃时氯丁橡胶不能完全溶解，储存几天就会分层，必须在溶胶时加温。当温度超过 30℃时应于夹套通水冷却。易挥发性溶剂尽量后期加入，可减少挥发损失。

主要生产设备为开放式炼胶机、溶胶釜、预反应釜。溶胶釜、预反应釜可以共用一台。溶胶釜或溶解釜为一专用设备，釜壁装有几层挡板，搅拌桨叶处于挡板之间转动，转速为 90～120r/min。电机一定要防爆，功率大小视釜的容量而定。釜内可不挂搪瓷，釜外要有夹套，以备加温或冷却之用。普通化工用的反应釜虽然可用，但溶胶效率低、效果差，难以保证胶黏剂的质量。现在已有高速溶胶釜，不用炼胶且溶胶效率非常高，时间仅为普通设备的一半，节能 50%以上。树脂预反应釜可以用普通的反应釜，搅拌形式为框式或锚式，转速 80～100r/min。对于小规模生产，预反应釜可省去，同在溶胶釜中进行预反应。

3. 接枝型氯丁橡胶胶黏剂的配方设计与生产工艺

基本配方：接枝型氯丁橡胶 100，甲基丙烯酸甲酯（MMA）90，过氧化苯甲酰（BPO）0.4，增黏树脂 5，古马隆树脂 5，甲苯 450，环己酮 100。

生产工艺：先将接枝型氯丁橡胶溶解于甲苯中，加入 MMA、BPO 在 70℃下反应 6～8h。然后降温，并加入环己酮等其他组分，搅拌均匀即得成品。成品胶主要用于制鞋业中各种面料的粘接，也可用于皮革、橡胶、软质塑料、织物等材料的粘接。

7.9.3 丁腈橡胶胶黏剂

丁腈橡胶由丁二烯与丙烯腈经乳液共聚合制得，具有优良的耐油性、良好的耐热性以及对极性表面很好的黏附性和弹性。适用于与改性酚醛树脂、环氧树脂等树脂混合制得性能良好的金属结构胶黏剂。以丁腈橡胶为主体材料制得的胶黏剂也具有良好性能，主要用于耐油产品中橡胶与橡胶、橡胶与金属和织物等的胶接。

丁腈橡胶的型号根据丙烯腈的含量不同，主要有丁腈-18、丁腈-26 和丁腈-40 三种。胶黏剂常用丁腈-40 橡胶，配方示例见表 7-12。

表 7-12　丁腈橡胶胶黏剂配方示例（质量份）

组分	配方 1	配方 2	配方 3
丁腈橡胶	100	100	100
氧化锌	5	5	5
硬脂酸	0.5	1.5	1.5
硫磺	2	2	1.5
促进剂 M 或 DM	1	1.5	0.8
没食子酸丙酯	1	—	—
炭黑	—	50	45
溶剂（氯苯、乙酸乙酯等）	365～730	533～1000	510～1025

7.9.4 天然和改性天然橡胶胶黏剂

可以直接用天然橡胶制得各种溶剂型胶黏剂（胶液）、胶乳胶黏剂和压敏胶等，广泛用于橡胶、织物、皮革和纸张等材料的胶接。配方组成主要有天然烟胶片、硫化剂、促进剂、防老剂等。胶片经混炼后溶于溶剂（汽油）中，配成浓度为 10%～16%的胶液。典型配方示例如下：天然橡胶（一级烟片）100，纯苯 2657.14，松香（2 级）10.29，丙酮 22.86，乙醇（90%）22.86，四氯化碳 44。

为了改善天然橡胶胶黏剂的胶接性能，常采用化学改性方法。其中最有意义的品种是氯化橡胶胶黏剂。氯化橡胶具有优良的耐化学腐蚀性、良好的黏附性和储存稳定性。在氯化橡胶胶黏剂配方中，还可以用交联剂列克纳、酚醛树脂、醇酸树脂、氯化聚烯烃、芳香族亚硝基化合物及邻苯二甲酸酯等改性。典型配方示例如下：氯化橡胶100，聚2,3-二氯-1,3-丁二烯30，二亚硝基对甲基异丙苯10，甲苯300。

天然橡胶的另一种改性产品为氢氯化橡胶，它与氯化橡胶相似，是氯化氢与天然橡胶反应的产物，用脂肪烃作溶剂制成胶黏剂，也可与酚醛树脂等相混合后制得胶黏剂。一种实用配方示例：氢氯化橡胶（含氯量30%）100，硫磺20~80，促进剂2~10，邻苯二甲酸二丁酯25~100，氧化镁0~20，氧化锌0~20，溶剂（氯化烃）适量。

7.9.5 其他橡胶胶黏剂配方示例

1. 丁苯橡胶胶黏剂

丁苯橡胶由丁二烯与苯乙烯共聚合而制得。由于它的分子极性较小，黏附性能较差，往往加入松香、古马隆树脂和多异氰酸酯，特别是加入三苯基甲烷三异氰酸酯作增黏剂，胶接强度可增加3~5倍，但胶黏剂的使用寿命大大缩短。丁苯橡胶胶黏剂常采用苯、甲苯、环己烷等作溶剂，使用与丁腈橡胶相似的硫磺硫化体系，在290~340℃下加热0.5~5min即可。该类胶黏剂可用于橡胶、织物、木材、纸张和金属等材料的胶接。配方示例如下：丁苯橡胶100，炭黑40~60，氧化锌3.2，硫磺8，促进剂DM 3.2，防老剂丁3.2，邻苯二甲酸二丁酯3.2，二甲苯1000。

2. 丁基橡胶和氯化丁基橡胶胶黏剂

【配方1】　A组分：丁基橡胶100，硬脂酸3，氧化锌5，松香脂40，对苯醌二肟4，硫磺1.5，溶剂汽油570，异丙醇（91%）7.4；B组分：丁基橡胶100，硬脂酸3，氧化锌5，半补强炉黑80，氧化铅8，硫磺1.5，溶剂汽油715，异丙醇（91%）7.0。

【配方2】　A组分：氯化丁基橡胶100，硬脂酸1，氧化锌5，氧化铅8；B组分：氯化丁基橡胶100，硬脂酸1，氧化锌5，对苯醌二肟8。

混炼胶用溶剂调节至15%~18%的浓度。使用前将A、B两组分以1:1混合，使用期限为6~12h。配方1的硫化条件为室温下几天或在130~160℃下40~60min。配方2用于各种橡胶胶布或胶布与纤维、皮革等之间的粘接。

3. 硅橡胶胶黏剂

【配方】　A组分：羟端基室温硫化硅橡胶100，白炭黑20，氧化铁2，钛白粉4，结构控制剂4；B组分：有机硅烷7，硼酸正丁酯3，钛酸正丁酯3，二月桂酸二丁基锡2。

使用前将A、B两组分混合，充分搅拌均匀即可（活性期为40min）。

7.10　压敏胶黏剂

胶黏剂开发案例

压敏胶黏剂是一类无需借助于溶剂或热，只需施加轻度指压即能与被粘物粘合牢固的一类胶黏剂。主要用于制造压敏胶粘带、胶粘片和压敏标签。使用方便，发展异常迅速。20世纪20年代合成的电器绝缘用压敏胶粘带使压敏胶制品开始进入工业应用领域，特别是各种丙烯酸酯压敏胶的相继开发，压敏胶技术及其制品的工业一直处于高速发展中，压敏胶制品已被广泛应用于工业、日用、医用等诸多领域。

7.10.1　压敏胶黏剂的分类与组成

虽然压敏胶可以像一般胶黏剂那样直接用于胶粘各种材料和物品，但大多数还是将其涂布于各种基材上，加工成胶带、标签或者其他制品。因此，压敏胶黏剂是一种特殊类型的胶黏剂，在胶黏剂领域已成为一个重要的独立分支。由于具有干粘性和永久粘性，习惯上也称压敏胶为不干胶，其特点是粘之容易，揭去不难，剥而不损。人们常用的医用橡皮膏和绝缘胶布便是最早、最典型的压敏胶制品。

压敏胶黏剂按其主体聚合物的化学结构可分为橡胶型压敏胶和树脂型压敏胶。常用的压敏胶黏剂有以下几类：

（1）天然橡胶压敏胶黏剂。以天然橡胶为粘料，配合以增黏树脂、软化剂、防老剂、颜填料和交联剂等而制得。天然橡胶压敏胶黏剂几乎可以制成各种类型的压敏胶粘制品。

（2）合成橡胶和再生橡胶压敏胶粘剂。主要以丁苯橡胶、聚异戊二烯橡胶、聚异丁烯和丁基橡胶、氯丁橡胶、丁腈橡胶等合成橡胶为粘料，配以其他助剂而制得。再生橡胶特别是天然橡胶的再生橡胶，也能制得性能优良而价格低廉的压敏胶黏剂。

（3）热塑弹性体压敏胶黏剂。该类胶黏剂是主要以苯乙烯-异戊二烯-苯乙烯嵌段共聚物和苯乙烯-丁二烯-苯乙烯嵌段共聚物为代表的热塑弹性体，是目前制造热熔压敏胶黏剂的主要原料。

（4）丙烯酸酯压敏胶黏剂。该类胶黏剂是最重要的一类树脂型压敏胶黏剂。其主要优点是外观无色透明，耐候性好，一般不必使用增黏树脂、软化剂等助剂就能得到很好的压敏黏合性能。近年来发展非常迅速，有逐渐取代天然橡胶压敏胶黏剂主导地位的趋势。

（5）有机硅及其他树脂压敏胶黏剂。由于有机硅树脂具有优良的耐高温和耐老化性，主要用以制造各种高档的压敏胶粘制品。其他树脂如聚氨酯、聚酯、聚氯乙烯等树脂也能配成各种压敏胶黏剂。

按照压敏胶黏剂的形态分类，又可分为溶剂型、乳液型、热熔型、反应型、压延型及水溶液型等六大类。

按照胶黏剂涂布的形态和用途，压敏胶还分为单面压敏胶和双面压敏胶。

7.10.2　橡胶型压敏胶黏剂

1. 溶液型橡胶压敏胶黏剂

由橡胶、增黏树脂、防老剂、软化剂、颜填料等组成的溶液型压敏胶是一类最为通用、产量也最大的压敏胶黏剂。它们虽然没有交联，其性能也足以满足许多常用的、没有特殊性能指标的压敏胶粘制品的要求，广泛应用于制造各种基材的包装胶粘带、办公用的透明胶粘带、软质聚氯乙烯电气绝缘胶粘带、压敏胶粘标签、医用橡皮膏和其他医用等压敏胶粘制品。它的制造一般包括生胶的塑炼、切碎、溶解，以及与增黏树脂、防老剂、软化剂、颜填料等组分混合和调制等工艺过程。常用溶液型橡胶压敏胶黏剂的配方示例如下：

【配方1】　医用布基氧化锌橡皮膏：天然烟片胶100，氢化松香甘油酯75，氧化锌50，羊毛脂5，防老剂2，溶剂适量。

【配方2】　通用型橡胶压敏胶黏剂：丁苯橡胶50，氯化丁基橡胶50，氢化松香甘油酯30，聚异丁烯（低相对分子质量）30，防老剂0.5，溶剂适量。

胶液的配制有两种方法：一种方法是先将橡胶塑炼后在切碎机上切成碎片，然后在溶解混合器中用有机溶剂溶解，并混入增黏树脂及其他添加剂，搅拌均匀后再用溶剂调节到所需的黏度和固体含量。另一种方法是先将橡胶和增黏树脂及其他添加剂一并在塑炼机上混合均匀，再将混合料切碎并溶解。第一种方法混合比较好，在实际生产中应用较多。

2. 接枝型橡胶压敏胶黏剂

在上述溶剂型橡胶压敏胶黏剂中加入单体，与天然橡胶或其他橡胶进行接枝聚合，可制得接枝型橡胶压敏胶黏剂，可明显地改善压敏胶黏剂的性能。选择合适的比例能在对初粘性影响不大的情况下，大大改善持粘性。

生产工艺：在装有搅拌器、冷凝器、温度计的反应釜中，依次加入100份橡胶、75~80份增黏树脂（萜烯树脂等）、10~25份软化剂和大部分溶剂（甲苯和溶剂汽油），搅拌使其完全溶解，大约2h。之后加入30~50份单体和0.1~0.3份引发剂，升温至80℃，并通氮气10min。于78~82℃下进行接枝聚合，6h后开始冷却，达到40℃以下时，加入剩余的溶剂和1~2份防老剂，继续搅拌0.5h出料即得成品。

3. 压延型橡胶压敏胶黏剂

这是一类不需要溶剂的橡胶型压敏胶黏剂，采用压延贴覆法加工成胶粘制品。由于加工成制品时所消耗的胶黏剂较多，因此绝大多数利用比较便宜的再生橡胶为原料配制而成。再生橡胶的可塑度对胶黏剂的性能有很大影响，为了使压敏胶黏剂在压延贴覆时有较好的流动性，要根据再生橡胶的可塑度来调整配方。一般配方中软化剂的用量要比相应的溶液型压敏胶黏剂多得多，通常为每100份再生胶需要用80~200份软化剂。但是，过多使用软化剂会显著降低压敏胶黏剂的黏着力。典型压延型橡胶压敏胶黏剂配方如下：再生天然橡胶100，硫化剂TMTD 3，硬脂酸3，松香酯3，氧化锌10，钛白粉20，碳酸钙80，软化剂（机油）100。

将各组分配料在混炼机辊筒上混合均匀，然后在热压罐中于145℃下加热45min，制成饼状的硫化再生橡胶。再在辊筒上塑炼10min，即得固体状压延型天然橡胶压敏胶黏剂，可直接在压延贴覆式涂布器上加工成压敏胶粘制品。

4. 交联型橡胶压敏胶黏剂

由于交联提高了压敏胶的耐热、耐溶剂和抗蠕变等性能，因此该类压敏胶可以用来制造各种具有某些特殊性能的胶粘制品，如喷漆保护用压敏胶粘片、某些电绝缘胶粘带以及重包装用压敏胶粘带。典型配方示例如下：

【配方1】 （交联条件：138℃/2.5min）天然橡胶（弹性体）50，丁苯橡胶（弹性体）50，松香酯（增黏树脂）10.9，氧化锌（颜填料）55.3，2, 5-二叔丁基对甲酚（防老剂）2.18，2, 5-二特戊基氢醌（防老剂）2.18，烷基酚醛树脂（交联剂）8.2，二乙基甲乙酸钠盐（交联促进剂）0.56，甲苯（溶剂）43.5。

【配方2】 （交联条件：163℃/20s）天然橡胶（弹性体）100，萜烯树脂（增黏树脂）51，氧化铝水合物（颜填料）10，2, 5-二特戊基氢醌（防老剂）2，二丁基二硫代甲酸锌（防老剂）1，烷基酚醛树脂（交联剂）7，硬脂酸锌（交联促进剂）12，溶剂适量。

7.10.3 丙烯酸酯压敏胶黏剂

大多数丙烯酸酯压敏胶是由几种丙烯酸酯单体共聚而成的，多数无需使用增黏树脂、软化剂、防老剂等助剂；透明度好，水白色或无色；耐老化性佳，长期暴露在空气和阳光下仍能保持良好的性能；耐介质性能优异，特别是耐增塑剂迁移；黏合面广，对金属、塑料、纤维、纸张、木材、陶瓷、玻璃等多种材料的表面都有良好的黏结力；毒性较低，可直接用于食品包装和医疗制品。由于上述多种优点，虽然丙烯酸酯压敏胶开发较晚，但发展速度极其惊人，逐渐取代天然橡胶压敏胶，展示出广阔的前景。

1. 溶剂型丙烯酸酯压敏胶黏剂

溶剂型丙烯酸酯压敏胶是由丙烯酸酯单体在有机溶剂中进行自由基聚合而得的黏稠液体，可添加也可不添加其他的添加剂。溶剂型丙烯酸酯压敏胶具有平均相对分子质量较低、湿润性好、初粘力大、干燥速度快、耐水性好等诸多优点。虽然在环保、资源、能源及安全等方面存在问题，但仍然占有相当大的比例，还不能完全被其他类型的压敏胶所取代。溶剂型丙烯酸酯压敏胶还进一步分为非交联型、交联型、非水分散型等三种。

交联型溶剂丙烯酸酯压敏胶有自交联和外交联之分。自交联型丙烯酸酯压敏胶是由软单体、硬单体与双烯类单体或带反应性基团的烯类单体进行共聚反应，将丙烯酸酯共聚物分子主链中引入活性基团，然后采用加热或射线辐照的方式，通过双键或活性基团相互反应使共聚物分子联结起来，形成交联的网状结构。

外交联型溶剂丙烯酸酯压敏胶是先用溶液聚合的方法制备带有各种反应性基团的丙烯酸酯共聚物溶液，然后加入适量的交联剂溶液，混合均匀即得单组分的交联压敏胶液。若室温下储存期小于6个月，则必须将丙烯酸酯共聚物溶液和交联剂溶液单独包装成为双组分形式，在使用前再进行混合。

交联型丙烯酸酯共聚物溶液的制法基本与非交联型丙烯酸酯共聚物溶液相同，只是相对分子质量应控制得稍低些。

由于交联型溶剂丙烯酸酯压敏胶性能优异，持粘力、耐热性和耐溶剂性显著提高，可以制得具有耐热、耐寒、耐水、耐溶剂、耐油等性能的高档压敏胶制品。因此，工业上大多数实用的溶剂型丙烯酸酯压敏胶黏剂属于交联型。自交联型丙烯酸酯压敏胶黏剂的生产实例如下：

（1）原料配比。丙烯酸丁酯（BA，聚合级）24.9～60.1，丙烯酸-2-乙基乙酯（2-EHA，工业级）12.5～29.5，丙烯酸乙酯（EA，聚合级）2.5～6.0，丙烯酸（AA，CP）0.8～3.4，羟甲基交联剂（工业级）0.6～2.7，过氧化苯甲酰（BPO，CP）0.5～1.3，混合溶剂（乙酸乙酯与甲苯）150～200。

（2）生产工艺（图7-7）。在工业反应釜中，先投入2/3的乙酸乙酯（留少量作为洗涤用）和全部的甲苯，升温至乙酸乙酯回流温度，加一半混合单体（溶有全部引发剂），启动电动搅拌，开始反应。反应1.5h后，滴加剩余的一半单体，控制2～4h内滴完。滴完后再补加少量引发剂。保持在回流温度反应1～2h，得无色或淡黄色黏稠液体，加稀释剂，保温0.5h，冷却至50℃，结束反应，出料。

2. 通用乳液型丙烯酸酯压敏胶黏剂

乳液型丙烯酸酯压敏胶黏剂的主要成分为各种丙烯酸酯单体用乳液共聚合反应得到的共聚物乳液，然后加入适量的增稠剂（如羟甲基纤维素、聚乙烯醇等）、中和剂（如氨水和氢氧化钠）、湿润剂（如乙二醇、乙二醇单丁醚等）、防霉剂（如五氯苯酚钠、三氯苯酚钠等）和着色剂等。一般不必加入增黏树脂，但在配制用于涂布难粘基材或难以粘贴的材料，往往需要加入增黏树脂乳液以提高其粘合性能。常用的增黏树脂乳液有乳化松香脂、乳化萜烯酚醛树脂和乳化石油树脂等。

丙烯酸酯压敏胶的乳液聚合方法有单体滴加法、种子聚合法、预乳化法三种聚合工艺。预乳化法较为复杂，生产过程需要增加设备，前两种方法较简单。实际操作中种子聚合法更适合于纸用压敏胶，而单体滴加法更适合胶带压敏胶。乳化剂目前国内大部分采用阴离子型与非离子型复合乳化体系。常用的阴离子乳化剂有K-12、LAS等；常用的非离子乳化剂有平平加、OP-7、OP-10、JFC等。

通用乳液型丙烯酸酯压敏胶黏剂的生产使用带有锚式搅拌器的500L搪瓷反应釜，蒸汽夹套加热，投料系数0.70，搅拌速度90r/min，反应温度80～85℃，滴料时间2～4h，保温时间1.5～2.0h。

通用合成工艺如下：

（1）将 30kg 非离子型乳化剂 A 与 5kg 离子型乳化剂 B、5kg 过硫酸铵、800kg 水等配成乳液加入反应釜。

（2）将单体 650kg 丙烯酸丁酯、70kg 甲基丙烯酸甲酯、150kg 丙烯酸-α-乙基己酯、30kg 丙烯酸混合均匀，将混合均匀的单体的 4/5 混合液装入滴液漏斗中，另 1/5 则加入已有乳化液的反应釜中。

（3）搅拌并升温到 80℃，保持 0.5～1h。

（4）开始滴加单体，在 2～3h 内加完，在 80～85℃下反应 1.5～2.5h。

（5）降温到 60℃，用氨水调 pH 到 9，并放置 1～2d，使 pH 再稳定到 7.5 左右，即为产品。

目前广泛使用的双向拉伸聚丙烯（BOPP）压敏胶带所用水乳型丙烯酸酯压敏胶的原料配比如下：丙烯酸丁酯（BA）50～80，丙烯酸-2-乙基己酯（2-EHA）10～30，甲基丙烯酸甲酯（MMA）5～20，丙烯酸（AA）1～4，丙烯酸-β-羟丙酯（HPA）0.5～5，乳化剂 A（非离子型）1～5，乳化剂 B（阴离子）0.1～1.0，过硫酸铵 0.1～0.8，碳酸氢钠 0～1，十二烷基硫醇 0～0.2，氨水适量，蒸馏水 80。

合成工艺：在工业反应釜中加入已配制好的乳化剂混合液（乳化剂 A、乳化剂 B、碳酸氢钠、过硫酸铵、十二烷基硫醇、蒸馏水）的 1/3。另将单体混合液（BA、2-EHA、MHA、AA、HPA）与余下的乳化剂混合液在另一混合罐中于室温下快速搅拌乳化 15min，取其 4/5 注入加液储罐中，同时将余下的 1/5 注入反应釜内。启动搅拌并升温，在 80℃下反应 0.5h 后，开始滴加乳化单体混合液，控制在 1.5～4h 内滴完，继续在 80～85℃下反应 1～1.5h。降温至 60℃以下，用少许氨水调节其 pH 约为 9 后出料。放置过夜或数天后会自然地下降至 pH 为 7.2 左右。

7.11　功能与特种胶黏剂

在某些特殊条件下粘接某些特殊的材料时，要求胶黏剂具有一些特殊的性能，满足某些特殊要求和效果，如具有良好的导电性、耐碱性、优良的光学性能、导磁性、导热性、应变性、热熔性等。这种在特定条件下应用的胶黏剂无论是品种还是数量已经越来越多，由于它不同于一般胶黏剂，便从一般胶黏剂中逐步独立出来，形成一类具有特殊性能或功能及特殊用途的胶黏剂。功能与特种胶黏剂就是指具有上述某种特殊性能的一类胶黏剂。其品种繁多，根据发展和应用情况，本节仅对其中较为重要的品种加以介绍。

7.11.1　导电胶黏剂

导电胶是一种固化或干燥后具有一定导电性的胶黏剂。它可以将多种导电材料连接在一起，使被连接材料间形成电的通路。在电子工业中，导电胶已成为一种必不可少的新材料。按导电胶中导电粒子的种类不同，可将导电胶分为银系导电胶、金系导电胶、铜系导电胶和炭系导电胶等，应用最广的是银系导电胶。

1. 导电胶黏剂的组成

目前获得实际应用的导电胶是由粘料、导电粒子和增韧剂等配合剂组成的复合物。

（1）导电粒子。导电胶用的导电粒子有金粉、银粉、铜粉、镍粉、羰基镍、钯粉、钼粉、锆粉、钴粉、镀银金属粉、镀银二氧化硅粉、镀银玻璃微珠、石墨、炭黑、银的硅化物、碳化硅、碳化钨、碳化镍、碳化钯等。将金属粒子和树脂混合后，进行固化或硫化，然后粉碎，得到复合物导电粒子。

（2）粘料。常用的粘料有合成树脂、合成橡胶和一些无机盐等。其中，合成树脂有环氧树脂、酚醛树脂、聚氨酯、丙烯酸酯类树脂、不饱和聚酯、聚酰亚胺、有机硅树脂及一些热塑性烯烃类树脂等；橡胶有聚异丁烯橡胶、硅橡胶、丁基橡胶和天然橡胶等；无机盐有硅酸盐和磷酸盐等。

（3）其他配合剂。常用的增韧剂有聚乙烯醇缩醛、聚丁二烯环氧、丁腈橡胶和尼龙等。某些导电胶的组成中需加入固化剂，有时也加入少量固化促进剂、稀释剂、偶联剂等。

2. 常用导电胶黏剂的配方与生产工艺

1）铜粉环氧导电胶

254-2 铜粉导电胶是由环氧树脂、450 固化剂和铜粉按 1∶0.33∶3.5 的比例配制而成，固化工艺为常温 24h 或 80℃/h，可用于电视机、收录机、半导体收音机的电源系统的接头连接。

254-6 导电胶是由环氧树脂和超细铜粉等配制成的双组分导电胶。甲组分由 E-51 环氧树脂和超细铜粉组成，乙组分由三乙醇胺和 KH-550 偶联剂组成，甲∶乙=5∶1.0～1.6。该种导电胶涂胶工艺性能好，电阻率为 $10^{-4}\Omega\cdot cm$，室温剪切强度大于 3.3MPa，可代替导电银浆，用于电子表表芯的导电连接。

2）酚醛导电胶

（1）室温固化型。典型品种为 303 导电胶，是由 303 改性酚醛树脂、三聚甲醛、苛性钠、电解银粉和溶剂组成的三组分室温固化导电胶。使用温度为 –40～100℃，室温固化后的电阻率为（2～5）$\times 10^{-3}\Omega\cdot cm$。制备 303 导电胶时，取 303 改性酚醛树脂（干基）1 份、三聚甲醛 0.2 份、苛性钠 0.05 份和电解银粉 3.6 份混合均匀，迅速涂胶使用。

303 改性酚醛树脂的合成：将 110g 间苯二酚、24g 三聚甲醛和 300mL 无水乙醇一次加入三口烧瓶中，搅拌使原料溶解，加入 15g 聚乙烯醇缩丁醛，在 70～75℃下继续搅拌 1.5h，再于 75～80℃下搅拌 1.5h 即成。

（2）热固化型酚醛导电胶。典型品种 301 导电胶的质量配比：301 酚醛树脂∶聚乙烯醇缩丁醛∶电解银粉=1∶0.5∶3.75，无水乙醇适量。

301 酚醛树脂的合成：原料配比是苯酚 98g，38%甲醛溶液 15g，氧化锌 0.98g。缩聚时，先在三口烧瓶中加入苯酚，加热熔化后加入氧化锌，搅拌 15min，将甲醇溶液一次加入反应瓶中，在 95～98℃下保持 5h，停止加热。静置后分去下层氧化锌沉淀，将上层树脂溶液加热到 120℃，并在 0.96～0.98MPa 真空下脱水 1.5h。

7.11.2 医用胶黏剂

医用胶黏剂因直接参与生物体粘接，所以要求材料对生物体必须无毒、无害、适应性好，粘接能在温和的条件下瞬时完成，操作容易，同生物体粘合牢固，不妨碍生物体自身恢复等。

医用胶黏剂可分为三大类，一类为适合于胶接皮肤、脏器、神经、肌肉、血管、黏膜的胶黏剂，称为软组织医用胶，一般采用医用 α-氰基丙烯酸酯系胶和纤维蛋白生物型胶。另一类为适合于胶接和固定牙齿、骨骼、人工关节用的胶黏剂，称为硬组织胶黏剂，如聚甲基丙烯酸甲酯、骨水泥、新型基材树脂 PUPMA（顺丁烯二酸酐改性的 BiS-GMA 树脂的芳香族多甲基丙烯酸聚氨酯）和粘接性偶联剂 4-META（4-甲基丙烯酰氧乙基偏苯三酸酐酯）的 CC-1 型牙科胶黏剂等。第三类为医用压敏胶，基本与工业用压敏胶相同，所用原料主要是以丙烯酸酯为主成分的共聚物，配合天然橡胶或合成橡胶与增黏树脂的组合物。下面介绍 α-氰基丙烯酸-1,2-异亚丙基甘油酯（CAG）医用胶黏剂的生产工艺。

CAG 是一种医用快速生物降解的止血剂和组织胶黏剂。CAG 的止血作用优于目前所用的 25号止血粉、云南白药、止血纤维及明胶油绵等。合成反应路线如下：

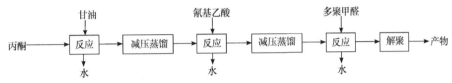

合成工艺流程见图 7-10。

丙酮 → [反应] → [减压蒸馏] → [反应] → [减压蒸馏] → [反应] → [解聚] → 产物
甘油 ↓反应 氰基乙酸 ↓反应 多聚甲醛 ↓反应
水 水 水

图 7-10 CAG 的合成工艺流程

将甘油和丙酮按 1:2.4（物质的量比）配比，在高分子路易斯酸载体催化剂 PSSF 催化下，于共沸温度下以苯带水。反应结束后滤出催化剂，并回收苯及过量丙酮后减压蒸馏，收集 82～83℃/1733Pa 馏分，即得产物 I。物质的量比为 1:2 的氰基乙酸和 I，在对甲基苯磺酸催化下以苯共沸带水，待反应完全后，将反应混合液冷至室温，用无水乙酸钠处理反应液。回收大部分苯后用 Na$_2$CO$_3$-NaCl 饱和溶液调节 pH 至 7 左右。分出有机相，干燥，回收剩余苯后减压回收过量 I，收集 148～149℃/213.3Pa 馏分，得产物 II。II 与多聚甲醛按等物质的量配比，以少量哌啶为催化剂进行缩合，反应时甲醛应分次投入，控制反应温度不超过 70℃，待分次加料完毕后再升温继续反应，以苯恒沸脱水。反应完全后所得为 CAG 的聚合物。加少量抗氧剂（2,6-二叔丁基对甲苯酚）和适量 P$_2$O$_5$ 及稀释剂（磷酸三甲苯酯），回收苯后，在无水 SO$_2$ 气氛下加热解聚。收集 102～105℃/26.7～40Pa 馏分产物，收率为 41%～52%。

7.11.3 光学光敏胶黏剂

光学光敏胶黏剂对光十分敏感，故又称光固化胶黏剂、感光胶黏剂或光敏抗蚀胶。光敏胶适于透光零件的粘接装配或透光材料与金属、塑料的粘接，可用于有机玻璃的拼合接口，把有机玻璃单体制成预聚体，加入光敏剂，灌在接口处，光照后紫外线激发聚合，5～6h 就能固化，将接口拼好。在电子工业中广泛应用于微型电路的光刻，在微型电路制作中起着重要作用，在电气、电子、光学、汽车、军工等领域也得到了广泛应用。

光敏胶主要由光敏树脂、交联剂、光敏剂（或称增感剂）、阻聚剂以及某些促进剂等组成，具有高功能、高可靠性、无溶剂、固化迅速、可低温固化等优点。常用的光敏树脂是光敏胶的主体材料，光敏树脂中含有双酚 A 型环氧树脂或六氢邻苯二甲酸环氧树脂的丙烯酸酯类、不饱和聚酯树脂、聚氨酯类等。

【合成实例 1】 Z97 光敏胶黏剂可用于透明材料、电器元件等材料的粘接，工艺如下：

（1）环氧丙烯酸酯低聚体制备。羧基与环氧基的物质的量比为 1.1:1，催化剂用量为 0.3%，阻聚剂用量为 0.1%，反应温度控制在 105℃左右。反应程度由酸值控制，当酸值小于 8mg KOH/g 时，终止反应。出料即为环氧丙烯酸预聚体。

（2）烯丙基双酚A丙烯酸酯的合成。称取烯丙基双酚A溶于甲苯中，加入装有搅拌器、分水器、滴液漏斗的三口瓶内。将NaOH溶于水中配成溶液后加入滴液漏斗中，开动搅拌，缓慢滴加碱液，待碱液滴完后，升温回流，直到完全除去反应体系的水。将反应体系降温至40℃，继续搅拌，加入少量的对苯二酚，然后慢慢滴加新合成的丙烯酰氯，并配有HCl吸收装置。搅拌2~3h后，停止反应。产物过硅胶柱（80网眼），除去生成的NaCl和有色杂质，将溶液加入蒸馏瓶中，加热蒸出甲苯，即得产物。

（3）将上述合成的环氧丙烯酸酯低聚体100份、烯丙基双酚A丙烯酸酯35份与光敏剂4份、稳定剂0.15份混合，室温下搅拌均匀得Z97光敏胶黏剂。

【合成实例2】 环氧光敏胶黏剂具有粘接性能好，对玻璃和金属的粘接强度高，有较好的抗老化性、耐腐蚀性和耐热性能。工艺如下：

（1）光敏树脂的制备。在装有滴液漏斗、回流冷凝管、温度计、搅拌器等的250mL三口瓶中，先加入50g的E-51环氧树脂并且预热至60℃，加入由18.5g丙烯酸、1g N, N-二甲基苄胺、0.15g对苯二酚组成的混合反应组分14g，缓慢升温至115~120℃反应30min。然后在30min内慢慢滴入剩余的混合反应组分，继续反应1h左右，当酸值小于5mg KOH/g时终止反应。自然降温至70℃，并且趁热倒出反应液即得光敏树脂。

（2）光敏胶的制备。将0.14g对苯二酚溶于17.6g甲基丙烯酸-β-羟基乙酯和5.2g丙烯酸丁酯中，然后依次加1.79g PTTA、0.6g邻苯二甲酸二丁酯、0.8g KH-550等。该混合液与在40℃下已经预热数分钟的50g光敏树脂在温水浴中均匀混合。将此均匀混合物与4g GY-1光敏引发剂充分搅匀，得到UV固化光敏胶。

（3）光敏胶的UV照射固化。光敏胶在 $\lambda = 365nm$ 的一只400W高压水银灯和 $\lambda = 250nm$ 的两支20W医用杀菌灯管下固化。光照射距离是12cm。

7.11.4 结构胶黏剂

结构胶黏剂是一种已证实能在预定时间内承受许多应力、环境作用而不破坏的可靠的胶黏剂，即在使用期内胶接接头的承载能力具有与被粘物相当的水平。在所有情况下，结构胶接件的耐久性应长于该结构所预期的使用寿命。现代航空航天工业发展的需要促进了结构胶黏剂和胶接技术的迅速发展。

结构胶黏剂一般以热固性树脂为基料，以热塑性树脂或弹性体为增韧剂，配以固化剂等组分，有的还加有填料、溶剂、稀释剂、偶联剂、固化促进剂、抑制腐蚀和抗热氧化剂等。胶黏剂的性能主要取决于这些组分的结构、配比及其相容性。下面介绍两种复合型结构胶黏剂。

1. 酚醛-丁腈结构胶黏剂

酚醛-丁腈胶黏剂的主要成分包括酚醛树脂、丁腈橡胶、硫化剂、促进剂和补强剂、防老剂（如没食子酸丙酯、喹啉）和软化剂等。

【配方】 丁腈橡胶100，线型酚醛树脂50，甲阶酚醛树脂50，氧化锌5，硫磺2，促进剂0.5，防老剂1，硬脂酸0.5，炭黑30，轻质碳酸钙0~80，乙酸乙酯与乙酸丁酯配成固含量为30%~50%胶液。

生产工艺流程（图7-11）：先将丁腈橡胶与酚醛树脂进行混炼（混炼温度不得超过45℃），然后加入各种橡胶配合剂进行混炼，使之混合均匀。将混炼均匀的物质在调小辊距后进行压片，得到较薄的均匀胶片，将胶片裁剪成小的胶块后，放入已装好混合溶剂的混合釜中搅拌溶解成均匀的胶液后，放料测试性能，再包装入库。该胶主要应用于金属与非金属之间且耐较高温度使用条件的物件粘接，也可粘接一些塑料制品与弹性体。

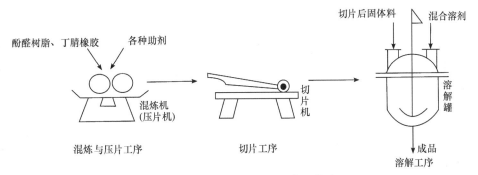

图 7-11　酚醛-丁腈胶黏剂的生产工艺流程

2. 尼龙-环氧高强度结构胶黏剂

尼龙-环氧高强度结构胶黏剂主要用于高强度金属结构材料的粘接。对金属等材料的粘接力强、韧性好，但其耐水性、耐老化性较差。可在-60～120℃下使用。生产工艺如下：

（1）将 80 份 548#三元共聚尼龙树脂在 55 份苯、350 份甲醇、8.5 份水混合溶剂中浸泡 1d，使其溶胀。然后加热搅拌 0.5h，使其完全溶解，制得尼龙树脂溶液。

（2）将 20 份环氧树脂、2 份双氰胺溶于 50 份苯中，搅拌溶解均匀。将此溶液加入到尼龙树脂溶液中，在 60～65℃搅拌 0.5h，完全均匀后冷却即成。

7.11.5　厌氧胶黏剂

厌氧胶黏剂（anaerobic adhesive）简称厌氧胶，又名绝氧胶、嫌气胶、螺纹胶、机械胶，国外也称"厌氧锁固（紧）剂"。它与氧气或空气接触时不会固化，一旦隔绝空气之后，加上金属表面的催化作用，能在室温下很快聚合固化，形成牢固的粘接和良好的密封。利用氧的阻聚作用可以储存多年。厌氧是指这种胶黏剂使用时不喜欢氧。厌氧胶是为了解决机械产品中液体与主体泄漏、各种螺纹件在振动下松动及机械装配工艺改革而发展起来的工业用胶。

厌氧胶以甲基丙烯酸双酯为主体配以改性树脂、引发剂、促进剂、阻聚剂、增稠剂、染料等组成。厌氧胶之所以能够形成单包装，并能在特定条件下快速固化，主要存在如下两个平衡反应：

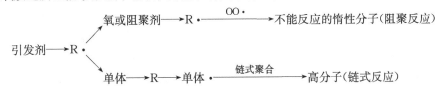

在储存阶段，生成的自由基速度较慢，氧的阻聚点起主要作用，因此能够稳定储存，保持液态。当使用时，由于金属离子催化作用，引发的自由基速度加快，同时由于胶层的缝隙减小，氧的扩散量减小，氧的阻聚作用减小，生成的自由基的速度大于失活的速度，生成的自由基将会引发单体的聚合，最终导致胶黏剂的固化。厌氧胶的基本组成设计就是根据单体类型、引发剂、促进剂、稳定剂、阻聚剂的配合性，达到厌氧胶储存固化的基本要求，然后根据固化后形成的接头的结构与性能关系，选用合适结构的单体及增韧剂，达到特定胶接强度、工艺性能和耐环境性能要求。

厌氧胶的典型配比为：树脂 70%～90%，交联剂（丙烯酸等）0～30%，催化剂（BPO 等）2%～5%，促进剂（二甲基苯胺等）0～2%，稳定剂（苯醌等）0～0.1%。国产铁锚 300#厌氧胶配方如下：甲基丙烯酸双酯 100，二甲苯丙胺 2，过氧化二异丙苯 1～3，对苯醌适量。又如 Y-150 厌氧胶配方如下：环氧丙烯酸双酯 100，丙烯酸 2，过氧化羟基二异丙苯 5，糖精 0.3，三乙胺 2，白炭黑 0.5。它们的固化条件均为室温、隔氧即可。

7.11.6 密封胶黏剂

在日常生活和工业生产中，上下水道的密封、微型电子元件的封装、人造卫星仪器仪表的保护、大型客机座舱的密封，都需要密封胶黏剂。密封是工程上极为重要的问题，密封胶在航天、航空、机械、电气、电子、电器、建筑、造船、汽车、军工、石油化工等领域都得到了广泛的应用。新型密封胶的相继涌现将会使现代工程密封技术有新突破。

广义地讲，凡是能防止内部气体或液体泄漏，防止外部灰尘或水分等侵入，以及防止机械振动、冲击损伤或达到隔音隔热等作用的材料均称为密封胶黏剂，简称密封胶。密封胶种类很多，可分为弹性密封胶、非弹性密封胶和液体嵌缝垫料。前述所介绍的聚氨酯、氯丁橡胶、有机硅、丙烯酸酯等均可不同程度地应用于密封胶领域。密封胶的分类和性能见表 7-13。

表 7-13 密封胶黏剂的分类和性能

类型	无机密封胶	环氧树脂密封胶	聚氨酯密封胶	尼龙密封胶	聚硫橡胶密封胶	氯丁橡胶密封胶	丁腈橡胶密封胶	顺丁橡胶密封胶
主要成分	硅酸钠等	环氧树脂，填料，有时为增加相对分子质量加少量固化剂，溶剂	聚酯型或聚醚型异氰酸酯（少量）改性体，填料，溶剂	羟甲基尼龙及共聚尼龙，乙醇	聚硫橡胶，填料，硫化膏，促进剂，环氧树脂等	氯丁橡胶，酚醛树脂，填料，防老剂，溶剂	丁腈橡胶，酚醛树脂，填料，防老剂，溶剂	顺丁橡胶，填料，防老剂，溶剂
特性	耐压，适于 500℃，属于干性密封胶	耐压高、耐老化性好，属于不干性或半干性密封胶	耐油性好，黏附力强，密封性好，属于不干性密封胶	耐油性、加压性好，属于干性密封胶	耐油性好，属于干性密封胶	耐油性、耐化学介质好，属于半干性密封胶	耐油性、耐化学介质好，属于半干性密封胶	耐水性、耐介质性好，属于干性密封胶
用途	高温接口处密封	化工管道、上下水道等密封，真空密封等	制冷管线、液化气管、煤气管道、石油管道、压缩机、油泵等密封	机械、机床、内燃机等密封	化工管道、石油管道、油泵、变压器等密封	化工管道、石油管道、油泵、变压器等密封	化工管道、石油管道、油泵、变压器等密封	电力工业密封，上下水道等密封

1. 氯丁橡胶密封胶

氯丁橡胶密封胶是一种多用途的粘接型密封胶。其制备包括塑炼、混炼、切片、溶解等基本工艺过程。塑炼和混炼温度一般不宜超过 40℃。基本配方如下：氯丁橡胶（粘接型）75，氯丁橡胶（普通型）75，钛白粉 40，轻质氧化镁 3，氧化锌 3，石油树脂 55，防老剂 264 2，硬脂酸 2，白炭黑 25，2402 树脂（增黏剂）10，210 树脂（增黏剂）15，变压器油 8，乙酸钠（防焦剂）0.5，轻钙 115，滑石粉 90，甲苯（溶剂）适量。

2. 环氧树脂高真空密封胶黏剂

KH-101 环氧树脂高真空密封胶是一种双组分胶黏剂，配方如下（质量份）：

A 组分：E-51 环氧树脂 100，622 甘油环氧 20，D-17 聚丁二烯环氧 20；B 组分：2-乙基-4-甲基咪唑 10，DMP-30 2，三乙烯四胺 4。

使用时可根据用量将 A、B 两组分按 10：1（质量比）混合均匀，室温下使用期约 6h。固化条件为室温下 48h，或 80～100℃/2～4h。KH-101 可封接玻璃、陶瓷、金属，韧性好，黏附力强。胶接件可在 200℃以下短期烘烤去气，可以在 100℃以下做真空器件堵漏及封接用。

3. 厌氧性密封胶黏剂

该类胶主要用于汽车与机械等的螺纹锁固，也可作低压密封胶使用。一种常用的厌氧性密封胶黏剂的配方工艺如下：甲基丙烯酸 62，一缩二乙二醇 38，异丙苯过氧化氢 5，98%浓硫酸 3～5，甲苯 20，二甲基苯胺 1，糖精 0.5，填料（气相二氧化硅）2，丙烯酸 2。

生产工艺流程如图 7-12 所示。

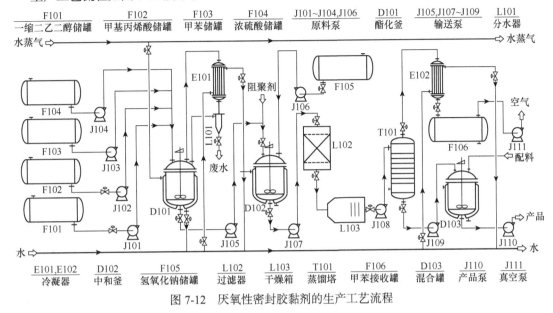

F101	F102	F103	F104	J101~J104,J106	D101	J105,J107~J109	L101
一缩二乙二醇储罐	甲基丙烯酸储罐	甲苯储罐	浓硫酸储罐	原料泵	酯化釜	输送泵	分水器

E101,E102	D102	F105	L102	L103	T101	F106	D103	J110	J111
冷凝器	中和釜	氢氧化钠储罐	过滤器	干燥箱	蒸馏塔	甲苯接收罐	混合罐	产品泵	真空泵

图 7-12　厌氧性密封胶黏剂的生产工艺流程

（1）先将 F102 中甲基丙烯酸和 F101 中一缩二乙二醇按计量加入酯化釜 D101 中，再加入催化料（通常用浓硫酸）及溶剂（甲苯）加热升温并通过 E101 回流，进行酯化反应。

（2）在回流下反应到酸值小于 10 时，停止反应。反应过程中的水从苯水分离器 L101 中分出，也可根据反应出水量确定反应终点。

（3）将上述产物泵入中和釜 D102 中，用氢氧化钠溶液进行中和，并进行水洗至中性，分出产物和水层，除去水，保留反应物层。

（4）将反应物通过 L102 过滤，再在干燥箱 L103 中进行干燥。

（5）再将物料转至蒸馏塔 T101 中，加入（200～300）×10⁻⁶ 份阻聚剂（对苯二酚），开启真空泵 J111，进行真空脱除甲苯，得到双酯产物。

（6）将上述产物泵入混合罐 D103 中与其他物料进行混合均匀后，即为成品。

7.11.7　耐碱胶黏剂

耐碱胶黏剂是一种能抵抗碱性介质腐蚀的胶黏剂，其种类很多，主要包括由呋喃树脂、二甲苯树脂、环氧树脂和氯磺化聚乙烯橡胶等为基料组成的耐碱胶黏剂和耐碱胶泥。

耐碱胶黏剂一般由树脂、增塑剂、填料和固化剂等成分组成。环氧树脂与糠酮树脂冷混胶黏剂的配方见表 7-14。

表 7-14　环氧树脂与糠酮树脂冷混胶黏剂配方

原料	牌号或规格	配比（质量份）		
		配方 1	配方 2	配方 3
环氧树脂	6101	50	30	100
糠酮树脂[1]	—	50	70	15
邻苯二甲酸二丁酯[2]	工业	—	10	15

原料	牌号或规格	配比（质量份）		
		配方1	配方2	配方3
苯二甲酸二丁酯	工业	30	—	—
乙醇	无水	14～15	适量	—
乙二胺 3)	>80%	9～10	6～8	12
石英粉 4)	120目	适量	—	—
石墨粉	120目	—	适量	适量

1）糠酮树脂用量可在15%～17%选择。

2）稀释剂一般与环氧树脂、酚醛树脂所用的稀释剂相同，用量为10%～15%。

3）固化剂多采用乙二胺、三乙烯四胺、间苯二胺、间苯二甲胺等。固化条件为100℃/2h，80℃/3.5h，60℃/5h，25～30℃/周。

4）填料除石墨粉、石英粉外，还常用瓷粉、辉绿岩粉等，干燥后使用。

呋喃树脂的种类很多，其中耐碱性能优越的有糠醛树脂、糠酮树脂、糠醇树脂等。表7-14所用糠酮树脂的制备方法如下：将1mol糠醛、1mol丙酮加入反应器中，边搅拌边缓慢加入10%氢氧化钠溶液。该反应为放热反应，注意控制温度，在40～60℃反应4～5h后，用酸稀释中和至pH为7左右，停止反应。再用清水洗3次，减压脱水得到棕色黏稠液体。反应式如下：

7.11.8 热熔胶黏剂

热熔胶黏剂通常在室温下呈固态，加热熔融成液态，涂布、润湿被粘物后，经压合、冷却，在几秒钟内完成粘接。该胶黏剂是以热塑性聚合物为基料的多成分混合物。目前，热熔胶黏剂广泛应用于书籍装订、包装、胶合板、木工等工业领域，纤维、建筑、土木、汽车、电气等部门也普遍使用。

按化学结构来讲，许多热塑性树脂均可作为热熔胶来使用。为了增加耐热性，一些热固性树脂也可作为热熔胶来应用。目前，应用最广泛的热熔胶为EVA热熔胶，聚乙烯、聚丙烯、聚酯树脂、聚酰胺、聚氨酯、环氧树脂和酚醛树脂也是常见的热熔胶品种。

1. 热熔胶的配方

（1）EVA热熔胶。EVA热熔胶是指以乙烯和乙酸乙烯的无规共聚物为主体聚合物的一类热熔胶。与其他主体树脂相比，此主体聚合物与其他组分互溶性好，黏附力强，柔韧性、耐候性好，因此成为使用最为广泛的一类聚合物。EVA热熔胶的性能与聚合物的熔融指数（MI）和聚合物中乙酸乙烯含量有很大关系。一般来讲，适于配制热熔胶的EVA树脂的熔融指数为1.5～500，乙酸乙烯含量为20%～50%。

EVA热熔胶主要是由30%～40%的EVA树脂、30%～40%的增黏剂和20%～30%的蜡类组成。选择不同型号的树脂以及这三种主要组分的不同配比，可以制出符合不同要求的热熔胶。抗氧剂、填料、增塑剂等也可提高其某些方面的应用性能。配方示例如下：

【无纺布用EVA热熔胶配方】 EVA（VAc含量28%，MI=150）30，萜烯树脂50，微晶蜡（熔点167℃）20，抗氧剂0.5～1.0。

【单板拼接EVA热熔胶】 EVA（VAc含量>28%）100，石蜡（工业级）20，聚合松香（软化点120℃以上）30，防老剂丁（N-苯基-β-萘胺）1。

【EVA热熔压敏胶配方】 EVA（VAc含量>35%）100，增塑剂0～20，增黏树脂30～50，填料0～5，抗氧剂0.1～0.5。

（2）EEA 热熔胶。由于热熔胶树脂使用范围的不断扩大，要求它有更广泛的适应性，因而又出现了乙烯-丙烯酸乙酯（EEA）热熔胶。EEA 是以乙烯和丙烯酸乙酯经共聚反应而得到的产物，用于热熔胶的典型配方如下：EEA 40，增黏剂 40，石蜡 20，抗氧剂 0.1。

（3）聚乙烯热熔胶黏剂。由于聚烯烃自身具有黏性，不加其他成分即可用作热熔胶。但在大多数场合需加入增黏剂、微晶蜡、抗氧剂、填料等，以满足不同的需要。

由于聚烯烃是非极性材料，因此与其配合的增黏剂等辅料也必须是非极性或低极性的，这样才能保证原料之间的互混性。

聚烯烃类热熔胶常用的增黏剂有松香、氢化松香酯、松香脂、石油树脂、萜烯树脂，蜡类有微晶蜡、石蜡、脂肪族石油树脂，抗氧剂有 2, 2′-次甲基双（4-甲基-6-叔丁基苯酚）、丁基化羟基甲苯（BHT），填料有碳酸钙、滑石粉等。

（4）聚酰胺树脂热熔胶。聚酰胺树脂是分子中具有—CONH 结构的缩聚型高分子化合物，它通常由二元酸和二元胺经缩聚而得。聚酰胺树脂最突出的优点为软化点的范围特别窄，而不像其他热塑性树脂那样，有一个逐渐固化或软化的过程，当温度稍低于熔点时就引起急速地固化。聚酰胺树脂具有较好的耐药品性，能抵抗碱和植物油、矿物油等。由于其分子中具有氨基、羧基、酰胺基等极性基，因此对于木材、陶器、纸、布、黄铜、铝和酚醛树脂、聚酯树脂、聚乙烯塑料等都具有良好的胶合性能。一般木工用的聚酰胺树脂热熔胶的配方实例如下：聚酰胺树脂（软化点 110℃）100，石蜡（熔点 50℃）4，增黏剂 10，增塑剂 10。

2. 热熔胶的生产工艺

（1）釜式生产工艺。热熔胶的釜式生产工艺典型流程如图 7-13 所示。熔融混合釜由油夹套加热，加料顺序是先投入蜡、增黏剂、抗氧剂，于 150～180℃搅拌熔融，然后慢慢地加入聚合物，保持温度，搅拌 2～3h 后放到储槽，再由泵通过模口放到冷却传动钢带上冷却成型，经切断机装袋。对于难以混熔的组分，可预先与基体聚合物混炼或捏合，然后再投入釜内。也可由釜出料到普通挤出机上，经挤出、冷却。如需要，釜里可通氮气保护。

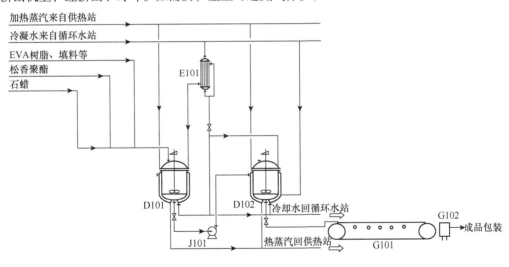

D101	E101	J101	D102	G101	G102
熔融混合釜	冷凝器	传送泵	搅拌储罐	传动钢带	切断机

图 7-13　通用热熔胶釜式生产工艺流程

釜式生产的效率不高，生产热熔胶的熔融黏度不宜过高，胶的各个组分受热时间较长，尤其是釜壁上有热氧化分解的现象，而且对搅拌桨形状也应注意，避免釜内产生停滞区域而局部过热。

（2）挤出法生产。采用塑料用挤出机（单轴异径螺杆、双螺杆混合型）生产热熔胶可实现连续化生产，以防止滑动、相分离、浪涌，且能混合均匀，也适宜于高黏度热熔胶黏剂的制造。该法生产的优点是配胶混合时间短，胶料受热氧化影响少，产品质量均一，生产率高。

根据使用和热熔涂胶器的要求，热熔胶可挤出成型为各种形状，如粒、片、短柱、块、棒、带、膜、网、绳、丝、粉及糊状等。

7.12 天然胶黏剂

天然胶黏剂

天然胶黏剂是指由天然物质制成的胶黏剂，是应用最为悠久的一类胶黏剂，是最早进入人类生活领域的胶黏剂，迄今已有数千年。由于天然胶黏剂原料易得，价格低廉，低毒无害，制造容易，使用方便，因而在生产和生活中广泛用于粘接木材、棉织物、纸制品、皮革、玻璃、文教用品、工艺美术等。

7.12.1 天然胶黏剂的特点与分类

天然胶黏剂的特点是粘接速度快，操作方便，价格便宜，而且大多为水溶性、无毒或低毒。但是由于天然胶黏剂的原料来源受地区、季节、气候等多方面自然条件的限制，品种比较单一、粘接力较低，不能适用于现代化生产，因而20世纪50年代以后大部分被合成胶黏剂所取代。但合成胶黏剂易污染环境，在当前环保呼声日高的情况下，开发和利用再生资源制作胶黏剂又重新受到重视。即使在胶黏技术飞速发展的今天，天然胶黏剂仍占有一席之地，具有很强的生命力。

天然胶黏剂按原料来源不同可分为植物胶黏剂、动物胶黏剂和矿物胶黏剂等。

天然胶黏剂按其组成和结构分类，可分为葡萄糖衍生物类胶黏剂、蛋白质类胶黏剂、其他天然树脂类胶黏剂等，或分为淀粉及其衍生物胶黏剂、蛋白质胶黏剂、纤维素胶黏剂等。蛋白质胶黏剂是以蛋白质物质作为主要原料的一种胶黏剂。按所用蛋白质原料来源不同，又可分为动物性蛋白质胶（如血胶、干酪素胶、皮骨胶等）和植物性蛋白胶（如豆胶）。

植物胶黏剂包括糊精、豆胶、桃胶、松香、冷杉胶、阿拉伯树胶等，属葡萄糖衍生物胶黏剂。植物胶黏剂都是依靠分子间的氢键结合成为复合体，因此用它们来制造耐水性木材胶黏剂时必须进行改性。蛋白质分子除了羟基（—OH）之外，还有胺基（—NH$_2$）、羧基（—COOH）、酚羟基等活性官能团提供化学交联的机会，而形成较为防水的胶合键。碳水化合物分子只含羟基单一活性官能团，因此其改性的机会不如蛋白质那么多。

动物胶胶黏剂是由动物的乳液、血液、内脏、皮肤、骨骼、肌腱、韧膜、分泌物等中提取的基料，再加入其他的助剂配合而成，属于氨基酸衍生物胶黏剂。动物胶的具体品种有骨胶、皮胶、明胶、鳔胶、鱼胶、酪朊、血胶、虫胶等。动物胶无毒、价廉、方便、耐油，对木材和织物有较高的粘接强度，其缺点是耐水性差、容易生霉。

矿物胶黏剂包括沥青胶黏剂、地蜡胶黏剂、石蜡胶黏剂、硫磺胶黏剂、辉绿岩胶黏剂等。

7.12.2 淀粉胶黏剂

工业上淀粉胶黏剂（简称淀粉胶）主要是利用物理、化学或物理化学的方法来制备的，通过淀粉分子不同程度的溶胀、溶解或氧化，可制得流动性较好、黏度较低而固含量又较高的淀粉胶。用于胶黏剂的淀粉主要是玉米淀粉，还有阳离子淀粉、α-淀粉、氧化淀粉等。就淀粉胶黏剂的应用和发展看，采用玉米淀粉氧化的淀粉胶黏剂研究应用最多。

1. 生产原理和方法

淀粉胶黏剂的制备方法主要有：①原始的浆糊法，即水和淀粉混合升温直接熬制；②碱糊法，即水、淀粉、稀碱混合升温连续搅拌制成；③糊精法，即将淀粉直接糊化，或加入少量盐酸或硝酸氧化，或经微生物发酵而成；④主体-载体法，即将未糊化的淀粉或氧化淀粉作为主体，和含少量氧化淀粉与氢氧化钠糊化后的稀糊状物相混合，靠上胶后的突然高温将生淀粉或氧化淀粉爆裂糊化制成；⑤氧化淀粉法，即利用氧化剂将淀粉氧化，使原来淀粉的葡萄糖单元 6 位碳上的羟甲基变为醛基和羧基。此外，还发展了利用化工淀粉和高直链淀粉的高速化和耐水黏合技术，并开发了不同载体的体系。

2. 生产工艺

氧化淀粉胶黏剂的种类和应用各异，但配方和工艺大体相近，下面介绍几种典型的生产工艺。

1）热制热用

【配方】 玉米淀粉 12.8，过氧化氢（30%）0.12，烧碱（30%液碱）2.88，硼砂 0.20，水 84.00。工艺流程如下：

淀粉、水（扣除稀释和溶解用水）$\xrightarrow{\text{升温至}60\sim65℃}$ 搅拌均匀 $\xrightarrow{10\text{倍水稀释的过氧化氢}}$ 氧化 $\xrightarrow{\text{浓碱}}$ 糊化 2h $\xrightarrow{60℃剩余的热水}$ 稀释 $\xrightarrow{5\text{倍沸水溶解的硼砂}}$ 络合 0.5h $\longrightarrow$ 成品

2）冷制冷用

【配方】 玉米淀粉 15，次氯酸钠 5.3，硫酸镍 2×10^{-4}，烧碱 1.3，硼砂 0.2，大苏打 0.2，水 78.0。工艺流程如下：

水（扣除稀释和溶解用水）$\xrightarrow{\text{硫酸镍}}$ 溶解 $\xrightarrow{\text{次氯酸钠}}$ 搅拌 $\xrightarrow{\text{玉米淀粉}}$ 氧化 0.5h $\xrightarrow{10\%\text{烧碱溶液}}$ 糊化 1h $\xrightarrow{10\%\text{硼砂溶液}}$ 络合 $\xrightarrow{10\%\text{大苏打溶液}}$ 还原 $\xrightarrow{\text{剩余的水}}$ 稀释 $\longrightarrow$ 陈化 1h $\longrightarrow$ 成品

3）热制冷用

【配方】 玉米淀粉 12.0，次氯酸钠 6.0，烧碱 1.3，硼砂 0.2，大苏打 0.5，水 80.0。工艺流程如下：

水（扣除稀释和溶解用水）加热至 60℃ $\xrightarrow{\text{玉米淀粉}}$ 搅拌 $\xrightarrow{\text{次氯酸钠}}$ 氧化 10min $\xrightarrow{10\%\text{烧碱溶液}}$ 糊化 $\xrightarrow{\text{余下的水（}60℃\text{）}}$ 稀释 $\xrightarrow{10\%\text{硼砂溶液}}$ 络合 $\xrightarrow{10\%\text{大苏打溶液}}$ 还原 $\longrightarrow$ 成品

针对上述工艺生产的玉米氧化淀粉胶黏剂干燥速度较慢的主要不足，国内外已研究出了多种快干型淀粉胶黏剂，如填料型、交联氧化型、高分子共混型、接枝反应型等。为改善淀粉胶的性能，在实际制备时可按使用要求加入不同的添加剂改善性能，其品种与作用见表 7-15。

表 7-15 淀粉胶黏剂所用的添加剂

添加剂种类	添加剂品种	参考用量（100 份淀粉）	功能作用
黏化剂	氢氧化钠	8~10	调节 pH，降低糊化温度
降黏剂	尿素、硝酸钠、氯化钙、糖浆	5~8	降低黏度，改善流动性
增塑剂	甘油、乙二醇、山梨糖醇、糖浆	3~5	增加胶膜韧性
表面活性剂	脂肪酸钠等	0.5~1.0	提高湿润性
交联剂	硼砂	0.5~1.5	提高初粘性、耐水性
填充剂	轻质碳酸钙、膨润土、钛白粉	5~50	调节干燥速度
消泡剂	乙醇、乙醚、磷酸三丁酯、有机硅	0.1~0.5	消除泡沫
防腐剂	亚硫酸钠、苯甲酸钠、苯酚、硫酸铜等	0.2~1.0	防霉、抑制细菌繁殖

7.12.3　蛋白质胶黏剂

蛋白质胶黏剂主要是动物胶（皮胶、骨胶和鱼胶）、酪素胶（耐水性酪素胶和非耐水性酪素胶）、血胶及植物蛋白胶（如豆胶）等几种，择要介绍如下。

1. 动物胶

由动物的皮、骨、肌腱和韧膜等结缔组织制取的胶统称为动物胶，包括皮胶、骨胶、鱼胶和明胶。一般由动物的皮制取的胶称皮胶；从骨骼提取的胶称骨胶；从鱼皮和鱼骨中提取的胶称鱼胶；由皮或骨经特别精制所得的胶称明胶。

（1）制法和理化性能。动物胶的生产方法大体如下：将动物的皮、骨和肌腱等原料浸入石灰水中，使脂肪和杂质等溶解出来，经水洗之后放入锅中加水热至80～90℃时，则皮骨中所含的蛋白质便逐渐溶解于水中变成胶液。再把胶液浓缩后注入模型中使其冷却凝固，干燥后即得动物胶。动物胶主要用于粘接砂布、砂纸、砂轮、纸盒、木材、调节印刷胶和制造油漆刷子等。

动物胶的外观有透明、半透明、金黄色、黄色到褐色，呈片状、颗粒状或粉末状，无特殊臭味，无挥发性，不溶于有机溶剂，但可以溶于乙酸、硝酸等酸性水溶液中。干胶含水率一般在16%以下，相对密度为1.37。动物胶的化学组分，在生物化学中是胶原蛋白的水解产物，在高分子化学中是天然多肽的高聚物。它不是从一种物质转变到另一种物质，而是从一批复杂的物质转变到另一批同样复杂的物质。

（2）配方和工艺。常用配方和配制方法如下：

【配方1】　常用皮胶液：皮胶100，水200～250（150～200）。

配方1是常用皮胶（骨胶）液最基本的配方。制备时可根据需要适当调整胶液浓度，也可加入其他配合成分进行改性。如为了提高韧性，可以加入60份磺化蓖麻籽油或2～3份甘油。需要防腐时，可加入1份硫酸锌或2份苯酚，也可以加入耐水增强剂和防凝剂（尿素）等。

【配方2】　明胶胶水：明胶100，稀乙酸200，乙醇12.5，明矾2.5。

将工业明胶（或优质皮胶）加入稀乙酸中，用水浴法加热使其溶解成均匀的胶液，再加入乙醇和明矾搅拌均匀即成。该胶在常温下呈液体状，可作一般胶水使用。

2. 血胶

血胶是利用血液或血粉中所含的蛋白质与氢氧化钙、氢氧化钠等作用而制得的胶黏剂，主要用于胶合板生产，常用配方见表7-16。

表 7-16　血胶配方（质量份）

原料名称	配方1	配方2	配方3	配方4	配方5	配方6	配方7
鲜血	100	100	100	—	250	—	—
血粉	—	—	20	100	—	100	100
水（溶血）	20.7	—	—	—	—	—	400
碳酸钠	—	—	0.5	—	—	—	3
水（溶碳酸钠）	—	—	2	—	—	—	15
氢氧化钙	1.5～1.8	1.5	3.5	6	15～18	3.6	10
水（悬浮氢氧化钙）	10	10	15	24	（石灰乳）	（石灰乳）	50
硅酸钠	—	—	—	25	—	—	—
氟化钠	—	—	—	—	～2	4.2	—
水	—	30～50	130～150	500	30～40	500	30～80

1）以鲜血为主原料的生产工艺

（1）将鲜血倒入调胶桶内，如配方中需加氟化钠，则应扣除为防腐目的而加入的量。

（2）加入石灰乳（氢氧化钙和水），室温（15～30℃）下搅拌均匀，搅拌速度不宜过快，以20～30r/min 为宜。随后每隔 3～5min 搅拌 3min，以防止氢氧化钙沉淀。同时加完配方中的水，除去表面的泡沫，待搅拌木桨提出胶面，向下流的胶液立即丝断成胶胨状，停止搅拌，约1h 后即可使用。

2）以血粉为主原料的生产工艺

（1）在调胶锅中，将血粉浸于 4 倍质量、20～25℃的水中 3h 以上，使血粉全部溶解，调胶锅保持 25～28℃。

（2）加入碳酸钠溶液，搅拌 2～3h。然后，将石灰乳加入调胶锅中，继续搅拌直至成胶（要随时除去上面的泡沫）。停止搅拌后适当冷却，0.5h 后即可使用。

3. 植物蛋白胶

植物蛋白胶主要包括豆蛋白胶和蚕豆蛋白胶。豆蛋白胶是豆科植物种子内所含的植物蛋白与氢氧化钙和氢氧化钠等化学药品作用制得的胶黏剂（呈淡黄色、胨状）。

（1）配方的特点。豆胶的特点是原料丰富，价格便宜，单板含水率可达 15%～20%，既可热压，又可冷压。豆胶的耐水性差。豆胶胶合板没有臭味，适用于制造食品（如茶叶）的包装材料。常用配方见表 7-17。

表 7-17　豆胶的配方（质量份）

原料名称	配方					
	1	2	3	4	5	6
豆粉	50	50	50	100	100	40
水	150	145	140	250	250	20～80
石灰乳	10	9	10	氢氧化钙 8, 水 40	氢氧化钙 10, 水 50	12
氢氧化钙（30%）	8	9	10	22（33%）	16（33%）	23
硅酸钠	15	15	20	40（40%）	20（40%）	18

（2）生产工艺。先将豆粉和水加入调胶桶中搅拌 10min（搅拌速度 60～80r/min），然后将调好的石灰乳加入调胶桶，搅拌 5min，加入氢氧化钠溶液，搅拌 3～5min。最后加入硅酸钠，继续搅拌 10min，成胶后 10～20min 即可使用。

7.12.4　矿物胶黏剂

1. 沥青胶黏剂

沥青胶黏剂价廉，耐水、耐酸、耐碱等，但耐油和耐溶剂性差，在建筑行业（尤其在道路桥梁）和汽车制造业中大量应用，用于粘接密封、防水隔潮等。由沥青配制的胶黏剂有热熔型、溶剂型和乳液型三类。

（1）热熔型沥青胶。将沥青胶在高温下加热，在熔融时进行胶接，冷却后即凝固定型，这是典型的热熔型胶黏剂。若将沥青与煤焦油、废聚氯乙烯塑料、再生橡胶等在高温下熔融混合，可制得高温（80℃）不流淌、低温（-40℃）不脆裂的橡胶沥青油膏，具有良好的耐水性能，可用于建筑的填隙防水密封。

（2）溶剂型沥青胶。将沥青在高温下熔融并加入溶剂混合均匀而制得。为了提高耐热性可加入矿物填料（如石棉粉等），并且可与合成树脂（如环氧树脂等）、合成橡胶（如再生合成橡胶等）相配合。在沥青含量较多（70%～85%）时，可用溶解性强的芳香烃（如二甲苯等）；而在沥青含量较低（45%～50%）时，则可用脂肪烃（如汽油等）。

（3）乳液型沥青胶。在沥青中加入乳化剂（如脂肪酸盐或铵盐等）、分散剂（如表面活性剂、膨润土等），使沥青在水中形成稳定、分散乳液的一种沥青胶。它无毒，无污染，与玻璃布联合使用以代替油毡沥青，在建筑工业有较广的用途，具有良好的防水性和耐久性。

2. 地蜡与石蜡胶黏剂

地蜡与石蜡胶黏剂（简称地蜡胶）以地蜡为主要原料。地蜡分为提纯石蜡和石油地蜡两大类，提纯石蜡是由地蜡矿或高黏度石油润滑油馏分的蜡质加工而得，合成地蜡是由合成石油中的蜡质加工而得。按照软化点有 $60^\#$、$70^\#$、$80^\#$、$90^\#$ 等。

以地蜡为主要组分，再加入蜂蜡、丙烯酸酯、机油等，在加热熔融下混合均匀，即可得到地蜡胶。

3. 硫磺胶黏剂

硫磺胶属热熔型胶黏剂，主要用于耐酸地面、陶瓷材料的胶接。以硫磺为主要组分，再加入立德粉、松香等，在加热熔融下混合均匀，即可得到硫磺胶。最简单的硫磺胶黏剂是将硫磺5份、立德粉3份、松香4份加热熔化得到硫磺胶黏剂，可用于粘接陶瓷材料。该硫磺胶黏剂脆性大，可加入液体聚硫橡胶或 PVC 等增韧剂进行改性。

4. 辉绿岩胶黏剂

辉绿岩胶以天然辉绿岩为主要原料。天然辉绿岩是浅绿色的，也有橄榄辉绿岩、石英辉绿岩等几种。天然辉绿岩主要成分为二氧化硅、氧化铝和氧化铁，并有少量的氧化镁和二氧化钛等。以天然辉绿岩为主要组分，再加入水玻璃、瓷粉、搪瓷粉、白垩土等，即可配制成辉绿岩胶。

7.13 无机胶黏剂

由无机物制成的胶黏剂称为无机胶黏剂。无机胶黏剂是人类历史上最早使用的胶接材料，主要用于胶接刚性体或受力较小的物体。水泥、石膏、水玻璃、锡焊料、银焊料等都是古老而至今仍在沿用的无机胶黏剂，但现代无机胶的发展趋势是多组分无机物的配合，性能更为优异。

无机胶黏剂大体可分为五类：普通水泥和矾土水泥等硅酸盐类；磷酸盐类；软合金和硬合金等金属类；熔接玻璃的硼酸盐类；水玻璃等水基无机物类。从固化机理来看，可分为气干型、水固型、热熔型及反应型。这里既包括石膏等较为古老的粘接材料，也包括一些较新的品种。无机胶黏剂的耐热性、阻燃性、耐久性、耐油性等比有机胶黏剂要好得多，可成功地用于火箭、导弹及常用的燃烧器的耐热部件的粘接，也可广泛用于各种金属、玻璃、陶瓷等材料的粘接。

水泥类（石膏类）无机胶黏剂为水固化性胶黏剂，它们通过水合反应而产生粘接力，已自成体系；金属氧化物与磷酸（或磷酸盐）、金属氧化物与水玻璃是通过化学反应而固化的；熔接玻璃或金属（软合金、硬合金）则是由熔融状态到固化时才显现出黏结力的；而构成水基无机胶黏剂的主要胶黏剂品种中，都有产生黏结力的水性黏料，如硅酸钠、硅酸钾、硅酸铝等。这些硅酸盐水溶液是由硅酸盐的单体及聚合物离子组成的，它们都溶解或分解于水中。在水分挥发并逐渐干燥的过程中，硅酸盐离子表面羟基发生脱水缩合，从而显现出黏结力。

7.13.1 硼酸盐及金属类无机热熔胶黏剂

熔接玻璃的主要成分是以硼酸盐为基础的金属氧化物,主要有 $PbO-B_2O_5-ZnO$、$PbO_2-B_2O_3-ZnO-SiO_2$、$PbO_2-B_2O_3-SiO_2-Al_2O_3$ 等。这些氧化物粉末的细度为 100~200 目,使用时加水调成糊状。该种材料的软化温度在 200~500℃,熔融温度为 400~600℃,能在 500~600℃时呈透明玻璃态黏合。主要用于真空管工业中玻璃、金属、云母的黏合以及显像管的黏合。若熔接玻璃熔融后进一步加热,使之具有晶体结构,就成为熔接玻璃陶瓷,其性能比熔接玻璃更好。例如,一种玻璃胶黏剂以 $PbO-B_2O_3$ 为主体,加入 ZnO、Al_2O_3 等氧化物粉末,使用时用水调成糊状,即可在 500~600℃用于显像管的真空密封。

熔接金属主要用于金属间的粘接。以 Ag-Cu-Zn-Cd-Sn 为代表,熔点在 450℃以上的称硬合金;以 Pb-Sn 为代表,熔点在 450℃以下的称软合金。

将该类无机热熔胶黏剂在熔融状态下进行冷却,冷却后即完成胶接过程。

7.13.2 硅酸盐类胶黏剂

硅酸盐类胶黏剂可用通式 $M_2O \cdot nSiO_2 \cdot mH_2O$ 来表示。其中,M 一般为 Li、Na、K 等碱金属,也可为季铵或叔胺等;n 称为模数,代表 SiO_2/M_2O 的比值,此比值与性质有密切的关系。以硅酸钠为例,当 $n=3.0$ 左右时,粘接温度最高;$n=5.0$ 左右时,耐水性最好。若以耐水性为考察对象,硅酸盐中,$Li^+ > K^+ > Na^+$。其中最常见的为硅酸钠,即水玻璃,如 $n=3.2~3.4$、40~42°Be′ 的水玻璃对木材、纸张有良好的粘接效果。硅酸盐胶黏剂适用于金属、陶瓷、玻璃、石材、纸张、包装箱等多种物质的粘接,以及有耐热、防火要求的材质的粘接。表 7-18 列举了硅酸盐类无机胶黏剂的典型配方及固化条件。

表 7-18 硅酸盐类无机胶黏剂的典型配方及固化条件

配方	组分	质量份	固化条件
1	氧化硅	60	室温 24h 预固化,然后从 40~400℃缓慢升温 30h;也可在 200℃下固化,但耐水性较差
	氧化锆	40	
	硅酸钠(1.38g/cm³)	适量	
2	氧化硅	55	
	硅酸铝	9	
	氧化铝	18	
	硅酸钠(1.38g/cm³)	适量	
3	玻璃质釉渣粉	50	室温固化 3h,然后在 40~60℃下固化 3h,80~100℃下固化 3h,120~150℃下再固化 2h
	氧化铁(320 目)	50	
	硅酸钠(1.38g/cm³)	适量	
4	硅酸钠(1.25~1.37g/cm³)	97.85	室温 24h 预固化,然后从 50~140℃升温固化,条件为:50℃,12h;100℃,6h;120℃,3h;140℃,4h
	氧化铝	1.35	
	氧化铁	0.47	
	氧化钙	0.16	
	氧化镁	0.13	
	氧化锌	0.04	

例如,将作为固化剂的 320 目石英粉(氧化硅)预先在 700~800℃下脱水 1h,与作为骨架材料的 320 目氧化锆按 3:2 的比例混匀,再和作为基体的相对密度为 1.38 的中性水玻璃调和在一起,即成一种硅酸盐类胶黏剂。为避免固化时水分蒸发过快而产生大量气孔降低粘接强度甚至粘接失败,将胶黏剂涂在粘接件上后,先在室温下自然干燥 24h,然后缓慢升温至 400℃并保持一段时间,这样粘接的效果最好。

7.13.3 磷酸盐类胶黏剂

磷酸盐类胶黏剂包括正磷酸盐、偏磷酸盐、焦磷酸盐、多聚偏磷酸盐，或者也可是磷酸，它们与固化剂反应的产物即为胶料。固化剂包括金属氧化物、氢氧化物、硼酸盐、硅酸盐及金属盐等。与硅酸盐类胶黏剂相比，该类胶黏剂的固化温度低，但使用温度高。

1. 磷酸的金属盐

磷酸的金属盐胶黏剂中最重要的是磷酸锌盐和铜盐。磷酸锌盐也是一种牙科用胶黏剂（$ZnHPO_4 \cdot 3H_2O$）。将氧化锌和磷酸二者加以混合，便引起激烈的放热反应而粘接。

2. 氧化铜-磷酸盐胶黏剂

该胶为双组分胶黏剂，甲组分的反应式如下：

$$CuSO_4 + 2NaOH \longrightarrow Na_2SO_4 + Cu(OH)_2$$

$$Cu(OH)_2 \xrightarrow{\triangle} CuO + H_2O$$

乙组分反应生成的部分磷酸铝起缓冲作用，可延长粘接时间。其反应式如下：

$$H_3PO_4 + Al(OH)_3 \longrightarrow AlPO_4 + 3H_2O$$

生产工艺流程见图 7-14。

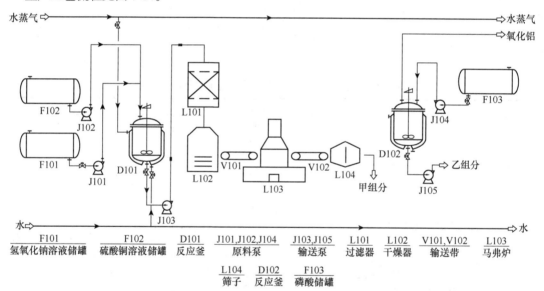

图 7-14 氧化铜-磷酸盐双组分胶黏剂生产工艺流程

甲组分的生产工艺如下：

（1）将 10%氢氧化钠溶液置于反应釜中，加热至 80～85℃，然后滴加 15%～20%硫酸铜溶液，边搅拌边滴加，逐渐沉淀出氧化铜黑色固体物质，最后加热至沸腾约 29min，使氧化铜全都沉淀出来。

（2）将氧化铜沉淀物过滤分离出来，反复多次用沸水洗涤，以除去 SO_4^{2-}。洗涤好的滤饼氧化铜置于 150℃烘箱中烘 4h。

（3）将烘干的氧化铜经粗粉碎后放入马弗炉中，加热至 800～900℃，煅烧后氧化铜呈银灰黑色硬块。再将氧化铜细粉碎，过筛 200 目，最后烘干、封存，即为甲组分成品。

乙组分的生产工艺：将 100 份 H_3PO_4 与 5 份 $Al(OH)_3$ 加入反应釜中，搅拌加热至 200～250℃，使其溶解，自然冷却，包装密封入库。

使用时，按 1∶5 取制备好的乙组分和甲组分，调制均匀，即可涂胶、粘接。固化条件：室温放置一定时间后，非常缓慢地加热到 100℃，并保持 1h 即可。

磷酸-氧化铜胶黏剂则主要应用于陶瓷车刀、硬质合金车刀和铰刀等刀具的胶接。也可用于各种耐高温机械零件的粘接与修复，耐温可达 600～800℃。

7.13.4 氢氧化钾耐火胶黏剂

采用该耐火胶涂覆木板，将涂覆的木板靠近 1000℃ 火焰处 30min 不会发生燃烧。涂覆耐火胶黏剂的木板可代替厚纸板、聚苯乙烯泡沫塑料和其他板材制备冷质框架、电视机壳、包装材料和桌椅及厨房用具等。生产工艺如下：

（1）耐火液的制备。在反应槽内顺序加入颗粒状氢氧化钾 8kg、粉末状碳酸钠（苏打灰）7kg 和金属硅化物 30kg，再加入 60L 水。在其中开始自然反应，从最下层的氢氧化钾开始剧烈反应，在反应槽内从下侧向上侧发生对流。反应温度自然上升，反应温度在 80～90℃ 的范围内时，呈最活跃的反应状态，控制反应温度最高不超过 92℃。反应在 10h 左右结束，分离固体，可以得到约 48L（约 70kg）耐火液。残留的固体是金属硅化物块，如果用水洗净，残留 22kg 左右的金属硅化物块。在这种残存的金属硅化物块中，再补充加入 8kg 左右的金属硅化物块，将总和为 30kg 的金属硅化物供给到第二次反应中。与第一次反应同样，在反应槽内继续进行循环反应，由此制备的耐火液性能较好。

（2）耐火胶黏剂的制备。将耐火液、裁断的旧报纸（其他旧纸也可用）、稻壳、棉分别加入反应槽中，充分搅拌均匀即制得耐火胶黏剂。

第8章 涂 料

现代生活中的涂料

涂料是指用特定的施工方法涂覆到物体表面后，经固化使物体表面形成美观而有一定强度的连续性保护膜，或者形成具有某种特殊功能涂膜的一种精细化工产品。1915 年上海开林造漆厂的诞生标志着中国近代涂料工业的开始，如今已走过一百多个春秋。纵观涂料行业百年发展版图，我国已然从一个涂料羸弱之国，跻身成为涂料大国。涂料的应用十分广泛，涉及日常生活及国民经济的各个部门，因此必须生产出性能和规格各异的涂料产品，以满足各种不同使用需求。

8.1 概 述

8.1.1 涂料的作用

涂料的作用较多，归纳起来主要有以下四类：

（1）保护作用。物体暴露在大气之中，受到水分、气体、微生物、紫外线的侵蚀，会引起金属锈蚀、木材腐朽、水泥风化等破坏现象。在物体表面涂覆涂料后，可隔绝上述破坏因素，从而阻止或延迟这些破坏现象的发生和发展，使各种物体的使用寿命大大延长。例如"三防"涂料能使仪器仪表和贵重设备在热带、亚热带的湿热气候条件下正常使用并防止霉烂，磷化底漆可使金属表面钝化，富锌底漆则起阴极保护作用，使金属缓蚀。一座钢铁结构的桥梁如果不用涂料只有几年寿命，若使用合适涂料保护并维修得当则其寿命可达百年以上。因此涂料被称为"工业外衣"。

（2）装饰作用。火车、轮船、汽车等交通工具涂装了各种颜色的涂料就显得美观、舒畅，家具、日用品等涂上涂料就显得五光十色、绚丽多彩。涂料在人们的物质生活乃至精神生活中是不容忽视的。

（3）色彩标志作用。涂料可使各种物体带上明显的颜色，因而起到色彩标志作用。各种危险品、化工管道、机械设备等涂以不同颜色涂料后，容易识别、便于准确操作，道路划线、铁道标志等也需不同色彩涂料以保证安全行车。目前，应用涂料作标志的色彩在国际上已逐渐标准化。

（4）功能作用。涂料在特定场合还发挥着特殊功能作用，如电线电器均借助于绝缘涂料的涂膜起到绝缘作用；轮船、舰艇的底部涂上防污涂料以防海生物的附着；导弹外壳的涂料在再进入大气层时能消耗掉自身，同时能使摩擦生成的强热消散，从而保护导弹外壳。涂料在国防军工、航空航天及国民经济中各部门均有特殊的功能作用。

8.1.2 涂料的分类

常用的涂料分类方法有六种，分述如下。

（1）按主要成膜物质分类，是目前国内最广泛采用的分类方法，详见表 8-1。

表 8-1 涂料分类表

序号	代号（汉语拼音字母）	发音	成膜物质类别	主要成膜物质
1	Y	衣	油性类	天然动植物油、清油（熟油）、合成油
2	T	特	天然树脂类	松香及其衍生物、虫胶、乳酪素、动物胶、大漆及其衍生物
3	F	佛	酚醛树脂类	改性酚醛树脂、纯酚醛树脂、二甲苯树脂

序号	代号（汉语拼音字母）	发音	成膜物质类别	主要成膜物质
4	L	肋	沥青类	天然沥青、石油沥青、烘焦沥青、硬质酸沥青
5	C	雌	醇酸树脂类	甘油醇酸树脂、季戊四醇醇酸树脂、其他改性醇酸树脂
6	A	啊	氨基树脂类	脲醛树脂、三聚氰胺甲醛树脂
7	Q	欺	硝基漆类	硝基纤维素、改性硝基醛树脂
8	M	模	纤维素类	乙基纤维、苄基纤维、羟甲基纤维、乙酸纤维、乙酸丁酸纤维、其他纤维酯及醚类
9	G	哥	过氯乙烯类	过氯乙烯树脂、改性过氯乙烯树脂
10	X	希	乙烯基类	氯乙烯共聚树脂、聚乙酸乙烯及其共聚物、聚乙烯醇缩醛树脂、聚二乙烯乙炔树脂、含氟树脂
11	B	玻	丙烯酸树脂类	丙烯酸树脂、丙烯酸共聚物及其改性树脂
12	Z	资	聚酯类	饱和聚酯树脂、不饱和聚酯树脂
13	H	喝	环氧树脂类	环氧树脂、改性环氧树脂
14	S	思	聚氨酯类	聚氨基甲酸酯
15	W	吴	元素有机漆类	有机硅、有机钛、有机铝等元素有机聚合物
16	J	基	橡胶类	天然橡胶及其衍生物、合成橡胶及其衍生物
17	E	额	其他类	未包括在以上所列的其他成膜物质，如无机高分子材料、聚酰亚胺树脂等
18			辅助材料	稀释剂、防潮剂、催化剂、脱漆剂、固化剂

（2）按涂料或成膜物质的性状、形态分类，如溶液涂料、乳液涂料、粉末涂料、有光涂料、多彩涂料、双组分涂料等。

（3）按涂膜的特殊功能分类，如打底涂料、防锈涂料、防腐涂料、防污涂料、防霉涂料、耐热涂料、防火涂料、电绝缘涂料、荧光涂料等。

（4）按被涂物即按用途分类，如建筑用涂料、船舶用涂料、汽车用涂料、木制品用涂料等，建筑用涂料又可分为室内用、室外用、木材用、金属用、混凝土用涂料等。

（5）按涂装方法分类，如刷涂涂料、喷涂涂料、电泳涂料、烘涂涂料、流态床涂装涂料等。

（6）按涂膜固化方法分类，如常温干燥涂料、烘干涂料、电子放射固化涂料等。

8.1.3 涂料的命名

中华人民共和国国家标准 GB/T 2705—2003 中对涂料的命名原则有如下规定：

涂料全名=颜色或颜料名称+成膜物质名称+基本名称（特性或专业用途）

如红醇酸磁漆、锌黄酚醛防锈漆等。

对于某些有专业用途及功能特性的产品，必要时可以在成膜物质后面加以说明，如醇酸导电磁漆、白硝基外用磁漆。

通常，不含颜料的透明涂料称为清漆；含有颜料的不透明涂料称为色漆（如磁漆、调和漆、底漆）；加有大量体质颜料的稠厚浆状涂料称为腻子。无挥发性稀释剂的涂料称为无溶剂涂料；呈粉末状的称粉末涂料；以有机溶剂作为稀释剂的称溶剂型涂料；以水作为稀释剂的则称为水性涂料。

8.1.4 涂料的性能和固化机理

要使涂料起到应有的作用，首先要求涂料必须对被涂物表面有足够的附着力。同时根据使用要求，涂膜还应有一定的硬度、韧性、耐久性等，在相当长的时间内起到其装饰和保护作用，此外涂料还应当可以修补和翻新。

涂料的固化机理有三种类型，一种是物理机理固化，另外两种是化学机理固化。

（1）物理机理固化。只靠涂料中液体分（溶剂中分散相）的蒸发而得到干硬的涂膜。高聚物在制成涂料时已具较大的相对分子质量，失去溶剂后就变硬而不黏，在干燥固化过程中，高聚并不发生化学反应。

（2）涂料与空气中氧气或水分发生反应而交联固化。例如，氧气能与干性植物油和其他不饱和化合物反应产生自由基并引起聚合反应，又如水分能与异氰酸酯发生缩聚反应，此两类反应均能得到交联涂膜。因此，在储存期间，涂料储罐必须密封良好，与空气、水分隔绝。

（3）涂料组分之间发生反应而交联固化。这类涂料在储存期间必须保持稳定，可以用双罐装法储存，使用前按一定比例混合，如用胺固化的环氧树脂涂料采用双组分储存，涂装前把两种组分按一定配比均匀混合，在涂装过程中即发生交联而固化。也可选用在常温下互不发生反应，只是在高温或受到辐射时才发生反应而交联固化的组分。

8.1.5 涂料的成膜物质

涂料一般由四种基本成分组成：成膜物质（树脂）、颜料或次要成膜物质、溶剂和添加剂。涂料实际包括不挥发成分和稀释剂两大部分，涂布后稀释剂逐渐挥发掉，而不挥发分固化成膜。因此不挥发分是成膜物质，是决定涂膜性能的主体材料，也称基料。成膜物质又可分为主要、次要和辅助成膜物质，其种类详述如下。

1. 主要成膜物质

主要成膜物质的种类和名称详见表 8-2。

表 8-2　主要成膜物质的种类和名称

种类	名称
干性油	桐油、梓油、胡麻油、苏籽油、线麻油、橡胶籽油、青条鱼油、松浆油（塔油）等
半干性油	豆油、葵花子油、玉米油、棉籽油、带鱼油等
不干性油	蓖麻油、椰子油、花生油等
天然树脂	虫胶、松香、沥青、石油沥青、天然漆等
人造树脂	石油松香（钙脂）、甘戊松香（酯胶）、季戊四醇松香、顺丁烯二酸松香、石油树脂、硝化棉、醋酸纤维、乙基纤维、苄基纤维、纤维素衍生物、氯化橡胶等
合成树脂	醇酸、氨基、酚醛、环氧、聚酰胺、丙烯酸、丙烯酸酯、聚氨酯、聚氯乙烯、聚乙酸乙烯、聚乙烯醇缩醛、苯乙烯、氟乙烯、环氧酯、有机硅、有机氟、有机钛等高聚物

2. 次要成膜物质

颜料是色漆中的次要成膜物质，通常为固体粉末，有着色颜料、体质颜料和防锈颜料三种，系无机或有机颜料。虽然颜料本身不能成膜，但它始终留在涂膜中赋予涂膜许多特殊的性质，如使涂膜呈现色彩，遮盖被涂物的表面以增加厚度，提高机械强度、耐磨性、附着力和耐腐蚀性等。其种类和名称见表 8-3。

表 8-3　次要成膜物质的种类和名称

种类	名称
着色颜料	氧化铁红、镉红、甲苯胺红、大红粉、酞菁红、醇溶红、铬黄、氧化铁黄、醇溶黄、铁蓝、酞菁蓝、群青、氧化锌、锌钡白、钛白粉、锑白粉、炭黑、氧化铁黑、石墨、松烟、氧化铬绿、有机绿、酞菁绿、铜金粉、铝银粉等
防锈颜料	氧化铁红、钼铬红、铝粉、石墨、氧化锌、红丹、偏硼酸钡、锌镉黄、锌粉、天然红土、含铝氧化锌、云母氧化铁等
体质颜料	沉淀硫酸钡、重晶石粉、轻质碳酸钙、石粉、滑石粉、石棉粉、云母粉、高岭土、硅藻土、膨润土等
增韧剂	邻苯二甲酸二丁酯（或二辛酯）、碳酸三甲酚酯（或三苯酚酯）、癸二酸二丁酯（或二辛酯）、蓖麻油、氧化石蜡、五氯联苯等

有机颜料的 30%用于涂料，大部分用于油墨（50%以上），部分用于塑料（19%）。涂料中使用较多的有机颜料品种有双偶氮黄、洋红 6B、立索尔大红、酞菁蓝、酞菁绿等，详细论述请参阅 15.1 节。

3. 辅助成膜物质

辅助成膜物质包括溶剂（分散介质）与各种助剂。除水溶剂外，辅助成膜物质的种类和名称见表 8-4。

表 8-4　辅助成膜物质的种类和名称

种类		名称
溶剂	植物油溶剂	松节油、双戊烯等
	石油溶剂	200 号溶剂油（松香水）、120 号溶剂汽油、煤油等
	煤焦、烃类溶剂	苯、甲苯、二甲苯、200 号煤焦溶剂等
	酯类溶剂	乙酸丁酯、乙酸乙酯、乙酸戊酯等
	醚类、酮类溶剂	乙醚、丙酮、环己酮等
	醇类溶剂	乙醇、丁醇等
助剂	催干剂	环烷酸盐、亚麻酸盐、松香酸盐、二氧化锰、红丹、黄丹
	固化剂	乙二胺、己二胺、二乙烯三胺、聚酰胺、二甲基乙醇胺
	消光剂	硬脂酸铝（锌）、石蜡等
	润滑剂	环烷酸铝（锌、铝）、三乙醇胺、有机硅油等
	防霉剂	环烷酸铜（锌）、油酸铜、防霉剂 9 等
	杀虫剂	氧化汞、氧化亚铜等
	其他助剂	抗结皮剂、悬浮剂、乳化剂、防冻剂、防老化剂等

溶剂包括表 8-4 中的有机溶剂和水性涂料的重要溶剂水，均为分散介质，有助于施工和改善涂膜的某些性能，它们不是成膜物质。通常将成膜物质和分散介质的混合物称为漆料。

涂料用助剂种类很多，用量最多的是催干剂和增塑剂，其他助剂用量虽小，但对涂料的某一关键性能却能起决定性作用，因此助剂在品种和用途方面都发展得很快。

8.2　着色涂料

着色涂料俗称色漆，由成膜物质、颜料、溶剂和助剂调制而成，起装饰、保护作用。涂料能美化世界，使世界五彩缤纷，主要靠着色涂料。

8.2.1 颜料的选择与配色

1. 颜料的选择

首先根据所指定的涂料色卡，参考涂料配色参考表，找出该色由哪几种基色配合而成及相应于几种基色的合适颜料；然后确定所需要的颜料的性能；接着用初选的颜料进行试验性配色；试涂样板，对比所指定的色卡进行调整，直至接近或完全达到色卡要求；对样板涂膜的性能进行测试。

在选择、确定颜料时，应了解所选颜料的性能数据，这可从颜料参考书中获得，如颜料索引（colour index），了解所需颜料的较详细的性能数据、制造厂、产品说明书以及颜料的色卡。

颜料是不溶性有色物质的小颗粒，制造色漆时，首先要求颜料能均匀地分散、稳定地存在于漆料中。影响颜料分散及其稳定性的因素大致有以下几方面：①颜料的平均粒度及粒度分布；②颜料的粒子形态及粒子硬度；③颜料中的水分；④颜料的吸油量；⑤颜料粒子表面性质。

此外，颜料的一系列固有性能，如颜色、遮盖力（每遮盖 $1m^2$ 面积所需颜料的克数）、着色力、耐光性、粉化性、相对密度和比容、耐热性、耐溶剂性、耐酸碱性能等，都是在设计色漆配方时应考虑的因素，因为颜料的作用不仅是色彩和装饰性，更重要的是改善涂料的一系列物理化学性能。

2. 配色

配色要先懂得颜色配制的基本原理（光学原理）。物体（包括颜料）之所以有颜色，均为对光线不同程度的吸收和反射作用而形成的。日光有红、橙、黄、绿、青、蓝、紫七色构成，如果一物体将日光全部吸收，视觉告诉人们是"黑色"，反之，全部反射则是"白色"。如果吸收一部分，则不能吸收那一部分就是物体的颜色。例如，铬黄是黄色的，是因为它吸收了日光中的青、蓝等颜色的光线，反射了橙、黄、绿等颜色的光线。根据同样原理，可以利用较少几种颜料，配成无数种色彩。

配色原则有三个方面：①配色用的原色是红、黄、蓝三种，按不同的比例混合后可以得到一系列复色，如黄加蓝成绿，红加蓝成紫，红加黄成橙色等；②加入白色，将原色或复色冲淡，得到"饱和度"不同的颜色（即深浅度不同），如淡蓝、浅蓝、天蓝、蓝、中蓝、深蓝等；③加入不同分量的黑色，可以得到"亮度"不同的各种色彩，如灰色、棕色、褐色、草绿等。

配色的步骤大致如下：

（1）先判断色卡上颜色的主色和底色，颜色是鲜艳的还是萎暗的。

（2）根据经验并运用减色法配色原理，选择可能使用的颜料。

（3）将所选的每种颜料分别分散成色浆，再分别配制成色漆，每种漆中只有单独一种颜料，称为单色漆料。

（4）将各种单色漆料按不同比例进行配合，直至得到所要的颜色，记下所用漆料的配比及其中颜料的比例。

（5）最终确定的色漆常常是由几种单色漆料配成的。如果将各种选定的颜料按确定的配比在同一研磨机中一起分散，往往能得到稳定的颜料分散体，即"颜料的共分散"。若共分散得到的色泽与色卡稍有偏离，再用适量色浆或单色漆料略加调整。

在现代化的大型涂料企业中，常用分光光度计或色泽仪配以计算机来配色，其配色速度相当快。

以下列举若干种颜色的配色配方（以硝基漆为准，也适合其他各类涂料中、同类涂料内各色的配制）：

橙红：47.3%红+52.7%黄

玫瑰红：29.58%红+46.25%白+24.17%紫红

橘黄：84.92%黄+15.08%红

浅稻黄：65.4%黄+34.6%铁红

棕色：2.95%黄+94.51%铁红+2.54%黑

绿色：32.52%蓝+8.5%黄+58.98%浅黄

草绿：24.66%蓝+26.02%黄+46.88%铁红+2.44%黑

苹果绿：83.18%白+9.43%浅黄+7.39%绿

湖蓝：87.85%白+4.80%蓝+1.69%黄+5.66%浅黄

电机灰：91.25%白+1.25%蓝+3.50%黄+4.00%黑

天蓝：93.55%白+6.45%蓝

银灰：90.73%白+4.72%黑+1.30%蓝+3.25%黄

……

8.2.2 颜料与漆料配比设计

颜料与漆料（基料）的比例简称颜/基比，是色漆配方设计中的重要参数。在选定颜料和漆料之后，就要考虑颜/基比。涂膜的性能与成膜物质体积及颜料体积的比例有关，而与两者的质量关系不大，因此，生产中常以颜料体积浓度（PVC）来计算颜料和漆料的用量：

$$PVC = \frac{\text{所有颜料的真体积}}{\text{成膜物质体积} + \text{所有颜料的真体积}} \tag{8-1}$$

而颜料的体积浓度 PVC 可由颜料的吸油量折算出来：

$$PVC = \frac{100/\rho_P}{100/\rho_P + OA/\rho_B} = \frac{\rho_B}{\rho_B + 0.01 \times OA \times \rho_P} \tag{8-2}$$

式中，ρ_B 为成膜物质密度（可从文献中查得），ρ_P 为颜料密度（可从文献中查得），OA 为颜料吸油量（各种颜料的吸油量均可换算为相当的 PVC 值）。

在干漆膜里，成膜物质恰恰填满颜料颗粒间的空隙而无多余量时，这种颜料的总体积与成膜物质体积之比按百分数计，称为临界颜料体积浓度（CPVC）。这个数值随成膜物质分散颜料的能力略有高低，其值可以测试，也可以计算而得。颜料在干漆膜中的体积达到临界颜料体积浓度时，干漆膜性能呈现出一个转折点。

色漆中的其他组分，如溶剂、稀释剂、助剂等，可据涂料施工要求及技术标准，选择溶剂及稀释剂的品种，确定其用量；按品种要求选择助剂的品种及其用量。

8.2.3 着色涂料的生产工艺

使颜料在漆料中均匀地分散以制成着色涂料的操作大致分为混合、分散、调和三步。现代颜料工业的某些产品，易分散性已达到很高的程度，可以无需经过混合、分散等预备性步骤，而在调和中进行分散一步成漆。目前市场商品 H53-2 红丹环氧酯醇酸防锈漆，可供黑色金属防锈，适用于车皮、桥梁、船壳的打底漆用。其配方工艺如下：

【配方】 红丹 240，沉淀硫酸钡 20，滑石粉 20，防沉剂 2，604 环氧树脂干性植物油酸酯漆料 52，中油度干性油改性醇酸树脂 48，环烷酸钴（2%溶液）16，环烷酸铅（10%溶液）20，环烷酸锰（2%溶液）24，环氧漆稀释剂 12。

生产工艺流程参见图 8-1。工艺如下：把以上各原料加入反应釜 D101 中，搅拌均匀后，经 L101 再放入研磨机 L102 中研磨分散至一定的细度为止，经 L103 过筛即得产品。

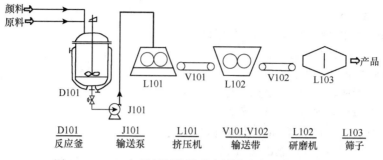

D101	J101	L101	V101,V102	L102	L103
反应釜	输送泵	挤压机	输送带	研磨机	筛子

图 8-1　H53-2 红丹环氧酯醇酸防锈漆生产工艺流程图

8.3　乳液涂料

以聚合物的微粒（粒径为 0.1～10μm）分散在水中成稳定乳状液称为聚合物乳液，简称乳液。以合成树脂代替油脂、以水代替有机溶剂，这是涂料工业的主要发展方向之一。聚合物乳液一般由烯类单体经乳液聚合而得。这种乳液加入颜料、助剂，经研磨即成乳液涂料。乳液涂料不用油脂、不用有机溶剂，不仅节省资源，而且解决了施工应用时的环境污染、劳动保护及火灾危险，因而得到迅速发展。

按受热所呈现的状态，乳液涂料可分为热塑性乳液涂料和热固性乳液涂料，通常所遇到的大部分属于前者。乳液涂料的应用是从建筑开端和发展的。迄今，在世界范围内已形成有重要工业应用价值的主要包括十大类非交联型乳液，分别构成各自的乳液涂料：乙酸乙烯均聚物乳液（乙均乳液）、丙酸乙烯聚合物乳液（丙均乳液）、纯丙烯酸共聚物乳液（纯丙乳液）、乙酸乙烯-丙烯酸酯共聚物乳液（乙丙乳液）、苯乙烯-丙烯酸酯共聚物乳液（苯丙乳液）、乙酸乙烯-顺丁烯二酸酯共聚物乳液（乙顺乳液）、氯乙烯-偏氯乙烯共聚乳液（氯偏乳液）、乙酸乙烯-叔碳酸乙烯共聚物乳液（乙叔乳液）、乙酸乙烯-乙烯共聚物乳液（EVA 乳液、乙醋乳液）、乙酸乙烯-氯乙烯-丙烯酸酯共聚物乳液（三元乳液）。

8.3.1　乳液的构成、性质及其配方设计

作为乳液涂料基料的乳液是由作为分散质的乳液粒子（latex particle）和作为分散介质的稀薄水溶液构成的，详见图 8-2。乳液粒子一般是由直径为 0.1～1μm 的球形聚合物粒子和保护层（protective layer）组成；分散介质水溶液含有表面活性剂、水溶性聚合物以及在乳液制造时加入的引发剂残片和缓冲剂等无机盐。

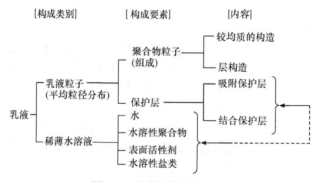

图 8-2　聚合物乳液的构成

在乳液的构成要素中，最重要的是聚合物粒子。用作乳液的聚合物粒子必须考虑粒子内部的层

次结构。聚合物粒子的内部在组成上具有一定的不均匀性质，为了有效地利用粒子表层的性质，有时要有目的地改变粒子的核心和外壳的组成。这种乳液特别称为核型乳液（coretype latex）。聚合物粒子通过其表面所形成的保护层的作用而使乳液粒子稳定地分散在水中，这种保护层可大体分为吸附保护层和化学结合保护层。吸附保护层是由表面活性剂和水溶性聚合物在粒子表面发生物理吸附而形成的；而结合保护层是由羧基或羟基，或水溶性聚合物与粒子进行化学结合而形成的。

乳液的制备则由聚合物所需的单体、水及微量组分（如引发剂、乳化剂、改性剂、链转移剂、阻聚剂、pH调节剂、增稠剂、消泡剂、保护胶体、电解质、相对分子质量调节剂、促进剂、还原剂等）通过合理的配方设计后进行乳液聚合反应而得。欲得合乎需要的乳液，就必须正确地制定配方，必须对这些组分的性质、在制备过程中所起的作用以及对制备结果的影响等做系统地了解。

单体通常占配方量的 40%～50%，个别情况可超过 50%。单体是形成聚合物的基础，在一定意义上讲，单体决定着乳液及其乳液涂料涂膜的物理、化学及机械等各项性能。根据应用对象及其要求，不同的乳液涂料往往只能强调某些性能，考虑通过哪些单体的组合来满足这些要求，这也是配方设计的重点之一。涂料用乳液中所使用的典型硬单体有：苯乙烯、甲基丙烯酸甲酯、氯乙烯、丙烯腈、乙酸乙烯等；软单体有：丙烯酸高级烷基酯、顺丁烯二酸和反丁烯二酸的高级烷基酯、高级乙烯基酯（丙酸乙烯酯等）、高级乙烯基醚、丁二烯、乙烯等。某些单体赋予涂膜的性能见表 8-5。

表 8-5　不同单体赋予聚丙烯酸酯乳液的主要性能

单体	赋予聚合物的主要性能
甲基丙烯酸甲酯、苯乙烯、丙烯腈、（甲基）丙烯酸	硬度、附着力
（甲基）丙烯酸、（甲基）丙烯酰胺、丙烯腈	耐溶剂性、耐油性
丙烯酸乙酯、丙烯酸丁酯、丙烯酸-2-乙基己酯	柔韧性
甲基丙烯酸甲酯、（甲基）丙烯酸的高级酯、苯乙烯	耐水性
甲基丙烯酰胺、丙烯腈	耐磨性、抗划伤性
（甲基）丙烯酸酯	耐候性、耐久性、透明性
甲基丙烯酸酯、苯乙烯、低级丙烯酸酯	抗沾污性
各种交联单体	耐水性、耐磨性、硬度、耐溶剂性、耐油性、抗张强度、附着强度等

8.3.2　乳液聚合工艺

无论是科学研究还是工业化生产，对乳液聚合工艺过程的选择均以单体的性质、聚合热的排除以及对聚合物乳液技术性能要求为首要依据。当前乳液聚合的基本工艺过程有间歇聚合、半连续聚合、连续聚合以及种子聚合等。在所有聚合方法的聚合过程中，作为乳液聚合这样一种热力学亚稳定系统，均有产生乳胶粒子凝聚现象的可能，因此通常要采取后过滤措施，将粗颗粒或凝聚物除去以保证后继产品质量。凝聚物的有无及其多少与聚合过程中体系的稳定性密切相关，该稳定性是聚合生产的成败及产品有无使用价值的关键所在，它不仅取决于前述的配方设计，也取决于实施聚合的工艺条件及工艺操作。总之，从客观上讲系统的稳定性取决于引发剂、乳化剂的类型及其浓度，还有单体的比例、纯度及活性，设备搅拌效率、传热效果以及温度控制等；从微观上则取决于胶粒表层所形成的吸附保护层厚度及其电荷密度，当然粒子大小、形态及其分布对稳定性也有着重要的意义。

1. 间歇式聚合

间歇式聚合是一次加料法，即将所有组分一次全部加入聚合反应器内，在规定的条件下完成聚合直至出料包装。对于沸点较低的单体，如丁二烯、氯乙烯等多采用此种聚合方式，并多选择较低的聚合温度并延长反应时间等措施，以消除反应热的集中释放。间歇聚合较其他乳液聚合法所得的乳液粒度分布宽，生产效率低，产品质量也不够稳定，但操作容易、较易控制，因而在合成橡胶及氯乙烯等单体的乳液聚合中得到了广泛应用。聚合设备多为以不锈钢或搪瓷衬里的聚合釜为主体的封闭装置，带有加热、冷却、温控、加料等辅助设备。由于烯类单体在聚合时热效应较大，反应速率又较快，因此，对于工业规模的装置来说，采用间歇式聚合会给温度控制带来较大困难，只有水油比例较大的情况下才采用这种方法。有时为了控制热量放出的速度以维持一定的聚合温度，而将引发剂分批加入。此种一次加料法在实际生产中已用得不多。

2. 半连续乳液聚合

半连续乳液聚合是将单体缓慢而连续地加到聚合反应器内的乳化剂水溶液中，同时滴加引发剂的水溶液，并以滴加速度来控制聚合反应温度。也有先将部分单体及其配合物（引发剂、乳化剂等）加入聚合反应器中，聚合到一定程度后再将余下的单体（或包括部分配合物）在连续添加的情况下完成全部聚合过程。由于该法操作方便，聚合反应容易控制，因而得到广泛采用。对沸点较高的单体，如乙酸乙烯、苯乙烯、丙烯酸酯、丙烯腈等单体的聚合及其共聚合多采用此法。聚合装置采用开放式反应釜，并备有回流冷凝器、加料、加热、冷却、温控等辅助设备。生产工艺流程见图 7-7。若用作其他单体的半连续乳液聚合及其聚合，把辅助部分稍加改动后也能完成。

在乳液聚合过程中，单体的添加方式对乳液聚合也有显著影响，如单体分批加入的次数越多，乳液粒子越小，反应初期单体的添加比率大时，粒子变大。

3. 连续式乳液聚合

连续式乳液聚合是在聚合过程中连续添加单体及其配合物，并通过乳液聚合反应过程而连续取出反应产物——聚合物乳液。此法可在较单纯的条件下进行运转，产品质量稳定，装置小、造价低、便于实现生产过程的自动化。

4. 种子乳液聚合

种子乳液聚合是先在种子釜中加入水、乳化剂、单体和水溶性引发剂进行乳液聚合，生成数目足够多的、粒径足够小的乳胶粒，这样的乳液称为种子乳液。然后取一定量的种子乳液投入聚合釜中，加入水、乳化剂、单体及水溶性或油溶性引发剂，以种子乳液的乳胶粒为核心，进行聚合反应，使乳胶粒不断长大。在进行种子乳液聚合时，要严格地控制乳化剂的补加速度，以防止形成新的胶束和新的乳胶粒。该工艺的操作核心是严格控制乳化剂的浓度，在第一步种子聚合过程中，要求获得颗粒足够多、粒径足够小的种子乳液；在进行第二步聚合时，更要严格控制系统乳化剂的浓度，使之不存在新的胶束，以使新加入的单体只能在种子颗粒的表面上进行聚合，不产生新的乳胶粒。因而，种子聚合物乳液的粒度分布均匀、乳液性能稳定。在许多乳液产品中，尤其是合成橡胶的生产中获得了广泛应用。

5. 无皂乳液聚合

传统的乳液聚合中都要加入乳化剂，以便体系稳定和成核，然而这会将乳化剂带入最终产品中。尽管可以通过水洗等工艺过程将其除去，但很难完全除净。含有乳化剂的聚合物会影响乳液聚合物的电性能、光学性质、表面性质及耐水性等，使其应用受到限制。同时乳化剂通常价格昂贵，加入乳化剂会增加产品成本。为了克服加入乳化剂带来的弊端，人们正致力于开发无皂乳液聚合技术。无皂乳液聚合是指在反应过程中完全不加乳化剂或仅加入微量乳化剂（其浓度小于临界胶束浓度 CMC）的乳液聚合过程，又称为无乳化剂乳液聚合。无皂乳液聚合所制得的聚合物粒子尺寸具有单分散性，且较常规乳液聚合的粒子大。正是由于无皂乳液聚合的这些特点，决定了其聚合产物具有高耐水性，优良的力学、电学和热学性能等优点，因此在光学、医学、生物学、电子、化工、建筑等领域具有广阔的应用前景，是乳液聚合技术发展的新亮点。

6. 核壳乳液聚合

随着复合技术在材料科学中的发展，20 世纪 80 年代 Okubo 提出"粒子设计"的新概念，其主要内容包括异相结构的控制、异形粒子官能团在粒子内部或表面上的分布、粒径分布及粒子表面处理等内容。而制备异形结构粒子的最重要的手段就是种子乳液聚合。控制聚合反应的条件，采用种子乳液聚合法可以制备形态结构各异的乳胶粒。由于种子乳液聚合常常得到具有核壳结构乳胶粒的聚合物乳液，所以也常将种子乳液聚合称为核壳乳液聚合。即使在相同原料组成的情况下，具有核壳结构乳胶粒的聚合物乳液也往往比一般聚合物乳液具有更优异的性能，因此，从 20 世纪 80 年代以来，核壳乳液聚合一直受到人们的青睐，在核壳化工艺、乳胶粒形态测定、乳胶粒颗粒形态对聚合物性能的影响机理等方面取得许多进展。

7. 微乳液聚合

微乳液（microemulsion）是 Schulman 于 1943 年首次提出的。微乳液是相对于普通乳液而言的，通常普通乳液是白色混浊且长期静置后易分层的不稳定体系，而微乳液是一种透明或半透明的均一稳定体系，其微乳液滴粒径差不多是普通乳液滴粒径的 1/1000，因其液滴粒径小于可见光波波长（380～765nm），所以通常微乳液体系是透明的。

微乳液是由水、油、乳化剂和助乳化剂（co-emulsifier）组成的一种各向同性的热力学稳定体系，液滴大小仅有 10～100nm，整个体系清亮透明或半透明，无需激烈搅拌、超声均化等强乳化过程即可自发形成。微乳液的结构依据其微观形态大致可以分为三种类型：O/W 型（油相分散于水相）、W/O 型（水相分散于油相）、双连续型。

乳液聚合技术在近年来获得了突飞猛进的发展，逐渐从传统的应用领域跨入现代高科技领域。

8.3.3 乳液涂料的配方设计

乳液涂料的配方设计原则如下：

（1）颜料体积浓度、颜/基比。乳液涂料的配方变化基本上是颜料填料与乳液的比例变化，表达这种变化的尺度首先是颜/基比，更科学地说是颜料体积浓度。其选择取决于一系列条件：施工条件、胶黏剂品种、颜料和填料的遮盖力等。其参考数据见表 8-6。

表 8-6 常见建筑乳液涂料的参考颜/基比

涂料类型	颜/基比（质量比）	颜料体积比/%
有光乳液涂料	1：0.6～1：1.1	15～18
石板水泥板用涂料	1：1～1：1.4	18～30
木面用涂料	1：1.4～1：2	30～40
石膏墙面、混凝土及砂浆表面用涂料	1：2～1：4	40～55
室内墙用涂料	1：4～1：11	55～80

（2）助剂用量。在颜/基比确定之后，确定助剂用量。有三种情况：据乳液或乳液中胶黏剂的量来确定增稠剂、保护胶等；据颜料填料量来确定润湿剂、分散剂等；据乳液涂料量来确定消泡剂等。助剂用量可参考供应商的推荐范围及固体含量初步确定，但在特定配方中的用量也有所

变化，需通过试验确定。

（3）乳液涂料的固含量、黏度和 pH。在确定乳液、颜料填料、助剂的品种和用量之后，还需考虑乳液涂料的总固体分含量。在乳液浓度达到 50%左右的情况下，通常要加一定量的水把总固体分含量调到乳液涂料所要求的规模范围内。黏度和 pH 也是乳液涂料的重要指标，通常可加适量的氨水来调节。

8.3.4 乳液涂料的生产工艺

1）生产方法

在已得乳液（基料）、颜料填料和助剂，并且确定配方之后，紧接着就是选择混合（配制）方法并进行生产。在这些组成物的混合过程中，由于乳液和颜料的数量最大，因此生产方法主要指这两类组成物的混合方法。

市售颜料都是由数百至数千个一次粒子凝聚起来的二次粒子组成的。若将颜料的二次粒子还原成一次粒子后再和乳液混合，称为研磨着色法或色浆法；若将二次粒子直接加到乳液中进行混合，称为干着色法。

（1）色浆法。对颜料的二次粒子通过研磨机施加大量的机械能，使之先在水中解聚、分散形成色浆，再与基料混合，此法制造乳液涂料的流程如图 8-3 所示。先将颜料、分散剂和润湿剂、增稠剂水溶液、水及其他组成物用捏合机或拌浆机进行预混合之后，再用胶体磨或砂磨机将颜料的二次粒子解聚、分散，调制成颜料浆。把颜料浆移到拌浆机中，再把事先加有增塑剂、成膜助剂的乳液加到拌浆机中进行调和，加水调节黏度，经过滤即得乳液涂料成品。

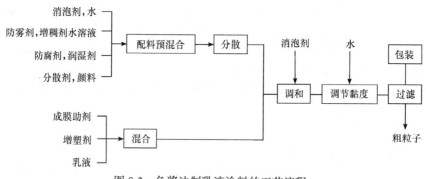

图 8-3　色浆法制乳液涂料的工艺流程

（2）干着色法。干着色法是将乳液、颜料和助剂在搅浆机或捏合机中混合制得涂料的。用干着色法制备涂料比色浆法工艺简单，而且可以制得高浓度涂料，其缺点是颜料分散状态不能达到所要求的标准。此外，由于用作基料的乳液要经受比较苛刻的条件，所以对颜料混合稳定性的要求很高。

2）生产工艺

乳液涂料的基料聚合物乳液的生产原则上是采用以聚合釜为主体的配套设备，其具体生产方法前面已经讨论，这里讨论乳液涂料的生产工艺。

乳液涂料的调制与传统的油漆生产工艺大体相同，一般分为预分散、分散、调和、过滤、包装等工序。对乳液涂料而言，由于乳液对剪应力通常较为敏感，在低剪应力搅拌阶段使之与颜料分散浆相遇才比较安全。颜料、填料在预分散阶段仅分散在水中，水的黏度低，欠润湿，因而分散困难。所以，在分散作业中需加入增稠剂、润湿剂、分散剂。由于分散体系中有大量的表面活性剂，容易发泡而妨碍生产进行，因而分散作业中必须加消泡剂。传统的生产乳液涂料及有光乳液涂料的生产工艺流程如图 8-4 所示。

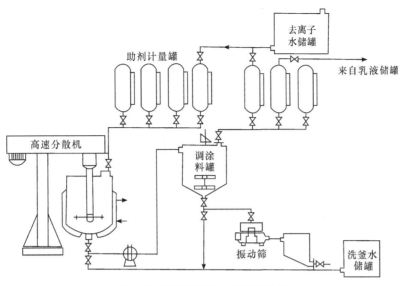

图 8-4　乳液涂料的生产工艺流程

乳液涂料的产品以白色和浅色为主，乳液涂料生产线上所直接生产的主要是白色涂料和浅色的涂料，如果制备彩色涂料，彩色料浆是另行制备的。另外生产作业线主要考虑钛白粉和填料的分散，对一些对细度要求较低的涂料，如建筑用乳液涂料，通常把预分散和分散作业合二为一，生产线上只需装置高速分散机即可。

现代高档乳液涂料的生产特别是有光乳液涂料的生产对细度要求较高，生产线上往往在高速分散机及调涂料罐之间增加一台砂磨机以保证产品的质量。

8.3.5　丙烯酸酯系乳液涂料

丙烯酸酯系乳液涂料所用乳液通常指丙烯酸酯、甲基丙烯酸酯类单体，也常用少量丙烯酸或甲基丙烯酸等共聚的乳液，是一大类具有多种性能的用途很广泛的聚合物乳液。在工业生产中制造这类树脂乳液常用的丙烯酸酯单体有：丙烯酸甲酯、丙烯酸乙酯、丙烯酸正丁酯、丙烯酸-2-乙基己酯、丙烯酸异丁酯、甲基丙烯酸甲酯、甲基丙烯酸乙酯、甲基丙烯酸丁酯等。除了丙烯酸酯均聚或共聚制造纯丙烯酸酯乳液以外，为了赋予乳液聚合物以所要求的性能，常要和其他单体进行共聚，制成丙烯酸酯共聚物乳液，常用的共聚单体有乙酸乙烯酯、苯乙烯、丙烯腈、顺丁烯二酸二丁酯、偏二氯乙烯、氯乙烯、丁二烯、乙烯等。在很多情况下还要加入功能单体（甲基）丙烯酸、马来酸、富马酸、衣康酸、（甲基）丙烯酰胺、丁烯酸等以及交联单体（甲基）丙烯酸羟乙酯、（甲基）丙烯酸羟丙酯、N-羟甲基丙烯酰胺、双（甲基）丙烯酸乙二醇酯、双（甲基）丙烯酸丁二醇酯、三羟甲基丙烷三丙烯酸酯、二乙烯基苯、用亚麻油和桐油等改性的醇酸树脂等。含羧基单体及交联单体的加入量一般为单体总量的 1.5%～5%。

在聚丙烯酸酯链上引入羧基可赋予聚合物乳液以稳定性、碱增稠性，并提供交联点；加入交联单体可提高乳液聚合物的耐水性、耐磨性、硬度、抗张强度、附着强度、耐溶剂性和耐油性等。交联可分为自交联和外交联两种，从交联温度也可分为高温交联和室温交联。分子内交联即自交联，是通过连在分子链上的羧基、羟基、氨基、酰胺基、氰基、环氧基、双键等进行的；外交联通常是在羧基胶乳中加入脲醛树脂或三聚氰胺甲醛树脂等进行的。室温交联有两种情况：一种是加入亚麻油、桐油等改性的醇酸树脂共聚单体的聚合物乳液在室温下进行氧化交联；另一种是羧基胶乳中加入 Zn、Ca、Mg、Al 盐等进行离子交联。为了制造具有各种性能和用途的聚丙烯酸酯乳液，人们设计出了许许多多的配方和生产工艺。目前丙烯酸酯聚合物乳液一般按和它共聚的单体分类。除列入聚乙酸乙烯酯系列的乙丙共聚乳液外，还可分为全丙烯酸酯乳液、苯丙乳液、纯丙乳液和硅丙乳液。

1. 全丙烯酸酯乳液涂料

全丙烯酸酯乳液涂料是指由各种丙烯酸酯（包括甲基丙烯酸酯）共聚乳液所配制成的涂料。通常以甲基丙烯酸甲酯为硬单体组分，丙烯酸丁酯、乙酯等为软单体组分，加少量丙烯酸或甲基丙烯酸（提高涂膜光泽、提高乳液稳定性、有助于颜料的润湿和分散）共聚而成。

【配方】 甲基丙烯酸甲酯 33，去离子水 125，丙烯酸丁酯 65，烷基苯聚醚磺酸钠 3，甲基丙烯酸 2，过硫酸铵 0.4。

聚合工艺：乳化剂烷基苯聚醚磺酸钠在水中溶解后，加热升温至 60℃，加入引发剂过硫酸铵和 10% 量的单体，升温至 70℃。若没有显著的放热反应，则逐步升温直至放热反应开始，待温度升至 80～82℃，将余下的混合单体缓慢而均匀地滴入（2～2.5h 滴完），以单体滴加温度来控制回流和速度。单体加完后，在半小时内将温度升至 97℃并保持此温 0.5h，然后冷却，用氨水调节 pH 至 8～9。

2. 苯乙烯-丙烯酸酯共聚乳液涂料

苯乙烯-丙烯酸酯共聚乳液涂料（苯丙乳液涂料）具有突出的耐候性、保色保光性，涂膜细腻而有特殊的光泽，遇碱皂化后生成的钙盐不溶于水，涂膜透气性好、装饰效果好，因而可以在未全干的水泥砂浆基面上（pH<10 即可）施工。由于聚丙烯酸酯弹性好，特别适用于温度变化剧烈、胀缩系数变化较大的户外使用。这种乳液涂料的性能绝非聚乙酸乙烯、聚乙酸乙烯-丙烯酸酯乳液涂料所能比拟的。另外，苯乙烯的价格比甲基丙烯酸甲酯便宜，因此苯乙烯-丙烯酸酯共聚乳液涂料具有价格优势，得到迅速发展，有广阔的发展前途，在外用建筑涂料中得到广泛的应用，是目前使用较多的一种丙烯酸酯涂料。

【配方】 单体（苯乙烯 49，丙烯酸丁酯 49，丙烯酸 2）；乳化剂（十二烷基硫酸钠 0.5，OP-10 2.0）；引发剂（过硫酸铵 0.4）；聚合介质（水 100）。

合成工艺：将表面活性剂溶解在水中加入单体，在强力搅拌下使之乳化成均匀的乳化液，取 1/6 乳化液放在反应釜中，加入引发剂的 1/2，慢慢升温至放热反应开始，将温度控制在 70～75℃，缓慢连续地加入乳化液，并每小时补加部分引发剂控制热量平衡，使温度和回流保持稳定。加毕单体后升温至 93～95℃，保持 0.5h，或抽真空除去未反应单体，冷却，用氨水调 pH 至 8～9。

乳液涂料的调制：通常将乳液中和后，再加入成膜助剂（如苯甲醇、乙二醇）及其他助剂。要求在搅拌下缓慢加入，以免局部浓度过大使乳液凝结。在搅拌下，将已经用水分散均匀的颜料浆加入乳液基料中，充分搅拌后加增稠剂调节黏度。最为理想的是：乳液涂膜在低剪切速度下，仍有足够低的黏度使涂膜流平，而在高剪切速度下，又具有一定的黏度，使涂膜不至于涂得太薄。增稠剂的加量要适当，尽量避免黏度过高时用加水来降低黏度，因为增稠剂的加入并不改变涂料的固体组分，加水则可降低涂料的固体组分，从而降低了涂膜的光泽。

着色颜料和体质颜料对乳液涂料与乳液一样重要。颜料的加入会显著降低涂膜的某些性能（如耐候性、光泽等）。一般来说，在有光乳液涂料中颜料与乳液之比大约为 0.6：1；在一般涂料中为 1.5：1～2：1；在廉价的内用涂料中则可达到 5：1 以上。体质颜料遮盖力小，常有消光作用，在有光涂料中不能使用。而在其他类型涂料中，它不仅可填补颜料量之不足，还因为颜料粒子大而吸水少，可以增加涂料的流动性。

苯丙共聚乳液除用来配制一般的各色外用建筑涂料外，也可用来配制近年流行的砂壁涂料，其配方示例如下（质量份）：苯丙乳液（50%）329.5，水 90，乙二醇 20，二乙二醇丁醚乙酸酯 20，钛白 225，碳酸钙 200，白砂子 650，润滑剂 3，分散剂 5，消泡剂 3，防霉剂 1，云母粉 25，增稠剂（3%）140。

8.4　建筑涂料

建筑涂料与一般涂料并没有本质的区别，是涂料的一个应用领域。将涂料用作建筑物的装饰和保护材料在我国已有几千年的历史，20世纪70年代，以聚乙烯醇和水玻璃为主要原料的106内墙涂料在上海问世，开创了真正意义上的高分子合成树脂建筑涂料的先例，建筑涂料的名称也由此开始得到人们的承认。20世纪70年代中后期，以丙烯酸酯共聚乳液为代表的一大类合成树脂乳液涂料在国内开发成功。该类涂料的特点是以水为分散介质，安全无毒、性能良好、施工方便、装饰效果较好，符合环境保护的要求，因此很快赢得人们的青睐。建筑涂料已经成为我国产量最大的涂料。

8.4.1　建筑涂料的分类与选择

建筑涂料具有装饰功能、保护功能和居住性改进功能。装饰功能是通过建筑物的美化来提高它的外观价值，主要包括平面色彩、图案、光泽方面的构思设计及立体花纹的构思设计。装饰要与建筑物本身的造型和基材本身的大小、形状相配合，才能充分地发挥出装饰功能。保护功能是指保护建筑物不受环境的影响和破坏。不同种类的被保护体对保护功能要求的内容也各不相同。例如，室内与室外涂装所要求达到的指标差别就很大，有的建筑物对防霉、防火、保温隔热、耐腐蚀等有特殊要求。居住性改进功能主要是对室内涂装而言，即有助于改进居住环境，如隔音性、吸音性、防结露性等。

建筑涂料通常分为墙面涂料（包括内墙涂料与外墙涂料）、防水涂料、地坪涂料和功能性建筑涂料等。建筑涂料的选择原则如下：

（1）按建筑物的使用部位选用涂料。建筑装饰的使用部位不同，其所经受的外界环境的影响因素也不同，因此所采用的装饰涂料也应有所不同。例如，外墙涂料应突出其耐候性，而内墙涂料的选择和施工方法不当会影响建筑物的工程质量及装饰效果。

（2）按基层材料选用。首先要考虑涂膜与基层材料的黏结力。其次，对于如石灰、水泥及混凝土类基层材料，涂料应有较强的耐碱性。对于钢铁构件，所选用的涂料还应具有防锈功能。此外，强度较低的基层材料不宜选用强度高且涂膜收缩大的涂料，以免造成基层材料剥落。

（3）按装饰装修周期选用。在选用涂料时也应考虑所确定的装饰装修周期。一般情况下，所选用涂料的使用周期应略大于建筑物的装修周期，可以使装饰面保持良好的装饰效果。

（4）按地理位置和施工季节选择。南方地区要考虑高温及潮湿的气候，可以选择热反射节能外墙漆；北方地区要考虑寒冷和保温性能，可以选择复合硅酸铝保温涂料。

8.4.2　内墙涂料

目前使用的内墙涂料主要指一般装修用的乳胶漆或仿瓷涂料等，用于室内墙面装饰。内墙涂料要求平整度高，丰满度好，色彩温和新颖，而且耐湿擦和耐干擦的性能好，是建筑物及日常家居装修中必不可少的一项材料。主要包括水溶性内墙涂料、合成树脂乳液内墙涂料（乳胶漆）、溶剂型内墙涂料、仿瓷涂料（瓷釉涂料）、多彩内墙涂料、幻彩内墙涂料（又称梦幻涂料、云彩涂料、多彩立体涂料）、静电植绒涂料等。以膨润土仿瓷内墙涂料为例说明如下：

【配方】　聚乙烯醇（型号2099）1.0～2.5，羧甲基纤维素1.0～2.0，明胶0.5～2.5，膨润土1.0～3.0，膨润土改性剂适量，灰钙粉5～10，灰钙粉处理剂适量，甲醛（30%～40%溶液）0.15，轻质碳酸钙（300目）10～20，重质碳酸钙（100目）20～30，邻苯二甲酸二丁酯适量，乙二醇适量，增白剂0.01～0.03，水适量。

生产工艺流程见图8-5。

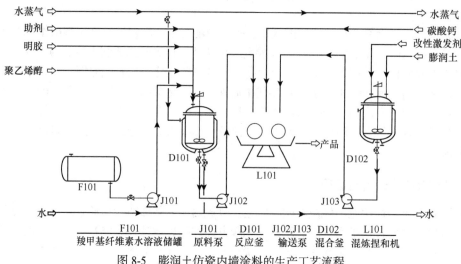

图 8-5　膨润土仿瓷内墙涂料的生产工艺流程

工艺步骤如下：

（1）把一部分水加入反应釜 D101 中，在搅拌下加入聚乙烯醇，开始升温至 95℃ 左右，保温 0.5h 直至聚乙烯醇完全溶解。

（2）将羧甲基纤维素在 F101 中用水浸润，并浸泡一定时间，使其在常温下溶解。

（3）将明胶加入反应釜 D101 中，先用水浸锅，搅拌约 30min，使完全溶解后降温至 85℃。

（4）再把增塑剂、防腐剂等加入反应釜 D101 中搅拌均匀，冷却至 45℃ 以下，再将预先溶解好的羧甲基纤维素水溶液加入反应釜中，搅拌均匀，即为生产的涂料基料。

（5）将灰钙粉的预处理剂用开水溶解后投入捏和机 L101 中，加入两倍于灰钙粉质量的水，然后加入灰钙粉搅拌均匀。

（6）将膨润土分散于其质量 2 倍的水中，投入乙二醇，搅拌 15～20min，使其充分反应，然后投入捏和机 L101 中，再投入轻质碳酸钙和重质碳酸钙以及部分基料，搅拌均匀后即为成品仿瓷涂料。

8.4.3　外墙涂料

外墙涂料的主要功能是装饰和保护建筑物的外墙，使建筑物外观整洁美观，达到美化环境的作用，延长其使用时间。外墙装饰直接暴露在大自然，经受风吹、雨淋、日晒的侵袭，为了获得良好的装饰与保护效果，要求涂料有耐水、保色、耐污染、耐候、耐老化以及良好的附着力，同时具有抗冻融性好、成膜温度低的特点。

外墙涂料主要包括溶剂型外墙涂料、乳液型外墙涂料、彩色砂壁状外墙涂料（彩砂涂料）、复层外墙涂料、无机外墙涂料等。以过氯乙烯外墙涂料示例说明如下：

【配方】　过氯乙烯树脂 100，邻苯二甲酸二甲酯（DOP）30～40，松香酚醛改性树脂 50，二盐基亚磷酸铅 2，滑石粉 10，氧化锌适量，二甲苯 130，色浆料适量。

生产工艺流程（图 8-6）如下：

（1）将二盐基亚磷酸铅和邻苯二甲酸二甲酯加入 L101 中混合后，加入过氯乙烯树脂，再加入氧化锌、滑石粉充分混合。

（2）在温度 60～80℃时，采用 L101 双辊混炼机将物料混炼，时间为 30～40min，混炼出的色片厚度为 1.5～2mm。

（3）冷却后，用 L102 塑料切片机切粒。

（4）在装有夹套加热的混合釜 D101 中先加入一定量的溶剂二甲苯，然后在搅拌下通过 V102 加入粒料，保持温度 55～60℃。

（5）搅拌机转速 200～300r/min，搅拌 4～5h，全部溶解；在溶解料中加入松香改性酚醛树脂和色料，充分搅拌，加入适量的溶剂调节黏度。

（6）用 L103 不锈钢丝筛过滤，除去杂质和粗料即成。

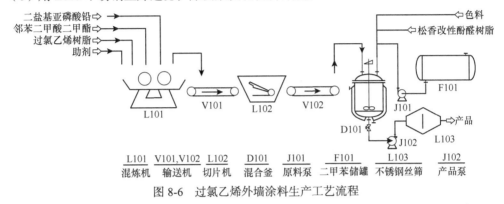

图 8-6 过氯乙烯外墙涂料生产工艺流程

8.5 环 保 涂 料

涂料中的挥发性有机物（VOC）包括涂料成膜过程中挥发的有机溶剂和固化反应释放的有机物质，这类物质对大气的污染越来越受到人们的关注。大气中挥发性有机物在日光的作用下会发生如下反应：

$$VOC+NO_2+O_2 \xrightarrow{日光} O_3+CO_2+H_2O$$

生成的 O_3 在较低浓度下就会对人体健康产生非常不利的影响。进一步的研究发现，涂料中的 VOC 与大气中酸雨的形成也有关。同时，这些挥发的有机溶剂如苯类、烃类、酯类、酮类及醚类，都是重要的基本有机化工原料，挥发至大气中也浪费了化工资源。涂料工业产生的 VOC 量占总 VOC 挥发量的 47.2%。欧洲一些国家对涂料产品 VOC 的挥发量进行了一系列的规定和限制，如美国"66 法规"、美国环境保护署（EPA）所认可的 VOC 最高限量暂行标准。因此，降低溶剂量、发展高固体分涂料（high solid coating，HSC）是涂料发展的方向。

环保涂料包括水性涂料、粉末涂料、辐射固化涂料、高固体分涂料等。

8.5.1 粉末涂料

粉末涂料是一种含有 100%固体成分，以固态粉末状态存在，并以粉末状态进行涂装，然后加热熔融流平，最后固化成膜的涂料。粉末涂料与一般溶剂型涂料和水性涂料不同，不是用溶剂或水作为分散介质，而是借助于空气作为分散介质。目前，粉末涂料的应用已涉及家用电器、仪器仪表、纺织、轻工、器具、建筑装饰、机电设备、纺织机械、石油化工设备和管道、农业机械、车辆船舶等行业，取得了巨大的经济和社会效益。

粉末涂料不含有机溶剂，是环保部门大力推荐的低公害涂料品种。粉末涂料储运方便、施工连续与自动化，涂装效率高，一次能厚涂 30～500μm，耐久性优于溶剂型涂料。

粉末涂料的制造方法有干混合法、熔融混合法、喷雾干燥法、沉淀法等。干混合法是比较原始的制造方法，此法工艺简单，但成分的分散性和均匀性不好。静电涂装的涂膜外观不好。熔融混合法是目前工业生产中最常用的一种方法，具有很多优点。喷雾干燥法是湿法制造粉末涂料的一种。该法对防火和防爆等安全方面要求比较严格。沉淀法的基本工艺流程如下：

配制溶剂型涂料→研磨→调色→借助于沉淀剂的作用使液态涂料沉淀成粒→分级→过滤→干燥→产品

例如，FC-1防腐环氧树脂粉末涂料是以环氧树脂为主要成分，与酚醛树脂、促进剂、填料等复配而成，主要用于化工、电力、环保等严重腐蚀生产的防腐。生产工艺流程见图8-7。

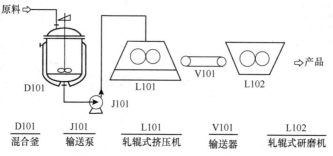

| D101 | J101 | L101 | V101 | L102 |
| 混合釜 | 输送泵 | 轧辊式挤压机 | 输送器 | 轧辊式研磨机 |

图8-7　FC-1防腐环氧树脂粉末涂料生产工艺流程图

将100份环氧树脂（E-12）和10~40份酚醛树脂、约0.1份促进剂、10~20份增韧剂、0.8~1份流平剂、15~40份填料、1~3份着色剂依次加入混合釜D101中充分混合，然后在轧辊式挤压机L101中熔融混合，冷却，粉碎成片，在轧辊式研磨机L102中研磨至一定细度为止，得到平均粒度为50μm的粉末涂料。

8.5.2　高固体分涂料

高固体分涂料要求固体分含量在60%~80%或更高，这类涂料的有机溶剂使用量大大低于传统溶剂型涂料，是符合环保法规要求的涂料。

高固体分涂料的生产与涂装工艺、设备、检测评价的仪器和传统的溶剂型相同。发展高固体分涂料既可减少VOC的挥发量，又不需要增加设备投资。一次涂装的膜厚是传统涂料的1~4倍，还可以减少施工次数。几乎所有品种如醇酸（聚酯）、氨基、烯类（含丙烯酸）、环氧、聚氨酯等都可相应地发展成高固体分涂料。能保持高耐久性、高装饰性。适应如航空、航天、海洋等各种工业和国防高新技术发展的需要。

8.5.3　LIPN涂料

互穿网络聚合物（interpenetrating polymer network，IPN）是用化学方法将两种以上的聚合物互相贯穿成交织网络状态的一类新型复相聚合物材料。LIPN是以乳液聚合的方法合成的特殊胶乳，因而又称为微观IPN。其基本的制造方法是先以乳液聚合的方法制得由组分I单体合成的"种子"乳液，称为网络I。种子乳液经放置过夜使活性中心失活，而后加入组分II单体、交联剂和引发剂，但不再添加乳化剂以免形成新的乳胶粒。最后使组分II单体聚合、交联，从而形成LIPN。

LIPN可以从不同的角度分类，如从层数分，LIPN可分为两层、三层或更多层；从各层的交联情况考虑，可分为各层都交联、都不交联及部分交联三种情况。下面以聚苯乙烯-聚丙烯酸丁酯离子型聚合体LIPN的合成为例，说明该类涂料的合成方法。

聚苯乙烯-聚丙烯酸丁酯离子型聚合体 LIPN[LIPN P（S-BA-AA）-P（BA-AA）]可用于调制水基汽车隔热阻尼涂料，在汽车制造行业具有广泛的应用。其基本配方如下：

【网络Ⅰ配方】 BA（丙烯酸丁酯）7.8，S（苯乙烯）52～57，AA（丙烯酸）1.0，N-MA（N-羟甲基丙烯酰胺）0.5～2.0，DVB（二乙烯基苯）0.2，OP-10 1.0，MS-1 3.6，SDS（十二烷基硫酸钠）0.6，水 100，$K_2S_2O_8$ 0.25，Na_2HPO_4 0.25。

【网络Ⅱ配方】 BA 32～57，S 7.8，AA 1.0，DVB 0.2，水 20，$K_2S_2O_8$ 0.25，Na_2HPO_4 0.25。

LIPN P（S-BA-AA）-P（BA-S-AA）生产工艺流程如图 8-8 所示。合成工艺如下：

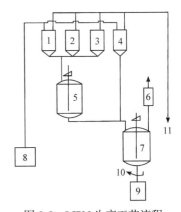

图 8-8 LIPN 生产工艺流程
1～4. 加料槽；5. 预乳化釜；6. 冷凝器；7. 反应釜；8. 原料混合桶；9. 产品桶；10. 过滤器；11. 真空系统

（1）将适量的水、部分乳化剂及羟甲基丙烯酰胺加入预乳化釜 5，开动搅拌使有关组分溶解。

（2）分别将 BA、S、DVB 及 AA 打入加料槽 1～3，并分别均匀地滴入预乳化釜制得的预乳化单体；将组分Ⅰ引发剂、缓冲剂溶解后打入加料槽 4。

（3）将剩余的组分Ⅰ的水及剩余的乳化剂加入反应釜 7，开动搅拌并加热系统。在适当的温度下，均匀加入预乳化单体及引发剂，合成网络Ⅰ。滴加完预乳化单体及引发剂后，再恒温反应 1～1.5h，制得网络Ⅰ。

（4）将网络Ⅰ作为种子乳液，升温至适当温度，在均匀、平稳地搅拌下，滴加组分Ⅱ单体及组分Ⅱ引发剂，完成网络Ⅱ的聚合。

（5）当聚合完成后冷却降温至 40℃出料，过滤、包装。

8.5.4 辐射固化涂料

辐射固化是指在光（包括紫外、可见光）或高能射线（主要是电子束）的作用下，液态的低聚物（包括单体）经过交联聚合而形成固态产物的过程。辐射固化技术具有固化速度快（生产效率高）、少污染、节能、固化产物性能优异等优点，是一种环境友好的绿色技术。

辐射固化涂料最为显著的特点是固化速率快，是各类涂料中干燥固化最快的，通常在紫外灯辐照下只需几秒或几十秒就可固化完全。辐射固化涂料的另外一个优势在于它基本不含挥发性溶剂，具有环境友好的特点。溶剂型涂料含有 30%～70%的惰性溶剂，在成膜干燥时几乎全部挥发进入大气中，累积所造成的环境危害相当大。辐射固化涂料则不同，光照时几乎所有成分参与交联聚合而进入膜层，成为交联网状结构的一部分，可视为 100%固含量的涂料，传统涂料中只有粉末涂料具有此特点。然而，辐射固化涂料常温快速冷固化的特点是粉末涂料望尘莫及的。

光固化反应过程是具有化学反应活性的液态物质在光的作用下快速转变为固态的过程。光固化反应本质是光引发的聚合、交联反应。尽管辐射固化涂料的品种繁多，性能各异，但任何一个光固化配方都包括以下三种主要组分：

（1）预聚物。赋予材料以基本的物理化学性能。反应性预聚物是辐射固化涂料的主体成分，常见的光固化预聚物主要有：环氧丙烯酸树脂（EA）、聚氨酯丙烯酸酯（PUA）、聚酯丙烯酸酯（PEA）、丙烯酸酯化的聚丙烯酸树脂（acrylated PA）及不饱和聚酯。

（2）活性稀释剂（也称活性单体）。主要用于调节体系的黏度，但对固化速率和材料性能也有影响。常规 UV 涂料配方中可采用的活性稀释剂包括 HEMA、HDDA、TMPTA、TPGDA、DPGDA、NPGDA、3EOTMPTA、3POTMPTA、GPTA、2PONPGDA、双三羟甲基丙烷四丙烯酸酯、双季戊四醇五丙烯酸酯、NVP 等。

（3）光引发剂。用于产生可引发聚合的自由基或离子。主要包括 HMPP（2-羟基-2-甲基苯丙酮，Darocure 1173）、二苯甲酮/叔胺体系、HCPK（α-羟基环己基苯基酮，Irgacure 184）、DMPA（α, α-二甲氧基-α-苯基苯乙酮，Irgacure 651）等。

典型水性 UV 固化涂料的配方示例如下：

【配方 1】 水性 UV 面漆：Neo Rad 聚合物 C 90.5，75% Dowanol PM 1.7，8% NaHCO$_3$ 2.4，Byk302 1.4，Aerosol MA-80 0.6，水 3.4。

【配方 2】 UV 典型涂料：丙烯酸环氧酯 65，丙烯酸羟乙酯 5，丙烯酸-2-乙基己酯 10，HDODA 10，苯乙烯 5，二苯甲酮 2.5，二甲基乙醇胺 2.5。

【配方 3】 纸张上光 UV 涂料：丙烯酸酯类预聚物 30%～50%，活性稀释剂 40%～70%，光引发剂 3%～5%，其他助剂约 1%，阻聚剂＜0.5%。

第9章 食品与饲料添加剂

常用食品添加剂 现代食品添加剂与
及其生产工艺 我们的健康生活

食品添加剂是一类重要的精细化工产品。随着生活水平的不断提高，人们对食品的要求也越来越高，食品添加剂便是随着现代食品工业发展而逐步形成和发展起来的。食品添加剂在食品工业中占据重要地位，可以说没有食品添加剂就不可能有现代食品工业。

随着动物营养学、生理学、饲养学、生物化学、生物工程学、药物学、微生物学等多门学科的发展，现在的饲料添加剂已融合了多门学科和多种新技术。随着饲料添加剂行业科技化进程的不断推进，将出现一批科技含量高的饲料添加剂品种，从而带动饲料工业向科技化方向发展，促进饲料工业、畜牧业向更高层次发展。

9.1 概　述

9.1.1 定义与分类

1. 食品添加剂的定义与分类

食品添加剂按其来源可分为天然和化学合成两大类。前者指利用动植物（如从甜叶菊中提取甜味素）或微生物代谢产物（如发酵法制味精）等为原料，经提取所获得的天然物质。化学合成食品添加剂是指采用化学手段，使元素或化合物通过氧化、还原、缩合、聚合、成盐等合成反应得到的物质（包括一般化学合成品及人工合成天然相同物）。食品添加剂的作用主要有以下几个方面：防止食品腐败变质，延长其保藏期和货架期；改善食品感官性状；有利于食品加工操作；保持或提高食品营养价值；满足某些特殊需要。

我国制定的《食品安全国家标准 食品添加剂使用标准》（GB 2760—2019）对食品添加剂的定义为：食品添加剂是指为改善食品品质和色、香、味，以及为防腐、保鲜和加工工艺的需要而加入食品中的人工合成或者天然物质。营养强化剂、食品用香料、胶基糖果中基础剂物质、食品工业用加工助剂也包括在内。

目前世界各国通常按食品添加剂功能来进行分类。GB 2760—2019 把食品添加剂分为允许使用的 21 个类别，主要包括酸度调节剂、抗结剂、消泡剂、抗氧化剂、漂白剂、膨松剂、胶姆糖基础剂、着色剂、护色剂、乳化剂、酶制剂、增味剂、面粉处理剂、被膜剂、水分保持剂、营养强化剂、防腐剂、稳定和凝固剂、甜味剂、增稠剂和其他等。目前全世界的食品添加剂品种有 25000 多种，其中 80% 为香精。常用的添加剂品种有 5000 多种，直接使用的品类有 3000～4000 种，而比较常见的有 600～1000 种。

2. 饲料添加剂的定义与分类

国务院制定的《饲料和饲料添加剂管理条例》（2017 年修订版）中将饲料添加剂定义为：在饲料加工、制作、使用过程中添加的少量或者微量物质，包括营养性饲料添加剂和一般饲料添加剂。它的主要作用为配合饲料的营养成分，提高饲料利用率，改善饲料口味，提高适口性，促进动物正常发育和加速生长，改进畜产、水产产品品质，减少饲料储藏、加工运输过程中营养物质的损失，改善饲料的加工性能等。该条例进一步规定了两大类饲料添加剂：①营养性饲料添加剂，是指为补充饲料营养成分而掺入饲料中的少量或者微量物质，包括饲料级氨基酸、维生素、矿物质微量元素、酶制剂、非蛋白氮等；②一般饲料添加剂，是指为保证或者改善饲料品质、提高饲料利用率而掺入饲料中的少量或者微量物质，主要有抗氧化剂、脂肪抑制剂、防霉剂、乳化剂、青贮饲料改进剂、胶黏剂、调味剂和着色剂等。

另外，该条例还规定：药物饲料添加剂是指为预防、治疗动物疾病而掺入载体或者稀释剂的兽药的预混合物质。药物饲料添加剂的管理依照《兽药管理条例》的规定执行。

9.1.2 食品添加剂的使用原则

GB 2760—2019 规定了食品添加剂的使用原则、允许使用的食品添加剂品种、使用范围及最大使用量和方法。结合国内外实际应用现状，为了确保食品添加剂的食用安全，使用食品添加剂应该遵循以下原则：

（1）不应对人体产生任何健康危害。经过规定的食品毒理学安全评价程序的评价，证明在使用限量内长期使用对人体安全无害。

（2）不影响食品感官性质和原味，不应掩盖食品腐败变质，不应降低食品本身的营养价值或对食品营养成分不应有破坏作用。

（3）食品添加剂应有严格的质量标准，其有害杂质不得超过允许限量。

（4）不得由于使用食品添加剂而降低良好的加工措施和卫生要求。

（5）不应掩盖食品本身或加工过程中的质量缺陷或以掺杂、掺假、伪造为目的而使用食品添加剂。

（6）在达到预期目的前提下尽可能降低在食品中的使用量。

（7）未经国家卫生健康委员会允许，婴儿及儿童食品不得加入食品添加剂。

9.1.3 食品与饲料添加剂的安全性评价

评价食品添加剂毒性或安全性的首要指标是 ADI 值（人体每日摄入量），它指人一生连续摄入某物质而不致影响健康的每日最大摄入量，以每公斤体重摄入的毫克数表示，单位是 mg/kg。对小动物（大鼠、小鼠等）进行近乎一生的毒性试验，取得 MNL 值（动物最大无作用量），其1/500～1/100 即为 ADI 值。

评价食品添加剂安全性的第二个常用指标是 LD_{50} 值（半数致死量，也称致死中量），它是粗略衡量急性毒性高低的一个指标。一般指能使一群被试验动物中毒而死亡一半时所需的最低剂量，其单位是 mg/kg（体重）。对于不同动物和不同的给予方式，同一受试物质的 LD_{50} 值不相同，有时差异甚大。试验食品添加剂的 LD_{50} 值主要是经口的半数致死量。一般认为，对多种动物毒性低的物质，对人的毒性也低，反之亦然。LD_{50} 值与毒性分级及对人的毒性对照参见表 9-1。

表 9-1 LD_{50} 值与毒性分级及对人的毒性对照

毒性程度	LD_{50}（大鼠经口）/（mg/kg）	对人致死推断量	毒性程度	LD_{50}（大鼠经口）/（mg/kg）	对人致死推断量
极大	<1	约 50mg	小	501～5000	200～300g
大	1～50	5～10g	极小	5001～15000	500g
中	51～500	20～30g	基本无害	>15000	>500g

饲料添加剂首先进行有效性评定：指在有效成分分析的基础上，用靶动物进行饲养试验、消化代谢试验或屠宰试验等，或利用相应规程在体内、体外进行有效性评定，并做出有效性判定的过程。

在有效性评定基础上，饲料添加剂同样需要安全性评价：指为评定饲料添加剂的安全性，在有毒有害成分分析基础上，用实验动物或靶动物进行毒理学试验，用靶动物进行饲养试验和残留试验的过程。

9.2 保藏及保鲜剂

9.2.1 防腐剂

食品与饲料中含有丰富的营养物质，很适宜微生物生长繁殖，微生物侵入则导致食品或饲料腐败变质。防腐剂是一类具有抗菌作用，能有效地杀灭或抑制微生物生长繁殖，防止食品或饲料腐败变质的物质。添加防腐剂并配合其他保存方法对防止食品或饲料腐败变质有显著的效果，并且使用方便，因而防腐剂在目前食品与饲料的防腐方面起着重要的作用。

目前国内外使用的防腐剂有 50 余种，主要种类有苯甲酸及其盐类、山梨酸及其盐类、对羟基苯甲酸酯类、丙酸及其盐类和天然防腐剂等。

1. 苯甲酸及其钠盐

苯甲酸又名安息香酸，纯品为白色有丝光的鳞片或针状结晶，质轻无味或微有安息香或苯甲醛气味。苯甲酸及其钠盐对多种微生物细胞呼吸酶系的活性有抑制作用，特别是具有较强的阻碍乙酰辅酶 A 缩合反应的作用，同时对微生物细胞膜功能也有阻碍作用，因而具有抗菌作用。在酸性条件下（pH＜4.5）苯甲酸防腐效果较好，pH 3 时抗菌效果最强。苯甲酸在规定的添加量下使用时是比较安全的防腐剂。苯甲酸的钠盐水溶性好，常代替苯甲酸作防腐剂使用，但其防腐效果不及苯甲酸。

苯甲酸可由邻苯二甲酸酐水解、脱羧制得，也可由甲苯氧化、水解制得，还可直接由甲苯液相氧化制得。苯甲酸经 Na_2CO_3 中和即成钠盐。下面介绍甲苯氧化法的生产工艺。

甲苯氧化法生产苯甲酸钠工艺流程见图 9-1，合成反应式如下：

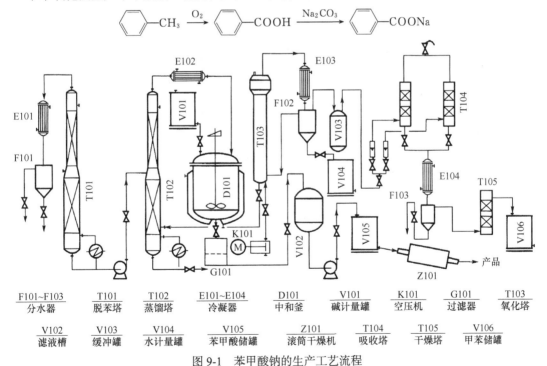

F101~F103	T101	T102	E101~E104	D101	V101	K101	G101	T103
分水器	脱苯塔	蒸馏塔	冷凝器	中和釜	碱计量罐	空压机	过滤器	氧化塔

V102	V103	V104	V105	Z101	T104	T105	V106
滤液槽	缓冲罐	水计量罐	苯甲酸储罐	滚筒干燥机	吸收塔	干燥塔	甲苯储罐

图 9-1 苯甲酸钠的生产工艺流程

（1）甲苯氧化。将 2200kg 甲苯用泵送入铝质氧化塔 T103 内，再加入 2.2kg 萘酸钴，夹套通入蒸汽加热到 120℃，此时甲苯沸腾。这时启动空压机，压缩空气经缓冲罐自塔的底部进入甲苯溶液中，发生氧化反应。该氧化反应放热，所以反应温度不断上升，但最高不能超过 170℃。因此，反应中途不仅要停止加热塔夹套，而且要切换通水冷却。氧化反应时有大量的甲苯蒸气及水蒸气从塔顶排出，进入 $20m^2$ 的蛇管冷凝器 E102，冷凝成液体再进入分水器，甲苯由分水器 F102 上部返回氧化塔，水从分水器下部分出，然后进入计量罐 V104。分水器上盖有尾气排出管，尾气经排出管至缓冲罐 V103 后，进入活性炭吸收塔 T104，以吸附其中的甲苯。定时向塔内直接通蒸汽，以解吸被吸附的甲苯，后者经冷凝、分水、干燥后回收再用。甲苯在 170℃氧化时间为 12～16h，甲苯转化率可达 70%以上。

（2）脱苯。氧化液放入脱苯塔 T101，在 0.08MPa 真空下通夹套蒸汽加热至 100～110℃，用压缩空气鼓泡的办法将未反应的甲苯蒸出，进入 $10m^2$ 的冷凝器 E101，冷凝液进入分水器 F101 回收再用。

（3）蒸馏。脱苯后的苯甲酸还含有杂质及有机色素，需再进行蒸馏。将料液放入搪瓷或不锈钢蒸馏塔 T102 底部釜中，加热并控制料液温度为 190℃，苯甲酸便蒸出而进入蒸馏塔，控制塔顶温度为 160℃，馏出物经套管冷却进入中和釜 D101，便得到纯净的苯甲酸。

（4）中和。苯甲酸进入中和釜 D101 后，及时加入预先配好的纯碱溶液中和。中和温度以 70℃为宜，中和物料以 pH 7.5 为终点。为除杂色，按中和物料 0.3‰加入活性炭脱色，然后通过 G101 真空吸滤，即得无色透明的苯甲酸钠溶液，含量为 50%。

（5）干燥。将苯甲酸钠溶液经滚筒干燥机 Z101 或箱式喷雾干燥机即成粉状苯甲酸钠成品。

2. 山梨酸及其钾盐

山梨酸即 2,4-己二烯酸或 2-丙烯基丙烯酸，结构式为 $CH_3CH=CHCH=CHCOOH$，是一种不饱和单羧基脂肪酸，又名清凉茶酸、花楸酸，为无色或白色的结晶或粉末，因其水溶性较差，所以多使用其钾盐。山梨酸钾盐是山梨酸与碳酸钾或氢氧化钾中和生成的盐，其水溶性比山梨酸好且溶解状态稳定、使用方便，二者防腐效果相同。

一般认为山梨酸及其钾盐的毒性低于苯甲酸及其钠盐，且无异味，目前许多国家都允许使用，且有逐步取代苯甲酸及其钠盐的趋势。山梨酸及其钾盐的合成工艺路线主要有四种，分述如下。

（1）以巴豆醛（丁烯醛）和乙烯酮为原料，合成反应式如下：

$$CH_3CH=CHCHO + CH_2=CO \xrightarrow{催化剂} CH_3CH=CHCH=CHCOOH$$

将巴豆醛与烯酮在含有催化剂（等物质的量的三氟化硼、氯化锌、氯化铝以及硼酸和水杨酸在 150℃下加热处理）的溶剂中，于 0℃左右进行反应。然后加入硫酸，除去溶剂，在 80℃下加热 3h 以上。冷却后，对所析出的粗结晶重结晶得山梨酸。

（2）以巴豆醛和丙二酸为原料，10%硫酸催化下，90～100℃反应 5h 得山梨酸粗品，再用 60%乙醇重结晶得到纯品山梨酸。用碳酸钾或氢氧化钾中和即得山梨酸钾。合成反应式如下：

$$CH_3CH=CHCHO + CH_2(COOH)_2 \xrightarrow[90～100℃,5h]{吡啶,10\% 硫酸} CH_3CH=CHCH=CHCOOH$$

（3）以巴豆醛与丙酮为原料，合成反应式如下：

该路线采用 $Ba(OH)_2 \cdot 8H_2O$ 为催化剂，于 60℃缩合生成 30%的聚醛树脂和 70%的 3,5-二烯-2-

庚酮，后者用次氯酸钠氧化生成 1, 1, 1-三氯-3, 5-二烯-2-庚酮，再与 NaOH 反应得到山梨酸，收率可达 90%。

（4）以山梨醛为原料，经催化氧化得山梨酸，再将山梨酸和 K_2CO_3 在乙醇或水溶液中，以 1:0.5（物质的量比）的投料比进行中和反应，即得山梨酸钾。氧化反应式如下：

$$CH_3CH{=\!\!=}CH{-\!\!}CH{=\!\!=}CHCHO \xrightarrow[\text{催化剂 Ag}_2\text{O,O}_2]{\text{氧化}} CH_3CH{=\!\!=}CH{-\!\!}CH{=\!\!=}CHCOOH$$

3. 对羟基苯甲酸酯

对羟基苯甲酸酯又称尼泊金酯，其通式为 p-HOPhCOOR（R=C_2H_5、C_3H_7 或 C_4H_9），主要用于酱油、果酱、清凉饮料等。它是无色结晶或白色结晶粉末，无味，无臭。防腐效果优于苯甲酸及其钠盐，使用量约为苯甲酸钠的 1/10，使用 pH 为 4～8。缺点是使用时因对羟基苯甲酸酯类水溶性较差，常用醇类先溶解后再使用，同时价格也较高。

对羟基苯甲酸合成的工业方法有酯化法、水杨酸热转位法、对磺酰胺苯甲酸碱熔法和酚钾直接羧化法等。酯化法工艺流程见图 9-2，合成反应路线如下：

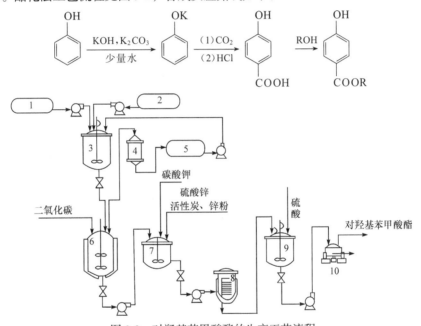

图 9-2　对羟基苯甲酸酯的生产工艺流程

1. 苯酚储槽；2. 氢氧化钾储槽；3. 混合器；4. 冷凝器；5. 回收苯储槽；6. 高压釜；7. 脱色槽；
8. 压滤器；9. 沉淀槽；10. 离心机

从储槽来的苯酚在铁制混合器中与氢氧化钾、碳酸钾和少量水混合，加热生成苯酚钾，然后送到高压釜中，在真空下加热至 130～140℃，完全除去过剩的苯酚和水分，得到干燥的苯酚钾盐，并通入 CO_2，进入羧基化反应。开始时因反应激烈，反应热可通过冷却水除去，后期反应减弱，需要外部加热，温度控制在 180～210℃，反应 6～8h。反应结束后，除去 CO_2，通入热水溶解得到对羟基苯甲酸钾溶液。溶液经木制脱色槽用活性炭和锌粉脱色，趁热用压滤器过滤后，在木制沉淀槽中用盐酸析出对羟基苯甲酸。析出的浆液经离心分离、洗涤、干燥后即得工业用对羟基苯甲酸。

再将对羟基苯甲酸、乙醇、苯和浓硫酸依次加入酯化釜内，搅拌并加热，蒸汽通过冷凝器冷凝后进入分水器，上层苯回流入酯化釜内，当馏出液不再含水时，即为酯化终点。切换冷凝液流出开关，蒸出残余的苯和乙醇，当反应釜内温度升至 100℃后，保持 10min 左右，当无冷凝液流出时趁热将反应液放入装有水并不断快速搅拌的清洗锅内。加入 NaOH，洗去未反应的对羟基苯甲酸。离心过滤后的结晶再回到清洗锅内用清水洗两次，移入脱色锅用乙醇加热溶解后，加入活性炭脱色，趁热进行压滤，滤液进入结晶槽结晶，结晶过滤后即得产品。

4. 丙酸及丙酸盐

丙酸是一种具有类似乙酸刺激酸香的酸型防腐剂，其抑菌作用较弱，对霉菌、需氧芽孢杆菌和革兰氏阴性杆菌有效，特别对能引起面包等食品产生黏丝状物质的好气性芽孢杆菌等抑制效果很好，而且对酵母菌几乎无效，丙酸可认为是食品的正常成分，也是人体代谢的正常中间产物，因而基本无毒，在国内外允许使用特别是西方国家早已普遍使用。丙酸盐具有相同的防腐效果，其作用是通过分解为丙酸而发挥的。丙酸主要用于谷物和饲料的防腐，丙酸盐主要用于食品防腐。丙酸盐的主要使用对象是面包和糕点，其中丙酸钙在面包生产中使用较合适，对于西点（糕点）的制作则用丙酸钠较好。

丙酸早期主要由糖蜜或淀粉发酵、木材干馏、石蜡烃硝化等的副产物而得，目前采用的工业制法主要有轻质烃氧化制乙酸的副产品分离法、丙醛氧化法、CO 与乙醇合成法、CO 与乙烯合成法四种。

丙酸用 $Ca(OH)_2$ 或 $CaCO_3$ 中和即得丙酸钙，我国国标中采用 $CaCO_3$ 法，工业生产上一般采用 $Ca(OH)_2$ 为原料。近来开发的以 CaO 为原料，以水为介质配成浓度适宜的乳浊液，再配合温度控制等措施，大大提高了丙酸钙制取的反应速率和产品纯度。

与丙酸钙生产工艺类似，丙酸钠可通过 Na_2CO_3、$NaHCO_3$ 或 NaOH 与丙酸中和反应而制得。

5. 天然防腐剂

天然防腐剂也称天然有机防腐剂，是由生物体分泌或者体内存在的具有抑菌作用的物质，经人工提取或者加工而成为食品防腐剂。此类防腐剂为天然物质，有的本身就是食品的组分，故对人体无毒害，并能增进食品或饲料的风味品质，是一类有发展前景的防腐剂。

动物源天然食品防腐剂的种类主要有鱼精蛋白、壳聚糖、蜂胶等。植物源天然防腐剂的种类主要有葡萄糖氧化酶、溶菌酶、聚赖氨酸、果胶分解物、茶多酚、香精油、甜菜碱、大蒜素等。

另外，植物源天然食品防腐剂的研究发现，大蒜、生姜、丁香等 50 多种香辛科植物，大黄、甘草、银杏叶等中草药，以及其他植物如竹叶等的提取物，均具有广谱的抑菌活性，且各提取物之间也存在抗菌性的协同增效作用，它们可作为天然防腐剂应用在某些食品或饲料中。

6. 其他防腐剂

除前面介绍的五类以外，我国目前批准使用的防腐剂还有邻苯基苯酚（OPP）及其钠盐、富马酸二甲酯（DMF）、脱氢乙酸及其钠盐、甘氨酸等。以富马酸二甲酯较为重要。

富马酸二甲酯，学名反丁烯二酸二甲酯，又称延胡索酸二甲酯，分子式为 $C_6H_6O_4$，白色结晶，熔点 $102\sim104℃$，易升华，微溶于水，溶于乙醇、乙酸乙酯、氯仿等。富马酸二甲酯具有广谱、高效的抗菌特性，抗菌活性不受 pH 影响，对霉菌有特殊的抑制效果，它具有很强的生物活性，又因升华而具有熏蒸性，具有熏蒸杀菌和接触杀菌的双重作用。可用于食品、粮食、饲料、淀粉、水果、蔬菜、纺织品、皮革、化妆品及药物等的防霉防虫。

富马酸二甲酯的合成大多以顺丁烯二酸酐或富马酸为原料，与甲醇直接酯化合成。工业上使用的催化剂主要有浓 H_2SO_4、盐酸、对甲苯磺酸、磷钨酸、BF_3 等。酯化反应如下：

$$\begin{array}{c} CH—COOH \\ \| \\ HOOC—CH \end{array} \quad +2CH_3OH \xrightarrow{催化剂} \begin{array}{c} CH—COOCH_3 \\ \| \\ CH_3OOC—CH \end{array} \quad +2H_2O$$

生产工艺流程（图 9-3）如下：

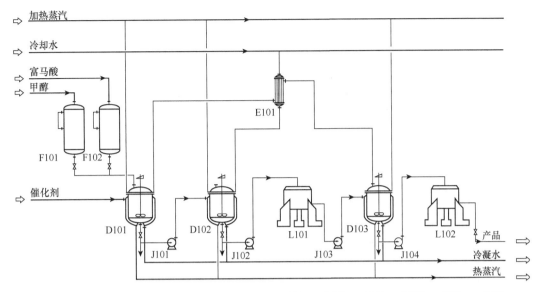

图 9-3 富马酸二甲酯的生产工艺流程

F101	F102	D101	J101	D102	J102	E101	L101	J103	D103	J104	L102
储罐1	储罐2	反应罐	传送泵1	结晶罐	传送泵2	冷凝器	离心机1	传送泵3	精制罐	传送泵4	离心机2

将富马酸、甲醇及催化剂投入反应罐 D101 中,加热搅拌,反应 6~8h 后,将产物投入结晶罐 D102 中进行冷却结晶,然后在 L101 中离心分离;再投入精制罐 D103,加入溶剂,加热搅拌 1~2h,再进行冷却结晶。然后经 L102 离心分离、洗涤、干燥得到富马酸二甲酯成品。

9.2.2 抗氧化剂

氧化是除微生物之外引起食品变质的另一个重要原因。能够阻止或延缓食品氧化,以提高食品稳定性和延长储存期的食品添加剂称为抗氧化剂。

抗氧化剂按其溶解性能可分为油溶性、水溶性两类,按其来源可分为天然和合成两类。油溶性抗氧化剂可以均匀地分布在油脂中,对油脂及含油脂的食品具有很好的抗氧化作用,常用的品种如丁基羟基茴香醚(BHA)、二丁基羟基甲苯(BHT,也称抗氧剂 264)、没食子酸丙酯(PG)等。水溶性抗氧化剂能溶于水,常用的品种有抗坏血酸及其钠盐、异抗坏血酸及其钠盐等。

1. 合成抗氧化剂

以 BHA 为例,其分子式为 $C_{11}H_{16}O_2$,有 3-叔丁基-4-羟基茴香醚(3-BHA)和 2-叔丁基 4-羟基茴香醚(2-BHA)两种异构体。3-BHA 的抗氧化能力约为 2-BHA 的 2 倍,制备过程中没有必要将它们分开。BHA 多用于鱼、肉、罐头、油脂、油炸食品及面制品的抗氧化,并有很强的抗微生物作用。BHA 对热相当稳定,与金属离子作用不着色。

BHA 属供氢型抗氧化剂。因其所具有的酚羟基还具有较强的抗菌能力,用量 0.015%时即可抑制金黄葡萄球菌,用量为 0.028%时可阻止寄生曲霉孢子的生长和阻碍黄曲霉毒素的生成。其合成方法有以下两种:

(1)对羟基茴香醚与叔丁醇在磷酸或硫酸作用下,发生烷基化反应而生成 BHA,反应式如下:

反应生成物先用水洗，再用10%氢氧化钠溶液洗，经减压蒸馏、重结晶即得成品。

（2）以磷酸为催化剂，对苯二酚和叔丁醇在101℃下反应，生成中间体叔丁基对苯二酚，再与硫酸二甲酯进行半甲基化反应合成。反应路线如下：

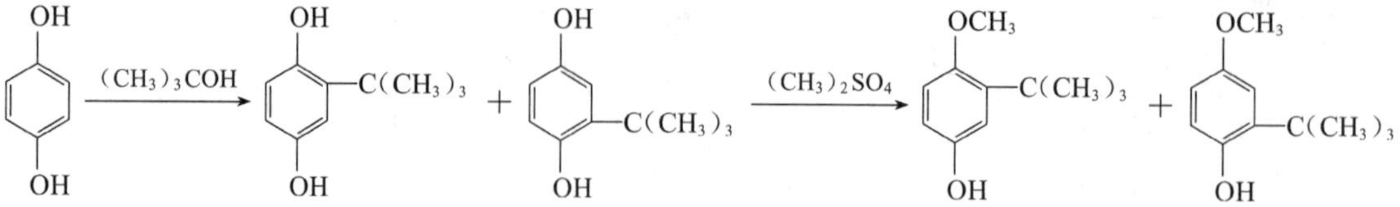

2. 天然抗氧化剂及其生产方法

人们长期使用的许多香料都是最古老的抗氧化剂，如茴香、香草，以及虽不属于香料但也有抗氧化性的一些植物，如茶叶、蒜、葱、姜等，其中的提取物或粉末对油脂有抗氧化效果。常见的天然抗氧化剂主要包括茶多酚、维生素 E、天然黄酮类、芦丁、栎精、香辛料、植酸等。天然抗氧化剂的提取主要采用以下方法：

（1）水溶液萃取法。用调到一定 pH 的水作溶剂，对香料进行萃取。为了保证萃取体系的稳定，还需加入缓冲剂（如碳酸盐、磷酸盐）。

（2）有机溶剂萃取法。常用的有机溶剂是己烷、苯、乙醚和醇类。

（3）植物油提取法。将植物油如花生油、棉籽油作溶剂提取抗氧化剂。

以上三种方法的工艺过程主要是：原料→干燥→粉碎→提取→过滤→浓缩→粗制品→精制。

（4）超临界萃取法。利用该法从香料中制取的抗氧化剂用于猪油、鱼油、牛油、豆油、棉籽油、米油、玉米油、花生油等油脂及含油食品中，抗氧化效果良好。

9.2.3　食品保鲜剂

要使新鲜的蔬菜、水果、禽蛋及肉类、水产品在较长时间内保持水分、色、香、味及营养物质不发生大的改变，通常需在储藏过程中使用一些化学药剂来达到目的，该类化学药剂称为保鲜剂。保鲜剂因使用对象的不同而有不同种类，而且不同的保鲜剂其保鲜机制也不尽相同，一般可分为两大类：一是通过抑制呼吸作用来维持其化学组成的稳定性；二是抑制或杀死引起食品变质的微生物。因此，保鲜剂通常也具有防腐的功能，如水果保鲜剂、禽蛋保鲜剂、蔬菜保鲜剂、脱氧保鲜剂、隔氧保鲜剂等。对新鲜蔬菜、水果及禽蛋的保鲜也可用一些物理的方法，如冷冻、冷藏、干燥等处理。将化学方法与物理方法二者相结合，效果会更好。

长期以来，食品保鲜剂在人们心中有一个挥之不去的阴影，即所有的化学保鲜剂都对人体健康不利，该观点使人们倾向于使用天然保鲜剂与物理保鲜方法。前述的一些天然抗氧化剂、防腐剂本身也可以用作保鲜剂。下面主要介绍水果保鲜剂。

水果保鲜是开发较早、应用广泛的一个领域，所使用的保鲜剂包括杀菌剂、熏蒸保鲜剂、乙烯吸收剂、被膜剂、抗氧剂等。保鲜剂剂型有水剂、可湿性粉剂、片剂等多种类型，示例说明如下。

（1）杀菌剂类保鲜剂。杀菌剂类保鲜剂主要有多菌灵、涕必灵（TBZ）。其中，多菌灵的生产是采用石灰氮、水、氯化甲酸甲酯反应得氰氨基甲酸甲酯，然后与邻苯二胺缩合而得。

（2）熏蒸保鲜剂。国内研制成功的二四溴氯乙烷熏蒸剂可用于柑橙的保鲜，对引起柑橙腐烂的指状青霉、橙酸腐卵霉及短梗霉均有显著的抑制作用。用溴氯烷处理后的柑橘，储存 3 个月烂果率仅为 2%左右。在低温条件下，对荔枝和猕猴桃也有良好的保鲜效果。溴氯烷可由乙烯经溴化、氯化而制备，反应式如下：

$$H_2C{=\!\!=}CH_2 + Br_2 \longrightarrow CH_2BrCH_2Br \xrightarrow{Cl_2} Cl_2CBrCBrCl_2$$

（3）抗氧保鲜剂。苹果在 0℃左右储存时常发生一种生理病害虎皮病，症状是果皮和皮下组织产生分散不规则的褐色病斑。研究发现，其主要原因是果皮组织中的 α-法尼烯被空气氧化或直接进入细胞形成不透气膜，抑制了正常的呼吸交换而产生该病变。α-法尼烯是含有 4 个双键的 15 碳原子的烃类化合物，性质极不稳定，易氧化，所以可使用抗氧化剂防止其氧化而产生病变，常用的抗氧化剂是虎皮灵（乙氧喹）。

虎皮灵用于苹果保鲜时使用的是 50%的乳油，使用时将乳油稀释到规定浓度，用纸浸药包裹或直接浸果包装，防病效果在 90%以上。

9.3 食品与饲料赋形剂

食品赋形剂主要有乳化剂、增稠剂和膨松剂三种，乳化剂、增稠剂都是改善或稳定食品各组分的物理性质或改善食品组织状态的添加剂，它们对食品的"形"、质构以及食品加工工艺性能起着重要作用。饲料赋形剂主要是乳化剂、胶黏剂等种类。

9.3.1 乳化剂

凡是添加少量即能使互不相溶的液体（如油和水）形成稳定乳浊液的食品添加剂称为乳化剂。乳化剂是一类分子中具有亲水和亲油基团的表面活性剂，是食品工业中用量最大的添加剂，除具有表面活性外，还能与食品中的碳水化合物、蛋白质和脂类发生相互作用而具有多种功效。

乳化剂除具有乳化作用外，还具有分散、发泡、消泡、湿润等作用，利用它的各种性质可广泛用于人造奶油、冰淇淋、面包、饼干和糕点、巧克力、饲料等。乳化剂还具有其他用途，如用于肉制品中使肉肠等需要添加淀粉的制品保水性增强、弹性增加，并减少淀粉填充物的糊状感；用于面粉以增加面筋强度；提高速溶食品如咖啡、奶粉等的速溶性等。

乳化剂种类很多，目前国内外使用量较大的有：甘油脂肪酸酯、脂肪酸蔗糖酯、失水山梨醇（醚）脂肪酸酯、丙二醇脂肪酸酯、酪蛋白酸钠和磷脂等。特别是前两种，因为安全性高、效果好、价格较便宜而得到广泛应用。多数食品乳化剂的合成原理与工艺见第 2 章，下面主要介绍大豆磷脂。

大豆磷脂又称大豆卵磷脂，简称磷脂，为淡黄色、褐色的透明或半透明黏稠物质。其主要成分是卵磷脂（34.2%）、脑磷脂（19.7%）、肌醇磷脂（16.0%）、磷脂酸丝氨酸（15.8%）、磷脂酸（3.6%）及其他磷脂（约 10.7%）。

大豆磷脂通常是制造大豆油时的副产品，工业化生产工艺流程见图 9-4。

（1）脱胶。油脂脱胶过程可分为间歇和连续两种。间歇法是先将毛油升温至 70～82℃，然后加入 2%～3%的水以及一些助剂（如乙酐），在搅拌的情况下，油和水于反应釜内充分进行水化反应 30～60min。反应后的物料送入脱胶离心机 L101。

连续法脱胶是在管道中进行的，即原料毛油经过油脂水化、磷脂分离、成品入库等工序基本实现连续生产。投料方式是将定量的水或水蒸气与油同时连续送入管道，在管道中使油与水充分混合。

（2）脱水。毛油脱胶后，经离心机分离出来的油和磷脂，必须用提浓设备 L102（如薄膜蒸发器）进行脱水处理。脱水方式也可采用间歇脱水和连续脱水。间歇脱水是在 65～70℃下真空蒸发。连续脱水则用薄膜蒸发器，在 2.0～2.7kPa、115℃左右蒸发 2min。最终获得的产品水分含量应小于 0.5%。脱水后的胶状物必须迅速冷却至 50℃以下，以免颜色变深。由于胶状磷脂一般储存的时间要超过几个小时，因此为了防止细菌的腐败作用，常在湿胶中加入稀释的过氧化氢溶液以起到抑菌的作用。

（3）脱色。采用 3%的过氧化氢溶液在 D102 中脱色，用量为 1.5%时，一次脱色色度可减少 14。采用 1.5%的过氧化苯甲酰两次脱色，色度可减少 12。每种过氧化物作用于不同的颜色体系，

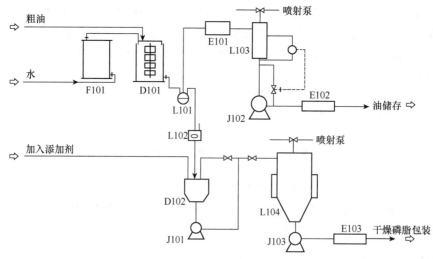

图 9-4 大豆磷脂的生产工艺流程

F101	D101	L101	D102	L102	J101	L103	J102	L104	J103	E101,E102,E103
储罐1	反应釜	离心机	脱色釜	薄膜蒸发器	传送泵1	干燥器1	传送泵2	干燥器2	传送泵3	冷却器1,2,3

如过氧化氢减少棕色色素,对处理黄色十分有效;过氧化苯甲酰可减少红色素,对处理红色更有效。上述两种脱色剂一起使用,可得到颜色相当浅的磷脂。脱色温度在 70℃ 为最合适。此外,也有用次氯酸钠和活性炭等物质进行脱色的。

(4)干燥。将磷脂进行分批干燥是最常用的方法,而真空干燥是最合理的方法。由于磷脂在真空干燥时要防止泡沫产生,因此操作有一定难度,必须小心地控制真空度并采用较长的干燥时间(3～4h)。另外,薄膜干燥也是一种很成功的方法,可通过冷却回路防止磷脂变黑,并对除去脱胶过程中所加入的乙酸残存物也有良好效果。

(5)精制。将存在于粗磷脂中的油、脂肪酸等杂质除去,从而获得含量较高的磷脂。将粗磷脂和丙酮按 1∶(3～5)(质量比)的比例配制,在冷却的情况下继续在 D101 中进行搅拌,油与脂肪酸溶于丙酮,磷脂沉淀,将其分离出来。沉渣中再加入丙酮,同样在搅拌下处理两三次,直至磷脂搅拌成粉末状。然后将粉末状磷脂与丙酮混成糊状,加入篮式离心机中分离,除去绝大部分丙酮,再将粉末状磷脂揉松过筛,置于真空干燥箱中干燥。烘箱真空度控制在 47.4kPa 左右,在 60～80℃ 下烘至无丙酮气味即可包装。

大豆磷脂是目前唯一工业化生产的天然乳化剂,可用于人造奶油、冰淇淋、糖果、巧克力、饼干、面包、起酥油及饲料的乳化。它不仅有乳化作用,还具有重要的生化功能,可增加磷酸胆碱、胆胺、肌醇和有机磷,以补充人体及动物营养的需要。在润肤类化妆品中,能提高化妆品的渗透力和滋润性,促进皮肤生理机能。

9.3.2 增稠剂

食品增稠剂是一种能增加食品黏稠性,赋予食品以柔滑适口性,能显著地改善食品的物理性质,使其具有稳定乳化状态和悬浮状态的物质。食品增稠剂一般具有胶体性质,分子中含有许多亲水基团,如羟基、羧基、氨基和羧酸根等,能与水发生水化作用。所以食品增稠剂多为亲水性高分子胶体物质。

食品增稠剂品种很多,一般按其来源可分为天然提取和化学合成两大类。天然增稠剂主要是从海藻和富含多糖类黏质的植物中提取,如海藻酸、淀粉及变性淀粉等;也可由含蛋白质的动植物制取,如明胶、酪蛋白等;少量的是由微生物制取,如黄原胶。我国目前使用的天然增稠剂主要有以下品种:果胶、琼脂、食用明胶、海藻酸钠或钾、阿拉伯胶、卡拉胶、黄原胶、β-环状糊精等。化学合成增稠剂则是通过化学合成的方法制得的增稠剂，如羧甲基纤维素钠等。因部分品种已在有关章节介绍，下面仅择要说明四种典型的产品。

1. 果胶

果胶为乳白色或淡黄色无定形粉末，是部分甲酯化的 D-半乳糖醛酸通过 α-1,4-苷键形成的一种线型多聚糖，相对分子质量为 30000～300000，味微酸而无异味，含水 7%～10%，溶于水而不溶于乙醇等有机溶剂，在 174～180℃分解。

果胶的凝胶强度与相对分子质量和酯化程度有关。酯化的半乳糖醛羧基对总的半乳糖醛羧基的比值称为酯化度（简称 DE）。商品果胶按 DE 可分为两大类：一类是 DE>50%、甲氧基含量为 7%～16.3%的高甲氧基果胶（HM 果胶）；另一类是 DE<5%、甲氧基含量为<7%的低甲氧基果胶（LM 果胶）。HM 果胶的特点是胶凝强度大，时间短，可溶性固体物含量达到 50%以上方可形成胶冻，可用作蛋糕、水果、蜜饯、冰淇淋、巧克力和饼干等食品的稳定剂和乳化增稠剂。LM 果胶在钙、镁、铝等金属离子存在时，即使可溶性固体物低至 1%仍可形成胶冻，因此适合用于低糖食品、水果制品和奶制品等。此外，LM 果胶还能阻止铅、汞、砷和锶等有害金属在肠道的吸收，可作为金属中毒的良好解毒剂。

目前生产果胶的主要原料是柑橘类果皮，果胶含量约为 5%（以湿皮质量计）。从柑橘皮、苹果渣中提取的果胶为 HM 果胶，对其进行酯化处理可得 LM 果胶。从向日葵、蚕沙、山楂中提取的果胶为 LM 果胶。

从柑橘类果皮中提取果胶的原理是基于果胶质不溶于水，但在稀酸作用下可水解为可溶性果胶，再加入一定量乙醇使果胶从溶液中析出，经分离干燥即得果胶成品。从柑橘类果皮中提取果胶的工艺过程见图 9-5。

图 9-5　柑橘类果皮中提取果胶的工艺流程

将自然风干的新鲜柑橘类果皮破碎，在水中浸泡使其软化，并除去糖、色素、芳香物质、可溶性酸和盐等。将沥干后的果皮没入沸水中灭酶，得到的果皮压除汁液，再清水漂洗沥干。将处理过的果皮置于萃取罐中，定量加入经离子交换树脂处理过的水，用磷酸或亚硫酸调节 pH 为 1.8～2.5，在不断搅拌下进行萃取，得到含果胶萃取液。萃取液加入活性炭脱色后，再加入助滤剂硅藻土，用板框压滤机压滤得到透明的果胶稀溶液。再送入浓缩罐中浓缩至一定浓度，冷却至室温后以喷淋方式定量加入工业乙醇。果胶呈絮状凝聚析出。将得到的乙醇果胶沉淀物经压滤或离心分离后，再用乙醇洗涤几次，除去乙醇，得到湿果胶。湿果胶经真空干燥、粉碎并筛分后即成成品果胶。

果胶的收率和质量除与提取方法有关外，还与柑橘皮的品种有关，一般以柠檬皮最好，其次是柚皮、橙皮和橘皮。

2. 琼脂

琼脂又称琼胶、寒天、冻粉或洋菜，是一种半乳糖的多糖聚合体，为无色透明或类白色至淡黄色半透明细长薄片，也有呈鳞片状无色或淡黄色粉末，味淡，口感黏滑，不溶于冷水但溶于沸水。

琼脂是石花菜、江篱等红藻类植物的细胞壁的一种黏性组成物。条状琼脂的生产方法是将石花菜、丝藻、小石花菜及其他红藻类植物先用碱液做预处理，水洗除碱，然后用硫酸或冰醋酸在 120℃、约 0.1MPa（表压）、pH 3.5～4.5 条件下加热水解，水解液经过滤净化后在 15～20℃下冷却凝固，凝胶切条后在 0～10℃下晾干即成。将条状琼脂于–13℃下冻结，分离，溶解，用水调成 6%～7%浓度的溶胶，然后在 85℃下喷雾干燥可制得粉状琼脂。衡量琼脂品质的主要指标是凝胶能力，优质琼脂 0.1%溶液即成凝胶。

3. 明胶

明胶为白色或淡黄色、半透明、微带光泽的薄片或细粒，其主要成分是蛋白质（占 82%以上），是由动物的皮骨、软骨等所含的胶原蛋白经部分水解后而制得的高分子多肽聚合物。以畜骨为原料制得的明胶称为骨明胶，以畜皮制得的明胶称为皮明胶。明胶产品分照相用、食品级和工业级三种规格。

工业上明胶的生产方法有碱法、酸法、盐碱法和酶法四种。其中碱法生产技术成熟，产品质量较好，但生产周期较长。酸法生产操作条件较好，但非胶原蛋白在熬胶前不易清除完全，产品质量比碱法差些。盐碱法生产周期短，产胶率高，但生产过程中排出的大量高浓度强碱废液难于处理。酶法是比较理想的方法，生产周期短，产胶率最高，但酶的筛选和酶解程度的控制较难掌握。因此，目前国内明胶生产主要采用碱法和酸法。

4. 黄原胶

黄原胶又称汉生胶或黄杆菌胶，为乳白色或淡黄色至浅褐色颗粒或粉末，微臭，易溶于水，是目前微生物多糖中产量最大的一种。它是一种生物高分子聚合物，是由 2.8 份 D-葡萄糖、3 份 D-甘露糖、2 份 D-葡萄糖醛酸组成。分子中还含有乙酸和丙酮酸，这些酸通常与钾和钙形成盐。

黄原胶的制备是以蔗糖、葡萄糖或玉米糖浆为碳源，蛋白质水解物为氮源，加入钙盐、少量的磷酸氢钾和硫酸镁以及水制成培养基，pH 调至 6.0～7.0，加入 1%～5%的野油菜黄单孢菌接种体，培养 50～100h，发酵后得到高黏度（4～12Pa·s）液体，杀菌后用乙醇或异丙醇等有机溶剂提取，或用高价金属盐经沉淀作用从培养液中分离而得。其生产工艺流程见图 9-6。

斜面种子 —→ 一级种子 —→ 二级种子 —→ 罐发酵 —→ 提取 —→ 离心 —→ 烘干 —→ 磨碎 —→ 过筛 —→ 产品

图 9-6　黄原胶的生产工艺流程

黄原胶是一种性能优良的天然增稠剂，可用于面制品、冷饮食品、肉制品以及饮料中，是我国近年来研究和应用发展比较快的一个食品增稠剂品种，也可作为优良的稳定剂、增黏剂、乳化剂、悬浮剂、助泡剂和凝结剂。黄原胶广泛应用于能源、化妆品、搪瓷、消防和化工等行业。

9.3.3　膨松剂

膨松剂是使食品在加工中形成膨松多孔结构而利于制成柔软、酥脆产品的食品添加剂，也称为膨胀剂或疏松剂、发粉。在和面工序中加入疏松剂，其在焙烤或油炸过程中受热而分解，产生气体并使面胚起发，体积胀大，内部形成均匀致密海绵状多孔组织，使食品具有酥脆、疏松或柔软等特征。膨松剂也可用于水产品、豆制品、奶乳制品。膨松剂可分为碱性、酸性、复合和生物膨松剂四类。

我国应用最广泛的碱性膨松剂是 $NaHCO_3$（又名食用小苏打、重碱或重碳酸钠、酸式碳酸钠）和 NH_4HCO_3（又名酸式碳酸铵或重碳酸铵，俗称食臭粉、臭碱）。碱性疏松剂价格适宜，保存性较好，使用时稳定性高，是目前饼干、糕点生产中广泛使用的疏松剂。为了减轻各自的缺点（$NaHCO_3$ 分解后使产品呈碱性，NH_4HCO_3 加热时产生刺激性氨气），一般可将两者混用，并控制其用量，以改善产品口感和风味。

酸性膨松剂主要是明矾，为无色透明结晶或白色晶体粉末，主要用于油炸食品。明矾为酸性盐，主要用于中和碱性疏松剂，产生二氧化碳和中性盐，可避免食品产生不良气味，也能避免碱性增大而导致食品品质下降，还能控制疏松剂产气的快慢。其他酸性疏松剂还有胺明矾、磷酸氢钙、酒石酸氢钾等。

复合膨松剂一般由碳酸盐类、酸类（或酸性物质）和淀粉等三部分物质组成。碳酸盐是其主要成分，常用的是 $NaHCO_3$，用量占 20%～40%，其作用是与酸反应产生 CO_2。酸类或酸性物质的作用是与碳酸氢盐发生反应产生气体，并降低成品碱性，其用量为 35%～50%。淀粉等成分的作用是增加疏松剂的保存性，防止吸潮结块和失效，也有调节气体产生速度或使产生的气孔均匀等作用，其用量占 10%～40%。

配制复合膨松剂时，应将各种原料成分充分干燥，粉碎过筛，使颗粒细微，以使混合均匀。碳酸盐与酸性物质混合时，碳酸盐使用量最好适当高于理论量，以防残留酸味。产品最好密闭储存于低温干燥处，以防分解失效。

生物膨松剂是依靠能产生二氧化碳气体的微生物发酵而产生起发作用的膨松剂。酵母是生物膨松剂的主要成分，在面团中生长繁殖时可利用糖进行糖发酵，生成可使面团膨松的气体二氧化碳和风味成分醇类（乙醇、丙醇等）、有机酸（乙酸、乳酸、琥珀酸）、醛类（乙醛、丙醛）、酯类等，并产生一定营养物质，故除了能产生膨松作用外，还能增加面点食品的营养价值和风味。

9.4 着 色 剂

着色剂是在食品与饲料加工中为了改善或保护其色泽而使用的添加剂。

9.4.1 食用色素

食品具有悦目的色泽能给人以美的享受并可增加食欲，故对食品进行科学的着色、护色是很重要的。公元 10 世纪以前，古人就开始利用植物性天然色素给食品着色。食用色素使人赏心悦目，刺激人们的食欲，但也可能危害人的健康。

食用色素是以食品着色和改善食品色泽为目的的食品添加剂，也称为食用着色剂。按其来源和性质，可分为天然和人工合成色素两大类。世界范围内食用色素中的合成色素有近 90 种，但由于近年来人们对其安全性的担忧，目前实际使用的品种正在迅速减少。我国有关标准中批准使用的食用合成色素不足 10 种，主要有苋菜红、胭脂红、赤藓红（樱桃红）、新红、柠檬黄（酒石黄）、日落黄、亮蓝、靛蓝等。

1. 胭脂红

胭脂红又名丽春红 4R，是红色至深红色粉末，为国内外普遍使用的合成色素。其耐光性、耐酸性好，但耐热性、耐还原性较差，遇碱变成褐色。多用于糕点、饮料、农畜水产品加工，其最大使用量为 5～100mg/kg，ADI 规定为 0～4mg/kg。

胭脂红由 1-萘胺-4-磺酸为原料经重氮化后，与 2-萘酚-6,8-二磺酸钠在碱性介质中偶合，加食盐盐析、精制而得。合成反应路线如下：

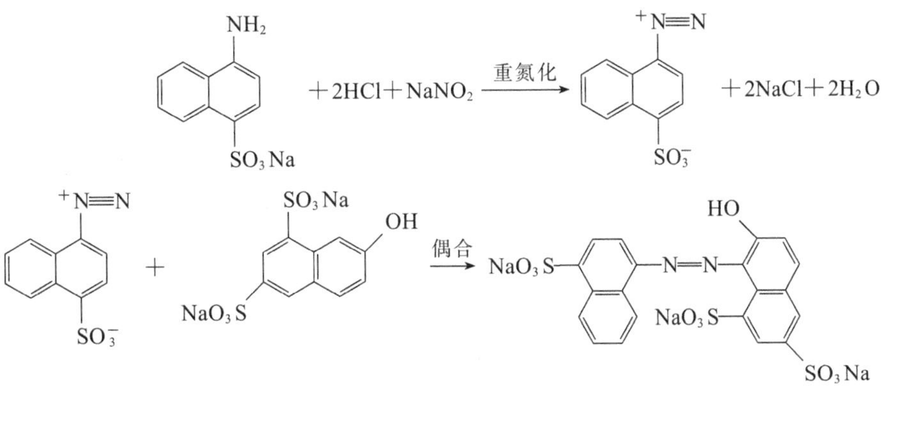

2. 柠檬黄

柠檬黄又称酒石黄，学名为 3-羟基-5-羧基-1-（4′-磺基苯基）-4-（4″-磺基苯偶氮）-邻氮茂的三钠盐，分子式为 $C_{16}H_9Na_3O_9S_2$。柠檬黄是目前世界各国广泛使用的一种食用合成色素，通常为橙黄至橙色粉末，溶于水呈黄色，对光、热、酸、碱有良好的耐受性，能与其他色素配伍使用。在柠檬酸、酒石酸等酸性介质中稳定，在着色剂中其稳定性最好。主要用于饮料、糕点、糖果、蜜饯以及其他各种食品。动物毒性试验证明柠檬黄安全性很高，是食用色素中用量最大的一种。

缩合法制备柠檬黄是以对磺基苯肼与二羟基酒石酸在硫酸作用下缩合生成 3-羟基-5-羧基-1-（4′-磺基苯基）-4-（4″-磺基苯偶氮-）邻氮茂，再与氢氧化钠反应生成柠檬黄。合成反应路线如下：

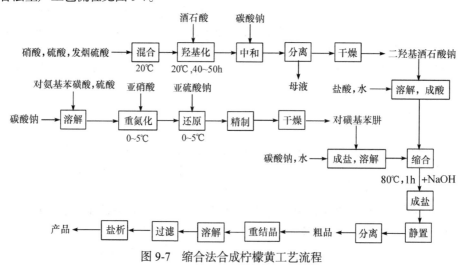

缩合法生产工艺流程见图 9-7。

图 9-7　缩合法合成柠檬黄工艺流程

3. 食用天然色素

消费者一般认为天然色素安全性高，因而近年来研制和使用的食用天然色素品种逐渐增多。

我国目前允许使用的食用天然色素已达 30 余种。越橘红、萝卜红、红米红、黑豆红、玫瑰茄红和桑葚红等花色素苷，属于多酚类衍生物，是一类水溶性色素，其基本结构是苯并吡喃的衍生物。属于黄酮类的如高粱红、红花黄、菊花黄、黑加仑红、沙棘黄、可可色素等，是多酚类衍生物中另一类水溶性色素，其基本结构是 α-苯基苯并吡喃酮。属于类胡萝卜素的如 β-胡萝卜素、栀子黄、栀子蓝、玉米黄、辣椒红，是异戊二烯衍生物，属于多烯色素，为不溶于水而溶于脂肪溶剂的脂溶性色素。属于酮类的如姜黄和红曲米，主要着色物质分别是姜黄素和红曲红。醌类色素的有紫胶红、胭脂虫红和紫草红等，我国目前仅许可使用紫胶红。四吡咯类（卟啉类）色素有血红素、叶绿素和叶绿素铜钠等，我国现许可使用的为叶绿素铜钠，是叶绿素的衍生物。

食用天然色素大多存在于植物、动物和微生物体内不同器官与部位中，这些色素大多溶于水、乙醇或其他有机溶剂。为了保持天然色素的固有优点和产品的稳定性、安全性，一般采用物理方法，即使加入一些化学药品也都是符合食品卫生标准的，如食用柠檬酸、食用盐酸等。凡接触物料的生产设备（管道、容器、反应釜等）均用不锈钢、耐酸碱陶瓷或玻璃制品，严防酸碱对设备的腐蚀，造成金属离子污染。生产用水也需净化。

目前食用天然色素的生产按原料来源和色素的性质，采用以下几种工艺流程：

（1）浸提法。原料筛选→清洗→浸提→过滤→浓缩→干燥粉末，添溶媒成浸膏→产品包装。

（2）培养法（包括微生物发酵和植物组织细胞培养）。接种培养→脱水分离→除溶剂→浓缩→喷雾干燥，添加溶媒→成品包装。

（3）直接粉碎法。原料精选→水洗→干燥→抽提→成品包装。

（4）酶反应法。原料采集→筛选→清洁→干燥→抽提→酶解反应→再抽提→浓缩→添加溶媒，干燥粉剂→成品。

（5）浓缩法。原料挑选→清洗晾干→压榨果汁→浓缩→喷雾干燥，添加溶媒→成品。

例如，从姜黄中提取的姜黄素具有着色力强、色泽鲜艳、分散性好、热稳定性强等特点，在食品工业中广泛用作天然着色剂，可用于果汁饮料类、碳酸饮料、配制酒、糖果、青梅等。姜黄素生产工艺流程见图9-8。

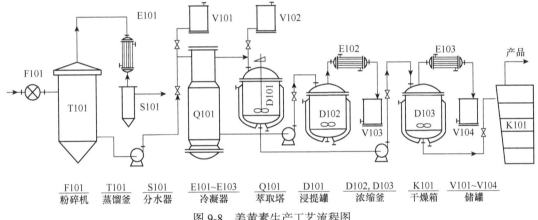

F101	T101	S101	E101~E103	Q101	D101	D102, D103	K101	V101~V104
粉碎机	蒸馏釜	分水器	冷凝器	萃取塔	浸提罐	浓缩釜	干燥箱	储罐

图9-8 姜黄素生产工艺流程图

（1）蒸油。姜黄中含有挥发油，可用溶剂萃取法或蒸汽蒸馏法提取。将姜黄粉投入蒸馏釜 T101 中，蒸馏釜闭汽压力 100~200kPa，蒸馏 6~8h，在蒸馏后期可添加活汽作补充。姜黄油收率一般为 1%~1.5%（占原料质量）。姜黄油是淡黄色的油状液体，有特殊的芳香味，能以 1∶1 溶于乙醇，相对密度为 0.920~0.950，折光指数 1.5100~1.5130。

（2）脱脂。姜黄原料经过蒸汽蒸馏除去一部分挥发油类后，还含有一些高沸点的树脂类物质，不能采用蒸汽蒸馏的方法将其除去，必须用有机溶剂萃取的方法除去这部分树脂物质。将上述蒸馏后的原料加入萃取塔 Q101 中，加入有机溶剂乙醇，乙醇能溶解姜黄油树脂，萃取 24h。回收有机溶剂，残留物质即为姜黄树脂。

（3）浸提。除去姜油及姜黄油树脂的姜黄原料进入浸提工段，提取姜黄素。采用乙醇溶剂，在浸提罐 D101 中进行。

（4）浓缩。浸提液浓度较稀，经过浓缩釜 D102、D103 两步浓缩，回收乙醇溶剂。溶液浓度变为含干物约 30%。由于乙醇沸点较低，易挥发，蒸发过程可不使用真空泵，只依靠乙醇冷凝器本身由于蒸汽冷凝而产生的真空即可生产。回收的溶剂可返回浸提使用。

（5）干燥。经过浓缩、精制后溶液可进行干燥，采用真空干燥箱 K101 干燥后即得成品。

9.4.2 饲料用着色剂

为了提高畜产品（蛋黄、肉鸡等）的美观性和商品价值，可使用着色剂。随着生活水平的提高，人们日益重视畜禽产品的品质，除喜爱肉类的香味外，许多消费者还对肉色、蛋黄色泽、肉鸡肤色等有特殊的偏爱。因此，增色剂在饲料中的应用日趋普及，如在鸡饲料中添加黄色与红色增色剂，既可以增进鸡的食欲，又可以增加蛋黄和肉鸡皮肤的黄色素。增色剂的作用主要有两种：一是通过在饲料中添加色素使其转移到畜禽产品中；二是通过改善饲料色泽以提高饲料的感观性状。用作饲料添加剂的着色剂除上述部分食用色素外，最常用的是类胡萝卜素的各种衍生物、栀子黄色素等植物提取的色素。

1. 类胡萝卜素

到目前为止，已经有 600 多种天然类胡萝卜素（carotenoid）被人们发现，而其中有一小部分（如 β-胡萝卜素等）会在体内转换为维生素 A。南瓜和胡萝卜除了 β-胡萝卜素之外，也含有大量的 α-胡萝卜素。

胡萝卜素化学结构中央有多烯链，根据其两端芳香酮环或基团的种类不同可分为 α-、β-、γ-、δ-、ε-胡萝卜素等。β-胡萝卜素是一种广泛存在于绿色和黄色蔬菜、水果中的天然类胡萝卜素，在胡萝卜素中分布最广、含量最多，在众多异构体中最具有维生素 A 生物活性。β-胡萝卜素在绿叶中与叶绿素共同存在，胡萝卜的根里也有很多。β-胡萝卜素在氯仿中的最大吸收波长为 497～466nm。α-胡萝卜素在绿叶和胡萝卜的根里与 β-胡萝卜素共同存在，含量一般较少。

β-胡萝卜素由 4 个异戊二烯双键首尾相连而成，属四萜类化合物，在分子的两端各有 1 个 β-紫罗酮环，中心断裂可产生 2 个维生素 A 分子，有多个双键且双键之间共轭。分子具有长的共轭双键生色团，因而具有光吸收的性质，使其显黄色。β-胡萝卜素主要有全反式、9-顺式、13-顺式及 15-顺式 4 种形式。β-胡萝卜素有 20 余种异构体。不溶于水，微溶于植物油，在脂肪族和芳香族的烃中有中等溶解性，易溶于氯仿，化学性质不稳定，易在光照和加热时发生氧化反应。化学结构式为

β-胡萝卜素可通过化学合成、植物提取和微生物发酵 3 种方法生产，根据生产方式不同分为化学合成 β-胡萝卜素和天然 β-胡萝卜素两大类。由于天然 β-胡萝卜素具有很好的抗染色体畸变、防癌作用以及较强的生理活性，其价格是化学合成的数倍。

（1）从天然物萃取。用石油系溶剂从胡萝卜及其他含胡萝卜素的天然物中萃取。浓缩的石油醚溶液中添加二硫化碳或乙醇，析出粗胡萝卜素。如从含油脂多的原料萃取，需先皂化，不皂化物由石油系溶剂提取。

（2）发酵法生产 β-胡萝卜素。发酵法生产 β-胡萝卜素的工艺流程（图 9-9）说明如下：

将三孢布拉氏霉的"+"和"–"菌株分别在液体培养基中于 26℃培养 48h，将各培养液分别添加于发酵培养基中，用量各为 10%左右，发酵两天后加入 β-紫罗兰酮，发酵温度 26～28℃，pH 5.7～7.0；发酵 3～6d 后，将培养用湿热杀死（100℃中 10～15min），以阻止胡萝卜素的再发酵分解。因为发酵培养基中含有油脂，在发酵过程中产生的胡萝卜素溶解在油中，故发酵结束后将菌体过滤掉，胡萝卜素即存在于滤液中。滤液于 50～55℃真空干燥，然后用石油醚萃取，再上柱

层析、浓缩收集液即得 β-胡萝卜素。

原料单耗（t/t）：酸水解玉米 1.54，大豆粉 3.14，白脂 3.34，β-紫罗兰酮 2，曲通 X-100 0.8。

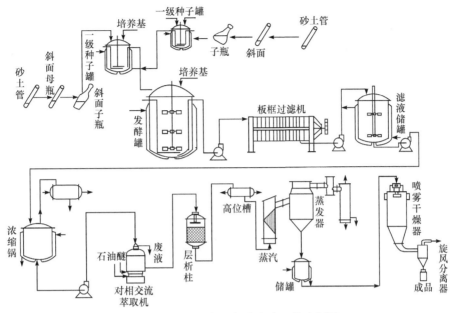

图 9-9　发酵法生产 β-胡萝卜素工艺流程图

2. 栀子黄色素

栀子黄色素由栀子干果经一系列破碎、精选、浸提、过滤、浓缩、干燥或精制、蒸发蒸馏而得。其成品有粉末、浸膏、液体三种。栀子黄色素的化学结构式如下：

9.5　增欲类添加剂

增欲类添加剂是对食品的香与味起重要作用的食品添加剂，主要包括调味剂和香味剂两大类。任何食品本身都有一定的味道，该类添加剂的作用是增味和调味，以使食品更香甜可口，味道鲜美，增强人们的食欲。饲料添加剂用的调味剂等增欲类添加剂与食品所用多数相同。

调味剂主要有酸味剂、甜味剂、鲜味剂、咸味剂和苦味剂等。其中苦味剂应用很少，咸味剂（一般使用食盐）我国并不作为食品添加剂管理。

9.5.1　酸味剂

以赋予食品或饲料酸味为主要目的的添加剂称为酸味剂。其作用还有调节食品或饲料的 pH，用作抗氧化剂的增效剂，防止酸败或褐变及抑制微生物生长等。酸味剂主要有柠檬酸、乳酸、酒石酸、苹果酸、食用磷酸等。下面介绍乳酸、柠檬酸的生产原理与工艺技术。

1. 乳酸

乳酸的化学名称为 2-羟基丙酸，分子式 $CH_3CH(OH)COOH$，通常是乳酸和乳酰乳酸（$C_6H_{10}O_5$）

的混合物，为无色透明或浅黄色糖浆状液体，几乎无臭，或微带脂肪酸臭，味酸。工业品乳酸为50%～90%的乳酸溶液，有吸湿性，还具有较强的杀菌作用，能防止杂菌生长，还有抑制异常发酵的作用，可用于酱类、饮料、罐头、糖果类食品。工业上制备乳酸是用淀粉、葡萄糖或牛乳为原料，接种乳酸杆菌经发酵而得。

发酵法生产不同有机酸的差别主要在于所使用的原料、菌种的不同，而生产工艺流程则大同小异。以根霉为菌种发酵可以制得较高纯度的 L-乳酸。它与细菌发酵相比具有发酵快、菌体生长营养要求简单，可使用无机氮源，发酵液含杂质、色素较少等优点。此外，根霉菌丝易于与发酵液分离，所得产品纯度高。但与细菌发酵相比，根霉发酵需要增加菌种培养、培养基灭菌和发酵时的通风等操作，过程与设备要复杂得多。

2. 柠檬酸

柠檬酸也称枸橼酸，化学名称为 3-羟基-3-羧基-1,5-戊二酸，分子式 $C_6H_8O_7 \cdot H_2O$，有一水合物和无水物两种，为无色半透明结晶或白色晶体颗粒，有强酸味，易溶于水和乙醇，可溶于乙醚。柠檬酸可由水果提取，也可用发酵法制取，还可用化学合成方法来制备。

从水果中提取柠檬酸是将不能食用的次果榨汁，放置发酵，沉淀，用石灰乳中和，然后用硫酸分解，精制而得。该法制得的产品质量较差，经重结晶后，可获得较纯产品。

化学法合成柠檬酸是采用草酸乙酸与乙烯酮经缩合反应制得：

$$\underset{\text{HOOC}}{\overset{\text{O}}{\text{HOOC}-\text{C}-\text{CH}_2\text{COOH}}} + \text{CH}_2{=}\text{C}{=}\text{O} \longrightarrow \underset{\text{CH}_2\text{COOH}}{\overset{\text{CH}_2\text{COOH}}{\text{HO}-\text{C}-\text{COOH}}}$$

发酵法是制取柠檬酸的主要方法，工业上是以淀粉类物质如玉米、红薯以及蜜饯等糖质为原料，用黑曲霉发酵，沉淀，然后用石灰乳中和，所得的柠檬酸石灰用硫酸分解，再经精制而得。以红薯干为原料深层发酵制柠檬酸的生产工艺流程见图 9-10。整个工艺流程由培菌、发酵、提取和纯化四个工序组成。

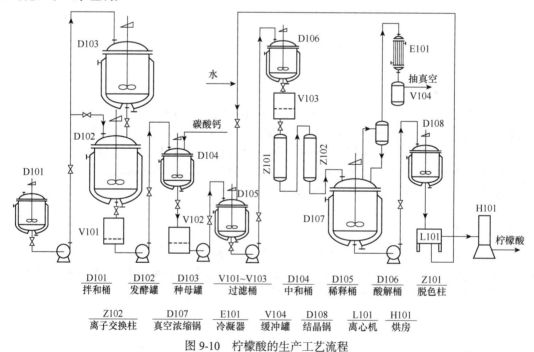

D101	D102	D103	V101~V103	D104	D105	D106	Z101
拌和桶	发酵罐	种母罐	过滤桶	中和桶	稀释桶	酸解桶	脱色柱

Z102	D107	E101	V104	D108	L101	H101
离子交换柱	真空浓缩锅	冷凝器	缓冲罐	结晶锅	离心机	烘房

图 9-10　柠檬酸的生产工艺流程

（1）种母醪制备。将浓度为 12%～14% 的淀粉浆液放入已灭菌的种母罐 D103 中，用表压为 98kPa 的蒸汽蒸煮糊化 15～20min，冷至 33℃，接入黑曲霉菌 N-588 的孢子悬浮液，温度保持在 32～34℃，在通无菌空气和搅拌下进行培养，5～6d 完成。

（2）发酵。在拌和桶 D101 中加入红薯干粉和水，制成浓度为 12%～14% 的浆液，泵送到发酵罐 D102 中，通入 98kPa 的蒸汽蒸煮糊化 15～25min，冷至 33℃，按 8%～10% 的接种比接入种醪，在 33～34℃下搅拌，通无菌空气发酵。发酵过程中补加 $CaCO_3$ 控制 pH 2～3，5～6d 发酵完成。

（3）发酵液中除柠檬酸和大部分水分外尚有淀粉渣和其他有机酸等杂质，应继续进行脱色、提取、纯化。其提纯工艺流程及参数如图 9-11 所示。

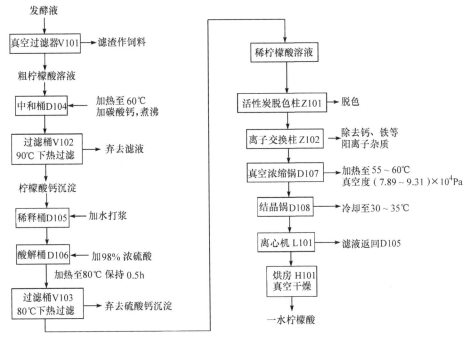

图 9-11　柠檬酸提纯工艺流程

柠檬酸酸味柔和爽快，入口即达到最高酸感，后味延续时间较短，与柠檬酸钠复配使用，酸味更为鲜美，而且具有防腐性能和抗氧化增效作用，因而广泛用于果酱、饮料、糕点及奶制品中。

9.5.2　甜味剂

凡是能产生甜味的物质称为甜味剂。甜味是易被人们接受的基本味感，不仅能满足人们的爱好，还能改进食品的可口性和食品的某些食用性质。近年来在动物饲料如猪饲料中常使用甜味剂。根据其来源不同，甜味剂可分为天然甜味剂和化学合成甜味剂。常用的甜味剂有蔗糖、葡萄糖、淀粉糖、麦芽糖、果葡糖浆、三氯蔗糖、糖精与糖精钠、甜蜜素、木糖醇、甜精、甘精、甘草酸钠、甜菊糖、D-木糖、山梨糖醇、二氢查耳酮等。通常把蔗糖、果糖和淀粉糖作为食品原料，不属于食品添加剂范围。

1. 三氯蔗糖

三氯蔗糖（TGS）是由英国泰莱公司（Tate & Lyle）与伦敦大学共同研制并于 1976 年申请专利的一种甜味剂。它是唯一以蔗糖为原料的功能性甜味剂，原始商标名称为 Splenda，甜度可达蔗糖甜度的约 600 倍。这种甜味剂为白色至近白色结晶性粉末，实际无臭，不吸湿，具有无能量、甜度高、甜味纯正、高度安全等特点，是目前最优秀的功能性甜味剂之一。

三氯蔗糖又称蔗糖素（sucralose）、蔗糖精或 4,1,6-三氯-4,1,6-三脱氧半乳型蔗糖，以蔗糖为原料经氯化作用而制得。即以蔗糖为原料，经三苯甲基化（屏蔽三个伯位羟基）、乙酰化（屏蔽五个仲位羟基）、脱三苯甲基、乙酰基迁移、氯化、脱乙酰基等得三氯蔗糖。

三氯蔗糖制备工艺有单酯法、酶-化学法和基团迁移法三种。前两种方法仅保护某个羟基，因此在氯代时无法控制取代度，所得产物是混合物，特别是单酯法可能造成蔗糖的分解而生成果糖酯。而基团迁移法一开始就把多个羟基保护起来，使氯代反应趋于定向，不需特殊的分离技术即可得较单一的产物。

三氯蔗糖是我国批准使用的甜味剂，甜味特性与甜味质量和蔗糖十分相似。在一般食品加工和储存过程中都非常稳定，水溶性很好，适宜于各种食品加工过程。我国规定可用于饮料、酱菜类、复合调味料、配制酒、雪糕、糕点、饼干、面包、饲料等许多领域。

2. 木糖醇

木糖醇结晶为白色斜光体，分子式为 $C_5H_{12}O_5$，其甜度与蔗糖相当，并有清凉感，而且具有不发酵性，大部分细菌不能把木糖醇作为营养加以利用。木糖醇在酸存在下于真空加热，其分子内脱水生成 1,4-脱水木糖醇。木糖醇与有机酸作用生成酯，与 NaOH 作用生成木糖醇钠。木糖醇与葡萄糖反应生成糖苷。

工业上以玉米芯、甘蔗渣、棉籽壳、桦木屑等为原料，先使原料中的多聚戊糖 $(C_5H_8O_4)_n$ 水解为木糖，然后由镍催化加氢制取木糖醇。以玉米芯为原料制取木糖醇的生产工艺流程见图 9-12。

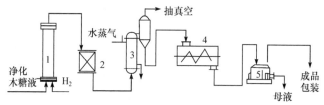

图 9-12 木糖醇的生产工艺流程
1. 加氢反应器；2. 过滤器；3. 蒸发器；4. 结晶机；5. 离心机

（1）原料预处理。将玉米芯用 130～150℃热水浸泡处理 1h，除去原料中的胶质和单宁等。

（2）水解。固液比 1：10，硫酸浓度为 0.6%～1.0%，水解温度 110℃，水解时间 2h，糖浓度约 5%，产糖率约 30%。

（3）中和。用相对密度为 1.1 的石灰乳中和过剩的硫酸生成硫酸钙沉淀，中和终点 pH 为 2.8～3.0，中和温度 75～80℃，并保温搅拌 30min，然后过滤。中和后的糖浓度为 20% 以上，进而真空浓缩至糖浓度为 35%～40%。

（4）脱色。加入适量活性炭脱色和吸附部分非糖物质，并在 70℃时保温搅拌 1h，再过滤。

（5）离子交换。木糖液通过阳阴离子交换树脂进一步净化，除去糖液中的酸和非糖杂质。

（6）催化加氢。净化的木糖液在镍催化剂存在下在反应器 1 中进行加氢反应，催化剂用量为木糖液质量的 5%。加氢压强为 $6.867×10^6$Pa，反应温度 120～130℃，转化率可达 99% 以上。反应生成的氢化液送入装有活性炭的过滤器 2 中进行过滤，以滤除催化剂得到澄清的木糖醇溶液。

（7）浓缩。将含 12% 木糖醇的氢化液送入蒸发器 3 中进行真空蒸发浓缩，温度 70℃，真空度 $9.842×10^4$Pa，浓缩至木糖醇质量分数达 85%～86%。

（8）结晶分离。将木糖醇浓缩液泵入结晶机 4，在 65℃时加入 2% 的晶种，然后降温至 40℃左右（每小时降 2℃），结晶完毕。送入离心机 5 离心分离得结晶木糖醇和母液。母液返回再制木糖醇，或者综合回收利用。

3. 甜味素

天门冬酰苯丙氨酸甲酯俗称甜味素，又称天冬甜素或阿斯巴甜（APM），是一种二肽化合物，为白色晶体粉末，微溶于水和乙醇，在水中不稳定，易分解而失去甜味。温度过高时，则发生环化而失去甜味，用于食品时其加工温度不能超过 200℃。甜味素是由 L-天冬氨酸与 L-苯丙氨酸甲酯缩合而成，反应路线如下：

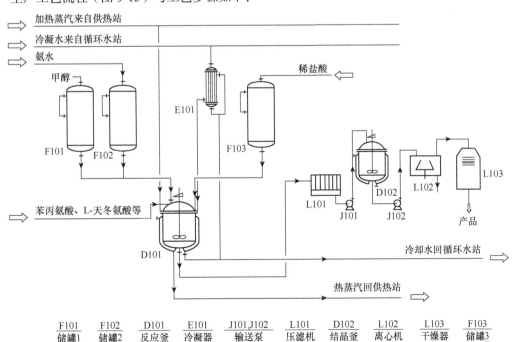

生产工艺流程（图 9-13）与工艺步骤如下：

F101	F102	D101	E101	J101,J102	L101	D102	L102	L103	F103
储罐1	储罐2	反应釜	冷凝器	输送泵	压滤机	结晶釜	离心机	干燥器	储罐3

图 9-13 甜味素的生产工艺流程

（1）取天冬氨酸加入反应釜 D101 中，再加入适量氧化镁和乙酸酐，溶解搅拌 5h 后加异丙醇，继续搅拌 1h 后加入乙酸乙酯和冰醋酸、L-苯丙氨酸甲酯，搅拌 6h，得产物 I 和产物 II 的混合物，收率 75.2%。

（2）将上述产物加入反应釜 D101 中，加适量稀盐酸水解，在 60℃反应 4.5h，用稀氢氧化钠中和，经 L101 过滤、水洗，得产物 III，收率 35.5%。

（3）将适量稀盐酸、甲醇、六水氯化镁、产物 III 加入 D101 中，室温下搅拌反应 72h，L101 过滤，用 10%盐酸洗，得产物 IV，收率 79.2%。

（4）将产物 IV 加入 D101 中，用适量水溶解，再用氨水调 pH 4.5，经 L101 过滤、水洗，得粗甜味素。

（5）在 D102 中，将粗甜味素用 50%甲醇重结晶得白色针状结晶，再经 L102 离心、L103 干燥得精制甜味素成品，总收率为 44.2%（以苯丙氨酸计）。

甜味素是一种新型低热、稳定性较好、安全性高、味道纯正、营养型的甜味剂，有强烈甜味，且甜味与砂糖相似，甜度为蔗糖的 100~200 倍，是糖尿病、高血压、肥胖症和心血管病患者的低糖、低热量保健食品的理想甜味剂，可用于糖果、面包、水果、罐头和特种饮料。

4. 甜蜜素

环己基氨基磺酸钠俗称甜蜜素，为白色结晶或白色晶体粉末，无臭，味甜，易溶于水，难溶于乙醇等有机溶剂。甜蜜素是由氨基磺酸钠与环己胺反应而制得，反应式为

$$\bigcirc\!\!\!-NH_2 + H_2NSO_3Na \xrightarrow{\triangle} \bigcirc\!\!\!-NHSO_3Na + NH_3$$

也可用环己胺与氯磺酸反应，生成环己亚胺磺酸，再通过钙盐纯化后转化为钠盐，反应式为

$$\bigcirc\!\!\!-NH_2 \xrightarrow{ClSO_3H} \bigcirc\!\!\!-NHSO_3H \xrightarrow[\text{（2）转化为钠盐}]{\text{（1）通过钙盐提纯}} \bigcirc\!\!\!-NHSO_3Na$$

甜蜜素的甜度为蔗糖的 40~50 倍，为无营养甜味剂。它在人体内无蓄积现象，可作为多种食品和健康食品甜味剂使用。

5. 罗汉果甜素

罗汉果甜素（momordica）又称拉汉果甜素、罗汉果提取物、罗汉果甜苷、假苦瓜甜素等，一般为淡黄色粉末。生产工艺流程见图 9-14。

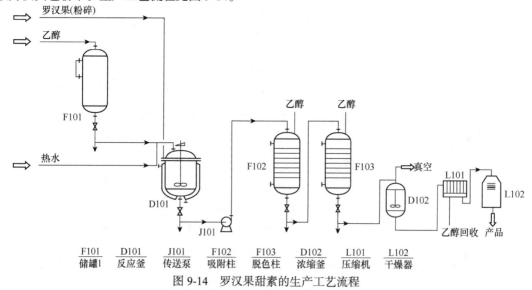

图 9-14 罗汉果甜素的生产工艺流程

将粉碎的干罗汉果加入反应釜 D101 中，搅拌打浆，加入 50～60℃ 热水或 50% 的乙醇提取，再经 D102 浓缩得浸膏，将浸膏继续经 L102 干燥得淡黄色粉末成品。也可将浸出液通过 F102 吸附柱吸附，经 F103（D-211 丙烯酸型阴树脂）脱色、脱盐、去杂质。然后用热水或稀乙醇溶液洗脱，经 D102 真空浓缩、L101 过滤、L102 干燥得纯度更高的产品。蒸馏法回收乙醇。

罗汉果为广西桂林特色植物，罗汉果甜素甜度为糖的 300 倍，且含热量低，是糖尿病患者稳定且无发酵性的理想添加剂。罗汉果甜素含有大量氨基酸、果糖、维生素和矿物质，其同样在我国传统烹饪中作为香料和营养添加剂。其作为一种通用的天然甜味剂是代替人工甜味剂如阿斯巴甜等的理想代替品。在饮料、烘烤食品、营养食品、低热食品或其他需要低或无碳水化合物甜味剂，或需要低或无热量的食用品中可充分发挥其作用。烹饪或烘烤并不会影响其风味或甜度。罗汉果提取物正常使用时很安全，没有任何不良作用。

6. 甜菊糖苷

甜菊糖苷（stevioside）又称甜菊苷、甜叶菊苷等，为白色结晶粉末，分子式 $C_{38}H_{60}O_{18}$。甜菊糖苷一般采用沸水-醇浸提法从菊科植物甜叶菊的叶、茎中提取。生产工艺流程参见 9-13。

将甜叶菊干叶粉碎、灭酶后，加入反应釜 D101 中用沸水-乙醇溶液浸泡 15h，过滤后提取沉淀，将沉淀在 D102 中浓缩、结晶，最后经 L102 干燥得成品。蒸馏法回收乙醇。

甜菊糖苷可用于糖果、糕点、饮料、固体饮料、油炸小食品、调味料、蜜饯、瓜子中，按生产需要适量使用。甜菊糖的热值仅为蔗糖的 1/300，且在体内不参与新陈代谢，因而适合于制作糖尿病、肥胖症、心血管病患者食用的保健食品。用于糖果，还有防龋齿作用；可作为甘草苷的增甜剂；往往与柠檬酸钠并用，以改进味质。

9.5.3 鲜味剂

以赋予食品鲜味为主要目的的食品添加剂称为鲜味剂，又称增味剂或风味增强剂，用以增补或增强食品原有风味。鲜味剂主要为氨基酸类与核苷酸类物质。前者主要是 L-谷氨酸及其单钠盐（味精），后者主要是 5′-肌苷酸二钠（5′-IMP·2Na）和 5′-鸟苷酸二钠（5′-GMP·2Na）。此外，琥珀酸及其钠盐也具有鲜味。

目前国内外消费量最大的仍是第一代鲜味剂——味精（L-谷氨酸钠），第二代鲜味剂为 5′-肌苷酸二钠及用 5′-鸟苷酸二钠、5′-肌苷酸二钠和谷氨酸一钠复配的强力味精等。第三代鲜味剂即风味或营养味精，是以牛肉、鸡肉、蔬菜等的冷冻干燥产物或其提取物为基料，与其他呈味物质（鲜、甜味剂等）、香料香精等复配而成的新型鲜味剂，它带有更为接近天然的风味。

肌苷酸钠是 20 世纪 90 年代兴起的鲜味剂。它是用淀粉糖化液经肌苷菌发酵后逐步得，呈鸡肉鲜味，其增强风味的效率是味精的 20 倍以上，可添加在酱油、味精之中。倘若将 99% 以上的谷氨酸钠的鲜度定为 100，那么肌苷酸钠的鲜度可达 4000。

1. L-谷氨酸钠

L-谷氨酸钠（MSG）俗称味精，学名为 L-氨基戊二酸一钠盐，分子式 $C_5H_8NNaO_4·H_2O$，常温下带有一个分子结晶水。谷氨酸的 α-碳原子为手性碳原子，所以谷氨酸一钠有 D 型、L 型和 dl-型三种异构体，但只有 L 型才具有鲜味。谷氨酸为无色或白色结晶性粉末，稍带有特殊的滋味和甜酸味，难溶于水、无臭，加热至 160℃ 时熔融并释放出水，在 224～225℃ 分解。

谷氨酸的制法有合成法、发酵法和蛋白质水解法三种。最后一种方法已基本淘汰，下面主要讨论前两种工艺方法。

（1）合成法。使用丙烯腈、丙烯醛、糠醛等为原料，在一定压力下进行化学合成可制得谷氨酸。如以丙烯腈为原料合成谷氨酸的反应式如下：

$$H_2C{=}CHCN + CO + H_2 \longrightarrow NC{-}CH_2{-}CH_2{-}CHO$$

$$NC{-}CH_2{-}CH_2{-}CHO + NH_3 + HCN \xrightarrow{\text{氰氨化}} NC{-}CH_2{-}CH_2{-}\underset{\underset{NH_2}{|}}{CH}{-}CN$$

$$NC{-}CH_2{-}CH_2{-}\underset{\underset{NH_2}{|}}{CH}{-}CN + NaOH \xrightarrow{2MPa} NaOOC{-}CH_2{-}CH_2{-}\underset{\underset{NH_2}{|}}{CH}{-}COONa$$

$$NaOOC{-}CH_2{-}CH_2{-}\underset{\underset{NH_2}{|}}{CH}{-}COONa + H_2SO_4 \xrightarrow{\text{中和}} HOOC{-}CH_2{-}CH_2{-}\underset{\underset{NH_2}{|}}{CH}{-}COOH$$

（2）发酵法。该法是工业生产味精的主要方法，分培菌、发酵、提取等三个步骤。将薯类、玉米、木薯等淀粉的水解糖或糖蜜，以铵盐、尿素等提供氮源，于大型发酵罐中在通气搅拌下发酵。发酵完毕，除去细菌，将澄清液经过真空浓缩、结晶等纯化工序，即可得结晶味精，结晶体中谷氨酸含量达99%。

2. 5′-鸟苷酸二钠

5′-鸟苷酸二钠（GMP）也称鸟苷-5′-磷酸钠，为无色或白色结晶，平均含有7个结晶水，有特殊的香菇鲜味，易溶于水，微溶于乙醇。在一般食品加工条件下，对酸、碱、盐和热均稳定。GMP与味精具有很好的协同效应，可广泛用于酱油等调味品中。

GMP的制法一般采用的是核酸酶解法，该法是直接使用核酸为原料酶解制得，分为酶解和酶解液的分离两步。核酸酶解工艺流程见图9-15。

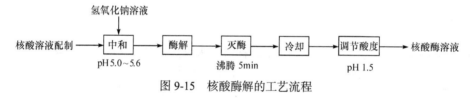

图9-15　核酸酶解的工艺流程

用20%氢氧化钠溶液将0.5%核酸溶液的pH调至5.0～5.6，然后升温至75℃左右，加入占核酸溶液10%量的5′-磷酸二酯酶的粗酶液，搅拌下于70℃酶解1h后，立即加热沸腾5min灭酶，冷却并调节pH至1.5，除去杂质，得核酸酶解液。酶解液含4种核苷酸：5′-鸟苷酸，5′-腺苷酸，5′-尿苷酸，5′-胞苷酸。将此酶核酸解液通过离子交换树脂柱进行分离。

酶解液通过离子交换树脂柱进行分离的工艺过程及条件：①在聚苯乙烯磺酸型阳离子交换柱内装树脂，容量为上柱液体的1/3～1，树脂柱高径比为5∶1。装柱完毕，用酸将蒸馏水的pH调至1.5，洗脱树脂上的紫外吸收物质，直至流出液中无紫外吸收物为止。②将pH为1.5的核酸酶解液自上而下缓慢地通过树脂柱，待上柱液流毕后，再用与树脂等体积的上述pH为1.5的酸液洗脱树脂。此时，上柱流出液及pH为1.5的洗脱液中含的是5′-尿苷酸。③随后用蒸馏水洗脱并测定洗脱液的紫外吸收峰值，根据吸收峰的依次出现及洗脱液pH的下降后又回升，则5′-鸟苷酸、5′-胞苷酸和5′-腺苷酸相继被分离洗脱。

将经树脂分离到的5′-鸟苷酸的洗脱液用NaOH溶液将pH调至6.0后，减压浓缩至浓缩液中产品的含量达40mmol/L以上，加入2倍浓缩液体积的乙醇并将pH调至7.0，冷冻结晶12min后抽滤，在80℃下干燥得得白色的5′-鸟苷酸二钠结晶。

3. 水解植物蛋白

水解植物蛋白（HVP）是指在酸、碱或酶作用下，水解含蛋白质的植物（大豆、小麦、花生、玉米等）组织所得到的天然氨基酸型调味料产物。这些产物既具有可食用的营养保健成分，还可用作食品调味料和风味增强剂。水解植物蛋白为淡黄色至黄褐色液体或糊状、粉状、颗粒状物质。糊状一般含水分17%～21%，粉状及颗粒状含水分3%～7%（相当于粗蛋白25%～87%），2%的水解植物蛋白水溶液的pH为5.0～6.5，不同水解植物蛋白的鲜味与鲜度不同，所含氨基酸组成视原料不同而异。

水解植物蛋白作为天然氨基酸调味料，广泛用于各种加工食品和烹调。如与其他调味剂合并使用，则可形成各种独特的风味。灵活地利用这些特性可以用于模仿和仿制许多天然食品。其生产工艺有蛋白质的酸水解与酶水解两种方法。酸法水解制取水解植物蛋白逐渐被酶法水解所取代。

酶水解蛋白质，可使其相对分子质量降低、离子性基团数目增加、疏水性基团暴露出来。从而使蛋白质的官能性质发生变化，达到改善乳化效果、增加保水性、提高热反应能力及摄食时易被人体消化吸收等目的。酶切断蛋白质的肽键使其成为小分子肽的情况，可用蛋白质水解程度（DH）值表示。DH值越高表示肽键被切断的数目越多，游离氨基酸、低相对分子质量肽生成得也越多。DH值为100%则表示蛋白质完全水解。由酶水解蛋白生产水解植物蛋白的流程如图9-16所示。

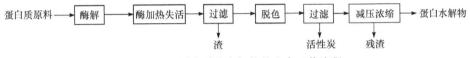

图9-16　蛋白质酶水解物的生产工艺流程

酶的种类、酶对底物的浓度、底物本身的性质与变性程度、水解系统的pH与离子强度、酶反应的温度与时间，都会影响DH值大小及蛋白质水解液特性。一般蛋白质水解酶的最适温度在33～49℃，最适pH在7.0左右。蛋白质酶水解后会产生苦味物质，这些苦味物质除少量是氨基酸外，主要是由相对分子质量为1000～5000的肽所构成。利用活性炭、树脂对这些疏水性高的多肽具有较高的吸附力，可以将水解液中的苦味肽有效地去除。添加环糊精或与谷氨酸等复配可不同程度地遮盖苦味。

9.5.4　香味剂

以改善、增加和模仿食品香气与香味为主要目的的食品添加剂称为香味剂，包括食用香料和食用香精。其中，食用香料是食品添加剂中品种最多的一类，它是具有挥发性的含香物质，可分为天然香料、天然同一香料和人造香料三类。食用香料的特殊性及其选择如下：

（1）食用香料以再现食品的香气或风味为根本目的。因为人类对未品尝过的食品的香气及风味有本能的警惕性，而日用香料则可以具有独特的幻想型香气，并被人们接受。

（2）食用香料必须考虑食品味感上的调和，很苦或很酸涩的香料不能用于食品。而其他香料一般不用考虑味感的影响。

（3）人类对食用香料的感觉比日用香料敏感得多。这是因为食用香料可以通过鼻腔、口腔等不同途径产生嗅感或味感。

（4）食用香料与产品色泽等有着更为密切的联系。如在使用水果型香料时，若不具备接近天然水果的颜色，人们会产生其香气是其他物质的错觉，使其效果大为降低。

食用香味剂是由各种食用香料和许可使用的附加物调和而成的能够使食品增香的食品香味剂，少部分饲料中也可使用。食用香精大多是由合成香料兑制而成，一般以现成的商品出售。所用附加剂包括载体、溶剂和添加剂。载体有蔗糖、糊精、阿拉伯树胶等。

饲用香味剂或香料是能使畜禽通过嗅觉而感受到良好气味，提高饲料适口性的一类化学物质。有些配合饲料产品因添加饲用香料可明显掩盖其不良气味，保证了畜禽有良好的摄食反应。尤其是由于各种动物对气味的嗜好不同，投其所好的气味具有较好的诱食作用。根据使用对象的不同有肉桂酸香料、α-己烯合成-γ-辛内酯、香兰素、天然香料（如大蒜和胡椒等）等。

9.6 营养强化剂

食品营养强化剂是指为增强营养成分而加入食品中的天然的或者人工合成的属于天然营养素范围的物质。营养强化剂不仅能提高食品的营养质量，还可提高食品的感官质量和改善其保藏性能。例如，维生素 E 和维生素 C，既是营养强化剂，又是良好的抗氧化剂，可延缓和减少食品中油脂的酸败。食品营养强化剂主要有维生素、氨基酸和矿物质三大类。

饲料用营养性添加剂除上述三种外，还包括非蛋白氮与单细胞蛋白，分述如下。

9.6.1 氨基酸类营养强化剂

人体需要通过各种途径从动植物中获取蛋白质，其目的在于从蛋白质取得所需的各种氨基酸，然后利用它们作为原料来合成机体的各种蛋白质和具有生命活性的物质。组成蛋白质的氨基酸有 22 种，其中一部分可以在体内合成，称为非必需氨基酸；而赖氨酸、蛋氨酸、苯丙氨酸、亮氨酸、异亮氨酸、缬氨酸、苏氨酸和色氨酸 8 种氨基酸，人体本身不能合成而满足不了需要，只能从食物中获取，这类氨基酸称为必需氨基酸，它对人类的健康有着非常重要的作用。

植物蛋白中可以加入个别品种的必需氨基酸，以提高其营养价值，其中某些已利用化学合成或生化法实现了工业化生产。真正具有大规模工业生产的氨基酸是赖氨酸、蛋氨酸、色氨酸和复合氨基酸。

1. L 型赖氨酸

游离的 L 型赖氨酸极易潮解，因具有游离氨基而易发黄变质，并有刺激性腥味，难以长期保存。L 型赖氨酸的盐酸盐则比较稳定，不易潮解，便于保存，故一般商品赖氨酸是以其盐酸盐的形式出售。L 型赖氨酸盐酸盐为无色结晶，性质稳定，与维生素 C 和维生素 K 共存时易着色，易溶于水，溶于甘油，不溶于乙醇和乙醚。

L 型赖氨酸最主要的生产方法是发酵法，该法又分为经二氨基庚二酸的二步法和以糖为原料的一步法。二氨基庚二酸法是以大肠埃希菌为菌种，合成起始物是天门冬氨酸，经酶等作用形成天门冬氨酸半醛，后者与丙酮酸经醛醇缩合并脱水生成环状中间产物 2, 3-二氢吡啶二羧酸，之后又形成 L-α, ε-二氨基庚二酸，脱羧后生成 L-赖氨酸。一步法是以各种淀粉水解糖或甘蔗糖蜜为碳源，氨水、铵盐或尿素为氮源进行发酵。由于赖氨酸生产菌株都是营养缺陷型突变株或抗代谢物变异株，因此培养基中必须提供相应的生长因子。发酵过程中培养基需维持中性，可以通过滴加氨水或尿素来控制，也可加入 $CaCO_3$ 来维持。

L 型赖氨酸也可以己内酰胺、环己烯、环己酮、环己醇等为原料采用化学方法合成。化学合成法的工艺较多，所用原料也有所不同，已工业化生产的主要有荷兰的 DSM 法和日本的东丽法。荷兰 DSM 法是以己内酰胺为原料，其合成路线如下：

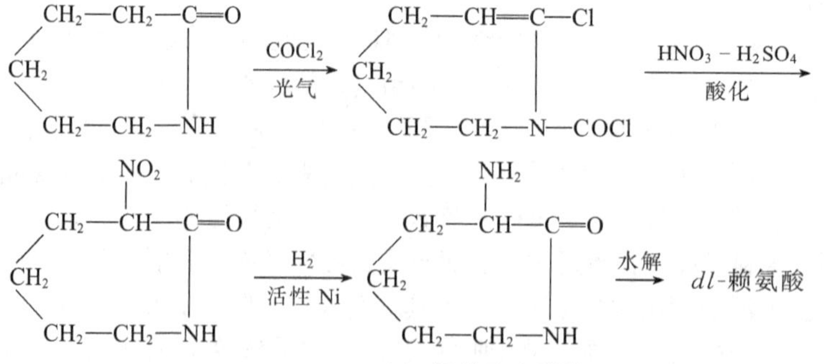

（dl-氨基己内酰胺）

所生成的 *dl*-赖氨酸可经酶法或化学法分割，分离后得 L-赖氨酸。酸法分割是利用酰化酶只能作用于乙酰-L-赖氨酸，而对乙酰-D-赖氨酸不起反应。经酶作用后，得到 L-赖氨酸和乙酰-D-赖氨酸，用有机溶剂分离 L-赖氨酸（L-赖氨酸不溶于有机溶剂，而乙酰-D-赖氨酸可溶解），剩下的乙酰-D-氨酸经消旋作用（酸法、碱法或水溶液法）生成乙酰-L-赖氨酸。其生产工艺流程见图 9-17。

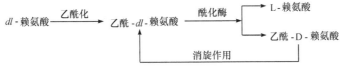

图 9-17　L-赖氨酸的生产工艺流程

得到的赖氨酸经盐酸处理后即可得到赖氨酸盐酸盐。

赖氨酸具有增强胃液分泌和造血机能，使白细胞、血红蛋白和两种球蛋白增加，有提高蛋白质利用率、保持代谢平衡、增强抗病能力、增加食欲等作用。赖氨酸多用作粮谷类制品的强化剂，如用于小麦粉、面包、面条和饼干等。

2. 蛋氨酸

dl-蛋氨酸为无色片状结晶或晶体粉末，有特殊臭味，味微甜，对强酸不稳定，可发生脱甲基反应，在水中溶解度随温度升高而增大，不溶于乙醇。

dl-蛋氨酸工业生产方法有两种：一种是以丙烯醛和甲硫醇为原料合成；另一种是以丙烯和甲硫醇为原料合成。前一种方法的生产工艺包括甲硫醇与丙烯醛反应、己内酰脲反应和水解反应，合成反应式如下：

$$H_2C{=}CHCHO + CH_3SH \longrightarrow CH_3SCH_2CH_2CHO \xrightarrow[(NH_4)_2CO_3]{HCN}$$

$$CH_3SCH_2CH_2\underset{\underset{\overset{|}{C}}{\overset{|}{\underset{NH}{|}}\ \overset{|}{\underset{NH}{|}}}}{CH{-}C}{=}O \xrightarrow[OH^-]{H_2O} CH_3SCH_2CH_2\underset{\underset{NH_2}{|}}{CH}{-}COOH$$

dl-蛋氨酸能促进毛发、指甲生长和身体发育，并有解毒和增强肌肉活动能力等作用，还能防止脂肪在肝脏沉积，主要用于小麦、玉米、大豆等食品的营养强化。

3. 色氨酸

色氨酸即 β-吲哚基丙氨酸，为白色或微黄色结晶或结晶性粉末，无臭，味微苦。水中微溶，在乙醇中极微溶解，在氯仿中不溶，在甲酸中易溶，在氢氧化钠试液或稀盐酸中溶解。色氨酸是植物体内生长素生物合成重要的前驱体物质，在高等植物中普遍存在。其生产主要有以下三种方法：

（1）3-吲哚乙腈与氨基脲缩合后，氰加成、水解得到外消旋色氨酸。

（2）以 3-吲哚甲醛与苯胺缩合，然后与 α-硝基乙酸脂缩合，经氢化水解得到 *dl*-色氨酸。

（3）丙烯醛-苯肼法：丙烯醛与 N-丙二酸基乙酸胺在乙醇钠存在下缩合，然后与苯肼缩合、环化，经水解脱羧得到外消旋色氨酸。

色氨酸是重要的营养剂。可参与动物体内血浆蛋白质的更新，并可促使核黄素发挥作用，还有助于烟酸及血红素的合成。可显著增加怀孕动物胎仔体内抗体，用于饲料中对泌乳期的乳牛和母猪有促进泌乳作用。在医药上用作癞皮病的防治剂。

4. 复合氨基酸

利用废弃的动植物蛋白资源（如动物的毛、发、蹄、角等），经水解制备复合氨基酸也是提供氨基酸的途径之一。蛋白质水解制复合氨基酸的方法主要有酸水解法、碱水解法、酶水解法和高温高压水解法。其中酸水解法应用最广，基本工艺流程见图9-18。

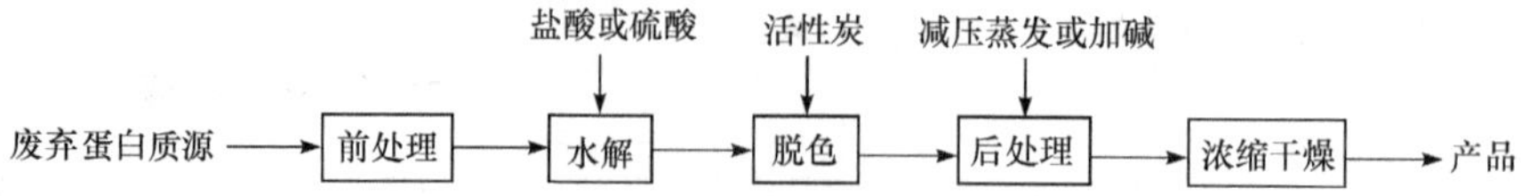

废弃蛋白质源 → 前处理 → 水解（盐酸或硫酸）→ 脱色（活性炭）→ 后处理（减压蒸发或加碱）→ 浓缩干燥 → 产品

图 9-18 复合氨基酸的生产工艺流程

在酸水解法中，盐酸水解法使用较为广泛，一般用 $6\sim10mol/L$ 盐酸水解 $7\sim24h$。硫酸水解法一般用 $3\sim5mol/L$ 硫酸，水解时间与盐酸相当，可选用石灰乳或碳酸钙中和脱酸，生成的硫酸钙沉淀经分离而除去。

9.6.2 维生素

维生素是维持人体正常生理功能所必需的一类有机化合物，主要是作为辅酶的组成部分或通过辅酶参与生理生化反应，调节机体代谢。人们日常生活所需要的维生素主要从食物直接取得。除维生素 A 和维生素 D 外，所有天然的维生素都能由植物合成，人工合成也是一个重要的来源。

畜禽对维生素的需要量极微，但其作用极大，是维持畜禽正常生理机能所必需的物质。在粗放化饲养条件下，畜禽采食到大量青饲料，一般不会出现维生素缺乏。但在集约化饲养条件下，畜禽采食高能量、高蛋白的配合饲料，就会出现维生素缺乏的问题。在后一种情况下，畜禽对维生素的需要量要比正常需要量高一倍左右，这就必须给饲料添加各种维生素。维生素与其他营养物质一样，在动物体内彼此之间存在着相互协调和对抗的作用，因此应掌握维生素之间的相互关系，以制定出科学的维生素饲料添加剂配方。

维生素种类很多，其中约有 20 种对营养和健康起作用。脂溶性维生素有维生素 A、维生素 D、维生素 E 和维生素 K，水溶性维生素有维生素 B 和维生素 C。各大类维生素中又根据结构不同划分成若干小类，如维生素 B 可划分为 B_1、B_2、B_5、B_{12} 等。

1. 水溶性维生素

1）维生素 B

B 族维生素在分布和溶解性方面大致相同，在化学结构和生理功能方面自成体系。现已确定 B 族维生素有十多种，我国允许用于营养强化剂的主要有维生素 B_1、维生素 B_2、维生素 B_5 与维生素 B_{12} 等。下面介绍维生素 B_1 的生产原理与工艺。

维生素 B_1 又称硫胺素、抗神经炎素，是由被取代的嘧啶和噻唑通过亚甲基相连，嘧啶环上的氨基 N 和噻唑环上的 N 带有两个正电荷。它可以成盐，使之易溶于水，实际使用的多为盐酸硫胺素、硝酸硫胺素、十六烷基硫胺素等硫胺素的衍生物。维生素 B_1 广泛存在于动植物中，尤其在米糠、大豆、花生、动物内脏和鱼子内含量较高。盐酸硫胺素的化学名称为 3-[（4'-氨基-2'-甲基-5'-嘧啶基）]-（2'-羟乙基）-4-甲基氮化噻吩盐酸盐。

维生素 B_1 合成反应路线如下：

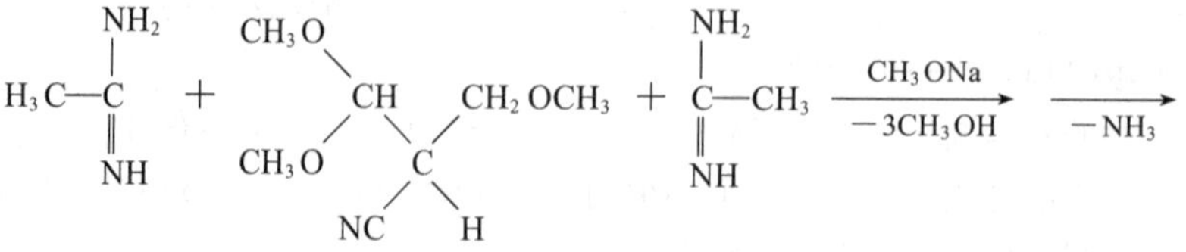

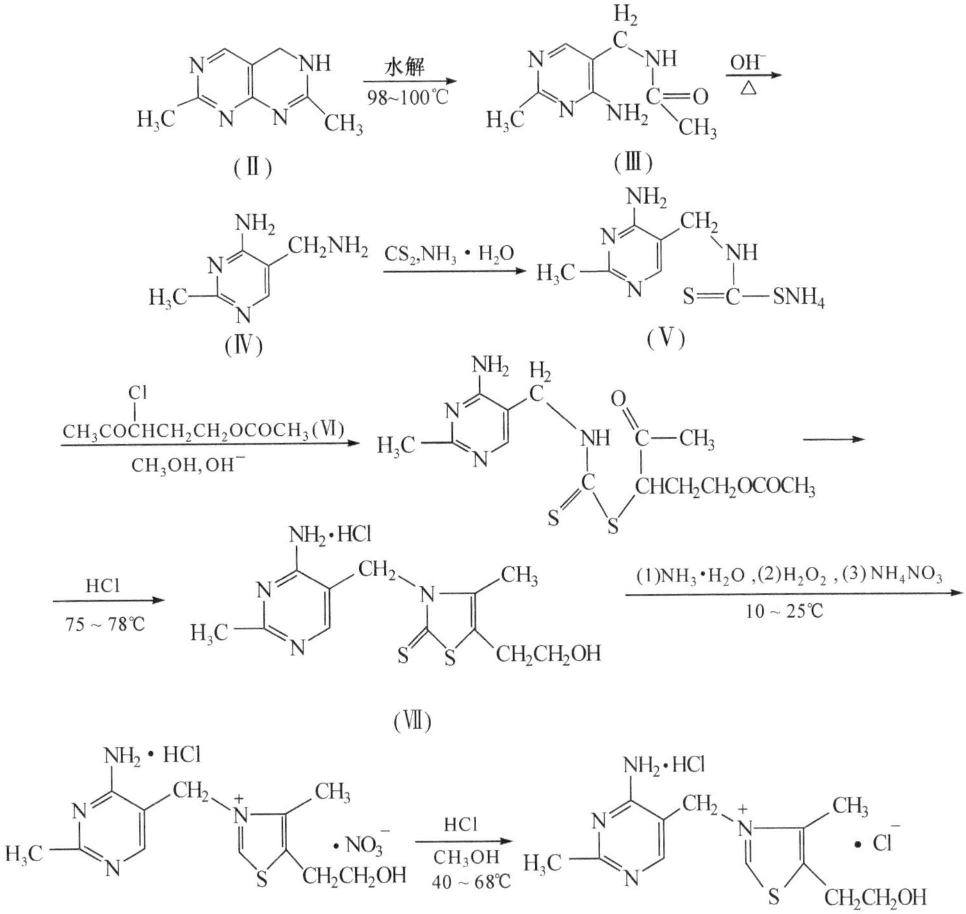

（Ⅱ） → 水解 98~100℃ → （Ⅲ） → OH⁻ △

（Ⅳ） → CS₂,NH₃·H₂O → （Ⅴ）

$CH_3COCHCH_2CH_2OCOCH_3$（Ⅵ） / CH_3OH,OH^- →

HCl 75~78℃ → （Ⅶ）

(1)$NH_3 \cdot H_2O$,(2)H_2O_2,(3)NH_4NO_3 / 10~25℃ →

HCl CH_3OH 40~68℃

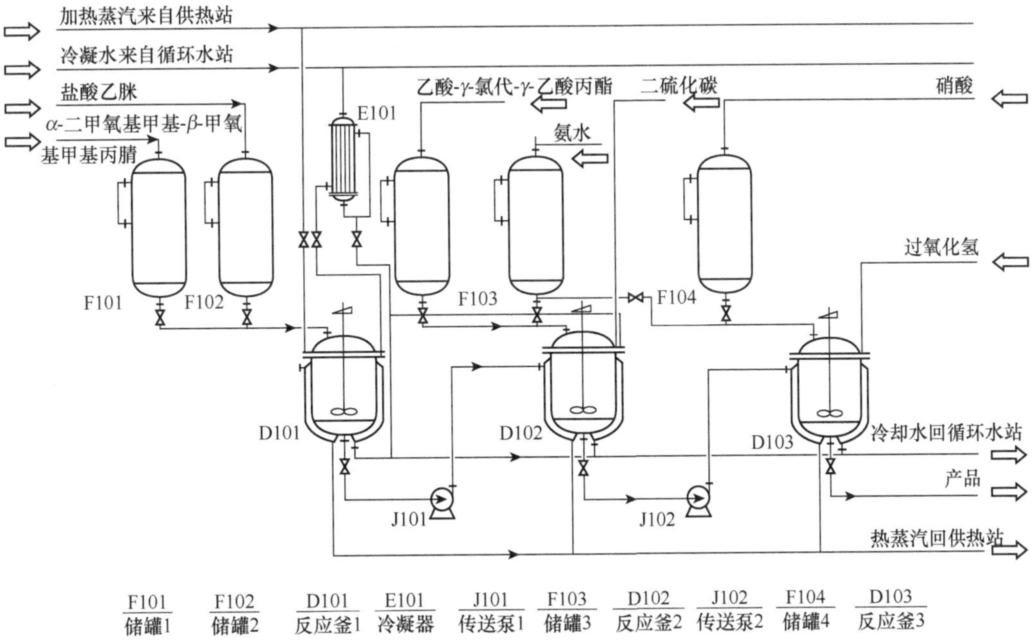

加热蒸汽来自供热站
冷凝水来自循环水站
盐酸乙脒
α-二甲氧基甲基-β-甲氧基甲基丙腈
乙酸-γ-氯代-γ-乙酸丙酯　二硫化碳　硝酸
氨水
过氧化氢
冷却水回循环水站
产品
热蒸汽回供热站

E101
F101　F102　F103　F104
D101　D102　D103
J101　J102

F101	F102	D101	E101	J101	F103	D102	J102	F104	D103
储罐1	储罐2	反应釜1	冷凝器	传送泵1	储罐3	反应釜2	传送泵2	储罐4	反应釜3

图 9-19　维生素 B₁ 的生产工艺流程

　　维生素 B₁ 的生产工艺见图 9-19。将过量的盐酸乙脒与 α-二甲氧基甲基-β-甲氧基甲基丙腈加入反应釜 D101 中，在碱性介质中缩合为 3,6-二甲基-1,2-二氢-2,4,5,7-四氮萘（Ⅱ）。然后经水解得到中间产物（Ⅲ），再在碱性中闭环成 2-甲基-4-氨基-5-氨甲基嘧啶（Ⅳ）。导入 D102 中，继续与二硫化碳和氨水作用得到（Ⅴ），然后与乙酸-γ-氯代-γ-乙酸丙酯缩合，再在盐酸中水解和环合即得到硫代硫胺盐酸盐。泵入 D103，用氨水中和、过氧化氢氧化后，再以硝酸转化为硝酸硫胺，最后加盐酸即得到成品。

维生素 B_1 在人体内形成磷酸酯硫胺盐，它是一种生物催化剂，作为辅酶成分参与糖质代谢。缺少维生素 B_1 会发生脚气病和神经系统病变。一般添加在面包、饼干、白米和酱油中，使用时应按食品形态选用适宜的维生素 B_1 衍生物。

2）维生素 C

维生素 C 具有防治坏血病的功能，又有显著的酸性，所以又称抗坏血酸。它是己糖酸的内酯物，具有烯酸式结构。维生素 C 具有 4 个光学异构体，其中 L-抗坏血酸的生物活性最高，其他 3 个光学异构体均无生物活性。由于维生素 C 呈酸性，不宜添加在乳制品中。一般使用的是中性的 L-抗坏血酸钠盐。维生素 C 及其钠盐都是水溶性的，不能用于无水食品和脂类食品。而最近合成的维生素 C 的酯类，如 L-抗坏血酸棕榈酸酯和 L-抗坏血酸硬脂酸酯都是一类良好的脂溶性维生素 C 的衍生物，这类酯在高温下活性仍然保持不变。

人体内不能合成维生素 C，主要是通过食物摄取。维生素 C 最早是从动植物中提炼出来的，后来发展出化学制造法，以及发酵及化学共享的制造法。发酵法是用微生物或酶将有机化合物分解成其他化合物的方法。现在的维生素 C 工业制造法有两种，一种是瑞士化学家 Reichstein 发明的一段发酵制造法，一种是中国微生物学家尹光琳发明的两段发酵法。Reichstein 制造法现在还是被西方大药厂如罗氏制药、BASF 公司及日本的武田制药等采用。中国药厂全部采用两段发酵法，欧洲的新厂也开始使用两段发酵法。

两种方法的第一阶段都相同，都是先将葡萄糖在高温下还原而制成山梨醇（sorbitol），再将山梨醇发酵变成山梨糖（sorbose）。Reichstein 制造法将山梨糖加丙酮制成二丙酮山梨糖（di-acetone sorbose），然后再用氯及氢氧化钠氧化成二丙酮古龙酸 DAKS（di-acetone-ketogulonic acid）。DAKS 溶解在混合的有机溶液中，经过酸的催化重组成为维生素 C。最后粗制的维生素 C 经过再结晶成为纯粹的维生素 C。Reichstein 制造法多年来经过许多技术及化学的改进，使得每一步骤的转化效率都提高到 90%，所以从葡萄糖制造成的维生素 C 的整体效率是 60%。合成反应路线如下：

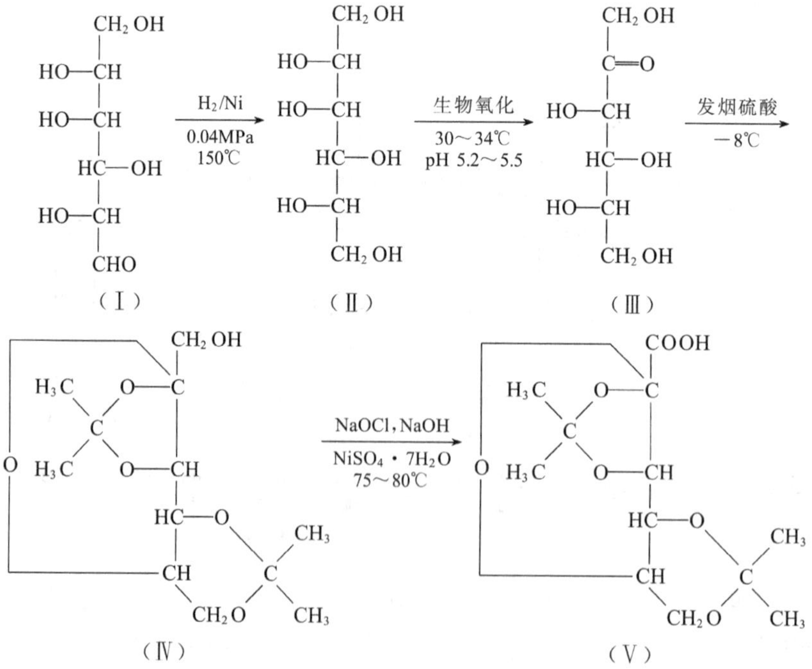

$$\xrightarrow[\triangle]{\text{HCl}}$$

COOH
C=O
HO—CH
HC—OH
HO—CH
CH₂OH

$$\xrightarrow[\triangle]{\text{HCl}}$$

(structure)

Reichstein 制造法需要许多有机及无机化学物质和溶剂，如丙酮、硫酸、氢氧化钠等。虽然有些化合物可以回收，但是需要严格的环保控制和高昂的废弃物处理费用。两段发酵法的设备费用及操作投资都较低，生产成本只有 Reichstein 制造法的 1/3。两段发酵法是用另一发酵法代替 Reichstein 制造法制造 DAKS 的步骤。发酵的结果是另一种中间产物 2-酮基古龙酸（2-keto-L-gulonic acid, KGA）。最后将 KGA 转化为维生素 C 的方法与 Reichstein 制造法类似。两段发酵法比 Reichstein 制造法使用的化学原料少，所以成本降低，而且废弃物处的费用也减少。

维生素 C 是高等灵长类动物与其他少数生物的必需营养素。抗坏血酸在大多数生物体可借由新陈代谢制造出来，但是人类是最显著的例外。广为人知的是，缺乏维生素 C 会造成坏血病。在所有维生素中，维生素 C 是最不稳定的，在储藏、加工和烹调时容易被破坏。它还易被氧化和分解，主要用于粉状食品、固体饮料和保健食品等干状食品，或者果汁、软饮料等液态食品的强化。微胶囊化抗坏血酸强化剂适用于速溶固体饮料、保健食品等干状制品以及马铃薯制品。结晶抗坏血酸制品主要用于肉类腌制、面粉和面团质量改进、稳定加工马铃薯制品。

近年来开发的维生素 C 磷酸酯镁是一种维生素 C 的衍生物，具有优良的水溶性，其将 2 位羟基衍生为磷酸酯可提高维生素 C 的稳定性，所形成的衍生物被体内广泛存在的磷酸酯酶水解后能再生维生素 C，因而已成为饲料添加剂、食品强化剂和高级化妆品增白的主要成分，是一种有价值的精细化学品。

2. 脂溶性维生素

1）维生素 A

维生素 A 是 β-紫罗兰酮衍生物的总称，化学名称为全反式 3, 7-二甲基-9-（2, 6, 6-三甲基-1-环己烯基-1）-2, 4, 6, 8-壬四烯-1-醇乙酸酯。它具有多烯酸结构，侧链上的 4 个双键必须和环内双键共轭，否则活性消失。维生素 A 为微黄色晶体，熔点 56~60℃，易溶于油脂和有机溶剂中，不溶于水。维生素 A 广泛存在于鱼的肝脏、牛奶、鸡蛋之中。维生素 A 乙酸酯的稳定性比维生素 A 高，它水解后生成维生素 A。维生素 A 过去主要从鱼肝油中提取，现多用合成法制得。

维生素 A 乙酸酯的合成主要有以下四条路线：采用 $C_{13}+C_1+C_6$ 路线的 Hoffmann-La Roche 法；以 Witting 反应为特征采用 $C_{15}+C_5$ 路线的 BASF 法；以砜类化合物为中间体采用 $C_{15}+C_5$ 路线的 Rhone-Poulenc 法；Witting-Honer 反应制备维生素 A 乙酸酯法等。例如，20 世纪 50 年代 Pommer 等研究开发的维生素 A 合成方法为 BASF 技术路线奠定了基础，后经几十年的不断改进完善，BASP 公司 1971 年投入工业生产，是以 β-紫罗兰酮为起始原料，与乙炔进行格氏反应生成乙炔-β-紫罗兰醇，选择加氢得到乙烯-β-紫罗兰醇，再经 Witting 反应之后，在醇钠催化下与 C_5 醛缩合生成维生素 A 乙酸酯。

维生素 A 具有促进生长发育和繁殖、防治癌症、延长寿命、维持上皮组织结构完整和保护视力的功能，常用于防止角膜软化、夜盲、皮肤干燥等症。一般添加在植物油和乳制品中。

2）维生素 E

维生素 E 即生育酚，化学名称（+/−）-[2R^*（4R^*, 8R^*）]-3, 4-二氢-2, 5, 7, 8-四甲基-2-（4, 8, 12-

三甲基十三烷基)-6-色满醇,广泛存在于绿色植物中,具有抑制植物组织中脂溶性成分氧化的功能。维生素 E 是一种有 8 种形式的脂溶性维生素,为一重要的抗氧化剂。维生素 E 包括生育酚和三烯生育酚两类共 8 种化合物,即 α-、β-、γ-、δ-生育酚和 α-、β-、γ-、δ-三烯生育酚,α-生育酚是自然界中分布最广泛、含量最丰富、活性最高的维生素 E 形式。

市场上主要有天然维生素 E 和合成维生素 E 两大类。天然维生素 E 一般从天然植物中提取,而合成维生素 E 一般以三甲基氢醌等石油化工副产物为原料制成。天然的维生素 E 广泛存在于植物的绿色部分以及禾本科种子的胚芽(如小麦胚芽)里,尤其在植物油中含量丰富。

可以利用高科技从大豆油中分离提纯出天然维生素 E,这种天然维生素 E 由于在生产过程中没有产生化学反应,保持了维生素 E 原有的生理活性和天然属性,更容易被人体吸收利用,而且安全性也高于合成维生素 E,更适于长期服用。实验还证明,天然维生素 E 的抗氧化和抗衰老性能指标都是合成维生素 E 的数十倍。

生育酚的抗氧化能力来自苯环上的羟基,当结合成酯后便失去抗氧化活性。其同分异构体的抗氧化能力为 α-型>β-型>γ-型>δ-型。通常维生素 E 对动物油脂的抗氧化效果比对植物油脂的好。生育酚热稳定性高,耐光、耐紫外线、耐放射线性也强。

(1)天然维生素 E 的提取。维生素 E 主要存在于各种植物原料中,特别是油料种子中。在各类植物油脂中以小麦胚芽油中的维生素 E 含量最高,为 180~450mg/(100g 油)。目前,国内外主要以此类油为原料进行天然维生素 E 的提取。在一般油脂中生育酚含量约为 40mg/(100g 油)。

从皂角中提取维生素 E 是将小麦胚芽油碱炼时所得的皂角用 0.5mol/L 的 NaOH 乙醇溶液再行皂化,然后用极性溶剂(甲醇、乙醇、丙醇等)萃取,将所得的不皂化物溶液冷冻,除去蜡及部分甾醇,溶液经活性炭脱色,可得浓度 10%~15% 的维生素 E。将其经真空蒸馏或分子蒸馏可得浓度更高的产品。工艺流程如图 9-20 所示。

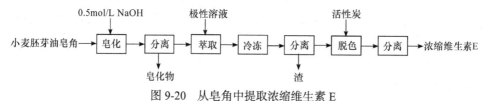

图 9-20 从皂角中提取浓缩维生素 E

也可以用冷冻法处理皂角后分去沉淀,再用 NaOH 的乙醇溶液进行皂化除去沉淀。然后用石油醚萃取可溶部分,再用洋皂地黄苷处理萃取液,除去硬脂后,用热乙醇抽提,再进行高真空蒸馏即可得生育酚成品。

(2)合成法制备生育酚。合成维生素 E 主要以三甲基氢醌、异植物醇为原料,在氯化锌等脱水对作用下进行缩合而制取,工艺流程见图 9-21。

将原料三甲基氢醌和异植物醇加入 F101 中进行混合配料。混合物导入 D101 中,在氯化锌等脱水剂作用下脱水,然后进行缩合生成生育酚,并在 T101 中进行溶剂回收,同时对其进行提取,再与乙酐进行酯化反应,然后在 D104 中进行洗涤,再在 T102 中进行溶剂回收,洗涤液在 T103 中进行蒸馏分离,馏分经 L101 过滤可得成品维生素 E。

主要原料及消耗定额(t/t):三甲基氢醌 0.34,异植物醇 0.68,溶剂 0.85,汽油 0.451,甲醇 0.60。

维生素 E 用于医药、食品、饲料及化妆品等工业中。在医疗方面,维生素 E 可治疗冠心病、动脉硬化、血栓、血液循环障碍、皮炎及预防衰老等;维生素 E 在食品工业中被广泛用作婴儿食品、疗效食品及乳制品等的抗氧化剂或营养强化剂,在国际上最大用量是作为天然抗氧剂。因维生素 E 具有美容、预防衰老的特殊功能,所以其产品在化妆品中的用量也占了很大比例。

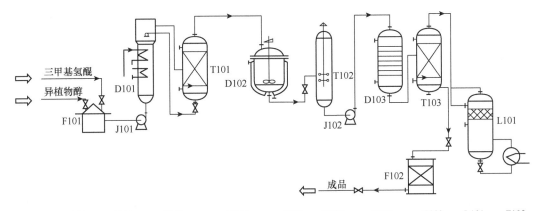

F101	D101	J101	T101	D102	J102	D103	T102	T103	L101	F102
储槽	缩合反应器	传送泵	溶剂回收塔	提取与酯化罐	传送泵	水洗罐	溶剂回收塔	精馏塔	过滤器	产品储罐

图 9-21　维生素 E 的生产工艺流程

9.6.3　矿物质与微量元素

矿物质又称无机盐，一般指钙、钠、镁、钾、磷、硫、氯等元素构成的盐，是构成机体组织和维护正常生理活动所不可缺少的物质。人体内无机盐一部分来自作为食物的动植物组织，一部分来自饮水、食盐和食品添加剂。与有机营养强化剂不同的是，无机物不能在人体内合成，除排泄外也不能在体内消失。无机盐在人体中以离子形式存在，且大多为水溶性。通常人体比较容易缺乏的矿物元素是 Ca、Fe、Zn 等少数几种。

用于食品添加剂的无机盐品种较多，用于微量元素添加的有机盐也不少，两者加起来共有近40 种。从营养的角度看，有机微量元素盐类的生物效价更高，是近年研究开发的热点。

人体是由 80 多种元素所组成的。根据元素在人体内的含量不同，可分为常量元素和微量元素两大类。凡是占人体总质量万分之一以上的元素，如碳、氢、氧、氮、钙、磷、镁、钠等，称为常量元素；凡是占人体总质量万分之一以下的元素，如铜、铁、锌、铬、钴、锰、钼、钒、硒、锡、矽、氟、碘、镍等 14 种，称为微量元素（铁又称半微量元素）。

矿物质元素是动物体生长所需的营养要素，共有 16 种，其中钙、磷、钠、钾、氯、镁和硫等为常量元素，铁、锌、锰、碘、硒、钴、铜、铬、镍为微量元素。矿物质在动物体内的主要作用有：促进动物骨骼坚硬；调节机体酸碱平衡；控制体液平衡；活化酶体系，参与维生素协同作用；构成肌肉、器官、血细胞和软组织。饲料工业中用到的矿物质添加剂有钙添加剂（碳酸钙、石灰石、白云石、石膏、磷酸钙盐和骨粉等）、磷添加剂（磷酸、磷酸钙盐、骨粉、鱼粉和钙镁植酸盐等）、含硫添加剂（硫酸钠、硫酸钙、硫酸钾和硫酸铵等）、含镁添加剂（氧化镁、硫酸镁、柠檬酸镁、乙酸镁、磷酸镁和乳酸镁等）、微量元素添加剂（氯化铁、硫酸亚铁、硒酸钠、硫酸锰、硫酸铜、氯化锌、乳酸锌、柠檬酸锌、氯化铝、碘化钾及微量元素的有机酸螯合物等）。

1. 含钙类矿物质

钙营养强化剂多达 40 多种，已列入 GB 2760—2019 的有活性钙、碳酸钙、磷酸氢钙、生物碳酸钙、磷酸钙、氯化钙、天冬氨酸钙、乙酸钙、甘氨酸钙、柠檬酸钙、乳酸钙、苏糖酸钙、葡萄糖酸钙等，可将以上钙盐分为有机钙和无机钙。从人体对钙的吸收角度看，有机钙溶于水，吸收率要高，但相对分子质量大，含钙比率低，价格较高。无机钙使用得更普遍，但不溶于水，而以微粒悬浮于水中。下面介绍乳酸钙、葡萄糖酸钙。

1）乳酸钙

乳酸钙为白色或乳酪色晶体颗粒或粉末，分子式 $C_6H_{10}CaO_6 \cdot 5H_2O$，无臭，几乎无味。加热至 120℃成为无水物。溶于水，呈透明或微浊的溶液，水溶液的 pH 为 5.0～7.0，几乎不溶于乙醇、乙醚、氯仿。

乳酸钙可由稀乳酸液和碳酸钙或氢氧化钙进行中和反应，再经过滤、结晶、精制而得，也可通过发酵法直接制取乳酸钙。其生产工艺流程见图 9-22。

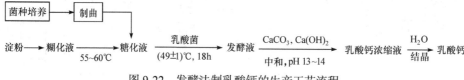

图 9-22　发酵法制乳酸钙的生产工艺流程

（1）将淀粉加水通蒸汽加热至 90℃，糊化，在发酵罐稀释至浓度为 10%～12%，冷却至 50～55℃得糊化液。加入黑曲霉，在 55～60℃进行糖化，加入乳酸菌在 50℃下保温 18h，测定酸度，在每 10mL 发酵液消耗 0.1mol/L 氢氧化钠液时，开始分别加入碳酸钙粉，耗时 40h 以上。每 4h 测定液温，并用压缩空气搅拌，一般在 3d 内可成熟。发酵液成熟后测定无残糖时，加石灰乳将 pH 调至 13～14，过滤，滤液升温至 90℃以上。再加石灰乳使之产生沉淀。取上清液减压浓缩，得乳酸钙浓缩液。

（2）将浓缩液静置 4d，冷却至 36℃左右，离心过滤，将滤饼轧碎淘洗，再离心分离得滤饼。将固体溶解配成 10°Be′乳浊液，加 0.1%氧化镁溶液。待石灰乳澄清后，静置 3～4d，冷却、过滤，淘洗除去氯离子及硫酸根离子，离心得粗产品。

（3）粗产品再加水溶解至 24°Be′（100℃），加乳酸调节酸度，使每克成品消耗 0.1mol/L 氢氧化钠液 0.5mL 以下，加活性炭 0.3g/kg，保温过滤，在 65℃以下干燥、粉碎、筛分，包装得成品。

2）葡萄糖酸钙

葡萄糖酸钙为白色结晶或粉末，无臭无味，常温下水中溶解度约为 3g/100mL。除用作一般食品钙强化剂外，由于葡萄糖酸钙具有螯合金属离子的作用，在含油量高的糕点或油炸食品中添加时，可防止油脂的氧化变质。

葡萄糖酸钙的生产工艺流程如下：在乳化槽中将原料淀粉及水配成乳浆，搅拌均匀后输入有一定量催化剂（硫酸）的糖化罐内，加热下进行糖化反应制得糖化液，用无菌石灰乳中和至 pH 约为 5，冷却后送至储罐。将糖化液及适量营养成分加到培养罐中，间接加热灭菌后接种黑曲霉菌菌种，搅拌和无菌条件进行培养。当糖液含量降至一定浓度后，送至发酵罐。在发酵罐中加入糖化液和适量营养成分，在无菌和搅拌下发酵至糖化液中糖含量低于 1%时，停止发酵。加热，用石灰乳中和至中性，过滤，减压蒸馏浓缩得到结晶。该结晶用蒸馏水加热溶解，活性炭脱色，冷却过滤。再将过滤的结晶经造粒干燥后制得葡萄糖酸钙。

2. 含铁类矿物质

铁作为血红蛋白和肌红蛋白的组成成分，是运输和储存氧及合成所需酶的重要组成部分，维持着机体的生长发育和正常免疫功能。世界各国都很重视在食物中强化铁元素，有的国家在法令中强制强化铁。GB 2760—2019 所列铁营养强化剂有硫酸亚铁、葡萄糖酸亚铁、乳酸亚铁、富马酸亚铁、柠檬酸铁铵、乙二胺四乙酸铁钠等。

1）乳酸亚铁

乳酸亚铁为浅绿色或微黄色结晶，或结晶粉末，分子式 $C_6H_{10}FeO_6 \cdot 2H_2O$，具有特殊气味和微甜铁味，易潮解，暴露于空气中颜色变深。在阳光下会促进亚铁的氧化。铁离子与其他食品添加剂反应易着色，易溶于柠檬酸成绿色溶液；溶于水，水溶液带绿色，呈弱酸性；几乎不溶于乙醇。乳酸亚铁用于强化食品，具有易吸收，对消化系统无刺激，无副作用，对食品的感官性能和风味无影响。

乳酸亚铁常用的制法是向乳酸溶液或乳酸发酵液中加入碳酸钙和硫酸亚铁，先中和、后复分解生成乳酸亚铁，再经精制而得，反应式如下：

$$2C_3H_6O_3 + CaCO_3 \longrightarrow C_6H_{10}O_6Ca + CO_2 + H_2O$$

$$C_6H_{10}O_6Ca + FeSO_4 \longrightarrow C_6H_{10}O_6Fe + CaSO_4$$

2）葡萄糖酸亚铁

葡萄糖酸亚铁为黄灰色或浅黄绿色晶体颗粒或粉末，分子式 $C_{12}H_{22}FeO_{14} \cdot 2H_2O$，微有类似焦糖的气味，易溶于水，温水中溶解度为 10g/100mL。5%水溶液呈酸性，在其水溶液中加入葡萄糖可使其稳定性提高，几乎不溶于乙醇等有机溶剂。其应用与乳酸亚铁相同。

葡萄糖酸亚铁由还原铁中和葡萄糖酸而成。不同的葡萄糖酸盐的制法类似，一般采用复分解或置换法制取。

3. 含锌类矿物质

锌为多种酶的组成成分，能参与蛋白质、碳水化合物、脂类和核酸的代谢，参与基因表达，维持细胞膜结构的完整性，促进伤口愈合和正常的性成熟（特别是对男性）。锌缺乏将导致生长迟缓或停滞，形成侏儒。

GB 2760—2019 批准使用的锌营养强化剂有乙酸锌、柠檬酸锌、葡萄糖酸锌、甘氨酸锌、乳酸锌、氯化锌、氧化锌、硫酸锌等含锌化合物。锌盐可由金属锌、氧化锌或碳酸锌等与相应的酸反应，经精制等操作而制得。

葡萄糖酸锌为白色结晶性粉末，无臭无味。工业生产葡萄糖酸锌主要有四种工艺方法：葡萄糖催化空气氧化法；以葡萄糖酸钙为原料的复分解法；以葡萄糖酸-δ-内酯为原料的直接合成法；发酵合成法。第一种方法较为常用。

葡萄糖催化空气氧化法是在催化剂存在下，将葡萄糖经空气氧化生成葡萄糖酸，在搅拌下加入 NaOH 溶液，控制 pH 为 9.0～10.0，使之转化为葡萄糖酸钠。过滤分离催化剂后，葡萄糖酸钠经强酸性阳离子交换树脂转变为较高纯度的葡萄糖酸，然后和 ZnO 作用生成葡萄糖酸锌。其反应式如下：

$$2C_6H_{12}O_6 + O_2 + 2NaOH \xrightarrow{催化剂} 2C_6H_{11}O_7Na + 2H_2O$$

$$C_6H_{11}O_7Na + R—H \longrightarrow C_6H_{12}O_7 + R—Na$$

$$2C_6H_{12}O_7 + ZnO \longrightarrow (C_6H_{11}O_7)_2Zn + H_2O$$

粗产物再经浓缩、结晶和重结晶，即得产品，收率在80%以上。该法原料易得，产品质量高，经济效益较好，但工艺流程较长，能耗较高。

4. 氨基酸螯合物

作为全价配合饲料中添加的微量元素，其存在形态经历了三个阶段。第一代产品为无机盐类（如硫酸铜、硫酸锌等），该类产品易吸潮结块、混合不均匀，添加在饲料中对维生素有一定的破坏作用。后来推出的第二代产品为有机酸盐类（如柠檬酸亚铁、富马酸锌等），但该种产品仍存在生物利用率低的问题。直到20世纪70年代，成功研制了微量元素氨基酸螯合物，被称为第三代微量元素添加剂，具有良好的生物和化学稳定性。由于其分子内电荷趋于中性，加上在动物体内的环境下溶解性好，易释放金属离子，所以容易被动物体吸收，吸收速度是无机盐的2～3倍，生物效价也比无机盐高，而且动物在吸收微量元素的同时，也吸收氨基酸。该类产品还克服了硫酸盐易吸潮等一些弊端，是一种较为理想的微量元素饲料添加剂。

氨基酸微量元素螯合物的化学结构是由金属离子与氨基酸以一定的物质的量比（通常为1:2）反应形成的具有配位键的环状结构。例如，锌蛋氨酸的化学结构为

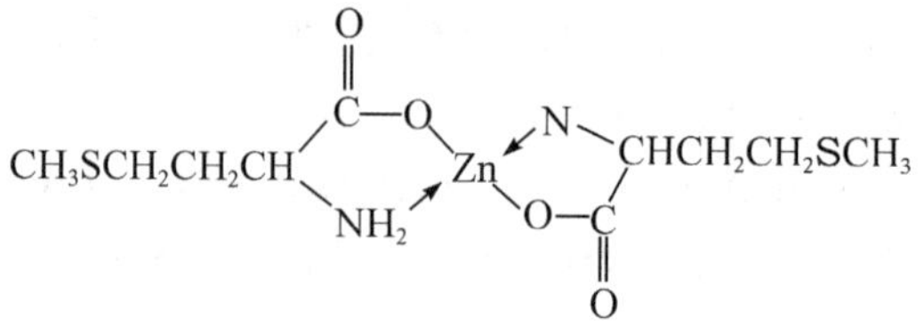

合成氨基酸微量元素螯合物所用的氨基酸可以是单一氨基酸，也可以是复合氨基酸。微量元素用其无机盐类（一般为硫酸盐）。单项氨基酸微量元素螯合物的制备工艺包括溶解、螯合、脱水、干燥四个基本工序。目前，这类产品主要有蛋氨酸锌、蛋氨酸锰、蛋氨酸铁、赖氨酸铜、赖氨酸锌等。

我国动植物蛋白资源十分丰富，如动物的蹄角、毛发、血液、皮革边角料、废丝、蚕蛹、鱼粉及豆饼等，利用这些资源进行蛋白质水解制得复合氨基酸，再在一定工艺条件下与铜、铁、铝、锌、钴等无机盐螯合，即可制得复合氨基酸微量元素螯合物。有关这方面的研究和开发情况举例如下：

（1）复合氨基酸铁或锌螯合物。用豆粕或菜籽粕为原料，除杂和粉碎后用 6mol/L 的盐酸水解 18h，水解温度为 105～110℃，蒸发除去盐酸并调节 pH 为 7，经脱色、过滤和浓缩后得到复合氨基酸液，再加入硫酸铁或硫酸锌，沸水塔中加热进行反应，经浓缩、干燥和粉碎，得到深褐色粉末状复合氨基酸铁或锌的螯合物。

（2）复合氨基酸硫酸盐螯合物。以饲用蛋白粉为原料，用 6mol/L 盐酸水解。料酸质量比按 1∶6 混合后，室温浸泡 24h，再于常压下回流水解 15h，以有效断裂角蛋白的二硫键和氢键。将水解复合氨基酸与微量元素硫酸盐按质量比 3∶1 混合，在室温下浸泡 12h，常压回流螯合 5h，铁、铜、锰、锌的螯合率可以分别达 99.56%、99.08%、99.03%、99.19%。

（3）Zn^{2+}-鱼蛋白螯合物。将马面豚鱼蛋白和硫酸锌溶液放在装有冷凝器的锥形瓶中，在温度为 100℃、时间 90min、pH 3.5、反应液 Zn^{2+} 浓度为 0.05mol/L 的条件下反应，制得螯合物中 Zn^{2+} 含量为 10mg/g。该螯合物无毒，也可作人体补锌剂。

9.6.4 非蛋白氮与单细胞蛋白

1. 非蛋白氮

非蛋白氮（NPN）是非蛋白质含氮物的简称，指尿素、缩二脲、磷酸铵、硝酸铵、氨基酸等一类非蛋白态的含氮化合物。目前常用于反刍动物饲料的非蛋白氮主要包括三类物质：①尿素及其衍生物，如尿素、缩二脲、磷酸脲、尿酸、异丁基二脲等；②氨基酸及其类似物，如氨基酸、酰胺、胺等；③氨及铵盐，主要有氨溶液、磷酸铵、碳酸铵、乙酸铁等。其中，尿素、缩二脲、异丁基二脲和某些铵盐（磷酸氢二铵、氯化铵和硫酸铵等）都是现在广泛应用的非蛋白氮饲料。这类化合物能提供牛羊等反刍动物瘤胃中微生物所需的氮源，即有效地将非蛋白氮转化为菌体蛋白质后再被反刍动物所利用，从而起到补充反刍动物蛋白质营养的作用。

2. 单细胞蛋白

单细胞蛋白（single cell protein，SCP）是指细菌、真菌、霉菌、酵母、藻类等单细胞的细胞蛋白质，是以工业方法在工厂的发酵罐中培养出微生物群体的制品。它具有较高的营养价值，菌体中蛋白质含量可达 50%～80%，其中氨基酸组分齐全，生物效价较高，还具有丰富的维生素。无论在食品工业、医药工业，还是在饲料工业中，单细胞蛋白在提供蛋白质方面起着重要的补充作用。

生产 SCP 所用的原料与单细胞微生物为：纸浆废液/酵母、纸浆废液/丝状菌、乙醇废液/酵母、淀粉废液/酵母、粗柴油/酵母+细菌、正烷烃/酵母、甲醇/细菌、乙醇/细菌、木浆/酵母、乳清/酵母等。由于碳源的不同，其生产工艺条件存在一些差异，但基本步骤相同，主要工艺步骤如下：

菌种筛选→发酵培养→分离→洗涤→水解→干燥→成品

利用纤维素废弃物如稻草、麦秆、玉米茎和叶、甘蔗渣以及废纸等作原料生产SCP具有很多优点。它的来源丰富、价格低廉，没有石油基SCP那样的毒性疑虑，还可解决城市的垃圾处理问题。主要工艺步骤说明如下：

1）纤维素原料预处理

（1）粉碎。对于农副产品（如稻草等）应切成长6～7cm的碎片，以增加水解时的接触面积。棉籽壳不必粉碎。

（2）水解。用粗硫酸在较低的浓度（2%～3%）下常压水解。也可采用2%～4%的氢氧化钠处理蔗渣纤维素，并于110～130℃下加热30～60min即可。

（3）中和。在水解液中添加石灰乳中和，使pH达6.5～6.8，然后静置、澄清、去除石膏等物后，加硫酸亚铁（$FeSO_4 \cdot 7H_2O$）以除去单宁及其衍生物。将中和液冷却到30～40℃备用。

2）发酵罐培养

将经氢氧化钠处理后的纤维素废弃物与必需的无机盐、消泡剂和特殊营养物混合加水，配制成发酵培养基。成分及用量如下：经处理的纤维素废弃物5.0g/L，磷酸二氢钾0.75g/L，聚磷酸铵0.73g/L，氯化铵3.4g/L，氯化钠3.0g/L，硫酸钙（或氯化钙）0.10g/L，硫酸镁0.10g/L，酵母浸出液0.20g/L，微量元素液10mL，聚乙二醇（PEG2000）0.1mL，加水至1000mL。

从纤维杆菌属菌株的菌种保藏试管斜面上，挑一环纤维杆菌接入含有已灭菌的培养基的试管中，所用培养基为基础培养基加滤纸条。将该菌种置于25～35℃处培养48h，如生长良好，培养液出现混浊，以5%～10%接种量移种到三角瓶，于温室内逐渐扩大培养到15L。所用培养基中的碳源采用已处理的甘蔗渣或磨碎木材浆粕代替滤纸。在室温下通入无菌空气。在15L容器中，细胞密度达到0.4～0.7g/L时，接入发酵罐培养。搅拌转速300r/min，pH 6.5～6.7，温度33～34℃，单罐培养时间为24～182h，投料浓度5～10g/L。连续培养投料浓度5g/L，培养时间30～74h。

3）分离、浓缩、干燥

在发酵罐中菌种培养成熟后，可放到第一个混合沉降槽。未利用的纤维素沉下，从下口排出，再重复利用。上面悬浮液进入pH调节槽，与压入的盐酸混合进入第二混合槽。由于酸的作用，细胞絮凝并沉至槽底，上清液流出。沉下的细胞凝聚物（含4%～5%细胞）经离心分离和干燥而得到单细胞蛋白产品。

9.7 其他食品与饲料添加剂

9.7.1 酶制剂

食品加工中应用的酶制剂主要是水解酶、氧化还原酶和异构酶等，主要品种有来自动物的凝乳酶和胃蛋白酶，来自植物的木瓜蛋白酶、无花果蛋白酶和菠萝蛋白酶等。

酶是一类具有生物催化活性的蛋白质，添加到饲料中可将饲料中动物难以消化吸收的物质转化为葡萄糖、氨基酸和游离脂肪酸等易吸收的单体。饲料中常用的酶制剂有淀粉酶、蛋白酶、纤维素酶、果胶酶、脂肪酶和混合酶制剂等。本节主要介绍胃蛋白酶、木瓜蛋白酶和纤维素酶的生产工艺。

1. 胃蛋白酶

胃蛋白酶是一种动物酶制剂，通常来自猪胃，主要用于帮助消化和生产干酪、糕点、饼干等。胃蛋白酶的生产工艺有单产工艺和联产工艺两种。单产工艺的工艺流程见图9-23。

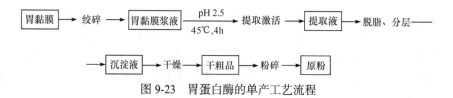

图 9-23 胃蛋白酶的单产工艺流程

（1）采集原料。胃蛋白酶主要存在于胃黏膜的基底部，因此采集原料时应取胃基底部的黏膜层，采集面不宜太大，否则会直接影响收率，一般每个猪胃平均剥取黏膜 100～150g。胃黏膜在投料时都经冷冻储藏，最好用自然解冻法解冻，可以避免黏膜流失而影响收率。

（2）提取激活。把绞碎的胃黏膜浆液倒入夹层锅内，并加入浆液量 1/3 的水，加热控制 45℃，并在不断搅拌下加入盐酸，调 pH 为 2.5，消化 4h，随时监控温度和 pH，特别是在提取时的前 1～2h 的 pH，因为这时的 pH 波动较大。提取结束后，用双层纱布把提取液过滤除去杂质。

（3）脱脂分层。将滤液冷却至 30℃以下，加入 15%～20%的氯仿（或乙醚），搅拌均匀后转入沉淀器，静置 24～48h，杂质沉淀弃去，得酶液。

（4）干燥。将酶液倾入容器，摊成薄层烘干，即得半透明的胃蛋白酶，经球磨机粉碎，过 80 目筛，即为胃蛋白酶原粉，也可先将酶液在 45℃以下真空浓缩干燥，这样酶活力会保护得好一些。

2. 木瓜蛋白酶

木瓜蛋白酶是木瓜乳汁的干制品，实质上是几种关系密切的蛋白酶的混合物。该酶广泛用于食品、饲料、皮革、纺织、医药等领域，但其最大的应用领域是在食品工业。木瓜蛋白酶的生产工艺步骤如下：

木瓜 ——→ 采乳 ——→ 新鲜乳汁 ——→ 液化 ——→ 过滤除杂 ——→ 干燥 ——→ 产品

（1）乳汁采割。用刀片在未成熟的青绿果实的表面纵割若干条线。乳汁仅在果皮下 1～2mm 深的乳管中，因此割线不宜深。环绕茎干设置倒伞形集盘，接收果实流下的乳汁。采割时间在清晨或中午下雨后，选择 2.5～3 月龄、已充分长大的青绿果实采割，产量最高。

（2）过滤除杂。在新鲜乳汁中加入 0.5%（质量分数）的焦亚硫酸钠（或焦亚硫酸钾）作稳定剂，搅拌，使乳汁液化后过滤除杂。

（3）干燥。滤汁倒入不锈钢盘中，送入干燥箱，保持 55℃恒温，即得活性较高的白色颗粒状干粗品。如在过滤除去不溶物后，加入盐等沉淀剂将活性酶萃取出来，这样可制得无杂质、较稳定的产品。也可将粗品溶于水或甘油中，过滤后加入还原剂糖、含乙醇的糖或 NaCl，可得到稳定的液体产品。

3. 纤维素酶

纤维素酶又名 1,4-β-D-葡聚糖-4-葡萄糖苷水解酶，黄褐色冷冻干燥粉末，溶于水。作用于水中的 1,4-β-D-葡萄糖苷键，最适合的 pH 为 4.2～5.2，视底物不同而异，最适合温度为 40～60℃。激活剂有氟化钠（镁）、氯化钴（镉）、磷酸钙和中性盐类。抑制剂有纤维二糖、葡萄糖和甲基纤维素等竞争性抑制剂，还有重金属离子、去垢剂、染料、植物体内的某些酚、单宁和花色素等。

制备方法：以绿色木霉菌种为原料制取，其工艺流程如图 9-24 所示。

图 9-24 纤维素酶的生产工艺流程

纤维素酶是由内切葡聚糖酶、外切葡聚糖酶、纤维二糖酶等构成的多酶体系，这些酶的协同作用可分解纤维素生成二糖或葡萄糖。纤维素酶一方面可将饲料中纤维素分解成可消化吸收的还原糖，从而提高饲料营养成分的利用率，另一方面通过破坏富含纤维素的植物细胞壁，使之包围的淀粉、蛋白质、矿物质等营养成分释放并为动物所消化利用。

9.7.2 品质改良剂

品质改良剂是指为改善食品品质而加入的食品添加剂。它通过保水、保湿、黏结、填充、增塑、稠化、增溶、改善流变性能和螯合金属离子等来改善食品的感官质量和理化质量。例如，肉类制品通过保水、吸湿等作用可提高其弹性和嫩度，面包、糕点等经过保水、吸湿可避免表层干燥。磷酸盐是目前应用最广泛的品质改良剂，食品级磷酸盐已有 20 余个品种，主要包括正磷酸盐、偏磷酸盐、焦磷酸盐、聚磷酸盐等。

9.7.3 发色剂

能使食品呈现喜人色泽的物质称为食品发色剂。发色剂主要用于肉制品，在蔬菜和果实里也有使用。例如，在肉制品中使用发色剂可使肉制品保持鲜艳色泽，在茄子等果蔬菜上使用硫酸亚铁，可使这些蔬菜呈现美丽颜色。

有些肉制品（如火腿、香肠）要求有很好的外观，为了使肉保持鲜红色，在加工过程中需加入亚硝酸盐。亚硝酸盐是肉的正铁血红素的强氧化剂，一方面，能将肌红蛋白氧化成褐色的氧化型肌红蛋白（MMB），而 MMB 在肉组织的还原作用下，或在加入发色助剂（如抗坏血酸）还原作用下，还原为肌红蛋白（MB）。另一方面，亚硝酸盐与肉内糖原分解生成的乳酸相互作用可形成游离亚硝酸，亚硝酸进一步被还原为 NO。上述两个过程生成的 MB 和 NO 很容易结合成鲜红色的亚硝肌红蛋白（NOMB），使肉品长期保持鲜艳色泽，提高肉品质量。

肉组织的还原作用主要是所含烟酰胺腺嘌呤二核苷酸（$NADH_2$）和烟酰胺腺嘌呤二核苷酸磷酸酯（$NAPDH_2$）表现出来的。此外，筋肉蛋白质内存在的有还原能力的巯基对 MMB 也起还原作用。

食品中使用的发色剂有亚硝酸盐、硝酸盐、硫酸亚铁等。除单独使用这些发色剂外，往往也将它们与发色助剂复配使用，以获得更好的发色效果。

食品加工所用的发色助剂主要有烟酰胺、抗坏血酸和异抗坏血酸等。例如，烟酰胺又称尼克酰胺，为白色晶体粉末，易溶于水和乙醇。烟酰胺可用烟酸为原料制得，反应式如下：

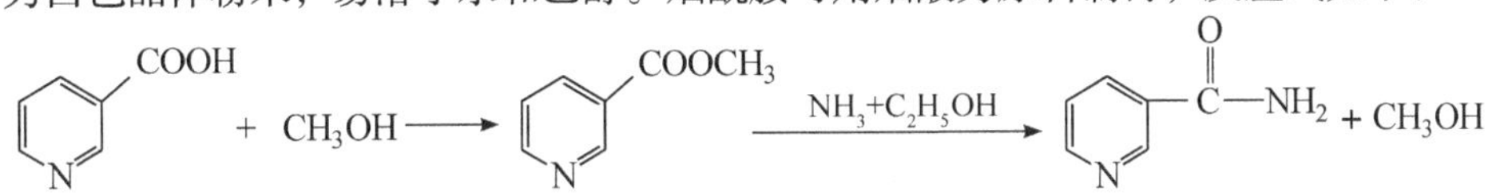

烟酰胺能与肌红蛋白结合成稳定的烟酰肌红蛋白，不再被氧化，可防止肌红蛋白在与亚硝酸生成亚硝基肌红蛋白期间被氧化变色。

9.7.4 漂白剂

食品在加工或制造过程中往往会保留原料中所含的令人不喜欢的发色物质，导致食品色泽不正。为了消除这类杂色，需要进行脱色，所使用的物质称为漂白剂。漂白剂按作用机理可分为还原漂白剂和氧化漂白剂。还原漂白剂具有一定还原能力，食品中的色素在其还原作用下形成无色物质而消除色泽。氧化漂白剂具有相当的氧化能力，食品中的色素受氧化作用而分解褪色，如一般常用的面粉处理剂（也称面粉改良剂）过氧化苯甲酰（BPO）。

1. 还原漂白剂

常用的还原漂白剂有亚硫酸钠、低亚硫酸钠和亚硫酸氢钠等。这些还原剂同着色物质作用将其还原，显示漂白作用。此外，硫磺可用于熏蒸漂白。还原漂白剂在空气中不稳定，可慢慢氧化后失去漂白作用。

亚硫酸钠有无水物和七水化合物，无水和七水亚硫酸钠均为无色至白色结晶或晶体粉末。其与酸反应产生 SO_2，具有强烈的还原性。它不仅有漂白作用，还有防腐作用和抗氧化作用。其工业生产工艺流程如下：

硫磺燃烧→SO_2→Na_2SO_3 吸收→蒸煮→冷却，排除 CO_2→中和→澄清→过滤→加热浓缩→析出亚硫酸钠→离心脱水→干燥→成品

低亚硫酸钠也称保险粉。工业上制法之一是采用锌粉末与二氧化硫反应，然后加入碳酸钠或氢氧化钠，再加入氯化钠使低亚硫酸钠晶体析出，最后以乙醇脱水干燥即得。

亚硫酸氢钠的工业制法是在碳酸钠饱和水溶液内通入二氧化硫，生成亚硫酸氢钠结晶，经干燥后制得。

2. 氧化漂白剂

氧化漂白剂使用得较少，除亚氯酸钠、过氧化苯甲酰和过氧化氢等品种有使用外，其他品种用的很少。例如，过氧化苯甲酰物是无色至白色结晶或结晶性粉末，无臭或略带苯甲醛气，无味，相对密度 1.3340（25℃），于 103～106℃熔化并分解，可溶于苯、乙醚、丙酮、氯仿，难溶于乙醇，不溶于水，有强氧化性，可被还原为苯甲酸，易着火并迅速燃烧，可因加热、撞击而爆炸。

BPO 的传统生产方法主要有苯甲酸酐法和苯甲酰氯强碱氧化法。我国目前生产 BPO 主要采用后者，其基本原理是过氧化氢与 30%液碱在低温下反应生成过氧化钠，过氧化钠与苯甲酰氯于低温下反应便生成过氧化苯甲酰，主要反应式如下：

$$2NaOH + H_2O_2 \xrightarrow{0\sim5℃} Na_2O_2 + 2H_2O$$

$$Na_2O_2 + 2C_6H_5COCl \xrightarrow{0\sim5℃} (C_6H_5CO)_2O_2 + 2NaCl$$

过氧化苯甲酰纯品是一种危险的高反应性氧化物质，食品中主要用于面粉增白。工业用过氧化苯甲酰增白剂的含量一般为 30%。

9.7.5　消泡剂

食品在加工过程中可能产生大量的泡沫。例如，在加工植物性食品原料（如制糖工业中的甜菜）时，一般先要洗涤根、茎、叶等，蔬菜在去皮、烹煮或煎炸前也要清洗，在这一过程中会产生大量泡沫，如不加以消除，物料就会随泡沫溢出造成浪费，并会污染环境。此外，在用发酵法生产酱油、葡萄酒、啤酒、味精等产品过程中，都会产生大量的泡沫并造成危害。具有消除加工液中气泡或具有抑制加工液形成泡沫的物质称为消泡剂。有效的消泡剂既要能迅速破泡，又要能在相当长的时间内防止泡沫生成。实际上并不存在上述两种性能同时都较好的物质，据此可以将消泡剂分为消除型和抑制型。例如，乙醇有破泡能力，但无抑泡作用，而硅油则相反。前者主要是挥发性小、扩散力强的各种脂肪酸和水溶性的表面活性剂，如油酸、肉豆蔻酸、月桂酸、棕榈酸等，后者有乳化硅油、聚二甲基硅醚等。

9.7.6　凝固剂

能使食物溶胶或蛋白质等沉淀凝固为不溶性凝胶状物的物质称为凝固剂。凝固剂主要用于豆制品生产、果蔬深加工以及凝胶食品制造等。

钙盐凝固剂主要有硫酸钙（石膏）和氯化钙。石膏有天然产品，也可由可溶性的钙盐加稀硫酸或碱金属硫酸盐制成，还可由氧化钙与三氧化硫反应制得。

镁盐凝固剂主要有盐卤和卤片。盐卤也称苦卤和卤水，为淡黄色液体，味涩苦，其主要成分

为氯化钠、氯化钾、氯化镁、氯化钙、硫酸镁和溴化镁等。其组成与来源和制法有关，一般氯化镁含量 15%～19%，硫酸镁 6%～9%，氯化钾 2%～4%，氯化钠 2%～6%。盐卤是海水或天然咸水经浓缩、结晶制得食盐后残留的母液。

卤片即氯化镁，分子式 $MgCl_2 \cdot 6H_2O$，为无色单斜结晶，或小片状或颗粒状，味苦，常温下为水合物。随温度升高逐渐失去水分，高温下分解成含氧氯化镁，极易溶于水。卤片是海水制盐后的盐卤经浓缩、分离而得。

葡萄糖酸-δ-内酯是一种性能优良的蛋白质凝固剂，为白色结晶粉末，先显甜味后显酸味，易溶于水，微溶于乙醇，几乎不溶于乙醚。用硫酸、乙二酸或离子交换树脂处理葡萄糖酸钙，得到葡萄糖酸溶液，经浓缩脱水得到葡萄糖酸-δ-内酯，脱水反应式如下：

$$HO—CH_2—CH(OH)—CH(OH)—CH(OH)—CH(OH)—COOH \xrightarrow[\triangle]{真空}$$

$$HOCH_2—CH—CH(OH)—CH(OH)—CH(OH)—C=O$$
$$\underset{O}{\underline{\hspace{4cm}}}$$

葡萄糖酸-δ-内酯在水中发生离解生成葡萄糖酸后，能使蛋白质溶胶凝结而形成蛋白质凝胶，其效果优于其他凝固剂。用葡萄糖酸-δ-内酯作凝固剂生产豆腐，产品具有质地细腻、滑嫩可口、保水性好、保存期长的优点。

9.7.7 抗结剂与流散剂

食品抗结剂主要用于防止蔗糖粉、葡萄糖粉、发酵粉、食用盐、汤圆粉等产品结块，也可用于奶粉、可可粉、加糖可可粉、奶油粉等制品，使产品在食用期内保持松散状态。抗结剂除能吸收水分外，还能吸收油脂及其他非极性的有机化合物（如液体香料、油脂、维生素等），使产品制成粉末状产品（如粉末油脂等）。可应用于食品抗结剂的种类主要有铁盐类（柠檬酸铵铁、亚铁氰化钾）、硅酸盐类（常用二氧化硅和硅酸钙）和硬脂酸盐类（硬脂酸钙、硬脂酸锌和硬脂酸铝）三大类。

在饲料添加剂预混料的生产中，为提高产品质量，减少因某些原料（如硫酸亚铁、硫酸锌等）易吸湿返潮而造成加工时粘糊在筛板上或无法粉碎等困难，以及防止添加剂活性成分遭到破坏，常使用抗结块剂，又称流散剂、抗结剂。流散剂具有吸水性差、流动性好、对畜禽安全无毒等特性，常用的有二氧化硅、硬脂酸钙、亚铁氰化钾、硅酸铝钙等。

9.7.8 饲料青贮添加剂

使用青贮添加剂的主要目的是保证乳酸菌在发酵中占有优势，以便进行良好的青贮。青贮料的不断生产逐步取代了干草的生产。使用青贮添加剂可以防止青贮料的霉烂，提高营养价值，为畜牧业的发展提供良好的饲料来源。

青贮添加剂主要分为三大类：第一类是添加保护剂，起抑制饲料中有害微生物的活动，防止饲料霉败和霉变，减少其中营养价值的消耗和流失的作用，如防霉剂（甲醛、亚硫酸与焦亚硫酸钠等）、有机酸（甲酸、乙酸等）、无机酸（硫酸、盐酸、磷酸等）；第二类是添加促进剂，起促进乳酸发酵的作用，以达到保鲜储存的目的，如接种菌体等；第三类是添加含氮磷等营养性物质，提高饲料的营养价值，改善饲料风味，如尿素、糖蜜、磷酸铵、尿素-糖蜜、氨水、食盐等。

青贮添加剂可延长青饲料的保存期，调剂青饲料淡旺季节余缺的矛盾，平衡青饲料供应。添加青贮添加剂起到抑菌、酸化、防腐的作用。

9.7.9 饲料胶黏剂

饲料胶黏剂又称颗粒饲料制粒添加剂。使用胶黏剂可减少颗粒饲料制粒过程中的粉尘损失与压模受损，提高成型率与颗粒牢固度。颗粒饲料与粉状饲料相比，能够防止畜禽挑食，使其均衡采食全价饲料，而且密度大，可增加采食量，同时防止采食与运输过程中的散落损失，方便储运，节约开支，还能够改善饲料营养物质的可消化性，提高饲料利用率。随着颗粒饲料生产的逐年增加，胶黏剂的使用也日益广泛。目前使用最多的胶黏剂有羧甲基纤维素钠、海藻酸钠等。

9.7.10 粗饲料调节剂

粗饲料的种类很多，包括干草、秸秆和秕壳等。据统计，全世界农作物秸秆单产量相当于谷物年产量的 1.3～1.5 倍，饲料资源开发利用对于畜牧业生产的发展意义重大。但是粗饲料特点是体积大，木质素、纤维素、半纤维素、果胶等细胞壁物质含量高，而易被吸收利用的碳水化合物含量低，因此有必要通过物理、化学、生物等方法处理，改变粗饲料的理化特性，消除有毒有害因素，提高其营养价值和消化率。

常用的物理处理方法是指用机械粉碎、制粒等方法处理，减少体积，提高采食量，但其作用有限。化学处理方法主要是通过碱处理或碱-酸处理来提高粗饲料营养价值，提高饲养效果。化学处理所用的化学物质称为化学调节剂。常用的化学调节剂有氢氧化钠、氢氧化钙、无水氨、盐酸等。

第 10 章　电子信息化学品

电子信息化学品
种类与工艺特点

电子信息化学品是电子材料及精细化工结合的高新技术产品。电子信息化学品及下游元器件是电子信息产业的基础与先导，处于电子信息产业链的前端，是信息通信、消费电子、家用电器、汽车电子、节能照明、工业控制、航空航天、军工等领域终端产品发展的基础。随着技术创新的发展，电子信息化学品的应用领域不断扩大，已渗透到国民经济和国防建设的各个领域。电子信息化学品在一定程度上决定或影响着下游及终端产业的发展与进步，对于国内产业结构升级、国民经济及国防建设具有重要意义。

10.1　概　　述

10.1.1　电子信息化学品的定义与特点

电子信息化学品通常是指为电子信息产业配套的专用化工材料，主要包括集成电路（IC）和分立器件、光电子器件、印制电路板（PCB）、液晶显示器件（LCD）、电阻、电容、显像管、电视机、计算机、收录机、录摄像机、激光唱片、音响、移动通信机、传真机等的电子元器件、零部件和整机生产与组装用的各种化工材料。在化工行业中，它属于精细化工、化工新材料的范畴；在电子行业中，它是电子材料的一个重要分支。

电子信息化学品具有品种多、更新快、批量小、增值高、超纯、超净等特点。尤其是随着半导体集成电路中超微细加工技术的发展，对电子信息化学品的纯度及清洁度提出了更高的要求。例如，在兆位级集成电路的生产中，所用高纯超净特种气体的纯度已达 6N（99.9999%）～7N，杂质颗粒的控制一般按照图形线宽的 1/10 来要求。因此，电子信息化学品的生产工艺、厂房、设备等对清洁度要求是十分苛刻的，有些产品还必须配有终端纯化器。

由于电子信息化学品品种多、专业跨度大、专用性强等，单个企业很难掌握多个跨领域的知识储备和工艺技术，内部形成了多个子行业。不同于上游石油化工等基础化学原材料行业，精细化工领域的电子信息化学品存在市场细分程度高、技术门槛高的特点。细分行业市场集中度较高，龙头企业市场份额较大，是电子信息化学品行业的普遍特点。

10.1.2　电子信息化学品的分类

按照国外统计分类，电子化学品一般根据用途分为基板、光致抗蚀剂（或称光刻胶）、保护气、溶剂、酸碱腐蚀剂、电子专用胶黏剂。

电子信息化学品品种多、门类广，目前尚无统一的分类方式。按产品的用途可分为以下几类：基材、抛磨材料、光致抗蚀剂和配套试剂、酸及蚀刻剂、清洗剂及溶剂、高纯金属、特种气体、超大规模集成电路生产用超净高纯试剂、磁记录技术材料、高纯特种气体及 MO 源、掩膜板、掺杂剂、封装材料、镀覆化学品、液晶显示器件用材料、浆料、电子专用胶黏剂、超纯水制备用化工材料、层间绝缘膜、表面保护膜材料和辅助材料等。也可以概括为：集成电路用化学品、印制线路板用化学品、液晶及导电化合物与其他电子电气辅助材料。主要类别和产品实例见表 10-1。

表 10-1　电子信息化学品的分类与品种

序号	类别	所属产品举例
1	高纯试剂	硫酸、硝酸、盐酸、甲醇、异丙醇、乙二醇、丙酮、甲苯、乙酸乙酯、过氧化氢、三氯甲烷、丁酮
2	高纯及特种气体	高纯氮、高纯氧、纯氩、纯氖、高纯氯化氢、高纯二氧化碳、高纯硅烷、硫化氢、高纯乙硼烷、高纯六氟化硫、四氟化钛、四氟化硅、二乙基锌、二乙基碲、三甲基锑、三乙基钼、三甲基镓
3	光刻胶及其配套化学品	环化光刻胶、聚乙烯醇肉桂酸酯类光刻胶、聚酯光刻胶显影液、负性光刻胶显影液、负性光刻胶漂洗剂、负性光刻胶去膜剂、负性光刻胶稀释剂、紫外正型感光液
4	电子封装材料	半导体用环氧模塑料、阻燃环氧灌封料、硫化硅橡胶、室温固化硅橡胶、活性硅微粉、电器密封胶、电力电器灌封料、硅酮膜压树脂、C-570、C572、CG6601
5	研磨、抛光材料	硅溶胶抛光液、磨料、研磨液、抛光材料、研磨抛光材料、二氧化锆、三氧化二铝、氧化镁、氯化酮
6	油墨与印刷材料	丝印硬塑油墨、紫外光固化油墨、光固白字符印料、丝印软塑油墨、丝网印刷油墨、可塑性凹印油墨、热固金属油墨、光固化阻焊油墨、耐腐蚀印料、感光材料树脂
7	焊剂和助焊剂	活性焊剂、搪锡助焊剂、防氧化助焊剂、光敏阻焊剂
8	镀敷用化学品	氯化金、氰化金钾、氰化亚金钾、氰化银钾、硝酸银、三氯化铑、氯化钯、氟硼酸锡硬脂酸钠、氨基磺酸
9	覆铜板与清洗剂	自熄性覆铜环氧纸层压板、酚醛纸覆铜箔层压板、聚四氟乙烯玻璃布覆铜层压板、高效清洗剂、浸涂防粘隔离剂、快干电阻器涂料、去油水、洗网水、线路板清洗剂、洁亮剂
10	显像管用材料	有机墨、聚乙烯吡咯烷酮、石蜡乳、杀菌防腐剂、各种化工原料（如硝酸铋、硫酸钼、硫酸镁、溴化锶）、各种荧光粉、硅溶胶、硝酸钾溶液、硝酸钴
11	浆料	银铂系导体浆料、银浆、金导电浆料、铜导电浆料、镍导电浆料、部件用浆料、金粉、银粉、钯粉、三氯化钌粉、超细氧化铱
12	电子胶黏剂	硅橡胶胶黏剂、粘接性有机硅胶凝胶、光学胶、电子元件定位密封胶、安装元件贴片胶、胶黏剂、封装胶膜、纸基热熔胶带
13	电子工业用树脂	阻燃聚丙烯、增强聚丙烯、改性聚丙烯黑色专用料、阻燃高抗冲聚苯乙烯、石墨填充增强尼龙 1010、阻燃聚碳酸酯、阻燃 ABS 树脂、阻燃 PVC 透明胶管、阻燃高抗冲聚苯乙烯浓缩母料
14	其他电子工业高纯或专用试剂与化学品	各种非专用高纯试剂、促进剂、腐蚀剂、二氧化硅胶乳、掺杂乳胶源、磁性蚀刻剂、预浸盐、专用活化剂（加速剂）、各类硅油、硅脂、有机硅树脂

限于篇幅，本章只对主要类别电子信息化学品的生产工艺进行介绍，其他章节中已经介绍或生产工艺较为简单的本章不再赘述。

10.2　光致抗蚀剂

随着电子信息行业的发展，迫切需要实现芯片技术的本土化与国产化。光致抗蚀剂是一种感光材料，为半导体中最重要的材料之一，技术壁垒高。在硅片的生产过程中，光致抗蚀剂以液态涂覆在硅片表面，干燥后形成薄膜。光刻是利用特殊的光线将集成电路映射到硅片表面，而光致抗蚀剂是用来避免在硅片表面留下痕迹的，这是半导体材料中最困难的技术。

光致抗蚀剂可细分为半导体光致抗蚀剂、液晶光致抗蚀剂和印刷电路板光致抗蚀剂。其中，半导体光致抗蚀剂具有最高的技术要求。然而，目前世界上高端的光致抗蚀剂核心技术基本被美国和日本垄断。我国的光致抗蚀剂较为成熟的品种有聚乙烯醇肉桂酸酯、聚亚肉桂基丙二酸乙二醇酯聚酯胶和重氮萘醌磺酰氯为感光剂主体的紫外正型光致抗蚀剂等。

10.2.1　光刻工艺与光致抗蚀剂

光刻工艺是一种表面加工技术，即在基片表面实现选择性腐蚀。它是进行微细图形加工、制造半导体器件、集成电路、印刷电路板及芯片制造的一项关键工艺。

光刻工艺是利用一类感光性树脂材料作为抗蚀涂层。这类感光树脂材料在光照（主要是紫外光）时，短时间内即能发生光化学反应，使得这类材料的溶解性、熔融性或亲和性在曝光后发生明显的变化，利用这些性能在曝光前后发生的明显差别，只要控制光照的区域就可得到所需几何图形的保护层。这种作为抗蚀剂涂层用的感光树脂材料称为光致抗蚀剂。

光刻过程一般经过涂覆抗蚀剂→曝光→显影→腐蚀→除去抗蚀剂等步骤。即首先将待加工的表面（如硅的氧化表面层）涂上光致抗蚀剂，经过适当的烘干后，用一具有所需图案的挡光物质做成的掩膜（通常是照相底板或其复制品）紧密接触抗蚀剂层，然后进行曝光。掩膜透光区域相对应的抗蚀剂涂层发生光化学反应，而被掩膜不透光区域所遮住的部分则未起变化。利用光致抗蚀剂层感光部分与未感光部分所产生的溶解性能的明显差别，结合光致抗蚀剂各自的光化学反应特性，用适当的溶液，或者把未感光的部分溶除，或者相反把感光的部分溶除。

按光化学反应原理和显影原理，光致抗蚀剂可分为正性和负性两大类：正性抗蚀剂经曝光后发生光分解反应，分解为可溶解性物质；负性抗蚀剂经曝光后则发生聚合或交联反应，生成不可溶性物质。按曝光光源，光致抗蚀剂可分为：紫外光致抗蚀剂、远紫外光致抗蚀剂、电子束光致抗蚀剂、X 射线光致抗蚀剂和离子束光致抗蚀剂。商品光致抗蚀剂一般由三部分组成：①光敏性树脂或光敏性的树脂体系；②增感剂；③溶剂。光敏性树脂是其最主要的组分，本节重点介绍光敏性树脂的合成工艺。

10.2.2 负性光致抗蚀剂

负性光致抗蚀剂的主要种类有聚肉桂酸酯类、聚烃类-双叠氮系、聚酯类，下面主要讨论聚肉桂酸酯类。

聚肉桂酸酯类光致抗蚀剂的特点是在感光性树脂分子的侧链上带有肉桂酸基感光性官能团，如聚乙烯醇肉桂酸酯、肉桂酸纤维素、间苯二甲酸-甘油缩聚物肉桂酸酯，以及其他含有肉桂酸基官能团的高分子化合物等。其中聚乙烯醇肉桂酸酯是广泛使用的光致抗蚀剂品种，是一种浅黄色的纤维状固体，属线状高分子聚合物，能溶于苯、甲苯、氯苯、二甲苯等芳香族溶剂和丙酮、丁酮、环己酮、三氯乙烯、乙酸溶纤剂等脂肪族溶剂以及环己烷等脂环族溶剂中，常用溶剂为环己酮。

在紫外线作用下，聚乙烯醇肉桂酸酯分子侧链上的肉桂酰官能团发生二聚反应，引起聚合物之间的交联，使线状结构的分子变成三维架桥式的网状结构，转变为不溶于显影剂的物质。聚乙烯醇肉桂酸酯的感光性官能团以及其感光固化产物的交联部分，都是以酯键与感光性树脂分子的主链相连接的。由于酯键在强酸或强碱作用下容易断开，发生水解作用，因而以聚乙烯醇肉桂酸酯为基础的光致抗蚀剂不能经受强酸强碱的腐蚀。

聚乙烯醇肉桂酸酯和其他含有肉桂酰官能团的感光性树脂的特性光谱吸收为 230～340nm，最大吸收出现在320nm左右，因此必须添加适当的增感剂，使感光波长的范围向长波方向扩展，达到450nm 左右才能够在实际工作中应用。具有这种增感作用的增感剂主要有硝基有机化合物、芳香族酮类和醌类等。常用的增感剂为5-硝基苊，加入量一般不大于聚乙烯醇肉桂酸酯质量的10%。

聚乙烯醇肉桂酸酯是由聚乙烯醇与肉桂酰氯在无水吡啶溶液中进行酯化反应制得，反应如下：

（1）肉桂酰氯制备反应。

（2）酯化反应。

生产工艺流程参见图 10-1。工艺步骤如下：

（1）将肉桂酸加入反应釜 D101 中，然后加入 SOCl₂（肉桂酸与二氯亚砜的物质的量比为 1：1.2），反应即刻进行，加热回流（温度控制在 100～110℃）至计泡器中无气泡析出为止，历时 3～4h。反应完毕后得棕黄色液体，先在 50℃用水力真空泵抽去未反应的 SOCl₂，全部抽净后用机械真空泵减压蒸馏，收集 122～123℃/1067Pa 馏分，冷却后为浅黄色固体，收率在 70%以上。

（2）将聚乙烯醇及 50%的无水吡啶加入酯化釜 D102 中，在 100℃保温 12h，待温度降至 50～55℃后加入另外 50%无水吡啶；在搅拌下缓慢滴加肉桂酰氯，温度维持在 50～55℃，加完后，于 50～60℃继续反应 4h，反应液逐渐变为黏稠体，同时有结晶析出。将粗产品在溶解釜 D104 内加入丙酮稀释、过滤，然后将滤液慢慢倒入蒸馏水中，产品呈纤维状沉淀析出，滤出后水洗至无氯根，再用环己酮及 5-硝基芘溶解、过滤除去不溶杂质，然后在暗处于 50～60℃下干燥至恒量得产品。

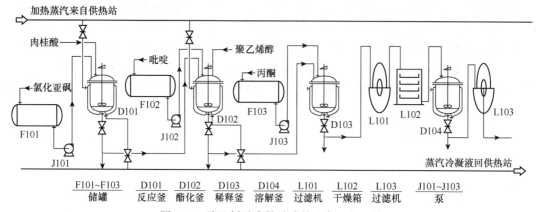

F101~F103	D101	D102	D103	D104	L101	L102	L103	J101~J103
储罐	反应釜	酯化釜	稀释釜	溶解釜	过滤机	干燥箱	过滤机	泵

图 10-1 聚乙烯醇肉桂酸酯的生产工艺流程

10.2.3 正性光致抗蚀剂

正性光致抗蚀剂与一般负性光致抗蚀剂不同，主要是邻叠氮醌化合物。在曝光过程中，邻叠氮醌化合物吸收能量引起光化学分解作用，经过较为复杂的反应过程，转变为可溶于显影液的物质，而未经感光的光致抗蚀剂则不溶于这种显影液。因此曝光显影后所得图像与掩膜相同，称为正性光致抗蚀剂。由于未经感光的光致抗蚀剂仍然保持它在紫外线照射下发生光分解反应的活性，故该种类型的光致抗蚀剂在光刻工艺过程中能够多次曝光。邻叠氮醌化合物的化学结构通式如下：

邻重氮萘醌正性光致抗蚀剂主要由感光剂、成膜剂及添加剂组成。感光剂 2-重氮-1-萘醌-5-磺酰氯可由 1-萘酚-5-磺酸经亚硝化、重氮化而制得。具体反应如下：

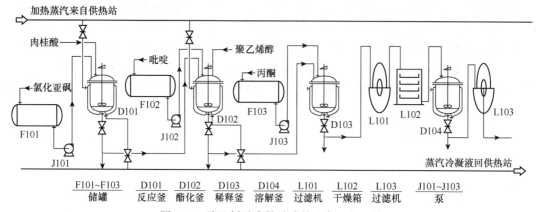

经过重结晶后得到的酰氯为橙黄色晶体,易发生光解、热解和水解反应,需密闭、避光、低温和干燥保存。

邻重氮萘醌正性光致抗蚀剂的生产工艺流程参见图 10-2。工艺说明如下:

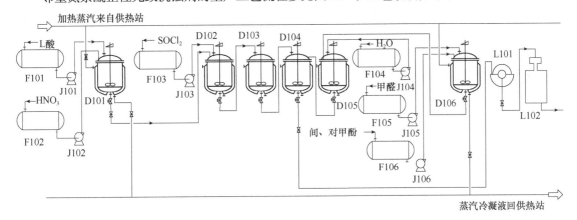

图 10-2　邻重氮萘醌正性光致抗蚀剂的生产工艺流程

（1）将 1-萘酚-5-磺酸在硝化釜 D101 内与硝酸在 55℃下进行硝化 2h。

（2）将 D101 内物料在重氮化釜 D102 内进行重氮化,并在加入二氯亚砜的磺酰氯釜 D103 内反应,制得感光剂 2-重氮-1, 2-萘醌-5-磺酰氯。

（3）在反应釜 D106 内加入间甲酚、对甲酚及甲醛,反应 3～6h 生成线型酚醛树脂。

（4）将上步制得的酚醛树脂在 D105 内进行脱水精制。

（5）将精制后的线型酚醛树脂与 2-重氮-1, 2-萘醌-5-磺酰氯在溶解釜 D104 内进行溶解。

（6）将产品经粗滤器 L101、精滤器 L102 两道工序后,即可包装成品出厂。

成膜剂是正胶的基本成分,它对光刻胶的黏附性、抗蚀性、成膜性及显影性能均有影响,常用酚醛树脂。一般为了获得线型酚醛树脂,采用酚量多于醛量,以乙二酸作催化剂进行缩聚,反应后用水蒸气蒸馏脱酚,经热水水洗、冷却后即得线型酚醛树脂。

正胶中加入少量硫脲或脂肪酸如癸酸有稳定作用,用对羟基亚苄基丙酮可以增加胶的稳定性和批与批之间的重复性,加入表面活性剂可以改善胶的涂布性能。

邻重氮萘醌正性光致抗蚀剂作用机理:在紫外(波长 300～450nm)光通过掩膜照射后,光照部分重氮基分解重排成羧酸,用稀碱水处理时光照部分溶去,而未曝光部分则保留。这种正性光致抗蚀剂是目前国际上用量急剧上升的一类抗蚀剂,适用于大规模集成电路和电子工业元器件及光学机械加工工艺的制作。除了用于接触曝光外,还可用于投影曝光和分布重复曝光等。

10.3　高纯超净特种气体及金属有机化合物

高纯超净特种气体及金属有机化合物（MO）原材料主要用于制备半导体器件、化合物半导体、激光器、光导纤维、太阳能电池等。高纯超净特种气体包括纯气和二元、多元混合气。纯气已发展至 100 余种;混合气已有 17 类、330 多个品种,1000 多种规格。这类气体配套性很强,根据不同用途分别有电子级、载气级、发光二极管级、光导纤维级、VLSI 级（超大规模集成电路级）等。为适应兆位集成电路的生产,又推出了 ULSI（特大规模集成电路）级或 Megabit（兆位）级气体。

10.3.1 高纯超净特种气体

1. 品种及质量要求

在半导体器件生产中的晶体生长、热氧化、外延、扩散、化学气相沉积（CVD）、溅射、离子注入、蚀刻等主要工序都要用到各种气体。按具体用途又可分为外延气、CVD气（成膜气）、掺杂气（包括离子注入、扩散、掺杂）、蚀刻气、载气和保护气等。例如，等离子蚀刻需要用到 CF_4、CHF_3、C_2H_6、NF_3、C_3F_8、SF_6、$CClF_3$、Cl_2、H_2S 等特种气体。

光导纤维生产常用的气体有 $SiCl_4$、$GeCl_4$、BF_3、BBr_3 等和载气。太阳能电池生产常用的气体有 SiH_4、PH_3、B_2H_6、GeH_4、CH_4 等和稀释气。激光器用的气体都是混合气，如氦氖激光器用 Ne、He 混合气；二氧化碳激光器用 CO_2、N_2、He 混合气。

除以上提到的品种外，为适应 4M DRAM 芯片的生产，又开发并已实用化了三种 SiH_4 的代用品，即 TEOS（四乙氧基硅烷）、TMCTS（四甲基环四硅氧烷）和 DES（二乙基硅烷）。另外，PH_3 和 AsH_3 剧毒，目前已开发出一些代用品并逐步实用化，如叔丁基胂、三乙基胂和叔丁基膦等。所用气体的纯度要求很高，不仅要控制颗粒杂质，有些气体还控制金属杂质的含量。以 ULSI 级或兆位级气体为例，N_2、H_2、O_2、Ar、He 的纯度已达 6N 至 7N，其他气体达 5N 左右。通常杂质控制项目近 10 个，单项杂质含量要求低于 1mg/kg。颗粒的控制一般按照图形线宽的 1/10 来要求所控制的粒径。

2. 生产工艺特点

高纯超净特种气体的生产有以下四个特点：

（1）根据气源和生产规模，选择适当的深度纯化技术和方法。例如，量大、纯度要求较低的氢气采用低温吸附法；量小、纯度要求高的可采用金属氢化物分离法。气体纯化技术的发展趋势是，研制并应用更高性能的吸附剂，选择性能好和寿命长的催化剂，应用组合吸附剂，改进吸附工艺，开发并采用激光纯化等新的纯化方法。另外，也在不断推出各种高效终端纯化装置以供使用点应用。

（2）生产车间设有封闭式质量监测室，采用计算机集中监控，并配有多点自动报警仪。发生故障时计算机可指出故障部位、性质及应急措施。

（3）采用综合供气系统。一般由气体生产厂家与半导体生产厂家合作，半导体厂建厂时由气体生产厂负责建立该系统。其中包括现场气体生产装置、纯化器、有毒气体洗涤器、自动吹洗装置、钢瓶柜和大批量气体用的经电化学抛光的储存设备、超净气体的管理系统和计算机监测系统等。

（4）为了确保达到洁净度的要求，纯化设备、管路、阀门、减压器等均由 316L 不锈钢制成。管线内表面需经电化学抛光处理。生产、纯化、装瓶区应保持洁净以防空气中的尘埃颗粒进入产品中。例如，洁净室为 10 级或 100 级。供气系统还应安置颗粒过滤器。为适应兆位级芯片生产用气，需用孔径为 0.01μm 的过滤器。

3. 生产工艺实例

1）超纯氩的制备

目前国外氩的生产以大型空分装置的副产物为主，其次是从合成氨尾气中回收。

（1）空分副产氩的精制。从空分装置粗氩塔出来的氩的纯度为 95%～98%，含氧 2%～5%，含氮最高为 1%，进行纯化的方法有以下两种。

（i）催化除氧精馏法。该法是在粗氩中加入过量氢，在催化剂（铜、钯等）作用下使其中的氧与氢结合生成水，使残余氧含量低于 1mg/kg，然后经干燥除水，最后经精馏除去氮和残余氢。这种方法适于在大型空分装置上附设精氩装置而实现纯化，氩的纯度可达 99.9999%，目前国外大量使用此法。

（ii）低温吸附法。由于 4Å 分子筛在 –183℃对氧的选择吸附能力较大，常压下每克 4Å 分子筛可吸附氧约 75mL；而 5Å 分子筛在 –193～–123℃对氮的吸附能力较大，常压下每克 5Å 分子筛可吸附氮约 80mL，因此把两种分子筛吸附器串联起来，即能分别除去氩中的氮和氧，获得 99.999% 以上的超纯氩。此法流程简单、安全、成本低，但要求粗氩含量最好在 98%以上。

（2）合成氨尾气副产氩的精制。合成氨尾气中含氩 7.6%、氢 55.2%，其余为氮、甲烷、氨。提氩的典型流程是"两塔一器"式，即经过两个精馏塔和分离器而获得液氩。为提高氩的回收率，在上述流程基础上加中压氮洗塔，所得氩的纯度为 99.9995%，总杂质含量小于 4mg/kg。

另外，为获得更高纯度的氩，国外一直在积极开发新技术，试制新装置。例如，英国氧气公司制造的 Ar/He 纯化装置，在 700℃时以钛粒除去 O_2、N_2，以氧化铜清除烃类、氢、CO_2，以分子筛除去 H_2O，纯化后杂质总含量＜1mg/kg。由 SAES 公司研制的 84% Zr-16% Al 合金也可达到上述效果。

2）超纯气体氢化物的制备

气体氢化物包括硅、锗、砷、硼等的氢化合物，制备的方法一般是水解金属化合物，或者用锂合金属氢化物还原卤化物。例如，硅烷由下面两种方法制得：

$$Mg_2Si + 4NH_4Cl \xrightarrow{\text{液氨}} SiH_4 + 2MgCl_2 + 4NH_3$$

$$LiAlH_4 + SiCl_4 \xrightarrow{(C_2H_5)_2O} SiH_4 + AlCl_3 + LiCl$$

在制备气体氢化物时，许多生产过程本身就是提纯过程。如在制备乙硼烷时，在液氮介质中，B_2H_6 和 NH_3 形成一种稳定的不挥发络合物，从而达到分离效果，因此较易获得超纯产品。气体氢化物的杂质来源为：①反应时的溶剂蒸气；②原料及副产物蒸气；③反应时使用的保护性气体如氢、氮、氩等；④原料中带有的杂质在反应后也形成挥发性的氢化物。所用的保护性气体对使用影响不大。对于溶剂蒸气，一般采用低温冷凝和分子筛吸附的方法除去。对原料蒸气可采用洗涤吸收的方法除去。比较困难的是一些挥发性的氢化物的分离。通常根据这些氢化物的性质采用以下一种或几种方法结合进行分离。

（1）低温精馏。为普遍采用的技术。

（2）吸附。利用硅藻土、活性炭、沸石、分子筛等对气体氢化物吸附特性的不同将其分离。

（3）热分解法。总的来说，气体氢化物的热稳定性较差，但它们之间的相对差别很大，可利用这一性质提纯气体氢化物。例如，硅烷可通过一个加热到 350℃充填了石英碎片的管子而除去许多氢化物杂质。

（4）水解法。利用气体氢化物与水作用后的酸碱性不同，选择适当的酸性或碱性水溶液以除去一些氢化物。

10.3.2　金属有机化合物

自 1968 年美国 Rockwell 公司采用金属有机化学气相沉积（MOCAD）工艺，首次在绝缘衬底上成功地制备出 GaAs 单晶薄膜以来，MOCAD 技术迅速发展，目前已成为生产超薄多层异质结构和大规模均匀材料，制备 GaAs 等化合物半导体器件、微波器件、光器件和光电器件等的重要方法。MOCVD 工艺要使用金属有机化合物（MO 源）作为原材料。例如，制备Ⅲ～Ⅴ族化合物半导体时，可采用Ⅲ族的烷基化合物（三甲基镓、三甲基铝、三乙基铟等）和Ⅴ族的氢化物（如磷烷、砷烷等）作为原材料。

1. 品种及质量要求

目前 MO 源已发展成包括 Al、Sb、Cd、Ga、In、Te、Zn、Be、Bi、B、Fe、Mg、P、Hg、Se、

Si、Sn、Ta、Ti、W 等 20 余种元素的 60 余个品种。其中 Al、Ga、In 和 Zn 的甲基或乙基化合物用量很大。

MO 源尚未确定统一的质量标准,出售的产品多注明"电子级"或"5N"、"6N"等,都是相对于一些主要有害杂质而言的,是参考指标。产品的实际质量要根据使用效果判断其纯度,根据储运过程的产品状况判断其稳定性。一般 MO 源产品要检测几十种金属杂质含量。

2. 合成工艺原理与方法

由于 MO 源的特殊性,在制备、纯化和分析方法以及设备方面都有特殊要求。

(1)系统应为无氧无水,以防燃烧或爆炸,所以在合成、纯化前必须对系统进行除氧除水处理,并以惰性液体传热介质代替冷凝水。

(2)为了防止金属杂质沾污产品,合成纯化过程应在石英玻璃装置中进行,其他附属设备均采用不易引入金属杂质的材质。今后还可能在超净室中进行合成与纯化。

MO 源的合成与纯化常用方法见表 10-2 和表 10-3。

表 10-2 MO 源合成常用方法

合成方法	举例
金属卤化物与格氏试剂反应	$6CH_3MgI + 2AsCl_3 \xrightarrow{\text{醚}} 2As(CH_3)_3 + 3MgCl_2 + 3MgI_2$
金属卤化物与金属烷基化合物反应	$InCl_3 + 3Al(C_2H_5)_3 \xrightarrow{\text{烃}} In(C_2H_5)_3 + 3Al(C_2H_5)_2Cl$
烷基卤化物与金属合金或其混合物反应	$GaCl_3 + 3LiR \xrightarrow{\text{苯}} GaR_3 + 3LiCl$ $8CH_3I + Ga_2Mg_5 \xrightarrow{\text{醚}} 2Ga(CH_3)_3 + 3MgI_2 + 2CH_3MgI$(或者二者混合物)
金属与格式试剂进行电化学反应	$6CH_3MgX + 2In(\text{阴极}) \xrightarrow{\text{醚}} 2In(CH_3)_3 + 3MgX_2 + 3Mg$

表 10-3 MO 源纯化常用方法

纯化方法	举例
惰性溶剂排挤法	$InCl_3 + 3AlR_2 \longrightarrow InR_3 + 3AlR_2Cl$(在正癸烷中精馏)
添加络合组分法	$InCl_3 + 3Al(C_2H_5)_3 \longrightarrow In(C_2H_5)_3 + 3Al(C_2H_5)_2Cl$(加 NaF 和 KCl,使与副产物络合后再精馏)
加合物纯化法	$8CH_3I + Ga_2Mg_5 \longrightarrow 2Ga(CH_3)_3 + 3MgI_2 + 2CH_3MgI$(加联苯醚与产品形成加合物后,除去杂质,再加热分解)
多次区熔纯化法	对 $In(CH_3)_3$、$P(C_2H_3)_3$ 进行多次区熔纯化

10.4 超净高纯试剂

10.4.1 定义、分类和质量要求

试剂可按洁净度要求划分为一般试剂和超净高纯(VLSI)试剂,前者没有洁净度指标,只有纯度(或特定指标)要求,后者既有纯度、杂质指标要求,又有洁净度要求。洁净度按颗粒粒径的大小及其在一定体积试剂中含有个数划分为若干等级。VLSI 试剂是大规模或超大规模集成电路及高档半导体器件制造过程中重要的基础材料之一,主要用于半导体、硅单晶片的清洗、平板显示、LED、光伏太阳能电池等电子信息产品的清洗、蚀刻和氧化等工艺环节。它的纯度和洁净度对集成电路的成品率、电性能、可靠性都有重要的影响。例如,纯净的单晶硅是一种本征半导体,载流子总数不多,导电性能很差,但若在半导体硅材料中掺入极少量有用杂质,如掺入一亿分之一的硼,其导电能力就会增加几万倍,但如果掺入有害杂质就会起反作用。不同的有害杂质所起的作用不同。例如,铜、铁等金属能形成深能级,会降低少数载流子的寿命;锑、砷等元素会形成局部性的杂质,浓度分布异常;钠等离子会使器件特性恶化。

超净高纯试剂的质量指标列于表 10-4。

表 10-4　超净高纯试剂指标要求

等级	项目检测	尘埃颗粒直径/μm	100mL 含量/个	备注
I	10～20 项	10～15	3000～4000	相当低尘试剂
II	20 多项	5～10	2700	相当 MOS 试剂
III	30 多项	2	300	BV-I
IV	30 多项	2	100	BV-II

注：I 级相当于国内的低尘试剂，适用于 4～16K（千位存储器）；II 级相当于国内的 MOS 级试剂，适用于 16K 以上；III 级相当于国内 BV-I 级试剂，适用于 64K；IV 级相当于国内 BV-II 级试剂，适用于 256K。

超净高纯试剂所包含的门类与品种基本上与一般化学试剂相同。按化学性质可分为无机试剂和有机试剂两大类。

10.4.2　生产工艺和提纯技术

超净高纯试剂通常由低纯试剂或粗品经过纯化精制而成，其工艺过程包括选料、提纯、过滤、分装、储存等主要环节。

1. 无机试剂

无机试剂主要有氢氟酸、硝酸、盐酸、硫酸、氨水、氟化铵溶液（40%）、过氧化氢（30%）等，它们的提纯工艺有如下 10 种方法：常减压蒸馏法、共沸蒸馏、等温蒸馏、离子交换树脂提纯、化学洗涤法、化学反应法、电解法、萃取法、电渗析法和分步冷却法。

VLSI 无机试剂需去除砷（As）、磷（P）、硼（B）、硫（S）、氯（Cl）、钾（K）、钠（Na）、铁（Fe）、钴（Co）、镍（Ni）等这些对电子工业产品有害的离子或杂质。上述提纯方法以常温减压蒸馏提纯用得最为广泛，这种方法的优点是对杂质分离效果好，能够分离绝大部分杂质（包括非金属杂质），可具有相当大的生产规模，还可与其他方法相结合。以超净高纯氢氟酸的生产为例说明。

超净高纯氢氟酸的提纯工艺流程见图 10-3。选用工业氢氟酸（优级品）为原料，对其关键杂质硅、硼、砷、磷及有机物进行化学预处理。在预处理槽内加入化学处理剂进行混合，放置沉降，将处理后的氢氟酸加入塔釜内（银釜或聚四氟乙烯釜），开始加热，并给精馏塔冷凝器通冷却水，成品收集在储罐内。然后在超净工作台内分装成品，包装瓶应符合洁净度要求，如成品颗粒指标达不到质量标准，需经超净过滤（过滤设备均为聚四氟乙烯材质）。

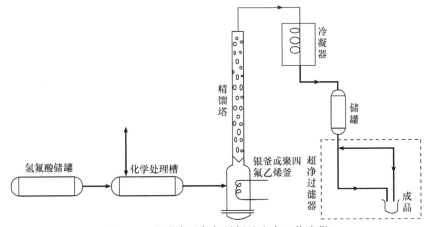

图 10-3　超净高纯氢氟酸提纯生产工艺流程

超净高纯氢氟酸在微电子工业中作为强酸性腐蚀剂，可与硝酸、乙酸、过氧化氢等混合使用。

2. 有机试剂

常用的有机试剂主要有二氯甲烷、甲醇、无水乙醇、异丙醇、乙二醇、丙酮、丁酮、乙酸乙酯、乙酸丁酯、甲苯、二甲苯、三氯乙烯、三氯乙烷、环己烷等。上述试剂提纯方法有精馏提纯、离子交换树脂提纯和分子筛脱水三种。

VLSI有机试剂需去除的杂质主要是氟、钠、近沸点的其他有机物和水分。以高纯丙酮的提纯生产为例，工艺流程见图10-4。

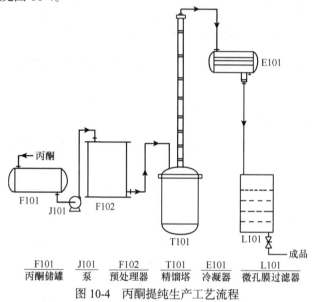

F101	J101	F102	T101	E101	L101
丙酮储罐	泵	预处理器	精馏塔	冷凝器	微孔膜过滤器

图 10-4 丙酮提纯生产工艺流程

（1）在预处理器F102的上段装上干燥的三孔分子筛，中段装上无水的分析纯碳酸钾，下段装上三孔分子筛，再加入少量高锰酸钾。使分析纯的丙酮缓慢流过预处理器F102的柱层，脱水，并去除还原性有机物。

（2）将经过预处理的丙酮移入干燥的精馏塔E101内，并加入干燥的三孔分子筛进行加热蒸馏，收集沸程为55～57℃的馏出物。

（3）将得到的馏出物在超净工作台内经0.2μm的微孔膜过滤，并选择化学稳定性好的玻璃瓶在超净条件下进行洗瓶和分装。

高纯丙酮属于易燃易爆的有机溶剂，使用环境应有防爆措施。在微电子工业中作为清洗去油剂，可以与乙醇、甲苯配合使用。

10.5 液晶材料

10.5.1 液晶的定义与形成

某些物质在受热熔融或溶解后，外观呈现液态的流动性，却仍然保留着晶态物质的分子有序排列，在物理性质上呈现出各向异性，这种兼有晶体和液体部分性质的中间过渡相态称为液晶态，处于这种状态下的物质称为液晶。液晶就是液态晶体，它具有与晶体一样的各向异性，同时具有液体的流动性。在分子序列中，液晶分子往往具有一维或二维远程有序性，介于理想的液体与晶体之间，这种中间相也称为有序流体相。

普通的无机物或有机物晶体分子（原子或离子）在晶格结点上做有规则排列，即构成三维有序的晶格点阵。这种结构使晶体具有各向异性，如光学各向异性、介电和介磁各向异性等。当晶体受热后，在晶格上排列的分子（原子或离子）动能增加，振动加剧，在一定压强下达到固态和液态平衡时的温度，就是该物质的熔点。在熔点以下这种物质呈固态，熔点以上呈液态，在液态时晶体所具有的各种特性均消失，变为各向同性的液体。熔点是晶体的灵敏的特征数值，物质纯度越高，固-液态转变区间越窄。

某些有机物晶体（如胆甾醇酯）熔化时，并不是从固态直接变为各向同性的液体，而是经过一系列的"中介相"（mesophase）。处在中介相状态的物质，一方面具有液体一样的流动性和连续性，另一方面又具有像晶体一样的各向异性。显然，在此中介相状态下物质仍保留着晶体的某种有序排列，在宏观上表现出物理性质的各向异性，这样的有序流体就形成液晶（图 10-5）。

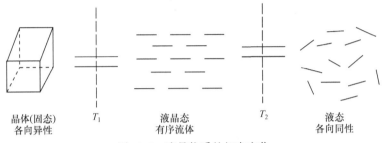

晶体(固态)　　T_1　　　液晶态　　　　T_2　　　　液态
各向异性　　　　　　有序流体　　　　　　　各向同性

图 10-5　液晶物质的相态变化

图中 10-5 中 T_1 为熔点（mp），T_2 为清亮点（cp），$T_1 \sim T_2$ 为液晶相区间（实际上 $T_1 \sim T_2$ 可能存在着一系列相变化）。液晶态是热力学稳定的中间相态，而不是介稳态，因为在相变时有严格确定的焓变（ΔH）和熵变（ΔS）。液晶态实际上是介于固态和液态之间的中介相态。

如今液晶材料的研究和应用越来越成熟，新理论、新产品层出不穷。其中氢键型自组装超分子液晶体系的合成设计尤其值得关注，因为它们对于人类理解自然界生物组织的氢键高级超结构具有重要意义，并作为廉价环境友好材料被关注和开发，前景广阔。

10.5.2　液晶材料的分类与分子结构特征

随着人们对液晶的逐渐了解，发现液晶物质基本上是有机化合物，现有的有机化合物中大概每 200 种中就有一种具有液晶相。显示用液晶材料是由多种小分子有机化合物组成的，现已发展成很多种类，如各种联苯腈、酯类、环己基（联）苯类、含氧杂环苯类、嘧啶环类、二苯乙炔类、乙基桥键类、烯端基类和各种含氟苯环类等。上述液晶均为低分子液晶，其分子长度只有 2～3nm，直径约 0.5nm。液晶材料的另一重要领域是液晶聚合物即高分子液晶材料，将在第 11 章介绍。

根据形成液晶的条件和组成，可以分为两大类，即溶致液晶与热致液晶。

1. 溶致液晶

溶致液晶是由符合一定结构要求的两种或两种以上化合物与溶剂组成的液晶体系。最常见的溶致液晶是由水和双亲（amphiphilic）性分子所组成。双亲性分子是指分子结构中既含有亲水的极性基团，也含有不溶于水的非极性基团即疏水基团，如磷脂、艾罗莎（aerosol）、多肽聚 γ-L-谷氨酸苄酯等。双亲分子结构与表面活性剂相同。

双亲分子缔合使体系吉布斯自由能减小，极性基团靠电性的相互作用彼此缔合形成层状结构的亲水层，非极性基团因范德华引力缔合形成非极性碳氢层，这样便构成层状液晶结构。

随着溶致液晶组成的变化，分子进一步组成聚集体（胶束），周围的溶剂（水、有机物）插入缔合，可以构成各种溶致液晶相。其相变序列为

$$\text{固体} \underset{-H_2O}{\overset{+H_2O}{\rightleftharpoons}} \text{层状液晶} \underset{-H_2O}{\overset{+H_2O}{\rightleftharpoons}} \text{立方结构液晶} \underset{-H_2O}{\overset{+H_2O}{\rightleftharpoons}} \text{六方结构液晶} \underset{-H_2O}{\overset{+H_2O}{\rightleftharpoons}} \text{胶团结构} \underset{-H_2O}{\overset{+H_2O}{\rightleftharpoons}} \text{均相溶液}$$

在上述各个转变中都有固定的焓变、熵变和确定的组成区间及温度区间，所以它们都是热力学稳定态。

2. 热致液晶

热致液晶的液晶相是由温度引起的，并且只能在一定温度范围内存在，一般是单一组分。根据其微观结构及相态特征，热致液晶又可分为近晶型液晶（smectic liquid crystal）、向列型（nematic）液晶、胆甾型（cholesteric）液晶、圆盘型（discotic）液晶及重入（reentrant）液晶五种。前四种液晶的分子排列与结构见图 10-6。

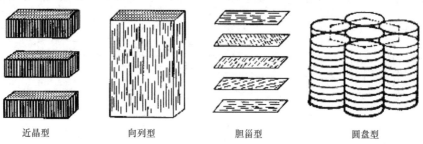

近晶型   向列型   胆甾型   圆盘型

图 10-6   热致液晶的分子排列与结构示意图

根据液晶相变的一般规律，可以认为向列相是在比近晶相高的温度下出现的。然而，1975 年克拉迪斯（O. Cladis）发现，某种二组分混合液晶的各向同性液体在冷却过程中，出现了各向同性液体→向列型→近晶型→向列型这样奇妙的相变现象，即在比近晶相的温度低时再次出现了向列相。这种在相变过程中又再次出现相同相的液晶被命名为重入液晶。如今，不仅在混合液晶中，而且在许多单一液晶中也发现了重入现象。例如，1，2-二苯乙烯衍生物已被确认存在着多重的重入现象，其结构及现象如下：

$$C_8H_{17}—\langle\ \rangle—COO—\langle\ \rangle—CH{=}CH—\langle\ \rangle—CN$$

结晶 $\underset{}{\overset{94℃}{\rightleftharpoons}}$ 近晶型 A 型 $\underset{}{\overset{96.4℃}{\rightleftharpoons}}$ 向列型 $\underset{}{\overset{138.9℃}{\rightleftharpoons}}$ 近晶型 A 型 $\underset{}{\overset{247℃}{\rightleftharpoons}}$ 向列型 $\underset{}{\overset{283℃}{\rightleftharpoons}}$ 各向同性液体

3. 分子结构特征

化合物要呈现液晶相，其分子结构必须满足下述要求：

（1）液晶分子的几何形状应是各向异性的，分子的长径比（L/D）必须大于 4，呈棒状或片状。

（2）液晶分子长轴应不易弯曲，要有一定的刚性，因而常在分子的中央部分引进双键或三键，形成共轭体系，以得到刚性的线型结构或者使分子保持反式构型，以获得线状结构。

（3）分子末端含有极性或可极化的基团，通过分子间电性力、色散力的作用使分子保持取向有序。

由上述必要条件可知，能够呈现液晶性的化合物必须有棒状或片状的分子形状，还必须要有永久偶极或容易极化的化学基团（官能团）。把包含在这些分子结构中的中心基团、端基、环状基等设法进行各种方式的组合，就能设计出具有实用要求的各种液晶化合物。

根据组成液晶分子的中心桥键及环的特征可将液晶区分为亚苄基类、偶氮和氧化偶氮类、芳香酯类、二苯乙烯和二苯乙炔类、肉桂酸酯类、联苯类、苯基环己烷类、环己基环己烷类、环辛烷类、嘧啶类、脂肪酸类等，以及胆甾醇衍生物和手性液晶。

4. 液晶的显示原理

将液晶置于电场中时，其分子排列将发生变化，相应地也会出现光学上的变化。利用这种特性可制成显示装置，应用于台式电子计算机显示装置、数字显示手表、超小型电视显像以及温度传感器等方面。一般单一的液晶材料适用温度较窄。实际应用中为了扩大其适用温度范围，常将两种以上的液晶材料混合起来使用。

10.5.3 液晶材料的合成原理与工艺

常见的液晶显示材料有 TN 型、STN 型和 TFT 型三种，它们大多为混合液晶所组成。例如，TN 型液晶数字显示材料的主要成分是联苯型液晶及酯类型液晶单体。现就联苯型液晶 4-正戊基-4′-氰基联苯的合成工艺举例如下。

消耗定额（以生产每吨液晶计）：联苯 3380，正戊酰氯 800，二氯乙烷 16800，水合肼 300，草酰氯 1800，一缩乙二醇 10100，无水三氯化铝 4800，四氯化碳 15100，三氯氧磷 1460，苯 6550。

4-正戊基-4′-氰基联苯的合成反应原理如下：

（1）正戊酰联苯的合成。联苯与正戊酰氯直接反应

$$\text{联苯} + n\text{-}C_4H_9COCl \xrightarrow[\text{二氯乙烷}]{AlCl_3} n\text{-}C_4H_9CO\text{-}\text{联苯} + HCl$$

（2）正戊基联苯的合成。正戊酰联苯与水合肼反应

$$n\text{-}C_4H_9CO\text{-}\text{联苯} + NH_2NH_2 \cdot H_2O \longrightarrow n\text{-}C_5H_{11}\text{-}\text{联苯} + N_2 + 2H_2O$$

（3）正戊基联苯甲酰氯的合成。正戊基联苯与草酰氯反应

$$n\text{-}C_5H_{11}\text{-}\text{联苯} + (COCl)_2 \xrightarrow{AlCl_3} n\text{-}C_5H_{11}\text{-}\text{联苯}\text{-}COCl + CO + HCl$$

（4）正戊基联苯甲酰胺的合成。正戊基联苯酰氯的氨化反应

$$n\text{-}C_5H_{11}\text{-}\text{联苯}\text{-}COCl + 2NH_4OH \longrightarrow n\text{-}C_5H_{11}\text{-}\text{联苯}\text{-}CONH_2 + NH_4Cl + 2H_2O$$

（5）4-正戊基-4′-氰基联苯的合成。正戊基联苯甲酰胺与 POCl₃ 反应得产物

$$3n\text{-}C_5H_{11}\text{-}\text{联苯}\text{-}CONH_2 + POCl_3 \longrightarrow 3n\text{-}C_5H_{11}\text{-}\text{联苯}\text{-}CN + H_3PO_4 + 3HCl$$

合成工艺流程见图 10-7，其工艺步骤说明如下：

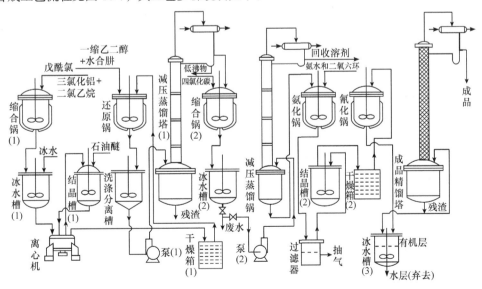

图 10-7 4-正戊基-4′-氰基联苯生产工艺流程

（1）在戊酰基联苯的缩合锅（1）中加入二氯乙烷，搅拌下加入联苯，开动冷冻使温度降低到 10℃，加入无水三氯化铝；继续降温至-5℃，慢慢加入戊酰氯，并于-5℃左右反应 2h，将反应物放入冰水槽（1）中（槽中冰水体积为上述物料体积的 4 倍）。开动搅拌将物料混匀，然后停止搅拌，静置过夜分层，上层为有机层，下层为水层，放出有机层并将其冷却到-10℃，析出结晶，用离心机甩干，将粗品在结晶槽（1）中用石油醚重结晶，再甩干后于干燥箱中烘干得微黄色光亮结晶即正戊酰联苯。

（2）将干燥过的正戊酰联苯加入到预先放有一缩乙二醇的还原锅中，慢慢加入水合肼并开动搅拌，加热回流，并用外回流法除去反应中的水分，温度升到 200℃，保持反应 1h，冷却反应物，稍静置分层，上层产物放入洗涤分离槽中，经水洗涤后用 H_2SO_4 处理，再用无水硫酸钠干燥，干燥的母液用过滤法除去无水硫酸钠；母液用泵（1）打入减压蒸馏釜（1）中，进行减压蒸馏，收集 148～153℃/400～433Pa 的馏分即正戊基联苯。

（3）在缩合锅（2）中加入四氯化碳，降温至 10℃，在搅拌下加入无水三氯化铝和草酰氯，然后慢慢加入正戊基联苯，于 13～15℃反应 1h，这时有大量的 HCl 气体冒出，待反应完后将物料放入冰水槽（2）中，同时搅拌（槽中冰水体积为物料总体积的 4 倍），0.5h 后静置分层，除去水层，有机层经泵（2）打入减压蒸馏锅中，减压蒸去溶剂得黄色固体。

（4）在氨化锅中加入氨水，开动搅拌，加入正戊基联苯甲酰氯与二氧六环的混合物，搅拌反应 0.5h，得黄色固体。将反应物放入过滤器中进行过滤，所得黄色固体于结晶槽（2）中进行重结晶，结晶后置于干燥箱（2）中进行干燥，干燥后的产物即为正戊基联苯甲酰胺。

（5）将上述中间体加入氰化锅中，再加入苯及三氯氧磷，加热回流 4h，将产品放入冰水槽（3）中（槽中冰水体积为产物体积的 4 倍），搅拌均匀，静置分层，上层为有机层，抽出有机层用碳酸钠干燥数小时，过滤除去固体粗品，滤液置于精馏塔中精馏得 4-正戊基-4′-氰基联苯。

10.6 磁性信息记录材料

在通信、广播、电视、军事（如雷达）、航天、录音、录像、IT、自动控制、教育、医疗、仪器仪表及日常生活中，作为电子器件的基础材料——磁性信息记录材料正在飞速发展。磁记录具有记录密度高，稳定可靠，可反复使用，时间基准可变，可记录的频率范围宽，信息写入、读出速度快等特点。磁性信息记录材料按形态分为颗粒状和连续薄膜材料两类，按性质又分为金属材料和非金属材料，分别介绍如下。

10.6.1 颗粒涂布型磁性信息介质

利用磁特性和磁效应输入（写入）、记录、存储和输出（读出）声音、图像、数字等信息的磁性材料，在物理学中被称为磁记录介质（只认为磁粉是磁记录材料）。目前广泛使用的磁性信息记录介质多数是用颗粒涂布方法制成的，即将磁粉与非磁性胶黏剂等含少量添加剂形成的磁浆涂布于聚酯薄膜（又称涤纶基体）上。为了得到理想的记录特性，必须控制磁性信息介质的矫顽力、剩余磁感应强度、磁层厚度、表面光洁度、磁层特性的均匀性等技术条件。现行磁粉材料的主要品种有 γ-Fe_2O_3、Co-γ-Fe_2O_3、CrO_2、$BaO \cdot 6Fe_2O_3$、Sm_2FeN 和 Fe-Co-Ni 合金等。磁粉的制备是一个复杂的精细化工生产过程，举例说明如下。

1. γ-Fe_2O_3 磁粉

γ-Fe_2O_3 磁粉是最早用于磁带、磁盘的磁粉，这种材料具有良好的记录表面，在音频、射频、数字记录以及仪器记录中都能得到理想的效果，而且性能稳定。γ-Fe_2O_3 通常制成针状颗粒，长度为 0.1～0.9μm，长度与直径比为 3：1～10：1，具有明显的形状各向异性，为立方尖晶石结构。内禀矫顽力为 15.9～31.8kA/m，饱和磁化强度约为 0.503Wb/m^2（400emu/cm^3）。

酸法制 γ-Fe$_2$O$_3$ 是将氢氧化钠溶液和硫酸亚铁溶液混合，进行中和与氧化反应，生成铁黄晶种 α-(FeO)OH，经生长后制得大小符合要求的铁黄 α-(FeO)OH，再经水洗、干燥、脱水、还原、氧化制得 γ-Fe$_2$O$_3$，化学反应路线如下：

（1）制备铁黄晶种 α-FeOOH

$$4FeSO_4 + 8NaOH + O_2 \longrightarrow 4\alpha\text{-(FeO)OH} + 4Na_2SO_4 + 2H_2O$$

（2）晶种生长

$$4FeSO_4 + O_2 + 6H_2O \longrightarrow 4\alpha\text{-(FeO)OH} + 4H_2SO_4$$

$$H_2SO_4 + Fe \longrightarrow FeSO_4 + H_2$$

（3）脱水生成 α-FeOOH

$$2\alpha\text{-(FeO)OH} \xrightarrow{\text{加热}} \alpha\text{-Fe}_2O_3 + H_2O$$

（4）还原生成 Fe$_3$O$_4$

$$3\alpha\text{-Fe}_2O_3 + H_2 \longrightarrow 2Fe_3O_4 + H_2O$$

（5）氧化生成 γ-Fe$_2$O$_3$

$$4Fe_3O_4 + O_2 \longrightarrow 6\gamma\text{-Fe}_2O_3$$

酸法制 γ-Fe$_2$O$_3$ 生产工艺流程见图 10-8。

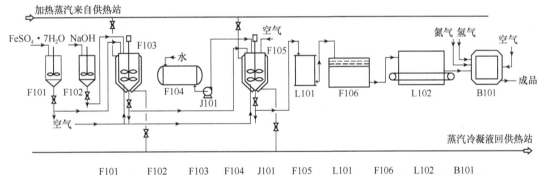

F101	F102	F103	F104	J101	F105	L101	F106	L102	B101
溶解提纯槽	溶解槽	反应槽	储罐	泵	生长槽	过滤器	水洗槽	干燥箱	转炉

图 10-8　酸法制 γ-Fe$_2$O$_3$ 的生产工艺流程

（1）将 FeSO$_4$ 水溶液放入反应槽 F103 中，加入 NaOH 溶液，在 40℃下搅拌，直到变成黄棕色，此时生成晶种 α-(FeO)OH。

（2）将晶种移到有 FeSO$_4$ 和铁皮的生长槽 F105 中，升温至 60℃，吹空气氧化，晶种长大。此时铁皮与酸反应，以补充 FeSO$_4$ 消耗。晶种长到一定尺寸后，经 L101 过滤、F106 水洗、L102 干燥，得铁黄粉末。

（3）将铁黄在转炉 B101 中于 200～300℃下焙烧脱水，生成红色 α-Fe$_2$O$_3$。

（4）向炉中通入 N$_2$ 以赶走空气，升温至 300～400℃，送入 H$_2$ 进行还原，生成 Fe$_3$O$_4$。

（5）在停止送 H$_2$ 后，将炉温调至 200～250℃，用 N$_2$ 赶去 H$_2$，通入空气进行氧化，即生成褐色的 γ-Fe$_2$O$_3$。

2. Co-Fe$_3$O$_4$ 磁粉

Co-Fe$_3$O$_4$ 是在 0.14～0.3μm 针状颗粒体外表面延生一层钴铁氧体（CoFe$_3$O$_4$）形成的磁粉。新

开发的纺锤形体 Co-Fe₃O₄ 磁粉更有利于取向和填充。针状 Co-Fe₃O₄ 磁粉的典型生产工艺路线为

$$FeSO_4 + NaOH \longrightarrow \alpha\text{-}FeO \cdot (OH) \longrightarrow Fe_3O_4 \longrightarrow \gamma\text{-}Fe_2O_3$$

$$\downarrow \qquad\qquad \downarrow$$

$$Co\text{-}Fe_3O_4 \qquad Co\text{-}\gamma\text{-}Fe_2O_3$$

即硫酸亚铁碱化生成碱式氧化铁,再分解为四氧化三铁。在这个过程的实施中,在颗粒的外表面延生生长一层 Co-Fe₃O₄,再包覆一层陶瓷膜。

另外一种工艺是把四氧化三铁部分氧化生成不定比氧化铁(中间氧化铁,或称贝陀立氧化铁),再在其表面包覆 Co-Fe₃O₄。

3. 金属磁粉

金属磁粉是 20 世纪 80 年代成为商品的磁性信息记录材料,其特点是比氧化物具有高磁感应强度和矫顽力。金属磁粉的制备方法主要有还原法和蒸发法。还原法是将金属盐类或氧化物用适当还原剂还原成金属粉末。蒸发法是将块状金属蒸发成蒸气后冷凝成金属粉末,通过控制冷凝速度得到不同颗粒大小的磁粉。

10.6.2 高记录密度连续膜介质

高密度和低成本的磁信息存储系统的发展要求加速开发连续薄膜磁记录介质,目前生产使用的主要连续膜有各向同性金属膜与各向异性金属膜两种。

高记录密度连续薄膜介质一般采用电镀法、真空镀膜技术制备。Co、Fe、Ni 以及 Co-Ni、Co-Fe、Co-Sm 都可用蒸镀、溅射等方法获得各向异性磁薄膜,但必须控制其工艺过程。例如,使用真空蒸发方法制备薄膜时,如果蒸气流方向与基体平面的法线方向平行(入射角为零),加上外沉积磁场,则可以使晶粒规则取向,薄膜产生明显的各向异性;如果蒸气流的入射角不为零,则即使不附加磁场,其膜也会有各向异性,而且这种各向异性与入射角有关。入射角小于 60° 时,由于晶粒自身的阴影效应,形成的易磁化轴与薄膜平面平行并与其入射面相垂直,这种感生各向异性随入射角增加而增加。入射角超过 60° 时,晶粒沿蒸发方向长大,由此感生的晶粒形状各向异性并与入射平面平行。

除蒸气流的入射方向对薄膜的各向异性有影响外,其他因素如基体温度、磁膜成分以及磁致伸缩系数等都会对各向异性产生影响。斜入射效应不仅在蒸镀工艺中使所制备的膜具有各向异性,而且在其他工艺如离子束溅射法和磁控溅射法等方法中都可以制取各向异性膜。另外,为了使磁性记录薄膜提高使用寿命,往往需要加保护膜如 SiO₂、CrRh 以及类金刚石薄膜。

第11章 功能高分子与智能材料

功能高分子材料（又称精细高分子材料）是 20 世纪 60 年代发展起来的新兴领域，是高分子材料渗透到电子、生物、能源等领域后开发涌现出的新材料。当今社会有人将能源、信息和材料并列为新科技革命的三大支柱，而材料又是能源和信息发展的物质基础。除了五大合成材料以外，又出现了具有光、电、磁等特殊功能的高分子材料、生物高分子材料、高分子膜、医用高分子材料、隐身材料和液晶高分子材料等许多新型功能高分子材料。这些新型功能高分子材料在人们的日常生活、工农业生产和尖端科学技术领域中起着越来越重要的作用。同时，社会的发展要求高分子不仅起到单纯的纤维和结构材料的作用，而且发展到高功能的智能型材料。

11.1 概　　述

11.1.1 功能高分子材料

功能高分子材料一般指具有传递、转换或储存物质、能量和信息作用的高分子及其复合材料，或具体指在原有力学性能的基础上，还具有化学反应活性、光敏性、导电性、催化性、生物相容性、药理性、选择分离性、能量转换性、磁性等功能的高分子及其复合材料。功能高分子材料从组成和结构上可分为结构型功能高分子材料和复合型功能高分子材料。结构型功能高分子材料是指在分子链上带有可起特定作用的功能基团的高分子材料，这种材料所表现的特定功能是高分子结构因素所决定的。复合型功能高分子材料是指以普通高分子材料为基体或载体，与具有特定功能的结构型功能高分子材料进行复合而得的复合功能材料。以上两种材料均称为功能高分子材料。

功能高分子材料产量小，价格高，制造工艺复杂，产量大致是通用高分子材料的千分之一或更少，而价格往往为其一百倍以上，属于精细化工产品的重要组成部分。功能高分子材料的研究内容概括地说就是：研究各种功能的高分子的合成、结构、聚集态对功能的影响及其加工工艺和应用。但是，由于功能高分子实际涉及的学科十分广泛，如化学方面的分离、分析、催化等，物理方面的光、热、电、磁等，以及生命科学的生物、医学、医药等，还涉及非线性光学材料等，内容丰富、品种繁多，许多情况下学科之间又相互渗透交叉，因而其分类困难。迄今尚未有统一的分类方法，一般是按其功能性和应用特点进行分类，参见表 11-1。

表 11-1　按习惯性分类的功能高分子材料概况

分类	特性	应用示例
电磁功能高分子材料		
导电高分子材料	导电性	电极电池、防静电材料、屏蔽材料、面状发热体和接头材料
超导高分子材料	导电性	约瑟夫森器件、受控聚变反应堆、超导发电机、核磁共振成像技术
高分子半导体	导电性	电子技术和电子器件
光电导高分子	光电效应	电子照相机、光电池、传感器
压电高分子	力电效应	开关材料，仪器仪表材料，机器人感触材料、显示、测量
热电高分子	热电效应	音响调和、仪器

分类	特性	应用示例
声电高分子	声电效应	塑料磁石、磁性橡胶、仪器仪表的磁性元器件、中子吸收、微型电机、异步电机、传感器
高分子磁性体	导磁作用	
磁性记录材料	磁性转移	磁带、磁盘
电致变色材料	光电效应	显示、记录
光功能高分子材料		
高分子光导纤维	光的全反射或曲线传播	信息、通信、显示医疗器械
光致变色、显示	光色效应和光电效应	显示、记录、自动调节光线明暗太阳镜及窗玻璃
液晶高分子	偏光效应	显示、连接器
光盘的基板材料	光学原理	高密度记录和信息存储
感光树脂、光刻胶	光化学反应	大规模集成电路的精细加工，印刷
光学透明高分子材料	透光	接触眼镜片、菲涅尔透镜、阳光选择膜、安全玻璃，其他透镜、棱镜和光学元器件
光弹材料	光力效应	无损探伤
光高分子材料	光化学作用	信息处理、荧光染料
光降解高分子材料	光化学	减少环境污染
光能转换材料	光电、光化学	太阳能电池
分离材料和化学功能高分子材料		
高分子分离膜和气液交换膜	传质作用	化工、制药、海水淡化、环保、冶金
离子交换树脂和交换膜	离子交换作用	化工、制药、纯水制备
高分子催化剂和高分子固定酶	催化作用	化工、食品加工、制药、生物工程
高分子试剂	反应性	化工、农药、医用、环保
分解性高分子	反应性	农业、包装、制药
整合树脂、絮凝剂	吸附作用	稀有金属提取、水处理、海水提铀
高吸水性材料	吸附作用	化工、农业、纸制品
生物医学高分子材料		
人工器官材料	仿人体功能与替代修补作用	人体脏器
骨科、齿科材料	替代修补作用	人体骨骼、牙齿置换修补
药物高分子	药理作用	主药或载体
降解性缝合材料	化学降解	非永久性外科材料
医用黏合剂	物理与化学作用	外科和修补材料

功能高分子材料具有质量轻、易加工、可大面积成膜、原料来源广泛等特点。随着国民经济的发展，对这类材料的要求越来越高。其今后的发展方向也将沿着以下几个方面：

（1）功能化。新材料正在从过去偏重于结构材料转向功能材料，即高分子功能材料未来正向高性能化、高功能化和多功能化方向发展。

（2）复合化。对新材料要求越来越严格的特定性能趋于极限化，综合性能也能同时满足，对于一般材料是无法实现的。而把两种或多种材料组合起来，可发挥各组分单独使用时所达不到的性能和功能。

（3）精细化。结合我国新能源材料、轨道交通、航空航天、国防军工等重大战略需求，聚焦材料产业发展瓶颈，采用精细化工新技术，推动材料产业精细化的结构性改革。

（4）综合化。功能高分子材料开发需要对材料的加工、分析测试、性能和功能的测定、应用技术和设备等有关问题进行综合考虑。

（5）知识技术密集化。材料科学是一门综合性学科，可通过计算机进行"分子设计"和"材料选择"，以创制具有各种指定性能和功能的新材料。

11.1.2　智能材料

智能材料（intelligent material）是自 20 世纪 90 年代开始迅速发展起来的一类新型功能材料，其集仿生、纳米技术及新材料科学于一身，是 21 世纪最具有发展潜力的前瞻性研究领域之一。

与传统材料不同，智能材料不仅以单一的材料形式存在，还以某一智能化体系方式存在。由此给出智能材料的定义是：由多种材料组元通过有机紧密复合或严格的科学组装而构成的材料系统。因此，智能材料必须具备感知、驱动和控制这三个基本功能要素。特殊的结构特征使得智能材料能够对环境条件及内部状态的变化做出精准、高效、适当的响应，同时具备传感功能、信息存储功能、反馈功能、响应功能、自诊断功能和自修复能力等特征。

智能材料按主体材料性质可划分为金属系智能材料、无机非金属系智能材料和高分子系智能材料。智能材料是将普通材料的各种功能与信息系统在宏观、介观和微观水平上进行系统化、层次化控制的融合材料。与金属材料和无机非金属材料相比，聚合物具有多重亚稳态、多水平结构层次和较弱的分子间作用力，加之侧链容易引入各种官能团，这些因素均有利于感知和判断环境，实现环境响应。

智能材料按照功能结构划分主要分为新型功能性材料、功能转化材料及新型结构材料三大类。根据智能材料的功能特征，可将其分为感知材料和响应/驱动材料两大类。感知材料对外界的刺激具有感知作用，可用于制造传感器，其可感知外界环境刺激并以此进行信息采集。感知材料种类繁多，包括电感材料、光敏材料、湿敏材料、热敏材料、气敏材料、光导纤维、声发射材料、形状记忆材料、磁致伸缩材料、压电材料、电阻应变材料等。

响应/驱动材料可对外界环境条件或内部状态发生的变化做出响应或驱动，可用于制造执行器。智能系统的执行器类似于生物体的肌肉，它在外界或内部状态变化时做出相应的响应，这种响应可以表现在力、位移、颜色、频率、数码显示、信息存储等各方面。可用作执行器的材料包括形状记忆材料、压电材料、电流变体、磁流变体、磁致伸缩材料、电致伸缩材料和某些智能高分子材料。

传统的材料学存在"重材料、轻设计"的问题。智能材料的发展趋势之一是通过微结构设计拓展结构组分材料的性能，实现特殊性能可定制化的宏观结构。材料结构一体化设计可以有效打破对材料性能的传统认知局限，基于材料的特定性能，通过微观和宏观多尺度结构构型的匹配设计，结合高性能与先进的制造技术，可得到具有多重功能特性的新型智能材料。例如，4D 打印技术是将 3D 打印技术和智能结构结合的新兴制造技术，其第四维度具备和感知材料相同的特性，即感知应力、应变、热、光、电、磁、化学和辐射等外界刺激，并据此做出相应的响应，该技术使得智能材料的制造具有更为广阔的前景。

化学功能
高分子材料

11.2　化学功能高分子材料

化学功能高分子材料是一类具有化学反应功能的高分子材料，它是以高分子链为骨架并连接具有化学活性的基团构成。化学功能高分子材料很多，下面主要介绍离子交换树脂、高分子催化剂、高吸水性树脂、功能性螯合树脂及高分子分离膜等。

11.2.1　离子交换树脂

离子交换树脂是一类能显示离子交换功能的高分子材料。在其大分子骨架的主链上带有许多化学基团，这些化学基团由两种带有相反电荷的离子组成：一种是以化学键结合在主链上的固定离子，另一种是以离子键与固定离子相结合的反离子。反离子可以被离解成为能自由移动的离子，并在一定条件下可与周围的其他同类型离子进行交换。离子交换反应一般是可逆的，在一定条件下被交换上的离子可以解吸，使离子交换树脂再生，因而可反复利用。离子交换树脂品种繁多，分类方法也不统一，一般根据交换基团的种类、作用分为以下五类：

强酸型阳离子交换树脂——R（苯环上的取代基，以下类同）：—SO_3H

弱酸型阳离子交换树脂——R：—$COOH$，—PO_3H_2，—OH，—PO_2H_2，—AsO_3H_2，—SeO_3H

强碱型阴离子交换树脂——R：$\equiv N^+X^-$，$\equiv P^+X^-$，$\equiv S^+X^-$（X 为卤素）

弱碱型阴离子交换树脂——R：—$CONH(CH_2)_3N(CH_3)_2$，—$CH_2NCH_3(C_2H_5OH)_2$

两性离子交换树脂——R：—$SO_3H + N^+(CH_3)_3X^-$

1. 离子交换树脂的合成原理与方法

树脂的合成属于高分子合成的一个分支，大部分内容涉及大分子功能基反应，实际上是将比较成熟的有机化学反应推广到交联的高分子化合物，所以制备上的大多数问题可以说是技术工艺问题。

在下述所涉及的制造方法中，在聚合物的形成过程中：如果使用致孔剂，得到的产品为大孔型树脂；如果不添加致孔剂，得到的产品属凝胶型树脂。聚合物生成的方法也就是高分子化学上常用的加成聚合、逐步共聚合两种聚合方法。

（1）加成聚合。以具有双键的单体和带有两个以上双键的单体作为交联剂，在引发剂存在下，在含有分散剂的水介质中，经搅拌、加热进行悬浮共聚合后即可得到聚合物。常用的引发剂是 0.5%～1.0%单体质量的过氧化苯甲酰或偶氮二异丁腈；分散剂一般是 0.1%～0.5%的水解度约为 88%的聚乙烯醇或 0.5%～1.0%的照相级明胶、氯化钠水溶液。水相与单体的比例为2：1～4：1，磷酸镁、碳酸镁、磷酸钙也都可以用作分散剂；对于甲基丙烯酸也可以用可溶性淀粉作分散剂。如果用甲基丙烯酸与二乙烯苯或甲基丙烯酸乙二醇酯作交联剂，则直接得到酸性阳离子树脂。

（2）逐步共聚合。逐步共聚合有时也称缩聚反应。参加反应的两个或两个以上带有功能基的单体，通过功能基之间的相互作用而进行反应，析出低分子物，如水或卤化氢等，但也有生成低聚物或不析出低分子物的。以苯酚类为例，苯环上有三个可以进行反应的活性点，是具有三个功能基的单体。它与带羰基的甲醛等反应，缩去一分子水，得到类似酚醛树脂的一系列聚合物。这类树脂过去用本体聚合，即将单体经过加热而固化得到聚合物，然后研磨、过筛，选取大小合适的无定形颗粒。由于树脂颗粒不易研磨及无定形颗粒有很多缺点，现在多改进为在分散剂中，如在邻二氯苯或变压器油中，进行悬浮分散缩聚，直接得到小圆球状树脂。

另外，制备树脂常采用收率较高、效果较好的有机化学功能基反应，选用良溶剂以强化反应条件。但是高分子上的功能基反应的反应速率及收率往往比低分子反应略差。尽管如此，它仍是合成树脂的主要手段，是各种阴、阳、螯合、氧化还原、生化活性、光活性等树脂发展的基础。

2. 离子交换树脂的合成实例

1）带氨基的阴离子交换树脂

以带氨基的阴离子交换树脂的生产为例，其广泛用于水处理，尤其是纯水、超纯水的制备，也可用于催化剂、脱色剂的制备及铀抽取、氨基酸分离、色层分析等许多领域。带氨基的阴离子交换树脂的生产分两步进行：

（1）共聚珠体的合成。以苯乙烯、二乙烯基苯为单体，在引发剂作用下，经自由基共聚合成苯乙烯-二乙烯基共聚珠体。

（2）带氨基的阴离子交换树脂的合成。苯乙烯-二乙烯基悬浮共聚珠体在氯化锌的作用下，在二氯乙烷溶剂中与氯甲醚反应，使共聚珠体的苯环上引入氯甲基制成"氯球"，然后胺化得产品。反应式如下：

氯甲基化反应

胺化反应

生产工艺流程参见图 11-1。

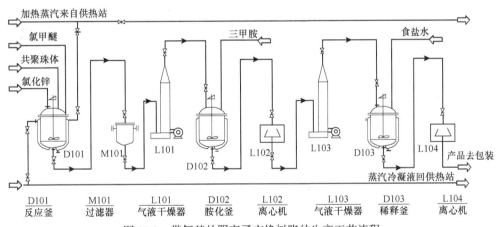

图 11-1　带氨基的阴离子交换树脂的生产工艺流程

将共聚珠体和氯甲醚投入反应釜 D101 中，搅拌并升温至 80～85℃反应约 2h，降温至 40℃后加氯化锌，反应完后通过过滤器 M101 过滤，抽除氯甲醚残液，并通过气液干燥器 L101 充分干燥，将上述反应产物氯球和纯苯投入胺化釜 D102 中，膨胀数小时。体系升温至 50～60℃，滴加三甲胺溶液充分反应。反应完全后经过离心机 L102 离心、气液干燥器 L103 干燥，然后在稀释釜 D103 中用食盐水浸泡，调节 pH、冲洗、过滤、干燥后包装。

2）两性离子交换树脂

同一高分子骨架上，如苯乙烯-二乙烯基苯小球，同时含有酸性基团和碱性基团的离子交换树脂，则称为两性离子交换树脂。其典型合成方法的反应式如下：

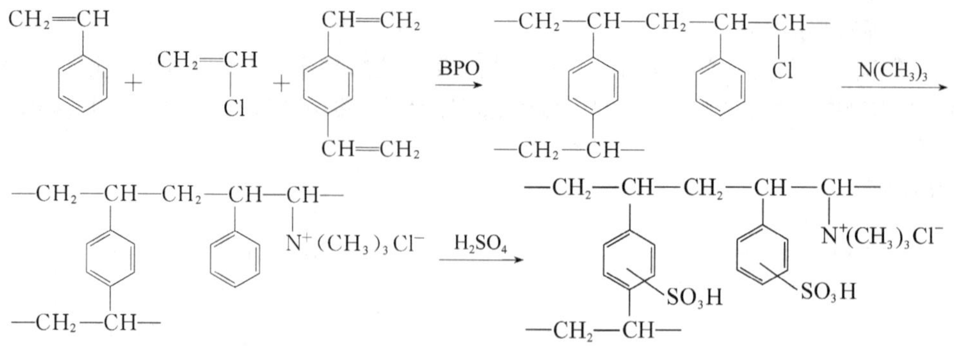

离子交换树脂在工业生产上使用最普遍的是苯乙烯-二乙烯基苯悬浮聚合得到的1～2mm的小球，这种小球经过磺化、氯甲基化、胺化后可得到不同性质的离子交换树脂。目前我国已有多种牌号的产品生产，可参阅有关资料。

11.2.2　高分子催化剂

高分子催化剂分子链上的诸多功能基之间的协同效应，作为催化活性中心的金属原子在链上的高分散或高浓缩效应、取代基提供的静电场、高分子的高级结构、光活性取代基的存在等高分子效应，在静电场及立体阻碍两个方面为分子反应提供了特殊的微环境。这也是使高分子催化剂具有温和的反应条件和具有高活性、高选择性的主要原因。

高分子催化剂按其来源可分天然高分子催化剂、合成高分子催化剂、半天然高分子催化剂三大类。天然高分子催化剂是指存在于生物体内的各种具有催化功能的酶，它又可分为金属酶和不含金属的酶。合成高分子催化剂是指人工合成的各种具有催化功能的高分子，按其结构可分为不含金属原子的高分子酸碱催化剂、高分子金属催化剂、高分子相转移催化剂、高分子胶体保护的金属簇催化剂四大类。半天然高分子催化剂是将由生物体内提取的具有催化活性的酶用人工的方法固相化所制得的催化剂，固定化酶即属于此类。下面重点介绍四种工业上常用的高分子催化剂的制备方法及应用。

1. 高分子酸碱催化剂

高分子酸碱催化剂多是在高分子链上带有各种不同的酸碱性的功能基，能起酸碱催化作用。例如，各种离子交换树脂，可以像一般小分子无机酸碱一样催化缩合反应、加成反应、消除反应、分子重排反应、酯水解反应、酯交换反应以及高分子缩聚合成反应等。它比一般小分子反应的条件温和，反应后可用极简单的过滤方法分离回收催化剂，而产物不需中和、纯化，回收的离子交换树脂又可重复使用。

2. 高分子金属催化剂

高分子金属催化剂通常是以带有功能基或配位原子的有机高分子或无机高分子为骨架，把高分子配位体与金属络合而制成的。高分子配位体可以是交联的有机高分子，也可以是负载于高比表面载体上的交联的高分子。使用的载体可以是二氧化硅、氧化铝或金属氧化物等。有机高分子配位体可以是合成的高分子，也可以是天然的高分子，如甲壳质、羊毛、蚕丝、纤维素等。由于合成高分子配位体花样繁多，功能基和分子结构易调控，因此这类高分子催化剂合成的种类较多。它所络合的金属原子可以是单一的一种，也可以是两种或两种以上的双金属或多金属高分子催化剂，它可催化加氢反应、氧化反应、环氧化反应、硅氢加成反应、醛化、羰基化、不对称加合反应、分解反应、异构化反应、二聚、齐聚、聚合反应等。Grubbs等按下面反应合成了含铑的高分子金属催化剂，这种催化剂可在25℃、氢气压强0.1013MPa的温和条件下对烯烃加氢进行催化。低分子络合溶液接触空气就会失去活性，会腐蚀金属反应器，而高分子金属络合物在空气中相当稳定，几乎没有腐蚀性，而且反应完成后可用简单过滤的方法回收，并能重复使用。反应式如下：

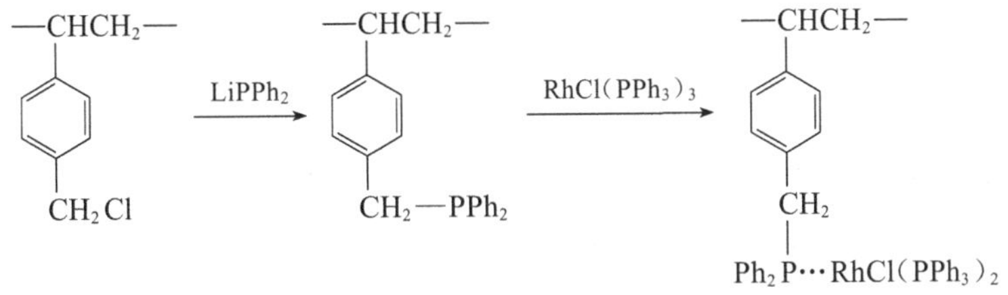

3. 高分子相转移和高分子胶体保护催化剂

某些主链或侧链具有冠醚结构的高分子螯合金属离子后可制成高分子相转移催化剂，它能有效地催化某些有机物与无机物之间的反应。例如，以具有冠醚基侧链的聚酯与钾离子络合后可作为高分子相转移催化剂，催化剂的结构如下：

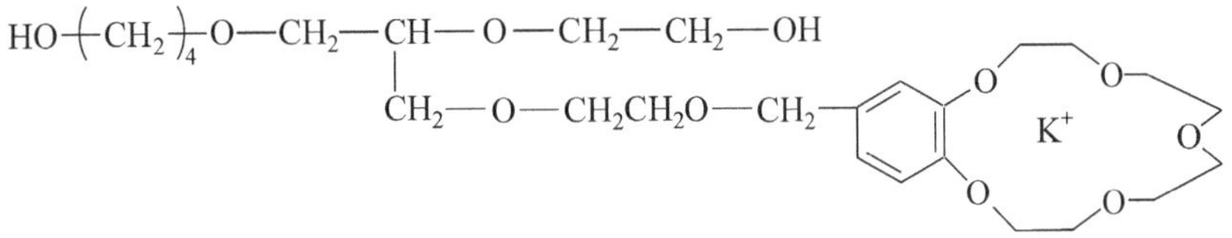

某些金属的原子簇也具有催化功能，可负载于固相载体上作为催化剂使用。高分子保护的金属原子簇催化剂是用某些方法把金属簇分散于可流动的高分子胶体溶液中，形成具有催化活性的溶液。例如，把聚乙烯醇溶于水中形成黏稠的类似于胶体溶液的物质，而后把金属盐类溶于该溶液中，用各种方法进行还原，即可制得高分子保护的金属胶体溶液催化剂。这与前述的固相高分子金属催化剂在相态上是不同的。未交联的线型高分子水溶液可像液相反应一样分散得更均匀、效率更高。这种催化剂可进行催化加氢、醛化等反应。

4. 固定化酶

酶分为含金属的酶和不含金属的酶两大类，总体来讲都归属于天然高分子催化剂，其特点是高活性、高选择性。每种酶都选择性地催化一种反应，而且对反应具有很高的灵敏度。因此从生物体内提出酶用于生化工程具有重要意义，但酶的利用也存在许多问题。酶是水溶性的，在进行酶催化反应之后，企图使酶不变性而分离回收是困难的，因此产品会被污染，而且贵重的酶不再能重复使用。许多酶本身就是在放置的情况下因不稳定而失去活性。为了解决上述问题，人们想出了各种办法，使酶固相化，即把酶固定于载体上，使之不溶于水，在某些情况下对酶还有保护作用。

酶固相化可采用物理和化学两种方法。物理法通常是采用纯物理吸附或用交联高分子、微胶囊技术等包埋法，而化学法则是通过化学键把酶键连接在载体上，或用适当单体、化合物把酶交联成不溶物及高分子复合物的方法固相化。物理法可保持原来酶的活性，但有时易流失；化学法在一定程度上会影响到酶的活性，但固定化后不易流失。这两种方法各有优缺点。

固定化酶常用的载体有多孔玻璃、硅胶等无机载体，也有合成的或天然的高分子载体，这些载体上必须有一定的活性基，易与酶进行化学交联而不会或极少影响酶的活性。常用的天然高分子有聚糖、纤维素、琼脂糖等。合成高分子多用具有疏水骨架而又有可反应的亲水基团的高分子。

随着现代生物工程的发展，固定化酶也得到了广泛应用，目前除了进行酶促反应，还利用它对某些特定底物分子的选择吸附原理对蛋白、抗体和生物活性物质进行分离、精制，如 L-氨基酸的分离纯化、医学上一些微量物质的定量测定等。

11.2.3 高吸水性树脂

高吸水性树脂是一种含有强亲水性基团并具有一定交联度的功能性高分子材料。以往使用的吸附材料如纸、棉、麻等的吸水能力只有自身质量的 15～40 倍（指去离子水，以下同），保水能力也相当差。20 世纪 70 年代中期，美国农业部研究中心首先开发出一种高吸水性树脂，此后各种类型的高吸水性树脂相继出现。这些树脂不溶于水，也不溶于有机溶剂，能吸收数百倍至数千倍于自身质量的水，而且保水性强，即使加压水也不会被挤出，因而引起了世界各国的关注。近年来，高吸水树脂的工业生产能力不断扩大，并广泛应用于医疗卫生、建筑材料、环境保护、农业、林业及食品工业。

高吸水性树脂种类很多，可以从不同角度进行划分。从合成反应类型的角度可分为接枝共聚、羟甲基化及水溶性高分子交联树脂三类，但最常见的是按原料组成分为淀粉类、纤维素或半纤维素类及合成树脂类三类。

1. 淀粉类

淀粉是亲水性的天然多羟基高分子化合物，以淀粉为骨架高分子，与亲水性合成高分子接枝共聚得到高吸水性树脂，如淀粉-丙烯腈接枝共聚水解产物。这是世界上较早开发的一种高吸水性树脂，其生产工艺流程见图 11-2。

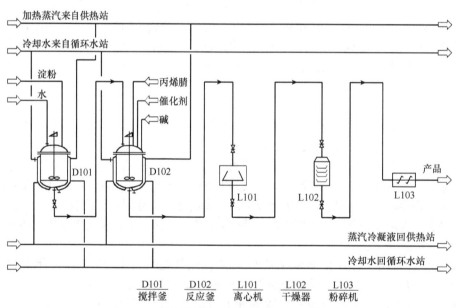

图 11-2 淀粉接枝高吸水树脂的生产工艺流程

这种树脂的合成是按自由基反应机理进行的，最广泛采用的引发剂是四价铈盐。国内外对使用硝酸铈铵等氧化还原引发剂的接枝共聚做了大量的研究工作。其反应机理如下：

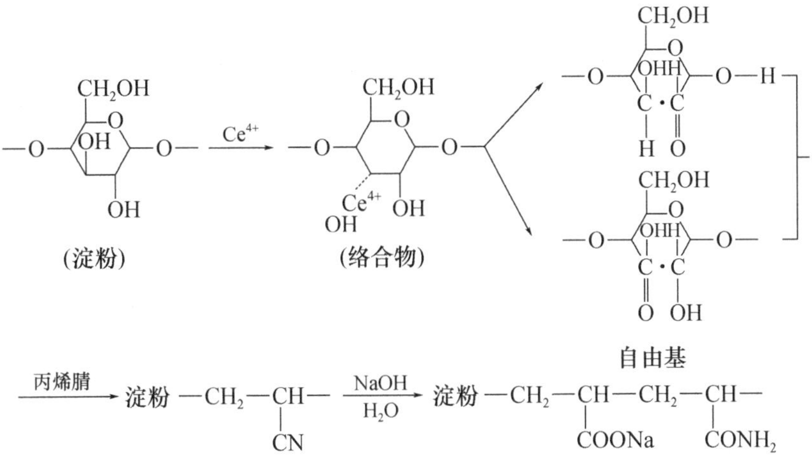

(淀粉)　　　　　　　　　(络合物)　　　　　　　　　自由基

$$\text{丙烯腈} \longrightarrow \text{淀粉}-CH_2-\underset{CN}{CH} \xrightarrow[\text{H}_2\text{O}]{\text{NaOH}} \text{淀粉}-CH_2-\underset{COONa}{CH}-CH_2-\underset{CONH_2}{CH}-$$

淀粉接枝丙烯腈是自由基接枝共聚，是使淀粉分子产生自由基，然后引发单体丙烯腈，成为淀粉-丙烯腈自由基，继续与丙烯腈进行链增长聚合，最后发生链终止。工艺流程说明如下：

（1）糊化。为了很好地进行聚合反应，必须使淀粉均匀地分散在水中，先将淀粉及水加入反应釜 D101 中，搅拌，加热至 60～95℃使淀粉糊化，糊化时间为 0.5～2h。淀粉质量分数为 20%～30%。

（2）冷却。淀粉经糊化后再在搅拌下冷却至室温，以便进行接枝聚合。

（3）接枝聚合。冷却后的淀粉液加入聚合反应釜 D102，在 D102 中通氮，赶走反应釜中的氧，然后加入单体和催化剂并搅拌，经过一定时间就发生放热反应，维持温度直至反应终止。

反应条件：淀粉/丙烯腈比值为 1～0.5，催化剂为原料的 0.5%～1%，反应温度为 25～75℃，反应时间 2～4h。

（4）皂化、冷却。在反应后的接枝物中加入碱，升温至 80～95℃，进行皂化水解 4～6h，水解后冷却至室温。

（5）中和、分离。水解后的产物黏度很大，用酸（硫酸、盐酸等）中和至 pH 为 2～3，通过离心机 L101 离心分离，再经洗涤、干燥后，得到固体产品。

消耗定额（以生产每吨产品计）：淀粉 408.6kg，丙烯腈 726.9kg，氮气 25kg，催化剂 5～10kg，氢氧化钠 18kg，盐酸 16kg 左右。

淀粉与丙烯酰胺在铈盐或钴-60 辐射引发下进行接枝共聚可得非离子型吸水树脂，具有很强的吸水能力，如将其皂化处理可进一步得到含羧酸基和酰胺基的吸水树脂。另外，一些乙烯基单体如乙酸乙烯、苯乙烯等，也可按类似方法与淀粉和纤维素接枝聚合制得吸水树脂。

2. 纤维素或半纤维素类

纤维素或半纤维素类（如蔗渣纤维素、木聚糖）可作为接枝共聚体的骨架高分子。接枝单体除丙烯腈外，还可使用丙烯酰胺、丙烯酸、丙烯酸丁酯等，所得产品呈片状或粉状。蔗渣纤维素或木聚糖、蔗渣木聚糖接枝丙烯酸制得的纤维素类高吸水性树脂系首先使纤维素成为初级自由基，然后引发丙烯酸单体，成为纤维素或半纤维素-丙烯酸自由基，继续与丙烯酸进行链增长，最终链终止而制得。

纤维素或半纤维素类高吸水性树脂的吸水能力比淀粉类树脂低，但是在一些特殊形式的用途方面是淀粉类树脂所不能取代的，如用于重金属吸附、制作高吸水性织物、用纤维素类树脂与合成纤维混纺以改善其吸水性等。

3. 合成树脂类

合成树脂类高吸水性树脂主要包括聚丙烯酸系树脂、聚丙烯腈系树脂、聚乙烯醇系树脂、聚环氧乙烷系树脂等。近年来开发出了以羟基、醚基、酰胺基为亲水官能团的非离子型高吸水性树脂。如将聚乙烯醇水溶液辐射交联，得到含羟基的吸水性树脂；将丙烯酰胺、甲叉双丙烯酰胺的水溶液辐射交联或用引发剂引发聚合，获得酰胺基非离子型吸水性树脂。这类树脂吸水能力较小，一般只能达到 50 倍，通常不作吸水材料用，而是作为凝胶用于人造水晶体和酶的固定化方面。

11.2.4 功能性螯合树脂

螯合树脂是一类能与金属离子形成多配位络合物的交联功能高分子材料。螯合树脂吸附金属离子的机理是树脂上的功能原子与金属离子发生配位反应，形成类似小分子螯合物的稳定结构，而离子交换树脂吸附的机理是静电作用。螯合树脂在湿法冶金、分析化学、海洋化学、药物、环境保护、地球化学、放射化学和催化等领域有广泛用途。除作为金属离子螯合剂外，也可作氧化、还原、水解、烯类加成聚合、氧化偶合聚合等反应的催化剂，以及用于氨基酸、肽的外消旋体的拆分。螯合树脂与金属离子结合形成络合物后，其力学、热、光、电磁等性能都有所改变。利用该性质，可将高分子螯合物制成耐高温材料、光敏高分子、耐紫外线剂、抗静电剂、导电材料、黏合剂及表面活性剂等。螯合树脂是一类能与金属离子形成多配位络合物的交联功能高分子材料。与离子交换树脂相比，螯合树脂与金属离子的结合力更强，选择性也更高，可广泛应用于各种金属离子的回收分离、氨基酸的拆分以及湿法冶金、公害防治等方面。

例如，亚氨基二乙酸型螯合树脂主要用于分离碱金属和稀土金属溶液中的二价和三价阳离子，在冶金工业上用以分离镍钴等，以及回收废水中的汞等。亚氨基二乙酸型螯合树脂的生产是将苯乙烯-二乙烯基苯共聚物经氯甲基化，再引入亚氨二乙酸基团而成。主要的合成反应如下：

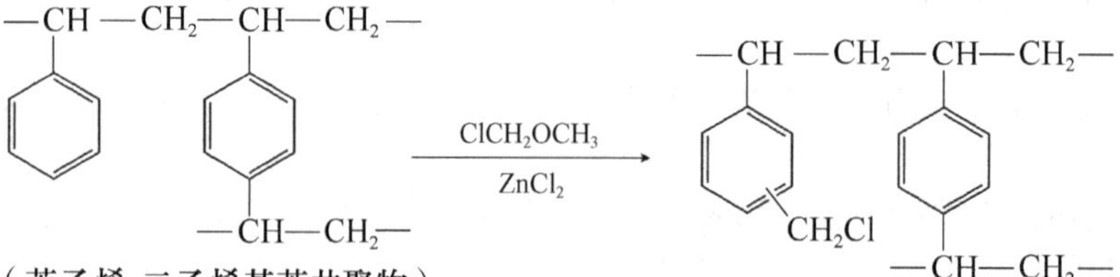

（苯乙烯-二乙烯基苯共聚物）

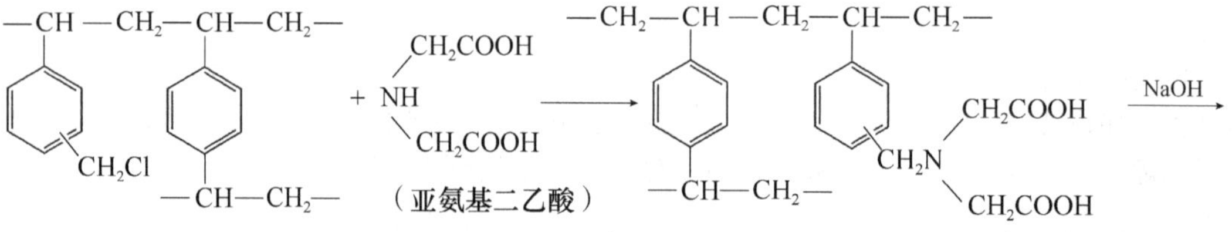

（亚氨基二乙酸）

（苯乙烯-二乙烯基苯-亚氨基二乙酸型螯合树脂-螯合H^+）

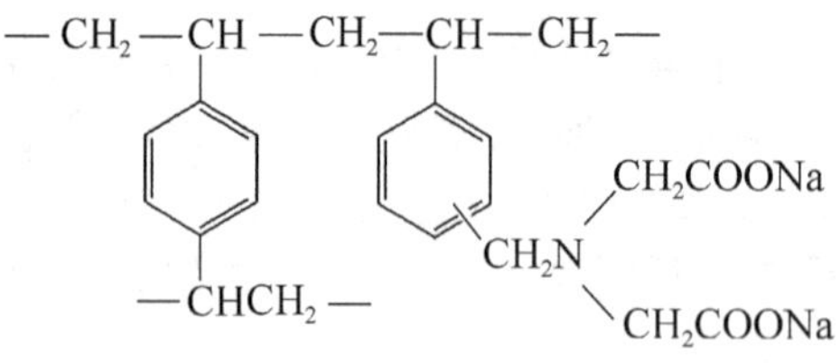

（苯乙烯-二乙烯基苯-亚氨基二乙酸型螯合树脂-螯合Na^+）

11.2.5 高分子分离膜

高分子分离膜是一种具有选择性传递物质的特种功能聚合物薄膜材料，高分子分离膜在对难分离物质的精细分离过程中，由于节能、无公害、设备投资小，在工业及生命工程中具有重要的应用价值。高分子分离膜依照分离物质种类及机理进行的分类及应用举例见表 11-2。

表 11-2　高分子分离膜种类与应用

种类	分离过程	分离物质与能力	驱动力	应用举例
压强差膜分离材料	反渗透	水与溶于水的离子、胶体、分子、细菌分离，分离物质粒径 0.5~1.5nm	压强差 2~10MPa	应用于超纯水制取及海水淡化
	超过滤	水与小分子溶质、胶体、分子、细菌分离，分离物质粒径 1.5~50nm	压强差 0.1~1MPa	分离病毒及高分子有机物胶体
	微孔过滤	溶液与微小固体颗粒之间分离，分离物质粒径 50~5000nm	压强差 <0.1MPa	污水处理及物质浓缩回收
气体分离膜	气体分离	空气（富氧）分离及其他分离	高压透气或减压吸引	医疗、发酵或富氧燃烧
离子交换膜	电渗析电解	电解质（如水溶液）脱盐	电场力（电位差）	海水浓缩，NaCl 电解制 NaOH
	离子置换	阳离子或阴离子选择性透过分离	对不同电荷离子的选择性	
液体分离膜	液液透析	无机盐、碱（孔径 0.1~10um）	化学位（浓度）梯度扩渗	湿法冶金、石化工业、废水处理
	有机液体分离	小分子及大分子有机物液体分离	浓度梯度	石油分离、有机混合液及生物体液分离

　　反渗透、超滤、微滤过程都是在压强差推动下的膜分离过程。反渗透是指在高分子膜两侧分别放置纯水及溶液时，正常情况下水只能向溶液侧渗透；但溶液加压时，压强超过渗透压，则水从溶液向纯水中迁移。由于水的迁移与自然渗透方向相反，故称为反渗透。超滤、微滤与反渗透的差别主要在于分离物质尺寸稍大。压强差及气体分离膜的分离机制相同，都是首先在高压侧被分离物质吸附在膜面上，在膜内扩散到低压侧，并在低压侧解附形成游离态物质。

　　1. 离子交换膜

　　离子交换膜的分离作用是在电场力（电位差）驱动下使离子在膜内扩散并分离的过程。离子交换膜的聚合物链上连接有离子交换基团，膜内同时存在可移动的同量异电性离子。

　　按照膜内可交换离子的电性，离子交换膜可分为阳离子交换膜和阴离子交换膜两类。在阳离子交换膜中，交换基团如磺酸（—SO_3^-）、羧酸（—COO^-）等带负电荷，在其电场作用下排斥同电性离子，吸引异电性离子，可交换（或透过）的粒子为阳离子。相反，阴离子交换膜的交换基团（如季铵—NR_3^+）带正电荷，可交换的离子为阴离子。离子交换膜可按如下方法生产：

　　（1）用未冷凝的离子交换树脂拼料铸造且随后使其在薄层膜中进行缩合或聚合的方法。

　　（2）用惰性胶黏剂（电介质）将细分散的离子交换剂粉末黏合起来的方法。

　　（3）将离子交换剂粉末压入塑性膜的方法。

　　（4）采用使原来惰性的亚麻布、薄膜等活化的方法。

　　（5）在文献中有使纤维素、棉织物或玻璃纸薄膜磺化或磷酸化制取阳离子交换膜可能性的提示，阴离子交换膜可以用同样的材料先经硝化随后还原或胺化的方法制成。

　　（6）均相离子交换膜可用过氧化苯甲酰为催化剂，使对磺酸苯乙烯丙酯与苯乙烯及二乙烯基苯共聚制成。

　　2. 气体分离膜材料

　　利用膜技术制备富氧空气或纯氧是当今世界高速发展的高新技术之一，其最大优势是节约能源。据推算，若采用低温技术生产 1t 标准纯氧需耗能 300kW·h，变压吸附（pressure swing absorption，PSA）耗能为 500kW·h，而采用膜技术只需 100kW·h。

气体分离膜按结构可分为两类，即均质膜（致密膜）和多孔膜。透氢的含硅聚酰亚胺均质膜制备工艺为：首先将四种单体材料——双（邻苯二甲酸酐）二甲基硅烷（SiDA）、聚苯胺（BDA）、3，3′-二甲基联苯胺（PDA）、3，3′-二甲氧基联苯胺（DDA）进行聚合。将聚合的含硅聚酰胺浇在干净的玻璃板上，在氮气中缓慢升温到300℃，保温2h，自然冷却到室温，水中脱膜制成。其他成膜方法还很多，除上述玻璃板流涎成型外，水面滴液展开法也可制出超薄分离膜。

3. 选择性分离溶液高分子膜

在溶液中使用的高分子分离膜包含压强差（反渗透、超过滤、微滤）膜、离子交换膜和溶液分离（无机液液透析、有机液体分离）膜三种。

反渗透、超滤和微滤膜透过的物质细，因而要求膜的孔径小，若要减小迁移阻力则必须减小膜厚度。为避免压强差引起的膜破坏，一般使用不对称膜或复合膜结构。不对称膜材质相同但各层孔径不同，而复合膜材质也不同。例如，日本东丽公司制造的PEC-1000膜是一种公认的优质反渗透膜，它由保护层（厚0.2μm）、活性层（厚0.3μm）、细孔层和粗孔层（厚50μm）及增强网（厚150μm）共五层不同结构和不同材质的膜所组成。实用化的反渗透膜中，使用醋酸纤维的占多数，而芳香族聚酰胺合成高分子膜也正在被应用。不对称膜制造一般采用相转变法。例如，制造醋酸纤维反渗透膜时，首先将醋酸纤维溶于丙酮，再加入制孔剂甲酰胺。将溶液流涎于玻璃板上，挥发片刻后浸入水中，发生水、丙酮间的互扩散，干燥即形成多孔膜。复合膜制法较多，有叠合法、涂层法、表面反应法、单体原地聚合法和表面改性或修饰法等。

11.3　光功能高分子材料

光功能高分子材料是指在光的作用下能够产生物理（如光导电、光致变色）或化学变化（如光交联、光分解）的高分子材料，或者在物理或化学作用下表现出光特性（化学荧光）的高分子材料。该类材料能够对光进行传输、吸收、储存和转换。例如，随着通信技术的发展，利用高分子材料的光曲线传播特性，开发出了非线性光学元件——塑料光导纤维。随着激光技术的发展和对大容量、高信息密度存储（记录）材料的需求，开发出先进的信息存储元件——光盘。光盘的基材就是高性能有机玻璃和聚碳酸酯。利用高分子材料的能量转换特性，人们制成了光导电材料和光致变色材料。常见的光功能高分子材料主要有光致变色高分子材料、光降解高分子材料、塑料光导纤维、高分子液晶、光导电高分子材料、高分子光致刻蚀剂、高分子荧光和磷光材料、高分子光稳定剂、高分子光能转化材料和高分子非线性光学材料等。光功能高分子材料在电子信息产业和太阳能利用等方面具有广泛的应用前景。

11.3.1　光致变色高分子材料

光致变色高分子材料是含有光色基团的一类聚合物材料，其受一定波长的光照射时发生颜色变化，而在另一波长的光或热的作用下又恢复到原来的颜色。光致变色高分子材料可制造各种护目镜、能自动调节室内光线的窗玻璃、军事上的伪装隐蔽材料、密写信息记录材料、信号显示、计算机记忆元件、感光材料和全息记录介质等。

光致变色高分子的种类很多，已经报道的有偶氮苯类、三苯基甲烷类、螺吡喃类、双硫腙类、氧化还原类、硫堇类、聚甲亚胺类、二芳杂环基乙烯类、茚二酮类等，有的聚合物在主链上带有光色基团。理想的光致变色过程有如下两步：

（1）激活反应，即显色反应，指化合物经一定波长的光照射后显色和变色的过程。

（2）消色反应，有热消色反应（指化合物通过加热恢复到原来的颜色）和光消色反应（指化合物通过另一波长的光照射恢复到原来的颜色）两种途径。

不同类型的化合物的变色机理是不同的。光致变色高分子的变色机理一般分为七类：键的异裂、键的均裂、顺反互变异构、氢转移互变异构、价键互变异构、氧化还原光反应、单线态-三线态吸收。例如，偶氮苯类高聚物的光致变色是由于发生了双键的顺反互变异构；硫代缩胺基脲 —N=N—C—NH—NH— 衍生物与 Hg 能生成有色络合物，是化学分析上应用的灵敏显色剂。在聚丙烯酸类高分子侧链上引入这种硫代缩胺基脲汞的基团，则在光照时由于发生了氢原子转移的互变异构，发生变色现象：

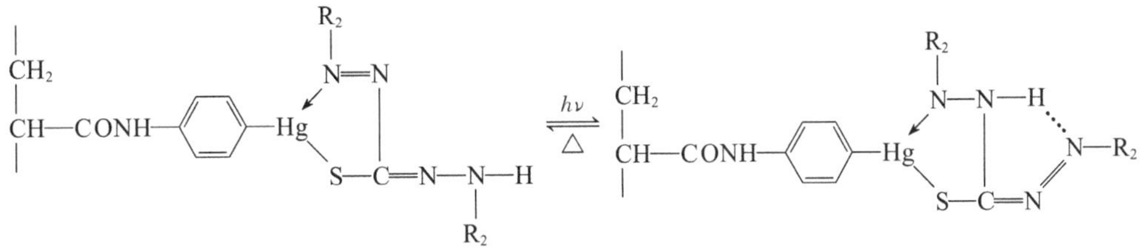

制造光致变色高分子有两种途径：一种是把小分子光致变色材料与聚合物共混，使共混后的聚合物具有光致变色功能；另一种是通过共聚或者接枝反应以共价键将光致变色结构单元连接在聚合物的主链或者侧链上，这种材料就成为真正意义上的光致变色功能高分子材料。

硫卡巴腙汞配合物的高分子化方法有多种，其中的聚丙烯酰胺型聚合物可以按照以下路线合成：

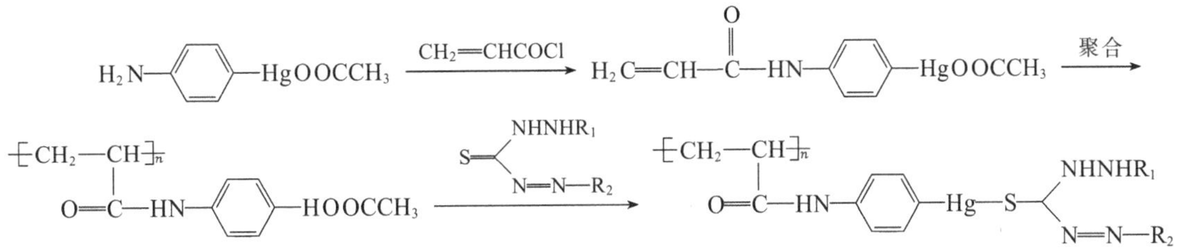

带有偶氮苯结构的光致变色聚合物的合成策略主要有以下三种：①首先合成具有乙烯基的偶氮化合物，然后通过均聚反应或与其他烯烃单体共聚制备高分子化的偶氮化合物；②含有偶氮结构的分子通过接枝反应与聚合物骨架键合，实现高分子化；③通过与其他单体的共缩聚反应，把偶氮结构引入聚酰胺、尼龙 66 等聚合物的主链之中。

11.3.2 光降解高分子材料

高分子在光作用下可发生降解作用。其中，高分子在光的照射下吸收了光能而自行分解，称为光分解；高分子在光和氧或空气的存在下发生氧化，称为光氧化。高分子光降解的程序是：首先高分子必须吸收光能，使高分子处于激发态，最后引起化学变化，如链的断裂或性质的变化，但这个过程取决于高分子的化学结构。

利用高分子光分解和光氧化作用，制取可光降解的高分子材料，以解决大量废弃的塑料包装材料和农用护根薄膜造成的固体环境污染问题。采取的措施有两种：一是改变高分子的分子结构，如利用烯烃与一氧化碳或取代不饱和酮共聚；二是改变高分子材料的组成，如把具有光敏作用的添加剂加入高分子材料中。另一方面，为防止高分子光分解和光氧化，以延长材料使用寿命，工业上广泛采用各种光稳定添加剂包括光屏蔽剂和紫外吸收剂，以及能量转移剂或猝灭剂。

1. 光降解高分子材料的种类和降解原理

一些高分子物质受到 300nm 以下的短波长光的照射时，显示出光降解性，但在 300nm 以上的近紫外光到可见光范围内光降解比较少。太阳光约含 10% 的紫外光（<400nm），所以将在 300nm 以上的光下降解性好的高分子看作光降解型高分子。典型的光降解型高分子的种类和降解原理分述如下。

1）聚酮类光降解型高分子
酮基是能够强烈吸收 300nm 左右光波的基团，含酮基的高分子容易吸收紫外线而导致光降解。

（1）乙烯-一氧化碳共聚物。含 0.01～0.09mol CO 的乙烯-一氧化碳共聚物是最简单的聚酮，这种共聚物在紫外光照射下可按 Norrish Ⅰ 型和 Norrish Ⅱ 型反应进行光降解：

$$-CH_2-CH_2-\overset{\overset{\displaystyle O}{\|}}{C}-CH_2-CH_2- \xrightarrow{h\nu} -CH_2-CH_2-\overset{\overset{\displaystyle O}{\|}}{C}\cdot + \cdot CH_2-CH_2-$$
$$\downarrow$$
$$-CH_2-\overset{\cdot}{C}H_2 + CO \quad (\text{Norrish Ⅰ 型})$$

$$-CH_2-CH_2-\overset{\overset{\displaystyle O}{\|}}{C}-CH_2-CH_2- \xrightarrow{h\nu} -CH_2-CH_2-\overset{\overset{\displaystyle O}{\|}}{C}-CH_3 + CH_2=CH-$$
$$(\text{Norrish Ⅱ 型})$$

Norrish Ⅰ 型反应是与羰基相邻的 C—C 键断裂的自由基反应，Norrish Ⅱ 型反应是羰基的 γ 位上有氢原子的高分子的非自由基分子断裂反应。后者是通过六元环过渡状态脱去羰基 γ 位的氢而发生断裂的，反应式为

$$\xrightarrow{h\nu} -CH_2-CH=CH_2 +$$

$$\overset{HO}{\underset{H_2C}{\diagdown}}C-CH_2-CH_2- \quad \left[\xrightleftharpoons{\text{异构化}} \quad CH_3-\overset{\overset{\displaystyle O}{\|}}{C}-CH_2-CH_2- \right]$$

在通常温度下主要发生 Norrish Ⅱ 型反应。

苯乙烯、氯乙烯及丙烯酸酯等与一氧化碳的共聚体也发生上述光降解反应。

（2）聚甲基乙烯酮。聚甲基乙烯酮以比较高的量子效率发生 Norrish 型光降解反应。甲基乙烯基酮（百分之几）与乙烯、苯乙烯、氯乙烯的共聚物在阳光下也显示相当好的光降解性。

其他聚酮如聚乙烯苯基酮直到 400nm 附近仍有光吸收，量子效率也很高。乙烯苯基酮与其他单体共聚也显示出有效的光降解性。此外，甲基异丙烯基酮、乙基乙烯基酮等同样可用作共聚合组分。

2）聚砜与其他光降解型高分子
聚砜能吸收波长为 320～340nm 的光而发生光降解。一些耐热型高分子如聚酰胺在 370～380nm 紫外光下显示光降解性。含有双键的高分子如聚丁二烯、聚异戊二烯等在阳光和氧的作用下能迅速地分解。

2. 光降解高分子材料的合成原理与工艺设计

1）合成光降解型高分子
共聚是合成光降解型高分子最常用的方法。通过共聚在大分子中引入感光基团（如酮基等），并根据需要引入不同的数量以控制聚合物的寿命。例如，商品名为 "Ecolyte PE" 和 "Ecolyte PP"

的光降解高分子分别是乙烯、丙烯与乙烯基酮的共聚物，这些共聚物有足够的室内稳定性及可控制的室外寿命。

聚酯等缩聚物必须用含有酮基的双官能团单体来制备。

通过大分子的化学反应在分子链上引入感光基团是制备光降解型高分子的又一种方法。用辐射接枝法将含有酮基的单体直接接在塑料上，例如，用苯乙酮衍生物在乙烯-乙烯醇（5%）共聚物上接枝共聚制得了可光降解的聚乙烯。

聚烯烃热分解是借助于大分子反应合成含双键高分子的方法。在热分解过程中，生成自由基的不对称变化而形成了双键，如下式所示：

$$—CH_2—CH_2—CH_2—CH_2—CH_2— \xrightarrow{\triangle} —CH_2—CH_2—CH_2\cdot + \cdot CH_2—CH_2— \longrightarrow$$
$$—CH_2—CH_2—CH_3 + CH_2\!\!=\!\!CH—$$

若反应在热辊或挤压机中进行，特别是原料中加入分解催化剂（如二丁基锡化合物 $Bu_2Sn\!\!=\!\!O$ 等）时，则反应在较低的温度下也能顺利进行。

此外，在脱氢催化剂存在时对高分子进行加热处理是生成双键的有效途径，反应式如下：

2）掺入光敏添加剂

许多无机和有机化合物能诱导和促进聚合物光降解反应。例如，光敏剂被光激发后将其激发态的能量转移给聚合物分子或转移给氧分子而形成单线态氧，这时聚合物可发生降解。光敏剂主要有以下几类：

（1）过渡金属化合物。过渡金属的乙酰丙酮化合物、二硫代氨基甲酸盐、肟、硬脂酸盐等是有效的光敏添加剂。当聚烯烃含有少量过渡金属的乙酰丙酮化合物时会发生显著的敏化作用，敏化活性顺序为 Cu＞Fe＞Zn。二硫代氨基甲酸铁、二硫代氨基甲酸铜、铁肟、硬脂酸铁、三氯化铁也都是有效的光敏剂。研究表明，添加少量上述化合物后，聚烯烃的光氧化时间大大缩短。

（2）羰基化合物。这类化合物中最重要的光敏剂是二苯甲酮。它吸收日光后激发，并从聚合物中夺取氢原子，使聚合物产生大分子自由基，进而发生氧化降解。醌类化合物对聚丙烯、聚苯乙烯的光降解也有促进作用。

（3）其他化合物。多环芳香化合物如蒽、菲、芘可敏化聚烯烃的光降解。

上述光敏剂都可直接用于工业聚合物而不改变原来的生产过程。通过改变光敏剂与聚合物的比例，可使暴晒于日光下的塑料寿命从数年减至数月甚至几天。但是这些低分子物由于扩散会从聚合物表面析出并有向与聚合接触的物质迁移的倾向，会降低分解效果。若添加剂对人体有害，则不适于包装食品或制造容器。因此有人研究了与聚烯烃有足够相溶性的聚合物型光敏剂，如烯烃和含有酮基的单体的共聚物，它作为母料使用，以引发无羰基的纯聚烯烃的光降解。

在塑料的光老化时分别使用一种光敏剂效果不太理想，而两种光敏剂组合可因协同作用而使光降解大大增强。例如，4-氯代二苯甲酮和戊二酮铁敏化聚乙烯的光降解速率是单独使用前者的10倍左右。

农用 PVC 膜浸于卤化羰基化合物的丙酮溶液中再用光照射，发生光氧化促进效应。如果再加入少量三氯化铁，则其效果会增大。

光降解材料主要应用于两个方面：一是包装材料，二是农用薄膜。现有的包装材料中大约80%是聚烯烃，如聚乙烯、聚丙烯、聚苯乙烯、聚酯等。聚烯烃薄膜还被广泛作为农业用覆盖薄膜以保墒、提高土壤温度及抑制杂草生长，但使用后很难从地里清除掉，所以可用光降解聚烯烃作包装材料和农用地膜，废弃后即可被日光降解成碎片。当聚烯烃的相对分子质量降到 500 以下时，就容易受微生物破坏，从而进入自然界的生物循环。

11.3.3 塑料光导纤维

1. 光纤与塑料光纤

高清电视、TB 级存储设备、千万像素数码相机、大容量智能手机以及便携式多媒体播放器的大量涌现标志着超大数据时代已经到来，这对现有的信息传输技术提出了挑战：更高的传输速率、更大的传输容量、更低的传输成本。光纤网络通信技术结合波分复用、空分复用、时分复用、偏振复用等可以极大地提高信息传输容量与速度，成为最具发展前景的通信技术。光纤是光导纤维的简称，是一种由透明光学材料制成的纤维，具有光的传导功能。1966 年，"光纤之父" 高锟（诺贝尔物理学奖得主、前香港中文大学校长）提出了光纤在通信上应用的基本原理和设想。之后，伴随着质疑和争论，高锟的设想逐步变为现实，利用石英玻璃制成的光纤应用越来越广，在全世界掀起了一场通信革命。目前，光纤通信技术在整个通信网络的结构和组成中已成为不可替代的一部分。光纤作为光信号或者光能量的传输介质，半个多世纪以来一直是科学家们研究的热点。

光纤按材料一般可分为石英光纤、玻璃光纤和塑料光纤（plastic optical fiber，POF）。其中，石英光纤是指纤芯材料为石英（纯二氧化硅为主）的光纤，包层材料可以为石英、玻璃、塑料等；玻璃光纤是指纤芯材料为硅酸盐玻璃、硫化物玻璃等材料的光纤，包层材料可以为玻璃或者塑料；塑料光纤则是指纤芯和包层材料均为塑料的光纤。随着工艺的不断进步，石英光纤的传输损耗已接近理论极限，在通信领域发挥着绝对的主导作用，而塑料光纤则由于具有低生产成本、柔软、坚固、轻质以及直径大、易耦合等特点，在短距离通信、装饰、传像、光纤激光、医学光疗、照明装饰等方面得到广泛应用。另外，在新兴的太赫兹（tera Hertz，THz）技术领域，由于部分塑料具有高透特性，塑料光纤特别是微结构塑料光纤在太赫兹部分频段的传输上很有应用潜力。

按照光纤的物理结构分类，塑料光纤可大致分为阶跃折射率塑料光纤、渐变折射率塑料光纤和微结构塑料光纤。阶跃折射率塑料光纤为塑料包层式实心光纤，下面主要介绍其生产原理与工艺。

2. 塑料光纤材料的选择与制备工艺

塑料光纤的结构基本上都是包层式光纤，传输损耗多属于高损耗或中损耗范围。包层式塑料光纤按材料的组合形式大致有以下几类：①以聚苯乙烯为纤芯，聚甲基丙烯酸甲酯为包层材料；②以聚甲基丙烯酸甲酯为芯材，含氟聚合物为包层材料；③以重氢化聚甲基丙烯酸甲酯为芯材，含氟聚合物为包层材料；④其他组合形式。

1）纤芯材料

塑料光纤的芯材通常是无定形聚合物。现在应用最广的芯材是聚甲基丙烯酸甲酯及其共聚物，共聚物通常是以甲基丙烯酸甲酯为主要成分（质量分数为 87%～95%），第二单体是丙烯酸甲酯、丙烯酸乙酯、丙烯酸丙酯、甲基丙烯酸环己酯、甲基丙烯酸苄酯、甲基丙烯酸乙酯、甲基丙烯酸丙酯等（质量分数为 13%～15%）。聚苯乙烯也可作纤芯，但其传输损耗大，性脆，而且随放置时间延长黄色指数上升，透光率下降，因此现在几乎不生产了。

为了降低光纤的传输损耗，以重氢代替氢原子制得重氢化聚甲基丙烯酸甲酯，这是一种较理想的纤芯材料。以它为芯材的光导纤维已由 DuPont 公司商品化。近年来，塑料光纤芯层材料已由热塑性聚合物扩展到热固性聚合物，如聚硅氧烷等。这些材料已正式使用。

2）包层材料

包层材料对光纤的性能也有很大的影响。包层材料不仅要求透明，折射率要比芯材低 1%～5%，而且要具有良好的成型性、耐摩擦性、耐弯曲性、耐热性以及与芯材良好的黏结性。

对于聚甲基丙烯酸甲酯及其共聚物芯材（折射率约 1.5），多选用含氟聚合物或共聚物为包层材料，使用最广的是聚甲基丙烯酸氟代烷基酯，并引入丙烯酸链段以增强对芯材的黏附力。其他还有聚偏氟乙烯（折射率为 1.42）、偏氟乙烯（73×10^{-2} mol）与四氟乙烯（27×10^{-2} mol）共聚物（折射率为 $1.39 \sim 1.42$），后者熔融温度适当，结晶度较低，与聚甲基丙烯酸甲酯及其共聚物的黏结性和耐弯曲性能都较好。甲基丙烯酸甲酯与含氟烯烃的共聚物 $(CF_2CF_2)_p$—CH_2CH_2OC（$\overset{\overset{O}{\parallel}}{}$）$\overset{\overset{CH_3}{|}}{C}$=$CH_2$（$p=1 \sim 8$）等都是已经实用化的较好的包层材料。

3）光纤聚合物的合成

为了减小塑料光纤的吸收和散射损耗，合成纤芯聚合物所用的单体必须是高纯度的。为此，可用碱性氧化铝过滤法和蒸馏法去除单体中的杂质，如尘埃、联乙酰、过渡金属等，使单体中联乙酰含量小于 10mg/kg（最好小于 5mg/kg），金属总含量小于 500μg/kg（最好小于 100μg/kg）。

丙烯酸酯类单体一般采用本体聚合。所用引发剂为偶氮化合物（如偶氮二异丁腈、偶氮叔丁烷），用量为单体总量的 0.001%～0.05%（摩尔分数）。为了控制聚合物的相对分子质量，在聚合组分中加入硫醇（如正丁基硫醇、月桂基硫醇等）作为链转移剂，其用量为单体的 0.1%～0.5%（摩尔分数）。

重氢化的甲基丙烯酸甲酯（MMA-D$_8$ 和 MMA-D$_5$）可采用丙酮氰醇法，使用纯净的重氢化丙酮和重氢化甲醇为原料制得。例如，MMA-D$_8$ 的合成反应如下：

$$\underset{CD_3}{\overset{CD_3}{>}}C=O + HCN \longrightarrow \underset{CD_3}{\overset{CD_3}{>}}\underset{CN}{\overset{OH}{C}} \xrightarrow{H_2SO_4} \underset{CD_2}{\overset{CD_3}{>}}C\text{—}CONH_2 \cdot H_2SO_4 \xrightarrow{CD_3OD} \underset{CD_2}{\overset{CD_3}{>}}C\text{—}COOCD_3$$

这种材料价格昂贵。为了降低成本，近年来又开发出由单体直接重氢化的生产技术。

4）塑料光纤的制备

包层式塑料光纤的制备方法通常有以下三种：

（1）管棒法。将芯材聚合物制成棒状，外面套上包层材料管，然后将此管棒进行热拉伸，使之形成纤维。

（2）涂覆法。这是一种较易实现的方法。将包层材料溶于溶剂或使之熔融，然后将纤芯丝通过溶液或熔体进行涂覆，从而形成纤芯——包层结构的纤维。这种方法的优点是包层材料的选择幅度大，尤其是可以选用高聚合度的材料，从而提高光纤的韧性，但是这种方法易沾染尘埃，使光纤的传输损耗增大，而且其工艺参数较难控制，稳定性较差。

（3）复合拉丝法。将芯层聚合物与包层聚合物分别在两台挤出机中同时熔融挤出到一个同心圆口模中，芯层聚合物从中心挤出，包层聚合物从外环挤出，在模口处两种材料黏合成包复式纤维。该法工艺简单，生产效率高，但要求机头设计合理，加工精密。

为了改善塑料光纤的强度、柔韧性和延伸性，在喷丝之后还必须对光纤进行拉伸处理，使分子有一定程度的取向。然后用水冷却、卷绕，得到粗细均匀的光纤。

11.3.4 高分子液晶材料

液晶在分子排列形式上类似晶体呈有序排列，液晶同时具有一定的流动性类似于各向同性的液体。将这类液晶分子连接成大分子或将液晶分子连接到大分子的骨架上，使其继续保持液晶特性，这样就形成了高分子液晶。

研究表明，形成液晶的物质通常具有刚性的分子结构，还具有在液态下维持分子的某种有序排列所必需的结构因素，这种结构特征通常与分子中含有对位次苯基、强极性基团和高度可极化基团或氢键相联系。液晶高分子分类方法有 3 种：从液晶基元在分子中所处的位置可分为主链型

303

高分子液晶和侧链型高分子液晶，前者的液晶基元位于大分子主链，而后者的液晶基元则以侧基形式悬挂在大分子链上，形似梳状，故也称梳形高分子液晶；从应用的角度可分为热致型和溶致型两类。这两种分类方法是相互交叉的，即主链型液晶高分子同样具有热致型和溶致型，而热致型液晶高分子又同样存在主链型和侧链型。从液晶高分子在空间排列的有序性不同，液晶高分子又有近晶型、向列型、胆甾型和碟型4种不同的结构类型。

已经发现很多刚性和半刚性链的高分子、某些柔性链高分子和许多生物高分子，均具有液晶行为。高分子液晶在高强度模量纤维的制备、液晶自增强材料的开发、光电和温度显示材料的应用、疾病诊断和治疗以及生命科学的研究等方面，已取得了迅速的发展和重要的应用。

1. 主链型高分子液晶材料的合成

主链型溶致型高分子液晶材料的结构特征是致晶单元位于高分子骨架的主链上。主链型溶致型高分子液晶分子一般并不具有两亲结构，在溶液中也不形成胶束结构。目前，这类高分子液晶材料主要有芳香族聚酰胺、聚酰胺酰肼、聚苯并噻唑、纤维素类等品种。

1）芳香族聚酰胺

该类高分子液晶是最早开发成功并付诸应用的一类高分子液晶材料，有较多品种，最重要的是聚对苯酰胺（PBA）和聚对苯二甲酰对苯二胺（PPTA）。其中，PBA 的合成有两条路线：一条是从对氨基苯甲酸出发，经过酰氯化和成盐反应，然后缩聚反应形成 PBA，聚合以甲酰胺为溶剂：

$$H_2N-\!\!\!\bigcirc\!\!\!-COOH \xrightarrow{2SOCl_2} O_2SN-\!\!\!\bigcirc\!\!\!-COCl + SO_2 + 3HCl$$

$$O_2SN-\!\!\!\bigcirc\!\!\!-COCl \xrightarrow{3HCl} HCl \cdot H_2N-\!\!\!\bigcirc\!\!\!-COCl + SO_2Cl_2$$

$$n\,HCl \cdot H_2N-\!\!\!\bigcirc\!\!\!-COCl \xrightarrow{HCONH_2} \left[\!NH-\!\!\!\bigcirc\!\!\!-CO\right]_n + (2n-1)HCl$$

用该种方法制得的 PBA 溶液可直接用于纺丝。

另一条路线是对氨基苯甲酸在磷酸三苯酯和吡啶催化下的直接缩聚：

$$n\,H_2N-\!\!\!\bigcirc\!\!\!-COOH \xrightarrow[DMA,LiCl]{P(OC_6H_5)_3,C_6H_5N} \left[\!NH-\!\!\!\bigcirc\!\!\!-CO\right]_n + (n-1)H_2O$$

其中，二甲基乙酰胺（DMA）为溶剂，LiCl 为增溶剂。这条路线合成的产品不能直接用于纺丝，必须经过沉淀、分离、洗涤、干燥后，再用甲酰胺配成纺丝液。

2）芳香族聚酰胺酰肼

典型代表如 PABH（对氨基苯酰肼与对苯二甲酰氯的缩聚物），可用于制备高强度高模量的纤维。合成反应如下：

$$n\,ClOC-\!\!\!\bigcirc\!\!\!-COCl + n\,H_2N-\!\!\!\bigcirc\!\!\!-CONHNH_2 \xrightarrow{HTP}$$

$$\left[\!CO-\!\!\!\bigcirc\!\!\!-CO-NH-\!\!\!\bigcirc\!\!\!-CONHNH\right]_n + (2n-1)HCl$$

PABH 的分子链中的 N—N 键易于内旋转，因此，分子链的柔性大于 PPTA。它在溶液中并不呈现液晶性，但在高剪切速率下（如高速纺丝）则转变为液晶态，因此应属于流致型高分子液晶。

3）聚苯并噻唑类和聚苯并噁唑类

属一类杂环高分子液晶，分子结构为杂环连接的刚性链，具有特别高的模量。代表品种如聚双苯并噻唑苯（PBT）和聚苯并噁唑苯（PBO），用它们制成的纤维，模量高达 760～2650MPa。顺式或反式的 PBT 可通过以下路线合成：

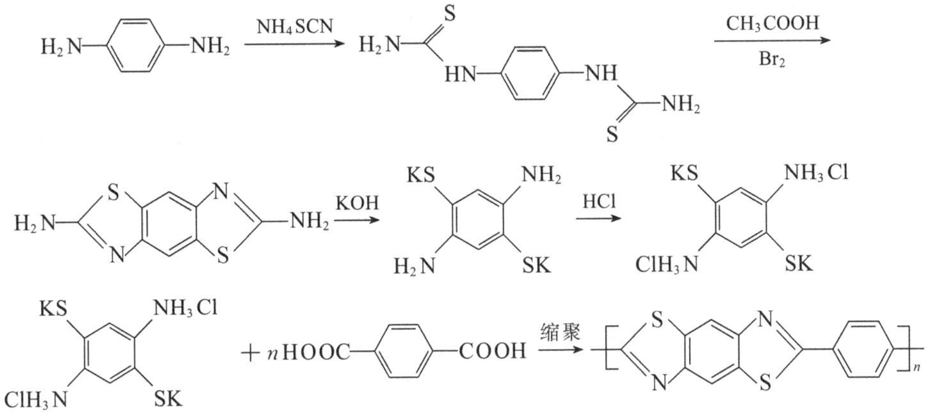

（对苯二胺在 NH₄SCN 作用下生成对二硫脲基苯，再在 CH₃COOH、Br₂ 条件下反应）

（苯并杂环衍生物经 KOH 碱性开环得到 2,5-二巯基-1,4-苯二胺的钾盐，再经 HCl 中和）

$$n\ \text{(KS、ClH}_3\text{N、NH}_3\text{Cl、SK 取代苯)} + n\text{HOOC}\text{—}\text{C}_6\text{H}_4\text{—}\text{COOH} \xrightarrow{\text{缩聚}} \text{PBT}$$

反应的第一步是对苯二胺与硫氰氨反应生成对二硫脲基苯，在冰醋酸和溴存在下反应生成苯并杂环衍生物，并经碱性开环和中和反应得到 2,5-二巯基-1,4-苯二胺。然后以 2,5-二巯基-1,4-苯二胺和对苯二甲酸作为反应单体，缩聚得到 PBT。

4）纤维素液晶材料

纤维素液晶均属胆甾型液晶。当纤维素中葡萄糖单元上的羟基被羟丙基取代后，呈现出很大的刚性。当羟丙基纤维素溶液达到一定浓度时，就显示出液晶性。羟丙基纤维素是用环氧丙烷、纤维素为原料，以碱作催化剂，经醚化反应而成。

5）热致型高分子液晶材料

主链型热致型高分子液晶中，最典型、最重要的代表是聚酯液晶。从结构上看，聚对苯二甲酸乙二醇酯（PET）与对羟基苯甲酸的均聚物（PHB）共聚酯相当于在刚性的线型分子链中嵌段地或无规地接入柔性间隔基团，改变共聚组成或改变间隔基团的嵌入方式，可形成一系列的聚酯液晶。PET/PHB 共聚酯的制备包含以下步骤：

（1）对乙酰氧基苯甲酸（PABA）的制备：

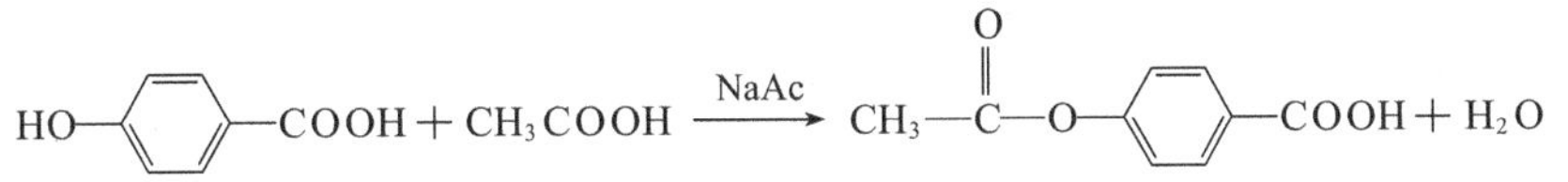

$$\text{HO}\text{—}\text{C}_6\text{H}_4\text{—}\text{COOH} + \text{CH}_3\text{COOH} \xrightarrow{\text{NaAc}} \text{CH}_3\text{C(O)O}\text{—}\text{C}_6\text{H}_4\text{—}\text{COOH} + \text{H}_2\text{O}$$

（2）在 275℃和惰性气氛下，PET 在 PABA 作用下酸解，然后与 PABA 缩合成共聚酯：

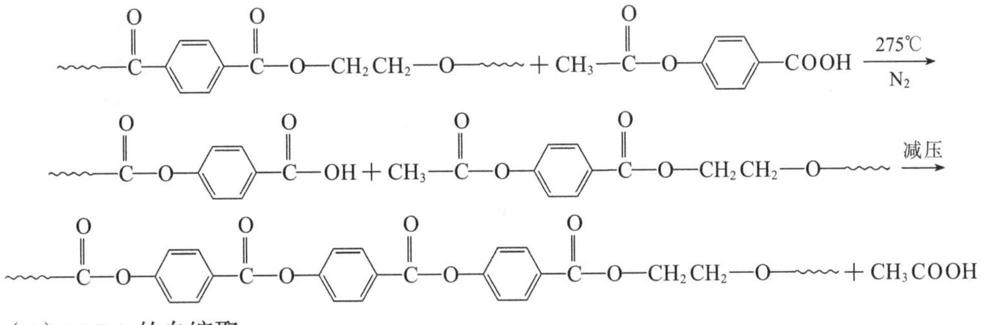

（PET 与 PABA 在 275℃、N₂ 条件下反应，再经减压缩合生成共聚酯，并释放 CH₃COOH）

（3）PABA 的自缩聚：

$$n\,\text{CH}_3\text{C(O)O}\text{—}\text{C}_6\text{H}_4\text{—}\text{COOH} \longrightarrow \text{CH}_3\text{C}[\text{O}\text{—}\text{C}_6\text{H}_4\text{—}\text{C(O)}]_n + (2n-1)\text{CH}_3\text{COOH}$$

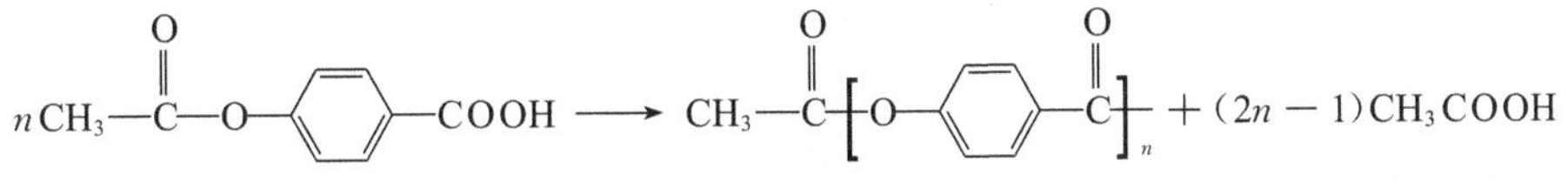

从以上反应式可见，产物是各种均聚物和共聚物的混合物。这种共聚酯的液晶范围在 260～

410℃，ΔT 高达 150℃ 左右。近年来又成功研究出性能更好的第二代热致型聚酯液晶和第三代热致型聚酯液晶。

除了聚酯液晶外，聚甲亚胺、聚芳醚砜、聚氨酯等主链型热致型液晶也都有一些文献报道。

2. 侧链型高分子液晶材料的合成

侧链型高分子液晶材料通常通过含有致晶单元的单体聚合而成，因此主要有加聚反应、接枝共聚、缩聚反应三种合成方法。例如，将致晶单元通过有机合成方法连接在甲基丙烯酸酯或丙烯酸酯类单体上，然后通过自由基聚合得到致晶单元连接在碳-碳主链上的侧链型高分子液晶。合成反应路线如下：

$$HO-(CH_2)_{\pi}-Cl + HO-\text{⟨Ar⟩}-COOH \xrightarrow{NaOH} HO-(CH_2)_{\pi}-O-\text{⟨Ar⟩}-COOH$$

$$HO-(CH_2)_{\pi}-O-\text{⟨Ar⟩}-COOH + CH_2=\underset{\underset{COOH}{|}}{\overset{\overset{CH_3}{|}}{C}} \longrightarrow CH_2=\underset{\underset{COO-(CH_2)_{\pi}-O-\text{⟨Ar⟩}-COOH}{|}}{\overset{\overset{CH_3}{|}}{C}}$$

$$\xrightarrow[\underset{HO-\text{⟨Ar⟩}-R}{}]{SOCl_2} CH_2=\underset{\underset{COO-(CH_2)_{\pi}-O-\text{⟨Ar⟩}-\overset{O}{\overset{\|}{C}}-O-\text{⟨Ar⟩}-R}{|}}{\overset{\overset{CH_3}{|}}{C}}$$

$$\xrightarrow{聚合} -[CH_2-\underset{\underset{COO-(CH_2)_{\pi}-O-\text{⟨Ar⟩}-\overset{O}{\overset{\|}{C}}-O-\text{⟨Ar⟩}-R}{|}}{\overset{\overset{CH_3}{|}}{C}}]_{\pi}-$$

11.4 电磁功能高分子材料

电磁功能高分子材料包括导电、光电、力电、热电、磁性等许多种类。本节主要介绍导电性高分子材料、光电高分子材料及高分子磁性材料。

11.4.1 导电性高分子材料

电导率在半导体（$10^{-7} \sim 10^5\,S/m$）和导体范围（$> 10^5\,S/m$）内的高分子材料分别称为半导电性高分子材料和导电性高分子材料，总称为导电性高分子材料。导电性高分子材料按导电原理可分为结构型导电高分子材料和复合型导电高分子材料两大类。结构型导电高分子材料是指分子结构本身能提供载流子从而显示导电性的高分子材料，如共轭聚合物聚乙炔、金属螯合型聚合物聚酞菁铜以及高分子电荷转移络合物等电子导电体。复合型导电高分子中的高分子本身并无导电性，它的导电过程是靠掺入的导电微粒或细丝来实现的，即由导电微粒或细丝提供载流子。

1. 结构型导电高分子材料

结构型导电高分子材料又分为电子导电和离子导电高分子材料两大类。电子导电高分子是导电聚合物中种类最多、研究最早的一类导电材料，是目前研究最多的领域。电子导电高分子的基体大分子的特征是大共轭结构，因此这类材料的制备就是如何设计、采用何种原料形成共轭结构。共轭大分子的制备可以分为化学聚合和电化学聚合。由化学聚合法形成的共轭大分子必须进行掺杂后才能得到电导率近于金属导体的导电聚合物材料。电化学聚合是利用电化学机理，可直接就地掺杂，无需加入外掺杂剂，而且形成的导电高分子以导电聚合物膜沉积在电极上，主要用于聚合物修饰电极，这种修饰后的电极不仅具有化学催化功能，而且可以作为电子元件的传感器等。

共轭双键的制备既可以从单体直接聚合，也可以由大分子进行加成、消去反应以及其他非常见的反应形成。结构型聚乙炔共轭大分子的制备原理如下。

（1）乙炔的 Z-N 催化剂下的气相本体聚合。这是以乙炔为原料，采用 Ziegler-Natta 催化剂 $[Al(CH_2CH_3)_3+Ti(OC_4H_9)_4]$ 制备聚乙炔的直接方法，其典型合成路线如下：

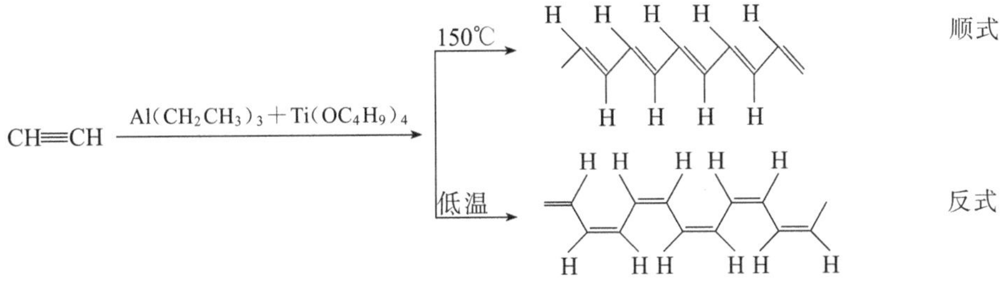

（2）聚氯乙烯的消除氯化氢反应。该法制备聚乙炔的间接方法，其反应式为

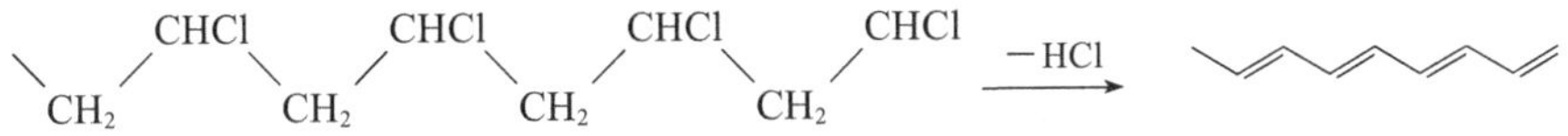

这种方法是利用饱和聚合物的消除反应而生成共轭大分子，但由于在加热时易形成交联结构，导致共轭结构出现缺陷，可用聚丁二烯经加成、再消去的方法制得聚乙炔。

（3）以聚丁二烯为原料。聚丁二烯经氯化、脱 HCl 两步反应得目标产物：

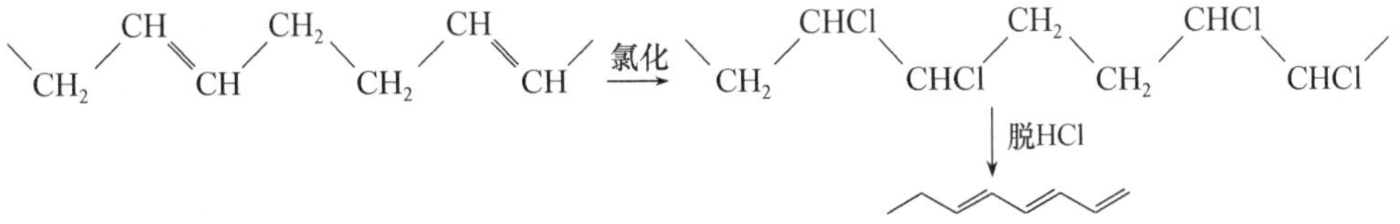

2. 复合型导电高分子材料

最常见的复合导电高分子材料是在聚合物基料中混入或掺杂炭黑、石墨、金属粉末、AsF_5、导电纤维等导电填料而制得的。例如，聚对苯乙烯（PPV）导电聚合物材料以氯化对苯二甲基三苯基磷、对苯二甲醛为主要原料，通过 Wittig 反应合成基料 PPV：

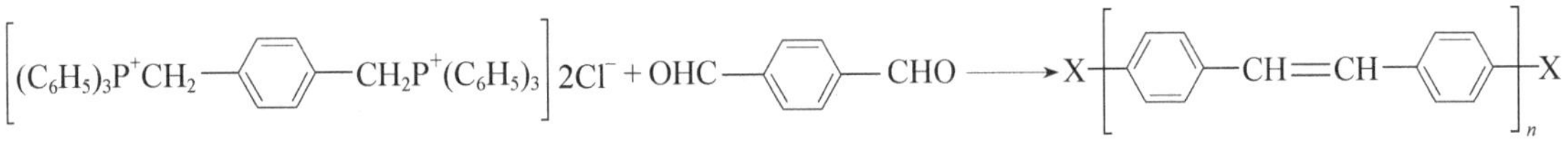

氯化对苯二甲基三苯基磷　　　　　　对苯二甲醛　　　　　　聚对苯乙烯(X=CHO)

再进行掺杂而得 PPV 导电聚合物材料。生产工艺流程参见图 11-3。

（1）首先把原料氯化对苯二甲基二苯基磷（从乙醇、乙醚混合溶剂中结晶而得）与对苯二甲醛加入反应釜 D101 中，再加入无水乙醇，搅拌溶解。

（2）将催化剂铝溶解于乙醇中配制成铝的乙醇溶液。将该溶液滴入反应釜 D101 中。在 50～60℃反应 3～5h，溶液变成深橘红色，经 L101 过滤得明亮的柠檬黄沉淀物。

（3）用乙醇洗涤，L102 真空干燥得固体 PPV。

（4）与 AsF_5 掺杂制得具导电性的 PPV 导电聚合物。所得产品用苯萃取，除去所含的低相对分子质量的原料即可。

复合型导电高分子材料可用作防静电材料、导电涂料、电路板的制作、压敏元件、感温元件、电磁波屏蔽材料、半导体树脂薄膜等。

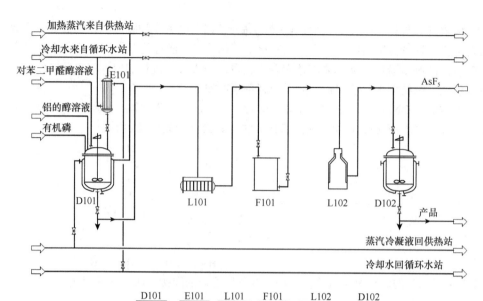

D101	E101	L101	F101	L102	D102
反应釜	冷凝器	过滤器	洗涤槽	真空干燥器	掺杂釜

图 11-3 聚对苯乙烯导电聚合物材料的生产工艺流程

11.4.2 光电性高分子材料

光电材料尤其是光电活性共轭高分子材料是精细高分子的前沿研究方向。光电材料的研究在我国引起了学术界的广泛兴趣，我国的学者对推动共轭高分子光电材料的研究领域及发展做出了重要贡献，并在新的高性能光电共轭高分子的分子设计、新型及可控聚合、性能调控以及光电应用等方面取得了一系列重要的创新成果。

我国的光电高分子研究始于 20 世纪 70 年代末，基本与国际同步。在钱人元、王佛松、沈家骢、沈之荃、曹镛等前辈科学家的领导下，我国学者的研究早期集中于导电聚合物，从 20 世纪 90 年代开始逐步转向共轭高分子发光、光伏、场效应晶体管等光电子材料和器件的研究，取得了一批有重要影响的成果，对推动这一领域的发展做出了重要的贡献。与此同时，有机化学家们发展了多种高效的碳-碳偶联方法如 Yamamoto、Suzuki、Stille、Negishi、Sonogashira 等交叉偶联反应。上述这些反应随后被应用于共轭高分子合成，逐渐发展成为共轭聚合物的主要合成方法。

与光电高分子合成常用的 Suzuki、Stille 等过渡金属催化的偶联反应相比，近年来发展起来的直接芳基化反应具有合成步骤少、原子经济和不产生有害副产物的优点，因此，直接芳基化缩聚（direct arylation polycondensation，DArP）正在成为光电高分子合成方法研究的新兴研究方向。提高 C—H 键的活性以及选择性是 DArP 方法的核心，针对这一问题，在具有较高 C—H 活性的噻吩的 β 位引入 F 原子，在规避 α 和 β 位 C—H 选择性问题的同时，通过降低形成反应中间体的吉布斯（Gibbs）自由能，提高 α 位 C—H 的反应活性的研究思路，设计与合成了四氟代二噻吩乙烯（4FTVT）和四氟代联噻吩（4F2T）两个具有高直接芳基化反应活性的噻吩衍生物，通过 DArP 与 DPP 以及异靛蓝（IID）衍生物 Kumada 缩聚，合成了一系列高相对分子质量共轭聚合物。F 原子具有高的电负性，可形成分子内 F—S 和 F—H 非共价弱相互作用。因此，F 原子的引入降低了聚合物的最高占据分子轨道（HOMO）和最低未占分子轨道（LUMO）能级，提高了共轭主链的刚性和平面性，使得合成的共轭聚合物具有高的载流子迁移率，通过选择不同电子结构的共聚单体，可获得高迁移率双极性传输型和 n-型共轭聚合物。合成反应示意如下：

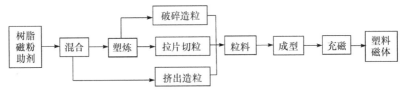

11.4.3 高分子磁性材料

高分子磁性材料可分为复合型和结构型两大类。复合型是指在合成树脂或橡胶等高分子材料中添加铁氧体或稀土类磁粉加工成型的一种功能性复合材料，这类材料目前已经走向实用化阶段。结构型是在不添加无机类磁粉的情况下，高分子材料本身就具有强磁性，又称本征磁性高分子材料。这类材料是近代分子设计的产物，是现代合成材料研究的热门课题。

1. 复合型高分子磁性材料

复合型高分子磁性材料有多种，其中塑料磁体是应用最广的一种，下面只对塑料磁体作简要介绍。

塑料磁体是采用铁磁性粉末与树脂、助剂混合成型而得的。塑料磁体制备工艺与普通塑料成型工艺相同，也是通过注射、挤出压制和压延等成型方法制成所需形状的制品。工艺流程如图 11-4 所示。塑料磁体的加工条件可参考普通塑料的工艺条件。

```
树脂                          破碎造粒
磁粉  →  混合  →  塑炼  →  拉片切粒  →  粒料  →  成型  →  充磁  →  塑料
助剂                          挤出造粒                                   磁体
```

图 11-4 塑料磁体制备工艺流程

塑料磁体具有质轻、柔韧、富有可挠性及不易残缺脆裂的优点，加工成型收缩率低、尺寸稳定性好、不必进行二次研磨的加工性能。此外，还有成型工艺简便、能耗低、能连续批量生产以及运输方便的特点，因而在工业电器、家用电器，尤其是电子仪器仪表、通信及办公设备的微型化、轻量化方面有重要的应用价值。

2. 结构型高分子磁性材料

目前，结构型高分子磁性材料尚处于探索阶段，主要是一些掺杂聚乙炔，经热处理的聚丙烯腈、聚氨基苯醌、某些氮氧自由基和电荷转移络合物等，表现出的磁性质来源于分子内部结构，在理论研究方面具有较重要的意义。

（1）铁磁高分子材料。二炔烃衍生物的聚合物是一类可能形成强磁性的聚合物，典型的例子有聚 1,4-双（2,2,6,6-四甲基-4-羟基-1-氧自由基哌啶）丁二炔（简称聚 BIPO）。此外，在 $900 \sim 1100 \, ^{\circ}\text{C}$ 下热解聚丙烯腈，所得产物为黑色粉体，含有结晶相和无定形相，具有中等饱和磁化强度。

（2）含金属原子的有机高分子磁性体。将 2,6-吡啶二甲醛的醇溶液和己二胺的醇溶液混合，加热至 $70 \, ^{\circ}\text{C}$ 左右，就可以发生脱水聚合反应生成聚合物沉淀。将其干燥成为粉状产品，分散于水中，加热到 $100 \, ^{\circ}\text{C}$ 时加入硫酸亚铁水溶液，即可得到 PPH-FeSO_4 磁性聚合物，其反应式如下：

$$\text{OHC}\underset{N}{\bigcirc}\text{CHO} + \text{H}_2\text{N}-(\text{CH}_2)_6-\text{NH}_2 \longrightarrow 2(\text{C}_{13}\text{H}_{17}\text{N}_3)_n$$

$$(\text{C}_{13}\text{H}_{17}\text{N}_3)_n + n\text{FeSO}_4 \cdot 7\text{H}_2\text{O} \longrightarrow [\{\text{Fe}(\text{C}_{13}\text{H}_{17}\text{N}_3)_2\}\text{SO}_4 \cdot 7\text{H}_2\text{O}]_n$$

这种 PPH-FeSO₄ 是一种黑色固态磁性聚合物，质量轻、耐热性好，在空气中 300℃不会分解，也不易溶于有机溶剂。它的剩磁极少，仅为普通磁铁矿石的 1/500，矫顽力为 795.77A/m（27.3℃）至 37401.19A/m（266.4℃）。该聚合物是非常好的磁性记录材料。

11.5 医用功能高分子材料

随着医药科技的发展，医用高分子材料的品种越来越多，本节主要介绍生物医用高分子材料与高分子药物。

11.5.1 生物医用高分子材料

生物医用高分子材料主要是指用以制造人体内脏、体外器官、药物剂型及医疗器械的聚合物材料，其来源包括天然生物高分子材料和合成生物高分子材料。天然生物医用高分子材料来源于自然，包括纤维素、甲壳素、透明质酸、胶原蛋白、明胶及海藻酸钠等；合成生物医用高分子材料是通过化学方法人工合成的医用的高分子材料，目前常用的有聚氨酯、硅橡胶、聚酯纤维、聚乳酸、聚乙烯等，其合成原理与工艺可参考本书相关章节。

生物医用高分子材料又可分为医疗用材料和医用材料。前者不与人体直接接触，如注射器等；后者则与人体直接接触，如人造内脏、牙齿等。这些高分子材料的使用条件虽然各不相同，但都要以某种形式与生物体组织或来自生物体的物质相接触，所以它们除要具备各自相应的医用功能外，还要具备最低限度的生物体相容性，以确保使用安全。生物体相容性是指医用材料与生物体组织接触时，对生物体不产生副作用，以及与医用材料接触的生物体环境对材料也不产生副作用。

考虑到生物体相容性，对人体内应用的高分子材料一般有以下要求：①化学性能稳定。血液、体液等体内组织液不能因材料的影响而发生变化。②组织相容性好。材料对周围组织不致引起炎症或异物反应等机体反应。③无致癌性，不发生变态反应。④耐生物老化。⑤不因高压煮沸、干燥灭菌、药液等的消毒而发生变质。⑥材料来源广，易于加工成型。⑦除了上述要求外，根据用途和植入部位不同还有特殊要求。例如，与血液接触要求不产生凝血，用作人工心脏和指（趾）关节，要求能耐数亿次的曲挠等。⑧作为体外使用的材料，要求对皮肤无毒害，不使皮肤过敏，耐唾液及汗水的侵蚀，耐日光的照射，同样要能承受各种消毒而不变质。

综上所述可以看出，对生物医用高分子材料性能的要求是非常高的，而研究生物医用高分子材料的目的就是要寻找或设计合适结构的材料来满足医学上的要求。人工脏器及选用的高分子材料见表 11-3。

表 11-3 人工脏器及选用的高分子材料

人工脏器	高分子材料	人工脏器	高分子材料
肝脏	赛璐玢，PHEMA	胰脏	丙烯酸酯共聚物（中空纤维）
心脏	嵌段聚醚氨酯弹性体、硅橡胶	人工红细胞	全氟烃
肾脏	铜氨法等再生纤维素、醋酸纤维素、聚甲基丙烯酸甲酯立体复合物、聚丙烯腈、聚砜、聚氨酯等	胆管	硅橡胶
		关节、骨	超高相对分子质量聚乙烯、高密度聚乙烯、聚甲基丙烯酸甲酯、尼龙、硅橡胶
肺	硅橡胶、聚丙烯空心纤维、聚烷砜		
皮肤	火棉胶、涂有聚硅酮的尼龙织物、聚酯	人工血浆	羟乙基淀粉、聚乙烯吡咯酮
角膜	PMMA、PHEMA，硅橡胶	鼓膜	硅橡胶
玻璃体	硅油	食道	聚硅酮
乳房	聚硅酮	喉头	聚四氟乙烯、聚硅酮、聚乙烯
鼻	硅橡胶、聚乙烯	气管	聚乙烯、聚四氟乙烯、聚硅酮、聚酯纤维
瓣	硅橡胶、聚四氟乙烯、聚氨酯橡胶、聚酯	腹膜	聚硅酮、聚乙烯、聚酯纤维
血管	聚酯纤维、聚四氟乙烯、SPEU	尿道	硅橡胶、聚酯纤维

11.5.2 高分子药物

由于高分子自身结构上的特点，高分子药物与低分子药物相比具有高效、低毒、靶向、长效、缓释等特点，具有迷人的发展前景。但目前高分子药物还处在不断探索、开拓的阶段，能达到临床应用的例子还不多。

高分子药物大体上可以分成两类：一类是高分子链本身可以显示医药活性的高分子药物，又称药理活性高分子药物；另一类是高分子载体药物，即本身没有药理作用，也不与药物发生化学反应的高分子作为药物的载体，依靠两者间微弱的氢键结合或者通过缩聚反应、离子交换、包埋、吸附、修饰等作用，将低分子药物连接到聚合物主链上而得到的一类药物。这种高分子药物进入人体后，可缓慢持续放出低分子药物。

1. 药理活性高分子药物

石英粉末吸入肺中容易患硅肺纤维症，而聚-2-乙烯氧吡啶对这种慢性或急性纤维症有一定的疗效和预防作用。但是与它同系的小分子或相对分子质量低于 30000 的低聚物不显示药理活性。这足以表明由单体聚合成为高聚物时由量变到质变的高分子效应。

高分子的药理活性持续时间是相应的小分子的 11~18 倍，而一些共聚物作用强度比相应的小分子高 100 倍。同时也表明在由小分子制取高分子药物时，要了解其起主要作用的活性结构、相对分子质量等和毒性的关系，才能获得高效低毒的药物。另外，一些阳离子聚合物还具有杀菌性、抗病毒和抑癌细胞等作用。

在阴离子聚合物中，由二乙烯基醚和顺丁烯二酸酐共聚制得的吡喃共聚物有广泛的生物活性。它是干扰素诱导剂，能够直接抑制许多病毒的繁殖，抑制肿瘤活性，可治白血病、肉瘤、泡状口腔炎症、脑炎等，它还可以促进肝中钚的排除。

2. 高分子载体药物

对于高分子载体药物，Ringsdorf 等提出了如图 11-5 所示的模式。

高分子载体药物包含四类基团：药物（D）、悬臂（S）、输送用基团（T）和使整个高分子链能溶解的基团（E）。药物 D 本身需通过一定方式经过 S 基团挂接在高分子链上；E 是亲水的，它是能使高分子在水溶液中溶解乳化的基团；T 是将高分子转运到有识别能力基团上的基团。

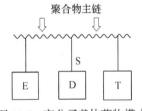

图 11-5　高分子载体药物模式

通过这个模型设计，高分子载体药物应有以下特点：即把小分子药物固定于一个水溶性的高分子链上，并具有识别能力，以便把药物送到施药部位。而在酶、水或生物体内环境下，小分子能缓慢释放出来，即 S 链的断裂，从而使代谢减慢、排泄减少，使药物在体内长时间保持恒定浓度而长效。同时药物治疗效果要好、副作用要小、毒性要小。药物释放后载体高分子本身也应降解，不应在体内积累，这样的高分子药物是最为理想的。制备这类药物也可通过聚合、缩聚、高分子反应等办法实现。这类高分子药物种类很多，下面仅举一例说明。

阿司匹林和一些水杨酸衍生物可与聚乙烯醇或醋酸纤维素进行熔融酯化，使之高分子化，与聚乙烯醇结合的阿司匹林的抗炎和镇痛活性比游离的阿司匹林更为长效。反应如下所示：

11.6 智能材料

智能材料

智能材料是继天然材料、合成高分子材料、人工设计材料之后的第四代材料，是现代高技术新材料发展的重要方向之一，将使传统意义下的功能材料和结构材料之间的界线逐渐消失，实现结构功能化、功能多样化。有人预言，智能材料的研制和大规模应用将导致材料科学发展的重大革命。

智能材料拥有很多普通材料不具备的特殊功能，现已逐步成为研究的重点与热点，并且在物理、化学、电子、航空航天、生物医学等领域得到广泛应用。近年来，刺激响应性高分子凝胶、形状记忆材料、智能高分子膜材、超分子智能材料、压电材料等引起了人们的广泛关注。

11.6.1 刺激响应性高分子凝胶

刺激响应性高分子凝胶是结构、物理和/或化学性质可以随外界环境改变而变化的一类智能材料，根据凝胶高分子网络中所含液体的不同，有水凝胶和有机凝胶之分。高分子凝胶是分子链经交联聚合而成的三维网络或互穿网络与溶剂（通常是水）组成的体系，与生物组织类似。交联结构使之不溶解而保持一定的形状；渗透压的存在使之溶胀达到体积平衡，此类高分子凝胶可因溶剂种类、盐浓度、pH、温度不同以及电刺激和光辐射不同而产生体积变化，有时出现相转变，网孔增大，网络失去弹性，凝胶相区不复存在，体积急剧溶胀（数百倍变化），并且这种变化是可逆的、不连续的。凝胶的溶胀⇌收缩循环可用于化学阀、吸附分离、传感器和记忆材料；网孔的可控性适用于智能性药物释放体系（drug delivery system，DDS）和人体角膜；利用该循环提供的动力可以设计"化学发动机"或人工肌肉。

智能 DDS 是在适当时机以一定速度向特定部位释放必要剂量药物的体系。体内微环境的变化和体外电磁场、光照等作用，使聚合物通过膨胀、收缩和溶解性变化控制药物释放。例如，聚（*N*-乙烯基吡咯烷酮-*co*-3-丙烯酰胺基苯基硼酸-*co*-二甲胺基丙基丙烯酰胺）的硼酸与聚乙烯醇（PVA）的顺式二醇键合，形成收缩结构的配合物。一定浓度的葡萄糖与 PVA 交换键合后，凝胶溶胀度增大，渗透性提高。这种配合物负载胰岛素的微囊是理想的智能 DDS：感知葡萄糖浓度，通过交换键合释放药物，可将患者的血糖浓度维持在正常水平。现正探索靶向癌细胞的 DDS，如从对细胞无毒、无抗原性且可降解的支链淀粉 Pullukn 出发，将其亲水性多糖部分以疏水性胆固醇取代，以提高它和癌细胞的相容性；而癌细胞则可作为该疏水化多糖的感受器。用此疏水化支链淀粉和抗癌药物复合，则得到能识别癌细胞，而不影响正常细胞的 DDS。

人工肌肉是将化学能与机械能直接相互转化的系统，过去研究了 PH 型、螯合型、离子交换型、相转变型、氧化还原型等体系，近年来的研究开始同电场电流联系起来。例如，PVA/PAA 凝胶在直流电场中弯向负极，其优良特性类似橡胶，可制成机器人手臂。

11.6.2 智能高分子膜

高分子薄膜在智能方面研究较多的是选择性渗透、选择性吸附和分离等。将异丙基丙烯酰胺 PIPAAm 及其共聚物［最低沉淀温度（LPT）为 33℃］接枝于聚偏二氟乙烯（PVDF）膜，温度低于 LPT 时接枝链溶剂化，自由端以无规旋转链的形态在膜孔周围扩散而封闭膜孔；LPT 以上时，接枝链收缩并沉积于膜表面，膜孔开放，是选择性质的"化学阀"。晶态和非晶态的渗透能力差别较大，通过晶态与非晶态转变可以控制传质。

生物分子具有特殊的识别能力，如酶对底物、抗体对抗原、外源凝集素对糖以及核酸对互补链段等。若将生物分子或复杂的生物系统与高分子膜杂化（hybrid），既有利于延长生物材料的活性寿命，又能获得良好的选择性。L-谷氨酸/L-麦清蛋白共聚薄膜可用 pH 控制物质传递，而且随无机盐浓度变化产生周期性膜电位，电流刺激时电阻出现非线性变化。

LB 膜是 Langmuir-Blodgett 膜的简称。LB 膜技术是基于分子水平制备精确有序、厚度可控的超薄膜的先进技术，广泛应用于组装纳米功能材料和分子器件。制备聚合物 LB 膜一般有以 3 种方法：①将可聚合的两亲性小分子单体铺展在气液相界面，然后转移到固体基片上形成单体小分子 LB 膜，再用紫外光照射或其他方法引发聚合反应，使其在基片上聚合成高分子 LB 膜；②与第一种方法的步骤类似，区别是先在气液相界面上催化聚合，然后转移到固体基片上；③先将小分子在一定条件下聚合，然后直接将聚合物铺展在气液界面上并转移至基片。智能性聚烷基丙烯酰胺 LB 膜的分子结构模式如图 11-6 所示。

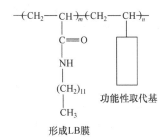

图 11-6　智能高分子 LB 膜的分子结构模式

向高分子 LB 膜引入官能团的方法有：①在功能单体中引入双亲性取代基；②稳定的单功能性子膜与功能性分子混合；③通过静电偶合等内聚力形成稳定的分子膜；④将功能性单体与双亲性单体共聚。另外，利用高分子超微粒子制备超薄膜也是一种有价值的方法。

11.6.3　智能型高分子集合体

利用两亲性高分子所形成的分子集合体建立智能系统的研究是一项非常热门的技术。在由亲水和疏水性嵌段组成的嵌段式聚合物的亲水性嵌段的末端导入显示特异结合性能的感应器配基（如抗原）后，使该两亲性高分子在水溶液中形成胶束，由疏水性嵌段组成核，感应器配基位于胶束表面（图 11-7）。疏水性核可用作疏水性药物的储存库，因此该胶束有希望应用于药物输送系统。PEG 常用于亲水性嵌段，而疏水性嵌段可使用聚丙二醇（poly propylene glycol，PPG）、聚乳酸（poly lactic acid）、聚苯乙烯（poly styrene）等各种高分子。

一个有趣的例子是使用聚 L-赖氨酸[poly（L-lysine）]的智能系统。聚 L-赖氨酸在酸性溶液中成为阳离子型高分子电解质，将其与阴离子型高分子电解质 DNA 混合后，两者形成疏水性的聚离子复合体。Kataoka 等制备了以聚 L-赖氨酸和 DNA 形成的聚离子复合体为疏水核的高分子集合体，该高分子集合体系统可望应用在基因输送系统（gene delivery system）中。

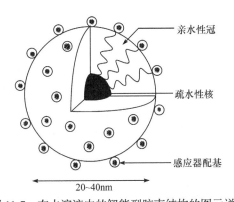

图 11-7　在水溶液中的智能型胶束结构的图示说明

亲水性大单体（macromolecule）和疏水性大单体进行共聚能合成直径为纳米级的高分子微球。如在大单体的亲水性末端导入感应器部位，与高分子胶束同样能够建立智能系统。Akashi 等合成了含 Con A 的纳米微球，Con A 与 HIV（human immunodeficiency virus）表面存在的糖蛋白 gpl20 的糖链（mannose）有结合作用。将含 Con A 的纳米微球加入含有 HIV 的溶液后，由于 HIV 与 Con A 的结合作用，会产生聚集体，因此可简单地将 HIV 去除掉。结果表明，该高分子纳米微球具有多种多样的应用潜在性（如 DNA 诊断等）。

11.6.4　基于超分子结构的智能材料设计

1. 超分子化学与高分子

以往的化学是以共价键的形成/断裂来合成新的分子的，而超分子化学以非共价键的形成使分子组装，来达到制备新功能性分子集合体的目的。近年来，以超分子结构为基础的材料设计，主要是尝试实现一些共价键分子材料所不具备的功能。蛋白质、酶等生物高分子就是以分子间结合力形成 2 次结构、3 次结构，从而实现高功能性的，由此而知，以分子间结合力使分子组装的材料设计方法是必然的潮流。

较有代表性的超分子结构的例子是互锁分子（interlocked molecule）。互锁分子是指用几何缠结（机械型结合：mechanical bond）方式而形成的化合物，典型的互锁络合物如轮烷和索烃（rotaxane 和 catenane）（图 11-8）。轮烷由线状分子和环状分子组成，为防止环状分子的脱落，必须在线状分子的末端导入体积大的置换基。索烃是指两个环状分子由机械结合而连接在一起的化合物。由多个成分构成的轮烷和索烃，分别被称为聚轮烷和聚索烃。轮烷或聚轮烷的最大特征是，由于线状分子和环状分子不是以共价键连接在一起的，环状分子在线状分子上可以进行平移和旋转运动。由于以共价键形成的分子是无法实现这种功能的，利用轮烷制备分子开关、分子马达等功能元件的研究受到很大重视。这样的超分子化合物开拓了智能材料的范围，有希望实现新的特种功能。

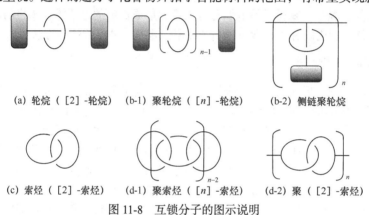

(a) 轮烷（[2]-轮烷） (b-1) 聚轮烷（[n]-轮烷） (b-2) 侧链聚轮烷

(c) 索烃（[2]-索烃） (d-1) 聚索烃（[n]-索烃） (d-2) 聚（[2]-索烃）

图 11-8 互锁分子的图示说明

环糊精（CD）是环状的寡糖，由 α-D-葡萄糖的六、七、八元环组成的环糊精分别被称为 α-、β-、γ-CD。因为 CD 的空洞内部为疏水性环境，在水溶液中与疏水性物质形成嵌入式复合体的现象是很久以前就知道的。在 α-CD 的饱和水溶液内添加 PEG 水溶液后，复数个 α-CD 和 PEG 链会自发地组成包接复合体，形成白色沉淀物而被回收。这个自组化反应的主要驱动力是：α-CD 在 PEG 上排列时相邻 α-CD 间的结合力以及范德华力。利用高分子与 CD 包接复合体的形成，在高分子的末端导入体积大的置换基，可以合成聚轮烷。聚轮烷是高分子的新形态，利用其特殊特性，能设计成新型的智能型材料。例如，使用 PEG 和 PPG 的三元嵌段共聚物 PEG-PPG-PEG 和 β-CD 合成的聚轮烷，其结构示意如图 11-9 所示。

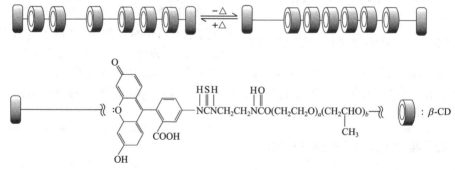

图 11-9 由 β-CD 和聚乙二醇-*block*-聚丙二醇-*block*-聚乙二醇三元共聚物组成的温度敏感型聚轮烷
高温时（50℃），观察到 β-CD 定位排列在聚丙二醇嵌段上

2. 利用生物降解性聚轮烷的药物输送系统

以 PEG 为轴、α-CD 为环状分子而形成的聚轮烷可形成智能超分子材料。在 PEG 末端导入能酶降解的肽基（L-苯基丙氨酸），制备出了酶降解性的聚轮烷。端基与线状分子间的酰胺键被切断后，超分子结构便被离解。因此，利用这种酶降解性聚轮烷可期望建立新的 DDS。为了提高聚轮烷的水溶性，在部分 α-CD 的羟基上导入了羟丙基（hydroxypropyl），然后导入药物并制备聚轮烷。发现在端基 Phe 被酶分解后脱离主链的同时，修饰型聚轮烷会释放出药物修饰型 α-CD。在这样的系统中，药物修饰型 α-CD 所显示的特殊释放特征完全起因于聚轮烷的特殊结构。使用一般高分子医疗材料时，由于大多数的药物本身显示疏水性性质，在侧链上导入药物后，药物之间会发生凝聚，因此，酰胺键因凝聚所造成的立体障碍难于受到酶的攻击，因而难于释放出药物。但是，使用上述修饰型聚轮烷时，观察到末端的酰胺键能完全被切断，药物修饰型 α-CD 能被完全释放出来。这可能是因为 PEG 链贯通 α-CD 而失去其柔软性，聚轮烷显示棒状结构的结果。如图 11-10 所示，修饰型聚轮烷的端基与酶的接触性（accessibility）好，因此比较容易被酶分解。光散射的测试结果也证明了上述结论。从上述结果可知，具有超分子结构的化合物，不仅其结构具有特异性，而且其功能也显示了没有预测到的结果。

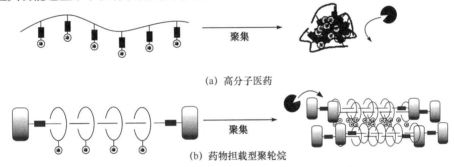

(a) 高分子医药

(b) 药物担载型聚轮烷

图 11-10　凝聚体结构和酶攻击性能之间的关系示意图

α-CD 的串联数为 20 的聚轮烷上，有近 400 个羟基沿着失去柔软性的 PEG 排列着。如在这些羟基上导入能与细胞、蛋白质结合的配位基，则有希望实现与生物体的多价结合（multivalent interaction）。例如，在聚轮烷上导入生物素（biotin）后，发现其与链霉抗生物素蛋白（streptavidin）修饰表面有很强的结合力。除此之外，导入二肽后发现其细胞识别能得到提高，导入磺酸后发现其血液兼容性得到提高，导入精氨酸（arginine）后发现其能长期产生 NO 自由基。而只在 α-CD 或水溶性高分子上导入上述配位基时并不能发现上述特殊效果，这说明聚轮烷的特殊棒状超分子结构的多功能性与生物体的多价结合才是产生上述特殊效果的真正原因。

关于智能型高分子的研究正在加速前进，今后对具有更高度的信息处理能力的智能材料的需求会进一步增强。就如内分泌干扰物质一样，即使遇到与正常基质非常相似的基质，也能正确地识别，正确地把握庞大信息的系统是可望实现的。为了实现这样的系统，必须建立高度组织化的系统。而要建立高度组织化的系统，超分子化学是不可或缺的，其应用前景很大。另外，为了开发具有高度信息处理能力的感应器，必须大力应用基因工程学的手段和技术。这样的智能材料将以多功能性 DDS、人工器官的形式为人类带来无限的恩惠。

11.6.5　形状记忆材料

形状记忆是指具有初始形状的材料经形变固定后，通过加热等外部刺激条件的处理，又可使其恢复初始形状的现象。形状记忆材料是指具有形状记忆效应的一类智能材料。经过几十年的发展，形状记忆材料已经形成了相对较大的一个门类。形状记忆材料主要分为：①形状记忆聚合物（SMP）；②形状记忆陶瓷（SMC）；③形状记忆合金（SMA）。

1. 形状记忆聚合物

形状记忆聚合物作为高分子聚合物材料，除具备所有高分子材料的基本特征如蠕变、应力松弛外，还具有其他高分子材料所不具备的形状记忆效应。形状记忆聚合物的种类较多，如反式聚异戊二烯形状记忆材料、苯乙烯-丁二烯嵌段共聚物的形状记忆材料、聚氨酯形状记忆材料等。以反式聚异戊二烯形状记忆材料的生产工艺为例介绍如下。

反式聚异戊二烯形状记忆材料的外观为白色，门尼黏度 30Pa·s，熔体指数 0.7g/10min，结晶度 36%，结晶速度 13.7min，玻璃化温度 T_g 68℃，熔点 67℃，密度 0.96g/cm³。由反式 1,4-聚异戊二烯、顺式 1,4-聚异戊二烯、填料及交联剂等经开式辊筒混炼机、一次成型硫化、二次成型、浸渍等工艺制得。

【基本配方】 反式 1,4-聚异戊二烯 70～100，顺式 1,4-聚异戊二烯 0～30，环烷系油 0～30，轻质碳酸钙 30～150，硬脂酸 1，锌白 5，硫磺 0.5，过氧化异丙苯 3，硫化促进剂 0～3。

生产工艺流程参见图 11-11。

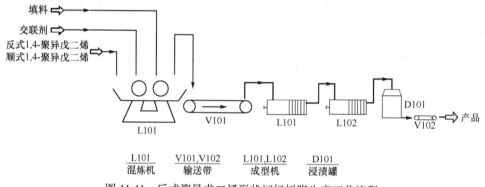

图 11-11　反式聚异戊二烯形状记忆树脂生产工艺流程

将反式 1,4-聚异戊二烯、顺式 1,4-聚异戊二烯、填料及交联剂等，经开式辊筒混炼机 L101、密闭式混炼机或挤出机等混炼而得反式 1,4-聚异戊二烯形状记忆树脂。一次成型硫化，将树脂在 100℃预热 5min 后，经 L101 压缩成型，在 100℃维持 5min，再在 145℃加热 30 min 而成。二次成型是在 80℃预热 10min 后，经 L102 压缩成型，在这种状态下进一步加热至 100℃，然后维持形变下冷却至室温，整个二次成型即告结束。如果在 60～90℃温水中将二次成型后的制品浸渍 10min，制品就会恢复到一次成型时的形状。加热复原所需要的温度基本上由反式 1,4-聚异戊二烯的熔点来决定，但通过调节各组分的加量，在一定程度上也能进行控制。

2. 形状记忆合金

形状记忆合金是一种具有"记忆"效应的合金，其可以在加热升温后完全消除在较低温度下发生的变形，恢复变形前的原始形状。形状记忆合金由于具有优异的性能而被广泛应用于日常生活中，以及航空航天、机械电子、生物医学、桥梁建筑、汽车工业等领域。

20 世纪 60 年代美国海军军械研究员 T. Bucher 在研究耐蚀耐热的 Ti-Ni 合金时，把直条形的线材加工成弯曲形状，但偶然发现受热后它的形状又恢复为原来的直条形状，于是人们把这种现象称为"记忆效应"。事实上早在 1938 年就发现 Cu-Zn 和 Cu-Sn 合金有记忆现象。20 世纪 70 年代初在 Cu-Al、Cu-Ni 甚至不锈钢中发现了形状记忆效果。其后各国都重视对它的研究，并把许多研究成果工程化、商品化。

形状记忆效应产生的主要原因是相变。大部分形状记忆合金相变是热弹性马氏体相变。一般称高温相为母相（俗称奥氏体），低温相为马氏体相。与钢不同，像 Ti-Ni 这种形状记忆合金，低温的马氏体相软，高温相较硬，而且晶体对称性高。表 11-4 列出了热弹性马氏体相变时晶体结构的变化情况。

表 11-4 热弹性马氏体相变情况

组别	母相和马氏体相结构	等效对应的点阵数	等效的惯习面数	合金
A	B2→9R DO₃→18R	12	24	Cu-Zn, Cu-Zn-X（X=Al, Sn, Ga, Si），Cu-Au-Zn
	B2→2H DO₃→2H	6	24	Ag-Cd, Au-Cd, Cu-Al-Ni, Cu-Sn
	B2→畸形的 B19	12	24	Ti-Ni
B	B2→3R	3	24	Ni-Al
	B2→R	3	3	Ti-Ni
C	FCC→FCT	4	4	In-Ti, In-Cd, Fe-Pd, Mn-Cu, Mu-Ni
D	LI₂→BCT	12	24	Fe-Pt
E	FCC（微细的超点阵相析出）→BCT	12	24	Fe-Ni-Ti-Co

注：B2 为 CsCl 或 β'Cu-Zn 型立方有序结构；DO₃ 为 BiF 或 BiLi₃ 型面心立方有序结构；B19 为 β'Au-Cd 型正交晶格；FCT 为面心正交晶格；LI₂ 为 AuCu₃ I 型立方有序结构；BCT 为体心四方晶体。

根据热力学分析可以理解，这类合金受外加应力作用时也给系统以能量，其组织也会发生变化。对母相加应力诱发马氏体并产生应变，当应力除去后，马氏体消失，应变回复，这种现象称为合金的伪弹性（也有称为超弹性）或者弹性形状记忆效应。有些人不把它归属于形状记忆效应的一种形式。1971 年以来在许多铁基合金中发现了形状记忆效应，因它们成本低、刚性好、易于加工而受到重视，目前主要的注意力集中在 Fe-Mn-Si 合金上。Fe-Mn-Si 是奥氏体钢，必须通过调整 Mn、Si 含量，使其产生 $\gamma \rightarrow \varepsilon$ 马氏体转变，才能产生形状记忆效应。另外，实验证明在 Ti-Ni 合金中加入第三种元素，形成 Ti-Ni-X 合金，对于伪弹性向低温方向发展有利。

第 12 章　油田化学品与石油产品添加剂

油田化学品也称油田化学剂（oilfield chemical），是指解决油田钻井、完井、采油、注水、提高采收率及集输等过程中所使用的助剂。油田化学品种类繁多，分类方法也较多。根据我国石油天然气行业使用的油田化学剂类型代号标准，可将油田化学品分为通用化学品、钻井用化学品、油气开采用化学品、提高采收率用化学品、油气集输用化学品和水处理用化学品六类。

为了提高石油产品（主要包括燃料油、润滑油、润滑脂）的使用性能和保存性能而加入的起物理作用或化学作用的一些化学添加剂称为石油产品添加剂，也可称为石油产品助剂或石油助剂。在石油加工过程中使用的助剂称为炼油助剂，如破乳剂、缓蚀剂、阻垢剂、金属钝化剂、CO 助燃剂、Fcc 汽油辛烷值助剂、硫转移剂和消泡剂等。它们在改善产品分布、提高产品质量、延长装置开工周期、降低生产成本、减少维修费用和保护生产环境等方面，起着重要的作用。

12.1　油田化学品

随着石油工业的发展，油田化学品耗量越来越大，品种也越来越多。归纳文献报道，油田化学品现已有 70 多类 3000 多个品种。我国油田化学品自 20 世纪 70 年代以来，研制、开发和应用都取得了很大成绩，在石油勘探和开发中发挥了重要作用，在品种、数量和质量上均已达到相当的水平。钻井泥浆材料是用量最大的油田化学品，占油田化学品总用量的 45%～50%。

12.1.1　油田通用化学品

油田通用化学品

油田通用化学品是指能广泛用于油田不同生产工艺过程中的化学品，包括高分子聚合物（天然聚合物、合成聚合物、生物聚合物）、黏土稳定剂、示踪剂、表面活性剂等。其中，生物聚合物的典型品种是黄原胶，其生产工艺已在第 9 章讨论。

1. 天然聚合物

天然聚合物的主要品种有聚糖（多糖）、葡聚糖、羧甲基纤维素（钠）、羟乙基纤维素、羧甲基羟乙基纤维素、羧甲基淀粉、羟乙基淀粉、葡甘露聚糖、魔芋胶、半乳甘露聚糖、葫芦巴胶（香豆胶）、田菁胶、瓜尔胶、木质素、碱木质素、木质素磺酸盐、腐殖酸、腐殖酸盐、磺甲基腐殖酸等。该类产品主要用于泥浆处理，现就其中的主要品种加以介绍。

1）羧甲基纤维素钠盐（CMC）

羧甲基纤维素钠盐又称水溶性纤维素醚、纤维素乙二醇酸钠、合成糊料、纤维素树胶等，结构式为$[C_6H_9O_4 \cdot OCH_2COONa]_n$（$n > 200$）。纤维素中有三个可能醚化的羟基，能制成各种醚化产物。其黏度、溶解度等性质完全由其醚化度及聚合度来控制，根据需要可制造各种醚化度及聚合度的产品，反应式如下：

$$[C_6H_9O_4 \cdot OH]_n + n\,NaOH \longrightarrow [C_6H_9O_4 \cdot ONa]_n \xrightarrow{ClCH_2COONa} [C_6H_9O_4 \cdot OCH_2COONa]_n$$
$$\text{（纤维素）} \qquad\qquad \text{（碱纤维素）} \qquad\qquad\qquad \text{（羧甲基纤维素钠）}$$

醚化度即表示三个羟基里的氢被取代的平均个数，当纤维素基环上的三个羟基有 0.4 的氢氧根被羧甲基代替时，就可在水中溶解了，这时称为 0.4 代替度。高代替度（>1.2）的溶于有机溶液中，中代替度（0.4～1.2）的溶于水中，低代替度（<0.4）的溶于碱溶液中。CMC 的生产消耗

定额（溶媒法，以每吨产品计）：棉绒 62.5kg，乙醇 317.2kg，碱（44.8%）81.1kg，一氯乙酸 35.4kg，甲苯 310.2kg。溶媒法生产工艺流程见图 12-1。

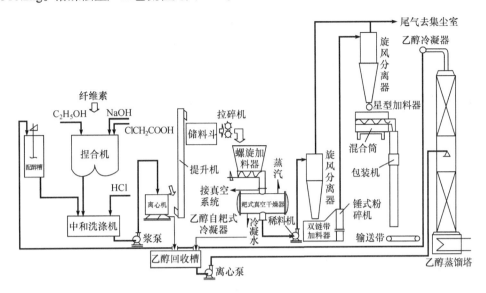

图 12-1　羧甲基纤维素的生产工艺流程

纤维素经粉碎悬浮于乙醇中，不断搅拌下在 30min 内加入碱液，保持 28～32℃，降温至 17℃ 后加入一氯乙酸，用 1.5h 升温至 55℃反应 4h；加入乙酸中和反应混合物，经分离溶剂得粗品。粗品在搅拌机和离心机组成的洗涤设备内分两次用甲醇液洗涤，经干燥得产品。

羧甲基纤维素钠盐广泛用于泥浆处理、水基压裂液等各种生产过程中，也用于纺织印染上浆剂；日用化学工业上用作水溶性胶状增黏剂、合成洗涤剂、有机助洗剂；医药工业用作增黏及乳化剂、软膏基料；食品工业用作增黏、保型；陶瓷工业作为胶黏剂、工业糊料等。

2）羧甲基淀粉钠（CMS）

羧甲基淀粉钠又名淀粉甘醇酸钠，具有优异的降失水性能、抗盐性能及一定的抗钙能力，可取代 CMC 应用于许多工业行业。

淀粉的羧甲基化反应发生在葡萄糖单元的三个不同位置的羟基上，反应速率主要取决于试剂小分子在淀粉颗粒中的扩散和渗透。因此，淀粉的化学结构和聚集态结构与淀粉的羧甲基化反应有着密切的联系。在石油钻井泥浆中使用时，要求取代度大于 0.4。

羧甲基淀粉钠的合成方法很多，按所用溶剂多少，可分为干法、半干法和溶剂法。干法和半干法使用的溶剂很少或几乎不用溶剂，生产成本较低，但在固相体系中进行反应，试剂小分子很难渗透到淀粉的颗粒内部，因此产物的取代度一般不高，而且取代基仅分布于颗粒的表面，产物溶解性较差或在溶液中含有较多的不溶物。而溶剂法正好相反，在溶剂中大多采用水或水与甲醇、乙醇、异丙醇和丙醇等的混合溶剂。不论采用何种方法，CMS 的生产基本分三步进行：

（1）丝化反应。在丝化过程中，淀粉浸泡在碱性溶液中，促使淀粉溶胀，使 NaOH 小分子渗透到颗粒内部与结构单元的羟基反应，生成淀粉钠盐，它是进行醚化反应的反应活性中心。在丝化过程中同时进行着淀粉的碱性降解：

$$Starch—OH + NaOH \longrightarrow Starch—ONa + H_2O$$

（2）羧甲基化反应。淀粉钠和氯乙酸钠在碱性条件下进行反应生成羧甲基淀粉，同时氯酸钠在碱性条件下水解生成羟基乙酸钠。一般在碱性较强的介质中，淀粉的羧甲基化反应按 S_N2 历程进行，而在碱性较弱的介质中按 S_N1 历程进行。

主反应 $$Starch—ONa + ClCH_2COONa \xrightarrow{NaOH} Starch—OCH_2COONa + NaCl$$

副反应 $$ClCH_2COONa + H_2O \xrightarrow{NaOH} HOCH_2COOH + NaCl$$

（3）CMS 的精制。不同的应用领域对 CMS 纯度要求不同。例如，在石油钻井中及洗涤剂工业中一般使用 CMS 粗产品，而在食品和医药工业则使用纯度很高的 CMS。粗品中主要含有 NaCl、羧基乙酸钠、NaOH、氯乙酸钠和碳酸钠。普通精制方法如下：先用乙酸中和，然后用甲醇或乙醇-水混合溶剂洗涤沉淀产物至用 $AgNO_3$ 检验无 Cl^-，然后将产物干燥粉碎后得白色固体粉末。显然，这种方法消耗大量乙酸和溶剂，并给回收和排水带来困难。因此，有人将硅酸钠加入反应体系或产物中，利用它和 CMS 的沉淀直接制得产品，另有专利报道用玻璃纤维纯化 CMS 的方法。CMS 的生产工艺流程见图 12-2。

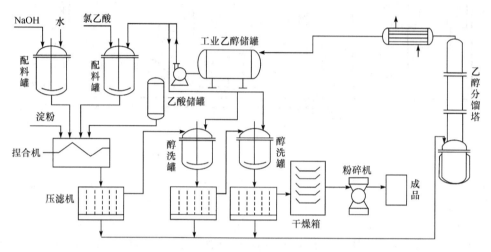

图 12-2 羧甲基淀粉的生产工艺流程

向捏合机中加入一次投料量的淀粉（一般为木薯淀粉或玉米淀粉），然后加入质量为淀粉质量73.3%的已配好的 11.3%氯乙酸乙醇溶液，一边捏合一边逐渐加入质量为淀粉质量 26.8%的 30%氢氧化钠溶液。氢氧化钠溶液加完后，继续在 40～50℃捏合反应 2～3h。在继续捏合的同时逐渐加入质量约为淀粉质量的 1.5%的乙酸中和过量碱，使捏合物的 pH 为 7。反应混合物送压滤机压滤，滤液送分馏塔回收乙醇，滤饼以 80%乙醇洗涤、压滤，反复进行 2～4 次至无氯离子检出，最后压干。滤液送分馏塔回收乙醇。压干后的滤饼经干燥、粉碎即为产品。

3）木质素类产品

木质素、纤维素和半纤维素是形成植物骨架的主要成分，它们在数量上仅次于地球上存在的有机物。木质素可分为针叶材木质素、阔叶材木质素及草本木质素三大类，在木材中含量可达20%～35%、草本植物中含量可达 15%～25%。以上三种木质素是根据氧化分解得到的分解产物大致区分的，针叶材木质素主要是由愈疮木基丙烷结构（Ⅰ）构成，阔叶材木质素由（Ⅰ）和紫丁香基丙烷结构（Ⅱ）构成，草本类木质素由（Ⅰ）、（Ⅱ）及 4-羟基苯丙烷（Ⅲ）构成。但迄今还没有确定它们的完整结构式，文献中的示意结构如下：

（Ⅰ）   （Ⅱ）   （Ⅲ）

木材中的木质素经亚硫酸盐蒸煮后，在苯丙烷结构的侧链 α 位置上引入磺酸基而成为木质素磺酸，由于蒸煮液盐基的作用，而成为水溶性盐溶出。

从废液制取木质素产品时几乎都是利用其主要成分木质素磺酸盐的特性。木质素磺酸是相对分子质量从几百到几百万的高分子化合物，同时具有如 C_6 以上这种很大的疏水性骨架和磺酸以及其他亲水性基团的表面活性剂结构。一般说来，蒸煮温度越高，蒸煮时间越长，磺化程度也越高。从相对分子质量来说，低相对分子质量木质素磺酸的磺化度比高相对分子质量木质素磺酸的磺化度高。

由废液生产的木质素产品是由蒸煮工段的蒸煮废液和洗涤工段的洗涤废水制造的。废液的浓度一般在 10% 左右，pH 约为 2。除特殊用途外，一般首先要进行中和与浓缩处理，生产工艺流程见图 12-3。

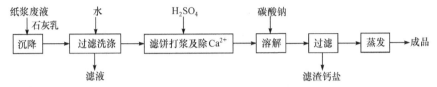

图 12-3 木质素磺酸盐的生产工艺流程

将石灰乳加入亚硫酸纸浆废液中，首先沉淀出亚硫酸钙，当 pH 进一步提高时，木质素磺酸钙转化为碱式木质素磺酸钙而沉淀。经过滤和洗涤后，上述滤饼在硫酸的作用下使 Ca^{2+} 沉淀，该步为上述反应的逆过程。所得木质素磺酸钙再在碳酸钠的作用下转化为钠盐而和钙盐分离，达到除钙的目的。各步反应式如下：

$$Ca(HSO_3)_2 + Ca(OH)_2 \longrightarrow 2CaSO_3 + 2H_2O$$

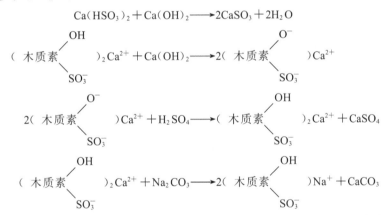

木质素磺酸盐属阴离子表面活性剂，低相对分子质量的产品多为直链，在溶液中缔合在一起；高相对分子质量的木质素磺酸盐多为支链，在水中显示出聚电解质行为。通常为黄褐色固体粉末或黏稠浆液，有良好的扩散性，易溶于水。木质素磺酸盐在油田开发上主要用于钻井泥浆、油井压裂、三次采油等工艺过程，也可用作减阻剂和缓凝剂。

4）腐殖酸类产品

腐殖酸是一种广泛分布于自然界的有机高分子化合物，它存在于土壤、河、湖、海沉积物以及风化煤、褐煤、泥炭中。随来源不同，组分、结构和相对分子质量存在很大差异，至今没有完全确定其结构。腐殖酸俗名胡敏酸，是一种高分子羟基芳基羧酸盐，属阴离子表面活性剂。其生产工艺通常分为四步：

（1）碱化提取。把粒度小于 1.5mm 的褐煤、草炭粉放入浓度为 1%～2% 的 NaOH 水溶液中（褐煤、草炭与溶液的质量比为 1∶10∶15），待原料完全浸透后煮沸 0.5h，并不断搅拌，然后静置 12～34h。

（2）酸化提纯。将静置后的上层清液（腐殖酸钠溶液）用虹吸法吸取出来（底部没溶解的残渣可进行第二次碱煮,此时碱溶液的用量减少为1:7～8),装入容器中,再加入盐酸(浓度为35%～36%,比例为100kg 腐殖酸钠溶液掺加0.8～1.0kg 盐酸),至溶液pH为2,此时腐殖酸以茶褐色沉淀析出。

(3)洗涤沉淀。过滤除去酸性溶液后的腐殖酸仍呈酸性,用普通水洗至中性,并可在此过程中复合进其他无机物。

(4)烘干。将中性腐殖酸沉淀(或复合物)在100℃以下烘干,则得到黑色固体胡敏酸。

腐殖酸钠用于钻井泥浆,有降黏、降失水、防塌、耐温、抗污等作用,也可用作水泥减水剂。

2. 合成聚合物

油田行业应用的合成聚合物主要有以下一些品种:部分水解聚丙烯腈、部分水解聚丙烯酰胺、聚丙烯酸盐、聚氨基甲酸酯、聚季铵盐、聚胺盐、乙烯-乙酸乙烯酯共聚物、乙烯-丙烯酸酯共聚物、聚乙二醇、聚二甲基硅氧烷、酚醛树脂、脲醛树脂、环氧树脂、呋喃树脂等。其中多数品种已在有关章节中介绍过,下面仅介绍常用的几种聚丙烯酰胺的生产工艺。

聚丙烯酰胺(PAM)是一种线型高分子聚合物,产品主要分为干粉和胶体两种形式。按其平均相对分子质量可分为低相对分子质量(<100万)、中相对分子质量(200万～400万)和高相对分子质量(>700万)三类。按其结构又可分为非离子型、阴离子型和阳离子型。阴离子型多为PAM的水解体(HPAM)。聚丙烯酰胺的主链上带有大量的酰胺基,化学活性很高,可以改性制取许多聚丙烯酰胺的衍生物,产品已广泛应用于造纸、选矿、采油、冶金、建材、污水处理等行业。聚丙烯酰胺作为润滑剂、悬浮剂、黏土稳定剂、驱油剂、降失水剂和增稠剂,在钻井、酸化、压裂、堵水、固井及二次采油、三次采油中得到了广泛应用,是一种极为重要的油田化学品。

聚丙烯酰胺的生产一般以丙烯腈为主要原料,经过水解制取丙烯酰胺,然后聚合成为聚丙烯酰胺。目前,国内采用的聚合工艺主要有两种方法:一种是水溶液聚合,得到含量7%～8%的胶冻状产品;另一种是乳液聚合,得到粉状产品,反应式如下:

非离子型聚丙烯酰胺经碱性水解,可制得部分水解的阴离子型聚丙烯酰胺:

非离子型聚丙烯酰胺与甲醛和胺的盐酸盐反应,即得阳离子型聚丙烯酰胺。

聚丙烯酰胺的生产工艺主要由聚合、造粒、干燥三部分组成,国内外生产粉状PAM产品基本采用片状或大块聚合工艺。下面着重介绍胶状和高相对分子质量PAM的生产工艺。

1)胶状聚丙烯酰胺

胶状PAM的生产工艺流程见图12-4。主要原料的消耗定额如下(kg/t):丙烯腈90～100,催化剂0.3,烧碱15,引发剂适量,盐酸(>30%)30,纯水1200。

常用的单一引发剂主要是 H_2O_2、过硫酸盐、BPO、偶氮二异丁腈以及碘、铁、铜的络合物等;氧化还原引发剂有过硫酸盐-亚硫酸盐体系、过硫酸钾-硫代硫酸钠等。

铜铝合金经碱处理水洗后制成催化剂,装入水合反应器中。丙烯腈原料抽至储罐再放入计量罐中,离子交换之纯水用泵送入计量罐中,然后按比例用泵经原料预热器连续加入水合反应器。控制温度在85～125℃,物料水合而成丙烯酰胺水溶液。余下的丙烯腈经闪蒸塔去冷凝器回收流入水计量罐循环使用。而丙烯酰胺溶液从闪蒸釜流入储罐,用泵送至高位槽去树脂交换柱,再入储槽配成含 7%～8%单体的溶液，送往聚合釜，在引发剂作用下聚合生成胶状体聚丙烯酰胺成品。

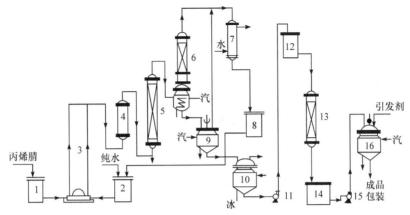

图 12-4　胶状聚丙烯酰胺的生产工艺流程

1. 丙烯腈储槽；2. 水储槽；3. 比例泵；4. 预热器；5. 反应器；6. 蒸馏塔；7. 冷凝器；8. 储罐；9. 蒸馏釜；10. 储罐；11. 泵；
12. 高位槽；13. 料交换柱；14. 储罐；15. 泵；16. 聚合釜

2）高相对分子质量聚丙烯酰胺

采用水溶液聚合法，引发剂为过硫酸盐-亚硫酸氢钠。聚合得到的产品可在碱性条件下水解成阴离子型产品 HPAM，相对分子质量较高，水解度可达 35%左右。生产工艺流程见图 12-5。

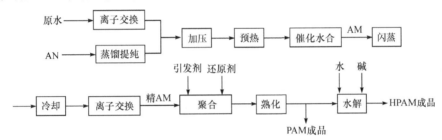

图 12-5　高相对分子质量 PAM 及 HPAM 的生产工艺流程图

主要工艺参数如下：纯水电导<10μS，精制液电导<200μS，水合温度 110～140℃，水合压强<0.392MPa，空速 3～7h^{-1}，聚合温度<40℃，引发剂用量<50mg/kg，熟化时间 8～24h，水解温度<80℃。

3. 其他油田通用化学品

在油田行业，表面活性剂广泛应用于钻井、固井、采油、原油破乳脱水、集输等各个生产环节中，对于保证钻井安全，提高原油采收率、油井质量和生产效率，以及节约运输、设备防护和防止环境污染等方面都起着极其重要的作用。当今，表面活性剂已成为油田开发中必不可少的化学助剂，如美国用于油田开发的表面活性剂占工业用表面活性剂的 17%～20%。有关表面活性剂的生产工艺可参考第 2 章。

示踪剂是指能随流体流动，并能指示该流体的存在、流动方向和流动速度的化学剂，主要有气体示踪剂、液体示踪剂、放射性示踪剂、化学示踪剂等，广泛用于石油钻采、输油等环节中。常用的化学示踪剂有 NaBr、NaCl、CH_3CH_2OH、NH_4SCN、NH_4NO_3 等。

黏土稳定剂是指能吸附在黏土表面，并中和电荷、防止黏土膨胀的化学品，主要为高分子阳离子聚合物（如阳离子聚丙烯酰胺），广泛用于钻井、油气开采等过程。

12.1.2 钻井用化学品

钻井是指地质勘探之后的打井、修井、完井等项工作。在钻井过程中，常用到多种钻井液（泥浆），它是以黏土泥浆为主要成分配制成的。在钻井液配制和处理过程中所用的化学剂称钻井液处理剂。钻井液的性能对钻井效率、防止事故起关键作用，而泥浆的好坏又与处理剂有着密切的关系。处理剂从化学结构上分主要有聚合物和表面活性剂两类。按所起作用可分为18类，即杀菌剂、缓蚀剂、消泡剂、除钙剂、乳化剂、絮凝剂、起泡剂、降滤失剂、堵漏材料、润滑剂、解卡剂、pH控制剂、表面活性剂、页岩抑制剂、降黏剂、温度稳定剂、增黏剂、加重材料。

1. 降滤失剂

为减少钻井液向地层中滤失水量，保证钻井液性能稳定以及稳定井壁、保证井径规则所使用的化学品称为降滤失剂或降失水剂。按化学结构可将降滤失剂分为纤维素、树脂、聚丙烯酸盐、腐殖酸和淀粉等五类，品种已达50余种。典型品种JST501是一种抗温、抗盐、抗钙、抗镁能力较强的降滤失剂，兼有降黏、防塌作用，是一种多功能产品。

JST501是以丙烯酰胺（AM）、丙烯磺酸钠（AS-Na）、丙烯酸钾（AA-K）、丙烯酸钙（AA-Ca）为单体，在一定条件下共聚制得的产物。即在聚合釜中，将AM、AA-K、AA-Ca、AS-Na以物质的量比（1～2）：（3～6）：（1～2）：（0.5～1.5）的比例充分混合均匀后，配成40%的水溶液，将体系升温至50～70℃，加入适量引发剂，聚合2h后，将产物在100～120℃干燥至含水量低于10%，然后粉碎、筛分，即得成品JST501。产物的适宜相对分子质量为16万～30万。

2. 降黏剂

能降低钻井液黏度和剪切力的化学品称降黏剂。按化学结构分为木质素类（如木质素磺酸铁铬盐）、单宁类（如磺化单宁）、栲胶类（如磺化栲胶钾盐、栲胶磺化褐煤接枝物）、褐煤类（如褐煤钠盐）、磷酸盐类（如乙二胺四亚甲基磷酸盐）、聚合物类（如AMPS/AA共聚物、XY27）和有机硅类等七类。

褐煤钠盐降黏剂的原料配比如下（质量分数/%）：白雀树皮15～45，多聚甲醛1～10，褐煤25～45，NaOH 2～10，黑沥青4～15，Na_2SO_3 10～25，水余量。将上述物料混合后在100～150℃加热30～120min即得成品。注意在加热过程中应加入适量的$Na_2Cr_2O_7$以控制凝胶强度。

3. 增黏剂

能增加钻井液黏度和剪切力的化学品称为增黏剂。20世纪80年代以前我国大多采用无机盐、碱、中黏度羧甲基纤维素、树叶粉等。目前较多采用的是土粉，主要有膨润土、有机膨润土、增效土、抗盐土等。以有机膨润土的生产工艺为例介绍如下：

有机膨润土是长碳链季铵盐与膨润土反应的产物。它是利用季铵盐离子与黏土中的可交换离子相互作用，使大的有机离子进入土层间，覆盖在黏土级粒子黏土表面，形成稳定的有机产品。该产品具有亲油性和膨润性，反应式如下：

$$[R_2\!-\!\overset{\displaystyle R_1}{\underset{\displaystyle R_3}{N}}\!-\!R_4]^+ \, X^- + M^+ \, Clay^- \rightleftharpoons [R_2\!-\!\overset{\displaystyle R_1}{\underset{\displaystyle R_3}{N}}\!-\!R_4]^+ \, Clay^- + M^+ + X^-$$

式中，Clay为膨润土；M^+为黏土中可交换的阳离子（如Na^+）；X^-为季铵盐中阴离子（如卤素离子、SO_4^{2-}等）。为制备性能优良的有机土，对反应原料有如下要求，在季铵盐的R_1～R_4中至少有一个烃基碳原子数在10～24，以保证所得有机土的亲油性能；膨润土的纯度要高，不含杂质，阳离子交换容量为 75～100mmol/100g 土。生产方法主要有干法和湿法两种。

湿法以水为分散介质，将膨润土先制成浆液，再与季铵盐进行反应。具体步骤如下：去除膨润土中的杂质，制成土浆液，一般固含量为 10%～20%。将土浆液进行高速剪切分散，使粒度达到黏土级，再加入季铵盐与土浆液反应，季铵盐/黏土为 75～120mmol/100g 土。从浆液中分离出有机土，进行洗涤。在温和的条件下使有机土干燥（一般温度≤50℃）即得成品。

干法生产时将黏土和适量的季铵盐（占黏土的 15%～55%）充分混合，在无水和高于季铵盐熔点的温度下反应 5～30min，反应完毕，经研磨、过筛得 200 目的干态物，可作为油基钻探液的增黏剂。

4. 其他钻井用化学品

消泡剂主要用于消除钻井液中的泡沫，保证液柱具有一定的压力以防止井喷和井塌事故。常用的消泡剂有醇类（如消泡剂 7501、杂醇）、硬脂酸类（如硬脂酸、硬脂酸铝、硬脂酸铅）、硅基类（如消泡剂 DSMA-6、消泡剂 QAD8211）、聚醚类（如甘油聚醚、丙二醇聚醚、丙三醇聚环氧丙烷聚环氧乙烷醚）、磷酸酯及盐类和长链羟基化合物。

杀菌剂用以防止泥浆体系有机物发酵和抑制细菌对钻头的腐蚀，常用阳离子表面活性剂、多元酚类和多聚甲醛。我国常用的有甲醛、多聚甲醛和 1227（十二烷基二甲基氯化铵）。

缓蚀剂能抑制水基钻井液中存在的或外侵的腐蚀源对钢铁的腐蚀。现场使用的缓蚀剂仅有碱式碳酸锌（除硫剂），近两年研究成功的咪唑啉类缓蚀剂 DFR-03 和 WSI-02 也已开始现场应用。

此外，泥浆用处理剂还有起泡剂、乳化剂、絮凝剂、堵漏剂、润滑剂、解卡剂、页岩抑制剂等，多为高分子聚合物和表面活性剂，生产工艺可参考本书有关章节。

12.1.3 油气开采用化学品

油气开采过程中，为了增加产量，常采用压裂、酸化、堵水、防砂、清防蜡等手段，这些过程都不同程度地使用油田化学品。其中，压裂和酸化是重要的增产措施。国内外的实践证明，压裂、酸化效果的好坏，在很大程度上取决于工作液中添加剂的质量。

1. 酸化用化学品

酸化是油井激产、水井增注的重要措施之一，挤入油层的酸液通过对岩层的化学溶蚀作用，可扩大油流孔道和提高岩层渗透率。酸液还可溶解井壁附近的堵塞物如泥浆、泥饼等，有助于提高油井、水井的生产能力。常用的酸化液有常规无机酸、土酸、缓速酸、稠化酸、乳化酸、微乳酸、泡沫酸、潜在酸、黏土酸、泛酸等。为改进上述酸液性能，满足工艺要求，提高酸化效果所用的化学品称酸化用化学品，主要有缓蚀剂、助排剂、乳化剂、防乳化剂、起泡剂、降滤失剂、铁稳定剂、缓速剂、暂堵剂、稠化剂、防淤渣剂等 11 种。其中多数品种已有介绍，下面主要说明典型酸化液和铁稳定剂的工艺配方。

1）乳化酸

【配方】 原油 2，柴油 2，土酸（盐酸与氢氟酸的混合物）6，乳化剂适量。

按配方将各组分混合，充分搅拌成乳化液即为成品。乳化剂用量视具体情况而定，即将油-酸混合液完全乳化，静置不分层为限。

2）胶凝酸（稠化酸）

【配方】 乙酸 50%，PAM 1.5%，$Na_2Cr_2O_7 \cdot 2H_2O$ 125mg/kg，硫代乙酰胺 1500mg/kg。

将聚丙烯酰胺按配方给定的比例溶于水中高速搅拌 1min，静置 5d，再加入 $Na_2Cr_2O_7$ 和硫代乙酰胺，大约 1min 后再加入冰醋酸，将混合物混合搅拌均匀，即得成品。

3）铁络合剂（铁稳定剂）

油或水井酸化作业时，由于酸液对井下管道及金属设备的腐蚀及地层中含铁矿物的溶解而形成 Fe^{2+} 和 Fe^{3+}。随着残酸液的排出，地层液 pH 升高会形成氢氧化铁沉淀，造成地层渗流空隙的阻塞，降低产油率或注水量。防止这种危害的有效方法是向酸化液中加入适量的铁离子络合剂。可以作为油井酸化用的铁络合剂有柠檬酸、乙酸、EDTA、氨基三乙酸酯等有机物或聚合物。例如，多烯基胺亚甲基磷酸盐聚合物络合剂为一种性能优良的铁稳定剂，配方如下（g）：A（混合物，质量比为四乙烯五胺∶氯甲代氧丙环∶水=57∶28∶57）56，亚磷酸 49，盐酸（37%）67，甲醛（37%）61，水 49。生产工艺步骤如下：

（1）向 57g 四乙烯五胺中加水 57g，混合均匀后加热到 80℃，在搅拌下将 28g 氯甲代氧丙环（表氯醇）滴加到上述热溶液中，全部氯甲代氧丙环在 1.5h 内加完。将溶液在 90～100℃温度下加热搅拌 2h，然后加入 28g 水使树脂浓度为 50%。

（2）取制得的上述聚胺树脂溶液 56g，在外部冷却和搅拌的条件下，慢慢地加入到由 49g 亚磷酸、49g 水及 67g 盐酸（37%）组成的溶液中。之后，将反应物回流加热，并向其中滴加（一滴一滴地加入）61g 浓度为 37% 的甲醛溶液，全部甲醛溶液约在 1h 加完，再回流加热反应 2h，即得产品。

2. 压裂用化学品

压裂就是用压力将地层压开，形成裂缝，并用支撑剂将其支撑起来，以减少流体流动阻力的增产、增注方法。对开采层段进行压裂改造是国内外油气田普遍采用的增产措施之一。压裂液主要有三种类型，即水基、油基和醇基压裂液，其中最常用的水基压裂液包括稠化水压裂液、水冻胶压裂液、水包油压裂液、泡沫以及各种酸基压裂液。在配制压裂液时常加入各种化学品，这些化学品称为压裂用化学品，包括破胶剂、缓蚀剂、助排剂、交联剂、黏土稳定剂、减阻剂、防乳化剂、起泡剂、降滤失剂、pH 控制剂、暂堵剂、增黏剂、杀菌剂、支撑剂 14 类。

油田常用的羧甲基纤维素（CMC）水基冻胶压裂液的配方和生产工艺如下：

【配方】 水 100，CMC 350，37%甲醛 250，碱式硫酸铬 140，纤维素酶 0.045，破乳剂 2.5～10，KCl 0～500。

在水中先加入甲醛溶液，再缓慢加入 CMC，不断搅拌 1h 以免产生凝块。然后加入交联剂铬盐和破乳剂，放置 1h 即成冻胶。最后加入纤维素酶进行水化，10h 后逐渐解黏水化。KCl 的作用是抑制黏土的水化膨胀，根据使用要求加入。

除上述之外，用于油、气、水井增产、增注的采油化学品还有防蜡剂、清蜡剂、调剖剂、堵水剂、降凝剂、防砂剂、解堵剂、黏土稳定剂等。有些品种为通用品种。

12.1.4 提高采收率用化学品

依赖地层的天然压力采油称为一次采油。随着地层压力的下降，需要通过注水补充地层压力的方法进行采油称为二次采油。由于一次采油一般只能获得 20%～30% 的采收率，而二次采油也只不过采出油层储量的 40% 左右。因此，为了能尽可能地将剩余储量开采出来，就必须采用物理、化学和生物技术来提高采收率，这就是三次采油，有时也称为强化采油。目前，国外常用的三次采油方法有热力驱、混相驱、化学驱三大类。其中，化学驱是指以化学剂组成的各种体系作为驱油剂的驱油法，主要有聚合物驱、碱驱、表面活性剂驱、复合驱、浓硫酸驱等。在配制化学驱油剂时所用的化学品称为提高采收率用化学品。

提高采收率用的化学品主要有碱剂、高温起泡剂、薄膜扩展剂、混溶剂、稠化剂、增溶剂、流度控制剂、助表面活性剂、表面活性剂、牺牲剂等。所用化学品除 NaOH、Na_2CO_3 等无机物外，多为表面活性剂，读者可参阅第 2 章。

12.1.5 油气集输用化学品

油气集输是指将油井生产的原油和伴生气收集、处理、输送的全过程。在这种过程中为保证油气质量、保证生产过程安全可靠和降低能耗所用的化学品称为油气集输用化学品，主要有破乳剂、缓蚀剂、减阻剂、乳化剂、流动性改进剂、天然气净化剂、水合物抑制剂、海面浮油清净剂、防蜡剂、清蜡剂、管道清洗剂、降凝剂、降黏剂、抑泡剂共 14 类。

原油中通常含有沥青质，特别是高黏原油中含有很多的沥青。沥青相对分子质量大且分子中含有较多的羧基、羟基、疏基等活性基团，很容易和水形成稳定的乳化液。因此，原油采出后必须通过加入破乳剂及其他物理方法将采出液中的油和水分开。但原油的破乳是一个很复杂的问题，它既与原油的组分、性质、乳状液的类型及稳定因素有关，也与破乳剂的分子结构及性质有关，故选择破乳剂需综合考虑以下因素：脱水率、脱水速度、油-水界面状态、脱出水的含油量、破乳剂的合理用量、低温脱水性能等。

破乳剂的种类繁多，多为表面活性剂，可分为：阳离子型、阴离子型、非离子型、两性离子型、聚氨酯及超高分子破乳剂。阴离子型破乳剂有羧酸盐类、磺酸盐类和聚氧乙烯脂肪硫酸酯盐等，具有用量大、效果差、易受电解质影响而减效等缺点；阳离子型破乳剂主要有季铵盐类，其对稀油有明显效果，但不适合稠油及老化油；非离子型主要有以胺类为起始剂的嵌段聚醚、以醇类为起始剂的嵌段聚醚、烷基酚醛树脂嵌段聚醚、酚胺醛树脂嵌段聚醚、含硅破乳剂、超高相对分子质量破乳剂、聚磷酸酯、嵌段聚醚的改性产物以及以咪唑啉原油破乳剂为代表的两性离子型破乳剂。为了提高破乳效果，常利用不同破乳剂间的协同效应，将它们组合成复合破乳剂以适应高含水采出液的脱水需要，如 RI-01 原油破乳剂。

减阻剂是指能降低原油管输阻力的化学品。减阻剂大多是超高分子聚合物，相对分子质量常为 200 万～1000 万。相对分子质量越大，主链越长，减阻效果越好。另外，减阻剂还必须具有优良的可溶性、剪切稳定性及与油品及工艺设备的兼容性、温度稳定性和抗氧化等性能。国外产品有 CDR 系列减阻剂（聚 α-烯烃）、FLO 系列减阻剂（丁烯与 α-烯烃共聚物）等；我国研制的产品有 ZDR_I、ZDR_{II}、ZDR_{III} 系列减阻剂及 PDR_1、PDR_2、PDR_3、PDR_5 系列减阻剂。

降黏剂是指能使原油黏度降低的化学品。该类产品大多属复合配方产品，我国已有多个品种实现了工业化生产，如 BJ-5 降黏剂、AM 系列降黏剂等。

12.2 石油产品添加剂

石油产品助剂经过长期的研究开发与生产实践，已逐步成为一个独立的石油化学品门类，主要包括润滑油添加剂、燃料油添加剂、润滑脂添加剂和特殊油脂（如防锈油脂、液压油、绝缘油、导热油等）添加剂。本节主要介绍燃料油添加剂与润滑油添加剂。

12.2.1 燃料油添加剂

燃料油添加剂可分为两大类：一类为保护性添加剂，主要解决燃料储运过程中出现的各类问题的添加剂；另一类为使用性添加剂，主要解决燃料燃烧或使用过程中出现的各种问题的添加剂，包括各种改善燃烧性能或改善燃烧生成物特性的添加剂。针对燃料油种类不同，相应使用的添加剂多属于各类燃料的专用添加剂。燃料油通用保护性添加剂有抗氧化剂、金属钝化剂、抗腐蚀剂或防锈剂、抗乳化剂等。汽油专用添加剂有抗爆剂、抗表面引燃剂、汽化器清净剂、防冰剂等。喷气燃料专用添加剂有抗静电剂、抗菌剂、抗冰剂、抗烧蚀剂等。柴油专用添加剂有分散剂、低温流动改进剂、十六烷值改进剂、消烟剂等。本节择其主要种类分述如下。

1. 抗爆剂

汽油发动机燃烧室内。在点火火花塞的火焰到达之前，往往会发生未燃燃料与空气的混合气自燃的爆震现象，因此需加入抗爆剂来抑制这种现象的发生。汽油辛烷值是汽油在稀混合气情况下抗爆性的表示单位，在数值上等于在规定条件下与试样抗爆性相同时的标准燃料中所含异辛烷的体积分数。辛烷值是车用汽油最重要的质量指标，它综合反映一个国家炼油工业水平和车辆设计水平，采用抗爆剂是提高车用汽油辛烷值的重要手段。

汽油抗爆剂根据其化学性质可分为不同种类，常见的主要有：醇类、醚类、金属类、胺类、脂类和复配类。按应用特性又可分为金属有灰和有机无灰型。随着无铅汽油的推广，醚类抗爆剂的应用较为普及，甲基叔丁基醚（methyl tert-butyl ether，MTBE）为其主要代表，但受限于氧含量过高和热值较低，在汽油中的掺兑量通常不超过10%。

MTBE 是一种优良的高辛烷值汽油添加剂和抗爆剂，可由碳四馏分（含异丁烯）和甲醇为原料，采用大孔强酸型阳离子交换树脂为催化剂生产，反应式如下：

$$CH_2{=}C(CH_3)_2 + CH_3OH \underset{}{\overset{催化剂}{\rightleftharpoons}} (CH_3)_3COCH_3$$

生产工艺流程见图 12-6：

（1）将含异丁烯的碳四馏分（含异丁烯 15%～55%）和甲醇混合预热后，送入列管式固定床反应器 D101，以大孔网状阳离子交换树脂为催化剂，反应温度为 50～60℃，用冷却水控制温度，液相控速为 5.0～50m³/h，甲醇略过量。

（2）反应完成后，将产物通过分离器 L101 进行分离，分出纯度为99%的甲基叔丁基醚。

（3）将粗产物在精馏塔 T101 内进行精馏，即得成品。

另外，用于柴油的抗爆剂即十六烷值提高剂，实际应用的主要品种有硝酸戊酯、硝酸己酯和2,2-二硝基丙烷，一般用量小于 0.5%。

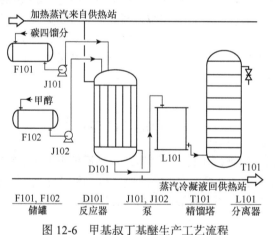

图 12-6　甲基叔丁基醚生产工艺流程

2. 金属钝化剂

为了提高汽油和航空燃料的稳定性，在添加抗氧化剂的同时，常常还要使用金属钝化剂。金属钝化剂是通过和燃料油中的金属离子反应生成螯合物，使之不再具有氧化促进作用。常用的金属钝化剂为 N, N'-二亚水杨基-1,2-丙二胺，由 1,2-丙二胺与水杨醛缩合而得，反应式如下：

由于缩合反应比较剧烈，放热多，故采用水作稀释剂。生产的钝化剂在常温下呈黏稠半固体状态，为了储存和使用的方便用甲苯稀释成溶液。

3. 其他燃料油添加剂

为了防止汽油、喷气燃料、柴油等在储存过程中氧化生成胶质沉淀，以及在使用过程中溶在燃料中的胶质因燃料气化、雾化而沉积于吸入系统、气化器、喷嘴等处，影响发动机正常运转，加入抗氧剂可避免该现象的发生。常用的抗氧剂有屏蔽酚类和苯二胺类，如2,6-二叔丁基-4-甲酚、2,4-二甲基-6-叔丁基苯酚、N, N-二异丙基对苯二胺、N, N-二异丁基对苯二胺等。

抗积炭剂可防止含铅汽油在汽缸内燃烧时留下的含铅的积炭，主要品种有磷酸二甲苯酚酯、烷基及环烷基硼酸酯等。清净分散剂可防止气化器内附着沉积物，并能有效除去已附着的沉积物。常用的物质为低相对分子质量表面活性剂（如磷化物、脂肪酰胺等）和高相对分子质量表面活性剂（如聚丁烯基琥珀酰亚胺、聚丁烯基多胺等）。

防腐剂可防止车用汽油在储罐、管线以及发动机燃料段中由于溶有微量水分和空气而对金属腐蚀或锈蚀，常用 C_{12} 烯基丁二酸、双烷基磷酸等。

流动性能改进剂可改善煤油、柴油等燃料油的低温流动性，使柴油在低于浊点的温度下也能较好地通过油管与过滤器，使燃料油具有良好的低温泵送性能和过滤性能。常用的品种与润滑油中的降凝剂相同。

防冰剂是为防止水分结冰造成堵塞空气通道等类故障而使用的添加剂，主要品种有表面活性剂和低碳醇、乙二醇及酰胺等。

抗静电剂可迅速消除喷气燃料在流动或运移中由于湍流的影响而产生的大量静电荷及火花，以免引起火灾或爆炸。我国目前使用的是烷基水杨酸铬与甲基丙烯酸酯含氮共聚物等复合而成的产品。

消烟剂可减少柴油机排气中的烟粒（黑烟），保护环境。消烟剂实际上是保证燃烧反应进行完全的催化剂，常用的有高碱性磺酸钡、甲基环戊二烯三羰基锰、二茂铁等。

助燃剂主要用于改善重油的燃烧性能和使灰分改性，包括燃烧促进剂、沉渣分散剂、水分离剂、灰分改性剂等。

12.2.2 润滑油添加剂

根据润滑油添加剂的主要作用，有多种不同的分类方法。我国按添加剂主要改善的使用性能直接将它们分为清净分散剂、抗氧抗腐剂、防锈剂、载荷添加剂（抗磨剂）、增黏剂、降凝剂和抗泡剂七大类。

1. 清净分散剂

清净分散剂是现代各种内燃机油的主要添加剂，也是现代各类润滑油添加剂中用量最大的一类，主要品种有硫代磷酸盐、磺酸盐、酚盐、磷酸盐、水杨酸盐及无灰分散剂丁二酰亚胺等，多数为含有极性基团和非极性基团的表面活性剂物质。如硫磷化聚异丁烯钡盐的结构式为

$$\begin{matrix} & X & & X & \\ & \| & & \| & \\ R - & P & - S - & P & - R \\ & | & & | & \\ & X & & X & \end{matrix}$$

（R 表示聚异丁烯,平均相对分子质量 1000；X 表示 S 或 O）

X—Ba—X

其生产工艺流程见图 12-7。

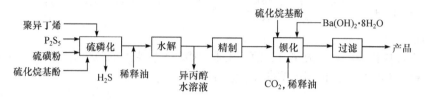

图 12-7　硫磷化聚异丁烯钡盐的生产工艺流程

具体操作步骤如下：将聚异丁烯和五硫化二磷混合，在硫磺和硫化烷基酚催化剂存在下反应，一般反应温度 160～170℃，得到的聚异丁烯硫磷酸通过水蒸气进行水解，然后用异丙醇水溶液进行精制。最后由氢氧化钡和聚异丁烯硫磷酸在硫化烷基酚促进剂存在下，通入 CO_2 进行反应，产物通 N_2 干燥之后过滤除渣，即得硫磷化聚异丁烯钡盐成品。

2. 防锈剂

防锈剂主要通过如下方式起防锈作用：①防锈剂分子在金属表面形成吸附性保护膜；②防锈剂对水和酸等极性物质的增溶作用；③防锈剂对水的置换性和脱水性能。根据化学结构，可将防锈剂分为磺酸盐、羧酸和羧酸衍生物及其盐类、酯类、有机磷酸及其盐类、有机胺及胺衍生物、杂环化合物等六大类。下面介绍两种常用品种的生产工艺。

1）磺酸盐

磺酸盐是较早应用的防锈剂，也是最早应用的润滑油清净分散添加剂。目前作防锈剂的主要是钡盐，其次是钙盐、钠盐和镁盐。磺酸钡是现在应用最广、产量最大的油溶性防锈剂。

石油磺酸钡是生产白油的副产物。将 10～40 号机械油用发烟硫酸（SO_3 不低于 20%）或气态 SO_3 磺化，磺化温度为 50℃左右，放置沉降分渣。将酸性油用 NaOH 乙醇水溶液抽提，再经浓缩、脱色、脱油，然后用 20% 左右氯化钡水溶液在 70～75℃下进行复分解反应 10h。稀释沉降，离心或过滤，蒸去溶剂得到产品。该工艺所得产品为中性，我国主要采用此法，工艺流程见图 12-8。

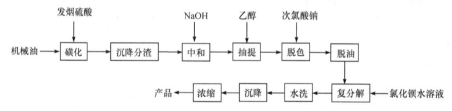

图 12-8　石油磺酸钡的生产工艺流程

2）羧酸、羧酸盐及其衍生物

长链脂肪酸和脂肪酸金属盐均具有防锈性，主要有壬基苯氧乙酸及其胺盐或咪唑啉盐、烷基巯基乙酸（R—S—CH₂COOH）、烷基氨基乙酸（R—NH₂—CH₂COOH）、N-油酰肌氨酸及其十八胺盐、烯基（或烷基）丁二酸等品种。其中，十二烯基丁二酸（T746）是较常用的防锈剂。

通常用迭合汽油或丙烯四聚体制十二烯基丁二酸，还可用蜡裂解烯烃或减黏柴油尿素络合油制取直链烯基丁二酸，反应式如下：

迭合汽油为 190～260℃馏分、碘值为 102.4，它与 1mol 顺丁烯二酸酐在 CO_2 保护下，加热至 170℃反应 5h；再在 205℃下反应 8h，反应产物在常压下截取 204℃到干点馏分后，再在 533.2Pa 下，收取 175～230℃馏分即为粗十二烯基丁二酸酐。粗品经压滤、水洗后，再在 98℃时加 10%蒸馏水减压水解得十二烯基丁二酸，生产工艺流程见图 12-9。

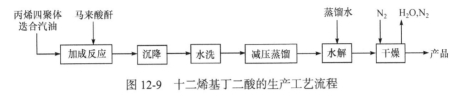

图 12-9　十二烯基丁二酸的生产工艺流程

3. 其他润滑油添加剂

各类内燃机油中使用的可满足较高温度下使用的抗氧化剂兼有抗腐蚀和抗磨损作用，这类多功能抗氧剂称为抗氧抗腐剂，其典型品种是二烷基二硫代磷酸锌盐（ZDPP）。ZDPP 在热分解过程中产生偏磷酸盐的无机络合物，在金属表面形成保护膜，既消除了金属的催化氧化作用，又防止了金属的表面腐蚀和磨损。

通常把减小摩擦和磨损、防止烧结的各种添加剂统称为载荷添加剂。载荷添加剂按其作用性质可分为油性添加剂、抗磨损添加剂和极压添加剂。油性添加剂主要有动植物油脂、脂肪酸等物质；抗磨损添加剂主要有硫化油脂、磷酸酯、二硫代磷脂金属盐等品种；极压添加剂主要有硫系（如硫化异丁烯、硫化聚烯烃）、磷系（如烷基亚磷酸酯、磷酸酯）、氯系（氯化石蜡、五氯联苯）、有机金属系（如环烷酸铅、二烷基二硫化磷酸锌）、硼酸盐（如三硼酸钾）五大类几十个品种。

增黏剂（黏度指数改进剂）是一种油溶性高分子化合物，主要品种有聚甲基丙烯酸甲酯、聚异丁烯、乙烯-丙烯共聚物等。以性能优良的乙烯-丙烯共聚物（T604）的生产工艺为例，与乙丙橡胶相似，采用钡系催化剂，在 10～50℃溶液中聚合，一般用氢气调节相对分子质量，也可用三氯乙酸乙酯（ETCA）调节相对分子质量。聚合反应式如下：

$$n\,CH_2{=}CH_2 + m\,CH_2{=}\overset{\displaystyle CH_3}{\underset{\displaystyle |}{CH}} \xrightarrow[\text{H}_2\ \text{或 ETCA}]{\text{Z-N 催化剂}} {+}CH_2{-}CH_2{\mathbin{\rlap{$\Big]$}}}_n{+}CH_2{-}\overset{\displaystyle CH_3}{\underset{\displaystyle |}{CH}}{\mathbin{\rlap{$\Big]$}}}_m$$

降凝剂是指能降低润滑油凝固点的化学品，一般是高分子有机化合物，许多品种与油气开采用降凝剂相同。润滑油中常用的品种有烷基萘、聚甲基丙烯酸酯、聚 α-烯烃等。

润滑油在使用过程中，因受到高速运转、强烈的振动或搅拌，往往会产生泡沫，影响使用性能，并会引起许多不良后果。化学抗泡法是常用的方法，该法一般通过改变发泡体系的 pH、添加与发泡物质发生化学反应或溶解发泡物质的物质、添加抗泡剂等来消除泡沫。其中效果最好、使用最普遍的方法是添加抗泡剂，常用的抗泡剂有二甲硅油、聚丙烯酸酯等。

第13章 精细化工助剂

近年来，化学工业生产所需要的配套助剂品种和数量越来越多，助剂的应用已遍及国民经济的各个领域。助剂是精细化工行业中的一大类产品。它能赋予制品以特殊性能，延长使用寿命，扩大应用范围，改善加工效率，加速反应过程，提高产品收率。因此，助剂广泛应用于有机合成、塑料、纤维、橡胶等类产品的制造加工，以及石油化工、纺织、印染、农药、医药、涂料、造纸、食品、皮革等工业部门。高新技术对产品性能要求的日益提高，促进了精细化工助剂的快速发展，势将进入技术创新、品种增多、性能先进、环境友好的新时代。高效化、功能化、复合化、精细化、专业化、系列化、节能化、环保化已成为现代精细化工助剂发展的总趋势。

13.1 概　　述

助剂与增塑剂

13.1.1 助剂的定义与特点

广义地讲，在工业生产中，为改善生产过程、提高产品质量和产量，或者为赋予产品某种特有的应用性能所添加的辅助化学品称为助剂。狭义地讲，精细化工助剂是指为改善某些材料或产品的加工性能和最终产品的性能而分散在材料中的辅助物质，是对材料或产品结构无明显影响的少量化学物质。助剂也称添加剂或配合剂、"工业味精"。助剂有如下特点：

（1）小批量、多品种。助剂是一个品种繁多的精细化工行业，众多的助剂产品采用小批量生产。

（2）添加量不一。添加量根据制品要求而定。

（3）类型不一。有液体状、粉末状；有小分子结构，也有大分子高聚物；有无机物，也有有机物。

（4）多种助剂复配使用。为了达到良好的效果，各类助剂通常配合使用。如果配合得当，不同助剂常会相互增效，达到"协同作用"。

13.1.2 助剂的分类

随着国民经济的发展，加工技术的不断进步和产品用途的日益扩大，助剂的类别和品种也日趋增加，成为一个品目十分繁杂的精细化工大类。从助剂的化学结构看，既有无机物，又有有机物；既有单一的化合物，又有混合物；既有单体物，又有聚合物。因此，助剂的分类是比较复杂的，主要有以下两种分类方法：

（1）按应用对象分类。按应用对象可分为三大类，每一大类中又可根据具体应用对象分成若干小类。

（i）高分子材料助剂，包括塑料、橡胶、纤维用助剂。

塑料、纤维用助剂主要包括增塑剂、热稳定剂、光稳定剂、抗氧剂、交联剂和助交联剂、发泡剂、阻燃剂、润滑剂、抗静电剂、防雾剂、固化剂等。

橡胶用助剂主要有硫化剂、硫化促进剂、防老剂、抗臭氧剂、塑解剂、防焦剂、填充剂等。

（ii）纺织染整助剂，包括织物纤维的前处理助剂、印染和染料加工用助剂、织物后整理助剂。

织物纤维的前处理助剂主要有净洗剂、渗透剂、浆料、化学纤维油剂、煮炼剂、漂白助剂、乳化剂等。

印染和染料加工用助剂主要有消泡剂、匀染剂、黏合剂、交联剂、增稠剂、促染剂、防染剂、拔染剂、还原剂、乳化剂、助溶剂、荧光增白剂、分散剂等。

织物后整理助剂主要有抗静电整理剂、阻燃整理剂、树脂整理剂、柔软整理剂、防水及涂层整理剂、固色剂、紫外线吸收剂等。

（iii）按应用对象分类还包括胶黏剂与涂料助剂、医药助剂、农药助剂、食品添加剂、饲料添加剂、水泥添加剂、燃烧助剂等。

（2）按作用功能分类。按作用功能分类可分为九大类，见表13-1。每一大类中包括若干种类型助剂，这是概括所有应用对象的一种综合性分类方法。

表 13-1　助剂按作用功能的分类

作用功能	助剂类型
稳定化助剂	抗氧剂、光稳定剂、热稳定剂、防霉剂、防腐剂、防锈剂
改善机械性能助剂	硫化剂、硫化促进剂、防焦剂、偶联剂、交联剂、补强剂、填充剂、抗冲击剂
改善加工性能助剂	润滑添加剂、脱模剂、塑解剂、软化剂、消泡剂、匀染剂、黏合剂、交联剂、增稠剂、促染剂、防染剂、乳化剂、分散剂、助溶剂
柔软化和轻质化助剂	增塑剂、发泡剂、柔软剂
改进表面性能和外观的助剂	润滑剂、抗静电剂、防雾滴剂、着色剂、固色剂、增白剂、光亮剂、防粘连剂、滑爽剂、净洗剂、渗透剂、漂白助剂、乳化剂、分散剂
难燃性助剂	阻燃剂、不燃剂、填充剂
提高强度、硬度助剂	填充剂、增强剂、补强剂、交联剂、偶联剂
改变味觉助剂	调味剂、酸味剂、鲜味剂、品种改良剂
改进流动和流变性能助剂	降凝剂、黏度指数改进剂、流平剂、增稠剂、流变剂

13.1.3　助剂的选择和应用

助剂的使用是一项很复杂的技术，在选择和使用助剂时应注意以下一些基本问题：

（1）助剂与聚合物的配伍性。助剂与聚合物的配伍性是指聚合物和助剂之间的相容性以及在稳定性方面的相互影响。一般而言，助剂必须长期稳定、均匀地存在于制品中才能发挥其应有的效能，因此要求聚合物与助剂之间有良好的相容性。如果相容性不好，助剂就容易析出，析出后不仅失去作用而且影响制品的外观和手感。一般聚合物和助剂的相容性取决于它们结构的相似性，对于无机填充剂，由于它们和聚合物无相容性，因此要求细度小、分散性好。

（2）助剂的耐久性。助剂的损失主要通过挥发、抽出和迁移三条途径。挥发性大小取决于助剂本身的结构；抽出性与助剂在不同介质中的溶解度直接相关；迁移性大小与助剂在不同聚合物中的溶解度有关。因此，选择助剂应结合产品来进行。

（3）助剂对加工条件的适应性。某些聚合物的加工条件比较苛刻（如加工温度高、时间长等），必须考虑助剂对加工条件能否适应。加工条件对助剂的要求最主要的是耐热性，即要求助剂在加工温度下不分解、不易挥发和升华。

（4）助剂必须适应产品的最终用途。助剂的选择常常受到制品最终用途的制约，不同用途的制品对所用助剂的外观、气味、污染性、耐久性、电气性能、热性能、耐候性、毒性等都有一定的要求。

（5）助剂配合中的协同作用和相抗作用。一种合成材料常常要同时使用多种助剂，这些助剂之间彼此会产生一定影响。如果相互增效，则起协同作用；如果彼此削弱各种助剂原有的效能，则起相抗作用。助剂配方研究的目的之一就是充分发挥助剂之间的协同作用，得到最佳的效果。

（6）重视助剂的环保性。选择助剂应以环保观念为指导，一般要选用无毒害、无"三致"、无过敏、无刺激、无污染的助剂。充分贯彻 HSE（安全、健康和环境）观念。

助剂与增塑剂

13.2 增 塑 剂

增塑剂是一种加入材料中能改进其加工性能（挤出、模塑、热成型性）及物理和机械性能（弹性、伸长率等）的物质，是橡塑及材料加工中极其重要的助剂，通常为高沸点、难挥发的液体或低熔点固体。增塑剂主要用于聚氯乙烯和氯乙烯共聚物，其用量占增塑剂总用量的 80%～85%。其他使用增塑剂的还有纤维素酯、聚碳酸酯、丙烯酸树脂、合成胶黏剂等。

目前应用的增塑剂约有 500 种，将这些品种按化学结构分类，可分为苯二甲酸酯、脂肪族二元酸酯、脂肪酸单酯、二元醇脂肪酸酯、磷酸酯、环氧化物、聚酯、含氯化合物以及其他一些用量较少的增塑剂（如苯多酸酯、石油酯）等。此外，还有反应性增塑剂，是指分子中含有反应性的活性基团，是以化学键形式连接在聚合物上的一类增塑剂，主要有（甲基）丙烯酸的多元醇酯、烯丙基酯与不饱和聚酯等。

13.2.1 苯二甲酸酯

苯二甲酸酯是工业增塑剂中最重要的品种，占增塑剂年消费量的 80%～85%。苯二甲酸酯与其他增塑剂相比，具有相容性好、适用性广、化学性质稳定、生产工艺简单、原料便宜易得、成本低廉等优点，被列为通用增塑剂。苯二甲酸酯按化学结构可分为邻苯二甲酸酯、间苯二甲酸酯和对苯二甲酸酯，以邻苯二甲酸酯应用最广，其生产工艺介绍如下：

（1）合成原理。邻苯二甲酸酯的主要制备方法是由相应的醇和苯酐进行酯化反应。酯化反应的催化剂可以是无机酸或有机酸、两性氧化物、金属有机物、盐类或酸式盐。反应时可用过量醇作为带水剂，也可外加带水剂，如苯、甲苯等。生产工艺有间歇式、半连续式和连续式等几种。由于邻苯二甲酸酯品种多，为了适应其他特殊增塑剂的要求，采用通用设备进行生产，生产品种可达 30 多个。

除了以醇和苯酐为原料生产邻苯二甲酸酯外，也可用烯烃与酸直接酯化成酯，如以邻苯二甲酸单酯与烯烃（如 1-辛烯、2-辛烯等）用过氯酸催化于 80℃左右反应，制得邻苯二甲酸混合酯，收率达 80%～90%。

醇与苯酐生成邻苯二甲酸酯的反应属于典型的酯化反应，其反应式为

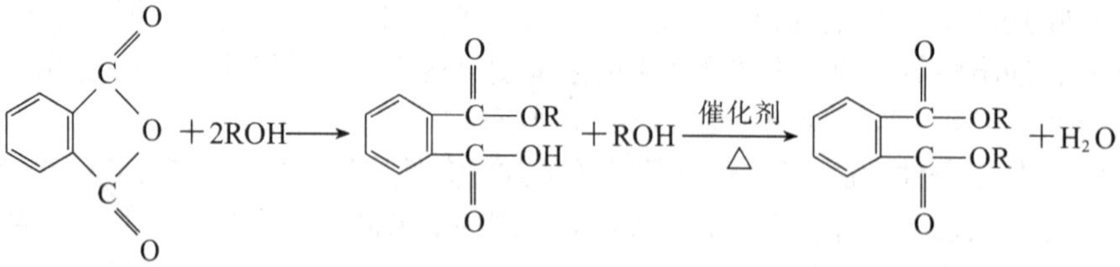

第一步反应是不可逆的，常温即可反应；第二步反应则是可逆反应，必须在催化剂和加热条件下才可进行。

（2）合成工艺。邻苯二甲酸酯类增塑剂的合成工艺流程见图 13-1。

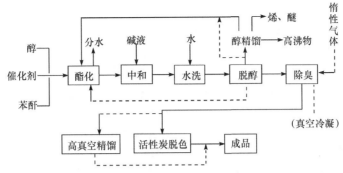

图 13-1 邻苯二甲酸酯增塑剂的生产工艺流程

下面以工业上最常用的邻苯二甲酸二丁酯（增塑剂 DBP）为例，其合成反应原理如下：

（1）单酯的生成。在 115℃时邻苯二苯酸酐很快地溶解于正丁醇中并相互反应形成邻苯二甲酸单丁酯，反应式如下：

$$\text{邻苯二甲酸酐} + C_4H_9OH \xrightarrow[\text{加热}]{115\sim130℃} \text{邻苯二甲酸单丁酯}$$

此反应不需要催化剂即可顺利进行且反应是不可逆的。

（2）双酯的生成。在 145～150℃下单酯在催化剂硫酸的作用下，与正丁醇生成双酯和水，反应式如下：

$$\text{单酯} + C_4H_9OH \xrightarrow[\text{加热}]{145\sim150℃} \text{双酯}$$

此步反应是可逆反应，且进行得很慢。

（3）中和反应。酯化合成的粗酯中含有一定的酸度，这些酸度主要由未反应的催化剂硫酸、苯酐、单丁酯构成，加入纯碱中和除去。

增塑剂 DBP 的生产工艺流程见图 13-2。

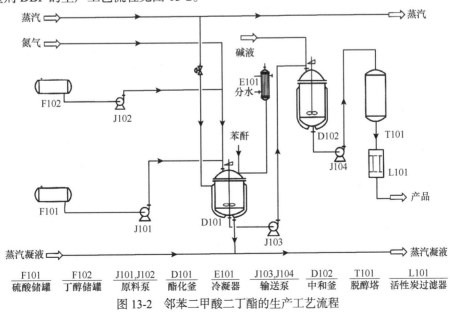

F101	F102	J101,J102	D101	E101	J103,J104	D102	T101	L101
硫酸储罐	丁醇储罐	原料泵	酯化釜	冷凝器	输送泵	中和釜	脱醇塔	活性炭过滤器

图 13-2 邻苯二甲酸二丁酯的生产工艺流程

（1）酯化工序。

检查设备：先用 J102 泵将 F102 的正丁醇打入到酯化釜 D101 内，然后将邻苯二甲酸酐加入酯化釜 D101 内，同时开启搅拌，再投入活性炭，用泵 J101 将 F101 的硫酸打入酯化釜 D101 内。

升温反应：先打开冷凝器的冷却水，打开脱水罐放空阀，以便随时除去体系内不凝性气体。然后打开夹套，盘管进汽阀通蒸汽慢慢升温，控制蒸汽压力在 2kg/cm³。当液温升至 110℃以上时，开始沸腾。在不冲料的情况下，酯化反应在此沸腾状态下进行，在气相温度 94℃左右，丁醇-水共沸物经酯化塔进入冷凝器，经分层器分层后，丁醇流入酯化塔顶部，与气化的共沸物进行质量交换后，经塔底流入酯化釜底，重新参与酯化反应。分层后的水流入脱水罐，当液温达到 125℃时，开回流阀门，由于酯化反应过程不断脱水，到一定时间后，蒸出物的水量逐渐减少，液相温度逐渐上升，当液温达到 145～150℃时，反应平稳，出水甚少，反应 4h 开始每隔 30min 取一次样，滴定酯化液酸度。当酸度达到 2mg KOH/g 以下时，反应完毕。停止蒸汽加热，关回流阀门，开夹套冷却水，当液温降至 80℃左右时通知中和工序进行打料。

（2）中和工序。称取约 48kg 纯碱加入 1500L 配碱槽，然后升温到 50～60℃，此时碱液浓度为 3%～4%，测相对密度在 1.03 左右。将碱液通过打碱泵打入高位计量槽。将酯化反应产物通过 J103 泵打入中和釜 D102 内，物料要控制在（70±2）℃，然后开搅拌，同时打开半圈碱液阀门加碱液中和，加碱液时间控制在 20min，加完碱后搅拌 10min，停止搅拌，静置 45min 后，放废碱液，同时通过中控取样，控制酸值≤0.05mg KOH/g。

（3）水洗。为除去粗酯中夹带的碱液、钠盐等杂质，如防止粗酯在后续工序高温作业时引起泛酸和皂化，将粗醇进行水洗。水洗的操作方法与中和类似，采用非酸性催化剂或无催化剂的工艺，可不进行中和与水洗。

（4）脱醇工序。烘脱醇塔 T102，开夹套及盘管蒸汽阀门，开系统真空，开启冷凝器的冷却水，放净中性酯储槽中所带酸度碱液，当第一预热器温度达 80℃、第二预热器温度达 120℃、塔顶温度达 135℃、塔中温度达 135～140℃、塔底温度达 140～145℃时，即可进料。进料流量控制在 1200～1600L/h，同时开蒸汽，并控制压力在 60～66kPa，连续进料过程中要特别注意水、电、汽和塔釜温度。

（5）精制。采用酸性催化剂，一般需采用真空蒸馏的方法才能得到高质量的绝缘级产品，但能量和物质消耗较大，不太经济。对于只需满足一般使用要求的产品，通常采用加入适量脱色剂（如活性炭、活性白土）吸附杂质，再经压滤将吸附剂分离出来的方法。加入脱色剂的方法常见的有酯化前、脱醇前和脱醇后三种。

（6）"三废"处理。邻苯二甲酸酯生产过程中，工艺废水的主要来源有酯化反应中生成的水（包括随原料和催化剂带入的水）、经多次中和后含有单酯钠盐等杂质的废碱液、洗涤粗酯用的水和脱醇时汽提蒸汽的冷凝水。治理废水首先应从工艺上减少废水排放，其次才是净化。减少工艺废水最好的方法是选用非酸性催化剂，省去中和、水洗等生产步骤，也可采取套用工艺水的方法。国内废水处理一般采用过滤、隔油、粗粒化、生化处理等方法。邻苯二甲酸酯的工业废渣来自精制工序中从板框式或叶片式压滤机滤出的滤渣（主要为吸附剂活性炭等），以及来自废水处理工序中从微孔管式过滤器中取出的活性炭，其中含有约 50%的增塑剂，可以采用溶剂萃取法回收。增塑剂生产过程中由真空系统排出的废气，一般采用填粒式废气洗涤器洗涤除臭后排入大气。

用邻苯二甲酸酐生产的其他增塑剂还有高碳醇酯、混基酯、三元酯和四元酯。丁基邻苯二甲酰基羟乙酸丁酯（BPBG）是一种邻苯二甲酸三元酯。邻苯二甲酸二甲酯和二乙酯是纤维素、聚乙酸乙烯等塑料的优良增塑剂。此外，邻苯二甲酸二芳基酯、烷氧基酯和二氯代烷基酯也可作为 PVC 的增塑剂，但因价格高，性能独特，被列为特殊增塑剂。

13.2.2 多元醇酯

多元醇酯主要是指由二元醇、多缩二元醇、三元醇、四元醇与饱和脂肪酸或苯甲酸生成的酯类。根据其增塑性能，可大致分为四类：①具有优良低温性能的增塑剂，主要为二元醇脂肪酸酯；②具有优良耐热、耐老化及耐抽出性的增塑剂，主要为双季戊四醇酯；③具有良好的耐污染性的增塑剂，主要为二元醇（多缩二元醇）苯甲酸酯；④无毒增塑剂，主要为甘油三乙酸酯。以二元醇脂肪酸酯为例说明如下。

合成二元醇和多缩二元醇脂肪酸酯的基本原料是脂肪酸和二元醇，脂肪酸为 $C_4 \sim C_{10}$ 的单一脂肪酸和合成混合脂肪酸，其中较为重要的是混合合成脂肪酸，如 59 酸与 79 酸等。二元醇有乙二醇、丙二醇、1,4-丁二醇、1,6-己二醇、二甘醇、三甘醇等，较为重要的是二甘醇和三甘醇。

多元醇酯的合成是采用二元醇与脂肪酸直接酯化的方法，其化学反应式为

$$2RCOOH + HO(CH_2CH_2O)_n H \longrightarrow RCOO(CH_2CH_2)_n OCR + 2H_2O$$

$$(n = 1 \sim 4; R = C_4H_9 \sim C_9H_{19})$$

反应常用硫酸、磷酸等酸性催化剂，也可以用钛酸四丁酯等非酸性催化剂，醇:酸=1:2~2.06（物质的量比）。

二元醇和多缩二元醇的脂肪酸酯的增塑性能与饱和脂肪族二元酸酯很相似，耐寒性好，而与PVC的相容性比较差，仅能作为 PVC 的辅助耐寒增塑剂。但该类增塑剂可作为橡胶的主增塑剂，用于丁腈橡胶、氯丁橡胶等，耐寒效果相当于 DBS。

13.2.3 聚酯增塑剂

聚酯增塑剂是指相对分子质量在 800~8000 的饱和二元酸与二元醇的缩聚产物，按端基结构分为三种：端基不封闭产品、一元醇封闭产品和一元酸封闭产品。但通常按所用的二元酸分为己二酸类、壬二酸类、癸二酸类、戊二酸类等。

聚酯增塑剂的挥发性小、迁移性小、耐久性优异，而且可以作为主增塑剂使用，主要用于耐久性要求高的制品，但价格较贵，多数情况和其他增塑剂配合使用。聚酯增塑剂应用领域广泛，既可用于 PVC 树脂，也可用于丁苯橡胶、丁腈橡胶以及压敏胶、热熔胶、涂料等。

合成聚酯增塑剂的主要原料中二元醇常用的为 1,2-丙二醇、1,3-丁二醇、新戊二醇、二甘醇等；二元酸常用的为癸二酸、壬二酸、己二酸、戊二酸、邻苯二甲酸等；一元醇主要为丁醇、2-乙基己醇、$C_8 \sim C_{10}$ 醇等；一元酸主要为十二酸、癸酸、壬酸、2-乙基己酸等。催化剂一般采用氯化锌、氯化亚锡、钛酸酯等。溶剂则主要用作带水剂，通常为苯、甲苯、二甲苯。

合成反应分两个阶段：①二元酸和二元醇的酯化反应；②较高温度下及真空下的醇解反应。反应可以不用溶剂和催化剂，但有时为加速反应，也可用催化剂。酸封闭的聚酯增塑剂的平均相对分子质量用一元酸的加入量来控制，醇封闭的聚酯增塑剂的平均相对分子质量用一元醇的加入量来控制。

聚酯增塑剂的工业生产方法与单酯或双酯的间歇生产方法相似，生产设备也可以通用，其生产工艺流程如图 13-3 所示。

酯化、分馏、聚合也可在一个设备中完成，其工艺过程为：将二元酸和二元醇加入酯化反应器，同时加入酯化催化剂，反应生成的水由分馏柱分出。为使产品色泽较浅，可同时通入惰性气体，以防止氧化变色，也可促使生成的水分迅速蒸发。当反应混合物达到规定酸值时，酯化反应趋于完成。酯化产物进入聚合釜，在 200℃、400Pa 下进行缩合反应，当产物的平均相对分子质量达到预定值时，停止反应。粗品经汽提除去残余的醇和其他低沸物后，加入硅藻土或活性炭脱色过滤，滤液即是成品，收率约 98%。

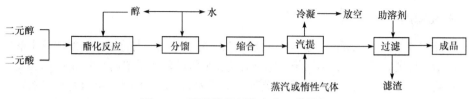

图 13-3　聚酯增塑剂的生产工艺流程

13.2.4　石油酯

石油酯也称为烷基磺酸苯酯，由石蜡与苯酚经氯磺酰化而得。石油酯对 PVC 树脂具有良好的相容性和增塑效率，是一种通用的增塑剂。

国外生产石油酯采用馏程为 220～320℃、平均碳数为 15 的水煤气合成油经加氢后作为原料；国内则采用天然石油中 220～320℃馏分，经分子筛或尿素络合，再脱除芳烃及支链烃后的重液体石蜡为原料。原料油在光能、辐射能或催化剂引导下，可与二氧化硫和氯反应生成烷基磺酰氯，一般采用光能引发。磺氯化反应为自由基反应，其副产物主要有氯代烃、烷基双磺酰氯、氯代烷基磺酰氯及烷基多磺酰氯等。石油酯的一般生产工艺流程如图 13-4 所示。

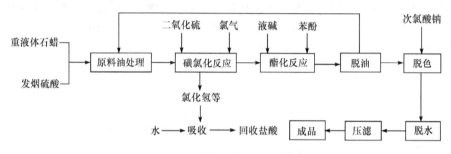

图 13-4　石油酯的生产工艺流程

将重液体石蜡用 20%发烟硫酸于 20～40℃进行处理，分去酸液，在紫外光照射下于 30℃左右与二氧化硫和氯反应生成烷基磺酰氯，至产物的相对密度比原料油增加 0.120～0.125 时，反应结束。产生的氯化氢气体及未反应气体用水吸收。产物脱除气体后，用过量酚在碱性条件下进行酯化反应，温度约为 50℃，酯化收率一般为 96%～98%。酯化产物经减压脱油、次氯酸钠脱色、减压脱水、压滤而得成品。

13.3　抗　氧　剂

抗氧剂是一类很容易与氧作用的物质，将它们加入聚合物体系或合成材料中，使大气中的氧先与它们作用，以保护、延缓或抑制聚合物氧化过程的进行，从而阻止聚合物的老化并延长其使用寿命。抗氧剂又被称为防老剂。

高分子化合物的氧化过程是一系列的自由基链式反应，在热、光或氧的作用下，高分子的化学键发生断裂，生成活泼的自由基和氢过氧化物。氢过氧化物发生分解反应，也生成烃氧自由基和羟基自由基。这些自由基可以引发一系列的自由基链式反应，导致有机化合物的结构和性质发生根本变化。抗氧剂的作用是消除刚产生的自由基，或者促使氢过氧化物的分解，阻止链式反应的进行。

抗氧剂应用范围广，品种繁多。对合成材料的抗氧剂来说，按其功能不同可以分为链终止型抗氧剂和预防型抗氧剂两类，链终止型抗氧剂也称为主抗氧剂，预防型抗氧剂也称为辅助型抗氧剂或过氧化氢分解剂；如果按相对分子质量分，可以分为低相对分子质量抗氧剂和高相对分子质量抗氧剂等；如果按用途分，可以分为塑料抗氧剂、橡胶防老剂以及石油抗氧剂、食品抗氧剂等。但通常抗氧剂是按化学结构进行分类，主要有胺类、酚类、含硫化合物、含磷化合物、有机金属盐类等。

13.3.1 酚类抗氧剂

酚类抗氧剂是所有抗氧剂中不污染、不变色性最好的一类，可分为单酚、双酚和多酚。

1. 烷基单酚

1）抗氧剂 264

烷基单酚的合成主要是应用酚的烷基化反应，代表品种 BHT，也称抗氧剂 264（2,6-二叔丁基-4-甲基苯酚），其抗氧效果好，稳定、安全、易于解决环境污染等问题，广泛用于食品、医药、电子工业、塑料和合成橡胶，是需求量最大的一种酚类抗氧剂。合成反应式如下：

抗氧剂 264 的生产方法有间歇法和连续法两种，连续法为连续进行烷化、中和与水洗，后处理则与间歇法相同。间歇法的生产工艺流程见图 13-5。间歇法是以浓硫酸为催化剂，将异丁烯在烷化中和反应釜 D101 中与对甲酚反应。反应结束后用碳酸钠中和至 pH=7，再在烷化水洗釜 L101 中用水洗，分出水层后用乙醇粗结晶。经离心机 L102 过滤后，在熔化水洗釜 L103 内熔化、水洗，分出水层。在重结晶釜 D102 中再用乙醇重结晶。经 L104 离心分离、L105 干燥即得成品 2,6-二叔丁基-4-甲基苯酚。所有废乙醇液经乙醇蒸馏塔精馏后循环使用。

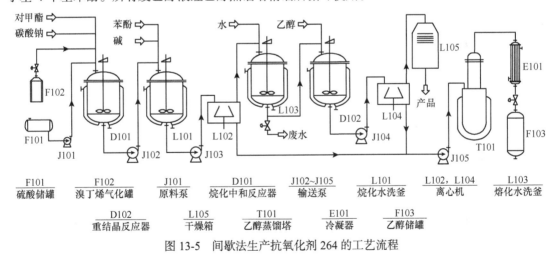

F101 硫酸储罐	F102 溴丁烯气化罐	J101 原料泵	D101 烷化中和反应器	J102~J105 输送泵	L101 烷化水洗釜	L102，L104 离心机	L103 熔化水洗釜

D102 重结晶反应器	L105 干燥箱	T101 乙醇蒸馏塔	E101 冷凝器	F103 乙醇储罐

图 13-5 间歇法生产抗氧化剂 264 的工艺流程

2）抗氧剂 1076

另一个有代表性的品种为抗氧剂 1076，即 β-（4-羟基-3,5-二叔丁基苯基）丙酸正十八碳醇酯，属于阻碍酚取代的酯。它是将苯酚用异丁烯烷基化，制得 2,6-二叔丁基苯酚，然后在甲醇钠的催化作用下与丙烯酸反应，生成 β-（3,5-二叔丁基-4-羟基苯基）丙酸甲酯，最后与十八碳醇进行酯交换，制得抗氧剂 1076。合成反应式如下：

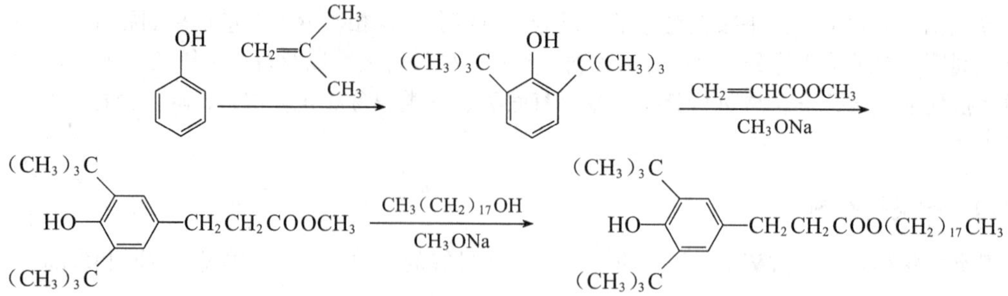

（顶部反应式：苯酚 + $CH_2=C(CH_3)_2$ → 2,6-二叔丁基苯酚，经 $CH_2=CHCOOCH_3 / CH_3ONa$ 反应）

$(CH_3)_3C$—HO—$C(CH_3)_3$—$CH_2CH_2COOCH_3$ $\xrightarrow[CH_3ONa]{CH_3(CH_2)_{17}OH}$ $(CH_3)_3C$—HO—$C(CH_3)_3$—$CH_2CH_2COO(CH_2)_{17}CH_3$

2. 多酚类

多酚类抗氧剂主要有烷撑多酚及其衍生物和三嗪阻碍酚两类。

烷撑多酚及其衍生物的代表性品种有抗氧剂 1010、抗氧剂 CA 等。抗氧剂 1010 为高相对分子质量酚类抗氧剂，是目前抗氧剂中性能较优的品种之一，具有优良的耐热氧化性能。其合成方法为苯酚与异丁烯在苯酚铝催化下进行烷基化反应得到 2,6-二叔丁基苯酚，然后在甲醇钠的催化作用下，再与丙烯酸甲酯进行加成反应得 3,5-二叔丁基-4-羟基苯丙酸甲酯，最后与季戊四醇在甲醇钠的催化作用下进行酯交换反应即得成品。合成反应式如下：

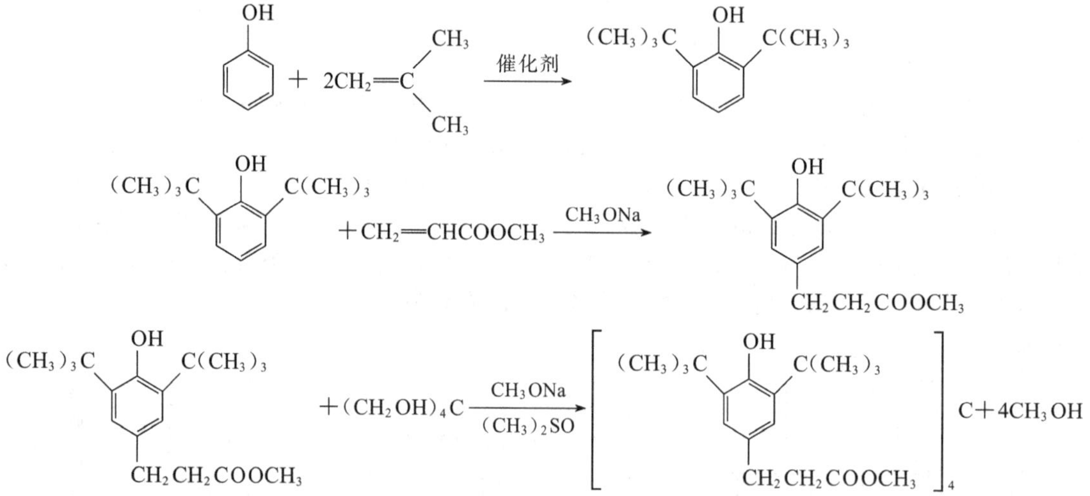

苯酚 $+\ 2CH_2=C(CH_3)_2$ $\xrightarrow{催化剂}$ 2,6-二叔丁基苯酚 $(CH_3)_3C$—OH—$C(CH_3)_3$

2,6-二叔丁基苯酚 $+CH_2=CHCOOCH_3$ $\xrightarrow{CH_3ONa}$ $(CH_3)_3C$—OH—$C(CH_3)_3$—$CH_2CH_2COOCH_3$

$(CH_3)_3C$—OH—$C(CH_3)_3$—$CH_2CH_2COOCH_3$ $+(CH_2OH)_4C$ $\xrightarrow[(CH_3)_2SO]{CH_3ONa}$ $\left[(CH_3)_3C\text{—OH—}C(CH_3)_3\text{—}CH_2CH_2COO\right]_4C + 4CH_3OH$

其工艺流程与抗氧剂 1076 相近，只是酯交换反应之后的工艺略有不同。

三嗪阻碍酚的代表性品种为抗氧剂 3114，它是由 2,6-二叔丁基苯酚与甲醛和氰尿酸进行缩合反应而制备的。抗氧剂 3114 是聚烯烃的优良抗氧剂，并有热稳定作用和光稳定作用，而且与光稳定剂和辅助抗氧剂并用有协同效应。

13.3.2 胺类抗氧剂

胺类抗氧剂（主要用于橡胶）比酚类抗氧剂更有效，可作链终止剂或过氧化物分解剂。主要种类有对苯二胺型、羟胺或酮胺缩合物、复合型防老剂（如国内开发的橡胶防老剂 FNPPD 即是由防老剂 668 与酮胺类化合物复合而成）。其中，对苯二胺型抗氧剂的通式为

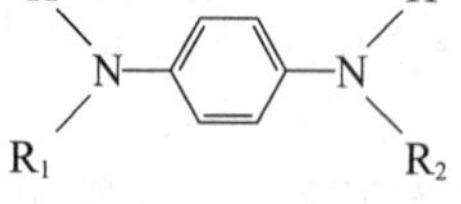

R_1—NH—（苯环）—NH—R_2　　（R_1，R_2 可为烷基或芳基）

这是一类对橡胶的氧、臭氧老化、屈曲疲劳、热老化等都有着良好的防护作用的抗氧剂，目前主要产品有 4010、4010NA、4020 等。对苯二胺型橡胶防老剂毒性中等，性能良好而全面，用

于取代有致癌作用的防老剂 A 和防老剂 D。

防老剂 4020 在橡胶中的综合防老化性能和防老剂 4010NA 接近，但其毒性及对皮肤刺激性比 4010NA 要小，且不易挥发，耐水抽提，是当前国际上公认的良好助剂。目前防老剂 4020 的合成主要采用还原烃化法，此法的生产工艺与生产 4010NA 的工艺相近，工艺流程见图 13-6。

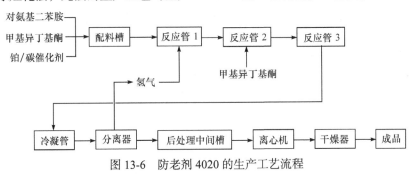

图 13-6　防老剂 4020 的生产工艺流程

合成反应式为

提高主产品收率，降低副反应产物甲基异丁基甲醇的生成是本法的关键。选择合适的反应温度、压强、催化剂和溶剂，收率最高可达到理论量。溶剂一般选用 $C_1 \sim C_6$ 醇，催化剂选用Ⅷ族贵金属（如镍、钯、铂、铑），也可选用复合催化剂以及价廉易得的一般金属催化剂，如铜铬氧化物、铜铁铬氧化物、铜锌铬氧化物。还可在席夫碱加氢还原前分离提纯，这样可减少 MIBK 的用量，降低副产物生成量，产品质量好，但此法工艺流程长，过程比较复杂。

防老剂 4020 的合成方法还有酚胺缩合法、羟胺还原烃化法、醌亚胺缩合法等，其中羟胺还原烃化法产品质量好、收率高，工艺条件较温和，是目前合成 *N*-苯基-*N'*-烷基对苯二胺类最先进的方法之一。

13.3.3　硫代酯与含磷抗氧剂

硫代酯是一类常用的辅助抗氧剂，主要是硫代二丙酸酯类，一般由硫代二丙酸和脂肪醇进行酯化而成，代表品种为硫代二丙酸月桂醇酯（DLTDP）和硫代二丙酸十八碳醇酯（DSTDP）。DLTDR 的合成是将丙烯腈与硫化钠水溶液反应得硫代二丙烯腈，用硫酸水解再与月桂醇酯化得硫代二丙酸二月桂醇酯，合成反应式如下：

$$2CH_2{=}CHCN + 2H_2O + Na_2S \longrightarrow S(CH_2CH_2CN)_2 + 2NaOH$$

$$S(CH_2CH_2CN)_2 + H_2SO_4 + 4H_2O \longrightarrow S(CH_2CH_2COOH)_2 + (NH_4)_2SO_4$$

$$S(CH_2CH_2COOH)_2 + 2C_{12}H_{25}OH \longrightarrow S(CH_2CH_2COOC_{12}H_{25})_2 + 2H_2O$$

塑料用含磷抗氧剂主要是亚磷酸酯类。亚磷酸酯作为氢过氧化物分解剂和自由基捕捉剂在塑料中发挥抗氧作用，是一类主要的辅助抗氧剂。主要的磷类抗氧剂还有亚磷酸盐和亚磷酸盐络合物，典型品种如抗氧剂 168、抗氧剂 TNPP、Ultranox626 等。

13.4　热稳定剂和光稳定剂

广义地讲，能增加溶液、胶体、固体、混合物、高分子、聚合物的稳定性能的化学物质都称为稳定剂。它可以减慢反应，保持化学平衡，降低表面张力，防止光、热分解或氧化分解等作用。广义的化学稳定剂来源非常广泛，主要根据设计者灵活地使用任何化学物质以达到产品品质稳定的目的。狭义地讲，主要是指保持高聚物塑料、橡胶、合成纤维等稳定，防止其分解、老化的化学物质，包括热稳定剂、光稳定剂和抗氧剂等。本节主要讨论热稳定剂与光稳定剂。

13.4.1　热稳定剂

为防止塑料在热和机械剪切力等作用下引起降解而加入的一类物质称为热稳定剂。对于耐热性差、容易产生热降解的聚合物，在加工时必须采用添加热稳定剂的方法提高其耐热性，最典型的例子是聚氯乙烯。热稳定剂根据其结构和作用可分为盐基性铅盐（指带有未成盐的一氧化铅的无机酸铅和有机羧酸铅）、脂肪酸皂、有机锡稳定剂、稀土稳定剂、有机辅助稳定剂（主要有环氧化物和亚磷酸酯）、复合稳定剂（以钡、镉、锌、钙等金属的皂类和盐类为主体，以亚磷酸酯等为有机辅助稳定剂，与溶剂组成的液体复合稳定剂）等。

有机锡稳定剂的通式为 R_nSnY_{4-m}，R 是烷基，如甲基、正丁基、正辛基等，Y 是通过氧原子或硫原子与 Sn 连接的有机基团。根据 Y 的不同，有机锡可分三种类型：①脂肪酸盐型，Y 为 —OOCR；②马来酸盐型，Y 为 —OOCCH=CHCOO—；③硫醇盐型，Y 为 —SR、—SCH₂COOR。下面以有机锡稳定剂的生产工艺为例，说明热稳定剂的生产方法。

有机锡稳定剂的制法一般是首先制备卤代烷基锡，然后与 NaOH 作用生成氧化烷基锡，最后与羧酸或马来酸酐、硫醇等反应，即可得到有机锡的脂肪酸盐、马来酸盐、硫醇盐等。整个过程中最重要的是卤代烷基锡的合成。

合成卤代烷基锡的方法一般有格利雅法和直接法。格利雅法是将卤代烷与镁作用，先制得卤代烷基镁（格氏试剂），再与四氯化锡作用就可制得二卤二烷基锡。

直接法是用卤代烷与金属锡直接反应制成二卤二烷基锡，再将其与 NaOH 水溶液作用，得到氧化二烷基锡。最后，将氧化二烷基锡与脂肪羧酸作用，即可制得有机锡稳定剂。例如，二月桂酸二丁基锡，其合成反应（直接法）为

$$2C_4H_9I + Sn \longrightarrow (C_4H_9)_2SnI_2$$
$$(C_4H_9)_2SnI_2 + 2RCOONa \longrightarrow (C_4H_9)_2Sn(OOCR)_2 + 2NaI$$

其生产工艺流程见图 13-7。

（1）常温下将红磷和正丁醇投入碘烷反应釜 D101 中，然后分批加入碘。加热使反应温度逐渐上升，当温度达到 127℃左右时停止反应，水洗蒸馏得到精制碘丁烷。

（2）将规定配比的碘丁烷、正丁醇、镁粉、锡粉加入锡化反应釜 D102，强烈搅拌下于 120～140℃蒸出正丁醇和未反应的碘丁烷，得到碘代丁基锡粗品。粗品在酸洗釜 D103 内用稀盐酸于 60～90℃洗涤精制二碘代二正丁锡。

（3）在缩合釜 D104 中加入水、液碱，升温到 30～40℃时逐渐加入月桂酸，加完后再加入二碘二正丁基锡，于 80～90℃下反应 1.5h，静置 10～15min，分出碘化钠。将反应液送往脱水釜 L104 减压脱水、冷却、L105 压滤得成品。

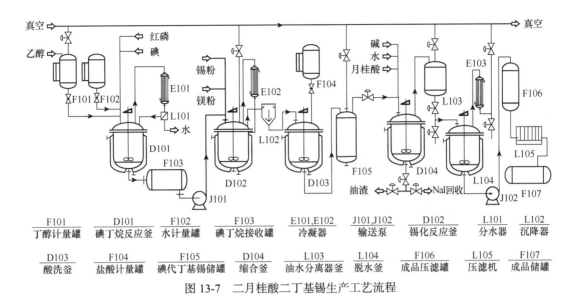

图 13-7 二月桂酸二丁基锡生产工艺流程

F101	D101	F102	F103	E101,E102	J101,J102	D102	L101	L102
丁醇计量罐	碘丁烷反应釜	水计量罐	碘丁烷接收罐	冷凝器	输送泵	锡化反应釜	分水器	沉降器

D103	F104	F105	D104	L103	L104	F106	L105	F107
酸洗釜	盐酸计量罐	碘代丁基锡储罐	缩合釜	油水分离器釜	脱水釜	成品压滤罐	压滤机	成品储罐

13.4.2 光稳定剂

加入高分子材料中能抑制或减缓光氧化过程的物质称光稳定剂或紫外线稳定剂。常用的光稳定剂根据其稳定机理的不同可分为紫外线吸收剂、光屏蔽剂、紫外线猝灭剂和自由基捕获剂等。

紫外线吸收剂是目前应用最广的一类光稳定剂，按其结构可分为水杨酸酯类、二苯甲酮类、苯并三唑类、取代丙烯腈类、三嗪类等，工业上应用最多的为二苯甲酮类和苯并三唑类。

猝灭剂主要是金属络合物，如二价镍络合物等，常与紫外线吸收剂并用，起协同作用。

光屏蔽剂是指能够吸收或反射紫外线的物质，通常为无机颜料或填料，主要有炭黑、二氧化钛、氧化锌、锌钡等。

自由基捕获剂是一类具有空间位阻效应的哌啶衍生物类光稳定剂，主要为受阻胺类，其稳定效能比上述的光稳定剂高几倍，是目前公认的高效光稳定剂。

下面以 UV-327 的生产工艺为例，说明光稳定剂的生产工艺。UV-327 属苯并三唑类紫外线吸收剂，化学名称为 2-（2′-羟基-3′,5′-二叔丁基苯基）-5-氯苯并三唑。UV-327 一般由对氯邻硝基苯胺重氮化后与 2,4-二叔丁基酚进行偶合，然后加锌还原制得，合成反应式如下：

343

生产工艺流程见图 13-8。

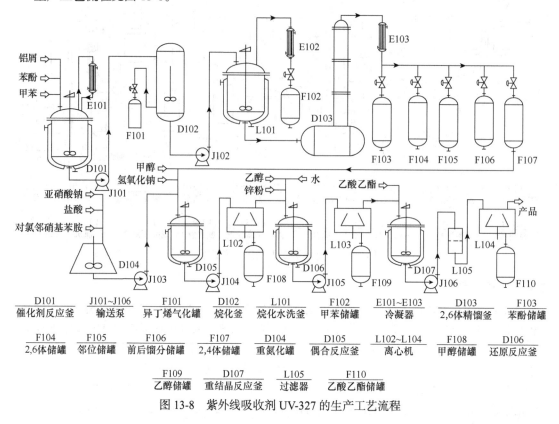

图 13-8　紫外线吸收剂 UV-327 的生产工艺流程

D101	J101~J106	F101	D102	L101	F102	E101~E103	D103	F103
催化剂反应釜	输送泵	异丁烯气化罐	烷化釜	烷化水洗釜	甲苯储罐	冷凝器	2,6体精馏釜	苯酚储罐

F104	F105	F106	F107	D104	D105	L102~L104	F108	D106
2,6体储罐	邻位储罐	前后馏分储罐	2,4体储罐	重氮化釜	偶合反应釜	离心机	甲醇储罐	还原反应釜

F109	D107	L105	F110
乙醇储罐	重结晶反应釜	过滤器	乙酸乙酯储罐

在催化剂反应釜 D101 中，加入苯酚和铝屑、甲苯，于（145±5）℃反应生成苯酚铝，泵入烷化釜 D102。当温度升至（135±5）℃时，通入热的气态异丁烯，压力一般为 1.0～1.4MPa。产品在烷化水洗釜 L101 中用水洗去氢氧化铝，蒸去大部分甲苯后再在精馏釜 D103 中减压蒸馏，收集2,4-二叔丁基酚（简称 2,4 体）。在重氮化槽 D104 中，对氯邻硝基苯胺在低温（5℃以下）重氮化后和 2,4-二叔丁基酚在偶合反应釜 D105 中于 0～5℃下以甲醇为溶剂偶合。过滤后，在还原反应釜 D106 中以乙醇为溶剂用锌粉还原，即得产品 UV-327。再于重结晶釜 D107 中用乙酸乙酯净化提纯，趁热过滤，弃去锌渣，冷却、过滤、水洗、离心、烘干即得产品。

紫外线吸收剂 UV-327 可强烈地吸收 300～400nm 的紫外线，化学稳定性好，挥发性极小。与聚烯烃的相溶性良好，可用于耐高温材料的加工。有优良的耐洗涤性能，特别适用于聚丙烯纤维。与抗氧化剂并用，有优良的协同作用。

13.5　硫化体系助剂

将线型高分子转变成体型（三维网状结构）高分子的过程称为交联或硫化，凡能使高分子化合物引起交联的物质称为硫化剂（也称交联剂）。除某些热塑性橡胶外，天然橡胶与各种合成橡胶几乎都需要进行硫化。某些塑料特别是某些不饱和树脂，也需要进行交联。

橡胶硫化时，一般除硫化剂外，还要加入硫化促进和活性剂才能很好地完成硫化，工业上统称为硫化体系用助剂。另外有时为了避免早期硫化（焦烧），还要加入防焦剂。

13.5.1　硫化剂与硫化促进剂

硫化剂与硫化促进剂分无机和有机两大类。无机类有硫磺、一氯化硫、硒、碲等。有机类有含硫的促进剂（如促进剂 TMTD）、有机过氧化物（如过氧化苯甲酰）、醌肟化合物、多硫聚合物、氨基甲酸乙酯、马来酰亚胺衍生物等。

用于橡胶的硫化剂包括元素硫、硒、碲，含硫化合物，胺类化合物，过氧化物，醌类化合物，树脂类化合物，金属氧化物以及异氰酸酯等，用得最普遍的是元素硫和含硫化合物。硫化剂可起交联、引发、催化、交联固化等作用。

在橡胶硫化时，可以加快硫化速度、缩短硫化时间、降低硫化温度、减少硫化剂用量以及改善硫化胶的物理机械性能的助剂称为硫化促进剂，简称促进剂。早期使用的硫化促进剂为无机化合物（如氧化锌、氧化镁等），但因其效能较低，已改为活性剂使用。目前使用的硫化促进剂基本上采用有机化合物，主要种类有秋兰姆、噻唑类、二硫代氨基甲酸盐、次磺酰胺类、黄原酸盐与黄原酸二硫化物等。

一些硫化剂同样是硫化促进剂，如硫化剂 PDM，化学名称为 N, N'-间苯撑双马来酰亚胺。该产品是一种多功能橡胶助剂，在橡胶加工过程中既可作硫化剂，也可用作过氧化物体系的硫化促进剂，还可作为防焦剂和增黏剂；既适用于通用橡胶，也适用于特种橡胶和橡塑并用体系。

1. 秋兰姆

秋兰姆结构如下：

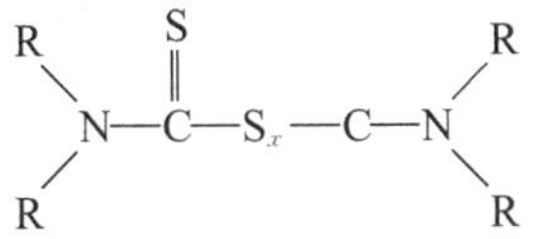

（x 为硫原子数目，可以为 1,2 或 4）

一般由二硫代氨基甲酸衍生而来。例如，二硫化秋兰姆由二硫代氨基甲酸钠在酸性溶液中用过氧化氢氧化而成，或者由氯气氧化而成，生产工艺流程如下：

二甲胺，NaOH，CS_2→缩合→氧化（通 Cl_2、空气）→离心→干燥→粉碎→成品

在缩合釜内，将 40% 的二甲胺溶液、15% 的 NaOH 水溶液及 CS_2 在 40～45℃ 下反应 1h，得淡黄色液体二甲基二硫代氨基甲酸钠，反应终点 pH 为 9～10。反应产物进入储槽，并用泵经计量进入氧化塔顶部，空气由塔底进入，氯气由各层塔间导入，反应生成二硫化四甲基秋兰姆悬浮液，然后经分离、水洗、干燥、包装即得产品。

二硫化秋兰姆也可用电解氧化法合成，产率可达 99% 以上，且没有污染问题。

2. 噻唑类

噻唑类是指分子中含有噻唑环结构的促进剂，常见的品种有促进剂 M（2-硫醇基苯并噻唑）、促进剂 MZ（2-硫醇基苯并噻唑锌盐）、促进剂 DM（二硫化二苯并噻唑）。

促进剂 M 的生产有高压法和常压法两种。高压法采用苯胺、硫磺、二硫化碳在 250～260℃、8106kPa 下反应制得。常压法以邻硝基氯苯为原料，合成反应如下：

$$Na_2S + (n-1)S \longrightarrow Na_2S_n \quad (n = 3\sim3.2)$$

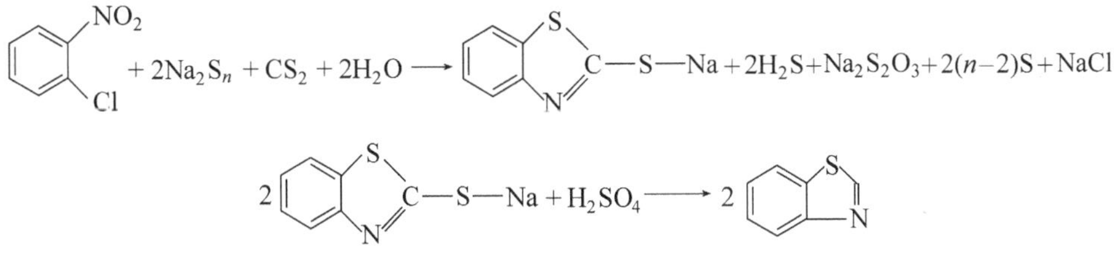

其生产工艺流程见图 13-9。

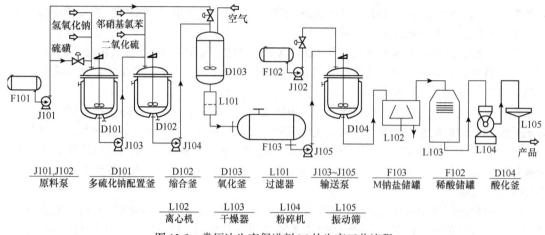

图 13-9　常压法生产促进剂 M 的生产工艺流程

J101,J102	D101	D102	D103	L101	J103~J105	F103	F102	D104
原料泵	多硫化钠配置釜	缩合釜	氧化釜	过滤器	输送泵	M钠盐储罐	稀酸储罐	酸化釜

L102	L103	L104	L105
离心机	干燥器	粉碎机	振动筛

将硫化钠和硫磺投入多硫化钠反应釜 D101 中，开启搅拌，加热至 80～90℃保温反应。待固体硫磺粉全部消失，反应混合物呈液体状即得多硫化钠。然后在缩合反应釜 D102 内，将多硫化钠、邻硝基氯苯、二硫化碳在 30℃及不大于 343kPa 压力下，缩合生成 M 钠盐。将缩合液压入氧化釜 D103，加水调节温度至 50～60℃，鼓入空气直至氧化完全。然后经 L101 进行抽滤，M 钠盐由储罐 F103 打入酸化釜 D104；在约 50℃条件下，用 10%～15%稀硫酸缓缓加入酸化釜 D104 进行酸化，然后在 L102 进行离心脱水，用 40～50℃温水洗到无硫酸根离子为止，再经 L103 干燥、L104 粉碎、L105 过筛、包装，即得成品。

另外，可作为硫化促进剂的还有硫脲类、胍类、醛胺类等。硫脲类一般用于氯丁橡胶；胍类一般用作第二促进剂；醛胺类则适用于耐热及含大量再生胶和硬质胶的制品。

13.5.2　防焦剂

焦烧是指橡胶加工过程中产生的早期硫化现象，防焦剂的作用就是防止胶料焦烧，提高操作安全性，延长胶料、胶浆的储存期。通常使用的防焦剂主要有有机酸类（主要有苯甲酸、邻苯二甲酸酐）、亚硝基化合物和硫代酰亚胺化合物三类。

亚硝基化合物的代表性品种为 N-亚硝基二苯胺，是用异丙醇作为介质，在盐酸存在的条件下使二苯胺亚硝基化制得的。对于以仲胺为基础的次磺酰胺促进剂效果较好，但具有污染性。

硫代酰亚胺化合物的代表性品种为 N-（环己基硫代）邻苯二甲酰亚胺（防焦剂 CTP），是各种促进剂的硫磺硫化过程的有效防焦剂。将环己硫醇经氯化反应得到环己基次磺酰氯，然后在叔胺存在下同邻苯二甲酰亚胺缩合即可制得防焦剂 CTP。合成反应式如下：

$$\bigcirc\!\!-\!\!SH + Cl_2 \xrightarrow{0\sim5℃} \bigcirc\!\!-\!\!S\!\!-\!\!Cl + HCl$$

13.5.3　活性剂

活性剂能够增加促进剂的活性，因而可以减少促进剂的用量或缩短硫化时间，同时可以提高硫化胶的交联度。活性剂可分为无机活性剂和有机活性剂。

无机活性剂主要是金属氧化物,如氧化锌、氧化镁、一氧化铅等。其中氧化锌为最重要的无机活性剂,既能加快硫化速度,又能提高硫化度,且对噻唑类、次磺酰胺类、秋兰姆类、胍类促进剂有活化作用。氧化锌可以金属锌为原料,经加热蒸发,使锌蒸气遇空气燃烧氧化生成。

有机活性剂的典型品种有硬脂酸、活性剂 NH-1(二硫化二苯并噻唑-氯化锌-氯化镉络合物)活性剂 NH-2(二硫化二苯并噻唑-氯化锌络合物)、活性剂 TAC(三聚氰酸三丙烯脂)、活性剂 Z.P.D.X(N-五甲撑二硫代氨基甲酸锌-哌啶络合物)等。

13.6 偶 联 剂

偶联剂广泛应用于黏度材料和复合材料,其结构上的最大特点是分子中通常包含有性质不同的两个基团:一个基团的性质是亲无机物的,易与无机材料或填料起化学反应;另一个基团是亲有机物的,能与有机合成材料起化学反应。经偶联剂处理后,无机增强材料或填料与偶联剂分子一部分形成链,变无机增强材料,填料的表面变亲水性为亲油性,而偶联剂分子的另一部分与聚合物发生化学反应。在复合材料中实际应用表明:聚合物和无机填料的界面上只需要极少数偶联剂即可对与无机材料邻近的聚合物产生较大的影响。偶联剂的溶解效应或极性效应可改变聚合物分子链段在相间的取向,而表面的催化效应可能导致相间交联程度的提高或降低。由于偶联剂使无机增强材料或填料与聚合物之间的结合力增强,从而提高了复合材料的机械强度、电性能、耐老化性能以及表观质量和加工性能。

偶联剂大致可分为硅烷系、钛酸酯系、铝酸酯系、铬络合物系及其他高级脂肪酸、醇、酯等几类,常用的是前两类。

13.6.1 硅烷偶联剂

硅烷偶联剂是研究最早、应用最广的一类重要的偶联剂,其化学通式为 $RSiX_3$,R 为活性基团,如氨基、环氧基、乙烯基、甲基丙烯基、卤素基、巯基等,能与聚合物分子反应形成化学键。X 为能够水解的烷氧基(OR'),如甲氧基、乙氧基或氯,X 先水解生成硅醇,再与无机物表面的羟基发生缩合反应。典型的硅烷偶联剂有 A151(乙烯基三乙氧基硅烷)、A171(乙烯基三甲氧基硅烷)、A172[乙烯基三(β-甲氧乙氧基)硅烷]等。

A151 是以三乙氧基氢硅和乙炔为原料,在二氯双三苯基磷和铂盐的催化作用下,一步加成制得产物。反应温度为 90~130℃,合成反应式如下:

$$HC \equiv CH + HSi(OCH_2CH_3)_3 \longrightarrow H_2C = CH - Si(OCH_2CH_3)_3$$

生产工艺有液相法和气相法两种。液相法是将三乙氧基氢硅和催化剂一并加入反应体系中,然后将乙炔通入反应物料中进行反应。气相法中,催化剂是装载于管式反应器中,然后将三乙氧基氢硅气化,与乙炔混合后导入反应器中进行反应。

也可先合成乙烯基三氯硅烷,再使用乙烯基三氯硅烷与乙醇加热反应制得乙烯基三乙氧基硅烷;或在乙醇存在的条件下将乙烯基三氯硅烷与原甲酸三乙酯一起共热制得,反应式如下:

$$H_2C = CHSiCl_3 + 3CH_3CH_2OH \longrightarrow H_2C = CHSi(OCH_2CH_3)_3 + 3HCl$$

$$H_2C = CHSiCl_3 + 3HC(OC_2H_5)_3 + C_2H_5OH \longrightarrow H_2C = CHSi(OCH_2CH_3)_3 + 3C_2H_5Cl + 3HCOOC_2H_5$$

A151 适用于不饱和聚酯、丙烯酸树脂、乙丙橡胶及其填充料的偶联剂,可改善填充料与橡胶的粘接性能;可用作玻璃纤维处理剂,改善丙烯酸树脂、不饱和聚酯、聚乙烯、聚丙烯等树脂与玻璃纤维的粘接、浸润性能,提高玻璃纤维增强塑料的机械强度,还可改善其耐水、耐热、耐候及电性能;可用于无线电零件的绝缘及防潮处理等。

13.6.2　钛酸酯偶联剂

钛酸酯偶联剂在热塑性塑料、热固性塑料及橡胶等填料体系中都具有较好的偶联效果，具有独特结构，其通式为$(RO)_mTi(OX'-R^2-r)_n$：RO 为烷氧基，可与无机物表面反应；m 是 RO 的数目，一般 $1 \leqslant m \leqslant 4$；OX'为连接基团，与钛原子直接相连，X 为苯基、羧基、巯基、焦磷基、亚磷酸基等；R^2 为有机骨架部分，常为异十八烷基、辛基、丁基、异丙苯酰基等；r 为乙烯基、氨基、丙烯基、巯基等；n 为官能团的数量，一般 $m+n \leqslant 6$。

钛酸酯偶联剂按其结构大致可分为四类：单烷氧基型、单烷氧基焦磷酸酯型、螯合型和配位体型。代表性品种 OL-T951 钛酸酯偶联剂由异丙醇和四氯化钛首先制得中间体四异丙基钛，然后与油酸反应得到产品，合成工艺如下：

（1）钛酸四异丙酯的合成。钛酸四异丙酯的合成有多种方法，其中最常用的是直接法，即由四氯化钛和异丙醇直接合成。工艺过程为：将四氯化钛和异丙醇加入耐酸搅拌釜，控制较低的温度，于搅拌下通入缚酸剂氨进行反应。反应产物经过滤，除去氯化铵，即得钛酸四异丙酯。反应式如下：

$$4(CH_3)_2CHOH + TiCl_4 \longrightarrow Ti[OCH(CH_3)_2]_4 + 4HCl$$

$$HCl + NH_3 \longrightarrow NH_4Cl$$

（2）异丙基三油酰氧基钛酸酯的合成。将对-9-十八碳一烯酸加入搅拌反应釜，搅拌并于室温下滴加钛酸四异丙酯进行反应。由于反应为放热反应，因此反应体系的温度逐渐升高并有异丙醇回流液产生。当滴加完钛酸四异丙酯后，加热至 90℃，并保持温度继续反应 0.5h。反应完成后抽真空脱出异丙醇，气体异丙醇经釜外冷凝器冷凝后，流入异丙醇储槽，用于合成钛酸四异丙酯。脱去异丙醇的产物经冷却，出料即得成品。主反应式如下：

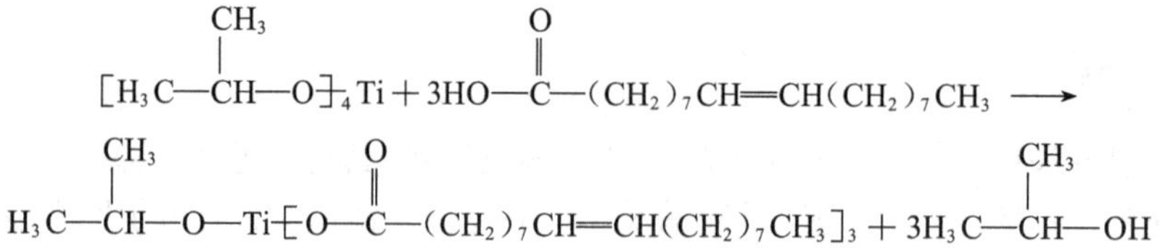

$$[H_3C\overset{\overset{\displaystyle CH_3}{\textstyle |}}{CH}-O]_4Ti + 3HO-\overset{\overset{\displaystyle O}{\textstyle \|}}{C}-(CH_2)_7CH=CH(CH_2)_7CH_3 \longrightarrow$$

$$H_3C\overset{\overset{\displaystyle CH_3}{\textstyle |}}{CH}-O-Ti[O-\overset{\overset{\displaystyle O}{\textstyle \|}}{C}-(CH_2)_7CH=CH(CH_2)_7CH_3]_3 + 3H_3C\overset{\overset{\displaystyle CH_3}{\textstyle |}}{CH}-OH$$

OL-T951 适用于聚乙烯、聚丙烯、碳酸钙等，可提高制品的尺寸稳定性、热变形性及抗冲击强度、表面光泽。

13.7　纺织工业助剂

纺织工业助剂

在纺织品加工的纺丝、纺纱、织布、练漂和整理到成品的各道工序中，均要使用各种助剂，这些助剂多数属于精细化工产品。它们起到提高操作效率，简化工艺过程，改善印染效果，提高纺织品质量及赋予织物优良、特殊的应用性能的作用，所以是纺织工业中不可缺少的重要助剂。根据纺织品生产工艺过程的应用情况进行分类，可将纺织工业用助剂分为纺织助剂（油剂、抗静电剂、上浆剂、漂白助剂等）、印染助剂（乳化剂、涂料印花助剂、匀染剂、固色剂、荧光增白剂等）、织物整理用助剂（树脂整理剂、柔软剂、防火阻燃剂、防水剂、防污剂等）、染料和颜料四类。其中，染料和颜料将在第 15 章论述。

从化学结构来分类，纺织工业助剂或精细化工产品除少数为无机化合物外，多数为表面活性剂、有机高分子化合物等。表面活性剂对纺织印染加工十分重要，它们可作为净洗剂、精练剂、发泡剂、消泡剂、乳化剂、分散剂、渗透剂、润湿剂、柔软剂、平滑剂、面色剂、匀染剂、防火剂、阻燃剂、防水剂、抗静电剂等使用，其生产原理与工艺见第 2 章。

13.7.1 纺织助剂

纺织助剂是指在纺丝工艺与织布过程中所用的助剂。纺丝工艺过程包括纺丝、卷绕、集束、牵伸、卷曲、切断、淋洗、干燥等。属于这一类的助剂种类很多，下面选择用量大及非常重要的油剂、上浆剂加以介绍。

1. 油剂

在纺丝时，由于纤维高速运动，常常需要增进润滑，减少摩擦，提高可纺性。对于合成纤维，由于其吸湿性小，导电性差，摩擦系数较大，本身不含脂肪类物质，因此还会造成纤维绕到筒管上，在空气中继续吸湿，而从筒管上松脱、滑落、散乱而造成乱丝，纤维缺乏抢合力，产生静电造成毛丝等。为避免产生以上问题，通常需要加入油剂。油剂的作用就是在纤维表面形成一层油膜，以增强合成纤维的可纺性，提高纺丝效率，保证纤维质量。

油剂一般是各种助剂复配而成，根据使用对象不同有天然纤维油剂（包括纺毛油剂、丝用油剂）和合成纤维油剂（包括长丝油剂、短丝油剂）之分。对不同工序又有纺丝油剂、纺纱油剂、织布油剂、浆纱油剂、纺丝牵伸油剂、后加工油剂等多种类型。虽然种类繁多，但油剂基本是根据需要由平滑剂组分、抗静电组分和集束组分以适当比例混配而成，通常是配制成乳液和溶液，故油剂配方中也常有乳化剂和溶剂等组分，配方实例如下。

【配方 1】 精制椰子油（平滑剂）50，环烷烃蜡（平滑剂）10，聚环氧乙烯山梨醇四油酸单月桂酸酯（乳化剂）35，壬基酚聚环氧乙烷醚（10）（抗静电剂）5。

【配方 2】 硬脂酸异辛酯（平滑剂）>40，双乙基己醇磺化琥珀酸酯钠盐 10~30，非离子表面活性剂 20。

【配方 3】 蓖麻油酸甲酯 35，锭子油 40，土耳其红油 10，油酸聚乙二醇酯 3，辛基酚聚氧乙烷醚 5，山梨醇单油酸酯 2，油醇 5。

【配方 4】 植物油 20，矿物油 35，脂肪醇聚环氧乙烷醚 10，甘油单脂肪酸酯 20，脂肪酸聚乙二醇酯 10，水 5。

在油剂中表面活性剂可起乳化、润湿、柔软、抗静电等多种作用。有时为了一些特殊需要，还在油剂配方中加入一些其他助剂，以起到防锈、抗氧化、防霉等作用。

2. 上浆剂

各种织物的织造过程中，经纱上浆是个非常重要的工序，其目的是减少织布断头，消除布面上的疵点，这种浆料称为经纱上浆剂。在印花时，为使染料均匀转移到织物上，并固定在一定位置以形成花纹和图案，必须在印花色浆中加入一定浆料，习惯上称为印花糊料。在织物整理时也需加入浆料，使织物具有平滑、硬挺、厚实、丰富等各种手感，提高色光的鲜艳度，增进织物防污、易洗、防皱、阻燃、亲水和拒水等特殊性能，这样的浆料称为织物整理浆料。后两者虽然分属印染助剂和织物整理剂，但是它们和纺织上浆料是同一类物质，在此一并叙述。

浆料可分为天然浆料和化学浆料。天然浆料主要是淀粉、糊精、海藻酸盐、植物胶、动物胶、甲壳质等。化学浆料又可分为半合成浆料，即将天然浆料进行改性的产物，如合成龙胶、改性淀粉、改性纤维素等；合成浆料有聚乙烯醇、聚丙烯酸类，包括聚丙烯酸、聚丙烯酸盐、聚丙烯酸酯、聚丙烯酰胺、顺丁烯二酸酐共聚物（主要是顺丁烯二酸酐和乙酸乙烯或苯乙烯共聚物）等。现举典型实例介绍如下。

1）聚乙烯醇

聚乙烯醇大量用于纺织、造纸、纤维加工、木材加工、医药、皮革、建筑、玻璃、包装等许多行业。乙酸乙烯聚合、醇解生产聚乙烯醇的生产工艺流程（图 13-10）如下：

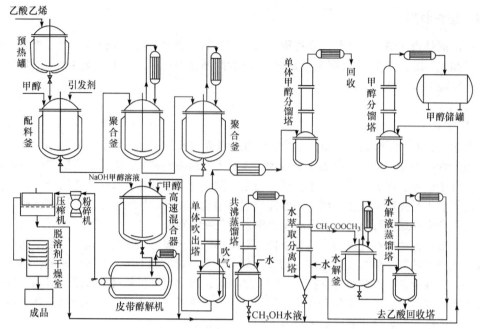

图 13-10　聚乙烯醇的生产工艺流程

（1）乙酸乙烯聚合。乙酸乙烯经预热后，与溶剂甲醇及引发剂偶氮二异丁腈混合，送入两台串联聚合釜，在 66～68℃及常压下进行聚合。聚合 4～6h 后，有约 2/3 的乙酸乙烯聚合为聚乙酸乙烯。聚合反应产生的热量可借甲醇的蒸发带走，甲醇蒸气经冷凝后又返回聚合釜中。

聚合液送单体吹出塔，用甲醇蒸气将其中未聚合的乙酸乙烯吹出。由单体吹出塔吹出的乙酸乙烯及甲醇经分离蒸馏，回收循环使用。聚合液用甲醇调节到聚乙酸乙烯含量为 33% 的甲醇溶液送醇解工段进行醇解：

$$n\,CH_2\!\!=\!\!CH \quad \xrightarrow[CH_3OH\ 中和]{引发剂} \quad \begin{matrix}\text{\textlbrackdbl}CH_2\!\!-\!\!CH\text{\textrbrackdbl}_n\end{matrix}$$
$$\underset{OCOCH_3}{|} \qquad\qquad\qquad\qquad \underset{OCOCH_3}{|}$$

（2）聚乙酸乙烯醇解。聚乙酸乙烯与氢氧化钠甲醇溶液按聚乙酸乙烯：甲醇：氢氧化钠：水为 1∶2∶0.01∶0.002 的比例同时加入高速混合器，经充分混合后，进入皮带式醇解机，在 50℃下进行醇解，皮带以 1.1～1.2m/min 的速度移动，约 4min 醇解结束，得到固化聚乙烯醇。经粉碎、压榨、干燥脱除溶剂后得到成品聚乙烯醇。

$$\begin{matrix}\text{\textlbrackdbl}CH_2\!\!-\!\!CH\text{\textrbrackdbl}_n\end{matrix} + n\,CH_3OH \xrightarrow{NaOH} \begin{matrix}\text{\textlbrackdbl}CH_2\!\!-\!\!CH\text{\textrbrackdbl}_n\end{matrix} + n\,CH_3COOCH_3$$
$$\underset{OCOCH_3}{|} \qquad\qquad\qquad\qquad \underset{OH}{|}$$

（3）乙酸甲酯回收。挤压脱出的液体中含有大量的乙酸甲酯和甲醇。先在共沸蒸馏塔中蒸出乙酸甲酯和甲醇的共沸物，塔底为甲醇水溶液。乙酸甲酯与甲醇共沸物进入水萃取分离塔与水混合，塔顶分离出乙酸甲酯，塔底为甲醇水溶液。

乙酸甲酯在水解器中经离子交换树脂催化水解，得到乙酸和甲醇的混合物。混合物送至水解液蒸馏塔，将甲醇和未水解的乙酸甲酯蒸出，进入水萃取分离塔。水解液蒸馏塔底为稀乙酸，送至稀乙酸浓缩塔中脱去水分后即得乙酸。共沸蒸馏塔及水萃取分离塔底得到的甲醇水溶液，在甲醇蒸馏塔中蒸出甲醇可重复使用。

$$CH_3COOCH_3 + H_2O \xrightarrow{H^+} CH_3COOH + CH_3OH$$

2）交联淀粉

天然淀粉通过适当的变性处理，性能可得到改善，从而可较大比例地替代化学浆料。近年来，变性淀粉浆料在纺织上的开发利用在我国发展很快。目前国内生产使用的变性淀粉主要有酸解、氧化、酯化、醚化、交联及复合变性淀粉等。变性淀粉类浆料用量约占纺织浆料总用量的 2/3。

交联淀粉黏度稳定性好，耐温，膜刚性大，强度高，伸长小。交联淀粉可用作被覆为主的经纱上浆，如麻细布、粗斜纹棉布等，也可与聚丙烯酸酯等混合用于涤/棉、涤/麻及涤/毡等织物的经纱上浆。

交联剂的种类很多，常用来制备交联淀粉的交联剂有环氧氯丙烷、甲醛、三氯氧磷、三偏（或三聚）磷酸钠、六偏磷酸钠等。环氧氯丙烷和甲醛的反应为醚化，三氯氧磷和三偏（或三聚）磷酸钠或六偏磷酸钠的反应为酯化，合成原理如下：

（1）酯化交联反应：

$$POCl_3 + 2St\!-\!OH \xrightarrow[\text{pH 为 8～9,20～30℃}]{NaOH} St\!-\!O\!-\!\overset{\displaystyle O}{\underset{\displaystyle ONa}{P}}\!-\!O\!-\!St + 3HCl \quad 磷酸二淀粉酯$$

$$StOH + (NaPO_3)_3 \xrightarrow[\text{pH 为 9～12,50℃}]{Na_2CO_3} St\!-\!O\!-\!\overset{\displaystyle O}{\underset{\displaystyle ONa}{P}}\!-\!O\!-\!St + NaH_2P_2O_7 \quad 磷酸二淀粉酯$$

$$2StOH + CH_2\!-\!\overset{O}{\overbrace{CH}}\!-\!CH_2Cl \longrightarrow St\!-\!O\!-\!CH_2\!-\!\overset{OH}{\overset{|}{CH}}\!-\!CH_2\!-\!O\!-\!St + HCl$$

（2）醛交联反应：

$$2StOH + HCOH \xrightarrow{H^+} St\!-\!O\!-\!CH_2\!-\!O\!-\!OH + StOH \xrightarrow{H^+} St\!-\!O\!-\!CH_2\!-\!O\!-\!St + H_2O$$

制备交联淀粉的方法一般是加交联剂于碱性淀粉乳中（甲醛交联除外），在 20～50℃起反应，达到要求的反应程度后，经中和、过滤、水洗和干燥后，即得产品。另外也可根据需要与其他变性方法结合处理。工艺实例如下：将 100g 干玉米淀粉在搅拌下加到 150mL 碱性硫酸钠溶液中，其中溶有 0.99g 氢氧化钠和 24.99g 无水硫酸钠，在 3～5min 内滴加 50mL（内溶有 20～900mg 环氧氯丙烷）碱性硫酸钠溶液，于 25℃反应 18h 后，用硫酸中和至 pH 为 6，过滤、水洗、干燥后即得产品。用环氧氯丙烷交联淀粉的反应效率在较高淀粉乳浓度和氢氧化钠与淀粉的物质的量之比为 0.5～1.0 时最高。温度上升，反应速率加快，但低温下反应均匀，气化环氧氯丙烷的反应效率高。另外，环氧氯丙烷易挥发损失，反应最好在密闭装置中进行。

3）接枝淀粉

淀粉与乙烯或丙烯基单体（如乙酸乙烯、丙烯酰胺、丙烯酸及丙烯酸酯、甲基丙烯酸及其酯类等）经自由基引发接枝共聚生成接枝共聚物。接枝淀粉既具有淀粉浆料的特点，又具有合成浆料的性能。与其他变性淀粉相比，接枝淀粉对疏水性纤维的黏着性、浆膜弹性、成膜性、伸展度及浆液黏度稳定性均有很大程度的提高。接枝淀粉是最新一代的变性淀粉，从原理上讲也是最有前途的一种变性淀粉。

淀粉经物理或化学方法引发，与丙烯腈、丙烯酰胺、丙烯酸、乙酸乙烯、甲基丙烯酸甲酯、苯乙烯等单体进行酯接枝共聚反应，生成接枝共聚淀粉。通过选择不同的接枝单体，控制适当的接枝率、接枝频率和支链平均相对分子质量，可以制得各种具有独特性能的产品。

淀粉与乙烯或丙烯基单体的接枝反应遵循自由基引发共聚机理，可以用作引发剂的有铈离子盐引发体系[如硝酸铈铵，$Ce(NH_4)_2(NO_3)_6$]，过氧化氢引发体系（如 $H_2O_2\text{-}FeSO_4$ 的 Fentons 试剂），锰（Mn^{3+}）盐和高锰酸钾体系（如 $Mn^{3+}\text{-}H_2SO_4$ 体系及 $Mn^{3+}\text{-}Na_2SO_4$ 体系），过硫酸盐引发体系（过硫酸铵-亚硫酸氢钠体系），高能辐射线（如γ射线）等。生产工艺流程见11.2.3小节。

在纤维和织物进入染色前，还需要经过退浆、煮炼、漂白和丝光等工序。在这些工序中，也还需要退浆剂、渗透剂、润湿剂、丝光助剂、漂白助剂等，这些助剂中有的实际上是简单的化工原料，如退浆剂、漂白剂使用的酸和碱、丝光助剂使用的苯酚等，其余的几乎也是使用各种类型表面活性剂或它们的复配物，限于篇幅不再赘述。

13.7.2　印染助剂

印染助剂是纤维和纺织品在染色、印花过程使用的精细化工产品。其品种繁多，包括匀染剂、分散剂、固色剂、涂料印花助剂、荧光增白剂等，择要介绍如下。

1. 分散剂

在还原染料悬浮体轧染、还原染料隐色酸法染色、可溶性还原染料卷染、冰染染料一浴法染色以及丝/毛、涤/毛混纺织物染色时，均需加入一定量的分散剂。目前常用的分散剂有分散剂 S、分散剂 BZS、分散剂 DDA881、分散剂 CS 等。

分散剂 N（扩散剂 NNO）由精萘与硫酸进行磺化反应，其产物再与甲醛缩合、烧碱中和而得，合成工艺路线如下：

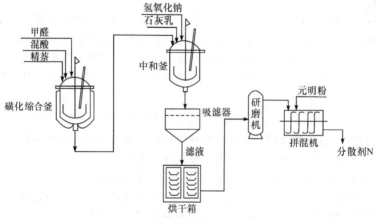

生产工艺流程见图 13-11。将精萘投入搪瓷反应釜中，加热至125℃使其熔融并搅拌，再升温至 135℃，加入98%的硫酸和104.5%发烟硫酸配制成的混酸，再升温至 155℃，保温 2h，磺化反应完成后，加入水，再搅拌 10min，取样化验，控制总酸度在25%～27%，然后冷却至 95～100℃。

在上述 95～100℃的反应釜内一次加入 37%的甲醛，密闭反应釜，使温度与压强自然上升至压强 0.15～0.2MPa、温度 125～135℃，并保温 2h。缩合完成后，将物料送至中和釜，同时加入30%液碱，再用石灰乳调整 pH=7，放料吸滤，滤液干燥，磨粉，得分散剂 N。加适量元明粉即可配成低浓分散剂 N。

图 13-11　分散剂 N 的生产工艺流程

原料消耗定额（kg/t）：

（1）高浓分散剂 N：精萘 560，发烟硫酸（104.5%）17，硫酸（100%）400，甲醛（37%）230，氢氧化钠 180，石灰 99。

（2）低浓分散剂 N：精萘 400，发烟硫酸（104.5%）149，硫酸（100%）243，氢氧化钠 246，甲醛（37%）156，元明粉 121。

分散剂 N 还可作为印花色浆稳定剂和重氮浴液稳定剂。硫化染料染锦纶时，可作为锦纶的前处理助剂。也可作为皮革助鞣剂，当铬鞣革剂与单宁填充时，将其与单宁混合使用，能缓和单宁与皮革的结合，不使皮革发粗。在皮革染色时，能使皮革着色均匀，并起填充作用，增加皮革丰满度。还可作为碱性染料和酸性染料制备色淀时单宁酸的代用品，在橡胶工业和造纸工业上也有一定的应用。

2. 荧光增白剂

荧光增白剂是利用光学补色作用增加日光下白度的一种助剂，是近于无色的染料，可增加织物的白度。按其化学结构可将现在常用的荧光增白剂分为二苯乙烯系、联苯胺系、唑系、噁唑型、吡唑型、咪唑型等。

荧光增白剂种类繁多，几乎都是杂环化合物和稠环化合物，对于不同的纤维、织物有不同的荧光增白剂供选用。常用的荧光增白剂 VBL 的合成原理如下。

（1）DSD 酸（4,4′-二氨基二苯乙烯-2,2′-二磺酸）与三聚氯氰缩合生成一缩物：

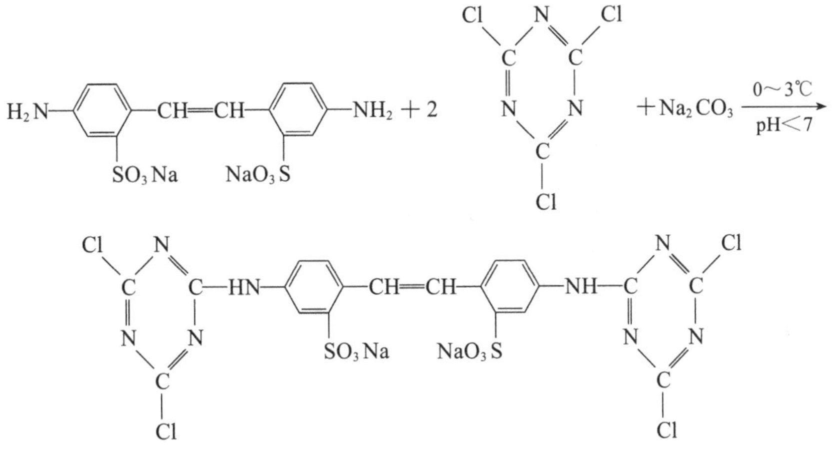

（2）一缩物与苯胺缩合生成二缩物：

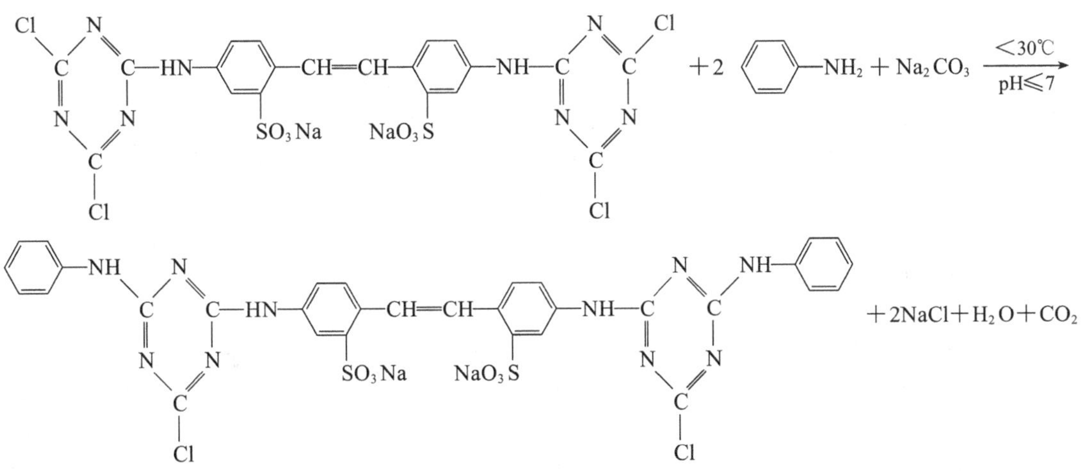

（3）二缩物与一乙醇胺反应生成荧光增白剂 VBL：

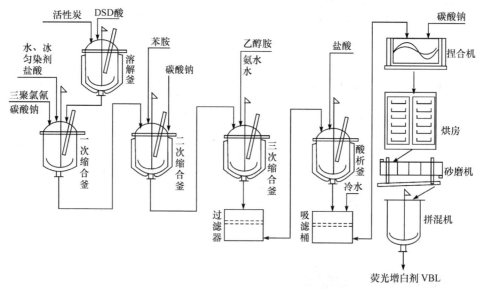

生产工艺流程（图 13-12）及说明如下：

图 13-12　荧光增白剂 VBL 生产工艺流程

（1）第一次缩合。在缩合釜中加水、碎冰并开动搅拌，使釜内温度降至 0℃以下，加入 30% 匀染剂 O 的水溶液和工业盐酸。停止搅拌，加入三聚氯氰，开动搅拌，打浆 1h，温度保持在 0℃。

将 DSD 酸中和溶解（pH 7.5），用活性炭脱色（活性炭用量为 DSD 酸干品的 10%，脱色温度为 90～95℃），然后根据 DSD 酸含量的分析，将 DSD 酸的溶液稀释，于 2.5h 内均匀加至缩合釜中。加入一定量后，同时加入 10% 的碳酸钠溶液进行中和，温度控制在 0～3℃，pH 控制在 5～6。待全部 DSD 酸加完后，搅拌 45min。在 15min 内再加入 10% 碳酸钠溶液，中和至 pH 为 6～7。加完后测氨基值，如氨基已消失，则到达第一次缩合反应终点。

（2）第二次缩合。第一次缩合反应到达终点后，将物料放入二次缩合釜中，于 0.5h 内均匀地加入苯胺。加完后，缓慢地均匀升温，温度达到 12℃时开始用 10% 的碳酸钠溶液中和，升温至 30℃，pH 控制在 6～7。测氨基值，氨基消失即为第二次缩合反应的终点。

（3）第三次缩合。将第二次缩合物转入带夹套的搪瓷反应釜中，一次加入乙醇胺，升温到

80～85℃，加入氨水。加完后，密闭反应釜，继续升温至 104～108℃，保温 3h。冷却至 55～60℃，加水，静置沉淀 3h。

（4）后处理。反应液澄清后，过滤。滤液转入酸析釜内，升温至 90℃，开动搅拌，继续升温至 95～98℃，逐渐加入工业盐酸酸析至 pH 1～1.5，停止搅拌，静置沉淀 2h 左右。酸析液澄清后，放去上层澄清液，下层酸析物放至吸滤桶中进行吸滤。吸干后，用冷水洗涤滤饼至 pH=5，再吸干，将滤饼送至捏合机中，加入适当纯碱，然后捏合成团，分出水分，进行干燥、磨粉、标准化，即得荧光增白剂 VBL。

消耗定额（kg/t）：DSD 酸（折 100%）280，三聚氯氰 295；苯胺 150，一乙醇胺 132，氨水（20%）186，碳酸钠 400，盐酸（31%）500，元明粉 380，活性炭 30，匀染剂 1。

荧光增白剂 VBL 主要用于纤维素织物和纸张的增白，浅色纤维织物增艳以及拔染印花白的增白等。增白剂 VBL 的上染性能基本上与染料相似，可用食盐、硫酸钠等促染，用匀染剂做缓染。

3. 其他印染助剂

涂料印花是借助胶黏剂的成膜作用，将不溶性染料或颜料牢固地黏附于织物上，从而达到着色的目的。涂料印花助剂实际上是多种组分的混合物，除去颜料色浆之外，还包括胶黏剂、增稠剂、交联剂、催化剂、乳化剂、柔软剂、吸湿剂、润湿剂、抗泳移剂、黏着促进剂和阻泡剂等。例如，PAE 涂料印花助剂的配方为：胶黏剂（丙烯酸酯和丁二烯类）300，邦浆 A 300，增稠剂 30～40，涂料色浆 100，尿素 20，交联剂 M-90 20，水 215～225。

纤维和织物经染料染色后，由于湿处理牢度不佳，褪色和沾色现象不仅使得纺织品本身外观陈旧，同时染料还会从已染色的湿纤维上掉下来，以致沾污其纤维和织物。为避免这种现象，通常进行固色处理，固色所用的助剂称为固色剂。固色剂的作用是使染料结成不溶于水的染料盐，或使染料分子增大而难溶于水，借以提高染料的牢度。按固色剂的化学结构，可将固色剂分为阳离子表面活性剂、无表面活性的季铵盐、树脂系固色剂三种类型。

此外，常用的印染助剂还有匀染剂，如匀染剂 OP、匀染剂 AN、匀染剂 DA、匀染剂 DC、匀染剂 CAN、高温匀染剂 120 等。

13.7.3 纺织整理剂

织物在纺织印染过程中，由于不断受外力作用而变形，在湿和热的作用下会产生收缩，因此需要进行防缩防皱的处理；使织物具有很好的手感，需要进行柔软处理；还需改善织物的防水性、防污性、阻燃性等性能，均需要借助各种助剂来达到。为改进织物的性能而对织物进行一些特殊处理，这些过程中需使用的各种助剂称为纺织整理剂。下面主要介绍柔软剂、防水剂。

1. 柔软剂

为使印染、整理后的织物手感好，还必须进行柔软处理。另外，在纺丝时为使纤维柔软、可纺性提高，也要加入柔软剂。其不同点是在纺织过程中加的柔软剂在后面的加工过程中被除掉了，而织物整理用柔软剂则是持久的。柔软剂多为表面活性剂，也包括一部分反应型柔软剂。

反应型柔软剂含有能与纤维的羟基反应的基团，如酸酐类、乙烯亚胺类、吡啶季铵盐类等。酸酐类化合物的酸酐能与纤维羟基反应。例如，商品 Aquapel 380 （Hercules Powder）是将脂肪酰氯加入乙醚溶液中，再加入少量吡啶、三甲胺等叔胺化合物，加热、脱水而制得。化学反应式如下：

$$2C_{17}H_{35}COCl \xrightarrow{\text{脱水}} C_{16}H_{33}-CH=C-CH-C_{16}H_{33}$$

柔软剂 ES（具有环氧基的阳离子活性剂乳化体）的合成原理如下：

（1）硬脂酸与二亚乙基三胺在氮气的条件下于 140～170℃进行缩合反应。

$$2C_{17}H_{35}COOH \quad + \quad H_2NCH_2CH_2NHCH_2CH_2NH_2 \xrightarrow{140～170℃}$$

$$\underset{O}{C_{17}H_{35}C}-NHCH_2CH_2NHCH_2CH_2NHC-\underset{O}{C_{17}H_{35}} + 2H_2O$$

（2）反应产物于 110～120℃与环氧氯丙烷缩合而得柔软剂 ES。

$$\underset{O}{C_{17}H_{35}C}-NHCH_2CH_2NHCH_2CH_2NHC-\underset{O}{C_{17}H_{35}} \quad + \quad H_2C-CH-CH_2Cl \xrightarrow{110～120℃}$$

$$\left[\underset{O}{C_{17}H_{35}C}-NHCH_2CH_2NHCH_2CH_2NHC-\underset{O}{C_{17}H_{35}}\right]^+ \quad Cl^-$$
$$CH_2-CH-CH_2$$
$$O$$

生产工艺流程见图 13-13。

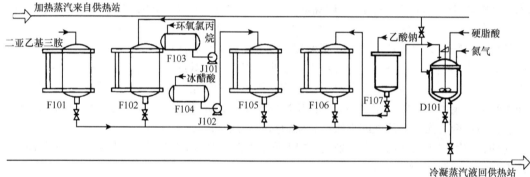

图 13-13　柔软剂 ES 的生产工艺流程

F101,F102,F105,F106	F103,F104	F107	D101	J101,J102
计量加料槽	储罐	配料器	反应釜	泵

（1）酰化。在不锈钢反应釜 D101 内加入硬脂酸、二亚乙基三胺，通氮气，加热升温熔融，开动搅拌，升温到 140℃，在 1.5～2h 内使温度升到 170℃，进行脱水。

（2）烷化。将上述反应降温至 110℃，在 1.5h 内加入环氧氯丙烷，温度控制在 110～115℃，加毕，回流 2～3h。然后降温到 100℃左右，加入冰醋酸、乙酸钠水溶液，搅拌打浆即为成品。

柔软剂 ES 为阳离子型柔软剂，可与水以任意比例稀释成乳液，也可与阳离子或非离子表面活性剂混用。主要用作腈纶纤维和织物的柔软整理，也可作涤纶纺丝油剂的添加剂，经处理后的纤维具有柔软性。

2. 防水剂

为了赋予织物防水性，可采用物理和化学方法来提高防水性。将疏水物质固着于织物和纤维的表面，或浸透于内部而固着，甚至进而和纤维发生化学反应。所用的疏水物质称为防水剂。根据防水整理后织物的透气性能可分为不透气和透气防水剂两类。

不透气性防水剂主要有橡胶类、纤维素衍生物、合成树脂类（如聚氯乙烯树脂、聚乙酸乙烯、聚乙烯醇、聚偏二氯乙烯、聚乙烯、氯丁橡胶、顺丁橡胶等）、桐油、亚麻仁油、苏子油、沥青、焦油、柏油、天然橡胶、硝化纤维素等。透气性防水剂主要有烷烃石蜡及铝化合物，商品有吡啶季铵盐衍生物、N-羟甲基十八酰胺、脂肪酰胺改性的氨基树脂、脂肪酸铬络合物、环氧化合物、异氰酸酯类、有机硅油乳液、含氟有机化合物、Cerol T（Sandoz），Ramasit KGT（BASF）；国外商品有 Cerol ZN（Sandoz），Hydrophobal Z（Ciba-Geigy），它们是用锆化合物和石蜡以及其他防水剂混配使用。

13.8 其他精细化工助剂

13.8.1 阻燃剂及烟雾抑制剂

加入塑料等材料中能增加其阻燃性的物质称为阻燃剂。一般单独加入阻燃剂并不能抑制烟雾的产生，因此还需添加烟雾抑制剂。

阻燃剂可分为添加型和反应型，目前常用的是添加型阻燃剂。添加型阻燃剂使用方便，适用范围广，但主要用在热塑性树脂中。添加型阻燃剂主要包括磷酸酯及其他磷化物、有机卤化物和无机化合物等三类。

在反应型阻燃剂分子中，除含有溴、氯、磷等阻燃性元素外，还具有反应性官能团，并作为高聚物合成中的一个组分参与反应，成为高聚物分子链的一部分，因此对合成材料的物理机械性能和电性能影响较小，而且阻燃性持久，多用于热固性树脂（如聚氨酯、环氧树脂、聚酯和聚碳酸酯等）。反应型阻燃剂主要包括卤代酸酐、含磷多元醇等。

天然纤维用的防火阻燃剂可分为无机化合物和有机化合物两大类。无机化合物中有硼酸盐和硼砂、磷酸盐、硫酸盐和氨基磺酸铵、钛和锑盐。其中以磷酸盐应用较广，磷酸铵为主的阻燃剂有 Flammectin AS（Thov）、Flacavan PS（Schill）。无水氨和三氯氧磷反应而制得 Flame Retardant PA（Monsato）。有机化合物中含氯、含溴、含磷的化合物可以作为阻燃防火剂。如聚氯乙烯和氯化石蜡，这类防火阻燃剂在燃烧时有有毒气体氯化氢放出的缺点。有机溴化物由六羟甲基三聚氰胺分子中的一个氨基被含溴化合物取代即有防火阻燃性，但成本较高。含磷化合物是近年发展较快的一类防火阻燃剂，可由磷化氢甲醛和盐酸反应而制得。

目前所用的烟雾抑制剂有金属氧化物水合物（氢氧化铝和氢氧化镁）、碳酸盐（主要有碳酸钙和碳酸镁）、硼酸盐（用得最多的是硼酸锌）、钼的化合物（三氯化钼和钼酸盐等）等。此外，烟雾抑制剂还有二茂铁、反丁烯二酸、马来酸等二元酸。二茂铁用于硬质聚氧乙烯制品，二元酸则主要用于硬质聚氨酯泡沫塑料中。

13.8.2 着色剂

塑料着色是使着色剂高度分散或溶于塑料中，给予塑料以色彩和特殊光学性能的过程。塑料的着色是通过减色混合实现的，即利用加入的着色剂对日光的减色混合而使制品带色。传统的着色剂通常按种类分为染料和颜料两类：染料主要是油溶（醇溶）性染料和分散染料；颜料有无机颜料和有机颜料。颜料和染料的生产工艺见第 15 章。

近年来，色母粒着色工艺得到了广泛使用。色母粒着色工艺是 20 世纪 70 年代发展起来的技术，目前国外 90%以上的制品采用此工艺着色，且各种着色剂均可制成色母粒。色母粒的生产工艺主要有干混-熔体剪切法和液体介质-熔体剪切法。干混-熔体剪切法适用于 PS、ABS、PET 色母粒的生产，要求所用颜料分散性能良好。液体介质-熔体剪切法生产工艺流程如下：

$$颜料和分散剂 \rightarrow 三辊研磨 \rightarrow 粉碎分散 \xrightarrow{\text{树脂}} 挤出机 \rightarrow 切料 \rightarrow 色母粒$$

13.8.3 发泡剂

泡沫塑料主要是以聚苯乙烯、聚氨酯、聚乙烯等为基体树脂配以发泡剂所形成的泡沫剂。原则上讲，凡不与基体树脂发生化学反应并能在特定条件下产生无害气体的物质，都能作为发泡剂。选择发泡剂的依据一般为发泡剂的分解温度、气体发生量、分解产物特性等。发泡剂按形成气体的机理分为物理发泡剂与化学发泡剂，按发泡剂的分子组成可分为无机发泡剂与有机发泡剂。

最初使用的无机发泡剂是碳酸氢钠，用于生产酚醛树脂泡沫塑料。目前的无机发泡剂有反应型和热分解型，主要用于生产低发泡制品。

泡沫塑料成型中的有机化学发泡剂都是受热分解出氮气的物质，氮气透过聚合物膜的能力低，有利于气泡的形成与稳定。主要有偶氮化合物、磺酰肼类化合物、亚硝基化合物等。其中，偶氮化合物包括大多数脂肪族偶氮化合物，如偶氮二甲酰胺（发泡剂 AC）、偶氮二甲酸二异丙酯（发泡剂 DIPA）、偶氮二甲酸钡盐等。其中偶氮二甲酰胺是有机化学发泡剂中产量最大的一种，广泛用于 PP、PS、PVC 等泡沫塑料的生产。偶氮二甲酰胺可用肼和尿素反应，先缩合生成氢化偶氮化合物，然后氧化制备，其反应式如下：

$$NH_2-NH_2 \cdot H_2SO_4 + 2NH_2CONH_2 \longrightarrow NH_2CONH-NHCONH_2 + (NH_4)_2SO_4$$

$$NH_2CONH-NHCONH_2 + Cl_2 \longrightarrow NH_2CON=NCONH_2 + 2HCl$$

其生产工艺流程见图 13-14。

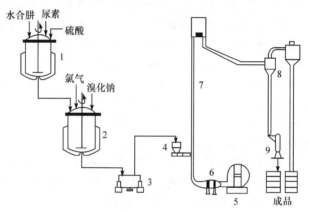

图 13-14　发泡剂 AC 的生产工艺流程

1. 缩合釜；2. 氧化罐；3. 离心机；4. 加料器；5. 鼓风机；6. 加热器；7. 气流干燥器；8. 旋风分离器；9. 粉碎机

先用尿素与次氯酸钠及氢氧化钠在 100℃下反应生成水合肼。水合肼在缩合釜内先与硫酸形成硫酸肼，再与尿素缩合，然后在氧化罐中于溴化钠（在酸性介质中通氯后生成溴）存在下通入氯气氧化。氧化产物经水洗、离心、干燥即得成品。

此外，发泡剂 H（N, N'-二亚硝基五亚甲基四胺）和发泡剂 BL-353（N, N'-二甲基-N, N'-二亚硝基对苯二甲酰胺）也是应用较为广泛的发泡剂。发泡剂 H 发气量大，发泡效率高，主要用来制造海绵橡胶和泡沫塑料。发泡剂 H 是用亚硝酸将乌洛托品进行亚硝化反应而得。

13.8.4　润滑剂

凡能改善塑料或橡胶在加工成型时的流动性的物质称为润滑剂。润滑剂的作用是减少聚合物和加工设备之间的摩擦力以及聚合物分子链间的内摩擦。前者称为外润滑，后者称为内润滑。外润滑和内润滑都是相对而言的，实际上没有单一的润滑作用存在，大多数的润滑剂兼有两种作用，只是相对强弱不同而已。

润滑剂虽可按其润滑作用分为外润滑剂和内润滑剂，但就某一种润滑剂而言，其所起的作用可能随聚合物的种类、加工条件以及其他添加剂的种类不同而改变，因此很难确切地把它归类。通常按化学结构将润滑剂分为脂肪酸及其金属皂类、酯类（主要为硬脂酸酯及柠檬酸酯，如硬脂酸丁酯、单硬脂酸甘油酯、三硬脂酸甘油酯等）、酰胺类（主要是高级脂肪酸的酰胺类及其衍生物，如硬脂酰胺类和油酸酰胺、亚甲基双硬脂酰胺、N, N'-亚乙基双硬脂酰胺等）、烃类（包括石蜡、合成石蜡、低相对分子质量聚乙烯蜡及矿物油等）、有机硅（主要是有机硅氧烷，如聚二甲基硅氧烷或硅油、乙基硅油、甲基苯基硅油）五类。

13.8.5 抗静电剂

抗静电剂是添加在塑料之中或涂敷于模塑制品的表面，以达到减少静电积累目的的一类添加剂。通常根据使用方法的不同，抗静电剂可分为内加型和外涂型两大类，用于塑料的主要是内加型抗静电剂。也可按抗静电剂的性能分为暂时性的和永久性的两大类。

表面活性剂型的低相对分子质量抗静电剂的持久性、耐热性较差，因此出现了高分子型永久抗静电剂，主要有聚醚、季铵盐、磺酸、甜菜碱等类型。由此可见，抗静电剂主要为表面活性剂，其生产原理与工艺见第 2 章。

第14章　无机精细化工产品

近年来，由于市场、资源和环境的导向，化学工业产品结构的变化和高新技术发展的要求，精细化工产品越来越受到重视，广泛应用于国民经济和现代工业的各个领域，极大地促进了社会文明的进步和人们生活水平的提高。无机精细化工在整个精细化工大家族中，相对而言起步较晚、产品较少。然而，近几年来崛起的趋势越来越明显，无论是门类还是品种都在以较快的速度增长，并且对其他部门或精细化工本身的科技发展起着推波助澜或不可替代的作用。

14.1　概　　述

14.1.1　无机精细化工的定义、范畴与分类

无机精细化工是指精细化工中无机精细化工产品的生产，是精细化工的重要组成部分。在1986年化工部给出的八大类精细化工产品中，除了功能高分子材料外，其余各类中均可列举一些无机精细化学品。例如，用于涂料的二氧化钛，铁系、铬系颜料；各种无机试剂和高纯物，永磁材料和软磁材料；各种矿物质饲料添加剂；磷酸盐等无机高温胶黏剂；多种多样的有色金属氧化物制造的催化剂等。精细化工新增领域中的精细陶瓷，包括结构陶瓷、工具陶瓷、各类功能陶瓷，以及超导材料、稀土材料、精细无机盐、沸石分子筛、无机膜材料、非晶硅等都属于无机精细化工或无机精细化学品的范畴。

尽管工农业、医药和日常生活中都消耗大量的无机盐，但无机盐工业一直主要是作为基础原料工业的面貌生存和发展的。精细化工的兴起才使无机盐工业开始由传统工艺演变到无机精细化工工艺，逐步由单纯原料性质转变成高科技工业。特别是随着无机功能材料品种日益增多，其对国民经济各部门的作用越来越显著，从而引起人们的普遍重视。

无机精细化工产品按产品的功能划分为无机精细化学品和无机精细材料两大类。从化学结构来看，无机精细化学品除单质外，还包括无机过氧化物、碱土金属化合物、硼族化合物、氮族化合物、碳族化合物、硫族化合物、磷酸盐精细化学品、卤族化合物、钛化合物精细化学品、过渡金属化合物、锌族化合物、金属氢化物、生物无机化学品原料及中间体等。由这些物质出发进一步制造的许多无机精细化工产品已成为当代科技领域中不可缺少的材料，无机精细材料是近年来发展较快的领域。由此可见，无机精细化工材料的开发同样标志着一个国家科学技术和经济发展的水平。

从应用角度，无机精细材料可分为工程材料和功能材料两大类。无机精细材料包含高性能结构材料（如精细陶瓷）、无机纳米材料、纤维材料、能源功能材料、阻燃材料、微孔材料、超细粉体材料、电子信息材料、医药无机化学品、新型复合材料、涂料和颜料、环境与水处理材料、试剂和高纯物等。

14.1.2　无机精细化工的特点与发展

无机化工行业已经为我国高科技的代表"两弹一星"的成功崛起提供了上千种化工材料，并将继续为我国21世纪的材料科学、信息科学和生命科学三大前沿科学的发展提供更多的新型功能材料，为人们的工作和生活条件迅速现代化提供各种创新的用品。

从现代科学技术发展的历史来看，一种新的化合物的合成，其功能特性的发现和实际应用，

往往可以导致一个新产业的兴起，可以创造数十亿乃至数百亿元的产值。一种新的原型化合物一旦被发明、发现和应用，就可能形成一种规模巨大的产业，人类的物质生活和精神生活就能前进一步。

用作新材料的无机精细化工产品一般具有不燃、耐候、轻质、高强、高硬、抗氧化、耐高温、耐腐蚀、耐摩擦以及一系列特殊的光、电、声、热等独特功能，从而成为微电子、激光、遥感、航空航天、新能源、新材料以及海洋工程和生物工程等高新技术得以迅猛发展的前提和物质保证。例如，无机精细化工不仅提供了大量用于集成电路加工的超纯试剂和超纯电子气体，制造了大直径、高纯度、高均匀度、无缺陷方向的单晶硅用作半导体材料，而且砷化镓、磷化铟、人造金刚石相继进入了实用阶段，使电子器件实现了微型化、集成化、大容量化、高速度化，并有条件向着立体化、智能化和光集成化等更高的技术方向发展。无机精细化工产品也提供了取代铜质电线、电缆的用于光通信的 SiO_2-GeO_2 石英系通信光纤，使光损耗已接近其理论极限。用于激光技术的工作物质钨酸钙、铝酸钇、磷酸钕锂、多种氟化物等的晶体，大功率固体激光材料及其非线性光学晶体的研制成功，为激光通信、激光制导、激光核聚变、激光武器等激光高新技术提供了物质保障。以多晶硅特别是以非晶硅为材料的太阳能电池技术进展和实用化，对世界性的能源紧缺是一个福音，将对空间技术、未来工业以及人民生活提供无公害和取之不尽、用之不竭的能源。例如，在混凝土中添加 2%左右的以亚硝酸钙为主要成分的混凝土添加剂，可以使桥梁等大型建筑的寿命延长 15～20 年，而且抗压强度也得到提高。研制出新型的固体电解质应用于电池、制碱、制钠以及磁流体发电等，将开辟新能源的新途径。

无机精细化工与有机精细化工的区别不仅在于合成方法的较大区别，而且在于无机化合物种类受限的情况下，开发无机精细化学品的注意力主要不是集中在合成更多的新的无机化合物，而是更加注意高新技术的应用赋予产品的功能性，即采用众多的、特殊的、精细化的工艺技术，或对现有的无机物在极端的条件下进行再加工，从而改变物质的微结构，产生新的功能，满足高新技术的各种需求。

随着科学技术的发展，无机化合物的许多潜在的特殊功能为人们所发现。人们为了挖掘这些特殊功能，开发了相应的特殊的工艺技术，总结为：超细化、纤维化、薄膜化、表面改性化、单晶、多孔、形状、高纯、非晶化、高密度化、高聚合化、非化学计量化、化合物的复合化等。正是依赖这些技术，开发出了大批的新型无机精细化学品，使曾以提供重要的基础原料和辅助材料为特点的无机化学工业充满了新的生机。结合我国的资源特色，纳米粒子和纳米材料、超细粉末、精细陶瓷、稀土化合物、磷酸盐精细化工、沸石分子筛、催化剂、无机膜、非晶硅等将是无机精细化工的前沿材料和研究重点。

需要特别强调的是，无论是从科技还是经济发展的角度，半导体都非常重要。当今大部分电子信息产品的核心单元都与半导体有着极为密切的联系。常见的半导体材料如硅、锗、砷化镓等均为无机精细化工产品。从目前第三代半导体材料和器件的研究发展来看，较为成熟的是碳化硅（SiC）和氮化镓（GaN）半导体材料，而氧化锌、金刚石、氮化铝等材料的研究尚属起步阶段。SiC 和 GaN 并称为第三代半导体材料的双雄。我国对第三代半导体发展提供广泛支持，发展本国半导体技术以应对外部限制。这一切背后的动力都是半导体芯片技术的国产化，其研究开发必将带动无机精细化工材料技术呈现日新月异的发展势态。

14.2　精 细 陶 瓷

精细陶瓷

14.2.1　精细陶瓷的定义与分类

精细陶瓷通常是指采用高度精选的原料，按照便于进行结构设计及控制的制造方法进行制造加工的，具有能精确控制的化学组成和优异特性的陶瓷，也可称为先进陶瓷、高性能陶瓷、高技术陶瓷、特种陶瓷等。

精细陶瓷在制造原料、成型、烧结及产品的应用、结构等方面均不同于传统陶瓷，主要具有如下特点：产品原料全部是由原子、分子水平上分离、精制的高纯度的人造原料制成；成型工艺精密，即制品的成型与烧结等加工过程均需精确地控制；产品具有完全可控制的显微结构，以确保产品应用于高技术领域。精细陶瓷不同的化学组成和显微结构，决定了其不同于传统陶瓷的性质与功能，既具有传统陶瓷的耐高温、耐腐蚀等特性，又具有光电、压电、介电、半导体性、透光性、化学吸附性、生物适应性等优异性能。通常根据精细陶瓷的特性与相应用途将精细陶瓷分为以下三类：

（1）电子陶瓷。主要应用于制作集成电路基片、点火元件、压电滤波器、热敏电阻、传感器、光导纤维等；磁芯、磁带、磁头等磁性体的电子陶瓷，如氧化铁、氧化锆陶瓷等，还有近年来发展较快的石墨烯陶瓷。

（2）工程陶瓷。主要应用于切削工具，各种轴承及各种发动机的工程陶瓷，如碳化硅、氮化硅、氧化锆、氧化铝陶瓷等。

（3）生物陶瓷。主要应用于制作人工骨髓、人工牙根及人工关节、固定化催化剂载体等，如氧化铝陶瓷、磷灰石陶瓷、碳素陶瓷等。

14.2.2 精细陶瓷的基本生产工艺

精细陶瓷与金属材料相比，具有硬度大、耐磨性能好、耐热及耐腐蚀性等优异特点。但性脆、耐冲击强度低，故精细陶瓷的加工难度较大。精细陶瓷的基本制造工艺大致如下：

原料粉体的制备与调整→成型→烧结→加工→成品

一般首先制备高纯度和高超细原料粉体，然后采取各种成型方法制成各种半成品，再根据不同组成、不同要求，采取不同的烧结方法制成所需要的产品。

精细陶瓷的制备工艺方法概括如下：

（1）陶瓷原料粉体的制备方法主要有固相反应法、液相反应法和气相反应法三大类。随着纳米技术的发展，通过气相反应法制成的粉体具有比表面积大、球形度高、粒径分布窄等特点，为高性能陶瓷制备提供了基础保障。

（2）在成型技术方面，精细陶瓷行业采用的主要成型技术有干法压制成型中的冷等静压成型、塑性成型中的注射成型、浆料成型中的流延成型和凝胶注模成型等。

（3）在烧结技术方面，目前精细陶瓷行业主要采用热压烧结（HP）和气压烧结（GPS）技术，国内在大尺寸气压烧结氮化硅陶瓷方面突破了国外技术封锁，实现了技术国产化。

（4）在加工技术方面，电火花加工、超声波加工、激光加工和化学加工等精密加工技术逐步应用于陶瓷加工中。

随着近年来相关领域研究的深入，精细陶瓷科学与工艺逐渐同冶金学、材料学、物理学、电子与化学化工等学科交叉渗透，从而构建起完整的科学体系。

14.2.3 精细陶瓷粉体的生产工艺

精细陶瓷原料粉体的纯度、粒径分布均匀性、凝聚特性及粒子的各向异性等，对产品的显微结构及性能有极大的影响。因此，制备精细陶瓷的原料粉体是制造精细陶瓷工艺中的首要问题。目前已有多种制造原料粉体的方法，大致可分为粉碎法和合成法两种：前者主要采取各种机械粉碎方法，此法不易获得 1μm 以下的微粒，且易引入杂质；后者则是在原子、分子水平上通过反应、成核、成长、收集和处理来获得的，因此可得到纯度高、颗粒微细及均匀性良好的粉体，应用较广泛。下面主要介绍合成法。

1. 固相合成法

以固态物质原料制备粉体的方法，包括固-固反应法和固-气反应法，示例说明如下。

1）碳化硅粉体的固-固反应合成法

（1）二氧化硅碳还原法。二氧化硅粉末与炭粉在惰性气氛中加热至 1500～1700℃反应生成 α-SiC，反应式如下：

$$SiO_2 + 3C \longrightarrow SiC + 2CO（1500～1700℃）$$

（2）硅粉炭还原法。硅粉与炭黑在惰性气氛中加热于 1000～1400℃可得 SiC：

$$Si + C \longrightarrow SiC（1000～1400℃）$$

上述两种方法均有利于制得高纯、微细的 SiC 粉末。

2）氮化硅粉体的固-气反应合成法

利用高纯度 SiO_2 粉末和炭粉通入 N_2 加热可生成 Si_3N_4：

$$3SiO_2 + 6C + 2N_2 \xrightarrow{1200～1500℃} Si_3N_4 + 6CO$$

此反应中控制 CO 的分压和反应温度很重要，且炭要过量，以防二氧化硅还原不完全。该法易得粒径均匀的高纯度 α-Si_3N_4 原料粉体，反应较易控制。缺点是残留炭去除困难。

另外一种广泛使用的方法是：

$$2Si（s）+ 2N_2 \longrightarrow Si_3N_4$$

硅粉的纯度、粒度不同，得到的产品性质不同。该工艺一般生成 α 相和 β 相氮化硅的混合物。然而用于烧结所需的原料是 α-Si_3N_4，因此要严格控制升温速度、氮气的加入速度，并适当地加入氧气，以防止 β-Si_3N_4 的生成。

3）氮化铝粉体的固-气反应合成法

氮化铝 AlN 是六方晶系，是精细陶瓷中最难烧结，同时是将来最有发展前途的产品之一，它可取代氧化铝集成电路板。将氧化铝和炭的混合物置入电炉中，通入氮气，直接还原成 AlN：

$$Al_2O_3 + 3C + N_2 \xrightarrow{约 1600℃} 2AlN + 3CO$$

可得到平均粒径为 0.6μm 的氮化铝粉体，如用这种粉体加入 1% CaO 作烧结助剂，在 1900℃条件下烧结，可得透明烧结体 AlN。

2. 液相合成法

液相合成法大致可分为难溶盐的沉淀、水解及溶剂蒸发三类方法。

液相中获得的精细粒子的大小依赖于过饱和溶液的成核及其连续的成长，而溶液的过饱和则是由溶解度的变化、化学反应及溶剂的蒸发而形成。由液相合成法制备粉体的基本过程为

$$金属盐溶液 \xrightarrow[溶剂蒸发]{加入沉淀剂} 盐或氢氧化物 \xrightarrow{热分解} 氧化物粉体$$

（1）难溶盐沉淀法。难溶盐沉淀法制得氧化物粉体的特性由沉淀和热分解过程决定。此法特点是组成易控制、能合成复合氧化物、易添加微量成分，且能获得良好的混合均匀性。

（2）水解法。以水解法制备稳定氧化锆（ZrO_2）粉体、钛酸钡粉体为例。该法是将锆盐（$ZrOCl_2 \cdot 8H_2O$）和 Y_2O_3 在水中溶解，加入碱性物质氨水反应生成共沉淀物，再经过滤、干燥，在800℃煅烧1h，得到平均粒径为0.02μm的YSZ粉体，其制备过程见图14-1。主要反应式如下：

$$Zr(OH)_2^{2+} + 2OH^- \Longrightarrow Zr(OH)_4$$

$$Zr(OH)_4 \xrightarrow{熟化} ZrO(OH)_2 \xrightarrow{燃烧} ZrO_2 + H_2O$$

钛酸钡粉体的制备：将水加到异丙醇钡的戊醚钛乙醇溶液中，可得纯度为 99.998%，平均粒径为 5nm 的 $BaTiO_3$，反应式如下：

$$Ba(OC_3H_7)_2 + Ti(OC_5H_{11})_4 + 4H_2O \longrightarrow BaTiO_3 \cdot H_2O(g) + 2C_3H_7OH + 4C_5H_{11}OH$$
$$BaTiO_3 \cdot H_2O(g) \longrightarrow BaTiO_3 + H_2O(g)(50℃,真实)$$

（3）溶剂蒸发法。该种方法不使用沉淀剂，可避免引入杂质。将溶液分成小液滴，使其迅速蒸发，以保持在溶剂蒸发过程中溶液的均匀性。由于喷雾的具体过程不同可分为冰冻干燥法、喷雾干燥法及喷雾热分解法等，如图14-2所示。用此种方法可合成复杂的多成分氧化物粉末，且可制得球状粉体，流动性能良好，易于加工。

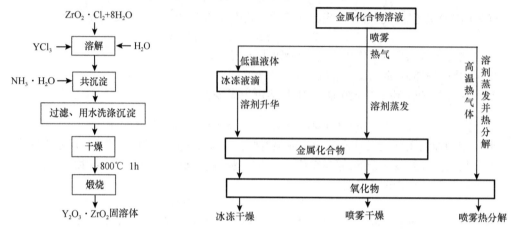

图 14-1　共沉淀法制备 ZrO_2 YSZ 粉体的
工艺流程　　　　　图 14-2　溶剂蒸发法的工艺流程

3. 气相合成法

气相合成法可分为蒸发凝聚法（PVD）及气相反应法（CVD）。前者是将原料加热至高温，使之气化，然后急冷，凝聚成微粒状物料，适用于制备单一氧化物、复合氧化物、碳化物或金属微粉。后者是用挥发性金属化合物的蒸气通过化学反应合成的方法，除适用于制备氧化物外，还适用于制备液相法难以直接合成的氮化物、碳化物、硼化物等非氧化物，蒸气压高且反应性强的金属氯化物是该方法最常用的原料。

用 Si_3N_4 与 NH_3 在 1000℃ 或 $SiCl_4$ 和 N_2、H_2 混合气体在 1200～1500℃ 下反应：

$$3SiCl_4 + 4NH_3 \xrightarrow{1000～1500℃} Si_3N_4 + 12HCl$$
$$3SiCl_4 + 2N_2 + 6H_2 =\!=\!= Si_3N_4 + 12HCl$$

反应产物 Si_3N_4 加热到 1200～1600℃ 可得到 α-Si_3N_4 原料粉体。

14.2.4　精细陶瓷的烧结工艺

要使精细陶瓷具有优异的性能，必须精密控制这些材料的显微结构。其中，烧结是使精细陶瓷获得预期显微结构的关键工序。它可以减少形体中的气孔，增强颗粒之间的致密程度，从而提高产品的机械强度。陶瓷的烧结方法因组成差别而有所不同。下面介绍几种常用的烧结方法。

（1）热压烧结法。粉体置于压模中，从上到下用 10～50MPa 的压强，边单轴加压边加热到高温的烧结方法。该法能形成高强度、低空隙率制品，适用于切削工具等的制造。但是，难以大量生产形状复杂的制品。

（2）热等静压法。粉体置于能承受压强 50～200MPa 及 2000℃ 高温的真空容器中，以惰性气体为压力介质，采取边加热边从各方向施加压力压缩粉体的方法。另一种方法是预烧结体热等静压法，是通过一次无压烧结制成没有开口气孔的闭口气体烧结体，它是不需模套而直接在高压气体中烧结的方法，韧性强。

（3）化学气相沉积法。将原料气体加热，使其发生化学反应形成陶瓷沉积于基片上。该法不需加入烧结助剂，有效空隙率为 0，可形成高纯度致密层。由于与基体间的热膨胀系数不同，易产生应变。

（4）反应烧结法。制造 Si_3N_4 常采用的方法。例如，将加热的 Si 粉体置于容器中，通入氮气、氢气混合气体与 Si 反应，生成氮化硅的同时进行烧结。该法能制得形状复杂的制品，成本低且不需加助剂，但气孔率较高，难制得高致密制品。

（5）等离子体喷射法。将陶瓷粉体通过电子枪或燃料枪使其熔化，熔化的物质高速喷射到基片表面并固化。该法常用于基片镀层或轴承芯棒镀层，适用于各种化学物质、晶粒大小和形状的镀层，但陶瓷粉末易分解或易与周围的物质反应。

14.2.5 精细陶瓷生产实例

以钛酸铝精细陶瓷的生产工艺为例，其生产原理是以氧化铝和二氧化钛为原料制备钛酸铝，反应式如下：

$$Al_2O_3 + TiO_2 \Longrightarrow Al_2TiO_5$$

生产工艺流程见图 14-3，工艺流程说明如下：

（1）将等物质的量的氧化铝和二氧化钛及其他添加剂加入 L101 中混合研磨。

（2）达到要求后，将粉末经 V101 输送至 L102 中挤压成型。

（3）然后经 V102 输送至 B101 中，在氧化气氛中，于 1600℃以上进行烧结，即制得钛酸铝精细陶瓷。

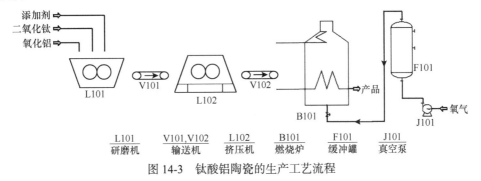

图 14-3 钛酸铝陶瓷的生产工艺流程

14.3 无机膜材料

化学化工和冶金过程通常包括原料的净化，产品的提取、浓缩、分离，以及废物的处理和循环再用等，这些都要用到分离工艺，因往往涉及高温和其他恶劣环境，设备投资费用高。膜和膜过程是 20 世纪 60 年代开始发展起来的新型分离技术，以其高效、节能和对环境友好的特点而逐步取代旧工艺。无机膜（陶瓷、玻璃、金属及其复合材料膜）作为一类新型膜材料具有许多优良特征。采用无机膜分离过程为大大减少上述两方面的资金消耗提供了潜力和希望。无机膜过程及其相应技术主要包括微滤、超滤、电渗析、反渗透等，已广泛地应用于化工、冶金、仪器、食品、医药卫生、生物技术、环境工程等领域，成为近年来迅速发展的一个引人注目的高新技术产业。

14.3.1 无机膜的特点与分类

无机膜是固体膜的一种，是由无机纳米材料如金属、金属氧化物、陶瓷、多孔材料、沸石、无机高分子材料等制成的半透膜。无机膜具有聚合物分离膜无法比拟的一些优点。例如，化学稳定性好，能耐酸、耐碱、耐有机溶剂；机械强度大，担载无机膜可承受几兆帕的外压，并可反向冲洗；抗微生物能力强，不与微生物发生作用，可以在生物工程及医学科学领域中应用；耐高温，一般可以在 400℃ 下操作，最高可达 800℃；孔径分布窄，分离效率高等。其缺点是造价较高，不耐强碱，并且无机材料脆性大、弹性小，成型加工及组件装备有一定的困难等。

由于无机材料科学的发展，加之纳米无机膜的优异性能，其应用领域日益扩大。将无机膜与催化反应相结合所构成的膜催化反应过程，被认为是催化学科未来的发展方向之一，必将使传统的化学工业、石油工业、生物化工等领域发生革命性的变化。

无机分离膜从表层结构上可以分为致密膜和多孔膜两大类。致密膜中主要的一类是各种金属及其合金膜，如金属钯膜、金属银膜以及钯-镍、钯-金、钯-银合金膜，这类金属及金属合金膜是利用其对氢的溶解机理而透氢，用于加氢或脱氢反应以及超纯氢的制备。另一类致密膜是氧化物膜，主要是经三氧化二钇稳定处理的 ZrO_2 膜、钙铁矿膜等。这种膜是利用离子传导的原理而选择性透氧，其应用领域为氧化反应的膜反应器用膜、传感器制造等方面。多孔膜包括多孔金属膜（如多孔不锈钢膜、多孔 Ti 膜、多孔 Ag 膜等）、多孔陶瓷膜（如 Al_2O_3 膜、ZrO_2 膜等）、分子筛（如沸石分子筛、碳分子筛）等。

14.3.2 无机膜材料的制备工艺

目前已经广泛应用和开发的无机膜制备技术绝大多数涉及化学过程，其中有三大类技术最为突出。一是有机高分子化合物辅助的陶瓷制备工艺，包括挤压成型法制备多孔陶瓷膜和悬浮粒子法合成微滤顶层膜等技术；二是溶胶-凝胶法过程制备各种孔径尺寸的超滤和纳滤膜；三是各种类型化学气相淀积（CVD）工艺合成介孔复合致密膜和对多孔顶层膜进行缩孔和化学修饰。下面介绍几类较为成熟的无机膜制备工艺。

1. 烧结法制备多孔陶瓷膜

该法是从传统的陶瓷制备工艺发展起来的。首先将加工成一定细度的无机粉粒（如 Al_2O_3-ZrO_2、SiO_2、SiC 等陶瓷粉体）分散在溶剂中，再加入适量的无机胶黏剂、增塑剂、助溶剂等制成悬浮液，然后成型制得由湿粉粒堆积的膜层，最后干燥及高温焙烧，使粉体接触处烧结，形成多孔无机陶瓷膜或膜载体。其工艺流程如图 14-4 所示。

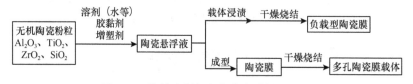

图 14-4　烧结法制备多孔陶瓷膜的工艺流程

用烧结法制得的陶瓷多孔膜的结构及质量与粉粒的形状、粗细、粒径分布，添加剂的种类、含量以及烧结强度等因素密切相关。一般孔径范围为 0.01～10nm，适用于微滤和超滤。

2. 阳极氧化法制备非对称氧化铝膜

阳极氧化法是将薄的高纯度金属片（如铝箔）在室温下置于酸性电解质中进行阳极氧化，再用强酸提取，除去未被氧化部分，制得孔径分布均匀且为井式微孔的膜。利用此法原理，先将高纯度、质地均匀的铝箔煅烧除油脂及抛光处理等，放入阳极氧化室中，分别以硫酸和草酸为电解液进行阳极氧化处理，再用 HCl-$CuCl_2$ 浸蚀铝箔，使其成微孔。用阳极氧化法制备的非对称氧化铝膜通常有两层，即本体多孔层和活性薄膜层。

3. 水热晶化法制备分子筛膜

将无孔载体（如聚四氟乙烯、不锈钢、铜、银等）放入有硅源、铝源、碱、水和有机胺的溶胶反应釜中，在一定温度和压力下水热晶化，可以制得具分子筛效应的分子筛膜。采用物质的量组成为 $Na_2O：Al_2O_3：SiO_2：TPABr$（四丙基溴化铵）$：H_2O = 0.05：0.01：1.0：0.1：（40～100）$ 的反应物体系于不锈钢反应釜中合成 ZSM-5 分子筛膜。也可在 SiO_2-TPABr-NH_4F-H_2O 弱酸性氟离子体系中，在玻璃基片上采用水热晶化法制备 Silicalite-1 分子筛膜。

4. 化学提取法制备多孔玻璃、金属微孔膜

首先将制膜固体原材料进行某种处理，使之产生相分离，然后用化学试剂（刻蚀剂）处理，使其中的某一相在刻蚀剂的作用下溶解提取，即可形成具有多孔结构的无机膜。具体制备方法如下：

（1）多孔玻璃膜。用于制膜的原始玻璃材料中至少含30%～70% SiO_2，其他为锆、铪、钛的氧化物及可提取材料，可提取材料中含一种以上的含硼化合物和碱金属氧化物或碱土金属氧化物。该原始材料经热处理分相，形成硼酸盐相和富硅相，然后用强酸提取硼酸盐使之除去，即制得富硅的多孔玻璃膜，其孔径一般为150～400nm。

（2）金属微孔膜。将高纯金属薄片（如铝箔）于室温下在酸性介质（硫酸、乙二酸、磷酸等）中进行阳极氧化，使之形成多孔性的氧化层，然后用强酸提取，除去未被氧化部分，即制得孔径分布均匀且为直孔的金属微孔膜，膜的孔径可分别达到 $100×10^{-10}$m、$40×10^{-10}$m 及 $300×10^{-10}$m。

5. 溶胶-凝胶法制备微孔陶瓷膜

溶胶-凝胶法是一种最为有效的制备微孔无机膜的方法。商业化的 Al_2O_3 膜、ZrO_2 膜、TiO_2 膜、SiO_2 膜以及分子筛炭膜都可用该法制备。其特点是在制膜时不需要化学提取，也不需要粉粒间烧结。更重要的特点是由于溶胶粒子小（1～10nm）且均匀，制备的多孔陶瓷膜具有相当小的孔径及非常窄的孔径分布。其孔径范围为 1～100nm，适用于超滤及气体分离。溶胶-凝胶法成为一种制备膜材料尤其是多孔膜材料的新兴工艺。

用溶胶-凝胶法制备多孔陶瓷膜有两条途径，制备流程如图 14-5 所示。

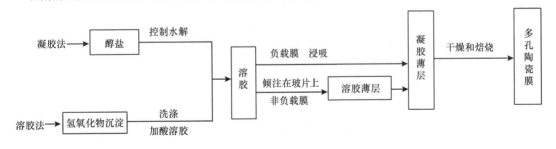

图 14-5　溶胶-凝胶法多孔陶瓷膜的制备流程

其原理是控制金属醇盐水解或氢氧化合物胶溶制成胶体溶液，此胶体溶液经过不可逆溶胶-凝胶过程生成凝胶，最后经干燥、焙烧制得具有陶瓷特性的多孔无机膜材料。

例如，采用溶胶-凝胶法制备 γ-Al_2O_3 陶瓷膜的工艺流程见图 14-6。

采用铝或醇铝为前驱体，水解得到勃姆石沉淀，用酸溶沉淀形成勃姆石溶胶，在多孔 γ-Al_2O_3 陶瓷膜支撑体上以浸取提拉的方式制备一层湿膜，干燥、灼烧后即可得到孔径分布窄的 γ-Al_2O_3 超滤或纳滤陶瓷膜。

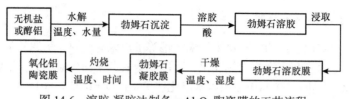

图 14-6　溶胶-凝胶法制备 γ-Al_2O_3 陶瓷膜的工艺流程

14.4　无机超微颗粒与超细粉体

粉体材料包括陶瓷工业的待烧结粉料、化学工业的催化剂、电子工业的磁记录材料、电子陶瓷粉料、冶金粉体、染料颜料粉体、各种填料粉体等，尤其在化工与新材料领域中，以粉体为原料的产品占一半以上。随着粉体制备技术的改进，各种高纯、超细、具有特殊性能的超微颗粒或超细粉体已在电子、化工、材料、航空航天、冶金、机械、核技术、医学和生物工程等领域得到越来越广泛的应用。研究微粉及超微颗粒制备、性能和应用的超细粉体技术已成为一门跨学科跨行业的新兴技术。

14.4.1　固体颗粒与粒径

长期以来人们对固体的微细化终点并不十分了解，现已证实大致接近于分子水平。20 世纪 90 年代初，化学家关注的由 60 个碳原子组成的 32 面体原子簇，虽然是原子簇，但又具有粉体颗粒的特性，可以说分子和颗粒几乎是连续的。超微颗粒作为物质存在的一种新状态这一观点正在为学术界所接受。超微颗粒与超细粉体的物性理论及其制备与应用研究，作为一个新兴学科正在形成和发展之中。

超微颗粒泛指粒径在 1～100nm 范围的颗粒，一般将若干个原子的聚集体至 1nm 量级的颗粒称为原子簇或分子簇。也有将 10～100nm 量级的颗粒称为微颗粒，二者统称为超微颗粒。此外，通常也将二维的纳米膜、三维的纳米固体材料归为超微颗粒的研究范畴。以下的称谓和尺寸范围并没有十分严格的定义，但其区分有如下基本标准可供参考：

（1）粒体。一个个颗粒组成的，重力支配着集合状态。

（2）粉体。颗粒之间相互接触，附着力与重力同等大小，以数十微米为界。

（3）微颗粒。颗粒在大气中呈分散状态时，受到布朗运动的作用，重力可以忽视，以数微米为上限，如气溶胶、胶体，由于颗粒浓度极小或因电气、电化学作用，阻止颗粒相互接触，而呈稳定的分散体系。但通常由于扩散运动互相接触而凝聚形成二次颗粒。

（4）微粉体。为颗粒的集合体，因颗粒形成链状、网状的二次颗粒，所以堆积时空隙率大，在气流中表现出异常的运动状态。

（5）超微颗粒。众学者各有其定义，但大部分将小于 100nm 的颗粒称为超微颗粒。超微颗粒主要是以物质固有的特性支配着物性。

（6）簇。由可数的原子构成的颗粒称为原子簇（或分子簇）。尺寸在数纳米以下，在大气中极难处理，其性质受到占 40%以上的表面原子影响。

固体材料按其分子的排列规则性可分类为结晶体、非结晶体，但按其运动单元的体积大小还可分为块状固体和粉体。粉体是数量极多的固体微颗粒的集合状态。因此其特性应包括两个方面，即固体被微细化之后的微颗粒物性和大量固体微颗粒集合体的特性。一般微颗粒物性与材料功能有关，粉体特性与其制备、加工技术有关。

14.4.2 超微颗粒与超细粉体的特性

超微颗粒的临界粒径，即超微颗粒在性能上表现出与原固体完全不同行为时的粒径，因性能不同而有很大差异。例如，磁性及电阻等性能分别与磁畴的磁化过程和载流子的平均自由程有关，即与颗粒内部结构有着密切联系，所以超微颗粒的内部结构决定了超微颗粒的临界粒径。另一方面，粉体特性即固体颗粒集合体的特性，颗粒之间的相互作用则为重要因素。例如，粉体本质上是固体，但具有流动性。在此把流动性定义为构成物质的单元其相对位置可发生变化的性质。液体的情况下，分子由于热运动而改变相对位置；而对于粉体，组成粉体的固体颗粒不能自由地运动，但颗粒周围有可以移动的空间，当一个个颗粒具有的动量超过相邻颗粒之间的附着力、凝聚力时，就发生流动。这种流动性对于固体材料的加工极为有利，粉体的输送、供给、混合、分散、成型等多种工艺操作就是基于此性质。

对于超细粉体的粒径界限，目前尚无完全一致的说法。各国、各行业由于超细粉体的用途、制备方法和技术水平的差别对超细粉体的粒度有不同的划分。例如，日本将超细粉体的粒度定为0.1μm 以下，还有些国外学者将 100nm～1μm 的粒级划分为超细粉体，并根据所用设备不同，分为一级至三级超细粉体。对于矿物加工来说，我国学者通常将粒径小于 1～10μm 的粉体物料通称为微粉或超细粉体；有些行业将超微颗粒即粒径小于 100nm 的粉体称为超细粉体。超细粉体将随着研究的深入和应用领域的扩大而越来越显示其巨大的威力。

根据聚集状态的不同，物质可分为稳态、非稳态和亚稳态。通常块状物质是稳定的；粒径在2nm 左右的颗粒是不稳定的，在高倍电镜下观察其结构是处于不停地变化中；而粒径在微米级左右的粉末都处于亚稳态。超细粉体表面能的增加使其性质发生一系列变化，产生超细粉体的"表面效应"；超细粉体单个粒子体积小，原子数少，其性质与含"无限"多个原子的块状物质不同，产生超细粉体的"体积效应"。体积效应可分为量子效应、小尺寸效应两类，这些效应引起了超细粉体的独特性质。目前，对超细粉体的特性还没有完全了解，已经比较清楚的特性可归纳为以下几点：①比表面大；②熔点低；③磁性强；④活性好；⑤光吸收好；⑥热导性能好。

体积效应和表面效应两者之一显著出现，或两者都显著出现的颗粒称为超微颗粒，其粒径范围随物质的不同以及所涉及性质的不同而异。超微颗粒科学的研究目的就在于找出这一界限，并探讨在这一界限物质发生了什么变化。这是原子物理以及性能研究中所面临的一个新领域。

14.4.3 超微颗粒与超细粉体的基本制备方法

从物理化学性质来看，粉体是大量的不连续微小表面的集合体，比表面积大，除了固有的性质以外，表面性质表现显著。这使粉体对于反应、烧结、吸附、润湿等界面现象表现出活性。这意味着掌握粉体的特性对于各种新材料的开发、制备、加工是非常重要的。

微粉与超细粉体的制备可采用由大到小微细化即大块物料破碎成小块的粉碎法，和由小到大即由原子、分子聚集起来的构筑法两条途径。具体来讲，包括机械粉碎、气相沉积、液相沉淀等方法。传统制备工艺按照是否有化学反应发生可分为物理方法和化学方法两大类。目前倾向于将制备方法分为固相法、气相法和液相法，即按照反应物所处物相和微粉生成的环境来分类。制备工艺分类如下：

（1）固相法。主要包括机械粉碎法、固相反应法、高温固相合成法、自蔓延燃烧合成法、低温燃烧合成法、机械合金化法、室温和低热温度固相反应合成法、冲击波化学合成法等。

（2）气相法。主要包括低压气体中蒸发（气体冷凝）法、气相化学反应法（如卤化物氧化、气相合成、热分解等）、溅射法、流动液面上真空蒸发与沉积法、金属蒸气合成法、化学气相沉积法、等离子体法、化学气相输运（转移）反应法。

（3）液相法。主要包括沉淀法（如均相沉淀法、共沉淀法、化合物沉淀法、乙二酸盐沉淀热-

分解法、熔盐法）、水热法（如水热氧化法、水热沉淀法、水热晶化法、水热合成法、水热脱水法、水热阳极氧化法）、胶体法（如胶溶法或相转移法、相转变法、气溶胶或气相水解法、喷雾热解法、包裹沉淀法、溶胶-凝胶法）、微乳液法、水解法、溶剂蒸发法、微波合成法、电化学法等。

微粉的制备技术涉及物理、化学、化工、材料、表面、胶体等众多学科。随着科学技术的发展，为了适应各个领域对微粉的特殊需求，微粉的制备工艺也越来越多样化，从简单的机械粉碎到机械合金化技术，特别是通过物质的化学反应，生成物质的基本粒子——分子、原子和离子等，经过成核生长和凝并而成长为超细粉末的化学合成法与物理技术相结合得到重视，使超细粉体制备技术的发展十分迅速。

14.4.4　超细粉体的生产工艺

粉体的性质在很大程度上受颗粒的大小、形状及其集合状态影响。颗粒的形态特征因其生成过程而异。例如，固体粉碎时，多晶体易于从晶界破裂、单结晶往往从解理面断裂而呈特定的形状；而易磨耗的材料，颗粒则球状化，并且颗粒表面层由于机械力作用，结晶格子发生畸变。从液相析出时，易发育晶面快速生长，成为具有一定形状的单结晶颗粒，但初始的微细晶核易凝集成二次颗粒。从气相析出时，大多呈球形的单结晶超微颗粒。因此为得到适于应用的粉体，选择最合适的工艺方法是非常重要的。下面结合实例分别介绍气相法和液相法。

1. 气相法

对于精细材料用粉体，随着高纯度化、超微颗粒化的要求不断提高，利用气相反应制备超微颗粒、纤维、单晶、薄膜等技术已逐渐成熟。

因气相反应是使金属化合物原料气化后发生化学反应，再结晶析出，所以易于高纯度化，易于得到 $0.1\mu m$ 以下的超微颗粒，且颗粒不易团聚、分散性好。尤其适用于合成用其他方法难以得到的氮化物和碳化物等非氧化物颗粒，应用广泛。

气相化学反应法制备超细颗粒是使蒸气压比较高的金属化合物气化，然后在适当的温度下与气体反应，而析出微颗粒。例如，超微细二氧化钛的生产原理是以四氯化钛为原料，在氢、氧焰中，高温氧化制备超微细二氧化钛。反应式如下：

$$TiCl_4（g）+2H_2（g）+O_2（g）\Longrightarrow TiO_2（s）+4HCl（g）$$

生产工艺流程见图 14-7，工艺步骤如下：

（1）将经气化的四氯化钛与氢和空气通入气体混合缓冲罐 F101 中，混合均匀得混合气。

（2）再将混合气通入 B101 中，在燃烧室内加热到 $1000\sim1300\,℃$ 高温燃烧。

（3）生成的燃烧气体经急冷冷凝后使二氧化钛固体与氯化氢气体分离，经捕集即可得超微细二氧化钛产品。

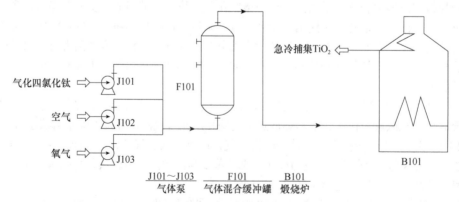

图 14-7　气相化学反应法制备超微细二氧化钛的生产工艺流程

2. 液相法

自水溶液中生成沉淀以得到微颗粒已是工业上广泛应用的微粉体制备法。该方法制备多组分体系的颗粒时，因液相组成能达到均匀，所以利用这一均匀性可得到组成均匀的固相颗粒。通过改变条件可以控制颗粒大小、形态、结晶构造等超细粉体特性。

通过水溶液反应得到组成均匀的沉淀是最普通的方法，为了得到精细粉体再将沉淀加热分解，成为非晶质或结晶质氧化物颗粒，因此沉淀多为氢氧化物、碳酸盐、乙二酸盐，反应分为离子反应和水解反应。几个反应实例如下。

离子反应：

$$CaCl_2 + Na_2SO_4 \longrightarrow CaSO_4 \cdot 2H_2O \downarrow + 2NaCl$$

$$MnSO_4 + 2FeSO_4 + 3(NH_4)_2C_2O_4 + 6H_2O \longrightarrow MnFe_2(C_2O_4)_3 \cdot 6H_2O + 3(NH_4)_2SO_4$$

水解反应：

$$MgCl_2 + 2NaOH \longrightarrow Mg(OH)_2 \downarrow + NaCl$$

$$(Mg^{2+} + 2H_2O \longrightarrow Mg(OH)_2 \downarrow + 2H^+)$$

$$TiO(SO_4)_2 + 2H_2O \longrightarrow TiO(OH)_2 \downarrow + H_2SO_4$$

若将上述式中的 $MnFe_2(C_2O_4)_3 \cdot 6H_2O$、$Mg(OH)_2$ 以及 $TiO(OH)_2$ 加热分解，则可得到 $MnFe_2O_4$、MgO、TiO_2 的超细粉体。

由水溶液反应可以得到超细颗粒沉淀，但是未必能够直接得到高纯度的超细粉体，因此要控制析出条件以精制所得的沉淀，除去不纯成分。为了尽可能得到微细的沉淀颗粒，要在高过饱和状态下使沉淀同时析出，以控制核成长。

以拜耳法制备氧化铝为例，基本反应如下：

$$Al(OH)_3 + NaOH \Longleftrightarrow NaAlO_2 + 2H_2O$$

在铝土矿中，三水铝石[$Al(OH)_3$]之类的氧化铝水化物约占一半，其余为 Fe_3O_4、TiO_2、SiO_2 等组成，即为低品位矿物。将铝土矿的粉碎物和 $NaOH$ 溶液混合，用蒸气加热，在 $150\sim250℃$ 溶解，反应向右进行，成为铝酸钠（$NaAlO_2$）溶液。这时几乎所有的不纯物对 $NaOH$ 都是难溶的，而作为尾矿被分离。母液 $NaAlO_2$ 溶液进入拜耳槽中，若保持一定的碱浓度、温度，则可达到溶解度以上的过饱和，然后加水分解，反应从右向左进行，生成 $Al(OH)_3$ 白色沉淀。将其过滤、分离，在回转窑中于 $1000℃$ 以上煅烧即得 $\alpha\text{-}Al_2O_3$ 粉体。粒径约 $40\mu m$，含 $\alpha\text{-}Al_2O_3$ 约 99.9%。

再以超微细轻质碳酸钙生产为例，生产工艺流程见图 14-8。首先将石灰石煅烧后，再将石灰乳通入二氧化碳反应，后经表面处理剂处理得到产品。工艺说明如下：

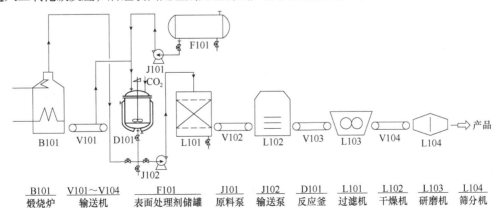

B101	V101~V104	F101	J101	J102	D101	L101	L102	L103	L104
煅烧炉	输送机	表面处理剂储罐	原料泵	输送泵	反应釜	过滤机	干燥机	研磨机	筛分机

图 14-8　超微细轻质碳酸钙的生产工艺流程

（1）将石灰石加入煅烧炉 B101 中，经过煅烧分解为生石灰和二氧化碳气体。

（2）生石灰经 V101 输送至 D101 中，用水消化生成石灰乳，再向石灰乳中通入二氧化碳气体，进行碳酸化反应产生碳酸钙。

（3）向碳酸钙浆液中加入 F101 中的表面处理剂，进行粒子表面处理。

（4）依次经过 L101 过滤、L102 干燥、L103 研磨和 L104 筛分等工艺过程制得产品。

14.5 无机抗菌材料

人类生活的环境中存在着以细菌为代表的大量微生物，它们在适宜的温度、充足的营养条件下可以迅速繁殖，导致物质的变质、腐败、发霉以及伤口的发炎、溃烂等现象，严重威胁人类的健康。进入 20 世纪 80 年代，人们开始注重生活品质、追求舒适卫生的生活环境，抗菌防臭纤维、抗菌陶瓷、抗菌涂料、抗菌塑料、抗菌化妆品等应运而生，使纺织纤维、建筑装饰材料、日用品、家电制品等不仅具有原有的使用性能，而且增加了抑菌、灭菌、防霉和消毒等特殊功能。这种特殊功能多数是在材料制造过程中加入了无机抗菌剂实现的，这使得具有抑制微生物生长繁殖功能的无机抗菌材料成为研究热点之一。

14.5.1 无机抗菌材料的定义和分类

广义的抗菌概念包括灭菌、杀菌、抑菌、防腐、防霉及消毒等抑制微生物的相关作用。能够在一定时间内，使某些微生物的生长或繁殖保持在必要的水平以下的化学物质称为抗菌剂。按抗菌剂的成分可以分为三大类：

（1）天然抗菌剂。来自天然动植物的提取物，如古埃及包裹木乃伊用的是浸过草药汁的裹尸布，近代用生物技术从虾、蟹及甲壳类昆虫外壳提取的脱乙酰壳多糖等。

（2）有机抗菌剂。如聚乙烯吡咯酮类、季铵盐及双胍类除菌剂，有机卤化物及锡化物、异噻唑啉防腐剂、噻苯达唑、咪唑类防霉防藻剂等。

（3）无机抗菌剂。包括含抗菌活性的金属，如银、铜、锌、汞、镉等。

抗菌材料是指自身具有杀灭或抑制微生物功能的一类新型功能材料。但目前抗菌材料更多的是指通过添加一定的抗菌剂，从而使材料具有抑制或杀灭表面细菌能力的一类新型功能材料。抗菌材料根据对应抗菌剂来源的不同也分为三大类，即天然抗菌材料、有机抗菌材料和无机抗菌材料。无机抗菌材料与其他两种抗菌材料相比具有更好的耐久性、更高的稳定性和较低的毒性，广谱、灭菌率高、安全性好、长效，特别是不会引起细菌的耐药性。因此，无机抗菌剂引起人们广泛的研究兴趣。

无机抗菌材料指的是包含未结合状态的颗粒或作为聚集体或团聚体的天然的或合成的、具有杀菌活性的无机材料。其中超过 50% 以颗粒形式存在，它们的尺寸通常集中在 1～100nm 范围。由于它们独特的物理化学性质（如超小尺寸和高比表面积）和活泼的化学反应性，人们可以设计高特异性的材料或装置，通过与人体细胞在分子水平中相互作用，从而以最小副作用获得最大治疗功效。无机抗菌材料主要分为金属类、碳材料类和复合类，分述如下。

（1）金属类抗菌材料。主要包括金属（如银、金、铜和铂等）、金属氧化物（如氧化银、氧化铜、氧化锌、氧化锰和氧化钛等）、金属离子（如银离子、铜离子和锌离子等）和金属氢氧化物（如氢氧化锰等）。

（2）碳材料类抗菌材料。包括石墨、石墨烯、氧化石墨烯、还原氧化石墨烯和碳纳米管等。这类碳材料由于本身出色的生物相容性和结构稳定性、延展性等优点受到了广泛关注。

（3）复合类无机抗菌材料。包括石墨烯负载银、碳纳米管负载银、二氧化钛负载银和稀土金属掺杂的金属氧化物等。通过不同抗菌材料如石墨烯、碳纳米管、二氧化钛和银纳米粒子等的组合可以进一步获得抗菌性能更加优异的复合材料，同时复合结构的形成可以进一步提高复合材料的环境响应性和抗菌稳定性。

14.5.2 无机抗菌材料的抗菌机理

人们很早就认识到金属 Ag 具有抗菌性能，后来又发现 Cu、Zn、Mg 等金属也具有一定的抗菌效果。随着生物化学和材料科学的发展，以及纳米技术的进步，研究者开始关注金属材料与细菌活体之间的相互作用关系，发现金属离子或细微颗粒对细菌本体产生了一系列的破坏作用，对细胞壁、细胞膜、细胞内容物等都有不同程度的影响，最终导致细菌本体的死亡。同时，人们也发现具有光催化活性的材料，如 TiO_2 等，也具有较好的抗菌能力。众多研究者对这些金属及其氧化物材料进行了较为细致的研究，发现材料的组成、尺度、结晶和形态、表面形貌等均对抗菌活性有影响；同时对细菌死亡后的状态进行了表征分析，以得出金属材料对微生物的作用机制。到目前为止，没有科学家提出一套明确的、值得信服的抗菌作用机理。

抗菌机理研究是无机抗菌材料研发的核心内容，近年来国内外在抗菌机理的分析表征和探究上取得了较多的收获，综合分析相关文献报道，根据无机材料的抗菌活性物质以及主要的细胞作用对象的不同，将抗菌机理分为以下三类：直接接触型、溶出-渗透型和催化氧化型。直接接触型机理主要是指抗菌材料直接接触细胞，影响了细胞壁（膜）的正常功能，阻碍了细胞内外的物质传输，甚至使细胞壁（膜）破损，致使细胞内容物流出，最后导致细胞死亡。溶出-渗透型机理主要是指含有 Ag、Zn、Cu 的抗菌材料在水溶液中释放出的金属离子或无机抗菌材料中纳米级粒子穿过细菌的细胞壁（膜）进入细胞内部，与细胞内蛋白质、酶等物质发生反应，导致细胞受损失活。催化氧化型机理是抗菌材料以活性氧为主要抗菌物质，即由无机抗菌材料诱导产生活性氧，活性氧进入细胞体内与细胞的代谢物质、遗传物质、酶等反应，使细胞产生氧化应激从而导致细胞受损。

14.5.3 无机抗菌材料的制备原理与工艺

无机抗菌材料的种类较多，其制备工艺一般与品种、抗菌机理、抗菌效果等密切相关。按照抗菌材料的制备技术途径，可将其主要分为离子交换、物理吸附、高温合成、生物合成等方法。摘要介绍如下。

1. 金属离子类型抗菌材料的制备原理与工艺

金属离子类型无机抗菌材料的物质构成有两部分：载体和被载物质。载体往往是具有优良的离子选择吸附性的无机多孔离子交换物质，被载物质是具有抗菌作用的金属离子。被载物质通过载体物质的离子交换作用被置换进入载体物之中，由于载体物质具有巨大的比表面积，某些载体还具有离子交换性，因而对特定离子如银、铜有非常强的亲和性，因此金属离子类型无机抗菌材料的抗菌效果具有持续性较长的特点。尽管如此，由于抗菌离子是通过离子交换的方法进入载体中的，因而存在交换容量有限、交换工艺过程复杂的特点。同时由于存在抗菌离子被交换出来的可能性，因此交换后需要通过进一步处理将抗菌离子固定在载体材料中，以减少和降低其溶出量，如高温固化工艺。

根据文献对载银型无机抗菌材料的抗菌 MIC（最小抑菌浓度）值和耐候性的研究表明：采用不同工艺和技术途径制备的抗菌材料的性能有较大的差异。目前常见的载银型无机抗菌材料中，当银离子只通过离子交换较多地进入沸石而未经煅烧时，耐久性就较差；经煅烧的产品耐久性较好，但 MIC 值相对较大。

高温合成法往往是将抗菌金属离子与易熔玻璃料混合，经高温熔融制成可溶性抗菌玻璃，如采用磷酸盐、硼酸盐、氧化还原剂和铜盐等熔融制成。由于玻璃材料结构致密，抗菌接触面积有限，影响材料的抗菌效果和使用范围，同时抗菌金属加入量也受到玻璃料配制工艺要求的制约。

2. 抗菌复合材料的制备工艺

针对当前无机抗菌材料的各种缺陷，为提高抗菌材料中抗菌金属离子的结合量，降低 MIC 值，简化合成途径，增加抗菌材料的吸附功能，而寻求一种制备工艺简单、在温和条件下将抗菌金属离子较多地结合进抗菌载体的方法，是解决离子型无机抗菌材料的载体和被载物质制备缺陷的有效技术途径。

1) 载体材料的选择

载体材料的选择直接影响抗菌材料的制备工艺和抗菌效果。抗菌复合材料的制备需要结合抗菌物质和载体材料的特性。为获得吸附和抗菌双高效的无机改性材料，其技术途径必须有实质性的突破，在考虑技术方案时将抗菌组分融合在多孔材料的结构中，而不是表面上，使得材料本身就具有抗菌能力，加上材料的多孔结构，这样就有高效的吸附能力。

化学键合材料（CBC）是一种低温制备材料，这类材料的显微结构具有可控性，可以通过调整原材料的种类、性质、比例和制备条件（温度、压力、湿度等）对材料的孔结构进行有效的控制，而抗菌组分则在材料固化成型时被键合进入材料的结构中，使之符合抗菌材料设计所需要的结构要求。其中 $Na_2O\text{-}SiO_2\text{-}Al_2O_3$ 体系的化学键合材料便可作为抗菌材料的载体材料使用。

2) 抗菌物质的选用

抗菌材料的杀菌作用是通过抗菌物质实现的。抗菌物质不同于一般的抗菌类药物，与抗生素类药物相比，用于抗菌复合材料的抗菌物质应该具有广谱的抗菌效果，在一般的或恶劣的条件下仍有抗菌作用。抗菌物质的另一个要求是能够维持较长的抗菌杀菌能力。主要的抗菌物质有：金属离子，包括 Au、Ag、Cu、Zn、Ba、Bi、Ta 等，各种金属离子对人体的毒性有大小之别，杀菌效果也不同；金属氧化物，包括 TiO_2、TaO、ZnO、MgO 和 CaO 等，它们具有直接的或间接的杀菌和抑菌效果。金属氧化物可以以颗粒或由载体材料携带的方式单独作为抗菌复合材料或复合抗菌复合材料。复合抗菌物质是将各种重金属或重金属离子与一些具有抗菌效果的金属氧化物混合后，制成复合的抗菌物质。复合抗菌物质结合各种抗菌物质的特点，充分利用抗菌物质的抗菌效果，可以延长材料的抗菌时间。将各种类型的抗菌物质复合在一个抗菌载体上是拓展抗菌功能的有效途径。

在众多的金属离子型抗菌剂中，以含银的抗菌剂最为普遍。银存在的形式可以是金属单质或离子。不溶于水溶液的卤化银（AgI 除外）同样具有抗菌的效果。由于银具有良好的生物相容性，同时具有广谱的抗菌效果，因此金属银作为金属抗菌剂的首选材料。此外，还可考虑使用铜离子和锌离子作为备选的金属离子抗菌物质，或与银离子抗菌物质进行复合使用效果更佳。

3) $Na_2O\text{-}SiO_2\text{-}Al_2O_3$ 体系抗菌复合材料的制备工艺

$Na_2O\text{-}SiO_2\text{-}Al_2O_3$ 体系的化学键合材料制备是采用改性的高岭石作为引入 SiO_2 和 Al_2O_3 的原料，$Na_2O \cdot mSiO_2 \cdot nH_2O$ 作为引入 Na_2O 和 SiO_2 的原料，按比例混合搅拌，经化学反应形成三维网络状固体。在混合搅拌的过程中，将抗菌物质加入到混合物中，浆体硬化后，抗菌物质就被嵌入到网状体的结构中，因而抗菌物质被充分地分散在抗菌材料中。由于抗菌物质与浆体共同硬化，抗菌物质的存在方式不仅是静电引力和范德华力的作用，更多的是以化学键合的形式参与结构的形成，抗菌物质成为抗菌材料结构骨架的一部分。因此抗菌物质的溶出量将是微乎其微的，一方面可减少杀菌金属离子对水质的污染，另一方面有利于抗菌材料使用寿命的延长。

Na$_2$O-SiO$_2$-Al$_2$O$_3$体系化学键合材料具有特殊的内部结构特征,材料具有一定量的离子交换能力,其中的 Na$^+$很容易被高价金属阳离子置换,因此这类抗菌材料预期具有吸附水体中有害重金属离子的作用。

3. 分子筛载银抗菌剂的生产工艺

利用银、铜、锌等金属的抗菌能力,通过物理吸附、离子交换等方法,将银、铜、锌等金属（或其离子）固定在氟石、硅胶等多孔材料的表面制成抗菌剂,然后将其加入到相应的制品中即获得具有抗菌能力的材料。目前,银离子抗菌剂在无机抗菌剂中仍然占有主导地位。

分子筛载银抗菌剂是以合成分子筛或天然分子筛作载体,负载上有效成分银、锌、铜等金属（或其离子）制得,生产工艺流程见图 14-9。

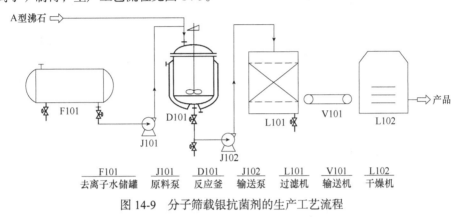

图 14-9 分子筛载银抗菌剂的生产工艺流程

（1）将定量干燥的 A 型沸石与去离子水依次加入 D101,搅拌下加入配制好的 0.1mol AgNO$_3$溶液,继续在室温下搅拌混合均匀,进行离子交换反应 7～8h。

（2）然后经过 L101 过滤,同时充分洗涤。

（3）再通过 V101 输送至 L102,经干燥、精制得分子筛载银抗菌剂（银沸石）。

分子筛载银抗菌剂主要用于混凝土杀菌剂,与塑料、纤维混炼后作抗菌剂,也可在汽车部件、建材、壁材、卫生陶瓷品中应用。

4. 抗菌陶瓷制品

银系抗菌陶瓷是一种保护环境的新型功能材料,它是将抗菌效果好、安全可靠的银、铜等元素以其特殊的无机盐形式引入陶瓷釉中,经施釉和烧结后使之在陶瓷表面的釉层中均匀分散并长期存在。抗菌陶瓷在保持制品原有使用功能和装饰效果的同时,增加了消毒、杀菌及化学降解功能,因此被广泛应用于卫生、医疗、家庭居室、民用或工业建筑等领域。

银系抗菌陶瓷传统的生产方法是将含银等金属离子的抗菌剂直接加入陶瓷釉料或涂覆于釉层表面烧制而成。或者将银离子、铜离子的氧化物与光催化材料按适当的配比掺入瓷砖原料和釉料中,可以制造抗菌瓷砖。

较为成熟的工艺是将银系无机抗菌材料按一定比例加入釉料中,采取二次施釉和一次烧成工艺制备出高效安全的抗菌日用陶瓷制品。另外,也有采用溶胶-凝胶法等技术,给陶瓷产品的表面涂覆一层含银离子、铜离子或锌离子的光催化薄膜,使其具备抗菌自洁功能。近年来开发了含抗菌因子硼元素的具有持续杀菌作用的新型抗菌陶瓷,主要由混合物 A（由 B$_2$O$_3$、MgO、CaO、Fe$_2$O$_3$、SiO$_2$ 和 Na$_2$O 混合而成）、陶瓷黏土、高岭石、钾长石、石英砂、二硼化钛和废陶瓷硬质颗粒混合烧制而成。

14.6 无机晶须及其增强复合材料

无机晶须是一种具有特定长径比的单晶生长的微纳米级短纤维材料，机械强度等于邻接原子间力产生的强度，其值约为没有晶体缺陷的完整晶体的理论值，同时晶体中的原子稳定有序地排列，几乎没有晶体缺陷，应用于高分子材料、复合材料等材料的改性过程中，极大地改善了材料的理化性质和力学性能。无机晶须被称为21世纪的补强材料，在工程塑料、涂料和陶瓷及隔热、绝缘材料等领域具有广泛的应用。

14.6.1 晶须的分类及性能

从1948年美国科学家首次发现晶须以来，迄今材料学家们研究开发出数百种晶须，有金属、氧化物、碳化物、氮化物、硼化物以及无机盐等类晶须。目前，晶须材料主要分为有机晶须和无机晶须两大类。有机晶须主要有纤维素晶须、聚丙烯酸丁酯-苯乙烯晶须、聚4-羟基苯甲酸酯（PHB）晶须等几种类型，在聚合物中应用较多。无机晶须主要包括非金属晶须和金属晶须两类，其中在聚合物材料中应用较多的是非金属晶须，金属晶须主要用于金属基复合材料中。非金属晶须中的陶瓷质晶须的强度和耐热性优于金属晶须，是无机晶须中较为重要的一类。它主要包括碳化硅晶须、氮化硅晶须、莫来石晶须、钛酸钾晶须、硼酸铝晶须、氧化锌晶须、氧化镁晶须、硫酸钙晶须、碳酸钙晶须以及镁盐晶须等。

无机晶须作为一种新型的增强材料，具有高强度、耐热、耐磨、防腐蚀、导电、绝缘、减振、阻尼、吸波、阻燃等许多特殊的优点和功能，可用于热固性树脂、热塑性树脂、橡胶等聚合物中，能制造出高性能的工程塑料、复合材料、胶黏剂及涂料等。将无机晶须填充于聚合物中，将有可能获得真正意义上的聚合物/晶须复合物，这种新型的复合物可以将无机晶须的刚性、尺寸稳定性和热稳定性与高分子材料的韧性相结合，有望制造出高新技术所需的材料，开辟和扩大现有高分子材料的应用范围。

14.6.2 无机晶须的制备方法

20世纪70年代，随着 β-SiC晶须工业化生产的实现，越来越多的商品晶须被应用于金属或陶瓷复合材料的补强增韧，如氮化硅晶须、钛酸钾晶须、莫来石晶须等，但价格昂贵是其被广泛应用的一大障碍。20世纪90年代，我国学者开始对晶须研究与开发，使该类材料得到了快速发展。目前，无机晶须的制备方法主要有气相法、液相法和固相法。

1. 气相法

采用气相法制备无机晶须时，物理气相沉积法和化学气相沉积法是常用的制备方法。物理气相沉积是一种应用极其广泛的材料制备技术，是指在高温条件下，将原材料气化成原子或分子，或者使其部分电离成离子，然后将气化后的原料引入低温区域进行生长，由于在低温区域其过饱和度较高温区低，气相凝聚在一起形成晶核并生长成为晶须，该方法主要用于制备具有低熔点的氧化锌、氧化镁等金属晶须。化学气相沉积法通常是指将若干种单质或化合物加热气化，使其发生化学反应，反应产物再于低温区域生长成为晶须，该方法常用于制备氧化硅、氧化镁、氧化锌、氮化硅及碳化硅等陶瓷晶须。

2. 液相法

液相法制备晶须的基本原理是使溶质在溶液中达到过饱和状态，同时加入一些助剂，从而诱导晶体实现定向生长。其中，水热法和熔融法是当前液相合成无机晶须的主要方法。水热法产量低，设备昂贵且复杂，不适合进行工业化生产。

熔融法是将反应物加热至熔融状态，在熔体中进行化学反应并连续定向生长制备晶须的方法。该方法包括直接熔融法、助熔剂法以及熔盐法。直接熔融法是指将反应物直接加热至熔化，然后冷却析出晶体。助熔剂法是借助某种助熔剂来降低反应物的熔点，从而降低加热温度减少能耗。熔盐法常引入若干种熔点较低的盐，待熔融后作为反应体系，反应物在该体系中能够溶解一部分，且熔融体系提供的液态环境可以加快离子的扩散速度，使溶解后的反应物之间得以进行反应。此法工艺简单，保温时间短，能耗低，但经由该法制得的晶须杂相较多、品质不高。

3. 固相法

固相法是指将反应物粉末研磨混合均匀后在高温下经过一次或多次煅烧，固体界面间反应、成核并生长得到晶须的制备方法。该法对反应混合物的粒度及混合程度要求较高，原料处理简单，但对烧结过程中温度升高的速度要求苛刻，工艺复杂，浪费能源，且制得的产品粒度分布不均匀，形貌不规则。

以莫来石晶须的生产工艺为例。莫来石晶须是斜方晶系结构，其化学组成为 $m\text{Al}_2\text{O}_3 \cdot n\text{SiO}_2$，莫来石结构稳定，不随 Al_2O_3 和 SiO_2 物质的量比变化而变化，其制备方法通常包括以下几种：①矿物分解法，是指通过在高温下分解矿石制备莫来石晶须的一种方法。矿物分解法分解矿物所需温度高，通常在 1300℃ 以上且制备出的晶须纯度较低，常含有大量杂质，严重影响晶须的品质。②熔盐法，是指借助熔点较低的无机盐，将温度控制在无机盐的熔点以上，使反应物在熔融体系中发生化学反应定向生长出莫来石晶须的方法，该方法借助低熔点的熔盐大大降低了反应温度。③溶胶-凝胶法，是指在液相环境中将原料溶解，借助原料的水解、缩合等化学反应在溶液中形成溶胶再陈化形成凝胶，然后经过烘干、烧结等步骤制备晶须的方法。该方法制备工艺繁杂，反应物价格昂贵导致成本较高。④氧化物掺杂法，是通过掺杂氧化物控制莫来石晶须的生长时间。氧化物的加入大幅降低了莫来石晶须的生长温度，同时控制氧化物的添加量实现莫来石晶须长径比的可控生长，进一步促进莫来石晶须的各向异性生长。氧化物掺杂法制备莫来石晶须是以无水氟化铝和二氧化硅为原料制备莫来石晶须。反应式如下：

$$2\text{AlF}_3 + 2\text{SiO}_2 \xrightarrow{700\sim900℃} \text{Al}_2(\text{SiO}_4)\text{F}_2 + \text{SiF}_4$$

$$m\,\text{Al}_2(\text{SiO}_4)\text{F}_2 + n\,\text{SiO}_2 \xrightarrow{1150\sim1400℃} m\,\text{Al}_2\text{O}_3 \cdot n\,\text{SiO}_2 + x\,\text{SiF}_4$$

生产工艺流程（图 14-10）说明如下：

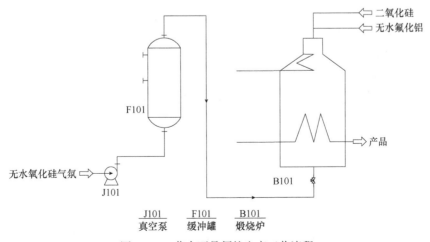

图 14-10 莫来石晶须的生产工艺流程

（1）打开 J101，将无水氟化硅气氛泵入 F101 中，稳压后将其通入 B101 中。

（2）将无水氟化铝和二氧化硅投入煅烧炉 B101 中，在无水氟化硅气氛下，先加热至 700～950℃，使其生成棒状晶体，然后继续升温至 1150～1400℃，即生成针状莫来石晶须。

14.6.3　无机晶须增强复合材料

高技术新型复合材料是比传统材料有更高性能的复合材料。这主要是指用各种高性能增强剂（如纤维、晶须等）与耐温性好的热固性和热塑性树脂基体所构成的高性能树脂基复合材料、金属基复合材料、陶瓷基复合材料、玻璃基复合材料、碳基复合材料和功能复合材料等。国际上普遍认为，当前人类已经从合成材料时代进入复合材料时代，同时，未来的复合材料将在很大程度上集中于非连续（包括晶须、颗粒及片状增强体）增强材料方面的研究与应用。

无机晶须长度一般为直径的几十倍到几千倍，所以它不能单独地作为一种材料来使用，主要是作为复合材料的增强体。晶须具有相当高的拉伸强度和弹性模量，将它单向排列在基体材料中并进行复合，便可以得到强度非常高的复合材料。晶须增强的新型复合材料，既保留了基体材料的主要特色，又通过晶须的增强、增韧作用改善了基体材料的性能。

1. 无机晶须增强陶瓷基复合材料

无机晶须增强陶瓷基复合材料按复合工艺分为两种：外加晶须增强陶瓷基复合材料和原位生长晶须增强陶瓷基复合材料。外加晶须增强陶瓷基复合材料是通过晶须分散、晶须与基体原料混合、成型、烧结而成；原位生长晶须增强陶瓷基复合材料是将晶须生长剂与基体原料直接混合成型，在一定的温度下热处理，使坯体内部生长出晶须，然后烧结而成。前一种工艺容易控制晶须的含量，但是难以消除晶须的团聚现象；后一种工艺能够实现晶须的均匀分布，但晶须的含量难以精确控制。

2. 改性硫酸钙晶须填充 PP/EPDM 复合材料

目前，国内外关于使用三元乙丙橡胶（EPDM）对聚丙烯（PP）进行增韧的技术已经比较成熟，许多增韧 PP 材料已经广泛应用。采用无机晶须对 PP 进行填充，能够很好地分散 PP 材料所受到的外力，从而提高材料的尺寸稳定性、耐磨性和耐热性，因此采用无机晶须对聚合物进行改性更有前途。硫酸钙晶须填充 PP/EPDM 复合材料的制备工艺如下：

（1）硫酸钙晶须（CSW）表面处理。称取一定量的 CSW 加入高速混合机中。称取 1%晶须质量的钛酸酯偶联剂，用白油溶解均匀后逐滴加入高速混合机中，高速混合 10min 后出料，得到有机改性硫酸钙晶须（OCSW）。

（2）PP/EPDM/OCSW 复合材料的制备。将 PP、EPDM 和 OCSW 按一定比例（EPDM 用量固定为 10%，OCSW 用量分别为 0、10%、15%、20%和 25%）高速混合 5min，出料后加至双螺杆挤出机中挤出，冷却、切粒后烘干，得到不同 OCSW 含量的 PP/EPDM/OCSW 复合材料粒料，然后利用注射机注塑成型即得复合材料。

3. 晶须增强金属基复合材料

按金属或基体的不同可分为铝基、镁基、铜基、钛基、镍基、高温合金基、金属间化合物及难熔金属基等。对于不同的金属或合金基体种类，所适用的晶须类型是不同的，应保证获得良好的润湿性又不产生严重的界面反应损伤晶须。这类复合材料的制备方法大体上可分为固态法（如粉末冶金法）和液相法（如压铸法）。按晶须来源不同，又可分为外加晶须增强和原位生长晶须增强两种。

无机晶须增强复合金属基（铝基）的生产方法有两种：一种是先将铝合金粉末与硼酸铝晶须混合，经热压使其成型，然后进行热挤压或压延。另一种是高压铸造法，即将碳化硅晶须预热后，压入熔融金属基（铝基）体中。

晶须增强的金属基复合材料具有高的强度和模量，具有导热、导电、耐磨损、热膨胀系数小、尺寸稳定性好、阻尼性好等特点。

14.7 精细无机纳米材料

精细无机
纳米材料

在过去的二十多年里，纳米材料正在成为物理、化学、材料等领域的研究重点。纳米材料因尺寸极小（1～100nm），具有表面效应、量子尺寸效应等特性而表现出与其宏观材料完全不同的物理化学性能。其中无机纳米材料在催化、传感、环境、医学等领域扮演着重要角色，并且其通常由无机物前驱体通过物理或化学方法制备而成。

14.7.1 基本概念

纳米材料是指在三维空间中至少有一维处于纳米尺寸（1～100nm）或由它们作为基本单元构成的材料，相当于10～1000个原子紧密排列在一起的尺度。从微观上可以将达到纳米尺寸的材料分为纳米颗粒材料（超微颗粒材料）与纳米结构材料。本节主要讨论纳米结构材料中的无机纳米结构材料。

纳米材料是纳米科技发展的基础，纳米材料必须同时满足两个基本条件：①在三维空间中至少有一维处于纳米尺度（1～100nm）或由它们作为基本单元构建的材料；②与块体材料相比，在性能上有突变或者大幅提高的材料。如果仅在尺寸上满足了条件，但不具有尺寸减小所产生的奇异性能，就不属于纳米材料。纳米材料的本质在于：当材料进入纳米尺度时，材料的物性之间由几个与尺度效应、边界效应等直接相关的特征物理尺度（如电子的德布罗意波长、玻尔激子半径、隧穿势垒厚度、铁磁性临界尺寸等）所决定。只要结构几何尺寸接近这些特征物理尺度（绝大部分在纳米科学定义的尺度范围内），材料的电子结构、输运、磁学、光学、热力学和力学性能均要发生明显的变化。在这些特征尺度内，物质的局域场强度与外场强度可比拟，局域场、外场、原子分子构型形变的耦合变得突出，原子间相互位置或分子构型的变化必然引起局部电子云密度变化和纳米尺度物质的物理性能、生化性能变化。

无机纳米材料主要包括纳米粉末、纳米金属材料、纳米纤维、纳米半导体薄膜、纳米陶瓷、纳米磁性材料、纳米生物医学材料、纳米膜、纳米块体、纳米复合材料等。从物质的类别来分，可分为金属纳米材料、无机氧化物纳米材料、复合纳米材料、无机半导体纳米材料等。

纳米技术的广义范围可包括纳米材料技术及纳米加工技术、纳米测量技术、纳米应用技术等方面。其中纳米材料技术注重于纳米功能性材料的生产（超微粉、镀膜、纳米改性材料等）、性能检测技术（化学组成、微结构、表面形态、物、化、电、磁、热及光学等性能）等。纳米加工技术包含精密加工技术（能量束加工等）及扫描探针技术等。

14.7.2 无机纳米材料的生产原理与工艺

1. 无机纳米材料的制备方法

无机纳米材料的生产工艺方法较多，部分与14.4节介绍的方法类同，主要方法归纳如下：

（1）惰性气体下蒸发凝聚法。通常由具有清洁表面的、粒度为1～100nm的微粒经高压成型而成，纳米陶瓷还需要烧结。国外用上述惰性气体蒸发和真空原位加压方法已研制成功多种纳米固体材料，包括金属和合金、陶瓷、离子晶体、非晶态和半导体等纳米固体材料。我国也成功地利用此方法制成金属、半导体、陶瓷等纳米材料。

（2）化学方法。分为水热法（包括水热沉淀、合成、分解和结晶法）、水解法（包括溶胶-凝胶法、溶剂挥发分解法、乳胶法和蒸发分离法等）。

（3）综合方法。结合物理气相法和化学沉积法所形成的制备方法，如球磨粉加工、喷射加工等方法。

2. 醇-水溶液加热法生产纳米二氧化锆

用醇-水溶液加热法制备纳米 ZrO_2（3Y）粉体过程中一个重要的阶段是在溶液加热时产生凝胶状沉淀。由于 $Y(NO_3)_3 \cdot 6H_2O$ 单独在醇-水溶液中加热时基本不反应，因此沉淀主要是 $ZrOCl \cdot 8H_2O$ 发生以下反应的结果：

$$4ZrOCl_2 + 6H_2O \longrightarrow Zr_4O_2(OH)_8Cl_4\downarrow + 4HCl$$

首先，当醇-水溶液加热时，溶液中的 $ZrOCl \cdot 8H_2O$ 发生水解反应生成 $Zr_4O_2(OH)_8Cl_4$ 胶粒并逐渐聚合形成凝胶。在这期间，Y^{3+} 自由地分散在凝胶中。由于加热过程是均匀进行的，没有外部的干扰，因此这种分散也是比较均匀的。其次，当氨水加入后 $Zr_4O_2(OH)_8Cl_4$ 凝胶将水解而完全转变成 $Zr(OH)_4$ 凝胶，而 $Y(NO_3)_3$ 则转变成 $Y(OH)_3$，依然均匀地分散在凝胶中。当凝胶被烘干、煅烧时，$Zn(OH)_4$ 脱水转变成 ZnO_2 粉体，而 $Y(OH)_3$ 也脱水成为 Y_2O_3 并掺入到 ZrO_2 颗粒中使之以四方相的形式稳定下来。

生产原料与基本用量：$ZrOCl_2 \cdot 8H_2O$ 350，$Y(NO_3)_3 \cdot 6H_2O$ 80，无水乙醇 200～300，聚乙二醇（PEG）分散剂适量，氨水适量，一次蒸馏水适量。

生产工艺流程见图 14-11，工艺步骤说明如下：

（1）采用 $ZrOCl_2 \cdot 8H_2O$ 和 $Y(NO_3)_3 \cdot 6H_2O$ 为反应前驱体，按摩尔分数 Y_2O_3 含量为 3%的组成在 D101 中配制成一定浓度的混合溶液。

（2）按醇∶水为 5∶1 加入 D101 中，同时加入适量的 PEG 分散剂。体系缓慢加热至 75℃，溶液很快转变为不透明。保温适当时间后，液体转变成白色凝胶状沉淀。

（3）将沉淀取出导入陈化釜 D102 中，在搅拌的同时滴加氨水至 pH>9 后陈化 12h。

（4）用蒸馏水在 F101 中反复洗涤凝胶至无 Cl^-（用 3mol/L $AgNO_3$ 溶液检验），再用无水乙醇在 F102 中洗涤 3 次后烘干，最后在 B101 中煅烧得到 ZrO_2（3Y）粉体。

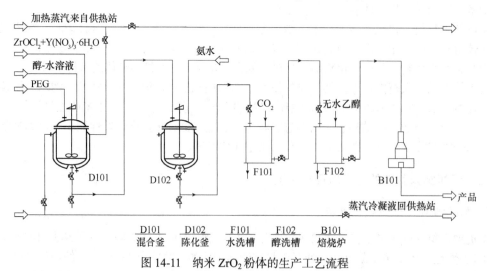

图 14-11　纳米 ZrO_2 粉体的生产工艺流程

纳米二氧化锆（nanometer-sized ZrO_2）的工业化生产工艺较为成熟，调整生产原料的基本用量与工艺参数，可得不同型号的产品。常用纳米二氧化锆工业产品的技术指标与产品特性见表 14-1。

表 14-1 常用纳米二氧化锆工业产品的技术指标与产品特性

型号	外观	含量/%	粒径/nm	比表面积/ (m^2/g)	晶相	产品特性及部分应用
VK-R50	白色粉末	99.9	40～50	20～40	单斜	粒径分布均匀，分散性好，主要用于光通信器件、涂料等
VK-R50Y1 VK-RYK1	白色粉末	94.7	50	12～15	四方	5.3%钇稳定，3Y 部分稳定，主要用于各种结构陶瓷、牙科材料、喷涂材料
VK-R50Y2 VK-RYK2	白色粉末	91.5	50	12～15	四方	8.5%钇稳定，5Y 稳定，主要用于各种功能陶瓷、氧传感器等
VK-R50Y3 VK-RYK3	白色粉末	86.5	50 —	12～15	立方	13.5%钇稳定，8Y 全稳定，用于各种功能陶瓷、氧传感器、电子工业等
VK-R60	白色粉末	99.5	1～5μm	10～15	单斜	粒径分布均匀，分散性好，用于各种涂料陶瓷、耐火材料等
VK-R20W	白色液体	20～40	40～50	—	单斜 四方	水性，不分层不沉淀，可任意比例稀释，可以长期放置，适合水性涂料及陶瓷添加剂、填充剂
VK-R20C	白色液体	20～40	40～50	—	单斜 四方	油性，醇类或酮类，不分层不沉淀，可以长期放置，适合油性涂料及陶瓷添加剂、填充剂

3. 溶胶-凝胶法制备纳米氧化锌

采用溶胶-凝胶法制备纳米氧化锌，首先合成二乙基锌，反应式如下：

$$2CH_3CH_2I + 2CH_3CH_2Br + 4Zn \xrightarrow{\text{加热}} 2(CH_3CH_2)_2Zn + ZnI_2 + ZnBr_2$$

然后将二乙基锌水解得到 $Zn(OH)_2$ 溶胶，再经高温焙烧得到产品。

【配方】 锌粉 120，氧化铜 10，碘乙烷 78，溴乙烷 54.4，无水乙醇适量。

生产工艺流程见图 14-12，工艺步骤如下：

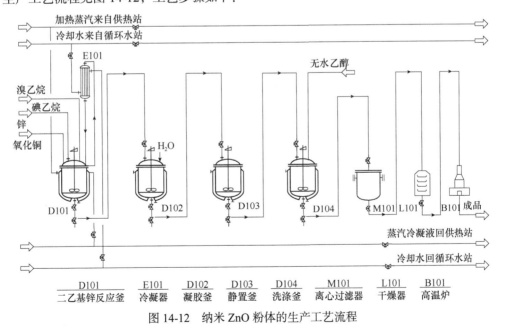

图 14-12 纳米 ZnO 粉体的生产工艺流程

（1）有机物前驱体二乙基锌的合成：将锌粉和氧化铜粉末均匀混合，在反应釜 D101 中于氢气流下搅拌，慢慢加热至氧化铜还原，得到单一的灰色混合物，即锌铜合金。

（2）在氮气流下，在反应釜 D101 中，继续加入碘乙烷和溴乙烷的混合物。搅拌并加热，使之回流，一般在持续加热 1.5h 后反应开始，这可由回流速度加快来判断。反应开始后停止加热。加热停止 30min 后，反应结束，冷却至室温。

（3）在另一减压蒸馏釜中，保持压力在 4.0kPa，接收装置于冰水中冷却，蒸馏得到二乙基锌。

（4）在有机介质条件下，将二乙基锌与二次蒸馏水按一定的比例混合投入凝胶釜 D102 中，进行恒温水解，通过调整水解反应时间、水解体系的 pH，从而得到 $Zn(OH)_2$ 湿凝胶。

（5）将 $Zn(OH)_2$ 湿凝胶在静置釜 D103 中静置一段时间后，导入洗涤釜 D104，用无水乙醇对其进行多次洗涤、离心分离、真空干燥后，得到 $Zn(OH)_2$ 干凝胶。

（6）将 $Zn(OH)_2$ 干凝胶在高温炉 B101 中焙烧制得纳米 ZnO 粉末。

在国防工业中纳米氧化锌具有很强的吸收红外线的能力，吸收率和热容的比值大，可应用于红外线检测器和红外线传感器；纳米氧化锌还具有质量轻、颜色浅、吸波能力强等特点，能有效地吸收雷达波并进行衰减，应用于新型的吸波隐身材料；在纺织工业、橡胶工业、陶瓷材料中均可使用。

第15章 其他精细化工产品

精细纳米 精细陶瓷
材料与技术

鉴于精细化工产品的门类繁多，品种繁杂，更新换代较快，为使读者对精细化工工艺有一个较为全面的学习与掌握，本章将对前面章节未述及的较为重要的精细化工产品的生产原理与工艺技术进行介绍，主要内容包括有机染料与颜料、气雾剂与喷雾剂、水处理化学品、皮革化学品、造纸化学品、印刷油墨与墨粉、混凝土外加剂七类精细化工产品。

15.1 有机染料与颜料

15.1.1 有机染料与颜料的概念

有机染料和颜料一般是自身有色而且能使其他物质获得鲜明和坚牢色泽的有机化合物。多数有机染料能以某种方式溶解在水中，染色过程是在染料的溶液中进行的，而有机颜料则不能溶解在水中，也不溶于使用它们的各种底物（被染物）中，而是通常以高度分散的状态加入底物中而使底物着色。染料的应用主要有染色、着色和涂色三个途径。染料目前的主要应用领域是各种纤维的着色，同时广泛地应用于塑料、橡胶、油墨、皮革、食品、造纸、光学和电学等工业，近年来其应用正在逐步向信息技术、生物技术、医疗技术等现代高科技领域中渗透。

有机颜料是不溶性有机物，通常以高度分散状态加入底物而使底物着色。它与染料的根本区别在于，染料能够溶解在所用的染色介质中，而颜料则既不溶于使用它们的介质，也不溶于被着色的底物。不少颜料和染料在化学结构上是一致的，采用不同的使用方法，可以使它们之间相互转化。例如某些还原染料和硫化还原染料，若其还原成隐色体，则可以作为纤维染料；若不经还原，可以作为颜料用于高级油墨。有机颜料广泛地用于油墨、油漆、涂料、合成纤维的原浆着色，以及织物的涂料印花、塑料及橡胶、皮革的着色等，其中油墨的颜料使用量最大。

15.1.2 染料与颜料的分类及命名

染料的分类和命名十分复杂，尤其是国外的染料，商品牌号繁多，非常杂乱。按染料的结构和应用性质有两种分类方法。根据染料的应用性质、使用对象、应用方法来分类称为应用分类；根据染料共轭发色体的结构特征进行分类称为结构分类。同一种结构类型的染料，某些结构的改变可以产生不同的染色性质，而成为不同应用类型的染料；同样，同一应用类型的染料，可以有不同的共轭体系（如偶氮、蒽酯等）结构特征，因此应用分类和结构分类常结合使用。为了使用方便，商品染料的名称大多采用应用分类，而为了研究讨论方便，又常采用结构分类。

有机染料分为天然的和人造或合成的两大类。纯天然有机染料主要是植物染料，按化学组成可分为类胡萝卜素类、蒽醌类、萘醌类、类黄酮类、姜黄素类、靛蓝类、叶绿素类共 7 种。用于纺织品染色的合成染料按应用方式大致可分为以下几类：直接染料（direct dye）、酸性染料（acid dye）、冰染染料（azoic dye）、活性染料（reactive dye）、阳离子染料（cationic dye）、分散染料（disperse dye）、还原染料（vat dye）、硫化染料（sulphur dye）、金属络合染料（metal complex dye）、缩聚染料（polycondensation dye）。此外，用于纺织品的染料还有氧化染料（如苯胺黑）、溶剂染料、丙纶染料以及用于食品和油漆等其他工业的食品染料、有机颜料等。按染料的共轭发色体系一般可分下列几类：偶氮染料、蒽酯染料、靛族染料、硫化染料、芳甲烷类染料、菁染料、酞菁染料、杂环染料。

有机颜料在形态上可分色淀颜料、偶氮颜料、高级颜料、荧光颜料等几类；在结构上主要有偶氮、蒽醌、靛族、酞菁、杂环和金属络合物。

有机染料与颜料通常是分子结构较复杂的有机芳香族化合物，若按有机化合物系统命名法来命名较复杂，而且商品染料中还会含有异构体以及其他添加物，同时学名不能反映出染料的颜色和应用性能，因此必须给予专用的染料名称。我国对染料采用统一命名法，按规定染料名称由三部分组成，第一部分为冠称，表示染料的应用类别，又称属名；第二部分是色称，表示染料色泽的名称；第三部分是词尾，以拉丁字母或符号表示染料的色光、形态及特殊性能和用途。颜料基本按习惯或商品名称命名。

15.1.3 直接染料

不需媒染剂的帮助即能染色的染料称为直接染料。直接染料是一类品种多、色谱全、数量大、用途广的水溶性染料。直接染料有两种分类方式，按结构分类有偶氮、二苯乙烯、噻唑、酞菁及二噁嗪等类型；按应用分类则主要有一般直接染料、直接耐晒染料、直接铜盐染料和直接偶氮染料。例如，直接冻黄 G 系由 DSD 酸重氮化，再与苯酚偶合，用氯乙烷乙基化而得，合成路线如下：

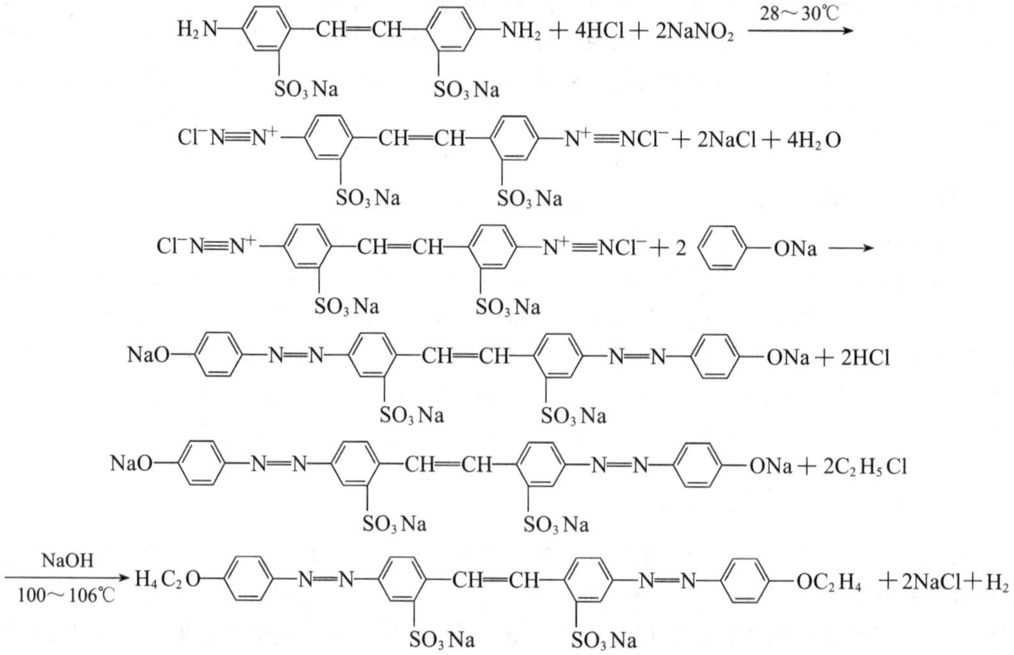

合成工艺流程如图 15-1 所示。工艺说明如下：

（1）将 DSD 酸（4, 4′-二氨基二苯乙烯-2,2′-双磺酸）加入重氮釜 D101 内，加入盐酸，加冰降温到 30℃ 以下，亚硝酸钠溶液从液面下加入，进行重氮化反应，反应温度为 28～30℃、时间为 1h，物料对刚果红试纸变蓝时为终点。将重氮液导入偶合釜 D102。

（2）在偶合釜 D102 中将苯酚钠溶液快速加入重氮液中进行偶合，搅拌 4h，温度为 34～36℃，pH 为 9。偶合结束后升温到 50℃，按总体积的 20% 加入精盐，搅拌 30min 后加入稀硫酸，调节 pH 为 6.5～7.0，抽滤至打浆釜 D103 内，用乙醇-氢氧化钠溶液打浆。

（3）将打浆好的浆状液压入乙基化釜 D104，加入碳酸钠，密闭乙基化釜，升温至 102℃，通入氯乙烷，压强为 0.4kPa，温度为 102～106℃；通氯乙烷的时间为 12h，通完后于 102～106℃ 保持 4h（压强保持在 0.4kPa）。反应结束后，泵入 D105 蒸出多余乙醇，经 D106 盐析、L102 过滤、L103 干燥、L104 粉碎，加入元明粉在 L105 中进行标准化，得直接冻黄 G。

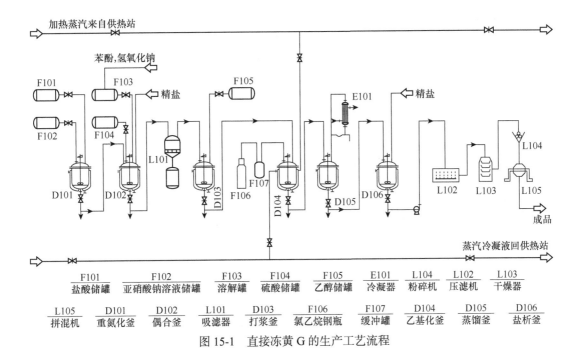

F101	F102	F103	F104	F105	E101	L104	L102	L103
盐酸储罐	亚硝酸钠溶液储罐	溶解罐	硫酸储罐	乙醇储罐	冷凝器	粉碎机	压滤机	干燥器

L105	D101	D102	L101	D103	F106	F107	D104	D105	D106
拼混机	重氮化釜	偶合釜	吸滤器	打浆釜	氯乙烷钢瓶	缓冲罐	乙基化釜	蒸馏釜	盐析釜

图 15-1　直接冻黄 G 的生产工艺流程

原料消耗定额（kg/t）：DSD 酸（折 100%）435，苯酚（折 100%）230，氯乙烷（95%）581，碳酸钠（98%）1017，亚硝酸钠 163，氢氧化钠 103；盐酸（31%）640，乙醇 49，元明粉 67，硫酸（100%）232，精盐 2341。

直接冻黄 G 可用于棉和黏胶纤维直接印花，也可作为拔染印花的底色，还可用于染蚕丝、羊毛、维纶、锦纶等。棉或黏胶纤维与其他纤维同浴染色时，蚕丝、羊毛可得近似深色泽，羊毛色光稍暗。

15.1.4　冰染染料

冰染染料是由重氮组分的重氮盐（又称色基）和偶合组分（又称色酚）在棉纤维上生成的不溶于水的偶氮染料。在实际生产中，一般先将色酚吸附在纤维上，然后用色基偶合显色，偶合显色常在冰浴中进行，所以称为冰染染料，也称不溶性偶氮染料。冰染染料分子中不含水溶性基团，能牢固地固着在纤维上，具有优良的耐洗牢度，而且颜色鲜艳、色谱齐全、耐晒和耐洗牢度好、染色手续简便，但它耐摩擦牢度较低。由于冰染染料的上述特点，它在印染工业的各个部门都有广泛的应用，尤其是在棉布的染色和印花上占有相当重要的地位。

工业应用较多的冰染染料色酚 AS 的合成是由 2-羟基-3-萘甲酸（简称 2,3-酸）与苯胺和三氯化磷反应，再经中和蒸馏、抽滤而得，合成反应如下：

$$3 \quad \text{OH,COOH} + 3 \quad \text{NH}_2 + PCl_3 \longrightarrow 3 \quad \text{OH,CONH} + H_3PO_3 + 3HCl$$

生产工艺流程（图 15-2）说明如下：

（1）在打浆釜 D101 中加入氯苯和 2,3-酸；在溶解釜 D102 内加入氯苯和三氯化磷，并使三氯化磷溶解；在缩合釜 D103 内加入打浆釜配制的 2,3-酸-氯苯溶液，搅拌下加入部分三氯化磷-氯苯溶液，升温到 60℃，加入苯胺后，再加入其余的三氯化磷-氯苯溶液，温度由 110℃升至 135℃，回流 1.5h。

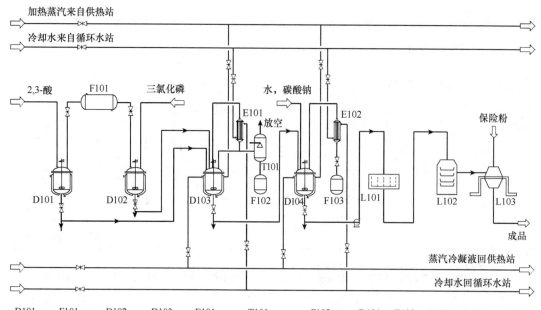

| 加热蒸汽来自供热站 | | | | | |
| 冷却水来自循环水站 | | | | | |

图 15-2　色酚 AS 的生产工艺流程

D101	F101	D102	D103	E101	T101	F102	D104	E102	L101	L102	L103
打浆釜	氯苯储罐	溶解釜	缩合釜	冷凝器	氯化氢吸收塔	氯化氢收集罐	蒸馏釜	冷凝器	压滤机	干燥器	拼混机

（2）在蒸馏釜 D104 中加入水、碳酸钠、缩合物，调 pH 为 8～8.5，通入直接蒸汽进行蒸馏，蒸出氯苯与过量苯胺，釜底物用水洗涤后经 L101 压滤，在干燥器 L102 中干燥，L103 中投入保险粉后，得色酚 AS。

原料消耗定额（kg/t）：2,3-酸（折 100%）765，苯胺 382kg，三氯化磷 218，氯苯 182，碳酸钠 193，保险粉 5。

色酚 AS 主要用于棉织物的染色和印花，也可用于棉纱、涤/棉、人造棉、维纶、黏胶纤维、丝绸和醋酸纤维的染色，还可用于制备快色素、快胺素、快磺素及有机颜料。

15.1.5　分散染料

分散染料是一类分子比较小、结构上不带水溶性基团的染料。它在染色时必须借助于分散剂，将染料均匀地分散在染液中，才能对聚酯类的纤维进行染色。

分散染料的主要用途是对化学纤维中的聚酯纤维（涤纶）、醋酸纤维（二醋纤、三醋纤）以及聚酰胺纤维（锦纶）进行染色，对聚丙烯腈（腈纶）也有少量应用。经分散染料印染加工的化纤纺织产品，色泽艳丽，耐洗牢度优良，用途广泛。

分散染料依其结构可分为偶氮和蒽醌两种类型，前者约占 60%，后者占 25%，其中单偶氮染料具有黄、红至蓝各种色泽，蒽醌有红、紫、蓝和翠蓝等颜色。现以常用的分散红 3B 为例，说明该类染料的合成原理与工艺。

分散红 3B 是由 1-氨基蒽醌溴化成 2,4-二溴-1-氨基蒽醌，然后在硫酚中水解，得 1-氨基-2-溴-4-羟基蒽醌，再与苯酚缩合而得，合成路线如下：

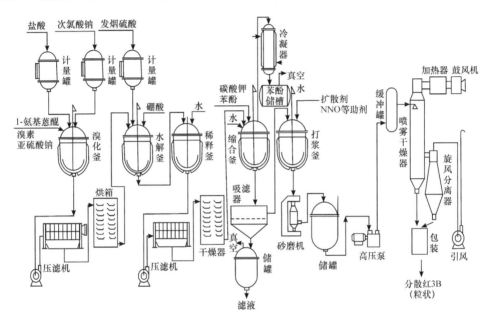

生产工艺流程（图 15-3）说明如下：

图 15-3 分散红 3B 的生产工艺流程

（1）将磨细的 1-氨基蒽醌加入溴化釜中，加入 30% 的盐酸和溴素，反应 1h 后，在 3h 内加入 10% 的次氯酸钠溶液，2h 升温到 50℃，保温 2h，于 3h 升温到 80℃，直到溴化物熔点达 220℃ 以上，加入亚硫酸钠，冷却至 50℃，过滤，水洗，过滤，烘干。

（2）在水解釜中加入发烟硫酸、硼酸，再加入上述二溴化物滤饼，至 100℃ 反应 1h，120℃ 反应 6h，然后冷却至 50℃，稀释，过滤，烘干。

（3）在缩合釜中加入碳酸钾、苯酚，加热到 120℃，加入上述水解物，2h 升温至 140～145℃，并反应 6～8h。然后抽真空，蒸去苯酚，釜底物经过滤、水洗，滤饼加入打浆釜中加水打浆并加扩散剂 NNO，在 90℃ 砂磨 14h，喷雾干燥，得到染料分散红 3B 商品。

原料消耗定额（kg/t）：1-氨基蒽醌（95%）220，溴素 180，苯酚（折 100%）300，硫酸（折 100%）1500，发烟硫酸（20%）1400，硼酸 100，盐酸（31%）100，碳酸钾 89，焦亚硫酸钠 45，次氯酸钠 60，扩散剂 NNO 700。

分散红 3B 主要用于涤纶及其混纺织物的染色，为蓝光艳红色，是分散染料"老三样"品种之一，可与分散蓝 2BLN、分散黄 RGFL 拼染，用高温高压法于 125～130℃ 染色，匀染性良好，也适用于锦纶或涤纶织物的直接印花，用高压汽蒸或高温汽蒸固色。

15.1.6 有机颜料

颜料的合成及发色的构效关系与染料十分相似，以下主要介绍酞菁蓝的生产原理与工艺。

酞菁蓝，又名酞菁蓝 B（phthalocyanine blue B）、C.I.颜料蓝 15、酞菁蓝 PHBN，4352 酞菁蓝 B、4402 酞菁蓝，分子式为 $C_{32}H_{16}CuN_8$，为深蓝色带红光粉状的不稳定 α 型铜酞菁颜料，不溶于水、乙醇和烃类，溶于浓硫酸，呈橄榄色溶液，稀释后得蓝色沉淀，色泽鲜艳耐晒，耐热性能优良，着色力强，为普鲁士蓝的数倍、群青的 20 余倍。工业上制得的粗酞菁蓝结晶属 β 型，用硫酸处理后可成为 α 型。

以三氯化苯为溶剂，由邻苯二甲酸酐与尿素或由邻苯二甲酸酐与氨水在氯化亚铜催化下进行缩合，是普遍使用的合成酞菁蓝方法。通过以钼酸铵为催化剂，由邻苯二甲酸酐与尿素及氯化亚铜进行缩合的工艺改进，产品的收率得到提高。同时采用水蒸气蒸馏回收三氯化苯，经压滤、漂洗而制得粗酞菁，然后经酸、碱处理精制以及过滤、研磨等过程而制得产品。合成路线如下：

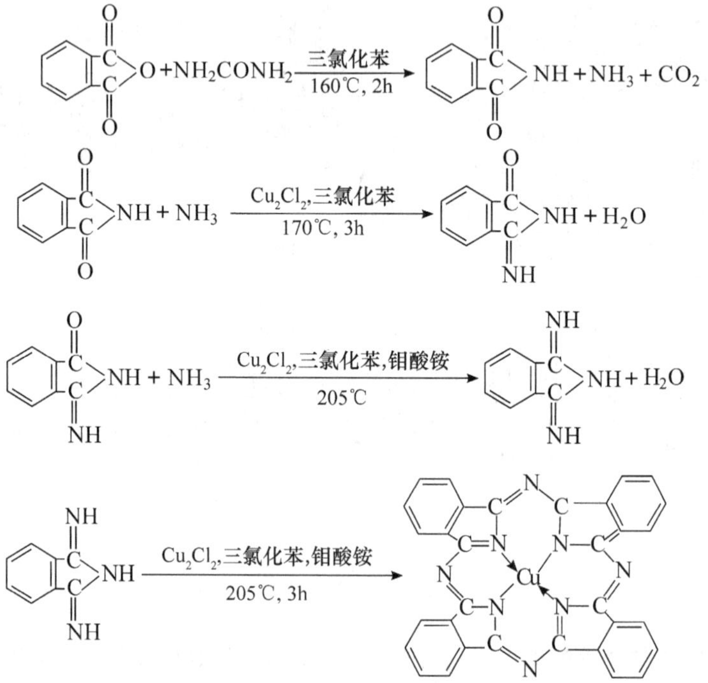

生产工艺流程见图 15-4，向缩合釜 D101 中加入三氯化苯 2776kg、邻苯二甲酸酐 1167kg 及尿素 958kg，搅拌，升温至 160℃，保温反应 2h。再加入三氯化苯 1709kg、尿素 846kg 及氯化亚铜 230kg，升温至 170℃，保温反应 3h。第三次加入三氯化苯 867kg，钼酸铵 13.4kg，加毕在 5～6h 内升温至 205℃，保温反应 6h。反应毕，将反应液移至蒸馏釜 D102 中，加入液碱（30%）600kg，用直接蒸汽蒸出三氯化苯。再用水洗涤 6 次，直至洗液的 pH 为 7～8，再继续蒸净。经 M101 过滤、L101 干燥，得酞菁蓝粗品约 1250kg。

继续在酸溶釜 D103 中加入硫酸（98%）850kg，调整温度至 25℃，搅拌下加入粗品 135kg，在 40℃下保温处理 4h。随后加入二甲苯 17kg，升温至 70℃，保温处理约 20min。逐渐冷却至 24℃，将其加入 D104 稀释于温度为 20℃、含有 2kg 拉开粉的 4000L 水中，搅拌 30min，再加适量水，然后静置 3h，吸去上层废酸水。如此重复三次，用液碱（30% NaOH）中和至 pH 为 8～9，再加入拉开粉 2kg、邻苯二甲酸二丁酯 2kg，搅拌 0.5h 后用直接蒸汽煮沸 0.5h，经 M102 过滤、水洗，直至洗液无 SO_4^{2-} 为止。用少量（约 2%）油溶性乳化剂与滤出的浆状颜料在 D105 中均匀混合，在干燥器 L102 中于 70℃干燥。再经 L103 粉碎或研磨、L104 拼混即得到精制酞菁蓝约 118kg，总收率为90%。

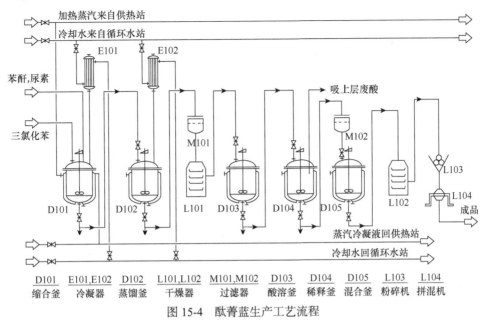

D101	E101,E102	D102	L101,L102	M101,M102	D103	D104	D105	L103	L104
缩合釜	冷凝器	蒸馏釜	干燥器	过滤器	酸溶釜	稀释釜	混合釜	粉碎机	拼混机

图 15-4　酞菁蓝生产工艺流程

15.1.7　其他有机染料简介

1. 活性染料

活性染料的分子中含有能与纤维反应的基团，染色时与纤维生成共价键，形成"染料-纤维"化合物，因此其染色方法简便，染色后水洗牢度较高。活性染料具有色泽鲜艳，色谱齐全，工艺简便和匀染性好等优点，在针织品、毛巾、被单和手帕的印染方面占有相当比例，主要品种有活性艳蓝 X-BR、活性艳红 X-7B、Reactone 红 2B、活性艳蓝 KN-R、活性嫩黄 X-GG 等。

2. 酸性染料

在酸性染浴中染色的染料称为酸性染料。根据分子结构及使用方式的不同可细分为强酸性染料、弱酸性染料、酸性媒介染料、酸性络合染料等。酸性染料在结构上大多是芳香族的磺酸基钠盐，少数染料只有钠盐，其发色体结构偶氮和蒽醌占有很大比例，另外有三芳甲烷、吖嗪（azine）、呫吨（xanthene）、靛蓝、喹啉、酞菁及硝基亚胺等类发色体。其中偶氮类色谱较齐全，以黄、橙、红、黑为主；蒽醌类以蓝色品种居多且色光艳亮，日晒牢度优良；三苯甲烷类以鲜艳的紫、蓝、绿著称，但日晒牢度不高；呫吨类是染浅粉色的主要染料，日晒牢度更差；酞菁和靛蓝类同属酸性蓝色染料，前者日晒牢度好、移染性差，后者成本低但牢度也差；喹啉类多为嫩黄，日晒牢度也不高，常用于拼染果绿色；硝基亚胺类品种不多，主要是黄色，具有较高的日晒牢度。

3. 阳离子染料

阳离子染料是一类色泽浓艳的水溶性染料，由于染料在水溶液中电离成阳离子，通过离子间盐键使带酸性基的纤维染色，因而称为阳离子染料。阳离子染料是聚丙烯腈纤维（腈纶）染色所用的专用染料，因为国内外各种牌号的聚丙烯腈纤维大多含有 1% 左右带酸性基的共聚单体，而有可能与阳离子染料以离子键相结合。

阳离子染料的分类是根据正电荷在染料分子中的位置来进行的。如果阳离子与染料母体通过隔离基相连接，称为隔离型阳离子染料。常见的阳离子为取代的季铵盐，正电荷定域在季铵盐的氮原子上，所以也称为定域型阳离子染料。其发色母体主要是偶氮、蒽醌等发色结构；如果阳离子是染料共轭发色体系的组成部分，则称为共轭型阳离子染料；由于这类结构中阳离子并不是定域在某个原子上而是离域在整个共轭体系中，因此也称为离域型阳离子染料，大部分阳离子染料属于这种类型，其常见的结构是三芳甲烷结构、噁嗪结构及菁型结构等。

4. 硫化染料

分子结构中存在硫键，应用时需用硫或硫化钠进行硫化处理的染料，称为硫化染料，主要用于棉及其他纤维素纤维的染色。其色谱以黄棕、草绿、红棕、蓝、黑为主，缺少艳丽品种。近年来随着环保要求的加强，硫化染料的需求量有所下降。根据硫化方式不同，可以将硫化染料分为硫化还原染料和硫化缩聚染料。

5. 还原染料

在碱性溶液中加入保险粉还原，再进行染色的染料，称为还原染料。还原染料是不溶于水的有色物质，在碱性条件下与保险粉作用后生成可溶于水的还原体，又称隐色体，这种隐色体与棉纤维具有亲和力，能被纤维吸附，经氧化又转变为不溶于水的还原染料附着在纤维上，呈现鲜艳而坚牢的色泽。在各种坚牢染料中，还原染料的各项性能都比较优良，不论水洗、摩擦、日晒等牢度均令人满意。同时，此类染料色谱齐全，色泽鲜艳，是棉及混纺织物的主要染色染料。另外在印花方面也有应用，但由于生产工艺较为复杂，这种应用受到一定限制。

还原染料的分子中不含磺酸基、羧基等水溶性基团，它们共同的结构特征是分子的共轭发色系统中含有两个或两个以上羰基，属于羰基发色体。这些羰基碱性条件下可被保险粉（$Na_2S_2O_4$）还原成羟基，其钠盐能溶于水。还原染料的应用方式相同，母体共轭结构不尽相同，这种结构类型有靛系、蒽醌系、其他醌系三种，其中以靛系和蒽醌系还原染料用途最广。

6. 功能染料

自 20 世纪 80 年代初期以后，随着高科技的发展，染料这一概念已被外延和扩大。某些与高科技产品配套具有光吸收性能的专用化学品不断开发和发展。其应用范围除了传统的领域外，已被扩大到很多日常生活和高科技领域，如现正在蓬勃发展中的已普遍应用的热敏、压敏纸，静电复印中电荷发生材料，液晶染料等信息显示和记录染料，非线性光学材料、激光染料等能量转换染料，用于生化和医疗的专用标记染料等。上述具有某种专用功能的精细化学品称为功能染料（functional dye），也称为非组织染料（non-toxtil dye）或专用染料（speciality dye）。与高科技发展密切结合，功能染料开发了染料工业应用的新领域。

功能染料不像传统染料那样要求具有鲜艳的色光及好的各项坚牢度，但根据应用方式的不同，要求染料具有一些诸如近红外吸收、受激辐射、多色现象、非线性光学性质、光或电致变色及光电导等的特殊性质。通常需要采用技术程度较高的不常见的结构和复杂的合成工艺。下面列举几类功能染料：

（1）光变色染料。当其受一定波长的光照后能显色或变色，受另一波长光照后能消色或恢复原色。主要用于光储存系统，利用这种发色-消色反应可作为反复读写和擦除的光盘记录材料。这类化合物有四烃基顺己烯酸酐（俘精酸酐）系列、螺吡喃系列、二芳基乙烯系列。光变色染料发生光变色现象的光化学反应主要有互变异构、氧化还原、闭环开环三类。

（2）发光染料。将吸收的一种能量（如光能、电能或化学能）转化成可发射光能的染料。荧光染料就是将一种吸收的光能转化成另一种可发射光能染料。发光染料还包括光致发光、电致发光和化学发光染料，均为功能性染料。

（3）太阳能转化用染料。太阳光谱中，可见光（占 40%）和红外光（占 2%）的利用是太阳能利用的主要部分。太阳能转化成电能的器件就是太阳能电池，染料是光电池元件。它具有质量轻、价格低、制作过程简便、分子结构变化多以及对光波波长选择性大等优点。太阳能电池是常用的光转化为电能的装置。染料光电池的光敏化区在 400～600nm，这与通常的无机光电池在蓝紫光区敏感不同。在染料光电池中使用的染料有：四甲酸衍生物、含金属或不含金属的酞菁以及蒽缔蒽酮的二溴衍生物。

（4）液晶染料。液晶中使用的染料称为液晶染料。液晶既具有液体的流动性，又具有结晶的光学和电气异向性，广泛应用于计算机、钟表汽车计数器、电视、装饰品和温度计等。液晶染料呈介于固态和液态之间的中间相态，既具有像液体一样的流动性和连续性，又具有像晶体一样的各向异性，保留晶体的某种有序排列，这样的有序流体就是液晶体。实现液晶彩色主要有两种途径：一种是利用液晶本身的各向异性，使分子排列发生变化，对光波长选择不同的反射；另一种是利用功能染料与液晶的协同作用对不同波长的光选择吸收，所用染料称为二色性染料，研究较多的是偶氮型染料。

（5）新型医用染料。国外研制出一种能够对阿尔茨海默病进行非侵入性诊断的新染料，这种新型染料称为 NIAD-4。它能够通过注射迅速进入大脑与淀粉体斑块结合，在正确的光谱范围吸收并释放荧光，从而使斑块和周围组织产生明显的差异。这种新的染料能够通过患者的头骨直接成像阿尔茨海默病的斑块。与第一代用于诊断阿尔茨海默病的非侵入技术中的一些利用放射性元素标记的试剂相比，这些新染料改善了第一代方法非常昂贵并因标记试剂的工作寿命短而使用受限等方面的不足。此项研究对于染料行业以及医学界都是一项巨大突破。

尽管功能染料的功能较多，新用途也层出不穷，但它们所依赖的仍然是染料分子的基本性质，如光吸收、光发射、光电活性、光致极化及化学或光化学活性。

15.2　气雾剂与喷雾剂

15.2.1　气雾剂与喷雾剂的基本概念和分类

气雾剂又称气溶胶，它是指装在耐压小型气雾罐中的液体制剂，再充入抛射剂的混合制品。使用时是借助于其内的压力，自动喷射到空间或任何表面，罐内压力的来源是抛射剂。喷出的物质因气雾剂品种不同，有的是形成雾状，可悬浮在空间一段较长的时间；有的则能直接喷射到物体任何方向的表面，并在其表面形成一层薄膜；也有的形成泡沫，专为提供特殊用途。

气雾的含义是指液体的超细微粒或固体的超细微粒均匀地分散在空气中形成雾状的分散系统。它的特点是粒子微小（其粒径 5～8μm），且稳定均匀。若是液体微粒的气雾，也不会出现湿润喷射所接触的物体表面。

喷雾剂不以气雾罐的形式，而是在微型喷雾器中装入制剂，应用压缩空气、氧气、惰性气体等作动力的喷雾器或雾化器喷出药液雾滴或半固体物的制剂，也称气压剂。抛射药液的动力是压缩在容器内的气体，但并未液化。当阀门打开时，压缩气体膨胀将药液压出，药液本身不气化，挤出的药液呈细滴或较大液滴。

在日常生活中，由于许多气雾剂与喷雾剂的作用相近，一些企业也不太严格区分两者，经常混。下面的叙述对不严格区分的简化为气（喷）雾剂。气（喷）雾剂由抛射剂、内容物制剂、耐压容器和阀门系统四部分组成。抛射剂与内容物制剂一同装在耐压容器内，容器内由于抛射剂气化产生压力，若打开阀门，则内容物制剂、抛射剂一起喷出而形成气雾，离开喷嘴后抛射剂和内容物制剂进一步气化，雾滴变得更细。雾滴的大小取决于抛射剂的类型、用量、阀门和揿钮的类型以及内容物制剂的黏度等。

按气（喷）雾剂的用途和性质的不同，可将其分为下列 4 类：

（1）空间类气（喷）雾剂。空间类气（喷）雾剂专供空间喷射使用。常用的有空间杀虫气雾剂、空间消毒气雾剂、屋内除臭气雾剂、空气清新气雾剂、空间药物免疫吸入气雾剂等。喷出的粒子极细（一般直径为 10μm 以下），能在空气中悬浮较长时间。为了达到极微细粒的要求，空间用气雾剂所含抛射剂的比例很大。

（2）表面类气（喷）雾剂。该类气（喷）雾剂是专供喷射表面使用的。例如，消灭表面有害昆虫的杀虫气雾剂、喷发胶、皮肤科和伤科医用气雾剂以及其他外科用气雾剂等。抛射出来的粒子较粗，一般直径为 100～200μm。喷射后可直达被喷表面（非空间），喷出的抛射剂在没有接触到表面之前，或正在接触到表面之时，便立即气化，而留在表面上的仅为一层药液的薄膜。因制剂的组成成分中有部分物质较稠，同时所用的抛射剂是沸点不同的混合气体，喷在物体表面之后就会出现有若干沸点较高的抛射剂在极短的时间被制剂包围，然后逐渐气化，并在表面上形成泡沫状态。对喷出来的微粒不要求很细，所以抛射剂的用量可以少些。

（3）泡沫类气（喷）雾剂。泡沫类气（喷）雾剂喷出的物质不是液体微粒，而是泡沫。例如，洗发用气雾剂、护发摩丝、牙膏气雾剂、洗手消毒用气雾剂和某些皮肤科用的泡沫类医用气雾剂等。泡沫类与上述两类气（喷）雾剂不同之处在于，抛射剂被制剂乳化后形成了乳浊液，当乳浊液经阀门喷出后，被包围的抛射剂立即膨胀而气化，使乳浊液变成泡沫状态。泡沫的稠度可以根据配方的要求来控制，也可以从抛射剂的用量来控制，多则稀、少则稠，含有一定量的抛射剂即能产生良好的泡沫效果。

（4）粉末类气（喷）雾剂。该类气（喷）雾剂中含的固体细粉分散在抛射剂中，形成比较稳定的混悬体。若将气雾剂的阀门打开，可引起气雾罐内的物料湍动，而其粉末即被抛射剂喷出。待抛射剂气化后，便将粉末遗留在空间或表面。常用的粉末类气雾剂有人体吸入的药用粉末状气雾剂、止血粉气雾剂、外用散剂方面的气雾剂和爽身粉之类的化妆品气雾剂等。

15.2.2　气（喷）雾剂的制备工艺

气（喷）雾剂的制备过程可以分为容器与阀门系统的处理与装配、内容物的配制和分装、充填抛射剂等部分，生产工艺流程见图 15-5。

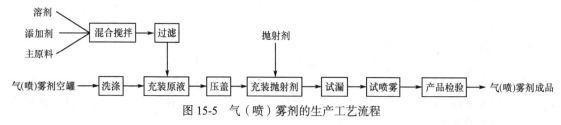

图 15-5　气（喷）雾剂的生产工艺流程

1. 容器和阀门系统的处理与装配

（1）容器的处理。气雾剂容器按常规方法洗涤洁净之后，充分干燥。若容器是玻璃容器，则对其进行搪塑，即先将玻璃瓶洗净烘干，预热至 120～130℃，趁热浸入塑料黏浆中，使瓶颈以下黏附一层塑料浆液，倒置，在 150～170℃烘干 15min，备用。塑料黏浆的配制方法为：将 200g 糊状树脂、100g 苯二甲酸二丁酯、110g 苯二甲酸二辛酯、5g 硬脂酸钙、1g 硬脂酸锌、适量色素混合均匀，使成浆状。对塑料涂层的要求是：能均匀紧密地包裹玻璃瓶，外表平整、美观。

（2）阀门系统的处理与装配。先将阀门的各种零件分别处理。对于橡胶制品，可在 75%乙醇中浸泡 24h，可除去色泽并消毒，然后干燥备用。对于塑料、尼龙材质的零件，先洗净，再浸在 95%乙醇中备用。不锈钢弹簧在 1%～3%碱液中煮沸 10～30min，用水洗涤数次，然后用蒸馏水洗涤两三次，直至无油腻为止，浸泡在 95%乙醇中备用。最后将上述已处理好的零件按照阀门的结构装配。

2. 内容物的配制与分装

按配方组成及要求的气（喷）雾剂的类型进行配制。溶液型气（喷）雾剂应制成澄清溶液；混悬型气（喷）雾剂应将固体物料微粉化并保持干燥状态，且制成合格的混悬液；乳剂型气（喷）雾剂应制成稳定的乳状液。

将上述配制好的合格的内容物分散系统定量分装在已准备好的容器内，安装阀门，轧紧封帽。

3. 充填抛射剂

充填抛射剂是气（喷）雾剂制备工艺过程中最关键、最重要的部分。抛射剂的充填方法主要有压入法和冷灌法两种。

（1）压入法。压入法又称压装法或压罐法。将预先制备好的符合要求的原液在室温下灌入已处理好的气（喷）雾剂空罐内，然后将阀门装上并轧紧，最后借压装机压入定量的抛射剂。有条件时，最好先将容器内的空气排除。罐内空气可用下列方法排除：充进小量液化气体（如抛射剂）使之气化，或直接导入其他气体，使罐内剩余的空气排去，然后将阀门系统（推动钮去掉）装上并旋紧，以定量的抛射剂通过阀门注入气雾剂罐内，再将推动钮安上即可；另一个方法是，将阀门系统（除去推动钮）装上，抽空，将定量的抛射剂通过阀门注入，再安上推动钮即可。

（2）冷灌法。首先配制好原液，在配制过程中最好在原液中加入少量较高沸点的抛射剂作为溶剂或稀释剂，以防在冷却中发生沉淀。加过抛射剂的原液在没有送入热交换器之前应作为液化气体处理，必须储存在耐压容器内，以确保安全，同时要注意防止抛射剂的散失。

原液一般冷却至−20℃左右，抛射剂则冷却至其沸点之下至少5℃。一般的方法是首先将冷却的原液灌入气雾剂罐内，随后加入已冷却的抛射剂。但原液和抛射剂也可以同时灌入。灌入之后，立即将阀门系统装上并旋紧。这一充装的操作过程必须迅速完成，以减少抛射剂的损失。此外，还要注意安全生产。

气（喷）雾剂的通用生产与充罐工艺流程见图 15-6。

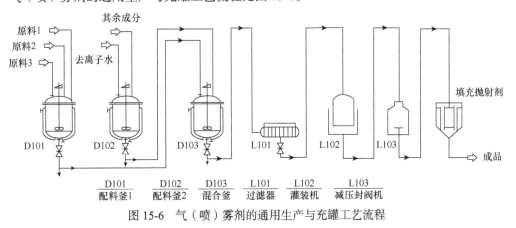

图 15-6　气（喷）雾剂的通用生产与充罐工艺流程

15.2.3　气（喷）雾剂的配方与生产工艺

1. 杀虫及消毒气（喷）雾剂

杀虫气（喷）雾剂配方中的基本组分包括活性成分、增效剂、乳化剂、抛射剂、溶剂等。其中活性成分和增效剂是具有杀虫效力和增加杀虫效力的组分，乳化剂和溶剂是为了制成合格的内容物制剂的组分，抛射剂是在气（喷）雾剂中提供喷射动力的组分。

消毒气（喷）雾剂常在传染病流行时被人们用于预防消毒，或在公共场所、房间用于日常消毒。用气（喷）雾剂灭菌消毒不仅能节省人力、物力，而且不会损坏衣物和家具。消毒气（喷）雾剂的主要成分由灭菌药物（环氧乙烷、β-丙内酯、过氧乙酸、消毒净、中草药等）、灭菌香料、溶剂和抛射剂四部分组成。

【配方1】 油基杀虫气雾剂：氯菊酯6.7g，胺菊酯2.0g，去臭煤油1000mL，香精适量，液化石油气适量。

【配方2】 水基杀虫气雾剂：胺菊酯0.05～1.0，氯菊酯0.1～0.15，增效醚0.8～1.0，乳化剂A 2.0，乳化剂B 1.0，乙醇10.0，薄荷脑0.05，水84.8～86.0，香精适量。

【配方3】 乳剂杀虫气雾剂：氯吡硫磷50，二甲苯异构体混合物35，蓖麻油85，油酰二乙醇胺45，香精5，亚硝酸钠5，苯甲酸钠25，去离子水960，混合烃抛射剂（23%丙烷与77%异丁烷）390。

利用氯吡硫磷为杀虫有效成分，将油相和水相混合形成均一乳剂。生产工艺流程（图15-6）说明如下：

（1）在配料釜D101中将前三种成分混合在一起，形成稍黄、澄清到稍混浊的液体。可以将香精加入到混合液中。

（2）在配料釜D102中将去离子水和余下的成分混合，充分搅拌。

（3）将水相和油相分别缓慢地加入到混合釜D103中，在良好的无漩涡搅拌下形成乳剂。

（4）将乳剂经25μm过滤器L101过滤，然后传送到灌装机L102（传送过程中缓慢搅拌），将过剩的乳剂返回到配料釜中。

（5）减压封阀后充填混合抛射剂即得产品。

【配方4】 杀菌消毒喷雾剂：季铵盐（50%活性物溶液）3.8，EDTA（40%活性物溶液）2.5，三聚磷酸钠2.0，焦磷酸四钾4.0，倍半碳酸钠2.0，环氧乙烷缩合的壬基苯基醚4.0，水81.7。

将环氧乙烷缩合的壬基苯基醚加入水中，搅拌到表面活性剂全部溶解后，加入EDTA及季铵盐，继续搅拌到溶液透明时，加焦磷酸四钾、三聚磷酸钠及倍半碳酸钠，充分溶解后装入小喷雾器中。该剂可杀灭葡萄球菌、沙门氏菌、大肠杆菌等。

2. 化妆品气（喷）雾剂

由于气（喷）雾型化妆品携带方便、使用简单，深受消费者喜爱。其品种不断增多，常见的有喷发胶、摩丝、喷发油、喷雾香水等。

【配方1】 喷雾摩丝（%）：聚合物1.0～5.0，乳化剂0.5～3.0，调理剂0.5～3.0，防腐剂0～1.0，香精0.1～1.0，其他原料0～1.0，去离子水加至100；乙醇0～20.0，抛射剂10.0～15.0。

【配方2】 喷发油：蓖麻油44.5，水貂油5.0，橄榄油40.0，精制羊毛脂10.0，维生素E 0.5，色素、香精、抗氧剂适量。

先将配方中前四种成分充分混合，加热至60℃，继续搅拌均匀，然后冷却至40℃，加入维生素E、香精、色素、抗氧剂，再进一步搅拌均匀，澄清后过滤，装入避光的微型喷雾器中。该品为营养和护发为一体的喷雾发油，可使头发光亮、自然、柔软、便于梳理，还具有促进头发再生、预防脱发的功效。

【配方3】 喷雾香水：檀香脑1.2，香兰素1.8，麝香酮0.6，合成麝香0.4，龙涎香醇0.5，龙蒿油0.5，当归油0.1，香紫苏油0.6，岩兰草油1.2，沉香醇0.6，广藿香0.4，异丁香酚0.7，甲基紫罗兰酮1.0，橡苔油1.2，香柠檬油4.5，茉莉油0.4，玫瑰油0.3，冬青油0.04，薰衣草油0.06，香兰素0.3，胡椒醛0.7，依兰油1.4，乙酸肉桂酯0.5，安息香1.0，乙醇80.0。

以上各原料充分混合后，经3个月以上的低温陈化，沉淀出不溶性物质。加入硅藻土等助滤剂，用压滤机过滤，以保证其透明清晰。处理完毕后装入优质的玻璃喷雾瓶中。喷洒于衣服、手帕或发际上，能散发出持久的东方型清香。

【配方4】 人体皮肤用气（喷）雾剂：间苯二酚10，水杨酸20，薄荷脑5，药用70%乙醇800，香精适量。

充分混合后装入微型喷雾器中即可。使用时将本品喷搽在皮肤上，不仅可以使人感到清凉舒适，而且对痱子具有明显的预防和治疗效果。

【配方5】 祛臭喷雾剂：原液配方为羟基氯化铝-丙二醇复合体10.0，3-三氟甲基-4，4-二氯碳酰替苯胺0.1，异丙基肉豆蔻酸酯2.0，磷酸三油醇酯3.0，无水乙醇84.9，香料适量。

填充剂配方：原液35.0，氟利昂11 22.0，氟利昂12 43.0。

将水合氟化铝溶于乙醇中，然后加入其他原料过滤。将原液按配比加入喷雾器中，装好喷嘴，然后压进氟利昂喷剂即成。

3. 家用化学品气（喷）雾剂

家用化学品气（喷）雾剂主要是家庭日常生活中使用和个人在旅行中使用，品种繁多，用途很广，已深入到人们的衣食住行中，主要包括空气清新剂、玻璃清洗剂、家具清洁剂、衣饰处理剂、光亮剂、皮件保护剂、抗静电剂、家用除臭剂、家用去污剂等。家用气雾剂和喷雾剂携带方便，使用简单，越来越受到人们的欢迎。

玻璃清洗剂、家具清洁剂、家用去污剂等清洁去污类家用化学品配方中的主要成分往往是一些表面活性剂和助洗剂，当然也可以加入一些消毒抑菌剂和香精。在家用光亮剂配方中，主要有效成分是一些蜡类和油类物质，如巴西棕榈蜡、蜂蜡、石蜡等，以及石蜡油、硅油、矿物油等油类，根据具体用途的需要，有些还可加入表面活性剂、抑菌剂和香精。家用抗静电剂的主要有效成分大多为阳离子表面活性剂，尤其是季铵盐型阳离子表面活性剂，因为阳离子表面活性剂具有抗静电作用的同时具有较强的抗菌消毒作用。两性表面活性剂和阴离子表面活性剂也有一定的抗静电作用，但性能不如阳离子表面活性剂。典型配方实例如下：

【配方1】 空气清新气雾剂：糖精钠0.02～0.05，蒸馏水1～4.95，薄荷油或薄荷香精1～2.5，甘油2.5，乙醇50.0，异丁烷40～45。

生产工艺流程（图15-6）说明如下：

（1）在小型有搅拌器的配料釜D101中，制备溶于纯水或去离子水的糖精钠预混合溶液。

（2）在防爆环境条件下，在较大的带盖的配料釜D102中加入无水乙醇，而后在良好搅拌情况下，缓慢地加入上述预混合溶液。

（3）加入甘油，然后加入香味剂，搅拌直至得到清澈的溶液。

（4）用5μm或小于5μm能耐受乙醇的滤芯式过滤器进行过滤，并送往灌装机。

注：如果有含量高于约 2×10^{-4} 的氯离子，且铝罐的环氧-酚醛树脂内涂层有任何缺陷存在，铝罐就可能受到腐蚀。

该品能迅速散发到室内空气中进行空气调节，令人清爽舒适，持久留香，是工作、休息、娱乐场所必备用品。产品广泛应用于超市、酒店、机场、家居等场所。

【配方2】 家用清洁气（喷）雾剂：异丙醇35.0，变性乙醇35.0，十二烷基硫酸钠0.2，香精0.1，水19.7，二氟二氯甲烷10.0。

先将异丙醇、变性乙醇和香精充分混合均匀，再加入十二烷基硫酸钠和水，然后与抛射剂二氟二氯甲烷混合后注入气雾剂罐中。本配方为玻璃门窗清洗气雾剂，适用于清洗门窗玻璃，即使在无水条件下使用也能使玻璃达到良好的清洗效果，且对玻璃无侵蚀作用。

【配方3】 家具光亮气（喷）雾剂：巴西棕榈蜡120，蜂蜡60，硬脂酸80，吗啉30，石油溶剂 200，硅油 40，蒸馏水 1450，香精 20。

将两种蜡和硬脂酸分别熔融，搅拌混合，然后将混合物溶解在石油溶剂中，使溶液温度保持在 90℃，加入硅油和吗啉，然后加入已加热至 90℃ 的水，搅拌冷却至 40℃ 以下，最后加入香精即得气雾剂原液。按此原液占 85%、抛射剂 F_{12}/F_{114}（40∶60）占 15% 充装抛射剂。

【配方 4】 家用抗静电气（喷）雾剂：乙醇 34.0，聚乙二醇 2.0，十八烷基三甲基氯化铵 0.02，2-吡咯烷酮-5-羟酸三乙醇胺 10.0，蒸馏水 3.98，F_{12} 50.0。

配方中除抛射剂 F_{12} 外，将各组分充分混合均匀，然后分装于气雾剂空罐中，充装抛射剂 F_{12}。配方中也可加入适量香精。该剂为假发用防静电气雾剂，将其喷射在假发上，不发黏，不妨碍假发丝的梳理，可以防静电，抗尘，保持假发清洁，持续有效。

4. 医用气（喷）雾剂

医用气（喷）雾剂按医用途可以分为两类，即呼吸道吸入和皮肤、黏膜用药。吸入气（喷）雾剂是将药物分散成为液体或固体微粒后，供吸入呼吸系统进行吸入治疗，主要起局部作用，但药物经肺部吸收后也能起全身作用。

【配方 1】 吸入气（喷）雾剂：艾叶油 3000mL，柠檬香精 50mL，糖精钠 200g，乙醇 2860mL，二氯二氟甲烷 800g。

以上配方量为 1000 瓶量。取艾叶油、柠檬香精和 7% 糖精钠乙醇溶液混合使成透明溶液，装入气雾剂瓶内，封口，压装二氯二氟甲烷即得。艾叶油的制法为：取新鲜艾叶或干叶置于提取器中，充分湿润，用水蒸气蒸馏法将挥发油蒸出，经油水分离器分离得油层，脱水过滤即得。

本配方为艾叶油气雾剂，具有平喘、镇咳、祛痰和消炎作用，用于支气管哮喘和慢性气管炎。

【配方 2】 皮肤用气雾剂：5% 硫酸新霉素溶液 10.0mL，樟脑 1.0g，冰片 2.0g，羧甲基纤维素钠 6.0g，甘油 10.0mL，糠馏油 50.0g，蒸馏水 100mL。

取羧甲基纤维素钠，加甘油研匀，迅速加蒸馏水约 20mL 研磨，使之成为均匀的胶浆，再依次加入硫酸新霉素溶液、糠馏油及樟脑、冰片细粉，最后加入蒸馏水至全量，研匀即得湿疹涂膜气雾剂原液。该剂可治疗慢性湿疹等皮肤病。

【配方 3】 黏膜用气雾剂：大蒜素 10.0mL，Span 80 35.0g，Tween 80 30.0g，甘油 250mL，十二烷基磺酸钠 20.0g，水加至 1400mL，二氯二氟甲烷适量。

将配方中的药物与乳化剂等量混匀，加水至 1400mL，分装成 175 瓶，每瓶压入二氯二氟甲烷约 5.5g 即得。该剂按湿胶法制成水包油型气雾乳剂，所用乳化剂为 Tween 80、Span 80 及十二烷基磺酸钠，十二烷基磺酸钠可用月桂醇硫酸钠代替。

15.3 水处理化学品

水处理化学品

水处理剂是为了除去水中的大部分有害物质（如腐蚀物、金属离子、污垢及微生物等）得到符合要求的民用或工业用水，而在水处理过程中添加的化学药品。水处理剂是精细化工产品中的一个重要门类，具有很强的专用性。不同的使用目的和处理对象，要求不同的水处理剂。例如，城市给水是以除去水中的悬浮物为主要对象，使用的药剂主要是絮凝剂；锅炉给水主要解决结垢腐蚀问题，使用的药剂为阻垢剂、缓蚀剂、除氧剂；冷却水处理主要解决腐蚀和菌类滋生，采用的药剂为阻垢剂、缓蚀剂和杀菌灭藻剂；污水处理主要是除去有害物质、重金属离子、悬浮体和脱除颜色，所使用的药剂主要为絮凝剂、络合剂等。水处理剂广泛应用于化工、石油、轻工、日化、纺织、印染、建筑、冶金、材料、机械、医药卫生、交通、城乡环保等行业。

水处理剂按其应用目的可分为两大类：一类是以净化水质为目的，使水体相对净化，供生活和工业使用,包括原水的净化和污水的净化,所用的药剂有 pH 调整剂、氧化还原剂、吸附剂、活性炭和离子交换树脂、混凝剂和絮凝剂等;另一类是针对工业上某种特殊目的而加入水中的药剂,通过对设备、管道、生产设施以及产品的表面化学作用而达到预期目的,所用的水处理剂主要有缓蚀剂、阻垢分散剂、杀菌灭藻剂、软化剂等。

15.3.1 缓蚀剂

添加到腐蚀介质中能抑制或降低金属腐蚀过程的一类化学物质称为缓蚀剂或腐蚀抑制剂。

缓蚀剂作为金属溶解的抑制剂,不仅用在金属酸洗中,还广泛用于冷却水处理、化学研磨、电解研磨、电镀、刻蚀等同时发生金属溶解的各个工业方面。当腐蚀介质为冷却水时,应用的缓蚀剂称为冷却水缓蚀剂。缓蚀剂的种类很多,通常可按照缓蚀剂在金属表面形成保护膜的成膜机理不同分为钝化膜型(如铬型盐、亚硝酸钠、钼酸盐、钨酸盐等)、沉淀膜型(如聚磷酸盐、锌盐巯基苯骈噻唑、苯骈三氮唑等)和吸附膜型(有机胺、硫醇类、某些表面活性剂、木质素类、葡萄糖酸盐)。

1. 钨系缓蚀剂

钨系水处理剂因其无毒无公害,加上我国有着丰富的钨矿资源,因此开发应用前景广阔。钨酸钠是常用的钨系缓蚀剂,其分子式为 $Na_2WO_4 \cdot 2H_2O$,它是无色或白色斜方晶体,可由黑钨矿用烧碱分解后经蒸浓结晶等步骤制备,发生的化学反应如下:

$$MnWO_4 \cdot FeWO_4 + 4NaOH \longrightarrow 2Na_2WO_4 + Fe(OH)_2 \cdot Mn(OH)_2$$
$$Na_2WO_4 + CaCl_2 \longrightarrow CaWO_4 + 2NaCl$$
$$CaWO_4 + 2HCl \longrightarrow CaCl_2 + H_2WO_4$$
$$H_2WO_4 + 2NaOH \longrightarrow Na_2WO_4 \cdot 2H_2O$$

生产工艺流程如图 15-7 所示。

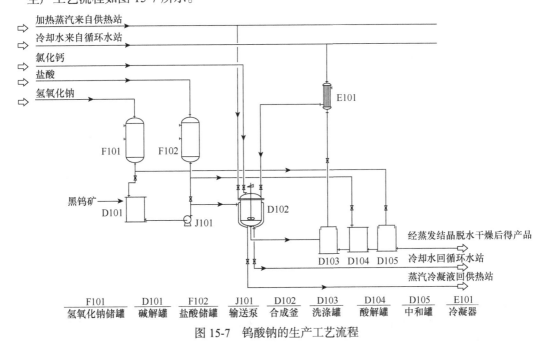

图 15-7 钨酸钠的生产工艺流程

将粉碎至 320 目以下的黑钨矿加入碱解罐 D101 中,再加入 30%氢氧化钠溶液压煮,生成钨酸钠溶液。钨酸钠溶液经过滤后泵入合成釜 D102 中,加入氯化钙,控制温度在 70~95℃反应 2~

4h，降温。物料导入洗涤罐 D103 中，加水洗涤；再在酸解罐 D104 中加入盐酸酸解 1～2h。酸解后的物料在中和罐 D105 中中和，再经蒸发、结晶、脱水干燥后得钨酸钠产品。

每吨 $Na_2WO_4 \cdot 2H_2O$（＞99%）的原料消耗如下：黑钨矿（WO_3 65%）1.32t，烧碱（NaOH 40%）0.715t，盐酸（HCl＞30%）2.336t。

2. 杂环化合物

常用的杂环化合物有巯基苯骈噻唑、苯骈三氮唑及甲基苯骈三氮唑等，它们对钼及铜合金有特殊的缓蚀作用，如与其他缓蚀剂并用，对碳钢也有缓蚀作用。下面主要介绍巯基苯骈噻唑的生产工艺。

巯基苯骈噻唑简称 MBT，又名 2-巯基苯骈噻唑，化学名称为 2-苯骈噻唑硫醇，其巯基上的氢原子能在水溶液中游离出 H^+，它的负离子与铜离子结合生成十分稳定的络合物。MBT 是一种对铜或铜合金最有效的缓蚀剂之一，当冷却的系统中含有铜设备或者原水中含有一定浓度的铜离子时，一般必须考虑投加 MBT 一类的铜缓蚀剂。纯的 MBT 为淡黄色粉末，有微臭和苦味，密度 $1.42g/cm^3$，熔点 178～180℃。一般以苯胺、二硫化碳和硫磺粉为主要原料合成，反应式如下：

$$\text{NH}_2 + \text{CS}_2 + \text{S} \longrightarrow \text{SH} + \text{H}_2\text{S}$$

生产工艺流程如图 15-8 所示。

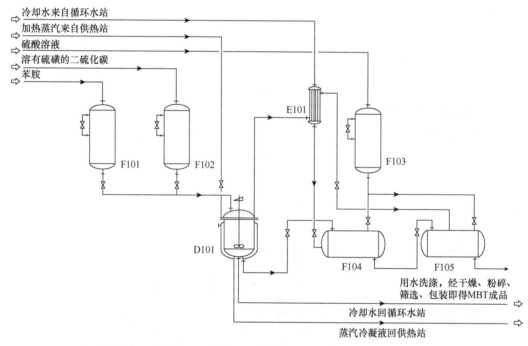

图 15-8　MBT 的生产工艺流程

（1）工艺操作。先将高压反应釜 D101 预热至 200℃，在此温度下投入苯胺及溶有硫磺的二硫化碳。将反应混合物加热到 250～260℃，加压至 8104kPa；并保持此温度和压强进行环合反应。约 2.5h 后，环合反应完全，减至常压。将环合产物 2-巯基苯骈噻唑及少量树脂生成物同 7～8°Be′ 的烧碱溶液在 F104 中制成 MBT 的钠盐。然后于 30～32℃温度下以 10°Be′ 的硫酸慢慢酸化至 pH 为 9，进行过滤。滤去碱不溶物（树脂、硫磺粉等）后的滤液于 38～40℃温度下以 10°Be′ 的硫酸在 F105 中中和至 pH 7 左右。滤取固体，用水洗涤，经干燥、粉碎、筛选、包装即得 MBT 成品（初熔点≥170℃，含量≥95%，水分≤0.5%，灰分≤0.3%），收率约 84%。滤液为硫酸钠等无机盐，可另外处理。反应过程中生成的硫化氢气体经气体吸收系统用液碱吸收处理。

（2）原料消耗定额。每生产 1000kg 初熔点≥170℃、含量≥95% 的 MBT 的消耗：苯胺（工业品，98%）643kg，二硫化碳（工业品，98%）618kg，烧碱（工业品，95%）360kg，硫磺粉（工业品，98%）232kg，硫酸（工业品，92.5%）496kg。

15.3.2 阻垢消垢剂

在工业水处理中，把加入到水中用于控制产生水垢和泥垢的水处理剂称为阻垢剂。阻垢剂的种类很多，早期采用的阻垢剂多半是天然成分经过适当加工后的物质，如木质素磺酸盐、葡萄糖酸钠、单宁、淀粉衍生物和腐殖酸钠等。近年来采用的阻垢剂主要有无机聚合物（三聚磷酸钠、六偏磷酸钠等）、磷酸酯（磷酸辛酯、磷酸二辛酯等）、有机磷酸（盐）、膦羧酸、合成有机聚合物（聚丙烯酸、聚马来酸、水解聚马来酸、聚丙烯酸钠、聚甲基丙烯酸）等。常用的共聚物阻垢剂有丙烯酸-丙烯酰胺共聚物、马来酸酐-丙烯酸共聚物、苯乙烯磺酸-马来酸共聚物等。这些化学物质有些兼有缓蚀作用，称为缓蚀阻垢剂。有机磷酸盐既具有良好的阻垢性能，又有较好的缓蚀性能，已被大量应用于水处理技术中。下面主要介绍一种典型的有机多元膦酸的生产工艺。

氨基三亚甲基膦酸（ATMP）的合成方法较多，适合工业生产的合成方法有以下两种：

（1）亚磷酸（或三氯化磷）与氨（或铵盐）、甲醛在酸性介质中一步合成：

$$PCl_3 + 3H_2O \longrightarrow H_3PO_3 + 3HCl$$

$$3H_3PO_3 + NH_4Cl + HCHO \longrightarrow N[CH_2PO(OH)_2]_3 + HCl + 3H_2O$$

（2）氨川三乙酸和亚磷酸反应：

$$N(CH_2COOH)_3 + 3H_3PO_3 \longrightarrow N[CH_2PO(OH)_2]_3 + CO_2 + 3H_2O$$

工业生产多采用第一种方法。该制法中所用的氨可以是氨气、氨水或铵盐，一般用氯化铵；甲醛为甲醛水溶液、三聚甲醛或多聚甲醛；亚磷酸由三氯化磷水解制得。方法二的收率高，产品质量好，但原料难得，成本高。第一种方法生产 ATMP 的工艺流程如下：

原料→反应→浓缩→冷却→结晶→分离→成品

在装有密封搅拌器、回流冷凝器和滴液漏斗的反应器中，按反应式的计量加入氯化铵和甲醛水溶液，开动搅拌器。然后慢慢滴加三氯化磷，控制滴加三氯化磷的速度并进行外部冷却，使反应温度保持在 30～40℃。反应过程中有 HCl 气体逸出，用水吸收。待三氯化磷滴加完毕后，慢慢加热到回流温度（110℃），回流 0.5h，反应液为黄色澄清液体。

含量为 50% 的 ATMP 呈淡黄色液状，密度为 1.3～1.4g/cm³；含量在 95% 以上时为无色晶体，熔点 212℃，溶于水、乙醇、丙酮、乙酸等极性溶剂，具有较好的化学稳定性，不易被酸碱破坏，也不易水解。ATMP 在 200℃下有优良的阻垢作用，对碳酸盐的阻垢效果特别好，可作为硬度大、矿化度高、水质条件恶劣的阻垢剂。例如，用于循环冷却水、油田注水和含水输油管线、印染用水的除垢以及锅炉系统软垢的调解剂，用量以 3～10mg/kg 为佳。

15.3.3 杀菌灭藻剂

在冷却水中含有大量的微生物，这些微生物在冷却水设备的管壁上生成和繁殖，这不仅大大增加了水流的摩擦阻力，引起管道的堵塞，还严重降低了热交换器的传热效率，同时造成危险的孔蚀甚至管道穿孔。为了控制微生物的生长及其所造成的危害，必须投加杀菌灭藻剂（又称杀生剂）、污泥剥离剂等药剂，以杀灭和抑制微生物的生长和繁殖。

杀菌灭藻剂通常分为氧化型和非氧化型两类。氧化型一般是较强的氧化剂，利用它们所产生的次氯酸、原子态氧等，使微生物体内一些与代谢有密切关系的酶发生氧化作用而使微生物被杀灭。该类杀生剂一般是无机化合物，如氯、次氯酸盐、二氧化氯、臭氧、过氧化氢等，用得较广泛的是氯气、漂粉精和二氧化氯。

非氧化型杀生剂主要是有机化合物类，如醛类化合物、硝基化合物、含硫化合物、咪唑啉等杂环化合物、长链胺类化合物、季铵盐以及含卤素的有机化合物。其中应用较广泛的有五氯酚钠、2, 2′-二羟基-5, 5′-二氯苯基甲烷（DDM）、西维因、2,2-二溴-3-氮川丙烯胺、三硫氰基甲烷、季铵盐类。

非氧化型杀菌灭藻剂中氯酚及其衍生物是应用得较早的一类杀生剂，不同的氯酚类药剂对不同的微生物的杀生效果是不同的。一般来说，凡苯酚结构中引入氯都可提高其杀生能力。在循环水中作为杀生剂使用最多的氯酚有五氯苯酚钠和2, 4, 5-三氯苯酚钠。目前，国内使用较普遍的氯酚杀菌剂为NL-4，其主要成分为2, 2′-二羟基-5, 5′-二氯苯基甲烷，是无色或白色结晶，熔点178℃，对细菌、真菌、酵母菌及藻类均有较高的活性，因而被大量地用作杀生剂。DDM药效较长，适于各冷却水系统的杀菌灭藻。DDM的合成方法有硫酸法和分子筛法两种。硫酸法通常采用对氯酚和甲醛为原料，以硫酸为催化剂，以甲醇或乙醇为溶剂进行缩合而制取。其反应式如下：

（DDM）

生产工艺：在带有搅拌的搪瓷反应釜中加入适量浓 H_2SO_4 和甲醇，再加入277kg对氯酚，反应温度控制在$-10\sim0$℃，滴加30kg甲醛，反应6h。反应完后过滤、干燥可得约260kg产物。工业品为浅褐色粉末，熔点164℃。

15.3.4 混凝剂和絮凝剂

在水处理中，能使水中的胶体微粒相互黏结和聚结的化学药剂称为混凝剂。混凝剂与水混合从而使水中的胶体物质产生凝聚和絮凝，这一综合过程称为混凝过程。

凝聚就是向水中加入硫酸铝、明矾等凝聚剂，以中和水中带负电荷的胶体微粒，使其脱稳而沉淀。絮凝是在水中加入高分子物质——絮凝剂，使已中和的胶体微粒进一步凝聚，使其更快地凝成较大的絮凝物，从而加快沉淀。凝聚和絮凝总称为混凝。混凝剂大致可分为无机混凝剂和有机混凝剂两类。根据所处理的水的特性、不同的用途，已经开发出了许多不同性能和使用目的的混凝剂。

1. 无机混凝剂

常用的无机混凝剂有硫酸铝、明矾、聚合氯化铝、硫酸亚铁、氯化铁、铵矾等。以聚合硫酸铁为例介绍其生产工艺。

聚合硫酸铁又称碱式硫酸铁（PFS），它是一种高效铁系无机高分子絮凝剂。PFS的化学通式为$[Fe_2(OH)_m(SO_4)_{(3-m/2)}]_n$，其中$m = 0.5\sim1$，$n = f(m)$。碱式硫酸铁分子穿插在硫酸铁分子之间，形成立体的聚合结构。它在水溶液中能提供大量的$[Fe_3(OH)_6]^{3+}$、$[Fe_2(OH)_4]^{2+}$、$[Fe_2(OH)_2]^{4+}$、$[Fe_8(OH)_{20}]^{4+}$等聚合离子及羟基桥联形成的多核络合铁离子。

PFS是一种红棕色黏稠液体，适用范围广，沉降速度快，具有极高的絮凝能力，目前已广泛用于电力、化工、冶金、印染、造纸、纺织等工业水处理中。生产PFS的主要原料是$FeSO_4$和H_2SO_4，也可以用工业酸洗废液。其聚合机理是在酸性条件下，由于催化剂的作用，二价铁离子氧化为三

价铁离子:

$$4FeSO_4 + 2H_2SO_4 \xrightarrow{[氧化剂]} 2Fe_2(SO_4)_3 + 4H^+$$

然后, $Fe_2(SO_4)_3$ 进行去质子化, 先生成六水合硫酸铁, 再生成五水合硫酸铁……直至生成各种碱式硫酸铁, 最后经水解、聚合作用制得聚合硫酸铁。

工业化生产可用纯氧为氧化剂, 若用化学氧化剂 (如 $KMnO_4$、H_2O_2、$NaClO_4$ 等) 氧化, 不仅成本高, 而且条件难以控制; 用空气作氧化剂, 成本虽低, 但反应时间长, 且需装废气净化设施, 使工艺流程烦琐、复杂。

将工业品硫酸亚铁 ($FeSO_4 \cdot 7H_2O$)、硫酸 (也可分批加入) 和水配成浓度为 18%~20% (质量分数) 的水溶液, 投入反应釜中, 加热到 50℃以上, 通入氧气, 其压力控制在 3.03×10^5Pa 左右, 然后将投料量 0.4%~1.0% 的催化剂 $NaNO_2$ 分批投加, 所得液体产品碱化度为 10%~13%。将所得液体产品经过减压蒸发、干燥等后处理, 可得固体产品。

Fe^{2+} 的催化氧化过程是一个气液反应, 反应速率由气体吸收速率控制, 要加快反应, 就要加快气体溶解速度, 为此可采用两种途径: 一是提高气相压力, 二是加大气液反应接触面积, 也可两种途径并用。采用喷雾法工艺即可达此目的, 该法特点是在反应器中反应液以雾化态与混合气体反应。为进一步加快反应, 可使气体和液体同时进行逆向循环。气体由风机送入, 反应过程中不断向反应器中补加氧气, 保证 NO 迅速氧化和 NO_2 吸收。制备过程为: 在加热器中加入晶体 $FeSO_4$、H_2SO_4 和水, 加热升温至一定温度后使液体和气体同时处于循环状态。在常压下, 气相中的 NO_2 和雾状液体反应, 如此不断循环, 直至 Fe^{2+} 完全氧化为止。反应机理如下:

$$2NO + O_2 \longrightarrow 2NO_2$$
$$2FeSO_4 + (2-n)H_2SO_4 + NO_2 \longrightarrow Fe_2(OH)_n(SO_4)_{3-\frac{n}{2}} + 2(1-n)H_2O + NO$$

反应产物指标: Fe^{3+} 含量 11%~14%, 盐基度 8%~16%, Fe^{2+} 含量 ≤0.1%, 水不溶物含量 ≤0.1%, 密度 (20℃) 为 1.41~1.68g/cm³。

2. 有机高分子絮凝剂

常用的有机混凝剂有聚乙烯吡啶类、水溶性苯胺树脂、多乙胺、聚合硫脲、聚丙烯酸钠、藻朊酸钠、聚苯乙烯磺酸盐、聚丙烯酰胺、淀粉及其衍生物、纤维素钠、聚藻朊酸盐、明胶、聚乙烯醇、甲壳素与壳聚糖等。

在水处理中所采用的有机高分子絮凝剂是天然的和人工合成的水溶性线型聚合物, 其基本性能是具有"架桥"的能力。有机高分子絮凝剂有适应各种水特性的聚合物结构, 其特点是用量小、处理效率高、适应范围广、种类繁多。一般可分为阳离子型、阴离子型、非离子型和天然高分子絮凝剂四大类。近年来开发的有机高分子絮凝剂很多, 如新型交联丙烯酸接枝羟丙基木薯淀粉、交联型 AM/AA 接枝黄原酸酯化木薯淀粉、高度双交联两性接枝木薯淀粉树脂、丙烯酰胺/甲基丙烯酸甲酯接枝蔗渣木聚糖共聚物、吸附性双交联两性木薯淀粉等。

15.4 皮革化学品

从动物体新剥下的皮称鲜皮或血皮, 如不能及时加工, 则需加盐腌制或风干。腌制的皮称盐湿皮, 再经风干的称盐干皮。洗净和晾干的生皮称干板皮。哺乳动物的皮组织由上层表皮、中层真皮和下层皮下结缔组织构成。经过浸水、浸灰、脱脂、酶软等工序加工后, 除去上下两层, 留下的真皮称裸皮。真皮位于表皮和皮下组织之间, 其质量约占生皮的 90% 以上, 是生皮的主要部分, 也是皮革加工的主要对象, 成品革的许多特性都是由该层构造决定的。

裸皮经鞣制、染色、加脂和涂饰等工序制得成品革。显然，从生皮到成品革的全部加工过程都需要借助于化学品。皮革化学品就是在将牛、猪、羊等动物皮加工成美观耐用的皮革过程中所使用的化工材料或助剂。皮革化学品的广义概念，可以认为是除原料皮以外的一切制革生产用的化学品，即基本化工材料、助剂、表面活性剂、酶制剂、染料、鞣剂、加脂剂、涂饰剂等。其中鞣剂、加脂剂、涂饰剂仅限于制革工业应用，称为皮革专用化学品，也是本节介绍的主要内容。

15.4.1 鞣剂

生皮经过准备工段的各个工序处理后，去掉了大部分的脏血、污物、油脂和纤维间质等，真皮纤维获得了一定程度的松散。但由于纤维没有定型，干燥后纤维重新胶结，皮板变硬，成品受潮，易受微生物侵蚀、腐烂、变质，同时成品不耐化学药品的作用。要改变这些缺点，使真皮纤维松散度达到一定程度的稳定性，必须经过鞣制，使生皮性能发生根本的变化。因此，凡能使生皮具有上述特性的加工过程称为鞣制，而能使生皮实现这一转变的化学材料称为鞣剂。

鞣剂是一种具有多官能团的活性物质，它的分子结构中至少含有两个或两个以上的官能团。鞣剂能与胶原结构中的两个或两个以上的作用点形成分子内键，同时能破坏胶原中一部分分子内键，并产生更多的新的分子间交联，而具有鞣制效应。按化学性质鞣剂可分为无机鞣剂和有机鞣剂。无机鞣剂主要是矿物类鞣性化合物。有机鞣剂可分为植物鞣剂、醛鞣剂、油鞣剂、合成鞣剂、树脂鞣剂等。

1. 矿物鞣剂

矿物鞣剂是无机化合物鞣剂的主要部分，一般是铬、铝、锆、铁、钛等金属的碱式盐，其中应用最广泛的是铬盐。二价和六价的铬盐没有鞣制性能，三价铬盐具有鞣制性能。制革生产中所用的三价铬液都是碱式硫酸铬溶液，也称铬鞣剂。铝鞣剂在制革上可作预鞣剂或复鞣（与铬鞣剂和植物鞣剂结合使用）。其他如锆鞣剂、铁鞣剂、钛鞣剂等在制革生产上尚未大量采用，另外还有金属络合鞣剂等。现以铝鞣剂为例说明该类产品的生产原理与工艺。

铝鞣剂是常用的金属鞣剂之一，主要品种有盐基性氯化铝 $Al_2(OH)_3Cl_3$ 和盐基性硫酸铝，产品的碱度和氧化铝的含量不同。用作鞣剂使用时，应将碱度控制在 70%～80%，氧化铝的含量控制在 25%～35%。铝鞣剂的制法是以氯化铝为主料，加碱得到碱式氯化铝（一种无机高分子）。碱式氯化铝的制备可采用金属铝作原料，也可以用三氯化铝、氧化铝或氢氧化铝为原料。下述工艺以铝灰为原料，它是一种工业废料，熔炼铝合金或回收废铝材时，熔炼中产生的熔渣及浮皮称为铝灰，其中的主要成分为金属铝和氧化铝。加盐酸反应生成三氯化铝母液，再用纯碱碱化而成，其反应式如下：

$$Al_2O_3 + 6HCl \longrightarrow 2AlCl_3 + 3H_2O$$

$$2Al + 6HCl \longrightarrow 2AlCl_3 + 3H_2$$

$$2AlCl_3 + Na_2CO_3 + H_2O \longrightarrow 2Al(OH)Cl_2 + NaCl + CO_2$$

在碱式氯化铝溶液中，无数个铝原子通过氢氧基的氧桥彼此连接，形成多核络合物，也是一种无机高分子化合物，其化学通式为 $[Al_2(OH)_nCl_{6-n}]_m$ （ $n = 1 \sim 5$ ， $m \leqslant 10$ ）。生产工艺流程见图 15-9。

先将盐酸和水在真空减压下抽入搪瓷反应釜内，开动搅拌器并减压，缓慢加入已除去铁的铝灰，8h 内加完。继续搅拌 30min，出料。趁热将反应液转入涤纶滤袋过滤，将粗滤液移入盛于两层涤纶布、一层过滤纸的塑料框内过滤。将细滤后的清液移入开口搪瓷反应釜（流程图中省略）内，以蒸汽夹套加热，温度 90℃ 左右，浓缩 7～8h。然后将浓缩液移入另一搪瓷反应釜中，升温。然后降温至 75℃ 左右，搅拌下缓慢加入已经溶解的纯碱溶液，约需 16h 加完，保温浓缩 8h，出料干燥得成品。

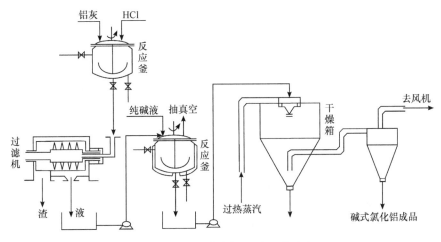

图 15-9　铝鞣剂的生产工艺流程

2. 植物鞣剂

从植物的干、皮、根、叶或果实中用水浸提出的能将生皮鞣制成革的有机化合物称为植物鞣质，又称天然单宁。各种植物鞣剂的制备方法大同小异，包括原料粉碎、浸提、净化、浓缩、干燥等几个工序。植物鞣剂一般是制成栲胶后再在制革厂使用，不同植物鞣剂用于鞣制不同的革。一般来说，植物鞣剂适合鞣制底革、重革、装具革等。

利用废树皮、果壳等可以制备栲胶：将废树皮、果壳等切碎成粒径约为 0.5cm，装入事先做好的竹篓或麻袋里浸入锅内，可采用多锅循环浸提，水温为 75～80℃，不断翻搅。浸提液浓度为 5～8°Be′时即可送入浓缩锅，取样测定浓缩液浓度为 30～32°Be′时，其含水量为 35%以下，放入干燥器中，于 70～80℃下加热脱水烘干后，即得含水量为 15%左右的固体栲胶。成品外观为棕黑色粉状或块状，略带酸性，具有涩味，溶于水、乙醇、丙酮中。

3. 合成鞣剂

采用化学合成方法由简单的有机化合物合成的具有鞣革性能的高分子有机鞣剂称为合成鞣剂或者合成单宁。合成鞣剂按化学结构可分为脂肪族合成鞣剂和芳香族合成鞣剂。主要包括酚醛类合成鞣剂（DLT-1 号合成鞣剂）、萘醛类合成鞣剂（合成鞣剂 1 号）、木质素磺酸合成鞣剂、合成树脂鞣剂（脲醛树脂、苯乙烯-顺丁烯二酸酐共聚树脂、丙烯酸树脂、二异氰酸酯树脂和二醛树脂等）、二羟基二苯砜酚磺酸尿素甲醛缩合物（合成鞣剂 29 号）等，多数品种的合成原理及工艺已在本书有关章节中论述，限于篇幅，不再赘述。

15.4.2　加脂剂

加脂是皮革加工工艺中最重要的工序之一。工艺实践证明，若将鞣后的皮革直接干燥，则干燥后皮板发硬，缺乏柔软性。这是因为干燥会引起纤维脱水，纤维与纤维相互黏结在一起，降低了纤维之间的可移动性，这样的毛皮必然僵硬，做成成品穿着不舒服，甚至裂开。但经过加脂，各个纤维被油脂包围起来，在干燥时阻止其黏结在一起，且降低纤维组织内部的摩擦，起润滑作用，从而提高成品的柔软性、延伸性、抗张强度、耐穿着性和耐储存性。

加脂剂和必要的填料的填充作用促进成品的定型，使皮革穿着时不易变形，增加出皮率。有的加脂剂还可以起到辅助性的鞣制作用。这是因为加脂使用的乳化剂中的—OSO₃H、—SO₃H、

—SO$_2$Cl 等极性基，能与组成胶原的氨基酸构成盐键结合；加脂剂中使用的不饱和油脂同时对于胶原纤维有鞣制作用。加脂剂按化学组成和加工可分为天然油脂加工品、矿物油、合成加脂剂、多功能加脂剂等五类。

1. 天然油脂加工品

在油脂分子中引入亲水基团或通过其他方法使油脂成为离子型的表面活性物，如硫酸化油、亚硫酸鱼油、丰满猪油加脂剂、改性羊毛脂加脂剂等。

羊毛脂是由多种羟基脂肪酸、脂肪酸和大致等量的脂肪醇、胆甾醇所形成的酯（占 94%～96%），以及少量游离酸、游离醇和烷烃（占 4%～6%）所组成。在羊毛脂中的羟基脂肪酸酯约为30%，支链脂肪酸酯则占 65%左右。根据羊毛脂分子结构特点，将其烷醇酰胺化、酯化、亚硫酸化，然后和改性植物油、改性矿物油、合成蜡等复合，可得到黏稠膏状加脂剂。改性羊毛脂加脂剂可使革非常柔软、丰满，手感滋润，是一种多功能加脂剂，可单独用于皮革加脂，使生产工艺简化，配料方便。这种加脂剂特别适合于制作软革、浅色革和绒面革。

2. 合成加脂剂

以石油化工产品为基本原料制成自身乳化型合成油，或者配用乳化剂制成水乳型合成油，按合成油的离子性或乳化剂的离子性可分为：阳离子型加脂剂、阴离子型加脂剂、非离子型加脂剂和两性加脂剂，主要有氯化烃类和磺氯化烃类。例如，合成加脂剂 SE 系以烷基磺酰氯为主要原料，经氨化生成具有优良乳化性、渗透性能的阴离子表面活性剂，作为复合加脂剂的主要组分，再与氯化石蜡、液体石蜡、合成酯、表面活性剂、抗氧剂等组分复配而成。反应式如下：

$$RSO_2Cl + 2NH_4OH \longrightarrow RSO_3NH_4 + NH_4Cl + H_2O$$
$$2RCOOH + CH_2OHCH_2OH \longrightarrow ROCOCH_2CH_2OCOR + 2H_2O$$

生产工艺流程见图 15-10。工艺流程说明如下：

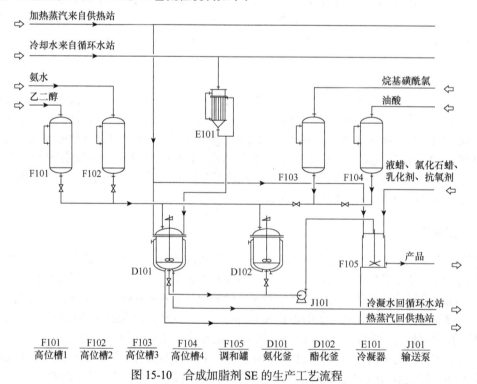

图 15-10 合成加脂剂 SE 的生产工艺流程

（1）将烷基磺酰氯按配方计量将泵送入氨化釜 D101 内，控制氨化反应温度 40～50℃，缓慢滴加氨水，氨水加完后，继续保温反应 2h，然后静置过夜，次日切去下部的酸盐水，产品放入调和罐 F105。

（2）将油酸按配方计量泵送入酯化釜 D102 内，控制酯化反应温度 140～150℃，分批加入乙二醇，进行酯化反应 4h。取样分析，合格后切除废渣，产品放入调和罐 F105。

（3）按配方计量将烷基苯磺酸铵、油酸酯、液蜡、氯化石蜡等泵送入调和罐 F105 内，再投入配方计量的乳化剂、抗氧剂等，加热至 35～40℃，搅拌 1h 至体系均匀，即为成品。

消耗定额（kg/t）：烷基磺酰氯 600，液体石蜡 200，氯化石蜡 50，油酸 80，乙二醇 20，氨水 260，乳化剂 60。

15.4.3　涂饰剂

涂饰是用某种化学品修整革表面的整理工序，目的是使革面光泽润滑、颜色均一，装饰革面的残伤和缺陷，同时在革面形成保护膜，提高皮革的防水、耐磨等实用性能。这种修饰皮革的化学品称为皮革涂饰剂。

一般按成膜剂可将涂饰剂分为蛋白质涂饰剂（如乳酪素、改性酪素）、丙烯酸树脂涂饰剂（如丙烯酸树脂乳液、改性丙烯酸树脂）、硝化纤维涂饰剂和聚氨酯涂饰剂。

1. 酪素涂饰剂

酪素涂饰剂即揩光浆，揩光浆又称刷光浆，主要成分是颜料、酪素、硫酸化蓖麻油（增塑剂）、苯酚（防腐剂）、硼砂（酪素助溶剂）。

揩光浆的制法很多，一般是将硫酸化蓖麻油和颜料一起磨成油浆，混入一定比例的乳酪素（酪朊）溶液中调和而成。乳酪素属于磷蛋白质，易溶于碱中，使用时溶于氨水或硼砂溶液中，并加入少量防腐剂，如苯酚。揩光浆所用颜料（有时拼用少量染料）视所需颜色而选用。例如，蛹酪素揩光浆是根据蛹酪素可替代乳酪素、磺化蚕蛹油可替代土耳其红油的特性，利用蛹酪素和磺化蚕蛹油的物理化学性能，加入其他助剂混合而成。其生产工艺步骤如下：

（1）将 100kg 蛹酪素用其量 50% 的清水调成糊，升温至（60±2）℃，保温搅拌，加入 10kg 氨水与 6kg 硼砂，保温搅拌 1h，使蛹酪素全部溶化。再加入蛹酪素量 50% 的水，搅匀，加入 10kg 苯酚，保温并继续搅拌 15min 左右，冷却至室温，用 150 目筛过滤，得透明黄色蛋白浆，备用。

（2）将磺化蚕蛹油与 15kg 炭黑混合均匀，用三辊机研磨均匀，使炭黑粒度小于 10μm，成为均匀黑浆料，备用。

（3）将 20kg 工业粒子元青用少量清水溶化，加热至 45℃，在搅拌下加入黑色浆料，搅拌均匀后再加入黄色蛋白浆，继续搅拌均匀后，停止加热，降温冷却至室温，即为成品。

2. 聚氨酯涂饰剂

聚氨酯涂饰剂按形态可分为溶剂型和乳液型两类。乳液型又可分为阳离子型、阴离子型和非离子型。

用亲水性单体扩链法可合成水乳型聚氨酯皮革涂饰剂，一般由聚醚多元醇、多异氰酸酯、扩链剂和含亲水基团的扩链剂反应制备。聚酯多元醇由于其耐水解性不好而较少采用，聚醚多元醇常用聚氧化丙烯多元醇和聚四氢呋喃多元醇，后者性能优于前者，但由于其价格昂贵，在工业上使用受到限制。多异氰酸酯常用 TDI、HDI、MDI 等。扩链剂一般用丁二醇、乙二醇、一缩二乙二醇、乙二胺等。

15.4.4 其他皮革化学品

自 20 世纪 80 年代末以来，随着世界皮革加工重心的转移，我国已成为世界皮革加工与贸易的中心，所用皮革化学品的种类已经发展到 2000 多种。除前面介绍的皮革化学品外，皮革在加工过程中，为了改善加工工艺、提高操作效率、提高皮革质量，需加入一些辅助化学品。皮革行业将这部分化学品按其在制革过程中的作用和功能分为两类：一类是通用型助剂，这类助剂本身不具有赋予革特殊性能的功能，主要是辅助其他助剂，使之有效地利用，如酸碱盐、氧化剂、还原剂等；另一类是功能性制革助剂，其本身可赋予革某种特定的性能，如防水剂、防油污剂、柔软剂、填充剂、蒙面剂、防绞剂、发泡剂等。

制革与毛皮加工中的污染不仅影响到皮革工业的可持续发展，而且关系到皮革工业的存亡。作为皮革工业一翼的皮革化学品，其材料的组成、性能的优劣不仅直接影响皮革的质量和档次，而且在很大程度上影响皮革工业对环境的污染。面对国际贸易壁垒，绿色皮革化学品的研发势在必行。可生物降解作为绿色化学品的重要标志之一已得到普遍认可。生物降解性评价通过对皮革化学品生物降解性的测试及其结构与其生物降解性关系的研究，一方面为化学品环境友好性评价、分子结构进一步优化设计提供理论依据，另一方面对制革行业环境污染治理具有一定的指导意义。

15.5 造纸化学品

改革开放以来，科技正以前所未有的力量推动着经济和社会的向前发展。改革开放也造就了中国造纸行业发展的"黄金时代"。40 多年来，中国造纸工业实现了伟大复兴，并惠及全中国人民。目前中国成长为全球最大的造纸国家，展现出了巨大的制造力、国际购买力及创造力。造纸工业是以纤维为原料的化学加工工业，造纸化学品作为造纸工业关联度密切的行业，与造纸行业建立了可持续发展的平等、互利、共赢的伙伴关系。中国造纸工业正在蓬勃发展，中国的造纸化学品工业也在不断地更新换代以适应行业的需求。清洁化生产是当今化学品必然的要求，多功能化造纸化学品则是提高企业竞争力、降低成本的有效途径。造纸化学品发展到今天，不再是单一的功效，既要能够助留助滤，又要能提高强度；既要降低白水浓度，有利于循环回用与废水处理，又要提高分散效果。绿色、环保、多功能化、适应性广是造纸化学品的发展趋势。

15.5.1 造纸化学品的定义与分类

造纸化学品一般是指在制浆、抄纸整个纸及纸板的加工制造过程中所使用的所有化学品，通常包括填料、颜料、苛性钠、液氯、石灰和硫酸铝等常用化学品。本节所讨论的造纸用化学品是指除这些大量通用的化学品以外的各类专用化学品。这类专业化学品的用量少，但对造纸的质量和性能起到决定性的作用。

造纸化学品按其用途大致可分为：制浆用化学品、漂白用化学品、废纸回收用化学品、抄纸用添加剂、涂布助剂及功能纸用化学品。其分类及主要品种参见表 15-1。

表 15-1 造纸化学品的分类及主要品种

分类	主要品种
制浆用化学品	蒸解用化学品：苛性钠、亚硫酸氢钠等
	蒸解助剂与腐浆控制剂：蒽醌、四氢蒽醌等
	脱墨剂：洗涤法脱墨剂、浮选法脱墨剂、洗涤-浮选法脱墨剂等
漂白用化学品	漂白剂：过氧化氢、二氧化氯、次氯酸盐、氧漂、臭氧漂、次亚硫酸盐等
	漂白助剂：烧碱、磷酸盐、络合剂水玻璃等

分类	主要品种		
废纸回收用化学品	废纸脱墨剂：烷基苯磺酸钠、烷基聚乙烯醚、生物酶等		
	其他化学品：黏着物处理剂、解离促进剂、漂白剂、浮选捕集剂、增强剂、助滤、助留剂、树脂障碍控制剂、提高表面强度的化学品等		
抄纸用添加剂	过程添加剂	助滤剂：聚乙烯亚胺、聚氨基酰胺等	
		助留剂：聚丙烯酰胺、聚氧化乙烯、聚乙烯亚胺	
		消泡剂：有机硅型、聚醚型或脂肪酰胺型表面活性剂	
		防腐剂：有机硫、有机卤化物、季铵盐和金属硼酸盐	
		絮凝剂：滤水剂、形成剂等	
		沉积物抑制剂：亚甲基硫代氰酸酯、硫酸铝、黏土等	
	功能性添加剂	浆内施胶剂	松香施胶剂：松香胶、强化松香胶、乳液型松香胶
			中性施胶剂：AKD、ASA
			合成施胶剂：烯基琥珀酸型石油树脂
		干增强剂：阳离子淀粉、聚丙烯酰胺（阳离子、两性离子型）	
		湿增强剂：三聚氰胺-甲醛、聚酰胺表氯醇树脂、聚乙烯亚胺	
		表面处理剂	纸质表面增强剂：改性淀粉、CMC、PVC
			表面施胶剂：顺酐改性石油树脂、改性醇酸树脂
			苯乙烯-丙烯酸-顺酐共聚物
涂布助剂	基料：干酪素、淀粉、丁苯胶乳、酯-丙共聚乳液		
	分散剂：偏磷酸钠、聚丙烯酸钠、丙烯酸与丙烯酰胺共聚物		
	润滑剂：硬脂酸钙分散液等		
	防水剂：石蜡乳液、多聚甲醛等		
	黏度调节剂：尿素、双氰胺、海藻酸钠等		
功能纸用化学品	热敏纸用化学品：CVL、吲哚红等		
	脱臭剂：活性炭、次氯酸钠、过氧化氢等		
	隔离剂：聚甲基硅氧烷等		
	阻燃剂：磷酸胍、磺胺酸胍、氯化石蜡烃等		

由表 15-1 可知，造纸化学品的品种虽然较多，但多数已在前面章节中述及，本节主要讨论一些典型品种。

15.5.2 制浆用化学品

制浆和漂白过程使用的化学品取决于纸浆产量、技术进展、环境保护法规和质量要求等外部条件以及研制的化学品的成本等。制浆用化学品中废纸处理用的废纸脱墨剂尤为重要。

脱油墨就是从废纸上除掉因印刷而附着在纤维上的着色、印字、记录用油墨符号以及其他污染等。其方法是通过机械和化学方法从废纸纤维上使油墨类剥离、分散、悬浮，并把分散、悬浮的油墨和污垢等排系统外。能使废纸纤维和油墨分离的化学药品称为脱墨剂。

脱油墨用化学品的作用原理就是在废纸解离过程中利用渗透、湿润使纤维和油墨类膨润，分解固着在纤维上的油墨类，最后使油墨成分从纤维上剥离、分散开。为在清洗过程或浮选过程中容易除去该剥离、分散的油墨，应使用表面活性剂。

废纸脱墨过程是个复杂的过程，一般来说分为两个阶段：化学过程阶段和物理过程阶段。化学过程阶段是脱墨剂破坏油墨（主要由树脂如松香、酚醛树脂；颜料如炭黑及其他颜料；油类如植物油、矿物油三部分组成）与纤维的黏着力，降低油墨的表面张力，乳化油墨中的树脂成分，与炭黑或颜料粒子形成胶体溶解或分散于水中的过程。物理过程阶段是借助于上述过程通过机械摩擦使纤维和油墨分离的过程，脱墨剂在这里起着很重要的作用。

废纸脱墨有三种方法：洗涤法、浮选法、洗涤和浮选法。前两者用得较多，后者现在还属于研究开发阶段。洗涤法是将纸浆重复地稀释和浓缩，油墨、填料及一些细小纤维与洗涤水一起在浆料中洗去的方法。浮选法是将浆料进行曝气，油墨粘在气泡上浮于液面而被除去的方法。前者优点是最终白度高，缺点是流失大，废水处理复杂；后者是纤维收率高，缺点是工艺操作复杂。脱墨剂的品种繁多，分类法也多，多数是以无机物和有机物来分类。无机物主要是碱剂、漂白剂、络合剂。碱剂主要有氢氧化钠、硅酸钠、碳酸钠、亚硫酸钠、消石灰等。它在废纸解离成纤维和对油墨的皂化与纸中的施胶剂反应起着重要的作用。漂白剂主要有过氧化氢、次氯酸钠及次亚硫酸盐，前者主要用于处理新闻废纸，后者用于处理高级废纸；络合剂有 EDTA、DTPA（二乙胺五乙酸钠）等，其中 DTPA 的螯合作用较强。有机物主要是指表面活性剂。

15.5.3　抄纸添加剂

很少有纸是只用纸浆抄造的，大部分纸至少需要添加硫酸铝、松香、淀粉等各种添加剂。抄纸添加剂有内用化学品（湿部添加剂）和外用化学品（在施胶压榨后过程中二次加工用），这些添加剂从天然到合成高分子，其范围很广，而且一种商品添加剂又具有多种功能。

1. 功能性添加剂

1）浆内施胶剂

施胶剂是为防止液体向纸中渗透而添加的化学品，具有亲水基团和疏水基团，可赋予纸张耐水性、耐油性和强度等各种特性。浆内施胶剂大致可分为松香系施胶剂、合成施胶剂和中性施胶剂三大类。以合成强化松香施胶剂为例，其生产是将松香加热熔化后加入马来酸酐，在 150～200℃加热，进行 Diels-Alder 环化加成反应，其反应式如下：

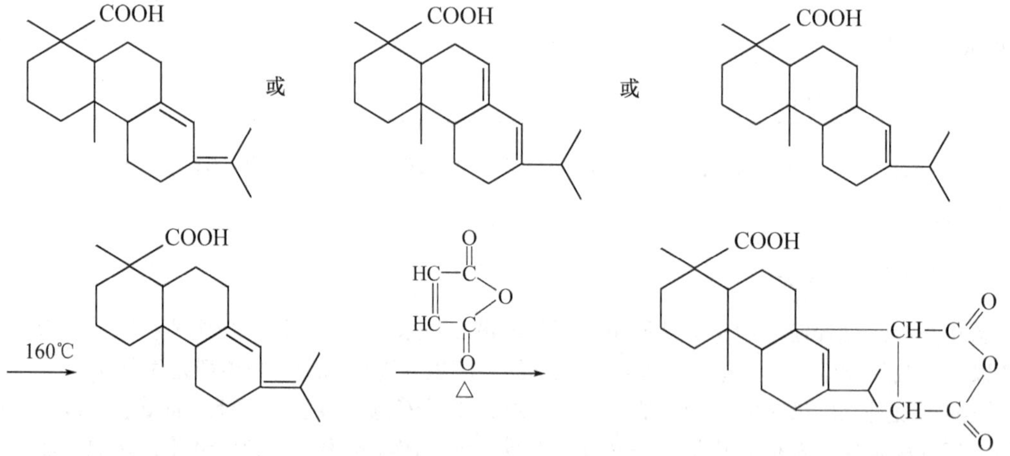

由于马来酸酐用量不同，而得到强化程度不同的马来松香。使强化松香与碱进行皂化反应制成皂膏，所得皂膏经喷雾干燥，即为成品。生产工艺流程见图 15-11，工艺说明如下：

（1）将 100 份的松香置于高温反应釜 D101 中，在 100～150℃下加热熔化，待松香全部熔化后加入 6～7 份马来酸酐，搅拌并升温至 200℃，共热反应 2h。然后趁热出料到冷却固化槽 F101 中，待松香充分冷却固化后，经粉碎机 L101 粉碎，经 L102 过 100 目筛。

（2）将 100 份粉碎后的强化松香投入皂化釜 D102 中，加入 140 份 10% 的氢氧化钠水溶液，在 80℃加热搅拌反应 3～4h，生成皂膏。皂化反应后生成的皂膏送喷雾干燥塔 L104 干燥，即得成品（国产产品有 115、103 两种规格）。

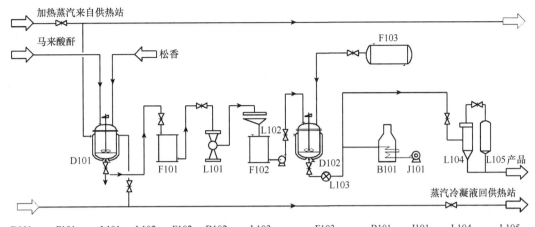

加热蒸汽来自供热站

马来酸酐

松香

F103

D101

F101

L101

L102

F102

L103

D102

B101 J101

L104

L105 产品

蒸汽冷凝液回供热站

D101	F101	L101	L102	F102	D102	L103	F103	B101	J101	L104	L105
反应釜	冷却固化槽	粉碎机	振动筛	接收槽	皂化釜	旋转加料器	10%NaOH加料罐	加热器	鼓风机	喷雾干燥塔	尾气回收器

图 15-11　强化松香施胶剂的生产工艺流程

2）增强剂

纸张增强剂按其使用方法可分为内添加型纸张增强剂和表面添加型纸张增强剂。内添加型纸张增强剂又可分为增加干强的纸张干增强剂和增加湿强的纸张湿增强剂。常用的干增强剂阳离子淀粉的生产原理与工艺如下：在碱性条件下，淀粉与醚化剂 3-氯-2-羟丙基三甲基氯化铵（在碱性条件下迅速脱氯化氢而转化为氯化环氧丙基三甲基铵）发生醚化反应，生成阳离子淀粉醚。根据反应条件不同，醚化剂用量不同，所得产品的取代度不同。取代度是指平均每个葡萄糖单元上的羟基被醚化的数目。造纸业使用的阳离子淀粉的取代度一般为 0.02～0.03。其反应式如下：

$$\left[\begin{array}{c}CH_2-CH-CH_2-N^+(CH_3)_3 \\ | \quad\;\; | \\ Cl \quad OH\end{array}\right]Cl^- \xrightarrow{OH^-} \left[\begin{array}{c}CH_2-CH-CH_2-N^+(CH_3)_3 \\ \backslash\;\;/ \\ O\end{array}\right]Cl^- + HCl$$

$$Starch-OH+\left[\begin{array}{c}CH_2N^+(CH_3)_3 \\ \backslash\;/ \\ O\end{array}\right]Cl^- \xrightarrow{NaOH} \left[\begin{array}{c}Starch-O-CH_2-CH-CH_2N^+(CH_3)_3 \\ | \\ OH\end{array}\right]Cl^-$$

生产工艺流程见图 15-12。

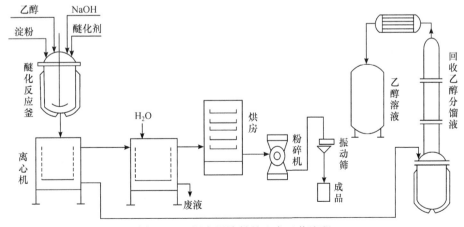

乙醇　NaOH

淀粉　醚化剂

醚化反应釜

H_2O

烘房

粉碎机

振动筛

乙醇溶液

回收乙醇分馏液

离心机

废液

成品

图 15-12　阳离子淀粉的生产工艺流程

（1）向醚化反应釜中加入一次投料量的淀粉，再加入需要量的乙醇和氢氧化钠水溶液，搅拌下升温至 50℃并保持这一温度。然后以细流慢慢加入季铵盐醚化剂水溶液，约 1h 内加完。加完后继续在 50℃保温搅拌反应 3～4h。冷却降温,并用适量浓盐酸中和反应液,调 pH 至中性。待温度降至室温后停止搅拌。

（2）以离心过滤机过滤反应混合物,母液送分馏塔分馏回收乙醇。淀粉用少量水洗涤数次后再离心滤干,然后送烘房干燥,干燥后粉碎、过筛、分装即为产品。

原料消耗定额（kg/t）：玉米淀粉 1000,3-氯-2-羟丙基三甲基氯化铵 50,氢氧化钠 30,盐酸（30%）65,工业乙醇 400。

阳离子淀粉主要用作造纸添加剂,用于抄纸湿部添加剂可提高纤维及填料的留着率,提高纸张强度。用于涂布加工纸中,作为涂布胶黏剂,可促进颜料和纤维的结合,提高涂布染色效果。用于纸张表面施胶,可提高纸张表面强度,改善印刷性能。

2. 过程添加剂

在抄纸施胶工段中,为减少添加的填料和微细纤维的流失而使用的化学药品就是助留剂。添加的纤维、填料,其初期添加量与纸上保留量的比例称为留差率。所以,助留剂在造纸工业中能提高填料和细纤维的留差率,加速浆料滤水速度。为此在造纸机趋向高速化、纸浆原料严重缺乏的时代,助留剂更为人们所重视。

助滤剂是为提高从抄纸网来的湿纸的滤水性、脱水速度而添加的化学药品。助滤剂主要能使细微纤维在纤维表面上絮凝,起减少湿纸孔目堵塞的可能性和增加透过性的作用。滤水作用和留着作用在促进分散质的絮凝这一点是相通的,所以两者在性能方面有许多相似之处。助滤剂的种类主要有聚乙烯亚胺、聚丙烯酰胺、聚氨基酰胺、阳离子乙烯系列的聚合物等。

在造纸各个工段（制浆、抄造、涂布和废水处理）中,普遍存在着泡沫问题。这些问题不及时解决,就会减少产量,降低质量以及污染环境。因此适当地抑制或消除泡沫一直是造纸行业中的一个重要课题。实践证明,消泡剂是一种有效地抑制或消除泡沫的化学助剂,因而广泛地应用于造纸行业中。其中有矿物油类（液体石蜡）、油脂类（动物油、芝麻油、菜籽油）、脂肪酸酯类（乙二醇二硬脂酸酯,二乙烯乙二醇月桂酸酯）、醇类（椰子醇、己醇、环己醇）、胺类与酰胺类（二戊胺、卤代脂肪酰胺）、磷酸酯类（磷酸三丁酯、磷酸三辛酯）、金属皂类（硬脂酸铝、油酸钙、油酸钾等）、有机硅类（二甲硅油、氟硅油等）、土耳其红油等。

在造纸、纸浆工业中,由于生成称之为"沉积物"的泥浆状复合沉积物,从而引起各种故障。在抄纸过程中发生的这些沉积物故障将立即反映到产品质量和生产能力上。为防止这些故障所需的化学品就是沉积物抑制剂。

在制浆、造纸厂中,处理污水和废水的最有效的方法是以絮凝沉淀和压气浮为代表的"药剂絮凝剂",该法使用的化学药剂称为絮凝剂。

15.5.4　涂布助剂

1. 基料

涂布加工纸是一种高档艺术印刷纸,是印刷精美书籍、杂志等不可缺少的印刷纸。基料是生产涂布加工纸所需的助剂,它在涂料液中所起的作用是使颜料相互黏结,并黏附原料改善颜料的流动性和稳定性；控制油墨,并改进印刷性能。

基料可分为天然和合成两大类：天然基料主要有干酪素、淀粉和淀粉衍生物；合成基料主要有丁苯胶乳、羧基丁苯胶乳、丙烯酸胶乳和丙醋胶乳等。天然基料是链状聚合物,而合成基料则是有少量长支链的一种黏料,具有良好的流动性和结合力。单一的基料难以达到使用要求,所以大多混合使用两种或两种以上的基料。典型基料丁苯胶乳是以丁二烯和苯乙烯单体为主要原料经乳液聚合而得,转化率控制在 65%左右。聚合反应式可表示如下：

$$n\,CH_2{=}CH{-}CH{=}CH_2 + n\,CH{=}CH_2 \xrightarrow[5\,℃]{引发剂} \left[CH_2{-}CH{=}CH{-}CH_2{-}CH{-}CH_2 \right]_n$$

丁二烯与苯乙烯的配比可按需要调节，一般丁二烯约占 77%，苯乙烯约占 23%。聚合物中苯乙烯链节和丁二烯链节在大分子中呈无规分布。乳液减压浓缩前还应加入占固体物约 1% 的防老化剂 β-苯基萘胺。聚合工艺流程见图 15-13。

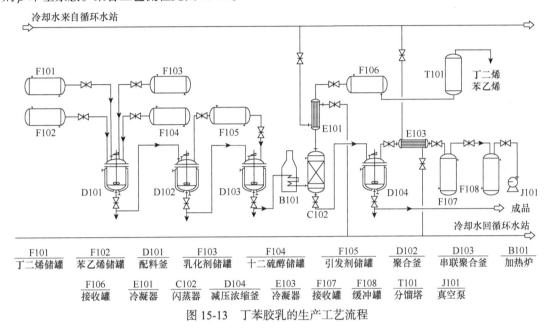

图 15-13　丁苯胶乳的生产工艺流程

F101	F102	D101	F103	F104		F105	D102	D103	B101
丁二烯储罐	苯乙烯储罐	配料釜	乳化剂储罐	十二硫醇储罐		引发剂储罐	聚合釜	串联聚合釜	加热炉
F106	E101	C102	D104	E103	F107	F108	T101	J101	
接收罐	冷凝器	闪蒸器	减压浓缩釜	冷凝器	接收罐	缓冲罐	分馏塔	真空泵	

（1）在配料釜 D101 中按配比要求加入去离子水、乳化剂、十二硫醇，搅拌均匀。再向夹层中通冰盐冷却水，降温至 5℃ 后加入配比量的丁二烯和苯乙烯，搅拌成乳状液物料待用。

（2）乳状液物料进入第一聚合釜 D102 后，缓慢加入一定量引发剂即 5% 叔丁基过氧化氢和亚硫酸氢钠的水溶液，在 5℃ 左右搅拌聚合 1～2h。在聚合的同时 D102 不断进料，如此不断在 D102 连续进行。经串联 2～3 级聚合后，聚合转化率约为 65%，终止反应。聚合后的乳状液经加热炉 B101 进入闪蒸器 C102，脱除并蒸出未聚合单体丁二烯和苯乙烯。馏出液进行进一步精制，回收丁二烯和苯乙烯。

（3）经闪蒸后蒸去单体的乳状液，进入减压浓缩釜 D104，加入防老剂 β-苯基萘胺，搅拌均匀后在 50～60℃ 加热搅拌，减压浓缩至胶液固含量约 50% 时，停止加热，减压，搅拌降温至室温后出料即为产品丁苯胶乳。

消耗定额（按生产每吨固含量 50% 产品计）：1,3-丁二烯 428kg，苯乙烯 128kg，乳化剂 15kg，β-苯基萘胺 5kg，其他适量。

丁苯胶乳用途广泛，除用以处理纸张，可赋予耐磨、耐挠曲、防水等性能，并可增强对油墨的吸附力等，是制造涂布纸的良好胶料，也用以浸渍纤维和织物，改善其抗水、防皱、耐磨和手感等性能。水泥砂浆中加入少量丁苯胶乳，可改善水泥的防水性和弹性，还可直接用作胶黏剂、涂料等。

2. 其他涂布助剂

分散剂的主要作用是防止颜料凝聚和沉降，提高涂料的流动性及颜料与基料的混合性。它们在水中电离生成离子，其阴离子可被瓷土吸附形成双电层。分散剂大致可分为聚磷酸盐（如焦磷酸钠、偏磷酸钠）、碱硅酸盐（如硅酸钠）、碱类（如碱金属氢氧化物或碳酸盐）、阴离子聚合物分散剂（如聚丙烯酸钠）、非离子聚合物分散剂（如环氧乙烷族的聚合物）五大类。

涂布所用涂料如果不具备适当的流动特性就达不到特种纸张的最终质量指标，因此必须借助黏度调节剂才能达到预期的目的。黏度调节剂常分为减黏剂（如尿素、双氢胺和硅酸氢三钠等）和增黏剂（如羧甲基纤维素钠、藻酸钠及藻酸铵等）。

在造纸行业中随着涂料涂布技术的发展，气刀涂布机逐步被刮刀涂布机代替，要使涂布均匀并且流动性和流平性好，就要使用润滑剂。主要目的是提高涂布纸的平滑性，改进纸张质量，提高适印性和纸张的柔软度，防止超级压光时掉粉，常用的润滑剂有蜡乳液和硬脂酸钙等。

防水剂可以防止胶版印刷时润湿药剂所引起的掉毛和污版现象，提高广告纸和标签纸的抗水能力等。随着涂布纸需要量的增加、胶版印刷的高速化和套色需求增多，防水剂越来越受到重视。防水剂大致分为架桥反应型（如甲醛水、乙二醛、多聚甲醛等）、不溶化反应型（如 Fe、Al、Zn 等二价、三价金属盐）、疏水作用型（如石蜡乳液、金属皂等）、抗水性物质（如丁苯胶乳、丙烯酸胶乳等）四种类型。

涂布涂料中还常加有其他辅助剂，改善涂料液或涂层性能，满足对某些纸张特殊要求，如防腐剂、软化剂、稳定剂等。

15.5.5 功能纸用化学品

利用纸具有的多孔性、适度的刚性、耐热和耐冲击等性能，把纸和除纸以外的其他材料复合起来使之具备新功能。这些新功能包括存储信息、包装保护物品、擦拭或吸收液体用纸等，赋予纸张这些新功能所使用的材料称为功能纸用化学品。该类化学品的种类较多，如热敏记录纸用化学品包括显色剂、敏化剂、保存稳定剂、填料、黏料等。现以一种热敏纸显色剂为例说明。

对羟基苯甲酸苄酯（BHB）为一种功能性热敏纸显色剂，其合成是以普通酸催化酯化对羟基苯甲酸和过量甲醇反应制备对羟基苯甲酸甲酯，其反应式如下：

$$HO-\!\!\bigcirc\!\!-COOH + CH_3OH \xrightarrow[\text{加热回流}]{H_2SO_4} HO-\!\!\bigcirc\!\!-\overset{\displaystyle O}{\overset{\|}{C}}-OCH_3 + H_2O$$

精制后的对羟基苯甲酸甲酯在过量苄醇中以碳酸钾为催化剂进行酯交换反应。反应在 110℃、5.33kPa（40mmHg）压强下进行，使生成的甲醇脱离反应体系以促使反应完成，反应式如下：

$$HO-\!\!\bigcirc\!\!-\overset{\displaystyle O}{\overset{\|}{C}}-OCH_3 + HOCH_2-\!\!\bigcirc \xrightarrow{K_2CO_3} HO-\!\!\bigcirc\!\!-\overset{\displaystyle O}{\overset{\|}{C}}-O-CH_2-\!\!\bigcirc + CH_3OH$$

反应完成后减压下蒸除过量苄醇，剩余物经酸洗、干燥、重结晶精制后即为产品。

BHB 具有优异的热应答性，发色密度高，发色速度快，适应高速记录。它的水溶性小，不易使涂料着色，制成的记录纸底色白度高。保存中底色也不易上升。具有一定的润滑抗黏性，记录时黏附性、糊头现象少。与各种热敏显色剂相比，BHB 是一种性能优异较为理想的热敏显色剂。

15.6 印刷油墨与墨粉

印刷是中国对世界文明的重大贡献。传统的印刷是借助印刷机施以适当的压力，将印版上的油墨传递给纸张（或其他承印物），从而再现原稿图文信息，并能进行批量复制的一种技术。因此，有人将原稿、印刷机、印版、油墨和纸张称为传统印刷五大要素。现代科学技术的发展，虽然出现了无版、无压等印刷方式，但油墨仍是不可缺少的一种重要的印刷材料。

印刷是一门综合性很强的技术，随着近年来科学技术的飞速发展，印刷也发生着巨大的变革，目前可以说除流体以外的物体均可进行印刷，因此印刷所必需的油墨品种也与日俱增。

随着信息技术、网络技术及办公自动化的发展和激光打印机、激光数码复印机、数码照相机的高度普及，墨粉生产向精细化、彩色化、高速化方向发展，彩色墨粉的市场前景非常广阔。

15.6.1　油墨与墨粉的定义与分类

油墨是通过印刷将原稿或印版所确定的图文信息转移到承印物表面，形成耐久的有色图文的一种印刷材料，是由着色剂、连接料、助剂、填充料等成分组成的，具有一定色彩、流动度的浆状胶黏体。油墨是将原稿或印版所确定的图文信息通过印刷转移到承印物表面，以形成耐久的有色图文。

油墨的品种繁多，粗分有千余种，细分可达十万余种，因此油墨有多种分类方法，主要的分类方法如下：

（1）按墨体的主要组成结构分类：有油型油墨、溶剂型油墨、水型油墨、树脂型油墨、粉状油墨等。

（2）按印刷对象分类：有印刷纸张油墨、塑料油墨、玻璃油墨、印铁油墨、印布油墨、导线油墨、陶瓷油墨和贴花油墨等。

（3）按印刷版型分类：有平版油墨、凸版油墨、凹版油墨、网孔版油墨等，另外还有无版印刷的喷墨油墨和复印用粉状油墨等。

（4）按油墨功能分类：有荧光油墨、防伪油墨、示温油墨、快固着油墨、电镀油墨、防腐蚀油墨、亮光油墨、磁性油墨、变色油墨、香味油墨、光敏油墨等。

（5）按干燥方式分类：有氧化聚合型油墨、渗透型油墨、蒸发型油墨、冷却固化型油墨、沉淀型油墨、过滤凝胶化干燥型油墨、二成分反应型油墨等。

墨粉（又称碳粉）是用于静电复印和激光打印等电摄影显影过程中的主要耗材，由树脂、炭黑或颜料、电荷剂、磁粉、添加剂等成分组成，分为黑色墨粉与彩色墨粉。黑色墨粉主要应用于激光打印机、静电复印等；彩色墨粉主要应用于激光彩色打印复印。

15.6.2　油墨的组成及主要原料

目前，世界上用于制造油墨的原材料多达5000余种。颜料、连接料、填料、助剂或附加料是组成油墨的四类主要原料。

油墨用颜料是既不溶于水，也不溶于油或连接料，具有一定颜色的固体粉状物质。它不仅是油墨中主要的固体组成部分，也是印到物体上可见的有色体部分。在很大程度上决定了油墨的质量，如颜色、稀稠等，对黏度、理化性能、印刷性能等均有很大影响。因此，要求颜料有鲜艳的颜色、很高的浓度、良好的分散性以及油墨所要求的其他有关性能。

连接料是一种胶黏状流体。顾名思义，它是起着连接作用的。在油墨工业中，就是将粉状的颜料等物质混合连接起来，使之在研磨分散后有可能形成具有一定流动度的浆状胶黏体。连接料是油墨中的流体组成部分。油墨的流动度（性）、黏度（性）、干性以及印刷性能等皆取决于连接料。可以这样说，连接料是油墨质量好坏的基础。各种植物油、部分动物油、矿物油、合成树脂、溶剂和水等都可用来作为油墨连接料。

填（充）料是白色、透明、半透明或不透明的粉状物质，也是油墨中的固体组成部分，主要起充填作用，在油墨中充填颜料部分。适当采用填料，既可减少颜料用量，降低成本，又可调节油墨的性质，如稀稠、流动度等，也提高了配方设计的灵活性。

印刷（辅）助剂、附加料是油墨中除了主要组成外的附加部分。它们可以是颜料的附加部分、连接料的附加部分，也可以作为油墨成品的附加部分，主要视产品的特点、要求而定。当按基本配方组成的油墨在某些特性方面仍然不能满足使用要求时，或由于条件的改变而不能满足印刷使用上的要求时，就需加入少量的附加料来解决。

15.6.3 液状和浆状油墨的生产工艺

液状和浆状油墨的制造工艺由三个主要过程组成：

（1）连接料制造工艺。首先将树脂溶解于溶剂、干性油、矿物油或水等液体中，使树脂和干性油发生反应，再加入胶化剂制成连接料，有时也将连接料泛称为调墨油。

（2）分散工艺。包括预混合（粗分散）工艺和研磨（微分散）工艺。

（i）预混合是将粉体颜料和连接料用混合机进行搅拌，再用捏合机进行捏合，使颜料初步分散，被连接料润湿。

（ii）研磨是通过研磨机的剪切力作用，将颜料粒子研细，使其均匀、稳定地分散在连接料中制成研磨料。

（3）调整工艺。将低黏度调墨油、溶剂、助剂和基墨一起加入研磨料，调整油墨的各种特性，并进行检验，合格即为成品。

如前所述，油墨依连接料的不同可分为液状油墨和浆状油墨，现分别作简单介绍。

1. 液状油墨的生产工艺

液状油墨主要是指照相凹版油墨和柔性版油墨。这类油墨黏度低，滚动性好，其工艺流程如图 15-14 所示。

由图可知，首先将树脂和溶剂加入调墨油锅，在高速搅拌下制造调墨油。如果是大批量生产，按图 15-14 上部工艺进行，即将颜料与调墨油一起加入槽式搅拌机进行预搅拌，再放入用内装沙子或小玻璃球作为研磨料的砂磨机内继续研磨，最后在槽式搅拌机内完成调整工序送装墨机。若为小批量生产，按图 15-14 下部工艺进行，即将调墨油和颜料直接装入球磨机研磨，经高速分散机调整后送装墨机。

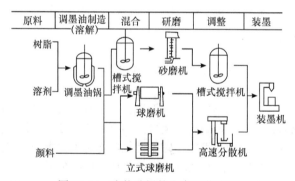

图 15-14　液状油墨的生产工艺流程

水性液状油墨的研磨一般是在砂磨机或三辊机中进行。

2. 浆状油墨的制造工艺

浆状油墨主要是指平版油墨和凸版油墨，该类油墨黏度高，其生产工艺流程如图 15-15 所示。

首先加入树脂、干性油、溶剂和添加剂（如胶化剂），经溶解、反应制出调墨油。将调墨油和粉体颜料（按图 15-15 上部工艺进行）同时装入行星式搅拌机或捏合机，然后送三辊机研磨，再加入各种助剂，经行星式搅拌机搅拌，再用三辊机研磨后，用自动装墨机包装。

若使用颜料为滤饼，则按图 15-15 下部工艺进行，也可制出浆状油墨。

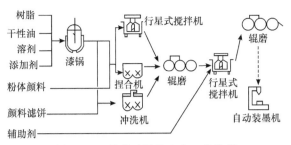

图 15-15　浆状油墨的生产工艺流程

3. 印刷油墨生产工艺实例

1）胶印油墨

根据各种胶印油墨配方要求，选用合适的颜料、连接料及助剂，调和复配而制成。生产工艺如下：

（1）将 3.5kg 阿拉伯胶、1kg 磷酸及 45.5kg 水投入搅拌罐，升温至 50℃，搅拌均匀，再加入 50kg 醇酸树脂，搅拌乳化制得油包水型乳液。

（2）依次将 150kg β 型酞菁蓝、150kg 硫酸钡、550kg 松香改性树脂、50kg 轻油加入配料罐，搅拌均匀，送三辊机研磨分散，加入上述乳液，搅拌均匀，再用三辊机研磨后装墨。

2）丝网版油墨

先将 40kg 乙基羟乙基纤维素、120kg 苹果酸树脂、175kg 石油溶剂、185kg 矿油精投入配料罐，以高速搅拌均匀，加入 200kg 柠檬黄、180kg 碳酸钙、50kg 胶质油，搅拌均匀后用三辊机研磨分散至所需细度后出料。

3）柔性版油墨

将 140kg 改性马来酸树脂和 45kg 乙酸乙酯、550kg 乙醇加入调墨油锅，在高速搅拌下，继续加入 25kg 聚乙烯蜡、60kg 硝化棉，然后加入 50kg 溶纤剂，高速搅拌一定时间得调墨油。再将色料 130kg 永久红和调墨油送入球磨机充分研磨而得产品，主要用于玻璃纸、包装纸等的印刷。

4）紫外光固油墨

将 350kg 三羟甲基丙烷四氢邻苯二甲酸酯四丙烯酸酯、290kg 二季戊四醇六丙烯酸酯、10kg 三羟甲基丙烷三丙烯酸酯等三种酯投入搅拌罐，室温下溶解均匀，再加入 0.2kg 对甲氧基苯酚及 50kg 对苯氧基二苯甲酮，搅拌均匀，再加入 300kg 碳酸钙，分散均匀后进入三辊机研磨至所需细度出料。该产品为影印用紫外光固油墨。

15.6.4　墨粉与彩色墨粉的生产工艺

墨粉加工与制备涉及超细加工、化工、复合材料等学科的内容，是世界上公认的高科技制造。黑色墨粉的制造主要采用聚合法和粉碎法工艺，而彩色墨粉除了应具备黑色墨粉应具备的定影温度、流动性、显影特性等基本特性外，还涉及颜料的选取和耐光牢度等问题，更是尖端科技产品。彩色墨粉的制备方法有溶剂法、异相凝聚法、机械化学法、熔融粉碎法和聚合法等。

1. 粉碎法生产黑色墨粉工艺

粉碎法可以生产适用干式静电复印的碳粉：包括双组分碳粉和单组分碳粉（含磁性、非磁性两种）。因其显影过程、带电机理不同，其成分配料比例也不尽相同。粉碎法生产黑色墨粉的整个生产过程流程为：

材料选用→材料检验→配料→预混→混炼挤出→粉碎分级→后处理→成品→检验→分装

例如，静电复印用墨粉的生产工艺流程见图 15-16。工艺步骤如下：

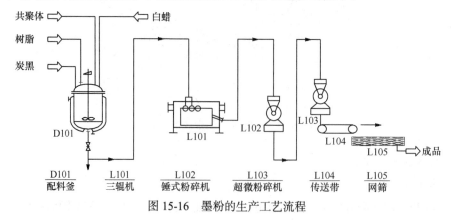

图 15-16　墨粉的生产工艺流程

（1）将 432kg 共聚体、72kg 酚醛树脂、54kg 聚乙烯醇缩丁醛、18kg 乙酰苯胺、54kg 炭黑、12kg 白蜡投入配料釜 D101 中搅匀。

（2）在三辊机 L101 上于 70℃将所有材料轧细，最后拉出冷却成薄片状，再压成小碎片。

（3）先用锤式粉碎机 L102 进行粗粉碎至细度 1mm 以下。

（4）上述粗粉用超微粉碎机 L103 进行超微粉碎至 5～10μm。

2. 聚合法生产彩色墨粉工艺

聚合法是指将单体原料、颜料等添加剂一起混合在反应器中，采用聚合的方法直接制得墨粉颗粒，它包括界面/自由基聚合法、分散聚合法、乳液聚合法、悬浮聚合法等，其中应用于彩色墨粉生产的主要是乳液聚合法和悬浮聚合法。

悬浮聚合法制备彩粉以苯乙烯、丙烯酸丁酯系列为主要单体，首先将颜料、低分子蜡、电荷调节剂、偶氮类或过氧化物类引发剂等加入苯乙烯、丙烯酸丁酯中，快速搅拌使其充分分散成微细液滴，再将该相加入含有分散剂聚乙烯醇、十二烷基苯磺酸钠等的去离子水中或氢氧化镁、磷酸钙无机分散体系中充分分散，然后移入有搅拌装置的恒温反应器中，调节搅拌速度，在一定的温度及氮气保护下经聚合反应制得球形色粉颗粒。聚合结束后洗去其他杂质，分离，真空干燥，得到成品。

15.7　混凝土外加剂

各种混凝土外加剂的应用改善了新拌和硬化混凝土性能，促进了混凝土新技术的发展，促进了工业副产品在胶凝材料系统中更多的应用，还有助于节约资源和环境保护，已经逐步成为优质混凝土必不可少的材料。近年来，国家基础建设保持高速增长，铁路、公路、机场、保矿、市政工程、核电站、大坝等工程对混凝土外加剂的需求一直很旺盛，我国的混凝土外加剂行业也一直处于高速发展阶段。

15.7.1　混凝土外加剂的定义与分类

在混凝土、砂浆或水泥净浆拌和时，拌和前或额外拌和工序中掺入量小于或等于水泥质 5%的，能保持混凝土、砂浆或水泥净浆的正常性能，并可以按使用要求对混凝土、砂浆或水泥净浆改性的物料，称为混凝土、砂浆或水泥净浆用外加剂，简称混凝土外加剂。在完井、修井、固井时常用到水泥浆，在配制水泥浆时，为改变水泥浆性能而加入不大于水泥质量 5%的化学剂，这些化学助剂即混凝土外加剂。混凝土外加剂按所起作用分为减水剂、速凝剂、引气剂、泵送剂、消泡剂、抗冻剂、膨胀剂、防水剂、着色剂、砂浆外加剂、缓凝剂、减阻剂（分散剂）、降滤失剂、防气窜剂、减轻剂、防漏剂、增强剂、加重剂等。

按照混凝土外加剂国家标准 GB 8076—2008，将其分为高性能减水剂（早强型、标准型、缓凝型）、高效减水剂（标准型、缓凝型）、普通减水剂（早强型、标准型、缓凝型）、引气减水剂、泵送剂、早强剂、缓凝剂及引气剂共八类混凝土外加剂。

15.7.2 混凝土减水剂

混凝土减水剂是指能增加水泥浆流动性而不显著影响含气量的材料，属于改善混凝土拌和物流变性能的外加剂之一。它是混凝土外加剂中的最核心材料，是混凝土工程中应用最广泛的外加剂品种，已成为混凝土中除水泥、砂、石、水以外的第五种组成部分。混凝土减水剂的主要功能是在保持混凝土拌和物坍落度的前提下，减少拌和过程中的用水量，降低水灰比，改善混凝土拌和物的流变性能及提高水泥混凝土的强度。

减水剂是混凝土外加剂中最重要的品种，按其减水率大小可分为普通减水剂（以木质素磺酸盐类为代表）、高效减水剂（包括萘系、密胺系、氨基磺酸盐系、脂肪族系等）和高性能减水剂（以聚羧酸系高性能减水剂为代表）。例如，磺化煤焦油系减水剂的典型品种是减水剂 NF，为一种非引气型高效减水剂，由精萘经磺化后与甲醛缩合、中和而成，呈棕色粉末，易溶于水。其配方与合成工艺如下。

【配方】 精萘 128，硫酸 163，甲醛 78，氢氧化钠 36，碳酸钙适量。

生产工艺：萘经磺化后生成 β-萘磺酸，再与甲醛缩合生成 β-萘磺酸甲醛缩合物，用碳酸钙、氢氧化钠中和而成。合成工艺流程见图 15-17。

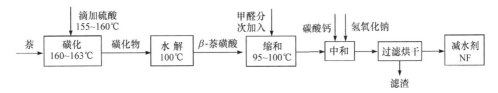

图 15-17　减水剂 NF 的合成工艺流程

15.7.3 混凝土早强剂及早强减水剂

凡是掺入水泥砂浆或混凝土中，能加速水泥砂浆或混凝土硬化，提高混凝土强度（尤其是早期强度）的外加剂称为早强剂。它可以提高混凝土的生产效率，缩短养护时间。主要种类有复合早强高效减水剂、硫酸钠复合早强剂、木质素磺酸盐硫酸钠系早强减水剂、三乙醇胺复合早强剂、糖钙硫酸钠系早强减水剂。其中，糖钙硫酸钠系早强减水剂的配方与工艺介绍如下。

【配方】 甜菜糖蜜 100，生石灰 2.5，粉煤灰 420，无水硫酸钠 500，水 40。

生产工艺：将糖蜜（糖含量 47%，1.34°Be'）加水稀释至 1.24°Be'后，加到反应釜中，加热升温至 70～80℃。向反应釜中慢慢加入细度为 0.16～0.3mm 的生石灰（CaO 含量 80%），边加边进行强力搅拌，中和至 pH=14。放入容器中静止钙化 7d 后，加入干排粉煤灰，搅拌混匀后烘干。继续将烘干后的糖钙粉煤灰混合物掺入无水硫酸钠中，搅拌均匀，磨细，得缓凝型早强减水剂。

15.7.4 混凝土引气剂

引气剂是一种能使混凝土或砂浆及水泥净浆中产生均匀分布、细小的，而且硬化后能保留微气泡的外加剂。引气剂能改善新拌混凝土拌和物的和易性，可在混凝土拌和时适当地减少用水量。引气剂能改善硬化水泥混凝土的抗冻性、抗渗性。由于在硬化混凝土中的微细气泡能缓冲因水的冻结而产生的膨胀压力，减少冰冻的破坏，这就增加了抗冻性。这些微气泡能切断硬化混凝土中毛细管，减少由于毛细作用引起的渗透，也就提高了硬化混凝土的抗渗性。同时，引气剂的加入使混凝土的热扩散及传导系数降低，提高了混凝土的体积稳定性，增强了野外结构的耐候性，延长了道路混凝土的使用寿命。

目前应用的混凝土引气剂主要有松香皂类引气剂、松香热聚物引气剂、烷基苯磺酸钠类引气剂。松香热聚物引气剂的生产工艺如下：将 70 份松香粉（细度以通过 0.6mm 筛为准）、35 份苯酚、2 份硫酸按顺序加入反应罐中，温度保持在 70～90℃，搅拌反应 6h。其后，加入氢氧化钠（取 2～4 份用少量水溶解后再加入），边加边搅拌。温度控制在 90～110℃，反应 2h。然后趁热将反应物倒出，得松香热聚物引气剂。存放在阴凉处，使用时均匀混合于水泥中。

15.7.5　速凝剂

速凝剂是混凝土喷锚支护工程中必不可少的一种外加剂。在隧道洞库等工程中采用喷锚支护新技术，可大大加快工程的建设速度，节省劳力，节约木材和混凝土用量，并可减少地下工程开挖量。许多速凝剂是采用直接加入法应用于混凝土拌料。一种典型速凝剂的配方与生产工艺如下。

【配方】　铝氧熟料 50～75，矾泥 25～35，硫酸锌 0～7，生石灰 0～10，硬石膏 0～10。

生产工艺：将上述粉料按配比配成混合料。混合均匀后在磨机中粉碎，通过 0.080mm 方孔筛（筛余量小于 10%），即得成品。

参 考 文 献

《化妆品生产工艺》编写组. 1995. 化妆品生产工艺. 北京: 中国轻工业出版社

比索 A, 卡贝尔 R L. 1992. 化工过程放大——从实验室试验到成功的工业规模设计. 邓彤, 毛卓雄, 方兆珩, 等译. 北京: 化学工业出版社

蔡季琰. 1985. 造纸用化学助剂 200 例. 广州: 科学普及出版社广州分社

陈甘棠. 2007. 化学反应工程. 3 版. 北京: 化学工业出版社

陈根荣. 2003. 国际造纸化学品工业现状与发展趋势. 北京: 中国轻工业出版社

陈小平, 王效山. 2012. 新药发现与开发. 北京: 化学工业出版社

陈兴娟, 张正晗, 王正平. 2004. 环保型涂料生产及应用. 北京: 化学工业出版社

陈煜强, 刘幼君. 1994. 香料产品开发与应用. 上海: 上海科学技术出版社

程侣伯. 1993. 精细化工产品的合成及应用. 2 版. 大连: 大连理工大学出版社

程铸生. 1990. 精细化学品化学. 上海: 华东化工学院出版社

丁学杰. 1993. 精细化工新品种与合成技术. 广州: 广东科技出版社

杜巧云, 葛虹. 1996. 表面活性剂基础及应用. 北京: 中国石化出版社

冯光炷. 2005. 油脂化工产品工艺学. 北京: 化学工业出版社

冯胜. 1993. 精细化工手册（上册）. 广州: 广东科技出版社

冯亚青, 王利军, 陈立功, 等. 1997. 助剂化学及工艺学. 北京: 化学工业出版社

耿耀宗, 赵风清. 2004. 现代水性涂料配方与工艺. 北京: 化学工业出版社

贡长生, 单自兴, 等. 2005. 绿色精细化工导论. 北京: 化学工业出版社

顾民, 吕静兰, 刘江丽. 2006. 造纸化学品. 北京: 中国石化出版社

何坚, 孙宝国. 1995. 香料化学与工艺学. 北京: 化学工业出版社

何瑾馨. 2000. 染料化学. 北京: 中国纺织出版社

侯毓汾, 朱振华, 王任之. 1994. 染料化学. 北京: 化学工业出版社

黄发荣, 焦杨声. 2003. 酚醛树脂及其应用. 2 版. 北京: 化学工业出版社

计志忠. 1993. 化学制药工艺学. 北京: 化学工业出版社

贾长英, 唐丽华, 张晓娟, 等. 2011. 精细化学品剖析及常用技术原理. 北京: 中国石化出版社

蒋文贤. 1995. 特种表面活性剂. 北京: 中国轻工业出版社

黎钢. 2004. 合成助剂清洁生产工艺. 北京: 化学工业出版社

李和平. 1994. 精细化工生产原理与技术. 郑州: 河南科学技术出版社

李和平. 2005. 胶黏剂. 北京: 化学工业出版社

李和平. 2009. 胶黏剂生产原理与技术. 北京: 化学工业出版社

李和平. 2009. 木材胶黏剂. 北京: 化学工业出版社

李和平. 2010. 功能元素精细有机化学品结构、性质与合成: 含氟、溴、碘精细化学品. 北京: 化学工业出版社

李和平. 2010. 功能元素精细有机化学品结构、性质与合成: 含氯精细化学品. 北京: 化学工业出版社

李和平. 2010. 胶黏剂配方工艺设计. 北京: 化学工业出版社

李和平. 2014. 现代精细化工生产工艺流程图解. 北京: 化学工业出版社

李浪. 1994. 淀粉科学与技术. 郑州: 河南科学技术出版社

李美同. 1991. 饲料添加剂. 北京: 北京大学出版社

李绍芬. 1986. 化学与催化反应工程. 北京: 化学工业出版社

李祥军. 1996. 造纸化学品. 北京: 化学工业出版社

李炎. 2001. 食品添加剂制备工艺. 广州: 广东科技出版社

李宗石, 刘平芹, 徐明新. 1994. 表面活性剂合成与工艺. 2 版. 北京: 中国轻工业出版社

凌关庭. 2003. 食品添加剂手册. 北京: 化学工业出版社

刘程. 1992. 表面活性剂应用手册. 北京: 化学工业出版社

刘程. 2004. 食品添加剂实用大全. 北京: 北京工业大学出版社

刘国杰, 耿耀宗. 1994. 涂料应用科学与工艺学. 北京: 中国轻工业出版社

刘吉平, 郝向阳. 2002. 纳米科学与技术. 北京: 科学出版社

刘锡洰. 1995. 化工百科全书（第三卷）. 北京: 化学工业出版社

刘志皋, 高彦祥. 1994. 食品添加剂基础. 北京: 中国轻工业出版社

卢秀萍. 2003. 造纸工业中的合成聚合物. 天津: 天津大学出版社

陆辟疆, 李春燕. 1996. 精细化工工艺. 北京: 化学工业出版社

马光辉, 苏志国. 2003. 新型高分子材料. 北京: 化学工业出版社

毛国盛. 1988. 饲料添加剂应用技术. 北京: 科学技术文献出版社

毛培坤. 1993. 新机能化妆品和洗涤剂. 北京: 中国轻工业出版社

倪玉德. 2003. 涂料制造技术. 北京: 化学工业出版社

钱国坻. 1987. 染料化学. 上海: 上海交通大学出版社

钱旭红, 莫述诚. 2001. 现代精细化工产品技术大全. 北京: 科学出版社

秦波涛, 李和平, 王晓曦. 2001. 薯类加工. 北京: 中国轻工业出版社

戎志梅. 2002. 生物化工新产品与新技术开发指南. 北京: 化学工业出版社

尚堆才, 童忠良. 2011. 精细化学品绿色合成技术与实例. 北京: 化学工业出版社

沈一丁. 2002. 造纸化学品的制备和作用机理. 北京: 中国轻工业出版社

宋启煌, 方岩雄. 2018. 精细化工工艺学. 4 版. 北京: 化学工业出版社

孙宝国. 1996. 香精概论. 北京: 化学工业出版社

孙宝国, 何坚. 2004. 香料化学与工艺学. 2 版. 北京: 化学工业出版社

孙岩, 殷福珊, 宋湛谦. 2003. 新表面活性剂. 北京: 化学工业出版社

唐岸平. 1993. 精细化工产品配方 500 例及生产. 南京: 江苏科学技术出版社

汪秋安. 2008. 香料香精生产技术及其应用. 北京: 中国纺织出版社

王大全. 1997. 精细化工生产流程图解一部. 北京: 化学工业出版社

王大全. 1999. 精细化工生产流程图解二部. 北京: 化学工业出版社

王国建, 刘琳. 2004. 特种与功能高分子材料. 北京: 中国石化出版社

王孟钟, 黄应昌. 1987. 胶粘剂应用手册. 北京: 化学工业出版社

温辉梁, 黄绍华, 刘崇波. 2002. 食品添加剂生产技术与应用配方. 南昌: 江西科学技术出版社

夏纪鼎, 倪永全, 梁梦兰. 1997. 表面活性剂和洗涤剂化学与工艺学. 北京: 中国轻工业出版社

相宝荣. 1996. 气雾剂与喷雾剂产品配方大全. 北京: 中国轻工业出版社

肖锦, 周勤. 2005. 天然高分子絮凝剂. 北京: 化学工业出版社

肖子英. 1992. 中国药物化妆品. 北京: 中国医药科技出版社

熊家炯. 2000. 材料设计. 天津: 天津大学出版社

熊家林, 贡长生, 张克立. 1999. 无机精细化学品的制备和应用. 北京: 化学工业出版社

徐德林. 1995. 表面活性剂合成及应用. 郑州: 河南科学技术出版社

徐燏, 王训遒, 马啸华. 2011. 精细化工生产技术. 北京: 化学工业出版社

杨春晖, 陈兴娟, 徐用军, 等. 2003. 涂料配方设计与制备工艺. 北京: 化学工业出版社

杨晓东, 李平辉. 2008. 日用化学品生产技术. 北京: 化学工业出版社

余爱农, 张庆. 2002. 精细化工制剂成型技术. 北京: 化学工业出版社

张宝华, 张剑秋. 2005. 精细高分子合成与性能. 北京: 化学工业出版社

张光华. 1998. 造纸湿部化学原理及其应用. 北京: 中国轻工业出版社

张光华. 2000. 造纸化学品. 北京: 中国石化出版社

张光华, 顾玲. 2005. 油田化学品. 北京: 化学工业出版社

张景河. 1992. 现代润滑油与燃料添加剂. 北京: 中国石化出版社

张军营. 2006. 丙烯酸酯胶黏剂. 北京: 化学工业出版社

张昭, 彭少方, 刘栋昌. 2002. 无机精细化工工艺学. 北京: 化学工业出版社

赵九蓬, 李垚, 刘丽. 2003. 新型功能材料设计与制备工艺. 北京: 化学工业出版社

赵临五, 王春鹏. 2005. 脲醛树脂胶黏剂. 北京: 化学工业出版社

周家华, 崔英德, 曾颢, 等. 2008. 食品添加剂. 2 版. 北京: 化学工业出版社

周学良, 朱领地, 张林栋, 等. 2002. 精细化工助剂. 北京: 化学工业出版社

周学良. 2002. 功能高分子材料. 北京: 化学工业出版社

Lehn J M. 2002. 超分子化学——概念和展望. 沈兴海, 等译. 北京: 北京大学出版社